防水技术与管理丛书

建筑防水材料试验

沈春林 主编

中国建筑工业出版社

图书在版编目（CIP）数据

建筑防水材料试验/沈春林主编．—北京：中国建筑工业出版社，2008
（防水技术与管理丛书）
ISBN 978-7-112-10201-3

Ⅰ．建… Ⅱ．沈… Ⅲ．建筑材料：防水材料-实验
Ⅳ．TU57-33

中国版本图书馆CIP数据核字（2008）第098400号

《建筑防水材料试验》是《防水技术与管理丛书》中的一个分册。书中对地下防水工程屋面防水工程、墙体防水工程、地面防水工程和室内防水工程等所采用的沥青防水材料、防水卷材、防水涂料、防水密封材料、刚性和堵漏材料的产品分类性能试验仪器、抽样方法、试验步骤、检测数据的计算处理，根据最新国家技术标准作了详尽的介绍。

书中介绍的各种防水材料的试验和测定方法，都列出了相应的标准名称、标准号查找方便，对建筑防水设计、施工和防水材料检验、材料保管等人员都有很好的实用价值，也可作为有关防水人员的职业培训教材。

责任编辑：唐炳文
责任设计：肖广慧
责任校对：汤小平

防水技术与管理丛书
建筑防水材料试验
沈春林　主编

*

中国建筑工业出版社出版、发行（北京西郊百万庄）
各地新华书店、建筑书店经销
霸州市顺浩图文科技发展有限公司制版
北京蓝海印刷有限公司印刷

*

开本：787×1092毫米　1/16　印张：33½　字数：812千字
2008年9月第一版　2008年9月第一次印刷
印数：1—3000册　定价：**75.00**元
ISBN 978-7-112-10201-3
（17004）

版权所有　翻印必究
如有印装质量问题，可寄本社退换
（邮政编码 100037）

前　言

随着我国国民经济的持续快速发展，众多的建设项目已遍布城乡各地，但如果建筑物出现渗漏，不仅要花费大量的人力、物力去进行维修，而且还将给人们的生产、生活带来诸多的不便，因此，如何提高建筑物的质量是至关重要的。建筑防水工程是一项保证建筑物结构免受水侵袭的分部工程，在建筑工程中占有十分重要的地位。

建筑防水工程是一项系统工程，不仅涉及房屋的地下室、楼地面、墙面、屋面等诸多部位，还涉及材料、设计、施工、验收和维护管理等诸多方面的因素。

为了促进我国建筑防水事业的发展，规范防水市场，推动我国建筑防水从业人员的技术培训和职业技能鉴定工作的展开，为了使广大读者能及时系统地掌握相关防水技能知识，在中国建筑工业出版社的大力支持下，由中国硅酸盐学会防水材料专业委员会主任委员、苏州非金属矿工业设计研究院防水材料设计研究所所长沈春林教授级高级工程师主持编写了这套《防水技术与管理丛书》。

防水工程是基本建设工程中的一项重要工程。材料是基础，设计是前提，施工是关键，管理是保证。如能在防水工程诸多方面做到科学先进、经济合理、确保质量，这将对整个建筑工程具有重要的意义。本丛书是根据这一前提进行编写的。全套丛书由《建筑防水材料试验》、《建筑防水工程设计》、《建筑防水工程施工》、《建筑防水工程造价与监理》等四个分册组成。全书以国家职业标准为依据，在内容上力求体现"以职业活动为导向、以职业技能为核心"的指导思想，在结构上针对防水职业活动的领域，根据防水工程的特点，较为详尽地介绍了建筑防水的各个关键要点，可供防水从业人员在参加职业培训和在实际工作中参考。

《建筑防水材料试验》是本丛书中的一个分册，书中就地下防水工程、屋面防水工程、墙体防水工程、地面防水工程、室内防水工程所采用的沥青防水材料、防水卷材、防水涂料、防水密封材料、刚性防水与堵漏材料的产品分类、性能、试验仪器、抽样方法、试验步骤、检测数据的计算处理，依据最新的技术标准作了详尽的介绍，可供从事建筑防水材料的科研、检测、生产和施工等相关工程技术人员学习、参考。

笔者在编写本丛书过程中，参考了多位学者的著作文献、工具书、标准资料，并得到了许多单位和同仁的支持与帮助，在此对其作者、编者致以诚挚的谢意，并衷心希望得到各位同仁的帮助和指正。

本书由沈春林任主编，李芳、苏立荣、杨炳元任副主编，由杨乃浩、褚建军、康杰分、王玉峰、邱钰明、何克文、姚勇、王创焕、刘立、朱炳光、高德才、樊细杨、章宗友、王荣柱、郑楚群、蔡京福、翁立林、郭志贤、王志毅等参加编写。由于编者水平有限，加之时间仓促，不足之处在所难免，书中肯定存在着许多不足之处，敬请读者批评指正，提出宝贵意见和建议，以便再版之时更正。

编者
2007年11月

目 录

第一章 概 论

第一节 防水工程 1
  一、房屋建筑的基本构成 1
  二、建筑防水工程的功能和基本内容 2
  三、防水工程的分类 2
  四、防水工程的质量保证体系 3

第二节 建筑防水工程材料 4
  一、材料 4
  二、建筑材料 5
  三、建筑防水材料的类别 6
  四、建筑防水材料的性能和功能要求 6
    （一）建筑防水材料的共性要求 7
    （二）对于不同部位防水工程对材料的不同要求 7
  五、防水材料的选择和使用 8
  六、建筑防水材料试验的主要内容 9
    （一）物理力学性质 10
    （二）化学性质 15
    （三）耐久性 15

第二章 沥青防水材料

第一节 概述 16
  一、沥青材料的分类 16
  二、沥青材料的改性 17

第二节 石油沥青产品的基本试验方法 18
  一、石油沥青的取样 18
    （一）样品选择 18
    （二）样品数量 18
    （三）盛样器 18
    （四）样品的保护和存放 18
    （五）取样 19
  二、沥青软化点的测定（环球法） 20
    （一）方法概要 20
    （二）意义和应用 21

（三）仪器与材料 ··· 21
　　　（四）取样 ··· 22
　　　（五）准备工作 ·· 22
　　　（六）试验步骤 ·· 22
　　　（七）计算 ··· 23
　　　（八）精密度（95％置信度） ··· 23
　　　（九）报告 ··· 23
　　三、沥青延度的测定 ·· 23
　　　（一）方法概要 ·· 24
　　　（二）用途 ··· 24
　　　（三）仪器与材料 ··· 24
　　　（四）准备工作 ·· 25
　　　（五）试验步骤 ·· 25
　　　（六）精密度 ··· 25
　　　（七）报告 ··· 25
　　四、沥青针入度的测定 ·· 25
　　　（一）意义和用途 ··· 26
　　　（二）方法概要 ·· 26
　　　（三）仪器 ··· 26
　　　（四）样品的制备 ··· 27
　　　（五）试验步骤 ·· 27
　　　（六）精密度 ··· 28
　　　（七）报告 ··· 28
　　五、石油沥青脆点的测定 ··· 28
　　　（一）方法概要 ·· 28
　　　（二）仪器与材料 ··· 28
　　　（三）试验步骤 ·· 30
　　　（四）计算 ··· 30
　　　（五）精密度 ··· 30
　　　（六）报告 ··· 30
　　六、石油沥青溶解度的测定 ·· 30
　　　（一）方法概要 ·· 31
　　　（二）仪器与材料 ··· 31
　　　（三）试剂 ··· 31
　　　（四）试验准备 ·· 31
　　　（五）试验步骤 ·· 31
　　　（六）计算 ··· 32
　　　（七）精密度 ··· 32
　　　（八）报告 ··· 32
第三节　沥青及改性沥青 ·· 32
　一、建筑石油沥青 ·· 32
　　（一）产品的分类 ·· 32

(二) 技术要求和试验方法 …………………………………………………… 32
 二、重交通道路石油沥青 ……………………………………………………… 32
  (一) 产品的分类 ……………………………………………………………… 33
  (二) 技术要求和试验方法 …………………………………………………… 33
 三、道路石油沥青 ……………………………………………………………… 34
  (一) 产品的分类 ……………………………………………………………… 34
  (二) 技术要求和试验方法 …………………………………………………… 34
 四、煤沥青 ……………………………………………………………………… 34
  (一) 技术要求 ………………………………………………………………… 34
  (二) 试验方法 ………………………………………………………………… 34
 五、塑性体改性沥青 …………………………………………………………… 35
  (一) 产品的分类 ……………………………………………………………… 35
  (二) 技术要求 ………………………………………………………………… 35
  (三) 试验方法 ………………………………………………………………… 35
 六、弹性体改性沥青 …………………………………………………………… 38
  (一) 产品的分类 ……………………………………………………………… 38
  (二) 技术要求 ………………………………………………………………… 38
  (三) 试验方法 ………………………………………………………………… 39

第三章 建筑防水卷材

第一节 概述 ……………………………………………………………………… 44
第二节 防水卷材的基本试验方法 …………………………………………… 44
 一、建筑防水卷材的试验方法 ………………………………………………… 58
  (一) 沥青和高分子防水卷材 抽样的规则 (GB/T 328.1—2007) ………… 58
  (二) 沥青防水卷材 外观的测定 (GB/T 328.2—2007) …………………… 59
  (三) 高分子防水卷材 外观的测定 (GB/T 328.3—2007) ………………… 59
  (四) 沥青防水卷材 厚度、单位面积质量的测定 (GB/T 328.4—2007) … 60
  (五) 高分子防水卷材 厚度、单位面积质量的测定 (GB/T 328.5—2007) … 62
  (六) 沥青防水卷材 长度、宽度和平直度的测定 (GB/T 328.6—2007) … 63
  (七) 高分子防水卷材 长度、宽度、平直度和平整度的测定 (GB/T 328.7—2007) … 65
  (八) 沥青防水卷材 拉伸性能的测定 (GB/T 328.8—2007) ……………… 67
  (九) 高分子防水卷材 拉伸性能的测定 (GB/T 328.9—2007) …………… 68
  (十) 沥青和高分子防水卷材不透水性的测定 (GB/T 328.10—2007) …… 70
  (十一) 沥青防水卷材耐热性的测定 (GB/T 328.11—2007) ……………… 73
  (十二) 沥青防水卷材尺寸稳定性的测定 (GB/T 328.12—2007) ………… 77
  (十三) 高分子防水卷材尺寸稳定性的测定 (GB/T 328.13—2007) ……… 81
  (十四) 沥青防水卷材 低温柔性的测定 (GB/T 328.14—2007) ………… 83
  (十五) 高分子防水卷材 低温弯折性的测定 (GB/T 328.15—2007) …… 85
  (十六) 高分子防水卷材 耐化学液体 (包括水) 的测定 (GB/T 328.16—2007) … 87
  (十七) 沥青防水卷材 矿物料粘附性的测定 (GB/T 328.17—2007) …… 93
  (十八) 沥青防水卷材 撕裂性能 (钉杆法) 的测定 (GB/T 328.18—2007) … 98
  (十九) 高分子防水卷材 撕裂性能的测定 (GB/T 328.19—2007) ……… 99

（二十）沥青防水卷材　接缝剥离性能的测定（GB/T 328.20—2007） ……………… 101
　　（二十一）高分子防水卷材　接缝剥离性能的测定（GB/T 328.21—2007） ……………… 103
　　（二十二）沥青防水卷材　接缝剪切性能的测定（GB/T 328.22—2007） ……………… 105
　　（二十三）高分子防水卷材接缝剪切性能的测定（GB/T 328.23—2007） ……………… 106
　　（二十四）沥青和高分子防水卷材抗冲击性能的测定（GB/T 328.24—2007） ……………… 107
　　（二十五）沥青和高分子防水卷材抗静态荷载的测定（GB/T 328.25—2007） ……………… 111
　　（二十六）沥青防水卷材可溶物含量（浸涂材料含量）的测定（GB/T 328.26—2007） ……………… 113
　　（二十七）沥青和高分子防水卷材　吸水性的测定（GB/T 328.27—2007） ……………… 115
　　（二十八）附录《沥青防水卷材试验方法》（GB 328—89） ……………………………… 115
二、建筑防水材料的老化试验 ……………………………………………………………………… 125
　　（一）一般规定 …………………………………………………………………………………… 125
　　（二）热空气老化 ………………………………………………………………………………… 127
　　（三）臭氧老化 …………………………………………………………………………………… 129
　　（四）人工气候加速老化（氙弧灯） …………………………………………………………… 131
　　（五）人工气候加速老化（碳弧灯） …………………………………………………………… 134
　　（六）人工气候加速老化（荧光紫外—冷凝） ………………………………………………… 137
　　（七）附录 A（标准的附录）热空气老化试验箱温度均匀性的测定 ………………………… 138
　　（八）附录 B（标准的附录）热空气老化试验箱风速的测定 ………………………………… 139
　　（九）附录 C（标准的附录）热空气老化试验箱换气率的测定 ……………………………… 140
　　（十）附录 D（标准的附录）碳弧灯光源的性能和规定 ……………………………………… 140
　　（十一）附录 E（提示的附录）空气密度表 …………………………………………………… 141
　　（十二）附录 F（提示性附录）碳弧灯滤光器 ………………………………………………… 141
　　（十三）附录 G（提示的附录）典型的碳弧灯试验设备 ……………………………………… 141
三、建筑材料水蒸气透过性能的试验方法 ……………………………………………………… 141
　　（一）原理 ………………………………………………………………………………………… 141
　　（二）装置 ………………………………………………………………………………………… 142
　　（三）材料 ………………………………………………………………………………………… 143
　　（四）采样和试样制备 …………………………………………………………………………… 143
　　（五）试验程序 …………………………………………………………………………………… 144
　　（六）数据处理 …………………………………………………………………………………… 145
　　（七）报告 ………………………………………………………………………………………… 146
　　（八）附录 A（标准的附录）试样盘的设计和密封方法 ……………………………………… 147
　　（九）附录 B（标准的附录）水在不同温度条件下的饱和蒸气压力值 ……………………… 151
　　（十）附录 C（提示的附录）推荐的试验条件 ………………………………………………… 151
　　（十一）附录 D（提示的附录）试样封装边缘影响的修正 …………………………………… 152
　　（十二）附录 E（提示的附录）SI 制单位与英制单位间的转换 ……………………………… 152

第三节　沥青防水卷材 …………………………………………………………………………… 152
一、石油沥青纸胎防水卷材 ……………………………………………………………………… 153
　　（一）产品的分类和标记 ………………………………………………………………………… 154
　　（二）技术要求 …………………………………………………………………………………… 154
　　（三）检验方法 …………………………………………………………………………………… 155
　　（四）附录 A 石油沥青纸胎油毡、油纸检查方法（补充件） ………………………………… 156

7

二、石油沥青玻璃纤维毡防水卷材 ·· 156
    （一）产品的分类和标记 ··· 156
    （二）技术要求 ··· 157
    （三）试验方法 ··· 158
    （四）附录A　油毡耐霉菌试验方法（补充件） ·· 158
    （五）附录B　油毡人工加速气候老化试验方法（补充件） ·· 162

三、石油沥青玻璃纤维布胎防水卷材 ·· 165
    （一）产品的分类和标记 ··· 165
    （二）技术要求 ··· 165
    （三）试验方法 ··· 166

四、石油沥青玻璃纤维毡胎铝箔面防水卷材 ··· 166
    （一）产品的分类和标记 ··· 167
    （二）技术要求 ··· 167
    （三）试验方法 ··· 167
    （四）附录A　铝箔面油毡物理性能试验方法（补充件） ·· 168
    （五）附录B　油毡厚度的检测方法（补充件） ··· 171

五、煤沥青纸胎防水卷材 ··· 171
    （一）产品的分类和标记 ··· 171
    （二）技术要求 ··· 171
    （三）试验方法 ··· 172
    （四）附录A　煤沥青纸胎油毡可溶物含量试验方法（补充件） ································· 173

六、玻纤胎沥青瓦 ·· 174
    （一）产品的分类和标记 ··· 174
    （二）技术要求 ··· 174
    （三）试验方法 ··· 175
    （四）附录A（规范性附录）　矿物料粘附性试验方法 ··· 180
    （五）附录B（规范性附录）　玻纤胎沥青瓦抗风揭试验方法 ····································· 181

第四节　高聚物改性沥青防水卷材 ·· 183
  一、弹性体改性沥青防水卷材 ··· 184
    （一）产品的分类和标记 ··· 184
    （二）技术要求 ··· 185
    （三）试验方法 ··· 186

  二、塑性体改性沥青防水卷材 ··· 190
    （一）产品的分类和标记 ··· 190
    （二）技术要求 ··· 190
    （三）试验方法 ··· 191

  三、改性沥青聚乙烯胎防水卷材 ··· 191
    （一）产品的分类和标记 ··· 191
    （二）技术要求 ··· 192
    （三）试验方法 ··· 193

  四、再生胶油毡 ·· 197
    （一）技术要求 ··· 197

（二）检验方法 198
　五、聚合物改性沥青复合胎柔性防水卷材 201
　　（一）产品的分类和标记 201
　　（二）技术要求 202
　　（三）试验方法 202
　六、自粘橡胶沥青防水卷材 203
　　（一）产品的分类和标记 203
　　（二）技术要求 203
　　（三）试验方法 205
　七、自粘聚合物改性沥青聚酯胎防水卷材 207
　　（一）产品的分类和标记 207
　　（二）技术要求 208
　　（三）试验方法 208

第五节　合成高分子防水卷材 211
　一、高分子防水片材 211
　　（一）产品的分类和标记 212
　　（二）技术要求 213
　　（三）试验方法 213
　　（四）附录A（规范性附录）复合片芯层厚度测量 219
　　（五）附录B（规范性附录）低温弯折试验 220
　　（六）附录C（规范性附录）加热伸缩量试验 220
　　（七）附录D（规范性附录）片材粘结剥离强度试验 221
　二、聚氯乙烯（PVC）防水卷材 222
　　（一）产品的分类和标记 222
　　（二）技术要求 222
　　（三）试验方法 224
　三、氯化聚乙烯防水卷材 231
　　（一）产品的分类和标记 231
　　（二）技术要求 231
　　（三）试验方法 233
　四、三元丁橡胶防水卷材 240
　　（一）产品的分类和标记 241
　　（二）技术要求 241
　　（三）试验方法 242
　五、氯化聚乙烯-橡胶共混防水卷材 244
　　（一）产品的分类和标记 244
　　（二）技术要求 244
　　（三）试验方法 245
　六、高分子防水卷材胶粘剂 247
　　（一）产品的分类和标记 247
　　（二）技术要求 247
　　（三）试验方法 248

第四章 建筑防水涂料

第一节 概述 ······ 252
第二节 建筑防水涂料的基本试验方法 ······ 253
  一、标准试验条件 ······ 254
  二、固体含量的测定 ······ 254
  三、耐热度的测定 ······ 255
  四、粘结性的测定 ······ 256
  五、延伸性的测定 ······ 257
  六、拉伸性能的测定 ······ 259
  七、加热伸缩率的测定 ······ 261
  八、低温柔性的测定 ······ 262
  九、不透水性的测定 ······ 263
  十、干燥时间的测定 ······ 264
第三节 沥青类、改性沥青类防水涂料 ······ 265
  一、水乳型沥青防水涂料 ······ 266
    （一）产品的分类和标记 ······ 266
    （二）技术要求 ······ 266
    （三）试验方法 ······ 267
  二、皂液乳化沥青 ······ 271
    （一）技术要求 ······ 271
    （二）试验方法 ······ 272
  三、溶剂型高聚物改性沥青防水涂料 ······ 276
    （一）产品的分类和标记 ······ 276
    （二）技术要求 ······ 276
    （三）试验方法 ······ 277
第四节 合成高分子防水涂料 ······ 278
  一、聚氨酯防水涂料 ······ 278
    （一）产品的分类和标记 ······ 279
    （二）技术要求 ······ 279
    （三）试验方法 ······ 280
  二、聚氯乙烯弹性防水涂料 ······ 284
    （一）产品的分类和标记 ······ 284
    （二）技术要求 ······ 284
    （三）试验方法 ······ 285
  三、聚合物乳液建筑防水涂料 ······ 286
    （一）产品的分类和标记 ······ 287
    （二）技术要求 ······ 287
    （三）试验方法 ······ 287
  四、聚合物水泥防水涂料 ······ 290

（一）产品的分类和标记 ·· 290
　　（二）技术要求 ·· 291
　　（三）试验方法 ·· 291
五、建筑表面用有机硅防水剂 ·· 295
　　（一）产品的分类和标记 ·· 295
　　（二）技术要求 ·· 295
　　（三）试验方法 ·· 296
六、建筑防水涂料用聚合物乳液 ··· 298
　　（一）技术要求 ·· 298
　　（二）试验方法 ·· 298

第五章　建筑防水密封材料

第一节　概述 ·· 304
第二节　密封材料的基本试验方法 ·· 305
一、试验基材的规定（GB/T 13477.1—2002） ··· 311
　　（一）规范性引用文件 ··· 311
　　（二）试验基材 ·· 311
二、密度的测定（GB/T 13477.2—2002） ··· 312
　　（一）原理 ·· 312
　　（二）一般规定 ·· 313
　　（三）试验器具 ·· 313
　　（四）试验步骤 ·· 313
　　（五）试验结果计算 ·· 313
　　（六）试验报告 ·· 314
三、使用标准器具测定密封材料挤出性的方法（GB/T 13477.3—2002） ············· 314
　　（一）原理 ·· 314
　　（二）标准试验条件 ·· 314
　　（三）试验器具 ·· 314
　　（四）试验步骤 ·· 314
　　（五）试验报告 ·· 317
四、原包装单组分密封材料挤出性的测定（GB/T 13477.4—2002） ··················· 317
　　（一）原理 ·· 317
　　（二）试验器具 ·· 317
　　（三）包装的处理 ··· 317
　　（四）包装的准备 ··· 317
　　（五）试验步骤 ·· 318
　　（六）试验报告 ·· 318
五、表干时间的测定（GB/T 13477.5—2002） ·· 318
　　（一）原理 ·· 318
　　（二）标准试验条件 ·· 318
　　（三）试验器具 ·· 318
　　（四）试件制备 ·· 319

（五）试验步骤 ……………………………………………………………………………… 319
　　（六）试验报告 ……………………………………………………………………………… 319
六、流动性的测定（GB/T 13477.6—2002） …………………………………………………… 319
　　（一）原理 …………………………………………………………………………………… 319
　　（二）试验器具 ……………………………………………………………………………… 319
　　（三）试验方法 ……………………………………………………………………………… 320
　　（四）试验报告 ……………………………………………………………………………… 321
七、低温柔性的测定（GB/T 13477.7—2002） ………………………………………………… 321
　　（一）原理 …………………………………………………………………………………… 322
　　（二）标准试验条件 ………………………………………………………………………… 322
　　（三）试验器具 ……………………………………………………………………………… 322
　　（四）试件制备 ……………………………………………………………………………… 322
　　（五）试件处理 ……………………………………………………………………………… 322
　　（六）试验步骤 ……………………………………………………………………………… 322
　　（七）试验报告 ……………………………………………………………………………… 322
八、拉伸粘结性的测定（GB/T 13477.8—2002） ……………………………………………… 323
　　（一）原理 …………………………………………………………………………………… 323
　　（二）标准试验条件 ………………………………………………………………………… 323
　　（三）试验器具 ……………………………………………………………………………… 323
　　（四）试件制备 ……………………………………………………………………………… 324
　　（五）试件处理 ……………………………………………………………………………… 325
　　（六）试验步骤 ……………………………………………………………………………… 325
　　（七）试验结果计算 ………………………………………………………………………… 325
　　（八）试验报告 ……………………………………………………………………………… 325
九、浸水后拉伸粘结性的测定（GB/T 13477.9—2002） ……………………………………… 326
　　（一）原理 …………………………………………………………………………………… 326
　　（二）标准试验条件 ………………………………………………………………………… 326
　　（三）试验器具 ……………………………………………………………………………… 326
　　（四）试件制备 ……………………………………………………………………………… 327
　　（五）试件处理 ……………………………………………………………………………… 327
　　（六）试验步骤 ……………………………………………………………………………… 327
　　（七）试验结果计算 ………………………………………………………………………… 328
　　（八）试验报告 ……………………………………………………………………………… 328
十、定伸粘结性的测定（GB/T 13477.10—2002） …………………………………………… 328
　　（一）原理 …………………………………………………………………………………… 328
　　（二）标准试验条件 ………………………………………………………………………… 328
　　（三）试验器具 ……………………………………………………………………………… 328
　　（四）试件制备 ……………………………………………………………………………… 330
　　（五）试件处理 ……………………………………………………………………………… 330
　　（六）试验步骤 ……………………………………………………………………………… 330
　　（七）试验报告 ……………………………………………………………………………… 330
十一、浸水后定伸粘结性的测定（GB/T 13477.11—2002） ………………………………… 331

|　　（一）原理 ··· 331
|　　（二）标准试验条件 ·· 331
|　　（三）试验器具 ·· 332
|　　（四）试件制备 ·· 332
|　　（五）试件处理 ·· 332
|　　（六）试验步骤 ·· 333
|　　（七）试验报告 ·· 333
十二、同一温度下拉伸—压缩循环后粘结性的测定（GB/T 13477.12—2002） ··· 333
|　　（一）原理 ··· 333
|　　（二）标准试验条件 ·· 334
|　　（三）试验器具 ·· 334
|　　（四）试件制备 ·· 334
|　　（五）试件处理 ·· 335
|　　（六）试验步骤 ·· 335
|　　（七）试验报告 ·· 335
十三、冷拉—热压后粘结性的测定（GB/T 13477.13—2002） ················· 335
|　　（一）原理 ··· 336
|　　（二）标准试验条件 ·· 336
|　　（三）试验器具 ·· 336
|　　（四）试件制备 ·· 337
|　　（五）试件处理 ·· 337
|　　（六）试验步骤 ·· 337
|　　（七）试验报告 ·· 338
十四、浸水及拉伸—压缩循环后粘结性的测定（CB/T 13477.14—2002） ······ 338
|　　（一）原理 ··· 338
|　　（二）标准试验条件 ·· 338
|　　（三）试验器具 ·· 338
|　　（四）试件制备 ·· 339
|　　（五）试件处理 ·· 339
|　　（六）试验步骤 ·· 340
|　　（七）试验报告 ·· 340
十五、经过热、透过玻璃的人工光源和水暴露后粘结性的测定
　　　（GB/T 13477.15—2002） ··· 341
|　　（一）原理 ··· 341
|　　（二）标准试验条件 ·· 341
|　　（三）试验器具 ·· 341
|　　（四）试件制备 ·· 342
|　　（五）试件处理 ·· 343
|　　（六）试验步骤 ·· 343
|　　（七）试验报告 ·· 344
十六、压缩特性的测定（GB/T 13477.16—2002） ···························· 344
|　　（一）原理 ··· 344

13

（二）试验器具 ………………………………………………………………………… 344
　　（三）试件制备 ………………………………………………………………………… 344
　　（四）试件处理 ………………………………………………………………………… 345
　　（五）试验步骤 ………………………………………………………………………… 345
　　（六）试验报告 ………………………………………………………………………… 345
十七、弹性恢复率的测定（GB/T 13477.17—2002） ……………………………………… 346
　　（一）原理 ……………………………………………………………………………… 346
　　（二）标准试验条件 …………………………………………………………………… 346
　　（三）试验器具 ………………………………………………………………………… 346
　　（四）试件制备 ………………………………………………………………………… 347
　　（五）试件处理 ………………………………………………………………………… 347
　　（六）试验步骤 ………………………………………………………………………… 347
　　（七）试验结果计算 …………………………………………………………………… 348
　　（八）试验报告 ………………………………………………………………………… 348
十八、剥离粘结性的测定（GB/T 13477.18—2002） ……………………………………… 348
　　（一）原理 ……………………………………………………………………………… 348
　　（二）标准试验条件 …………………………………………………………………… 349
　　（三）试验器具 ………………………………………………………………………… 349
　　（四）试件制备 ………………………………………………………………………… 349
　　（五）试验步骤 ………………………………………………………………………… 350
　　（六）试验报告 ………………………………………………………………………… 350
十九、质量与体积变化的测定（GB/T 13477.19—2002） ………………………………… 350
　　（一）原理 ……………………………………………………………………………… 350
　　（二）试验器具 ………………………………………………………………………… 351
　　（三）试件制备 ………………………………………………………………………… 351
　　（四）试验步骤 ………………………………………………………………………… 351
　　（五）试验结果计算 …………………………………………………………………… 351
　　（六）试验报告 ………………………………………………………………………… 352
二十、污染性的测定（GB/T 13477.20—2002） …………………………………………… 352
　　（一）原理 ……………………………………………………………………………… 352
　　（二）标准试验条件 …………………………………………………………………… 352
　　（三）试验器具 ………………………………………………………………………… 353
　　（四）试验方法 A ……………………………………………………………………… 353
　　（五）试验方法 B ……………………………………………………………………… 353
　　（六）试验报告 ………………………………………………………………………… 354
二十一、附录建筑密封材料试验方法（GB/T 13477—92） ……………………………… 355
　　（一）主题内容与适用范围 …………………………………………………………… 355
　　（二）标准试验条件 …………………………………………………………………… 355
　　（三）密度的测定 ……………………………………………………………………… 355
　　（四）挤出性的测定 …………………………………………………………………… 356
　　（五）表干时间的测定 ………………………………………………………………… 358
　　（六）渗出性的测定 …………………………………………………………………… 358

（七）下垂度的测定 ··· 359
（八）低温柔性的测定 ··· 360
（九）拉伸粘结性能的测定 ··· 361
（十）定伸粘结性能的测定 ··· 363
（十一）恢复率的测定 ··· 363
（十二）剥离粘结性的测定 ··· 365
（十三）拉伸-压缩循环性能的测定 ····································· 366

第三节　油基和沥青基防水密封材料 ···································· 368
一、沥青玛琋脂 ··· 368
（一）沥青玛琋脂标号的选用及技术性能 ································· 369
（二）沥青玛琋脂的试验方法（GB 50345—2004） ························· 369
二、沥青防水密封材料 ··· 370
（一）特点 ··· 370
（二）组成材料 ··· 371
（三）技术性能指标 ··· 371
（四）试验方法 ··· 371
三、聚氯乙烯建筑防水接缝材料 ······································· 374
（一）产品的分类和标记 ··· 374
（二）技术要求 ··· 374
（三）试验方法 ··· 374
四、建筑门窗用油灰 ··· 376
（一）技术要求 ··· 376
（二）测试方法 ··· 377

第四节　合成高分子防水密封胶 ·· 381
一、硅酮建筑密封胶 ··· 381
（一）产品的分类和标记 ··· 382
（二）技术要求 ··· 382
（三）试验方法 ··· 382
二、建筑用硅酮结构密封胶 ··· 385
（一）产品的分类和标记 ··· 385
（二）技术要求 ··· 385
（三）试验方法 ··· 386
（四）附录 A（规范性附录）结构装配系统用附件同密封胶相容性试验方法
　　（GB 16776—2005） ··· 389
（五）附录 B（规范性附录）实际工程用基材同密封胶粘结性试验方法（GB 16776—2005） ··· 392
（六）附录 D（资料性附录）施工装配中结构密封胶的试验方法（GB 16776—2005） ······ 392
三、聚氨酯建筑密封胶 ··· 397
（一）产品的分类和标记 ··· 397
（二）技术要求 ··· 397
（三）试验方法 ··· 398
四、聚硫建筑密封胶 ··· 401
（一）产品的分类和标记 ··· 401

（二）技术要求 …………………………………………………………………………… 401
　　（三）试验方法 …………………………………………………………………………… 402
五、丙烯酸酯建筑密封胶 ………………………………………………………………………… 404
　　（一）产品的分类和标记 ………………………………………………………………… 404
　　（二）技术要求 …………………………………………………………………………… 404
　　（三）试验方法 …………………………………………………………………………… 405
六、建筑窗用弹性密封胶 ………………………………………………………………………… 408
　　（一）产品的分类和标记 ………………………………………………………………… 408
　　（二）技术要求 …………………………………………………………………………… 408
　　（三）试验方法 …………………………………………………………………………… 409
七、中空玻璃用弹性密封胶 ……………………………………………………………………… 413
　　（一）产品的分类和标记 ………………………………………………………………… 413
　　（二）技术要求 …………………………………………………………………………… 414
　　（三）试验方法 …………………………………………………………………………… 414
八、混凝土建筑接缝用密封胶 …………………………………………………………………… 417
　　（一）产品的分类和标记 ………………………………………………………………… 417
　　（二）技术要求 …………………………………………………………………………… 418
　　（三）试验方法 …………………………………………………………………………… 418
　　（四）附录A（标准的附录）建筑密封材料浸水后定伸粘结性能的测定 …………… 422
　　（五）附录B（标准的附录）建筑密封材料在可变温度下粘结和内聚性能的测定 … 424
　　（六）附录C（标准的附录）建筑密封材料在恒定温度下粘结和内聚性能的测定 … 426
　　（七）附录D（标准的附录）建筑密封材料浸水后拉伸粘结性能的测定 …………… 428
　　（八）附录E（标准的附录）建筑密封材料质量和体积变化的测定 ………………… 430
九、幕墙玻璃接缝用密封胶 ……………………………………………………………………… 431
　　（一）产品的分类和标记 ………………………………………………………………… 431
　　（二）技术要求 …………………………………………………………………………… 432
　　（三）试验方法 …………………………………………………………………………… 433
十、石材用建筑密封胶 …………………………………………………………………………… 435
　　（一）产品的分类和标记 ………………………………………………………………… 435
　　（二）技术要求 …………………………………………………………………………… 436
　　（三）试验方法 …………………………………………………………………………… 437
　　（四）附录A（标准的附录）用于多孔性基材的接缝密封胶污染性标准试验方法 … 440
　　（五）GB 16776—1997 附录A（标准的附录）相容性试验方法 …………………… 441
十一、彩色涂层钢板用建筑密封胶 ……………………………………………………………… 443
　　（一）产品的分类和标记 ………………………………………………………………… 444
　　（二）技术要求 …………………………………………………………………………… 444
　　（三）试验方法 …………………………………………………………………………… 444
十二、建筑用防霉密封胶 ………………………………………………………………………… 448
　　（一）产品的分类和标记 ………………………………………………………………… 449
　　（二）技术要求 …………………………………………………………………………… 449
　　（三）试验方法 …………………………………………………………………………… 449
十三、中空玻璃用丁基热熔密封胶 ……………………………………………………………… 451

| （一）技术要求 | 451 |
| （二）试验方法 | 451 |

十四、单组分聚氨酯泡沫填缝剂 453
（一）产品的分类和标记	453
（二）技术要求	454
（三）试验方法	454
（四）附录A（资料性附录）单组分聚氨酯泡沫填缝剂中氯氟化碳（CFCs）的检测方法	458

第五节 预制密封材料

一、高分子防水材料止水带 459
（一）产品的分类和标记	460
（二）技术要求	460
（三）试验方法	461

二、遇水膨胀橡胶 462
（一）定义、产品的分类和标记	463
（二）技术要求	463
（三）试验方法	464
（四）附录A（标准的附录）体积膨胀倍率试验方法Ⅰ	465
（五）附录B（标准的附录）体积膨胀倍率试验方法Ⅱ	466
（六）附录C（标准的附录）低温弯折试验	466

三、丁基橡胶防水密封胶粘带 467
（一）产品的分类和标记	467
（二）技术要求	468
（三）试验方法	469

四、膨润土橡胶遇水膨胀止水条 472
（一）产品的分类及型号	473
（二）技术要求	474
（三）试验方法	474

第六章 刚性防水与堵漏材料

第一节 概述 478
第二节 刚性防水材料 479

一、水泥基渗透结晶型防水材料 479
（一）产品的分类和标记	479
（二）技术要求	479
（三）试验方法	480

二、明矾石膨胀水泥 483
（一）组分材料和标号	483
（二）技术要求	483
（三）试验方法	484
（四）附录A（标准的附录）明矾石膨胀水泥不透水性检验方法	484

三、砂浆、混凝土防水剂 484

(一) 定义 ··· 485
(二) 技术要求 ··· 485
(三) 试验方法 ··· 486
四、混凝土膨胀剂 ··· 490
(一) 产品分类 ··· 490
(二) 技术要求 ··· 490
(三) 试验方法 ··· 491
(四) 附录A（标准的附录）混凝土膨胀剂的限制膨胀率试验方法 ·········· 491
五、聚合物水泥防水砂浆 ··· 494
(一) 产品的分类和标记 ··· 494
(二) 技术要求 ··· 494
(三) 试验方法 ··· 495
六、水性渗透型无机防水剂 ··· 497
(一) 分类与标记 ·· 497
(二) 技术要求 ··· 497
(三) 试验方法 ··· 497
七、钠基膨润土防水毯 ·· 499
(一) 分类与标记 ·· 499
(二) 技术要求 ··· 501
(三) 试验方法 ··· 501
(四) 附录A（规范性附录）钠基膨润土防水毯渗透系数的测定 ············· 503
(五) 附录B（规范性附录）钠基膨润土防水毯耐静水压的测定 ············· 505

第三节 止水堵漏材料 ·· 506
一、无机防水堵漏材料 ·· 506
(一) 产品的分类和标记 ··· 506
(二) 技术要求 ··· 506
(三) 试验方法 ··· 506
二、水泥基灌浆材料 ··· 509
(一) 原材料要求 ·· 509
(二) 技术要求 ··· 510
(三) 试验方法 ··· 510
三、混凝土裂缝用环氧树脂灌浆材料 ··· 511
(一) 产品的分类和标记 ··· 511
(二) 技术要求 ··· 511
(三) 试验方法 ··· 512
(四) 检验规则 ··· 514

主要参考文献 ··· 516

第一章 概 论

第一节 防水工程

一、房屋建筑的基本构成

一般的民用建筑主要由基础、墙体、楼地面、楼梯、屋面、门窗等构件组成,工业建筑则有单层厂房、多层厂房及混合层数的厂房之分。这些构件由于所处的位置不同,故其各起着不同的作用。

基础是建筑物最下部的承重构件,其作用是承受建筑物的全部荷载,并把这些荷载传给地基。因此,基础必须具备足够的强度和稳定性,并能抵御地下各种有害因素的侵蚀。

墙体是建筑物的承重构件和围护构件。作为承重构件的外墙,其作用是承重并抵御自然界各种因素对室内的侵袭;内墙起着分隔空间的作用。在框架或排架结构中柱起承重作用,墙仅起围护作用。因此,对墙体的要求根据其功能的不同,应具有足够的强度、稳定性、保温和隔热、隔声、环保、防火、防水、耐久、经济等性能。

楼地面是指楼面和地面。楼面即楼板层,它是建筑物水平方向的承重构件,并在竖向将整幢建筑物按层高划分为若干部分。楼层的作用是承受家具、设备和人体以及本身等的荷载,并把这些荷载传给墙(或柱)。同时,墙面还对墙身起水平支撑作用,增强建筑的刚度和整体性。因此,墙面必须具有足够的强度和刚度、以及隔声性能,对水有侵蚀的房间,还应具有防潮和防水性能。地面又称地坪,它是底层房间与地基土层相接的构件,起承受底层房间荷载的作用。因此,地面不仅应有一定的承载能力,还应具有耐磨、防潮、防水和保温的性能。

楼梯是楼房建筑的垂直交通设施,供人和物上下楼层和紧急疏散之用。因此,楼梯应有适宜的坡度、足够的通行能力以及防火、防滑性能,确保安全使用。

屋面是建筑物顶部的承重和围护构件。作为承重构件,它承受着建筑物顶部的各种荷载,并将荷载传给墙或柱;作为围护构件,它抵御着自然界中雨、雪、太阳辐射等对建筑物顶层房间的影响。因此,屋顶应具有足够的强度和刚度,并要有防水、保温和隔热等性能。

门窗属非承重构件,也称配件。门的作用主要是供人们内外出入和分隔房间,有时也兼有采光、通风、分隔、眺望等围护作用。根据建筑使用空间的要求不同,门和窗还应有一定的密封、保温、隔声、防火、防水、防风沙的能力。

建筑物中,除了上述的基本组成构件以外,还有许多特有的构件和配件,例如:烟道、阳台、雨篷、台阶等。

二、建筑防水工程的功能和基本内容

建筑防水工程是建筑工程中的一个重要组成部分,建筑防水技术是保证建筑物和构筑物的结构不受水的侵袭,内部空间不受水危害的专门措施。具体而言,是指为防止雨水、生产或生活用水、地下水、滞水、毛细管水以及人为因素引起的水文地质改变而产生的水渗入建筑物、构筑物内部或防止蓄水工程向外渗漏所采取的一系列结构、构造和建筑措施。概括地讲,防水工程包括防止外水向防水建筑内部渗透、蓄水结构内的水向外渗漏和建筑物、构筑物内部相互止水三大部分。

建筑物防水工程涉及建筑物、构筑物的地下室、楼地面、墙体、屋面等诸多部位,其功能就是要使建筑物或构筑物在设计耐久年限内,防止各类水的侵蚀,确保建筑结构及内部空间不受污损,为人们提供一个舒适和安全的生活环境。对于不同部位的防水,其防水功能的要求是有所不同的。

屋面防水的功能是防止雨水或人为因素产生的水从屋面渗入建筑物内部所采取的一系列结构、构造和建筑措施,对于屋面有综合利用要求的,如用作活动场所、屋顶花园,则对其防水的要求将更高。屋面防水工程的做法很多,大体上可分为:卷材防水屋面、涂膜防水屋面、刚性防水屋面、保温隔热屋面、瓦材防水屋面等;

墙体防水的功能是防止风雨袭击时,雨水通过墙体渗透到室内。墙面是垂直的,雨水虽无法停留,但墙面有施工构造缝以及毛细孔等,雨水在风力作用下,产生渗透压力可达到室内。

楼地面防水的功能是防止生活、生产用水和生活、生产产生的污水渗漏到楼下或通过隔墙渗入其他房间,这些场所管道多,用水量集中,飞溅严重。有时不但要防止渗漏,还要防止酸碱液体的侵蚀,尤其是化工生产车间。

贮水池和贮液池等的防水功能是防止水或液体往外渗漏,设在地下时还要考虑地下水向里渗漏。贮水池和贮液池等结构除本身具有防水能力外,一般还将防水层设在内部,并且要求所使用防水材料不能污染水质或液体,同时又不能被贮液所腐蚀。

建筑防水工程的主要内容见表1-1。

建筑防水工程的主要内容 表1-1

类 别			防水工程的主要内容
建筑物地上工程防水	屋面防水		混凝土结构自防水、卷材防水、涂膜防水、砂浆防水、瓦材防水、金属屋面防水、屋面接缝密封防水
	墙地面防水	墙体防水	混凝土结构自防水、砂浆防水、卷材防水、涂膜防水、接缝密封防水
		地面防水	混凝土结构自防水、砂浆防水、卷材防水、涂膜防水、接缝密封防水
建筑物地下工程防水			混凝土结构自防水、砂浆防水、卷材防水、涂膜防水、接缝密封防水、注浆防水、排水、塑料板防水、金属板防水、特殊施工法防水
特种工程防水			特种构筑物防水、路桥防水、市政工程防水、水工建筑物防水等

三、防水工程的分类

建筑防水工程的分类,可依据设防的部位、设防的方法、所采用的设防材料性能和品种来进行分类。

1. 按土木工程的类别进行分类

防水工程就土木工程的类别而言，可分为建筑物防水和构筑物防水。

2. 按设防的部位进行分类

依据房屋建筑的基本构成及各构件所起的作用，按建筑物、构筑物工程设防的部位可将防水工程划分为地上防水工程和地下防水工程。地上防水工程包括屋面防水工程、墙体防水工程和地面防水工程。地下防水是指地下室、地下管沟、地下铁道、隧道、地下建筑物、地下构筑物等处的防水。

屋面防水是指各类建筑物、构筑物屋面部位的防水；

墙体防水是指外墙立面、坡面、板缝、门窗、框架梁底、柱边等处的防水；

地面防水是指楼面、地面以及卫生间、浴室、盥洗间、厨房、开水间楼地面、管道等处的防水；

特殊建筑物、构筑物等部位的防水是指水池、水塔、室内游泳池、喷水池、四季厅、室内花园、储油罐、储油池等处的防水。

3. 按设防方法分类

按设防方法可将防水工程分为复合防水和构造自防水等。

复合防水是指采用各种防水材料进行防水的一种新型防水做法。在设防中采用多种不同性能的防水材料，利用各自具有的特性，在防水工程中复合使用，发挥各种防水材料的优势，以提高防水工程的整体性能，做到"刚柔结合，多道设防，综合治理"。如在节点部位，可用密封材料或性能各异的防水材料与大面积的一般防水材料配合使用，形成复合防水。

构造自防水是指采用一定形式或方法进行构造自防水或结合排水的一种防水做法。如地铁车站为防止侧墙渗水采用的双层侧墙内衬墙（补偿收缩防水钢筋混凝土）、为防止顶板结构产生裂纹而设置的诱导缝和后浇带、为解决地铁结构漂浮而在底板下设置的倒滤层（渗排水层）等。

4. 按设防材料的品种分类

防水工程按设防材料的品种可分为：卷材防水、涂膜防水、密封材料防水、混凝土和水泥砂浆防水、塑料板防水、金属板防水等。

5. 按设防材料性能分类

按设防材料的性能进行分类，可将防水工程分为刚性防水和柔性防水。

刚性防水是指采用防水混凝土和防水砂浆作防水层。防水砂浆防水层则是利用抹压均匀、密实的素灰和水泥砂浆分层交替施工，以构成一个整体防水层。由于是相间抹压的，各层残留的毛细孔道相互弥补，从而阻塞了渗漏水的通道，因此具有较高的抗渗能力。

柔性防水则是采用有防水作用的柔性材料作防水层，如卷材防水层、涂抹防水层、密封材料防水等。

四、防水工程的质量保证体系

防水工程的整体质量要求是不渗不漏，保证排水畅通，是建筑物具有良好的防水和使用功能，要保证地下工程的质量，涉及材料、设计、施工、维护以及管理诸多方面的因素，材料是基础，设计是前提，施工是关键，管理是保证，因此必须实施"综合治理"的原则方可获得防水工程的质量保证。

第二节 建筑防水工程材料

一、材料

材料是指具有能满足指定工作条件下使用要求的形态和物理性状的一类物质，材料是人类赖以生存的物质基础。

材料是和一定的用途相联系的，其可由一种或几种物质构成，同一种物质，亦因其制备方法或加工方法的不同，可成为使用场合各异的不同类型的材料。由化学物质或原料转变为适用于一定用途的材料，其转变过程称之为材料化过程或称为材料工艺过程，聚合物材料中的各种成型加工过程等，都属于材料化过程。

构成材料的品种繁多，为了研究、使用的方便，人们常从不同的角度对材料进行分类，其分类方法最常用的是按材料的化学成分、使用功能和使用领域进行分类。

材料依其化学成分一般可分为金属材料、非金属材料和复合材料三大类。金属材料可分为黑色金属和有色金属材料；非金属材料可分为无机非金属材料和有机非金属材料；复合材料则可以再分为金属-金属复合材料、非金属-非金属复合材料、金属-非金属复合材料等几类。材料依其使用功能可分为结构材料、功能材料等；依其适用领域可分为建筑材料、医用材料、电子材料、研磨材料、耐火材料、耐蚀材料等。

高分子材料是非金属材料的一个重要组成部分，高分子又称聚合物、高分子化合物、高聚物，是天然高分子和合成高分子化合物的总称。高分子化合物是一类品种繁多、应用广泛、存在普遍的物质，如自然界的蛋白质、淀粉、纤维，人工合成的塑料、橡胶、合成纤维等。这类物质之所以称为高分子，其特点是分子量较高，常见的高分子其分子量一般在 $10^3 \sim 10^7$ 之间，其分子是由千百万个原子彼此以共价键（少量高分子也以离子键）相连而组成。

高分子材料其分子量虽大，原子虽多，但其结构却有规律性，一般是由一种（均聚物）或几种（共聚物）简单的化合物经过不断的重复而组成聚合物的。根据分子量大小的不同，可以把聚合物分为齐聚物、低聚物和高聚物。重复单元仅为一种的称为均聚物，分子内包含两种或两种以上重复单元的称为共聚物。

高分子聚合物通常把合成聚合物所用的低分子原料称之为单体，由单体经化学反应形成聚合物的过程称为聚合反应，许多相同的小分子聚合成线型大分子，像一条长长的链，称这种链状分子为"分子链"，其中每个重复结构单元称为链节。如防水材料中的聚氯乙烯（PVC）是以氯乙烯为原料聚合而成的，即

$$n\text{CH}=\text{CH}_2 \longrightarrow \text{[CH}-\text{CH}_2\text{]}_n$$
$$\quad\quad |\quad\quad\quad\quad\quad\quad |$$
$$\quad\quad \text{Cl}\quad\quad\quad\quad\quad\;\; \text{Cl}$$

在此，$\text{[CH}_2-\text{CHCl]}_n$ 是聚氯乙烯的结构式，它表示其分子是由 n 个基本结构单元 $-\text{CH}_2-\text{CHCl}-$ 重复连接而成，所以其结构单元又称重复结构单元，n 代表重复结构单元的数目，又称聚合度（$\overline{\text{DP}}$）。聚氯乙烯的结构单元与单体的原子种类和原子数目完全相

同，故其结构单元又可称为单体单元。但对于由两种单体经过反应得到的缩聚物，其重复结构单元是由两种结构单元组成，其结构单元与单体的组成是由两种结构单元组成，其结构单元与单体的组成不完全相同，重复结构单元＝链节≠基本结构单元。

对于线型高分子，聚合物的分子量等于聚合度 $\overline{DP}$（或链节 n）和重复单元式量 M_0 的乘积。

$$M=\overline{DP}\times M_0=n\cdot M_0$$

在这类聚合物中，重复单元、结构单元、单体单元是相同的。

有的高分子聚合物，基本结构单元与重复结构单元不同，例由己二胺和己二酸缩聚制得的聚酰胺：

$$n\mathrm{H_2N(CH_2)_6NH_2}+n\mathrm{HOOC(CH_2)_4COOH}\longrightarrow \mathrm{[NH(CH_2)_6NHCO(CH_2)_4CO]}_n+(2n-1)\mathrm{H_2O}$$

聚合物主要用作材料，根据制成材料的性质和用途，习惯上可将聚合物分为塑料、橡胶、纤维三大类，即平时我们常说的三大合成材料，现也有加上涂料、胶粘剂，分为五大类。按聚合物的功能又可分为通用高分子材料、特殊高分子材料、功能高分子材料。根据聚合物生成反应或聚合物结构，可将聚合物分为线型聚合物、接枝共聚物、嵌段共聚物（又称镶嵌共聚物）、网状共聚物等。从高分子化学角度来看，一般以有机化合物分类为基础，根据主链结构，可将聚合物分成碳链聚合物、杂链聚合物和元素有机聚合物三大类。碳链聚合物大分子主链完全由碳原子组成，绝大部分烯类和二烯类聚合物属于这一类，如聚乙烯、聚苯乙烯、聚氯乙烯等。杂链聚合物大分子主链中除碳原子外，还有氧、氮、硫等杂原子，如聚氨酯、聚醚、聚酯、聚酰胺、聚硫橡胶等，这类大分子中都有特征基团，它们在建筑防水材料中多应用于防水涂料、堵漏止水材料、密封材料、胎体材料。元素有机聚合物大分子主链中没有碳原子，主要由硅、硼、铝和氧、氮、硫、磷等原子组成，但其侧基则由有机基团组成，如甲基、乙基、乙烯基、芳基等，有机硅橡胶就是其典型的例子。

二、建筑材料

建筑材料是依据材料的使用领域进行分类得出的一个类别。

建筑材料是建筑物和构筑物所用的全部材料及其制品的总称，建筑材料是一切建筑工程的物质基础。构成建筑材料的品种繁多，如水泥、砂石、钢材、混凝土、砂浆、砌块、预构件、涂料、玻璃等。为了研究、使用的方便，人们常从不同的角度对建筑材料进行分类，其分类最常用的亦是按材料化学成分和使用功能分类，参见图1-1。

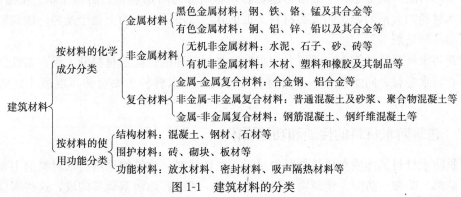

图1-1 建筑材料的分类

建筑材料按其使用功能则可以分为结构材料、围护材料和功能材料等三类。结构材料主要是指利用其力学性能，构成建筑物受力构件和结构所用的材料，如混凝土、钢材、石材等材料；围护材料是指用于建筑物维护结构的材料，如墙体、门窗等部位使用的砖、砌块、板材等材料；功能材料主要是指利用其特殊的物理性能、制造能担负某些建筑功能的非承重用材料，如建筑防水材料、建筑密封材料、吸声隔热材料、建筑装饰材料等。

建筑防水材料是指应用于建筑物和构筑物中起着防潮、防漏、保护建筑物和构筑物及其构件不受水侵蚀破坏作用的一类建筑材料。

建筑防水材料的防潮作用是指防止地下水或地基中的盐分等腐蚀性物质渗透到建筑构件的内部；防止雨水、雪水从屋顶、墙面或混凝土构件的接缝之间渗漏到建筑构件内部以及蓄水结构内的水向外渗漏和建筑物、构筑物内部相互止水。建筑防水材料是各类建筑物和构筑物不可缺少的一类功能性材料，是建筑材料的一个重要的组成部分。目前已广泛应用于工业与民用建筑、市政建设、地下工程、道路桥梁、隧道涵洞等领域。

随着现代科学技术（尤其是高分子材料）的高速发展，高分子聚合物改性沥青、丙烯酸酯、聚氨酯、聚硅氧烷等合成高分子材料已在建筑防水材料工业中得到了广泛的应用，一大批新型建筑防水材料产品已得到开发和广泛的应用，在防水混凝土、防水砂浆、瓦材等无机刚性防水材料中亦引入了丙烯酸酯、有机硅等大量的高分子材料，目前这些新型防水材料产品已在工程应用中取得了较好的效果。目前我国已基本上发展成门类齐全、产品规格档次配套、工艺装备开发已经初具规模的防水材料生产工业体系。许多新型建筑防水材料已逐步向国际水平靠拢，在品种上改性沥青防水卷材、合成高分子防水卷材、高聚物改性沥青防水涂料、合成高分子防水涂料、合成高分子防水密封材料、刚性防水和堵漏止水材料等一系列国际上有的防水材料，我国基本上都已具备。国产的建筑防水材料已能基本保证国家重点工程、工农业建筑、市政设施和民用住宅等建筑工程对高、中、低不同档次防水材料的使用要求。

三、建筑防水材料的类别

建筑物和构筑物的防水是依靠具有防水性能的材料来实现的，防水材料质量的优劣直接关系到防水层的耐久年限。随着石油、化工、建材工业的快速发展和科学技术的发展，防水材料已从少数材料品种迈向多类型、多品种的格局，数量越来越多，性能各异。依据建筑防水材料的外观形态，一般可将建筑防水材料分为防水卷材、防水涂料、密封材料、刚性防水材料四大系列，这四大类材料又根据其组成不同可分为上百个品种。建筑防水材料的大类品种见图1-2。

建筑防水材料从性能上一般可分为柔性防水材料和刚性防水材料两大类：柔性防水材料主要有防水卷材、防水涂料、密封材料等；刚性防水材料主要有防水混凝土、防水砂浆等。

四、建筑防水材料的性能和功能要求

建筑防水材料其性质在建筑材料中属于功能性材料。建筑物采用防水材料的主要目的是为了防潮、防渗、防漏。建筑物一般均由屋面、墙面、地面基础等构成，这些部位均是

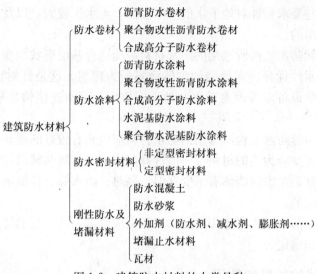

图 1-2　建筑防水材料的大类品种

建筑防水的重要部位。防水就是要防止建筑物各部位由于各种因素产生的裂缝或构件的接缝之间出现渗水。凡建筑物或构筑物为了满足防潮、防渗、防漏功能所采用的材料则称之为建筑防水材料。

建筑防水工程的质量，在很大程度上取决于防水材料性能和质量，应用于防水工程中的防水材料必须符合国家和行业的材料质量标准。

防水工程的质量在很大程度上取决于防水材料的性能和质量，材料是防水工程的基础。我们在进行防水工程施工时，所采用的防水材料必须符合国家或行业的材料质量标准，并应满足设计要求。但不同的防水做法，对材料也应有不同的防水功能要求。

（一）建筑防水材料的共性要求

材料是防水工程的基础。在进行防水工程施工时，所采用的防水材料必须满足设计要求。

（1）具有良好的耐候性，对光、热、臭氧等应具有一定的承受能力。

（2）具有抗水渗透和耐酸碱性能。

（3）对外界温度和外力具有一定的适应性，即材料的拉伸强度要高，断裂伸长率要大，能承受温差变化以及各种外力与基层伸缩、开裂所引起的变形。

（4）整体性好，既能保持自身的粘合性，又能与基层牢固粘结，同时在外力作用下，有较高的剥离强度，形成稳定的不透水整体。

（二）对于不同部位防水工程对材料的不同要求

对于不同部位的防水工程和不同的防水做法，对防水材料的性能要求也各有其侧重点，具体要求如下：

（1）屋面防水工程所采用的防水材料其耐候性、耐温度、耐外力的性能尤为重要。因为屋面防水层，尤其是不设保温层的外露防水层长期经受风吹、雨淋、日晒、雪冻等恶劣的自然环境侵袭和基层结构的变形影响。

（2）地下防水工程所采用的防水材料必须具备优质的抗渗能力和伸长率，具有良好的整体不透水性。这些要求是针对地下水的不断侵蚀，且水压较大，以及地下结构可能产生的变形等条件而提出的。

（3）室内厕浴间防水工程所选用的防水材料应能适合基层形状的变化并有利于管道设备的敷设，以不透水性优异、无接缝的整体涂膜最为理想。这是针对面积小、穿墙管洞多、阴阳角多、卫生设备多等因素带来与地面、楼面、墙面连接构造较复杂等特点而提出的。

（4）建筑外墙板缝防水工程所选用的防水材料应以具有较好的耐候性、高延长率以及粘结性、抗下垂性等性能为主的材料，一般选择防水密封材料并辅以衬垫保温隔热材料进行配套处理为宜。这是考虑到墙体有承受保温、隔热、防水综合性能的需要和缝隙构造连接的特殊形式而提出的。

（5）特殊构筑物防水工程所选用的防水材料则应依据不同工程的特点和使用功能的不同要求，由设计酌情选定。

五、防水材料的选择和使用

防水材料由于品种和性能各异，因此各有着不同的优缺点，也各具有相应的使用范围和要求，尤其是新型防水材料的推广使用，更应掌握这方面的知识。正确选择和合理使用建筑防水材料，是提高防水质量的关键，也是设计和施工的前提，选用防水材料应严格执行《建设部推广应用和限制、禁止使用技术》的规定。在此基础上需要注意以下几个方面。

1. 材料的性能和特点

建筑防水材料可分为柔性和刚性两大类。柔性防水材料拉伸强度大、伸长率大、质量小、施工方便，但操作技术要求较严，耐穿刺性和耐老化性能不如刚性材料。同是柔性材料，卷材为工厂化生产，厚薄均匀，质量比较稳定，施工工艺简单，功效高，但卷材搭接缝多，接缝处易脱开，对复杂表面及不平整基层施工难度大。而防水涂料其性能和特点与之恰好相反。同是卷材，合成高分子卷材、高聚物改性沥青卷材和沥青卷材也有不同的优缺点。由此可见，在选择防水材料时，必须注意其性能和特点。有关各类防水材料的性能和特点可参考表1-2。

2. 建筑物功能与外界环境要求

在了解了各类防水材料的性能和特点后，还应根据建筑物结构类型、防水构造形式以及节点部位、外界气候情况（包括温度、湿度、酸雨、紫外线等）、建筑物的结构形式（整浇或装配式）与跨度、屋面坡度、地基变形程度和防水层暴露情况等决定相适应的材料，表1-3可供选择材料时参考。

3. 施工条件和市场价格

在选择防水材料时，还应考虑到施工条件和市场价格因素。例如合成高分子防水卷材可分为弹性体、塑性体和加筋的合成纤维三大类，不仅用料不同，而且性能差异也很大；同时还要考虑到所选用的材料在当地的实际使用效果如何；还应考虑到合成高分子防水卷材相配套的胶粘剂、施工工艺等施工条件因素。

以上以防水卷材为例提出了选材的要求，同样防水涂料、密封材料也有很多品种，与各种技术指标，但其选材的要求与上述基本相同。选择材料除了上面提到的几点以外，还应进一步考虑防水层能否适应基层的变形问题。

各类防水材料性能特点

表 1-2

性能指标 \ 材料类别	合成高分子卷材 不加筋	合成高分子卷材 加筋	高聚物改性沥青卷材	沥青卷材	合成高分子涂料	高聚物改性沥青涂料	沥青基涂料	防水混凝土	防水砂浆
拉伸强度	○	○	△	×	△	△	×	○	×
延伸性	○	△	△	×	○	△	×	×	×
匀质性(厚薄)	○	○	△	×	×	×	△	△	△
搭接性	○△	○△	△	△	○	○	—	—	△
基层粘接性	△	○	○	○	○	○	△	—	—
背衬效应	△	○	○	○	△	○	△	—	—
耐低温性	○	○	△	×	○	△	×	○	○
耐热性	○	○	△	×	○	△	×	○	○
耐穿刺性	○	○	△	×	○	△	×	○	○
耐老化	○	○	△	×	○	△	×	○	○
施工性	○	○	△	冷△ 热×	×	×	×	×	×
施工气候影响程度	△	△	△	△	×	×	×	○	○
基层含水率要求	△	△	△	△	×	×	×	×	×
质量保证率	△	△	△	△	△	△	△	○	○
复杂基层适应性	△	△	△	△	○	○	○	×	×
环境及人身污染	○	○	△	×	△	△	×	○	○
荷载增加程度	○	○	○	○	○	○	○	△	×
价格	高	高	中	低	高	高	中	低	低
贮运	○	○	○	△	△	△	×	△	△

注：○—好；△—一般；×—差。

防水材料适用参考表

表 1-3

材料适用情况	合成高分子卷材	高聚物改性沥青卷材	沥青基卷材	合成高分子涂料	高聚物改性沥青涂料	细石混凝土防水材料	水泥砂浆防水材料
特别重要建筑屋面	○	⊙	×	⊙	×	⊙	×
重要及高层建筑屋面	○	○	×	○	×	⊙	×
一般建筑屋面	△	○	○	△	※	○	※
有震动车间屋面	○	△	△	○	※	×	×
恒温恒湿屋面	○	△	×	○	×	△	×
蓄水种植屋面	△	△	△	⊙	⊙	○	△
大跨度结构建筑	○	△	※	※	※	×	×
动水压作用混凝土地下室	○	○	△	○	△	⊙	×
静水压作用混凝土地下室	△	△	※	○	△	⊙	△
静水压砖墙体地下室	△	△	△	○	△	△	△
卫生间	※	※	×	○	○	△	⊙
水池内防水	※	×	×	○	△	⊙	○
外墙面防水	×	×	×	○	△	△	○
水池外防水	△	△	△	○	○	⊙	○

注：○—优先使用；⊙—复合采用；※—有条件采用；△—可以采用；×—不宜采用或不可采用。

六、建筑防水材料试验的主要内容

建筑防水材料的试验工作在建筑防水工程施工中占有举足轻重的地位，其不仅是评定和控制建筑防水材料质量的依据和必要的手段，也是保证工程质量的主要措施。建筑防水材料试验检测知识、应用技术的普及和提高，对于科学地鉴定控制原材料、半成品、构配件的质量和合理使用亦起着不可忽视的作用。试验检测人员必须认真学习，正确掌握执行国家和行业的有关工程技术规范和产品质量标准，准确地鉴定原材料、半成品以及构配件质量，从而为提高防水工程质量做好基础工作。

建筑防水材料的检测内容主要是检测建筑防水材料的物理力学性质和化学性质。

（一）物理力学性质

物理性质包括材料的物理状态特点（如密度、表观密度、孔隙率、密实度等）和材料的各种物理过程（如水物理、热物理、声电物理以及抵抗物理侵蚀的耐水性、抗冻性能等）。

力学性能是指材料受到力的作用后形变的性质（如强度、弹性与塑性、冲击韧性与脆性、硬度与耐磨性等）。

1. 材料与质量有关的性质

(1) 密度

密度是指材料在绝对密实状态下单位体积的质量。其计算式为：

$$\rho = m/V \tag{1-1}$$

式中　ρ——材料的密度（g/cm^3 或 kg/m^3）；

m——材料的质量（g 或 kg）；

V——材料在绝对密实状态下的体积（绝对密实状态下的体积是指不包括孔隙在内的体积），即材料体积内固体物质的实体积（cm^3 或 m^3）。

建筑材料中除少数材料（如钢材、玻璃等）外，大多数材料都含有一些孔隙。为了测得含孔材料的密度，应把材料磨成细粉，除去内部孔隙，用李氏瓶测定其实体积，材料磨得越细，测得的体积越接近绝对体积，所得密度值准确。

(2) 体积密度与表观密度

① 体积密度

体积密度是指材料在自然状态下单位体积的质量。其计算式为：

$$\rho_0 = m/V_0 \tag{1-2}$$

式中　ρ_0——材料的体积密度（g/cm^3 或 kg/m^3）；

m——在自然状态下材料的质量（g 或 kg）；

V_0——在自然状态下材料包括所有孔隙在内的体积（cm^3 或 m^3）。

② 表观密度

表观密度是指材料在自然状态下单位体积的质量。其计算式为：

$$\rho' = m/V' \tag{1-3}$$

式中　ρ'——材料的表观密度（g/cm^3 或 kg/m^3）；

m——在自然状态下材料的质量（g 或 kg）；

V'——在自然状态下材料只包括闭口孔在内时的体积（cm^3 或 m^3）。

在自然状态下，材料内部的孔隙可分为两类：有的孔之间相互连通，且与外界相通称为开口孔；有的孔互相独立，不与外界相通，称为闭口孔。大多数材料在使用时其体积为包括所有孔在内的体积，即自然状态下的外形体积（V_0），如砖、石材、混凝土等，有的材料如砂、石在拌制混凝土时，因其内部的开口孔被水占据，因此材料体积只包括材料实体积及其闭口孔体积（V'）。为了区别两种情况，常将包括所有孔隙在内时的密度成为体积密度，把只包括闭口孔在内时的密度称为表观密度（亦称视密度）。表观密度在计算砂、石混凝土中的实际体积时有实用意义。

在自然状态下，材料内部常含有水分，其质量随含水程度而改变，体积密度或表观密度值通常取气干状态下的数据，否则应注明是何种含水状态。

(3) 堆积密度

堆积密度是指粉状、颗粒状或纤维状材料在堆积状态下单位体积的质量。其计算式为：

$$\rho_0' = m/V_0' \tag{1-4}$$

式中　ρ_0'——材料的堆积密度（kg/m^3）；

　　　m——材料的质量（kg）；

　　　V_0'——材料的堆积体积（m^3）。

散粒材料的堆积体积，会因堆放的疏松状态不同而异，必须在规定的装填方法下取值。因此，堆积密度又有松堆密度和紧堆密度之分。

在建筑工程中，进行配料计算、确定材料的运输量及堆放空间、确定材料用量及构件自重等，经常用到材料的密度、体积密度或表观密度和堆积密度值。

(4) 孔隙率和密实度

孔隙率是指在材料体积内，孔隙体积所占的比例，以 P 表示，即

$$P = (V_0 - V)/V_0 \times 100\% = (1 - V/V_0) \times 100\% = (1 - \rho_0/\rho) \times 100\% \tag{1-5}$$

对于绝对密实体积与自然状态体积的比率，即式中的 V/V_0，定义为材料的密实度。密实度表征了在材料体积中，被固体物质所充实的程度。同一材料的密实度和孔隙率之和为 1。

材料孔隙率的大小、孔隙粗细和形态等，是材料构造的重要特征，它关系到材料的一系列性质，如强度、吸水性、抗渗性、抗冻性、保温性、吸声性等等。孔隙特征主要指孔的种类（开口孔和闭口孔）、孔径的大小与分布等。实际上绝对闭口的孔隙是不存在的，在建筑材料中，常以在常温常压下，水能否进入孔中来区分开口孔与闭口孔。因此，开口孔隙率（P_k）是指常温常压下能被水所饱和的孔体积（即开口孔体积 V_k）与材料的体积之比，即

$$P_k = V_k/V_0 \times 100\% \tag{1-6}$$

闭口孔隙率（P_B）便是总孔隙率（P）与开口孔隙率（P_k）之差，即 $P_B = P - P_k$。

(5) 空隙率和填充度

空隙率是指在颗粒状材料的堆积体积内，颗粒间空隙所占的比例，以 P' 表示，即

$$P' = (V_0' - V)/V_0' \times 100\% = (1 - V_0/V_0') \times 100\% = (1 - \rho_0'/\rho) \times 100\% \tag{1-7}$$

式中的 V_0/V_0' 即填充度，表示散粒材料在某堆积体积中，颗粒的自然体积占有率。

空隙率或填充度的大小，都能反映出散粒材料颗粒之间相互填充的致密状态。

当计算混凝土粗细骨料的空隙率时，由于混凝土拌合物中的水泥浆能进入砂子、石子开口孔内（即开口孔也作为空隙），因此 ρ_0 应按砂石颗粒的表观密度 ρ' 计算。

2. 材料与水有关的性质

(1) 吸水性与吸湿性

a. 吸水性

材料在水中能吸收水分的性质称为吸水性。材料的吸水性用吸水率表示,吸水率常用质量吸水率,即材料在水中吸入水的质量与材料干质量之比表示。即

$$w_m = (m_1 - m)/m \times 100\% \tag{1-8}$$

式中　w_m——材料的质量吸水率（%）；

　　　m_1——材料吸水饱和后的质量（g 或 kg）；

　　　m——材料在干燥状态下的质量（g 或 kg）。

对于高度多孔、吸水性极强的材料,其吸水率可用体积吸水率,即材料吸入水的体积与材料在自然状态下体积之比表示,即

$$w_v = V_w/V_0 = (m_1 - m)/V_0 \times 100\% \tag{1-9}$$

式中　w_v——材料的体积吸水率（%）；

　　　V_w——材料吸水饱和时水的体积（cm³）。

材料的吸水性与材料的孔隙率和孔隙特征有关。对于细微连通孔隙,孔隙率愈大,则吸水率愈大。闭口孔隙水分不能进去,而开口大孔虽然水分易进入,但不能存留,只能润湿孔壁,所以吸水率仍然较小。各种材料的吸水率很不相同,差异很大,如花岗岩的吸水率只有 0.5%～0.7%,混凝土的吸水率为 2%～3%,黏土砖的吸水率达 8%～20%,而木材的吸水率可超过 100%。

材料吸水后,不但质量增加,而且会使强度降低,保温性能下降,抗冻性能变差,有时还会发生明显的体积膨胀,可见材料中含水对材料的性能往往是不利的。

b. 吸湿性

材料在潮湿空气中吸收水分的性质称为吸湿性。材料的吸湿性用含水率表示。含水率系指材料内部所含水重占材料干重的百分率,用公式表示为

$$w'_m = (m'_1 - m)/m \times 100\% \tag{1-10}$$

式中　w'_m——材料的含水率（%）；

　　　m'_1——材料含水时的质量（g）；

　　　m——材料在干燥至恒重时的质量（g）。

材料的吸湿性随空气的湿度和环境温度的变化而改变,当空气湿度较大且温度较低时,材料的含水率就大,反之则小。材料中所含水分与空气的湿度相平衡时的含水率,称为平衡含水率。

(2) 耐水性

材料长期在水作用下不破坏,强度也不显著降低的性质称为耐水性。材料的耐水性用软化系数表示,如下式：

$$k = f_1/f \tag{1-11}$$

式中　k——材料的软化系数；

　　　f_1——材料在饱水状态下的抗压强度（MPa）；

　　　f——材料在干燥状态的抗压强度（MPa）。

k 的大小表明材料在浸水饱和强度降低的程度。一般来说,材料被水浸湿后,强度均会有所降低。这是因为水分被组成材料的微粒表面吸附,形成水膜,削弱了微粒间的结合

力所致。

软化系数 k 值，处于 0~1 之间，接近于 1，说明耐水性好。工程中将 $k>0.80$ 的材料，通常认为是耐水的材料。在设计长期处于水中或潮湿环境中的重要结构时，必须选用 $k>0.85$ 的建筑材料。对用于受潮较轻或次要结构物的材料，其 k 值不宜小于 0.75。

（3）抗渗性

材料抵抗压力水或油等液体渗透的性质称为抗渗性，或称不透水性。材料的抗渗性通常用渗透系数 K 表示，渗透系数的物理意义是：一定厚度的材料，在一定水压力下，在单位时间内透过单位面积的水量。K 值愈大，表示材料渗透的水量愈多，即抗渗性愈差。材料的抗渗性也可用抗渗等级来表示，抗渗等级是在规定试验方法下材料所能抵抗的最大水压力，用"Pn"表示。如 P6 表示可抵抗 0.6MPa 的水压力而不渗透。

材料的抗渗性与材料内部的空隙率特别是开口孔隙率有关，开口孔隙率越大，大孔含量越多，则抗渗性越差。材料的抗渗性还与材料的憎水性和亲水性有关，憎水性材料的抗渗性优于亲水性材料。

抗渗性是决定材料耐久性的主要指标。地下建筑及水工建筑等，因经常受压力水的作用，所用材料应具有一定的抗渗性，对于防水材料则应具有好的抗渗性。

（4）抗冻性

材料在水饱和状态下，能经受多次冻融循环作用而不破坏，也不严重降低强度的性质，称为材料的抗冻性。

材料的抗冻性用抗冻等级表示。抗冻等级是以规定的试件，在规定试验条件下，测得其强度降低不超过规定值，并无明显损坏和剥落时所能经受的冻融循环次数，以此作为抗冻等级，用符号"Fn"表示，其中"n"即为最大冻融循环次数，如 F25，F50 等。

材料受冻融破坏主要是因其孔隙中的水结冰所致。水结冰时体积增大约 9%，若材料孔隙中充满水，则结冰膨胀对孔壁产生很大应力，当此应力超过材料的抗拉强度时，孔壁将产生局部开裂。随着冻融次数的增多，材料破坏加重。所以材料的抗冻性取决于其孔隙率、孔隙特征及充水程度。如果孔隙不充满水，即远未达饱和，具有足够的自由空间，则即使受冻也不致产生很大冻胀应力。极细的孔隙，虽可充满水，但因孔壁对水的吸附力极大，吸附在孔壁上的水其冰点很低，它在一般负温下不会结冰。粗大孔隙一般水分不会充满其中，对冰胀破坏可起缓冲作用。闭口孔隙水分不能渗入，而毛细管孔隙既易充满水分，又能结冰，故其对材料的冰冻破坏作用影响最大。材料的变形能力大、强度高、软化系数大时，其抗冻性较高。一般认为软化系数小于 0.80 的材料，其抗冻性较差。另外，从外界条件来看，材料受冻融破坏的程度，与冻融温度、结冰速度、冻融频繁程度等因素有关。环境温度愈低、降温愈快、冻融愈频繁，则材料受冻破坏愈严重。材料的冻融破坏作用是从外表面开始产生剥落，逐渐向内部深入发展。

抗冻性良好的材料，对于抵抗大气温度变化、干湿交替等风化作用的能力较强，所以抗冻性常作为考查材料耐久性的一项指标。在设计寒冷地区及寒冷环境（如冷库）的建筑物时，必须要考虑材料的抗冻性。

3. 材料的主要力学性质

（1）强度

材料的力学性质指材料在外力（荷载）作用下所引起的变化的性质。这些变化包括材料的变形和破坏。材料的变形指在外力（荷载）作用下，材料通过形状的改变来吸收能量。根据变形的特点，分为弹性变形和塑性变形。材料的破坏指当外力超过材料的承受极限时，材料出现断裂等丧失使用功能的变化。根据破坏形式的不同，材料可分为脆性材料和韧性材料。在外力作用下，材料抵抗破坏的能力称为强度。根据外力作用方式的不同，材料的强度有抗压强度、抗拉强度、抗弯强度（或抗折强度）及抗剪强度等形式。

材料的抗压、抗拉、抗剪强度按下式计算：
$$f_c = P/A \tag{1-12}$$

式中　f_c——材料的抗压、抗拉、抗剪强度（MPa）；
　　　P——材料受压、拉、剪破坏时的荷载（N）；
　　　A——材料的受力面积（mm²）。

材料的抗弯强度（亦称抗折强度）与材料的受力状态有关。试验时将试件放在两支点上，中间施加集中荷载，对矩形截面试件，抗弯强度按下式计算：
$$f_m = (3PL)/(2bh^2) \tag{1-13}$$

式中　f_m——材料的抗弯强度（MPa）；
　　　P——材料受弯时破坏荷载（N）；
　　　L——两支点间的距离（mm）；
　　　b、h——材料的断面宽和高度（mm）。

材料的强度和它的成分、构造有关。不同种类的材料，具有不同的抵抗外力的能力，即便是同一种材料，也由于其孔隙率和构造特征不同，强度也会有差异。

(2) 弹性与塑性

材料在外力作用下产生变形，当外力去除后能完全恢复到原始形状的性质称为弹性。这种能够恢复的变形，称为弹性变形（又称瞬时变形）。

材料在外力作用下产生变形，当外力去除后，有一部分变形不能恢复，这种性质称为材料的塑性。这种不能恢复的变形，成为塑性变形（永久变形）。

材料的弹性与塑性除与材料本身的成分有关外，还与外界的条件有关。实际上，只有单纯的弹性或塑性的材料是不存在的。各种材料在不同的外力下，表现出不同的变形性质。

(3) 韧性与脆性

a. 韧性

材料在冲击或振动荷载作用下，能吸收较大的能量，同时产生较大的变形而不破坏，这种性质称为韧性。建筑钢材、木材、沥青混凝土都属于韧性材料，用作路面、桥梁、吊车梁以及有抗震要求的结构都要考虑材料的韧性。材料的韧性用冲击试验来检验。

b. 脆性

材料受外力作用，当外力达一定值时，材料发生突然破坏，且破坏时无明显的塑性变形，这种性质称为脆性。具有这种性质的材料成为脆性材料，如石材、普通砖、混凝土、铸铁、玻璃及陶瓷等。脆性材料的抗压能力很强，其抗压强度比抗拉强度大得多，可达十几倍甚至更高。脆性材料抗冲击及动荷载能力差，故常用于承受静压力作用的建筑部位，如基础、墙体、柱子、墩座等。

(二) 化学性质

化学性质是指材料与环境介质进行化学反应的能力，或者在比较稳定的惰性环境中保持其组成与结构相对稳定的能力。化学反应能改变材料原来的基本性质，如溶解、结晶、软化、老化、腐蚀等。化学稳定性是指抵抗有害介质作用的性质。材料在侵蚀性介质（酸、碱、盐等溶液及气体）作用下将因腐蚀而引起破坏，破坏程度首先取决于材料的组成和密实度。

(三) 耐久性

材料在长期使用过程中，能保持其原有性能而不变质、不破坏的性质，统称之为耐久性，它是一种复杂的、综合的性质，包括材料的抗冻性、耐热性、大气稳定性和耐腐蚀性等。材料在使用过程中，除受到各种外力作用外，还要受到环境中各种自然因素的破坏作用，这些破坏作用可分为物理作用、化学作用和生物作用。要根据材料所处的结构部位和使用环境等因素，综合考虑其耐久性，并根据各种材料的耐久性特点，合理地选用。

第二章 沥青防水材料

第一节 概 述

一、沥青材料的分类

沥青材料是含有沥青质材料的总称。沥青是一种有机胶结材料,它是由多种高分子碳氢化合物及其非金属衍生物组成的复杂混合物,其中碳占总质量的80%～90%。沥青具有良好的胶结性、塑性、憎水性、不透水性和不导电性,对酸、碱及盐等侵蚀性液体与气体的作用有较高的稳定性,遇热时稠度变稀和冷却时黏性提高直至硬化变脆,对木材、石料均有着良好的粘结性能。沥青在常温下为黑褐色或黑色固体、半固体或黏性液体,能溶于二硫化碳、氯仿、苯以及其他有机溶剂。它广泛应用于工业与民用建筑、道路和水利工程等处,是建筑工程中的一种重要材料。应用于防水、防潮及防腐蚀(主要是防酸、防碱),是沥青基防水材料、高聚物改性沥青防水材料的重要组成材料,它的性能直接影响到防水材料的质量。

沥青材料的分类见图2-1。

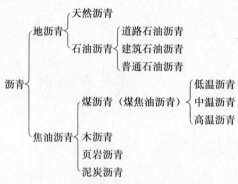

图2-1 沥青材料的分类

依据图2-1,沥青材料按其来源可分为地沥青和焦油沥青两大类。

地沥青按其产源又可分为石油沥青与天然沥青两种,石油沥青是从原油提炼出各种轻质油(如汽油、柴油等)及润滑油以后的残渣再经过加工而得到的副产品,天然沥青则存在于自然界,是从纯度较高的沥青湖或含有沥青的砂岩或砂中提取的,其性能与石油沥青相同。

焦油沥青俗称柏油,是指煤、木材、油田母页岩以及泥炭等有机物在隔绝空气条件下,受热而挥发出的物质,经冷凝后再经过分馏加工,提炼轻质物后而得到的副产品。焦油沥青按原材料的不同,又可分为煤沥青(煤焦油沥青)、木沥青、页岩沥青、泥炭沥青等。

目前常用的沥青有石油沥青和煤沥青，做屋面工程用石油沥青较好，煤沥青则适用于地下防水层或用作防腐材料。通常石油沥青又分成建筑石油沥青、道路石油沥青、普通石油沥青三种。建筑上主要使用建筑石油沥青和道路石油沥青制成的各种防水材料或在施工现场直接配制使用。煤沥青是炼焦或制造煤气时的副产品，煤焦油经过馏加工提炼出各种油质后，就得到煤沥青，根据蒸馏程度的不同，煤沥青可分为低温沥青、中温沥青、高温沥青等三种沥青。

二、沥青材料的改性

在建筑防水工程中使用的沥青必须具有防水需要的特定性能，即在低温条件下应有弹性和塑性；高温条件下具有足够的强度和稳定性；在使用条件下具有抗老化能力；与各种矿物材料及基层表面有较强的粘附力；并对基层变形具有一定的适应性和耐疲劳性。

由于沥青的来源不同，其主要物理指标如稠密、塑性、温度稳定性等不同，故通常石油沥青不能全面满足上述要求，尤其是我国大多数由原油加工出来的沥青，其含硫、含蜡量高，油性差，对温度较敏感，高温易流淌，低温则脆裂，故易引起老化，这势必影响以沥青材料作浸涂材料的防水卷材的质量。因此必须对沥青进行改性才能应用于卷材的生产。常用的改性方法有吹气氧化改性处理、高聚物改性等多种方法。通过对沥青的改性，可使沥青具备较好的综合能力，达到防水所需要的特定性能。改性沥青及改性沥青混合料技术可参见图 2-2。

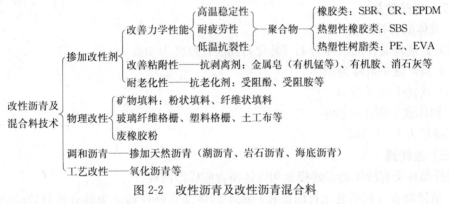

图 2-2 改性沥青及改性沥青混合料

1. 矿物填充料改性

在沥青中加入一定数量的矿物填充料，可以提高沥青的粘滞性和耐热性，减小沥青的温度敏感性，同时也可以减少沥青的用量。

常用的矿物填充料有粉状和纤维状两类。粉状的有滑石粉、石灰石粉、白云石粉、磨细砂、粉煤灰和水泥等；纤维状的有石棉粉等。

粉状矿物填充料加入沥青中，由于沥青对矿物填充料表面的浸润、粘附，形成大量的结构沥青，从而提高了沥青的大气稳定性，降低了温度敏感性。

纤维状的石棉粉加入沥青中，由于石棉具有弹性以及耐酸、耐碱、耐热性能，是热和电的不良导体，内部有很多微孔，吸油（沥青）量大，故可提高沥青的拉伸强度和耐热性。

一般矿物填充料的掺量为20%~40%。

2. 聚合物改性沥青

狭义上所讲的改性沥青一般是指聚合物改性沥青。

沥青是多种有机物的混合物,其相对分子质量(油分约500、胶质600~800、沥青质1000以上)的平均值远远低于高聚物的,因此,引入高聚物后,因平均分子相对质量的改变,会显著提高沥青的综合性能。用聚合物对沥青进行改性,可以提高沥青的强度、塑性、耐热性、粘结性和抗老化性。建筑防水涂料所用的高聚物改性沥青,其改性剂主要有苯乙烯—丁二烯—苯乙烯(SBS)、无规聚丙烯(APP)、丁苯橡胶(SBR)、氯丁橡胶(CR)、再生橡胶等。

第二节 石油沥青产品的基本试验方法

一、石油沥青的取样

我国已发布了石油沥青取样方法的国家标准《石油沥青取样法》(GB 11147—89),该标准适用于石油沥青在生产、贮存或交货验收地点的取样。

(一)样品选择

为检查沥青质量,装运前在生产厂或贮存地取样;当不能在生产厂或贮存地取样时,在交货地点当时取样。

(二)样品数量

1. 液体沥青样品量
(1) 常规检验样品取样为1l(乳化石油沥青取样为4l)。
(2) 从贮罐中取样为4l。
(3) 从桶中取样为1l。

2. 固体或半固体样品量

取样量为1~1.5kg。

(三)盛样器

盛样器种类有液体沥青盛样器和固体沥青盛样器两种。

1. 液体沥青(包括乳化石油沥青)或半固体沥青盛样器应为具有密封盖的金属容器(乳化石油沥青亦可用聚乙烯塑料桶)。

2. 固体沥青盛样器应为带盖桶,也可用塑料袋,此塑料袋须有可靠的外包装。

(四)样品的保护和存放

1. 盛样器必须洁净、干燥,盖子必须配合严密。使用过的旧容器必须洗刷干净,并满足上述要求,才可重复使用。

2. 注意防止污染样品,装好样品后的盛样器应立即封口。

3. 要采取妥善保护措施,防止乳化石油沥青冻结。

4. 当须将样品从一个容器移入另一容器时,必须符合本取样法要求。

5. 盛样器装完样品,密封好并擦拭干净以后,应在盛样器上(不得在盖上)标出识别标记。

(五) 取样

1. 从沥青贮罐中取样

(1) 由不能搅拌的贮罐（流体或经加热可变成流体）中取样时，应先关闭进料阀和出料阀，然后取样。

a. 取样器法（不适用于黏稠沥青）

用取样器（图2-3）按液面高的上、中、下位置（液面高各三分之一等分内，但距罐底不得小于液面高的六分之一），各取样1~4l。取样器在每次取样后尽量倒净。

b. 从罐中取的三个样品，经充分混合后取1~4l进行所要求的检验。

(2) 从有搅拌设备的罐中取样（流体或经加热可变成流体的沥青），经充分搅拌后由罐中部取样。

2. 从槽车、罐车、沥青洒布车中取样

当车上设有取样阀或顶盖时，则可从取样阀或顶盖处取样。从取样阀取样至少应先放掉4l沥青后取样；从顶盖处取样时，用取样器由该容器中部取样；从出料阀取样时，应在出料至约1/2时取样。

3. 从油轮和驳船中取样

(1) 在卸料前取样时，按7(1)所述的方法取样。

(2) 在装料或卸料中取样时，应在整个装料或卸料过程中，时间间隔均匀地取至少3个4l样品，将这些样品充分混合后再从中取出4l备用。

(3) 从容量4000m³或稍小的油轮或驳船中取样时，在整个装料或卸料过程中，时间间隔均匀地取至少5个4l样品（容量大于4000m³时，至少要取10个4l样品），将这些样品充分混合后再从中取出4l备用。

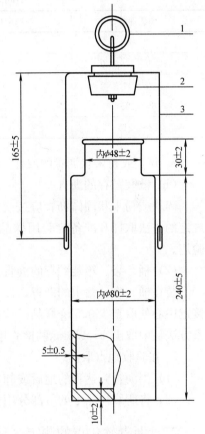

图2-3 沥青取样器
1—吊环；2—聚四氟乙烯塞；3—手柄

4. 从桶中取样

按（五）5随机取样的要求，从充分混合后的桶中取1l液体沥青样品。

5. 半固体或未破碎的固体沥青的取样

(1) 取样方式

从桶、袋、箱中取样应在样品表面以下及容器侧面以内至少5cm处采取。若沥青是能够打碎的，则用干净的适当工具打碎后取样；若沥青是软的，则用干净的适当工具切割取样。

(2) 取样数量

a. 同批产品的取样数量

当能确认是同一批生产的产品时，应随机取出一件按（五）5(1)规定取4kg供检验用。

b. 非同批产品的取样数量

当不能确认是同一批生产的产品或按（五）5（2）a. 要求取出的样品，经检验不符合规格要求时，则须按随机取样的原则，选出若干件后再按（五）5（1）的规定取样，其件数等于总件数的立方根。表 2-1 给出了不同装载件数所要取出的样品件数。每个样品的质量应不少于 0.1kg，这样取出的样品，经充分混合后取出 4kg 供检验用。

不同装载件数所要取出的样品件数 表 2-1

装载件数	选取件数	装载件数	选取件数
2～8	2	217～343	7
9～27	3	344～512	8
28～64	4	513～729	9
65～125	5	730～1000	10
126～216	6	1001～1331	11

6. 碎块或粉末状沥青的取样

（1）散装贮存的沥青

碎块或粉末状固体沥青应按《固体和半固体石油产品取样法》（SY 2001）第 6 章所规定的方法取样和准备检验用样品，总样量应不少于 25kg，再从中取出 1～1.5kg 供检验用。

（2）桶、袋、箱装贮存的沥青

装在桶、袋、箱中的沥青，按（五）5 所述随机取样的原则挑选出若干件，从每一件接近中心处取至少 0.5kg 样品。这样采集的总样量应不少于 20kg，然后按 SY 2001 中 6.2 条方法从中取出 1～1.5kg 供检验用。

7. 在验收地点取样

（1）当沥青到达目的地后或卸货时，应尽快取样。

（2）将所取样品中的一部分用于验收试验，其他样品留存备查。

二、沥青软化点的测定（环球法）

本方法是采用环球法来测定沥青软化点的一种方法。沥青的软化点是试样在测定条件下，因受热而下坠达 25mm 时的温度，以℃表示。

本测定方法适用于环球法测定软化点范围在 30～157℃的石油沥青和煤焦油沥青试样，对于软化点在 30～80℃范围内应用蒸馏水做加热介质；软化点在 80～157℃范围内应用甘油做加热介质。本测定方法没有规定有关安全方面的问题，如果需要，使用者有责任在使用前制定出适当的人身安全防护措施。

本测定方法现已制定了 GB/T 4507—1999 国家标准。

（一）方法概要

置于肩或锥状黄铜环中两块水平沥青圆片，在加热介质中以一定速度加热，每块沥青片上置有一只钢球。所报告的软化点为当试样软化到使两个放在沥青上的钢球下落 25mm 距离时的温度的平均值。

(二) 意义和应用

1. 沥青是没有严格熔点的黏性物质。随着温度升高,它们逐渐变软,黏度降低。因此软化点必须严格按照试验方法来测定,才能使结果重复。
2. 软化点用于沥青分类,是沥青产品标准中的重要技术指标。

(三) 仪器与材料

1. 仪器

(1) 环:两只黄铜肩或锥环,其尺寸规格见图2-4 (a)。

(2) 支撑板:扁平光滑的黄铜板,其尺寸约为 50mm×75mm。

(3) 球:两只直径为 9.5mm 的钢球,每只质量为 (3.50±0.05)g。

(4) 钢球定位器:两只钢球定位器用于使钢球定位于试样中央,其一般形状和尺寸见图 2-4 (b)。

(5) 浴槽:可以加热的玻璃容器,其内径不小于 85mm,离加热底部的深度不小于 120mm。

(6) 环支撑架和支架:一只铜支撑架用于支撑两个水平位置的环,其形状和尺寸见图 2-4 (c),其安装图形见图 2-4 (d)。支撑架上的肩环的底部距离下支撑板的上表面为 25mm,下支撑板的下表面距离浴槽底部为 (16±3)mm。

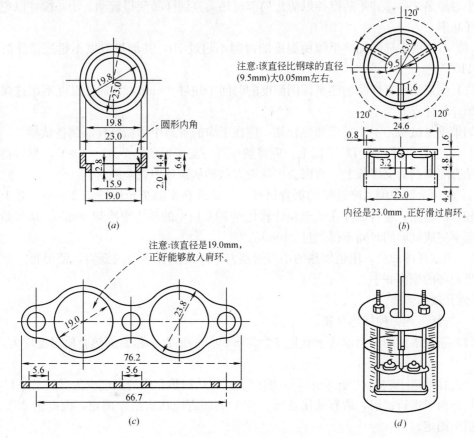

图 2-4 环、钢球定位器、支架、组合装置图
(a) 肩环;(b) 钢球定位器;(c) 支架;(d) 组合装置图

(7) 温度计

a. 应符合 GB/T 514 中沥青软化点专用温度计的规格技术要求，即测温范围在 30～180℃，最小分度值为 0.5℃的全浸式温度计。

b. 合适的温度计应按图 2-4（d）悬于支架上，使得水银球底部与环底部水平，其距离在 13mm 以内，但不要接触环或支撑架，不允许使用其他温度计代替。

2　材料

(1) 加热介质

a. 新煮沸过的蒸馏水。

b. 甘油。

(2) 隔离剂：以重量计，两份甘油和一份滑石粉调制而成。

(3) 刀：切沥青用。

(4) 筛：筛孔为 0.3～0.5mm 的金属网。

(四) 取样

按 GB/T 11147（见本节一）取得有代表性的样品。

(五) 准备工作

1　所有石油沥青试样的准备和测试必须在 6h 内完成，煤焦油沥青必须在 4.5h 内完成。小心加热试样，并不断搅拌以防止局部过热，直到样品变得流动。小心搅拌以免气泡进入样品中。

(1) 石油沥青样品加热至倾倒温度的时间不超过 2h，其加热温度不超过预计沥青软化点 110℃。

(2) 煤焦油沥青样品加热至倾倒温度的时间不超过 30min，其加热温度不超过煤焦油沥青预计软化点 55℃。

如果重复试验，不能重新加热样品，应在干净的容器中用新鲜样品制备试样。

2　若估计软化点在 120℃以上，应将黄铜环与支撑板预热至 80～100℃，然后将铜环放到涂有隔离剂的支撑板上，否则会出现沥青试样从铜环中完全脱落。

3　向每个环中倒入略过量的沥青试样，让试件在室温下至少冷却 30min。对于在室温下较软的样品，应将试件在低于预计软化点 10℃以上的环境中冷却 30min。从开始倒试样时起至完成试验的时间不得超过 240min。

4　当试样冷却后，用稍加热的小刀或刮刀干净地刮去多余的沥青，使得每一个圆片饱满且和环的顶部齐平。

(六) 试验步骤

1　选择下列一种加热介质。

(1) 新煮沸过的蒸馏水适于软化点为 30～80℃的沥青，起始加热介质温度应为（5±1)℃。

(2) 甘油适于软化点为 80～157℃的沥青，起始加热介质的温度应为（30±1)℃。

(3) 为了进行比较，所有软化点低于 80℃的沥青应在水浴中测定，而高于 80℃的在甘油浴中测定。

2　把仪器放在通风橱内并配置两个样品环、钢球定位器，并将温度计插入合适的位置，浴槽装满加热介质，并使各仪器处于适当位置。用镊子将钢球置于浴槽底部，使其同支架的其他部位达到相同的起始温度。

3 如果有必要，将浴槽置于冰水中，或小心加热并维持适当的起始浴温达 15min，并使仪器处于适当位置，注意不要玷污浴液。

4 再次用镊子从浴槽底部将钢球夹住并置于定位器中。

5 从浴槽底部加热，使温度以恒定的速率 5℃/min 上升。为防止通风的影响，有必要时可用保护装置。试验期间不能取加热速率的平均值，但在 3min 后，升温速度应达到 (5±0.5)℃/min，若温度上升速率超过此限定范围，则此次试验失败。

6 当两个试环的球刚触及下支撑板时，分别记录温度计所显示的温度。无需对温度计的浸没部分进行校正。取两个温度的平均值作为沥青的软化点。如果两个温度的差值超过 1℃，则重新试验。

（七）计算

1 因为软化点的测定是条件性的试验方法，对于给定的沥青试样，当软化点略高于 80℃ 时，水浴中测定的软化点低于甘油浴中测定的软化点。

2 软化点高于 80℃ 时，从水浴变成甘油浴时的变化是不连续的，在甘油浴中所报告的最低可能沥青软化点为 84.5℃，而煤焦油沥青的最低可能软化点为 82℃。当甘油浴中软化点低于这些值时，应转变为水浴中的软化点，并在报告中注明。

（1）将甘油浴软化点转化为水浴软化点时，石油沥青的校正值为 −4.5℃，对煤焦油沥青的为 −2.0℃。采用此校正值只能粗略地表示出软化点的高低，欲得到准确的软化点应在水浴中重复试验。

（2）无论在任何情况下，如果甘油浴中所测得的石油沥青软化点的平均值为 80.0℃ 或更低，煤焦油沥青软化点的平均值为 77.5℃ 或更低，则应在水浴中重复试验。

3 将水浴中略高于 80℃ 的软化点转化成甘油浴中的软化点时，石油沥青的校正值为 +4.5℃，煤焦油沥青的校正值为 +2.0℃。采用此校正值只能粗略地表示出软化点的高低，欲得到准确的软化点应在甘油浴中重复试验。

在任何情况下，如果水浴中两次测定温度的平均值为 85.0℃ 或更高，则应在甘油浴中重复试验。

（八）精密度（95% 置信度）

1 重复性

重复测定两次结果的差数不得大于 1.2℃。

2 再现性

同一试样由两个实验室各自提供的试验结果之差不应超过 2.0℃。

（九）报告

1 取两个结果的平均值作为报告值。

2 报告试验结果时同时报告浴槽中所使用加热介质的种类。

三、沥青延度的测定

沥青延度的测定方法是沥青试件在一定温度下以一定速度拉伸至断裂时的长度，其试件应按三（三）中规定的尺寸，非经特殊说明，试验温度为 25℃±0.5℃，拉伸速度为 (5±0.25)cm/min。本方法适用于测定石油沥青和煤焦沥青的延度。本测定方法没有规定有关安全方面的问题，如果需要，使用者有责任在使用前制定出适当的人身安全防护措施。本测定方法现已经制定了 GB/T 4508—1999 国家标准。

(一) 方法概要

将熔化的试样注入专用模具中，先在室温冷却，然后放入保持在试验温度下的水浴中冷却，用热刀削去高出模具的试样，把模具重新放回水浴，再经一定时间，然后移到延度仪中。

(二) 用途

本试验方法适于测定沥青产品技术规格要求的延度，并且能够测定沥青材料拉伸性能。

(三) 仪器与材料

1 模具：模具应按图 2-5 中所给样式进行设计。试件模具由黄铜制造，由两个弧形端模和两个侧模组成，组装模具的尺寸变化范围如图 2-5 所示。

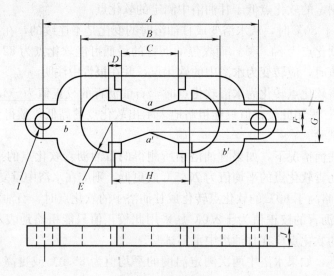

图 2-5 延度仪模具

A—两端模环中心点距离 111.5～113.5mm；B—试件总长 74.5～75.5mm；
C—端模间距 29.7～30.3mm；D—肩长 6.8～7.2mm；E—半径 15.75～16.25mm；
F—最小横断面宽 9.9～10.1mm；G—端模口宽 19.8～20.2mm；H—两半圆心间距离
42.9～43.1mm；I—端模孔直径 6.5～6.7mm；J—厚度 9.9～10.1mm

2 水浴：水浴能保持试验温度变化不大于 0.1℃，容量至少为 10l，试件浸入水中深度不得小于 10cm，水浴中设置带孔搁架以支撑试件，搁架距浴底部不得小于 5cm。

3 延度仪：对于测量沥青的延度来说，凡是能够满足五、1 中规定的将试件持续浸没于水中，能按照一定的速度拉伸试件的仪器均可使用。该仪器在启动时应无明显的振动。

4 温度计：0～50℃，分度为 0.1℃ 和 0.5℃ 各一支。

注：如果延度试样放在 25℃ 标准的针入度浴中，则可用上面的温度计来代替 GB/T 4509 中所规定的温度计。

5 筛孔为 0.3～0.5mm 的金属网。

6 隔离剂：以重量计，由两份甘油和一份滑石粉调制而成。

7 支撑板：金属板或玻璃板，一面必须磨光至表面粗糙度为 $\overset{0.63}{\triangledown}$。

（四）准备工作

1 将模具组装在支撑板上，将隔离剂涂于支撑板表面及图 2-5 中的侧模的内表面，以防沥青沾在模具上。板上的模具要水平放好，以便模具的底部能够充分与板接触。

2 小心加热样品，以防局部过热，直到完全变成液体能够倾倒。石油沥青样品加热至倾倒温度的时间不超过 2h，其加热温度不超过预计沥青软化点 110℃；煤焦油沥青样品加热至倾倒温度的时间不超过 30min，其加热温度不超过煤焦油沥青预计软化点 55℃。把熔化了的样品过筛，在充分搅拌之后，把样品倒入模具中，在组装模具时要小心，不要弄乱其配件。在倒样时使试样呈细流状，自模的一端至另一端往返倒入，使试样略高出模具，将试件在空气中冷却 30～40min，然后放在规定温度的水浴中保持 30min 取出，用热的直刀或铲将高出模具的沥青刮出，使试样与模具齐平。

3 恒温：将支撑板、模具和试件一起放入水浴中，并在试验温度下保持 85～95min，然后从板上取下试件，拆掉侧模，立即进行拉伸试验。

（五）试验步骤

1 将模具两端的孔分别套在实验仪器的柱上，然后以一定的速度拉伸，直到试件拉伸断裂。拉伸速度允许误差±5%，测量试件从拉伸到断裂所经过的距离，以厘米表示。试验时，试件距水面和水底的距离不小于 2.5cm，并且要使温度保持在规定温度的 ±0.5℃ 的范围内。

2 如果沥青浮于水面或沉入槽底时，则试验不正常。应使用乙醇或氯化钠调整水的密度，使沥青材料既不浮于水面，又不沉入槽底。

3 正常的试验应将试样拉成锥形，直至在断裂时实际横断面面积接近于零。如果三次试验得不到正常结果，则报告在该条件下延度无法测定。

（六）精密度

按下述规定判断试验结果的可靠性（置信度 95%）。

1 重复性

同一样品，同一操作者重复测定两次结果不超过平均值的 10%。

2 再现性

同一样品，在不同实验室测定的结果不超过平均值的 20%。

（七）报告

若三个试件测定值在其平均值的 5% 内，取平行测定三个结果的平均值作为测定结果。若三个试件测定值不在其平均值的 5% 以内，但其中两个较高值在平均值的 5% 之内，则弃去最低测定值，取两个较高值的平均值作为测定结果，否则重新测定。

四、沥青针入度的测定

针入度是指在规定条件下，标准针垂直穿入沥青试样中的深度，以 1/10mm 表示。现已发布了沥青针入度测定的《沥青针入度测定法》（GB/T 4509—1998）国家标准。该方法标准适用于测定针入度小于 350/mm 的固体和半固体沥青材料的针入度。该方法标准也适用于测定针入度为 350～500/mm 的沥青材料的针入度。对于这样的沥青，需采用深度为 60mm、装样量不超过 125ml 的盛样皿测定针入度，或采用 50g 载荷下测定的针入度乘以 2 的二次方根得到。

（一）意义和用途

沥青针入度用于说明沥青的黏稠程度。沥青的针入度越大，说明沥青黏稠度越小，沥青就越软。

（二）方法概要

沥青的针入度以标准针在一定的载荷、时间及温度条件下垂直穿入沥青试样的深度表示，单位为 1/10mm。除非另行规定，标准针、针连杆与附加砝码的总重量为 （100±0.05）g，温度为 （25±0.1）℃，时间为 5s。特定试验可采用的其他条件如下：

温度，℃	载荷，g	时间，s
0	200	60
4	200	60
46	50	5

特定试验，报告中应注明试验条件。

（三）仪器

1　针入度仪

能使针连杆在无明显摩擦下垂直运动，并能指示穿入深度精确到 0.1mm 的仪器均可使用。针连杆重量为 （47.5±0.05）g，针和针连杆的总重量为 （50±0.05）g，另行仪器附有 （50±0.05）g 和 （100±0.05）g 的砝码各一个，可以组成 （100±0.05）g 和 （200±0.05）g 的载荷以满足试验所需的载荷条件。仪器设有放置平底玻璃皿的平台，并有可调水平的机构，针连杆应与平台垂直。仪器设有针连杆制动按钮，紧压按钮针连杆可以自由下落。针连杆要易于拆卸，以便定期检查其重量。

2　标准针

（1）标准针应由硬化回火的不锈钢制造，钢号为 440-C 或等同的材料，洛氏硬度为 54～60（图 2-6）。针长约 50mm，直径为 1.00～1.02mm。针的一端必须磨成 8.7°～9.7°的锥形，锥形必须与针体同轴。圆锥表面和针体表面交界线的轴向最大偏差不大于 0.2mm，切平的圆锥端直径应在 0.14～0.16mm 之间，与针轴所成角度不超过 2°。切平的圆锥面的周边应锋利，没有毛刺。圆锥表面粗糙度的算术平均值应

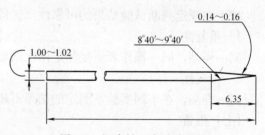

图 2-6　沥青针入度试验用针

为 0.2～0.3μm，针应装在一个黄铜或不锈钢的金属箍中，针露在外面的长度应在 40～45mm。金属箍的直径为 （3.20±0.05）mm，长度为 （38±1）mm，针应牢固地装在箍里。针尖及针的任何其余部分均不得偏离箍轴 1mm 以上。针箍及其附件总重为 （2.50±0.05）g。每个针箍上打印单独的标志号码。

（2）为了保证试验用针的统一性，国家计量部门对针的检验结果必须满足（三）2(1) 的要求，对每一根针应附有国家计量部门的检验单。

3　试样皿

金属或玻璃的圆柱型平底皿，尺寸如下：

	直径,mm	深度,mm
针入度小于 200m 时	55	35
针入度 200～350m 时	55	70
针入度 350～500m 时	50	60

4　恒温水浴

容量不少于 10l，能保持温度在试验温度下控制在 0.1℃范围内。距水底部 50mm 处有一个带孔的支架。这一支架离水面至少有 100mm。在低温下测定针入度时，水浴中装入盐水。

5　平底玻璃皿

平底玻璃皿的容量不小于 350ml，深度要没过最大的样品皿。内设一个不锈钢三角支架，以保证试样皿稳定。

6　计时器

刻度为 0.1s 或小于 0.1s，60s 内的准确度达到±0.1s 的任何计时装置均可。

7　温度计

液体玻璃温度计，符合以下标准：刻度范围：0～50℃，分度值为 0.1℃。
温度计应定期按液体玻璃温度计检验方法进行校正。

（四）样品的制备

1　小心加热样品，不断搅拌以防局部过热，加热到使样品能够流动。加热时焦油沥青的加热温度不超过软化点的 60℃，石油沥青不超过软化点的 90℃，加热时间不超过 30min。加热、搅拌过程中避免试样中进入气泡。

2　将试样倒入预先选好的试样皿中。试样深度应大于预计穿入深度 10mm。同时将试样倒入两个试样皿。

3　松松地盖住试样皿以防灰尘落入。在 15～30℃的室温下冷却 1～1.5h（小试样皿）或 1.5～2.0h（大试样皿），然后将两个试样皿和平底玻璃皿一起放入恒温水浴中，水面应没过试样表面 10mm 以上。在规定的试验温度下冷却。小皿恒温 1～1.5h，大皿恒温 1.5～2.0h。

（五）试验步骤

1　调节针入度仪的水平，检查针连杆和导轨，确保上面没有水和其他物质。先用合适的溶剂将针擦干净，再用干净的布擦干，然后将针插入针连杆中固定。按试验条件放好砝码。

2　将已恒温到试验温度的试样皿和平底玻璃皿取出，放置在针入度仪的平台上。慢慢放下针连杆，使针尖刚刚接触到试样的表面，必要时用放置在合适位置的光源反射来观察。拉下活杆，使其与针连杆顶端相接触，调节针入度仪上的表盘读数指零。

3　用手紧压按钮，同时启动秒表，使标准针自由下落穿入沥青试样，到规定时间停压按钮，使标准针停止移动。

4　拉下活杆，再使其与针连杆顶端相接触，此时表盘指针的读数即为试样的针入度，用 1/10mm 表示。

5　同一试样至少重复测定三次。每一试验点的距离和试验点与试样皿边缘的距离都不得小于10mm。每次试验前都应将试样和平底玻璃皿放入恒温水浴中,每次测定都要用干净的针。当针入度超过200/mm时,至少用三根针,每次试验用的针留在试样中,直到三根针扎完时再将针从试样中取出。针入度小于200/mm时可将针取下用合适的溶剂擦净后继续使用。

(六) 精密度

1 三次测定针入度的平均值,取至整数,作为实验结果。三次测定的针入度值相差不应大于下列数值:

针入度（1/mm）： 0~49 50~149 150~249 250~350
最大差值（1/mm）： 2 4 6 8

2 重复性：同一操作者同一样品利用同一台仪器测得的两次结果不超过平均值的4%。

3 再现性：不同操作者同一样品利用同一类型仪器测得的两次结果不超过平均值的11%。

4 如果误差超过了这一范围,利用（四）2中的第二个样品重复试验。

5 如果结果再次超过允许值,则取消所有的试验结果,重新进行试验。

(七) 报告

报告三个针入度值的平均值,取至整数作为试验结果。

五、石油沥青脆点的测定

石油沥青脆点的测定现已发布了（GB 4510—84）《石油沥青脆点测定法》。该方法适用于测定固态或半固态石油沥青的脆点。当涂在金属片上的沥青薄膜在特定的条件下,因被冷却和弯曲而出现裂纹时的温度即为脆点。

(一) 方法概要

涂有试样的薄钢片在规定条件和连续递减的温度下被弯曲,直至沥青涂层出现裂纹为止。

(二) 仪器与材料

1 仪器（图2-7）

(1) 弯曲器

由两个同心圆管6组成,它们由硬质玻璃或其他绝缘材料制成,在每一圆管的下端紧紧地装上夹钳7,位于两夹钳之间的内管部分,留出一狭缝,以便温度计的水银球露出。温度计固定在内管内,同心圆两管上端装置一个带有摇把1的机械升降器,转动摇把1,可以使内管相对于外管上下移动,从而改变两夹钳之间的距离,夹钳之间的最大距离为(39.9±0.1)mm。摇把转动10~12圈能使两夹钳之间的距离缩短(3.5±0.2)mm。

(2) 薄片

具有弹性的钢片,重复弯曲不变形,长(41±0.05)mm,宽(20±0.2)mm,厚(0.15±0.02)mm,不用的时候薄片必须展平。

(3) 冷却装置

包括一个大试管4（内径35mm,长210mm）,该试管借橡皮塞3偏轴地被固定在第二个较大的试管5内（内径55mm,长200mm）,橡皮塞3上带有一个小漏斗9,试管4

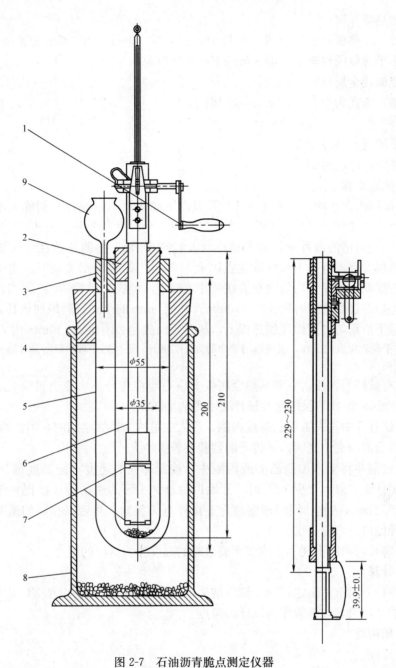

图 2-7 石油沥青脆点测定仪器
1—摇把；2、3—橡皮塞；4、5—试管；6—玻璃管；7—夹钳；8—圆柱玻璃筒；9—漏斗
内管：内径 7.5mm，外径 11.5mm，长 190～195mm；
外管：内径 12.5mm，外径 16.5mm，长 170～175mm

和圆柱玻璃筒 8 内盛有少量的氯化钙或其他脱水剂，弯曲器借橡皮塞 2 支撑在试管 4 内。5 和 8 可以用一个合适尺寸的未镀银真空瓶代替。

(4) 温度计：－38～30℃，符合《石油产品试验用液体温度计技术条件》(GB 514—83)。

(5) 加热器

由热源、加热板及台架组成。把长 160mm、宽 80mm、厚 3mm 的平的金属加热板，放在备有水平螺钉的台架上，加热板的下面备有热源。

(6) 瓷皿或金属皿。

(7) 筛：筛孔为 0.3～0.5mm 的金属网。

2 材料

(1) 干冰或其他冷却剂。

(2) 工业乙醇或丙酮。

(三) 试验步骤

1 当试样内含水时，在不超过 130℃ 温度下加热并不断搅拌直到除去水分，然后用筛过滤。当认为试样没有必要加热脱水、过滤时，允许直接按本方法（三）2 进行。

2 在一块清洁的薄片上，称取试样（0.4±0.01）g。将薄片放在金属加热板上慢慢加热，加热板温度不得高于试样软化点以上 80℃，当沥青刚刚流动时，用镊子夹住加热板前后左右摆动，使沥青均匀地布满在薄片表面上，形成光滑的薄膜[注]。当试样中有气泡时，在避免局部过热的同时用长 5～10mm、直径 5mm 的小火轻轻地加热其表面，使气泡排出，表面平滑均匀。试样在加热板上，从开始加热起必须在 5～10min 内完成。

注：对于高软化点的试样，也可以用干净的细针尖展开，还可以用玻璃纸等薄片隔开、按压经过适当加热的试样。

3 涂有试样的钢片，立即从热金属板上小心地移到另一块冷金属板上。试验前在室温下静置 30min 至 4h，保护薄片试样上不得沾染灰尘。

4 在试管 5 中注入工业乙醇或丙酮，注入的量约为试管空间的一半。慢慢弯曲薄片，把它放在弯曲器两夹钳之间，并将弯曲器装在管 4 中。

5 通过漏斗将干冰加到乙醇或丙酮中，控制加入的速度，使温度每分钟下降 1℃。当温度达预计脆点以上至少 10℃ 时，开始以每秒钟 1 转的速度转动摇把直至夹钳距离缩短（3.5±0.2）mm 为止。同时观察薄片上试样有无裂缝，然后以相同的速度转回。如此操作每分钟使薄片弯曲一次。

6 当薄片弯曲时出现一个或多个裂缝时的温度作为试样的脆点。

(四) 计算

试样进行三次重复测定，三次测定结果中大值和小值的差数应在 3℃ 以内，计算三次测定结果的平均值，取整数作为试样的脆点。

(五) 精密度

1 重复性

同一操作者两次试验结果之差不超过 2℃。

2 再现性

暂不规定。

(六) 报告

取试样结果的算术平均值作为本次试验的结果。

六、石油沥青溶解度的测定

石油沥青溶解度的测定现已发布了《石油沥青溶解度测定法》（GB 11148—89）国家

标准。该方法标准适用于测定石油沥青在三氯乙烯中的溶解度。

(一) 方法概要

样品溶解在三氯乙烯中，用玻璃纤维滤纸过滤，不溶物经洗涤、干燥和称重，算出溶解度。

(二) 仪器与材料

1　古氏坩埚：50ml。

2　玻璃纤维滤纸：直径约2.6cm。

注：可以采用南京玻璃纤维研究设计院第二研究所生产的CY玻璃纤维滤纸（过滤效率99.9%，平均直径小于1μm）。

3　吸滤瓶。

4　锥形烧瓶：具塞，250ml。

5　橡胶管或接头：固定古氏坩埚在过滤瓶上用。

6　洗瓶。

7　量筒：100ml。

8　双连球。

9　干燥器。

10　烘箱：能保持温度105~110℃。

11　水浴。

12　分析天平：感量为0.0002g。

(三) 试剂

1　三氯乙烯：化学纯。

2　可以用化学纯的苯，四氯化碳或三氯甲烷代替三氯乙烯，但仲裁试验时必须使用三氯乙烯。

(四) 试验准备

1　古氏坩埚的准备：将玻璃纤维滤纸放入洁净的古氏坩埚中，用少量溶剂冲洗，待溶剂挥发后放在105~110℃的烘箱内干燥15min，取出放在干燥器中冷却30min后进行称量，称准至0.0002g。贮存在干燥器中备用。

2　样品的准备：将待试验样品熔化脱水，勿使过热。

(五) 试验步骤

1　在预先干燥并已称重的锥形烧瓶中称取约2g沥青样品，称准至0.0002g，在不断摇动下分次加入三氯乙烯，直至样品溶解。加入三氯乙烯总量为100ml，盖上瓶塞，在室温下放置至少15min。

注：仲裁试验时，在进行过滤之前把样品溶液在(38.0±0.5)℃水浴上保持1h。

2　将预先准备好并已称重的古氏坩埚安装在过滤瓶上，用少量的三氯乙烯润湿玻璃纤维滤纸。先将澄清溶液通过玻璃纤维滤纸，以滴状过滤速度进行过滤，直到全部滤液滤完。用少量溶剂洗涤锥形瓶，将全部不溶物移到古氏坩埚中。用溶剂洗涤锥形瓶和古氏坩埚上的不溶物，直至滤液无色为止。

3　取下古氏坩埚，放在通风处，直至无三氯乙烯气味为止。然后将古氏坩埚放在105~110℃烘箱内至少20min，取出后放在干燥器中冷却30min后称量。重复进行干燥、冷却及称重，直至连续称量间的差数不大于 0.0003g 为止。

（六）计算

1 试样的溶解度 X（%）按式（2-1）计算：

$$X = 100 - \left(\frac{A}{B} \times 100\right) \tag{2-1}$$

式中　A——不溶物重量，g；

　　　B——试样的重量，g。

2 对于溶解度大于 99.0% 的结果，准确到 0.01%，对于溶解度等于或小于 99.0% 的结果，准确到 0.1%。

（七）精密度

用下述规定判断试验结果的可靠性（95% 置信水平）

1 重复性：同一操作者，重复测定两个结果之差不应超过下述数值：

　　　　　溶解度，%　　　重复性，%
　　　　　＞99.0　　　　　0.1

2 再现性：两个实验室，所得两个结果之差不应超过下述数值：

　　　　　溶解度，%　　　再现性，%
　　　　　＞99.0　　　　　0.26

（八）报告

取重复测定两个结果的算术平均值，作为试样的溶解度。

第三节　沥青及改性沥青

一、建筑石油沥青

建筑石油沥青已发布了《建筑石油沥青》（GB/T 494—1998）国家标准。该产品标准适用于天然原油的减压渣油经氧化或其他工艺过程而制得的石油沥青。该标准所属产品用于建筑屋面和地下防水的胶结料，也可以用于制造涂料、油毡和防腐材料等。

（一）产品的分类

建筑石油沥青按针入度的不同，可分为 10 号、30 号和 40 号三个牌号。

（二）技术要求和试验方法

建筑石油沥青的技术要求和试验方法见表 2-2。

二、重交通道路石油沥青

重交通道路石油沥青已发布了《重交通道路石油沥青》（GB/T 15180—2000）国家标准。该产品标准规定了以石油为原料，经各种工艺生产的适用于修建重交通量道路的石油沥青的技术条件，以及包装、标志、贮存、运输等要求。该产品标准所属产品适用于修建高速公路、一级公路和城市快速路、主干路等重交通量道路，也适用于其他各等级公路、城市道路、机场道面等，以及作为乳化沥青、稀释沥青和改性沥青的原料。

建筑石油沥青的技术要求和试验方法（GB/T 494—1998） 表2-2

项　目		质量指标			试验方法
		10号	30号	40号	
针入度(25℃,100g,5s),1/10mm		10～25	26～35	36～50	GB/T 4509（见本章第二节四）
延度(25℃,5cm/min),cm	不小于	1.5	2.5	3.5	GB/T 4508（见本章第二节三）
软化点(环球法),℃	不低于	95	75	60	GB/T 4507（见本章第二节二）
溶解度(三氯乙烷、三氯乙烯、四氯化碳或苯),%	不小于	99.5			GB/T 11148（见本章第二节六）
蒸发损失(163℃,5h),%	不大于	1			GB/T 11964（石油沥青蒸发损失测定法）
蒸发后针入度比①,%	不小于	65			
闪点(开口),℃	不低于	230			GB/T 267[石油产品闪点与燃点测定法(开口杯法)]
脆点(℃)		报告			GB/T 4510（见本章第二节五）

① 测定蒸发损失后样品的针入度与原针入度之比乘以100后，所得的百分比，称为蒸发后针入度比。

（一）产品的分类

其产品按针入度分为 AH-130、AH-110、AH-90、AH-70、AH-50 等五个牌号。

（二）技术要求和试验方法

产品的技术要求和试验方法见表2-3。

重交通道路石油沥青技术要求和试验方法（GB/T 15180—2000） 表2-3

项　目		质量指标					试验方法
		AH-130	AH-110	AH-90	AH-70	AH-50	
针入度(25℃,100g,5s),1/10mm		120～140	100～120	80～100	60～80	40～60	GB/T 4509（见本章第二节四）
延度(15℃),cm	不小于	100	100	100	100	80	GB/T 4508（见本章第二节三）
软化点,℃		38～48	40～50	42～52	44～54	45～55	GB/T 4507（见本章第二第二）
溶解度,%	不小于	99.0	99.0	99.0	99.0	99.0	GB/T 11148（见本章第二节六）
闪点,℃	不低于	230					GB/T 267[石油沥青闪点与燃点测定法(开口杯法)]
密度(15℃或25℃),kg/m³		报告					GB/T 8928（石油沥青比重和密度测定法）
蜡含量,%	不大于	3.0	3.0	3.0	3.0	3.0	SH/T 0425（石油沥青蜡含量测定法）
薄膜烘箱试验(163℃,5h)							GB/T 5304（石油沥青薄膜烘箱试验方法）
质量变化,%	不大于	1.3	1.2	1.0	0.8	0.6	GB/T 5304（石油沥青薄膜烘箱试验方法）
针入度比,%	不小于	45	48	50	55	58	GB/T 4509（见本章第二节四）
延度(25℃),cm	不小于	75	75	75	50	40	GB/T 4508（见本章第二节三）
延度(15℃),cm		报告					GB/T 4508（见本章第二节三）

三、道路石油沥青

道路石油沥青现已发布了《道路石油沥青》(SH 0522—2000)石油化工行业标准。该标准规定了以石油为原料,经各种工艺生产的适用于修建中、轻交通量的道路石油沥青的技术要求、以及包装、标志、贮存、运输等要求。该产品标准所属产品适用于中、轻交通量道路沥青路面,也可作为乳化沥青和稀释沥青的原料。

(一) 产品的分类

产品按针入度分为 200 号、180 号、140 号、100 号、60 号等五个牌号。

(二) 技术要求和试验方法

产品的技术要求和试验方法见表 2-4。

道路石油沥青技术要求和试验方法 (SH 0522—2000)　　　　表 2-4

项　目		质量指标					试验方法
		200 号	180 号	140 号	100 号	60 号	
针入度(25℃,100g,5s),1/10mm		200~300	150~200	110~150	80~110	50~80	GB/T 4509(见本章第二节四)
延度[1](25℃),cm	不小于	20	100	100	90	70	GB/T 4508(见本章第二节三)
软化点,℃		30~45	35~45	38~48	42~52	45~55	GB/T 4507(见本章第二节二)
溶解度,%	不小于	99.0	99.0	99.0	99.0	99.0	GB/T 11148(见本章第二节六)
闪点(开口),℃	不低于	180	200	230	230	230	GB/T 267
蒸发后针入度比,%	不大于	50	60	60	—	—	GB/T 4509(见本章第二节四)
蒸发损失,%	不大于	1	1	1	—	—	GB/T 11964(石油沥青蒸发损失测定法)
薄膜烘箱试验							GB/T 5304(石油沥青薄膜烘箱试验方法)
质量变化,%		—	—	—	报告	报告	GB/T 5304(石油沥青薄膜烘箱试验方法)
针入度比,%		—	—	—	报告	报告	GB/T 4509(见本章第二节四)
延度(25℃),cm		—	—	—	报告	报告	GB/T 4508(见本章第二节三)

1) 如 25℃延度达不到, 15℃延度达到时, 也认为是合格的。

四、煤沥青

煤沥青现已发布了《煤沥青》(GB 2290—80)国家标准。该产品标准适用于高温煤焦油经加工所得的低温、中温、高温煤沥青。

(一) 技术要求

煤沥青的技术要求见表 2-5。

(二) 试验方法

1. 软化点的测定按《煤沥青软化点测定方法》(GB 2294—80)的规定进行。
2. 甲苯不溶物含量的测定按《煤沥青甲苯不溶物测定方法(抽提法)》(GB 2292—80)的规定进行。
3. 灰分的测定按《煤沥青灰分测定方法》(GB 2295—80)的规定进行。
4. 挥发分的测定按《冶金焦炭挥发分的测定方法》(GB 2003—80)的规定进行。

煤沥青的技术条件（GB 2290—80） 表 2-5

指标名称		低温沥青		中温沥青		高温沥青
		一类	二类	电极用	一般用	
1. 软化点(环球法)，℃		30.0～45.0	>45.0～75.0	>75.0～90.0	>75.0～95.0	>95.0～120.0
2. 甲苯不溶物含量，%		—	—	15～25	<25	—
3. 灰分，%	不大于	—	—	0.3	0.5	—
4. 水分，%	不大于	—	—	5.0	5.0	5.0
5. 挥发分，%		—	—	60.0～70.0	55.0～75.0	—
6. 喹啉不溶物含量，%	不大于	—	—	10		

注：① 水分只作为生产操作中控制指标，不作质量考核依据。如超过上述规定，则按超过部分扣除产量。
② 喹啉不溶物含量指标，不作质量考核依据。
③ 落地的中温一般用沥青，灰分允许不大于1.0%。

5. 喹啉不溶物含量的测定按《煤沥青喹啉不溶物测定方法》（GB 2293—80）的规定进行。

五、塑性体改性沥青

应用于塑性体改性沥青防水卷材的塑性体改性沥青已发布了《塑性体改性沥青》（JC/T 904—2002）建材行业标准。塑性体改性沥青是指沥青与塑料类非弹性材料混溶而得到的混合物，JC/T 904—2002 标准中是专指 APP、APAO 或 APO 与沥青的混溶物。

JC/T 904—2002 产品标准适用于以无规聚丙烯（APP）或非晶态聚α-烯烃（APAO、APO）为改性剂制作的改性沥青（简称塑性体改性沥青）及塑性体改性沥青防水卷材涂盖料的质量检验。

（一）产品的分类

产品按软化点和低温柔度的不同，可分为Ⅰ型和Ⅱ型二类。

（二）技术要求

产品的物理性能指标应符合表 2-6 要求。

塑性体改性沥青的物理性能（JC/T 904—2002） 表 2-6

序号	项目			技术指标	
				Ⅰ型	Ⅱ型
1	软化点，℃		≥	125	145
2	低温柔度，℃			−5	−15
				无裂纹	
3	渗油性	渗出张数	≤	2	
4	二甲苯可溶物含量，%	改性沥青	≥	97	
		改性沥青涂盖料	≥	94	
5	闪点，℃		≥	230	

（三）试验方法

1 软化点

软化点按 GB/T 4507 规定进行试验，加热温度不超过 190℃。软化点试样环如图 2-8

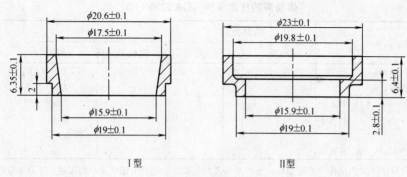

图 2-8 沥青软化点试样环

所示。Ⅰ型环、Ⅱ型环均可用于塑性体改性沥青软化点的测试,其中仲裁试验用Ⅱ型环。

2 低温柔度

(1) 试件制备

将塑性体改性沥青在烘箱或油浴中均匀加热到 180～190℃,倒入已经预热并涂有甘油和滑石粉隔离剂的模框中,试件尺寸为 150mm×25mm×(2.5～3)mm。每组制样数量为 6 个。

(2) 试验步骤

按 GB 18243—2000 中的 5.3.6 [见第三章第四节二(三)] 规定进行,柔度棒(板)的半径 (r) 为 15mm。

3 渗油性

(1) 试件制备

试件尺寸为 40mm×25mm×(2.5～3)mm,数量为 2 片,以低温柔度试件清除隔离剂后裁剪而成。

(2) 试验步骤

a. 将 2 片试件分别放在两叠快速定性滤纸上,每叠 4 层滤纸,下垫玻璃板。

b. 控制烘箱温度:Ⅰ型塑性体改性沥青为 (110±2)℃,Ⅱ型塑性体改性沥青为 (130±2)℃,将试件置于烘箱中 5h,然后取出,静置 1h,检查渗油张数。凡有污染痕迹的滤纸都算作渗出张数。

4 二甲苯可溶物含量

(1) 溶剂

二甲苯:化学纯。

(2) 试验器具

a 分析天平:感量 0.1mg。

b 沥青抽提器:见图 2-9。

c 电炉:1000W 或 1500W。

d 油浴锅:1000ml。

e 电热干燥箱:温度范围 (0～200)℃,精度±5℃。

f 定量滤纸:直径不小于 150mm。

g 箱式电阻炉:温度范围 (0～1000)℃。

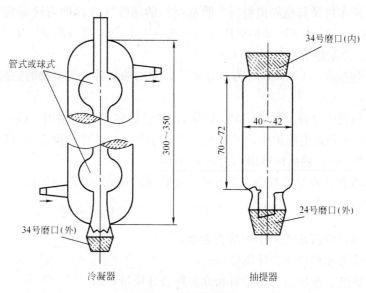

图 2-9 沥青抽提器

h 称量瓶：ϕ70mm×50mm。

i 瓷质坩埚：100ml。

(3) 塑性体改性沥青中二甲苯可溶物含量试验步骤

a. 取定量滤纸 1 张，置于沥青抽提器中，用二甲苯为溶剂回流抽提 2～3h，取出后待滤纸上的溶剂在空气中挥发后，将滤纸与称量瓶放在 (150±5)℃ 的烘箱中干燥 1h，立即将滤纸放入称量瓶中，盖上称量瓶盖，然后放在干燥器中冷却，约 30min 后，准确称出滤纸和称量瓶的合计质量 (A_0)，准确至 0.2mg (下同)。

b. 取塑性体改性沥青样品 2～3g 放在已称量滤纸中，包裹严密，置于称量瓶中，称出滤纸、改性沥青和称量瓶合计质量 (A_1)。

c. 将包裹有改性沥青的滤纸包置于沥青抽提器中，取 40～50 倍沥青样品质量的二甲苯装入锥形瓶中，对样品进行回流抽提，油浴温度约为 160℃，至下滴溶剂为无色时继续抽提至少 30min。抽提过程中注意翻动滤纸包，使可溶物完全溶解。

d. 抽提结束后，将滤纸包取出，待滤纸上的溶剂在空气中挥发后，将滤纸包连同称量瓶一并放入 (150±5)℃ 的烘箱中干燥 1h，立即将滤纸包移入称量瓶中盖上盖，放在干燥器中冷却 30min。准确称出称量瓶、滤纸及不溶物合计质量 (A_2)。

e. 塑料体改性沥青中二甲苯可溶物含量按式 (2-2) 计算：

$$D_0 = [(A_1 - A_2)/(A_1 - A_0)] \times 100 \tag{2-2}$$

式中 D_0——改性沥青中二甲苯可溶物含量，%；

A_0——滤纸和称量瓶合计质量，g；

A_1——滤纸、改性沥青和称量瓶合计质量，g；

A_2——滤纸、不溶物及称量瓶合计质量，g。

以两次平行试验的算术平均值为试验结果，精确至 0.1%，两次平行试验差值不应大于 2.0%。

(4) 塑性体改性沥青涂盖料中二甲苯可溶物含量试验步骤

a. 取不含撒布料及其他隔离材料、胎基材料的塑性体改性沥青涂盖料 2g～3g，置于已按（三）4（3）a 处理并准确称取质量的滤纸（A_0，含称量瓶质量）中，称取改性沥青涂盖料、滤纸、称量瓶的合计质量（B_1）。

b. 将滤纸包按（三）4（3）c 方法处理后，称出抽提后含不溶物的滤纸包和称量瓶的合计质量（B_2）。

c. 将滤纸包置于已在（105±5）℃干燥 1h 并已称取质量的坩埚（C_0）中，将坩埚及其中的滤纸包置于箱式电阻炉中，升温至 600℃灼烧 2h，待炉温降至 100℃，取出坩埚放入干燥器冷却 30min，然后称取坩埚的质量（C_1）。

d. 塑性体改性沥青涂盖料的二甲苯可溶物含量，按式（2-3）计算：

$$D_1 = [(B_1 - B_2)/(B_1 + C_0 - A_0 - C_1)] \times 100 \qquad (2\text{-}3)$$

式中 D_1——改性沥青涂盖料中可溶物含量，%；
A_0——滤纸和称量瓶合计质量，g；
B_1——滤纸、改性沥青涂盖料和称量瓶合计质量，g；
B_2——滤纸、不溶物及称量瓶合计质量，g；
C_0——坩埚的质量，g；
C_1——灼烧后坩埚的质量，g。

以两次平行试验的算术平均值为试验结果，精确至 0.1%，两次平行试验差值不应大于 3.0%。

5 闪点

按 GB/T 267 规定进行试验，采用开口杯法。

6 检验报告

报告应包括下列内容：

a）试样种类和来源；
b）软化点环的类型（Ⅰ型、Ⅱ型）；
c）低温柔性测试方法（A 法、B 法）；
d）检测项目的试验结果；
e）试验日期和人员。

六、弹性体改性沥青

应用于弹性体改性沥青防水卷材的弹性体改性沥青已发布了《弹性体改性沥青》（JC/T 905—2002）建材行业标准。弹性体改性沥青是指沥青与橡胶类弹性体混溶而得到的混合物，JC/T 905—2002 标准中是专指 SBS 与沥青的混溶物。

JC/T 905—2002 标准适用于以苯乙烯-丁二烯-苯乙烯（SBS）热塑性弹性体为改性体制作的改性沥青（简称 SBS 改性沥青）及弹性体改性沥青防水卷材涂盖料的质量检验。

（一）产品的分类

产品按软化点、低温柔性和弹性恢复率的不同，可分为Ⅰ型和Ⅱ型两类。

（二）技术要求

产品的物理性能指标应符合表 2-7 要求。

SBS 改性沥青的物理性能 (JC/T 905—2002)　　表 2-7

序号	项目			Ⅰ型	Ⅱ型
1	软化点,℃		≥	105	115
2	低温柔度,℃			−18 无裂纹	−25 无裂纹
3	弹性恢复率,%		≥	85	90
4	离析性	上下层软化点变化率(%)	≤	20	
5	二甲苯可溶物含量,%	改性沥青	≥	97	
		改性沥青涂盖料	≥	94	
6	闪点,℃		≥	230	

(三) 试验方法

1 软化点

软化点按 GB/T 4507 规定进行试验,加热温度不超过 190℃。软化点试样环如图 2-10 所示。Ⅰ型环、Ⅱ型环均可用于弹性体改性沥青软化点的测试,其中仲裁试验用Ⅱ型环。

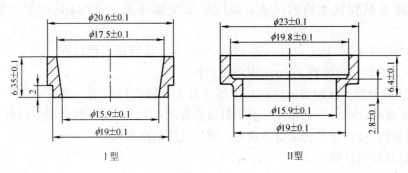

图 2-10　沥青软化点试样环

2 低温柔度

(1) 试件制备

将 SBS 改性沥青在烘箱或油浴中均匀加热到 180~190℃,倒入已经预热并涂有甘油与滑石粉隔离剂的模框中,试件尺寸为 150mm×25mm×(2.5~3)mm。每组制样数量为 6 个。

(2) 试验步骤

试验步骤按 GB 18242—2000 中的 5.3.6 [见第三章第四节一(三)3(6)] 规定进行,柔度棒(板)的半径(r) 为 15mm。

3 弹性恢复率

(1) 试验器具

弹性恢复率试验仪:采用 GB/T 4508 规定的延度试验仪;

弹性恢复率试模:采用 GB/T 4508 规定的延度试验所用试模,但中间部分换为直线侧模,其形状和尺寸如图 2-11 所示。

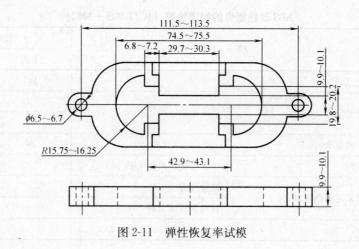

图 2-11 弹性恢复率试模

(2) 试件制备

将 SBS 改性沥青在烘箱或油浴中均匀加热到 180～190℃，灌入弹性恢复率试模中，再侧模先涂上一薄层甘油与滑石粉隔离剂，在室温下冷却 30min 后，用热刀将高出模具的沥青刮去，使沥青面与模面齐平，将试件浸入（25±0.5)℃水中保温。

(3) 试验步骤

a. 往延度试验仪水槽内注水，高度应浸没试件至少 25mm，控制水温为（25±0.5)℃。

b. 按 GB/T 4508 规定，以（50±2.5)mm/min 拉伸速度将已在（25±0.5)℃水中恒温 1.5h 以上的试件拉伸到 100mm 时停止拉伸。

c. 停止拉伸后，立即将试件在其中部垂直于拉伸方向剪断，试件下垫一表面光滑的釉面砖或金属板，在（25±0.5)℃水中恒温静置 1h 后，立即将两个半截试件在釉面砖或金属板上轻移对接，至其尖端恰好接触，测量试件的残留长度 X(mm)。

(4) 试验结果计算

弹性恢复率按式 (2-4) 计算：

$$E=(100-X)/100\times100 \tag{2-4}$$

式中 E——弹性恢复率，%；

X——试件的残留长度，mm。

以 3 个试件测试结果的算术平均值作为试验结果，计算精确至 1%。

4 离析性

(1) 试验器具

a) 试样管：玻璃或铝制成，直径 25mm，长 150mm，一端开口；

b) 电热干燥箱：温度范围（0～300)℃，精度±5℃；

c) 冰箱。

(2) 试样制备

a. 将试样管洗净、干燥，在试样管内壁涂上一薄层甘油与滑石粉隔离剂，装在支架上或竖立在烧杯中。

b. 将 SBS 改性沥青样品在 180～190℃的烘箱或油浴中加热到熔化，搅拌均匀，灌入试样管中,高度不小于120mm,将开口端塞上橡皮塞或用铝箔封严。

(3) 试验步骤

a. 将试样管连同架子或烧杯放入(163±5)℃的烘箱中,恒温静置24h。

b. 将试样管小心取出,放入已调至-10～-20℃的冰箱中,保持试样管在竖立状态约1h,使改性沥青迅速冷凝为固体。

c. 将试样管去除玻璃或铝壳后,截成相等三段,将上、下段沥青试样在180～190℃的烘箱或油浴中分别加热熔化,并搅拌均匀,灌入软化点试模中,测定上、下段试样的软化点。

(4) 试验结果计算

按式(2-5)计算上、下段沥青在离析试验后软化点变化率:

$$D_T = (\Delta T / T_0) \times 100 \tag{2-5}$$

式中 D_T——上、下层沥青在离析试验后软化点变化率,%;

ΔT——上下段改性沥青软化点差,℃;

T_0——改性沥青原始软化点,℃。

以两次平行试验的算术平均值作为试验结果,计算精确至小数点后1位。

5. 二甲苯可溶物含量

(1) 溶剂

二甲苯:化学纯。

(2) 试验器具

a) 分析天平:感量0.1mg。

b) 沥青抽提器:如图2-12所示。

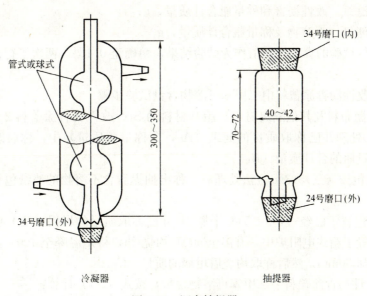

图 2-12 沥青抽提器

c) 电炉:1000W或1500W。

d) 油浴锅:1000ml。

e) 电热干燥箱:温度范围(0～200)℃,精度±5℃。

f) 定量滤纸：直径不小于 150mm。

g) 箱式电阻炉：温度范围（0～1000）℃。

h) 称量瓶：ϕ70mm×50mm。

i) 瓷质坩埚：100ml。

(3) SBS 改性沥青中二甲苯可溶物含量试验步骤

a. 取定量滤纸 1 张，置于沥青抽提器中，用二甲苯为溶剂回流抽提 2～3h，取出后待滤纸上的溶剂在空气中挥发后，将滤纸与称量瓶放在（150±5）℃的烘箱中干燥 1h，立即将滤纸放入称量瓶中，盖上称量瓶盖，然后放在干燥器中冷却，约 30min 后，准确称出滤纸和称量瓶的合计质量（A_0），准确至 0.2mg（下同）。

b. 取 SBS 改性沥青样品 2～3g 放在已称量滤纸中，包裹严密，置于称量瓶中，称出滤纸、改性沥青和称量瓶合计质量（A_1）。

c. 将包裹有改性沥青的滤纸包置于沥青抽提器中，取 40～50 倍沥青样品质量的二甲苯装入锥形瓶中，对样品进行回流抽提，油浴温度约为 160℃，至下滴溶剂为无色时继续抽提至少 30min。抽提过程中注意翻动滤纸包，使可溶物完全溶解。

d. 抽提结束后，将滤纸包取出，待滤纸上的溶剂在空气中挥发后，与称量瓶一并放入（150±5）℃的烘箱中干燥 1h，然后将滤纸包放入称量瓶中盖上瓶盖，立即放入干燥器中冷却 30min。准确称出称量瓶、滤纸及不溶物合计质量（A_2）。

e. 改性沥青中二甲苯可溶物含量按式（2-6）计算：

$$D_0=[(A_1-A_2)/(A_1-A_0)]\times100 \quad (2\text{-}6)$$

式中 D_0——改性沥青中二甲苯可溶物含量，%；

A_0——滤纸和称量瓶合计质量，g；

A_1——滤纸、改性沥青和称量瓶合计质量，g；

A_2——滤纸、不溶物及称量瓶合计质量，g。

以两次平行试验的算术平均值作为试验结果，精确至 0.1%，两次平行试验差值应不大于 2.0%。

(4) SBS 改性沥青涂盖料中二甲苯可溶物含量试验步骤

a. 取不含撒布料及其他隔离材料、胎基材料的 SBS 改性沥青涂盖料 2～3g，置于已按（三）5(3)①处理并已称取质量的滤纸（A_0，含称量瓶质量）中，称取改性沥青涂盖料、滤纸、称量瓶的合计质量（B_1）。

b. 将滤纸包按（三）5(3)c 方法处理后，称出抽提后含不溶物的滤纸包和称量瓶的合计质量（B_2）。

c. 将滤纸包置于已经（105±5）℃干燥 1h 并已称取质量的坩埚（C_0）中，将坩埚及其中的滤纸包置于箱式电阻炉中，升温至 600℃灼烧 2h，待炉温降至 100℃，取出坩埚放入干燥器中冷却 30min，然后称取灼烧后坩埚的质量（C_1）。

d. SBS 改性沥青涂盖料中二甲苯可溶物含量，按式（2-7）计算：

$$D_1=[(B_1-B_2)/(B_1+C_0-A_0-C_1)]\times100 \quad (2\text{-}7)$$

式中 D_1——改性沥青涂盖料中二甲苯可溶物含量，%；

A_0——滤纸和称量瓶合计质量，g；

B_1——滤纸、改性沥青涂盖料和称量瓶合计质量，g；

B_2——滤纸、不溶物及称量瓶合计质量，g；
C_0——坩埚的质量，g；
C_1——灼烧后坩埚的质量，g。

以两次平行试验的算术平均值作为试验结果，精确至0.1%，两次平行试验差值应不大于3.0%。

6　闪点

按 GB/T 267 规定进行试验，采用开口杯法。

7　检验报告

报告应包括下列内容：

a) 试样种类和来源；
b) 软化点环的类型（Ⅰ型、Ⅱ型）；
c) 低温柔性测试方法（A 法、B 法）；
d) 检测项目的检验结果；
e) 检验日期和人员。

第三章 建筑防水卷材

第一节 概 述

以原纸、纤维毡、纤维布、金属箔、塑料膜或纺织物等材料中的一种或数种复合为胎基,浸涂石油沥青、煤沥青、高聚物改性沥青制成的或以合成高分子材料为基料加入助剂、填充剂经过多种工艺加工而成的长条片状成卷供应并起防水作用的产品称为防水卷材。

防水卷材在我国建筑防水材料的应用中处于主导地位,在建筑防水工程的实践中起着重要的作用,广泛应用于建筑物地上、地下和其他特殊构筑物的防水,是一种面广量大的防水材料。

建筑防水卷材目前的规格品种已由20世纪50年代单一的沥青油毡发展到具有不同物理性能的几十种高、中档新型防水卷材,常用的防水卷材按照材料的组成不同,一般可分为沥青防水卷材、高聚物改性沥青防水卷材和合成高分子防水卷材三大系列,此外,还有柔性聚合物水泥防水卷材、金属防水卷材等大类,参见图3-1。

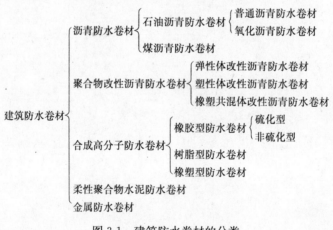

图 3-1 建筑防水卷材的分类

第二节 防水卷材的基本试验方法

为了控制并提高产品的质量,一般的生产企业都有自己的产品质量检验室,防水卷材生产企业也是这样。要想得到的实验数据有一定的价值及可参考性,检验室的环境条件及检测设备都要达到一定要求才行。

检验室的环境条件、样品及试剂的存放必须满足产品质量检验要求,相邻区域的工作互有不利影响的时候,应该采取有效的隔离措施,周围环境的粉尘、噪声、振动、有害气体和电磁辐射等均不得影响检验工作。检验室的面积、能源、照明（采光）、温度、湿度和通风等均应满足检验工作及国家标准、行业标准所规定的要求。分析用天平、制冷箱及高温设备（高温炉、烘箱等）要与分析实验室隔开，检验室内如使用小型高速分散机、小型反应釜等应单独放置。

检验室内仪器设备放置合理、操作方便、保证安全。检验室应安装通风柜（橱），以排除有害气体。拉力试验机、不透水仪等应放于能控温检验室里。危险试剂应妥善保管，实验废弃物应该有具体的管理措施。

防水卷材产品的检验以及生产控制检验需要检验设备，其性能应该满足有关标准规定的技术要求。计量器具应按期进行校验并建立档案，沥青基防水卷材及高分子防水卷材检验室主要仪器设备技术要求、检定（校验）周期分别见表3-1和表3-2。

为了提高防水卷材企业检验水平与准确性，规范企业检验操作，促进产品的不断提高，中国建筑防水材料工业协会具体管理《防水卷材的企业质量管理规范》的实施及符合条件的企业产品质量对比验证校验工作，国家建筑材料工业建筑防水材料质量监督检验测试中心（以下简称防水质监中心）负责对符合规定设备年生产能力的企业产品进行对比验证。各类产品对比验证检验项目结果平均值偏差范围见表3-3。

沥青基防水卷材检验室主要仪器设备技术要求、检定（校验）周期一览表　　表3-1

序号	仪器设备	量程及精度要求	检定周期(年)	备注
1	台秤	最小分度值0.2kg	1	
2	厚度计	接触面直径10mm，单位面积压力0.02MPa，分度值0.01mm	1	
3	钢直尺	150mm，最小刻度1mm	1	
4	钢卷尺	0～20m，0～3m，最小刻度1mm	1	
5	天平	感量0.001g	1	
6	不透水仪	压力0～0.6MPa，精度2.5级，三个透水盘，内径92mm	0.5	压力表
7	电热鼓风干燥箱	不小于200℃，精度±2℃	1	
8	拉力试验机	测力范围0～2000N，最小分度值不大于5N，伸长范围能夹具间距(180mm)伸长1倍	1	
9	半导体温度计	量程−30～40℃，精度0.5℃	1	
10	沥青软化点仪	0～180℃，最小刻度0.5℃	1	
11	沥青针入度仪	0～620 1/10mm，最小刻度1/10mm	1	
12	沥青延度测定器	最小刻度1mm	1	
13	真空吸水装置真空表	0～0.1MPa(760mm汞柱)，精度0.4级	1	油毡用
14	秒表	精度0.1s	1	
15	温度计	0～50℃，刻度0.5℃	1	
16	温度计	0～150℃，刻度0.5℃	1	
17	温度计	0～200℃，刻度2℃	1	
18	千分尺	精度0.01mm	1	
19	低温冰柜	0～−30℃，控温精度±2℃	1	
20	弯板	半径10mm、12.5mm、15mm、25mm、35mm(选择)	1	
21	标准筛	7目、16目、30目、40目、50目、120目、140目、200目		使用3个月或测150个样品

续表

序号	仪器设备	量程及精度要求	检定周期(年)	备注
22	索氏萃取器	250~500ml		
23	酸度计	精度 0.02pH	1	
24	恒温水浴或电热鼓风干燥箱	能保温在(50±2)℃	1	
25	霉菌试验箱	温度调节范围 20~35℃,相对湿度 90%~100%	1	自检
26	天平	感量 0.0001g,最大称量 200g	1	
27	电热真空干燥器	真空度 0.0997MPa		
28	消毒器	医用蒸煮或高压消毒器(压力大于 0.1MPa)		
29	天平	感量不大于 0.01g,最大称量 200g	1	
30	沥青闪点测定器	0~360℃,最小刻度 0.5℃	1	
31	氙弧灯老化仪	符合 GB/T 18244—2000 要求的氙弧灯老化仪	1	自检

注:1. 表中 1~18 为通用计量器具,送有关计量检定机构定期计量检定。
  2. 表中 19~20 为自校验器具,按周期自校。
  3. 表中 21~22 为一般检验仪器设备,使用中维护和保养。
  4. 表中 23~31 为企业需要时购置。

高分子防水卷材检验室主要仪器设备技术要求、检定(校验)周期一览表　　表 3-2

序号	仪器设备	量程及精度要求	检定周期(年)	备注
1	钢直尺	150mm,最小刻度 1mm	1	
2	钢卷尺	0~20m,0~3m,最小刻度 1mm	1	
3	厚度计	接触面直径 6mm,单位面积压力 0.02MPa,分度值 0.01mm		
4	拉力试验机	测力范围 0~1000N,最小分度值不大于 2N,示值精度 1%,伸长范围大于 500mm		
5	不透水仪	压力 0~0.6MPa,精度 2.5 级,三个透水盘,内径 92mm	0.5	压力表
6	电热鼓风干燥箱	50~240℃,精度±2℃	1	
7	直尺	0~150mm,分度值 0.5mm		
8	温度计	0~200℃,刻度 2℃		
9	天平	感量 0.001g,最大称量 200g	1	
10	读数显微镜	0.01mm		
11	远红外温度计	−50~400℃		
12	电子秤	精度 0.01g,2kg	1	
13	橡胶硬度仪	精度 1		
14	冰柜	0~−40℃,精度±2℃	1	
15	熔体流动速率仪	±0.2℃		
16	橡胶门尼黏度仪	0~200 门尼值,分度值 0.1		
17	橡胶平板硫化仪			
18	试验用炼胶机			
19	橡胶冲片机			

第二节 防水卷材的基本试验方法

续表

序号	仪器设备	量程及精度要求	检定周期(年)	备注
20	弯折仪		1	
21	穿孔仪	导管刻度 0~500mm，分度值 10mm，重锤 500g，半球钢珠直径 12.7mm	1	自检
22	标准筛	16目、40目、120目、140目、200目	使用3个月或测150个样品	
23	热老化试验箱	200℃，精度±2℃	1	
24	臭氧老化仪	容积不小于 100l，控温精度±2℃，转速 20~25mm/s，臭氧浓度 1~5×10^{-6}	1	自检
25	氙灯老化仪	符合 GB/T 18244—200 要求的氙弧灯老化仪	1	自检
26	夹持器	能使标线距离(120mm)拉伸至140mm	1	自检
27	高低温试验箱	与拉力试验机配套，−20~60℃，控温精度 2℃	1	自检

注：1. 表中 1~13 为通用计量器具，送有关计量检定机构定期计量检定。
2. 表中 14~22 为自校验器具，按周期自校。
3. 表中 23~27 为企业需要时购置。
4. 表中 11、16~18 为硫化橡胶产品用；15 为塑料产品用；10 为单面或双面复合高分子防水卷材用。

对比验证检验项目结果平均偏差范围数据表 表3-3

分类	序号	检验项目	不同实验室误差范围	误差类别	备注
改性沥青防水卷材	1	可溶物含量	2mm 不大于 50g/m² 3mm 不大于 80g/m² 4mm 不大于 110g/m²	绝对误差值	3块试件平均值
	2	不透水性	3块试件都无差异	绝对误差值	
	3	耐热度	6块试件中允许1块有差异	绝对误差值	
	4	拉力	400N 以下不大于 40N/50mm 401~600N 不大于 50N/50mm 601~800N 不大于 70N/50mm 801N 以上不大于 90N/50mm	绝对误差值	5块试件平均值
	5	最大拉力时延伸率	40%以下不大于 5% 41%以上不大于 7%	绝对误差值	5块试件平均值
	6	低温柔度	6块试件中允许1块有差异	绝对误差值	
聚氯乙烯、氯磺化聚乙烯防水卷材	1	拉伸强度	5.0~8.0MPa 不大于 0.7MPa 8.1~12.0MPa 不大于 1.0MPa 12.1MPa 及以上不大于 1.2MPa	绝对误差值	5块试件平均值
	2	断裂伸长率	200%以下不大于 30% 201%及以上不大于 40%	绝对误差值	5块试件平均值
	3	热处理尺寸变化率	不大于 0.5%	绝对误差值	3块试件平均值
	4	低温弯折性	6块试件中允许1块有差异	绝对误差值	
	5	抗渗透性	3块试件都无差异	绝对误差值	
	6	拉力	120N/cm 以下不大于 15N/cm 121N/cm 及以上不大于 20N/cm	绝对误差值	5块试件平均值（新标准）

续表

分类	序号	检验项目	不同实验室误差范围	误差类别	备注
高分子防水片材	1	常温拉伸强度	5.0MPa 以下不大于 0.4MPa 5.0～8.0MPa 不大于 0.7MPa 8.1～12.0MPa 不大于 1.0MPa 12.1MPa 及以上不大于 1.2MPa	绝对误差值	5块试件平均值
	2	常温拉伸强度	60N/cm 以下不大于 8N/cm 61～80N/cm 不大于 10N/cm 81～100N/cm 不大于 12N/cm 101N/cm 及以上不大于 15N/cm	绝对误差值	5块试件平均值
	3	常温扯断伸长率	200% 以下不大于 30% 201～400% 不大于 40% 401% 及以上不大于 50%	绝对误差值	5块试件平均值
	4	撕裂强度	15kN/m 以下不大于 3kN/m 16～25kN/m 不大于 4kN/m 26～40kN/m 不大于 5kN/m 41kN/m 及以上不大于 7kN/m	绝对误差值	5块试件平均值
	5	低温弯折	6块试件中允许1块有差异	绝对误差值	
	6	不透水	3块试件都无差异	绝对误差值	
纸胎油毡	1	单位面积浸涂材料总量	1000g/m² 以下不大于 40g/m² 1001g/m² 以上不大于 50g/m²	绝对误差值	3块试件平均值
	2	不透水性	6块试件中允许1块有差异	绝对误差值	
	3	耐热度	6块试件中允许1块有差异	绝对误差值	
	4	拉力	300N 以下不大于 30N/50mm 301N 及以上不大于 40N/50mm	绝对误差值	6块试件平均值
	5	柔度	6块试件中允许1块有差异	绝对误差值	

注：以上未列的产品试验项目，其误差范围，防水质监中心正在与有关企业的产品进行试验。确定科学的误差值后，予以公布。

本节一介绍的沥青基防水卷材和高分子防水卷材试验方法是以《建筑防水卷材试验方法》（GB/T 328—2007）国家标准为依据的。本节一（一）至一（二十七）介绍了 GB/T 328.1—2007～GB/T 328.27—2007 版建筑防水卷材的试验方法；本节一（二十八）采用附录的形式介绍了 GB/T 328.1—89～GB/T 328.7—89 版沥青防水卷材的试验方法，可供读者参考。GB/T 328 标准层次与本节结构层次的对应关系参见表 3-4。

本节二所介绍的建筑防水材料的老化试验方法是以 GB/T 18244—2000 国家标准为依据的。GB/T 18244—2000 标准层次与本节结构层次的对应关系参见表 3-5。

本节三所介绍的建筑材料水蒸气透过性能的试验方法是以《建筑材料水蒸气透过性能试验方法》（GB/T 17146—1997）国家标准为依据的。GB/T 17146—1997 标准层次与本节结构层次的对应关系参见表 3-6。

防水卷材试验方法 GB/T 328—2007 标准层次与本节结构层次的对应关系　　表 3-4

标准层次	本节结构层次	标准层次	本节结构层次	标准层次	本节结构层次
GB/T 328—2007	一	4.1	一(四)1(1)	6.2	一(五)3(2)
GB/T 328.1—2007	一(一)	4.2	一(四)1(2)	6.3	一(五)3(3)
1	一(一)	4.3	一(四)1(3)	6.4	一(五)3(4)
2	一(一)	4.3.1	一(四)1(3)a	6.5	一(五)3(5)
3	一(一)	4.3.2	一(四)1(3)b	7	一(五)4
4	一(一)1	4.3.3	一(四)1(3)c	8	一(五)5
5	一(一)2	4.4	一(四)1(4)		
6	一(一)3	4.5	一(四)1(5)	GB/T 328.6—2007	一(六)
6.1	一(一)3(1)	4.5.1	一(四)1(5)a	1	一(六)
6.2	一(一)3(2)	4.5.2	一(四)1(5)b	2	一(六)
6.3	一(一)3(3)	5	一(四)2	3	一(六)
7	一(一)4	5.1	一(四)2(1)	4	一(六)1
		5.2	一(四)2(2)	5	一(六)2
GB/T 328.2—2007	一(二)	5.3	一(四)2(3)	5.1	一(六)2(1)
1	一(二)	5.3.1	一(四)2(3)a	5.2	一(六)2(2)
2	一(二)	5.3.2	一(四)2(3)b	5.3	一(六)2(3)
3	一(二)	5.3.3	一(四)2(3)c	6	一(六)3
4	一(二)1	5.4	一(四)2(4)	6.1	一(六)3(1)
5	一(二)2	5.5	一(四)2(5)	6.2	一(六)3(2)
5.1	一(二)2(1)	5.5.1	一(四)2(5)a	7	一(六)4
5.2	一(二)2(2)	5.5.2	一(四)2(5)b	7.1	一(六)4(1)
6	一(二)3	6	一(四)3	7.2	一(六)4(2)
7	一(二)4			7.3	一(六)4(3)
		GB/T 328.5—2007	一(五)	7.4	一(六)4(4)
GB/T 328.3—2007	一(三)	1	一(五)	8	一(六)5
1	一(三)	2	一(五)	8.1	一(六)5(1)
2	一(三)	3	一(五)	8.2	一(六)5(2)
3	一(三)	4	一(五)1	8.3	一(六)5(3)
4	一(三)1	5	一(五)2	8.4	一(六)5(4)
5	一(三)2	5.1	一(五)2(1)	9	一(六)6
5.1	一(三)2(1)	5.2	一(五)2(2)		
5.2	一(三)2(2)	5.2.1	一(五)2(2)a	GB/T 328.7—2007	一(七)
6	一(三)3	5.2.2	一(五)2(2)b	1	一(七)
7	一(三)4	5.3	一(五)2(3)	2	一(七)
		5.4	一(五)2(4)	3	一(七)
GB/T 328.4—2007	一(四)	5.4.1	一(五)2(4)a	4	一(七)1
1	一(四)	5.4.2	一(五)2(4)b	5	一(七)2
2	一(四)	5.5	一(五)2(5)	5.1	一(七)2(1)
3	一(四)	6	一(五)3	5.1.1	一(七)2(1)a
4	一(四)1	6.1	一(五)3(1)	5.1.2	一(七)2(1)b

续表

标准层次	本节结构层次	标准层次	本节结构层次	标准层次	本节结构层次
5.2	一(七)2(2)	9	一(九)6	4.2.1	一(十一)1(2)a
5.3	一(七)2(3)	9.1	一(九)6(1)	4.2.2	一(十一)1(2)b
6	一(七)3	9.2	一(九)6(2)	4.2.3	一(十一)1(2)c
6.1	一(七)3(1)	10	一(九)7	4.2.4	一(十一)1(2)d
6.1.1	一(七)3(1)a			4.2.5	一(十一)1(2)e
6.1.2	一(七)3(1)b	GB/T 328.10—2007	一(十)	4.2.6	一(十一)1(2)f
6.2	一(七)3(2)	1	一(十)	4.2.7	一(十一)1(2)g
6.3	一(七)3(3)	2	一(十)	4.2.8	一(十一)1(2)h
7	一(七)4	3	一(十)	4.3	一(十一)1(3)
7.1	一(七)4(1)	4	一(十)1	4.4	一(十一)1(4)
7.1.1	一(七)4(1)a	4.1	一(十)1(1)	4.5	一(十一)1(5)
7.1.2	一(七)4(1)b	4.2	一(十)1(2)	4.5.1	一(十一)1(5)a
7.2	一(七)4(2)	5	一(十)2	4.5.2	一(十一)1(5)b
7.3	一(七)4(3)	5.1	一(十)2(1)	4.5.3	一(十一)1(5)c
8	一(七)5	5.2	一(十)2(2)	4.6	一(十一)1(6)
9	一(七)6	6	一(十)3	4.6.1	一(十一)1(6)a
		7	一(十)4	4.6.2	一(十一)1(6)b
GB/T 328.8—2007	一(八)	7.1	一(十)4(1)	4.6.3	一(十一)1(6)c
1	一(八)	7.2	一(十)4(2)	4.6.4	一(十一)1(6)d
2	一(八)	7.2.1	一(十)4(2)a	4.6.4.1	一(十一)1(6)d(a)
3	一(八)	7.2.2	一(十)4(2)b	4.6.4.2	一(十一)1(6)d(b)
4	一(八)1	7.3	一(十)4(3)	5	一(十一)2
5	一(八)2	8	一(十)5	5.1	一(十一)2(1)
6	一(八)3	8.1	一(十)5(1)	5.2	一(十一)2(2)
7	一(八)4	8.2	一(十)5(2)	5.2.1	一(十一)2(2)a
8	一(八)5	8.3	一(十)5(3)	5.2.2	一(十一)2(2)b
9	一(八)6	9	一(十)6	5.2.3	一(十一)2(2)c
9.1	一(八)6(1)	9.1	一(十)6(1)	5.2.4	一(十一)2(2)d
9.2	一(八)6(2)	9.1.1	一(十)6(1)a	5.3	一(十一)2(3)
10	一(八)7	9.1.2	一(十)6(1)b	5.4	一(十一)2(4)
		9.2	一(十)6(2)	5.5	一(十一)2(5)
GB/T 328.9—2007	一(九)	10	一(十)7	5.5.1	一(十一)2(5)a
1	一(九)			5.5.2	一(十一)2(5)b
2	一(九)	GB/T 328.11—2007	一(十一)	5.6	一(十一)2(6)
3	一(九)	1	一(十一)	5.6.1	一(十一)2(6)a
4	一(九)1	2	一(十一)	5.6.2	一(十一)2(6)b
5	一(九)2	3	一(十一)	6	一(十一)3
6	一(九)3	4	一(十一)1		
7	一(九)4	4.1	一(十一)1(1)	GB/T 328.12—2007	一(十二)
8	一(九)5	4.2	一(十一)1(2)	1	一(十二)

续表

标准层次	本节结构层次	标准层次	本节结构层次	标准层次	本节结构层次
2	一(十二)	3	一(十三)	4	一(十五)1
3	一(十二)	4	一(十三)1	5	一(十五)2
4	一(十二)1	5	一(十三)2	5.1	一(十五)2(1)
5	一(十二)2	5.1	一(十三)2(1)	5.2	一(十五)2(2)
5.1	一(十二)2(1)	5.2	一(十三)2(2)	5.3	一(十五)2(3)
5.2	一(十二)2(2)	6	一(十三)3	6	一(十五)3
5.2.1	一(十二)2(2)a	7	一(十三)4	7	一(十五)4
5.2.2	一(十二)2(2)b	8	一(十三)5	8	一(十五)5
5.2.3	一(十二)2(2)c	8.1	一(十三)5(1)	8.1	一(十五)5(1)
5.2.4	一(十二)2(2)d	8.2	一(十三)5(2)	8.2	一(十五)5(2)
5.3	一(十二)2(3)	9	一(十三)6	8.3	一(十五)5(3)
5.3.1	一(十二)2(3)a	9.1	一(十三)6(1)	8.4	一(十五)5(4)
5.3.2	一(十二)2(3)b	9.2	一(十三)6(2)	8.5	一(十五)5(5)
5.3.3	一(十二)2(3)c	10	一(十三)7	8.6	一(十五)5(6)
5.3.4	一(十二)2(3)d			8.7	一(十五)5(7)
5.3.5	一(十二)2(3)e	GB/T 328.14—2007	一(十四)	8.8	一(十五)5(8)
5.3.6	一(十二)2(3)f	1	一(十四)	8.9	一(十五)5(9)
5.3.7	一(十二)2(3)g	2	一(十四)	9	一(十五)6
5.4	一(十二)2(4)	3	一(十四)	10	一(十五)7
5.4.1	一(十二)2(4)a	4	一(十四)1		
5.4.2	一(十二)2(4)b	5	一(十四)2	GB/T 328.16—2007	一(十六)
5.4.3	一(十二)2(4)c	6	一(十四)3	1	一(十六)
6	一(十二)3	7	一(十四)4	2	一(十六)
7	一(十二)4	8	一(十四)5	3	一(十六)
8	一(十二)5	8.1	一(十四)5(1)	4	一(十六)1
8.1	一(十二)5(1)	8.2	一(十四)5(2)	5	一(十六)2
8.2	一(十二)5(2)	8.3	一(十四)5(3)	5.1	一(十六)2(1)
8.3	一(十二)5(3)	8.4	一(十四)5(4)	5.2	一(十六)2(2)
9	一(十二)6	9	一(十四)6	5.3	一(十六)2(3)
9.1	一(十二)6(1)	9.1	一(十四)6(1)	5.4	一(十六)2(4)
9.2	一(十二)6(2)	9.2	一(十四)6(2)	5.5	一(十六)2(5)
9.3	一(十二)6(3)	9.3	一(十四)6(3)	5.6	一(十六)2(6)
9.4	一(十二)6(4)	9.3.1	一(十四)6(3)a	5.7	一(十六)2(7)
9.4.1	一(十二)6(4)①	9.3.2	一(十四)6(3)b	5.8	一(十六)2(8)
9.4.2	一(十二)6(4)②	10	一(十四)7	6	一(十六)3
10	一(十二)7			7	一(十六)4
		GB/T 328.15—2007	一(十五)	8	一(十六)5
GB/T 328.13—2007	一(十三)	1	一(十五)	8.1	一(十六)5(1)
1	一(十三)	2	一(十五)	8.2	一(十六)5(2)
2	一(十三)	3	一(十五)	8.3	一(十六)5(3)

续表

标准层次	本节结构层次	标准层次	本节结构层次	标准层次	本节结构层次
8.4	一(十六)5(4)	9.4.1	一(十六)6(4)a	B1.1	一(十七)8(1)a
8.4.1	一(十六)5(4)a	9.4.2	一(十六)6(4)b	B1.2	一(十七)8(1)b
8.4.2	一(十六)5(4)b	9.4.3	一(十六)6(4)c	B1.3	一(十七)8(1)c
8.4.3	一(十六)5(4)c	10	一(十六)7	B1.4	一(十七)8(1)d
8.5	一(十六)5(5)	11	一(十六)8	B2	一(十七)8(2)
8.5.1	一(十六)5(5)a	附录A	一(十六)9	B3	一(十七)8(3)
8.5.2	一(十六)5(5)b	A1	一(十六)9(1)	B3.1	一(十七)8(3)a
8.5.3	一(十六)5(5)c	A2	一(十六)9(2)	B3.2	一(十七)8(3)b
8.5.4	一(十六)5(5)d			B3.3	一(十七)8(3)c
8.5.4.1	一(十六)5(5)d(a)	GB/T 328.17—2007	一(十七)	B3.4	一(十七)8(3)d
8.5.4.2	一(十六)5(5)d(b)	1	一(十七)	B3.5	一(十七)8(3)e
8.6	一(十六)5(6)	2	一(十七)	B3.6	一(十七)8(3)f
8.6.1	一(十六)5(6)a	3	一(十七)	B4	一(十七)8(4)
8.6.2	一(十六)5(6)b	4	一(十七)1	B4.1	一(十七)8(4)a
8.6.2.1	一(十六)5(6)b(a)	5	一(十七)2	B4.2	一(十七)8(4)b
8.6.2.2	一(十六)5(6)b(b)	5.1	一(十七)2(1)		
8.6.3	一(十六)5(6)c	5.2	一(十七)2(2)	GB/T 328.18—2007	一(十八)
8.6.4	一(十六)5(6)d	5.3	一(十七)2(3)	1	一(十八)
8.6.4.1	一(十六)5(6)d(a)	5.4	一(十七)2(4)	2	一(十八)
8.6.4.2	一(十六)5(6)d(b)	5.5	一(十七)2(5)	3	一(十八)
8.7	一(十六)5(7)	5.6	一(十七)2(6)	4	一(十八)1
8.7.1	一(十六)5(7)a	5.7	一(十七)2(7)	5	一(十八)2
8.7.2	一(十六)5(7)b	5.8	一(十七)2(8)	5.1	一(十八)2(1)
8.7.3	一(十六)5(7)c	6	一(十七)3	5.2	一(十八)2(2)
8.8	一(十六)5(8)	6.1	一(十七)3(1)	6	一(十八)3
8.8.1	一(十六)5(8)a	6.2	一(十七)3(2)	7	一(十八)4
8.8.2	一(十六)5(8)b	6.2.1	一(十七)3(2)a	8	一(十八)5
8.8.3	一(十六)5(8)c	6.2.2	一(十七)3(2)b	9	一(十八)6
8.8.4	一(十六)5(8)d	6.2.3	一(十七)3(2)c	9.1	一(十八)6(1)
8.8.4.1	一(十六)5(8)d(a)	7	一(十七)4	9.2	一(十八)6(2)
8.8.4.2	一(十六)5(8)d(b)	7.1	一(十七)4(1)	10	一(十八)7
9	一(十六)6	7.2	一(十七)4(2)		
9.1	一(十六)6(1)	8	一(十七)5	GB/T 328.19—2007	一(十九)
9.1.1	一(十六)6(1)a	8.1	一(十七)5(1)	1	一(十九)
9.1.2	一(十六)6(1)b	8.2	一(十七)5(2)	2	一(十九)
9.1.3	一(十六)6(1)c	9	一(十七)6	3	一(十九)
9.1.4	一(十六)6(1)d	10	一(十七)7	4	一(十九)1
9.2	一(十六)6(2)	附录A	一(十七)7	5	一(十九)2
9.3	一(十六)6(3)	附录B	一(十七)8	6	一(十九)3
9.4	一(十六)6(4)	B1	一(十七)8(1)	7	一(十九)4

第二节 防水卷材的基本试验方法

续表

标准层次	本节结构层次	标准层次	本节结构层次	标准层次	本节结构层次
8	一(十九)5	GB/T 328.22—2007	一(二十二)	5.6	一(二十四)2(6)
9	一(十九)6	1	一(二十二)	5.7	一(二十四)2(7)
9.1	一(十九)6(1)	2	一(二十二)	5.8	一(二十四)2(8)
9.2	一(十九)6(2)	3	一(二十二)	5.9	一(二十四)2(9)
10	一(十九)7	4	一(二十二)1	6	一(二十四)3
		5	一(二十二)2	7	一(二十四)4
GB/T 328.20—2007	一(二十)	6	一(二十二)3	8	一(二十四)5
1	一(二十)	7	一(二十二)4	9	一(二十四)6
2	一(二十)	8	一(二十二)5	10	一(二十四)7
3	一(二十)	9	一(二十二)6		
4	一(二十)1	9.1	一(二十二)6(1)	GB/T 328.25—2007	一(二十五)
5	一(二十)2	9.2	一(二十二)6(2)	1	一(二十五)
6	一(二十)3	10	一(二十二)7	2	一(二十五)
7	一(二十)4			3	一(二十五)
8	一(二十)5	GB/T 328.23—2007	一(二十三)	4	一(二十五)1
9	一(二十)6	1	一(二十三)	5	一(二十五)2
9.1	一(二十)6(1)	2	一(二十三)	5.1	一(二十五)2(1)
9.1.1	一(二十)6(1)a	3	一(二十三)	5.2	一(二十五)2(2)
9.1.2	一(二十)6(1)b	4	一(二十三)1	5.3	一(二十五)2(3)
9.2	一(二十)6(2)	5	一(二十三)2	5.4	一(二十五)2(4)
9.3	一(二十)6(3)	6	一(二十三)3	5.5	一(二十五)2(5)
10	一(二十)7	7	一(二十三)4	5.6	一(二十五)2(6)
		8	一(二十三)5	5.6.1	一(二十五)2(6)a
GB/T 328.21—2007	一(二十一)	9	一(二十三)6	5.6.2	一(二十五)2(6)b
1	一(二十一)	9.1	一(二十三)6(1)	5.6.3	一(二十五)2(6)c
2	一(二十一)	9.2	一(二十三)6(2)	5.7	一(二十五)2(7)
3	一(二十一)	9.3	一(二十三)6(3)	6	一(二十五)3
4	一(二十一)1	10	一(二十三)7	7	一(二十五)4
5	一(二十一)2			8	一(二十五)5
6	一(二十一)3	GB/T 328.24—2007	一(二十四)	8.1	一(二十五)5(1)
7	一(二十一)4	1	一(二十四)	8.2	一(二十五)5(2)
8	一(二十一)5	2	一(二十四)	8.3	一(二十五)5(3)
9	一(二十一)6	3	一(二十四)	9	一(二十五)6
9.1	一(二十一)6(1)	4	一(二十四)1	10	一(二十五)7
9.2	一(二十一)6(2)	5	一(二十四)2		
9.2.1	一(二十一)6(2)a	5.1	一(二十四)2(1)	GB/T 328.26—2007	一(二十六)
9.2.2	一(二十一)6(2)b	5.2	一(二十四)2(2)	1	一(二十六)
9.3	一(二十一)6(3)	5.3	一(二十四)2(3)	2	一(二十六)
9.4	一(二十一)6(4)	5.4	一(二十四)2(4)	3	一(二十六)
10	一(二十一)7	5.5	一(二十四)2(5)	4	一(二十六)1

续表

标准层次	本节结构层次	标准层次	本节结构层次	标准层次	本节结构层次
5	一(二十六)2	3	一(二十八)1(2)	6.1.4	一(二十八)3(4)a(d)
5.1	一(二十六)2(1)	3.1	一(二十八)1(2)a	6.1.5	一(二十八)3(4)a(e)
5.2	一(二十六)2(2)	3.2	一(二十八)1(2)b	6.2	一(二十八)3(4)b
5.3	一(二十六)2(3)	4	一(二十八)1(3)	6.2.1	一(二十八)3(4)b(a)
5.4	一(二十六)2(4)	4.1	一(二十八)1(3)a	6.2.2	一(二十八)3(4)b(b)
5.5	一(二十六)2(5)	4.2	一(二十八)1(3)b	6.2.3	一(二十八)3(4)b(c)
5.6	一(二十六)2(6)			7	一(二十八)3(5)
6	一(二十六)3	GB 328.2—89	一(二十八)2		
7	一(二十六)4	1	一(二十八)2	GB 328.4—89	一(二十八)4
8	一(二十六)5	2	一(二十八)2	1	一(二十八)4
9	一(二十六)6	3	一(二十八)2(1)	2	一(二十八)4
9.1	一(二十六)6(1)	4	一(二十八)2(2)	3	一(二十八)4(1)
9.1.1	一(二十六)6(1)a	5	一(二十八)2(3)	4	一(二十八)4(2)
9.1.2	一(二十六)6(1)b	5.1	一(二十八)2(3)a	4.1	一(二十八)4(2)a
9.1.3	一(二十六)6(1)c	a	一(二十八)2(3)a(a)	4.2	一(二十八)4(2)b
9.1.4	一(二十六)6(1)d	b	一(二十八)2(3)a(b)	4.2.1	一(二十八)4(2)b(a)
9.1.5	一(二十六)6(1)e	c	一(二十八)2(3)a(c)	4.2.2	一(二十八)4(2)b(b)
9.2	一(二十六)6(2)	d	一(二十八)2(3)a(d)	4.2.3	一(二十八)4(2)b(c)
10	一(二十六)7	5.2	一(二十八)2(3)b	4.2.4	一(二十八)4(2)b(d)
		5.3	一(二十八)2(3)c	4.2.5	一(二十八)4(2)b(e)
GB/T 328.27—2007	一(二十七)	a	一(二十八)2(3)c(a)	4.3	一(二十八)4(2)c
1	一(二十七)	b	一(二十八)2(3)c(b)	4.4	一(二十八)4(2)d
2	一(二十七)	6	一(二十八)2(4)	4.5	一(二十八)4(2)e
3	一(二十七)1	6.1	一(二十八)2(4)a	4.6	一(二十八)4(2)f
4	一(二十七)2	6.2	一(二十八)2(4)b	4.6.1	一(二十八)4(2)f(a)
4.1	一(二十七)2(1)	6.3	一(二十八)2(4)c	4.6.2	一(二十八)4(2)f(b)
4.2	一(二十七)2(2)	6.4	一(二十八)2(4)d	4.7	一(二十八)4(2)g
4.3	一(二十七)2(3)	6.5	一(二十八)2(4)e	5	一(二十八)4(3)
4.4	一(二十七)2(4)			5.1	一(二十八)4(3)a
5	一(二十七)3	GB 328.3—89	一(二十八)3	5.2	一(二十八)4(3)b
6	一(二十七)4	1	一(二十八)3	5.2.1	一(二十八)4(3)b(a)
7	一(二十七)5	2	一(二十八)3	5.2.2	一(二十八)4(3)b(b)
8	一(二十七)6	3	一(二十八)3(1)	5.3	一(二十八)4(3)c
		4	一(二十八)3(2)	5.3.1	一(二十八)4(3)c(a)
GB 328—89	一(二十八)	5	一(二十八)3(3)	5.3.2	一(二十八)4(3)c(b)
GB 328.1—89	一(二十八)1.	6	一(二十八)3(4)	5.3.3	一(二十八)4(3)c(c)
1	一(二十八)1.	6.1	一(二十八)3(4)a		
2	一(二十八)1(1)	6.1.1	一(二十八)3(4)a(a)	GB 328.5—89	一(二十八)5
2.1	一(二十八)1(1)a	6.1.2	一(二十八)3(4)a(b)	1	一(二十八)5
2.2	一(二十八)1(1)b	6.1.3	一(二十八)3(4)a(c)	2	一(二十八)5

续表

标准层次	本节结构层次	标准层次	本节结构层次	标准层次	本节结构层次
3	一(二十八)5(1)	GB 328.6—89	一(二十八)6	GB 328.7—89	一(二十八)7
4	一(二十八)5(2)	1	一(二十八)6	1	一(二十八)7
5	一(二十八)5(3)	2	一(二十八)6	2	一(二十八)7
5.1	一(二十八)5(3)a	3	一(二十八)6(1)	3	一(二十八)7(1)
5.2	一(二十八)5(3)b	4	一(二十八)6(2)	4	一(二十八)7(2)
5.3	一(二十八)5(3)c	5	一(二十八)6(3)	5	一(二十八)7(3)
6	一(二十八)5(4)	6	一(二十八)6(4)	5.1	一(二十八)7(3)a
6.1	一(二十八)5(4)a	6.1	一(二十八)6(4)a	5.2	一(二十八)7(3)b
6.2	一(二十八)5(4)b	6.2	一(二十八)6(4)b	6	一(二十八)7(4)
		7	一(二十八)6(5)		

《建筑防水材料的老化试验》GB/T 18244—2000 标准层次与本节结构层次的对应关系表

表 3-5

标准层次	本节结构层次	标准层次	本节结构层次	标准层次	本节结构层次
GB/T 18244—2000	二	4.3.1	二(二)3(1)	5.3.5	二(三)3(5)
1	二	4.3.2	二(二)3(2)	5.3.6	二(三)3(6)
2	二	4.3.3	二(二)3(3)	5.4	二(三)4
3	二(一)	4.4	二(二)4	5.4.1	二(三)4(1)
3.1	二(一)1	4.4.1	二(二)4(1)	5.4.2	二(三)4(2)
3.2	二(一)2	4.4.2	二(二)4(2)	5.4.3	二(三)4(3)
3.2.1	二(一)2(1)	4.4.3	二(二)4(3)	5.4.4	二(三)4(4)
3.2.1.1	二(一)2(1)a	4.4.4	二(二)4(4)	5.4.5	二(三)4(5)
3.2.1.2	二(一)2(1)b	4.5	二(二)5	5.5	二(三)5
3.2.1.3	二(一)2(1)c	4.5.1	二(二)5(1)	5.5.1	二(三)5(1)
3.2.1.4	二(一)2(1)d	4.5.2	二(二)5(2)	5.5.2	二(三)5(2)
3.2.2	二(一)2(2)	4.6	二(二)6	5.5.3	二(三)5(3)
3.2.3	二(一)2(3)	5	二(三)	5.6	二(三)6
3.2.4	二(一)2(4)	5.1	二(三)1	6	二(四)
3.3	二(一)3	5.2	二(三)2	6.1	二(四)1
3.3.1	二(一)3(1)	5.2.1	二(三)2(1)	6.2	二(四)2
3.3.2	二(一)3(2)	5.2.1.1	二(三)2(1)a	6.2.1	二(四)2(1)
3.4	二(一)4	5.2.1.2	二(三)2(1)b	6.2.2	二(四)2(2)
4	二(二)	5.2.2	二(三)2(2)	6.2.3	二(四)2(3)
4.1	二(二)1	5.3	二(三)3	6.2.4	二(四)2(4)
4.2	二(二)2	5.3.1	二(三)3(1)	6.2.5	二(四)2(5)
4.2.1	二(二)2(1)	5.3.2	二(三)3(2)	6.2.6	二(四)2(6)
4.2.2	二(二)2(2)	5.3.3	二(三)3(3)	6.2.6.1	二(四)2(6)a
4.3	二(二)3	5.3.4	二(三)3(4)	6.2.6.2	二(四)2(6)b

续表

标准层次	本节结构层次	标准层次	本节结构层次	标准层次	本节结构层次
6.2.7	二(四)2(7)	7.3.1	二(五)3(1)	8.4.3	二(六)4(3)
6.2.8	二(四)2(8)	7.3.2	二(五)3(2)	8.4.3.1	二(六)4(3)a
6.2.9	二(四)2(9)	7.3.3	二(五)3(3)	8.4.3.2	二(六)4(3)b
6.3	二(四)3	7.3.4	二(五)3(4)	8.4.4	二(六)4(4)
6.4	二(四)4	7.4	二(五)4	8.5	二(六)5
6.4.1	二(四)4(1)	7.4.1	二(五)4(1)	8.6	二(六)6
6.4.2	二(四)4(2)	7.4.2	二(五)4(2)	附录A	二(七)
6.4.3	二(四)4(3)	7.4.2.1	二(五)4(2)a	A1	二(七)1
6.4.4	二(四)4(4)	7.4.2.2	二(五)4(2)b	A2	二(七)2
6.4.5	二(四)4(5)	7.4.3	二(五)4(3)	A3	二(七)3
6.4.5.1	二(四)4(5)a	7.4.4	二(五)4(4)	A3.1	二(七)3(1)
6.4.5.2	二(四)4(5)b	7.5	二(五)5	A3.2	二(七)3(2)
6.5	二(四)5	7.6	二(五)6	A3.3	二(七)3(3)
6.5.1	二(四)5(1)	8	二(六)	A3.4	二(七)3(4)
6.5.2	二(四)5(2)	8.1	二(六)1	附录B	二(八)
6.6	二(四)6	8.2	二(六)2	B1	二(八)1
7	二(五)	8.2.1	二(六)2(1)	B2	二(八)2
7.1	二(五)1	8.2.2	二(六)2(2)	B3	二(八)3
7.2	二(五)2	8.2.3	二(六)2(3)	B4	二(八)4
7.2.1	二(五)2(1)	8.2.4	二(六)2(4)	附录C	二(九)
7.2.1.1	二(五)2(1)a	8.2.5	二(六)2(5)	C.1	二(九)1
7.2.1.2	二(五)2(1)b	8.2.6	二(六)2(6)	C.2	二(九)2
7.2.2	二(五)2(2)	8.3	二(六)3	C2.1	二(九)2(1)
7.2.3	二(五)2(3)	8.3.1	二(六)3(1)	C2.2	二(九)2(2)
7.2.4	二(五)2(4)	8.3.2	二(六)3(2)	C2.3	二(九)2(3)
7.2.5	二(五)2(5)	8.3.3	二(六)3(3)	C2.4	二(九)2(4)
7.2.6	二(五)2(6)	8.3.4	二(六)3(4)	附录D	二(十)
7.2.6.1	二(五)2(6)a	8.3.5	二(六)3(5)	附录E	二(十一)
7.2.6.2	二(五)2(6)b	8.4	二(六)4	附录F	二(十二)
7.2.6.3	二(五)2(6)c	8.4.1	二(六)4(1)	附录G	二(十三)
7.3	二(五)3	8.4.2	二(六)4(2)		

《建筑材料水蒸气透过性能试验方法》GB/T 17146—1997 标准层次与本节结构层次的对应关系

表 3-6

标准层次	本节结构层次	标准层次	本节结构层次	标准层次	本节结构层次
GB/T 17146—1997	三	9.1	三(六)1	A2.3	三(八)2(3)
1	三	9.1.1	三(六)1(1)	A3	三(八)3
2	三	9.1.2	三(六)1(2)	A3.1	三(八)3(1)
3	三	9.2	三(六)2	A3.1.1	三(八)3(1)a
4	三(一)	9.2.1	三(六)2(1)	A3.1.2	三(八)3(1)b
4.1	三(一)1	9.2.2	三(六)2(2)	A3.1.3	三(八)3(1)c
4.2	三(一)2	9.2.3	三(六)2(3)	A3.2	三(八)3(2)
4.3	三(一)3	9.3	三(六)3	A3.2.1	三(八)3(2)a
5	三(二)	9.4	三(六)4	A3.2.2	三(八)3(2)b
5.1	三(二)1	9.5	三(六)5	A3.2.3	三(八)3(2)c
5.2	三(二)2	10	三(七)	A4	三(八)4
5.3	三(二)3	10.1	三(七)1	A4.1	三(八)4(1)
6	三(三)	10.1.1	三(七)1(1)	A4.1.1	三(八)4(1)a
6.1	三(三)1	10.1.2	三(七)1(2)	A4.1.2	三(八)4(1)b
6.1.1	三(三)1(1)	10.1.3	三(七)1(3)	A4.1.3	三(八)4(1)c
6.1.2	三(三)1(2)	10.1.4	三(七)1(4)	A4.1.4	三(八)4(1)d
6.2	三(三)2	10.1.5	三(七)1(5)	A4.2	三(八)4(2)
7	三(四)	10.1.6	三(七)1(6)	A4.3	三(八)4(3)
7.1	三(四)1	10.1.7	三(七)1(7)	A5	三(八)5
7.2	三(四)2	10.1.8	三(七)1(8)	A5.1	三(八)5(1)
7.3	三(四)3	10.1.9	三(七)1(9)	A5.1.1	三(八)5(1)a
7.4	三(四)4	10.1.10	三(七)1(10)	A5.1.2	三(八)5(1)b
7.5	三(四)5	10.2	三(七)2	A5.1.3	三(八)5(1)c
7.6	三(四)6	10.3	三(七)3	A5.1.4	三(八)5(1)d
7.7	三(四)7	附录 A	三(八)	A5.1.5	三(八)5(1)e
8	三(五)	A1	三(八)1	A5.1.6	三(八)5(1)f
8.1	三(五)1	A1.1	三(八)1(1)	A5.2	三(八)5(2)
8.2	三(五)2	A1.2	三(八)1(2)	A6	三(八)6
8.2.1	三(五)2(1)	A1.3	三(八)1(3)	附录 B	三(九)
8.2.2	三(五)2(2)	A1.4	三(八)1(4)	附录 C	三(十)
8.2.3	三(五)2(3)	A1.5	三(八)1(5)	C1	三(十)1
8.2.4	三(五)2(4)	A1.6	三(八)1(6)	C2	三(十)2
8.3	三(五)3	A1.7	三(八)1(7)	C3	三(十)3
8.3.1	三(五)3(1)	A1.8	三(八)1(8)	C4	三(十)4
8.3.2	三(五)3(2)	A1.8.1	三(八)1(8)a	C5	三(十)5
8.3.3	三(五)3(3)	A1.8.2	三(八)1(8)b	C6	三(十)6
8.3.4	三(五)3(4)	A2	三(八)2	附录 D	三(十一)
8.4	三(五)4	A2.1	三(八)2(1)	附录 E	三(十二)
9	三(六)	A2.2	三(八)2(2)		

一、建筑防水卷材的试验方法

（一）沥青和高分子防水卷材　抽样的规则（GB/T 328.1—2007）

1　抽样

抽样是指从交付批中选择并组成样品用于检测的程序，见图3-2。

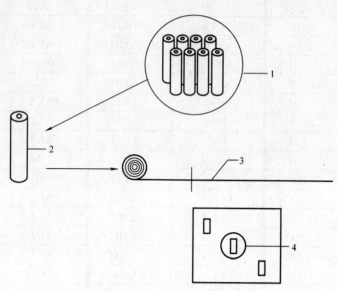

图 3-2　抽样
1—交付批；2—样品；3—试样；4—试件

抽样根据相关方协议的要求，若没有这种协议，可按表3-7所示进行。不要抽取损坏的卷材。

抽　样　　　　　　　　　　　　表 3-7

批量/m²		样品数量/卷	批量/m²		样品数量/卷
以上	直至		以上	直至	
—	1000	1	2500	5000	3
1000	2500	2	5000	—	4

2　试样和试件

（1）温度条件

在裁取试样前样品应在（20±10）℃放置至少24h。无争议时可在产品规定的展开温度范围内裁取试样。

（2）试样

在平面上展开抽取的样品，根据试件需要的长度在整个卷材宽度上裁取试样。若无合适的包装保护，将卷材外面的一层去除。

试样用能识别的材料标记卷材的上表面和机器生产方向。若无其他相关标准规定，在裁取试件前试样应在（23±2）℃放置至少20h。

（3）试件

在裁取试件前检查试样，试样不应有由于抽样或运输造成的折痕，保证试样没有 GB/T 328.2 或 GB/T 328.3 规定的外观缺陷。

根据相关标准规定的检测性能和需要的试件数量裁取试件。

试件用能识别的方式来标记卷材的上表面和机器生产方向。

3　抽样报告

抽样报告至少包含以下信息：

a) 根据相关标准中产品试验需要的所有数据；
b) 涉及的 GB/T 328 的本部分及偏离；
c) 与产品或过程有关的折痕或缺陷；
d) 抽样地点和数量。

(二) 沥青防水卷材　外观的测定 (GB/T 328.2—2007)

1　原理

抽取成卷沥青卷材在平面上展开，用肉眼检查。

2　抽样和试验条件

(1) 抽样

按一、(一) 抽取成卷未损伤的沥青卷材进行试验。

(2) 试验条件

通常情况常温下进行测量。

有争议时，试验在 (23±2)℃条件进行，并在该温度放置不少于 20h。

3　步骤

抽取成卷卷材放在平面上，小心地展开卷材，用肉眼检查整个卷材上、下表面有无气泡、裂纹、孔洞或裸露斑、疙瘩或任何其他能观察到的缺陷存在。

4　试验报告

试验报告至少包括以下信息：

a) 相关产品试验需要的所有数据；
b) 涉及的 GB/T 328 的本部分及偏离；
c) 根据一 (二) 2 要求的抽样和试件制备信息；
d) 根据一 (二) 3 的外观测定；
e) 试验日期。

(三) 高分子防水卷材　外观的测定 (GB/T 328.3—2007)

1　原理

抽取成卷塑料、橡胶卷材的一部分，在平面上展开，在卷材两面和切割断面上检查。

2　抽样和试验条件

(1) 抽样

按一、(一) 抽取成卷未损伤的高分子卷材进行试验。

(2) 试验条件

通常情况常温下进行测量。

有争议时，试验在 (23±2)℃条件进行，并在该温度放置不少于 20h。

3　步骤

抽取成卷卷材放在平面上，小心地展开卷材的前 10m 检查，上表面朝上，用肉眼检查整个卷材表面有无气泡、裂缝、孔洞、擦伤、凹痕或任何其他能观察到的缺陷存在。然后将卷材小心调个面，用同样方法检查下表面。

靠近卷材端头，沿卷材整个宽度方向切割卷材，检查切割面有无气泡和杂质存在。

4 试验报告

试验报告至少包括以下信息：

a) 涉及的 GB/T 328 的本部分及偏离；

b) 相关产品试验需要的所有数据；

c) 试验过程中采用的非标准步骤或遇到的异常；

d) 存在的气泡、裂缝、孔洞、擦伤或凹痕；

e) 在切割面存在的气泡、杂质；

f) 试验日期。

（四）沥青防水卷材 厚度、单位面积质量的测定（GB/T 328.4—2007）

1 厚度测定

（1）原理

卷材厚度在卷材宽度方向平均测量 10 点，这些值的平均值记录为整卷卷材的厚度，单位：mm。

（2）仪器设备

测量装置——能测量厚度精确到 0.01mm，测量面平整，直径 10mm，施加在卷材表面的压力为 20kPa。

（3）抽样和试件制备

a. 抽样

按一、（一）抽取未损伤的整卷卷材进行试验。

b. 试件制备

从试样上沿卷材整个宽度方向裁取至少 100mm 宽的一条试件。

c. 试验试件的条件

通常情况常温下进行测量。

有争议时，试验在（23±2）℃条件进行，并在该温度放置不少于 20h。

（4）步骤

保证卷材和测量装置的测量面没有污染，在开始测量前检查测量装置的零点，在所有测量结束后再检查一次。

在测量厚度时，测量装置下足慢慢落下，避免使试件变形。在卷材宽度方向均匀分布 10 点，测量并记录厚度，最边的测量点应距卷材边缘 100mm。

（5）结果表示

a. 计算

计算按 4.4 测量的 10 点厚度的平均值，修约到 0.1mm 表示。

b. 精确度

试验方法的精确度没有规定。

推论厚度测量的精确度不低于 0.1mm。

2 单位面积质量的测定

(1) 原理

试件从试片上裁取并称重,然后得到单位面积质量平均值。

(2) 仪器设备

称量装置,能测量试件质量并精确至0.01g。

(3) 抽样和试件制备

a. 抽样

按GB/T 328.1抽取未损伤的整卷卷材进行试验。

b. 试件制备

从试样上裁取至少0.4m长,整个卷材宽度宽的试片,从试片上裁取3个正方形或圆形试件,每个面积(10000±100)mm²,一个从中心裁取,其余两个和第一个对称,沿试片相对两角的对角线,此时试件距卷材边缘大约100mm,避免裁下任何留边(图3-3)。

c. 试验条件

试件应在(23±2)℃和(50±5)%相对湿度条件下至少放置20h,试验在(23±2)℃进行。

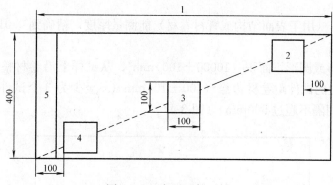

图3-3 正方形试件示例
1—产品宽度;2、3、4—试件;5—留边

(4) 步骤

用称量装置称量每个试件,记录质量精确到0.1g。

(5) 结果表示

① 计算

计算卷材单位面积质量 m,单位为千克每平方米(kg/m²),按式(3-1)计算:

$$m = \frac{m_1 + m_2 + m_3}{3} \div 10 \tag{3-1}$$

式中 m_1——第一个试件的质量,单位为克(g);

m_2——第二个试件的质量,单位为克(g);

m_3——第三个试件的质量,单位为克(g)。

② 精确度

试验方法的精确度没有规定。

推论单位面积质量的精确度不低于10g/m²。

3 试验报告

试验报告至少包括以下信息：

a) 相关产品试验需要的所有数据；

b) 涉及的 GB/T 328 的本部分及偏离；

c) 根据 1、(3) 和 2、(3) 抽样和制备试件的信息；

d) 根据 1、(5) 和 2、(5) 的试验结果；

e) 试验日期。

(五) 高分子防水卷材 厚度、单位面积质量的测定 (GB/T 328.5—2007)

1 抽样

按一、(一) 抽样。

2 厚度测定

(1) 原理

用机械装置测定厚度，若有表面结构或背衬影响，采用光学测量装置。

(2) 仪器设备

a. 测量装置：能测量厚度精确到 0.01mm，测量面平整，直径 10mm，施加在卷材表面的压力为 20kPa。

b. 光学装置：(用于表面结构或背衬卷材) 能测量厚度，精确到 0.01mm。

(3) 试件制备

试件为正方形或圆形，面积 $(10000\pm100)mm^2$。从试样上沿卷材整个宽度方向裁取 x 个试件，最外边的试件距卷材边缘 $(100\pm10)mm$（x 至少为 3 个试件，x 个试件在卷材宽度方向相互间隔不超过 500mm）(图 3-4)。

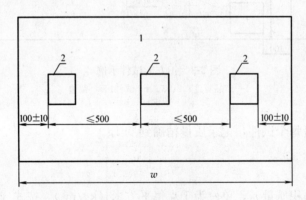

图 3-4 试件裁样平面图

1—试样；2—试件；w—卷材宽度

(4) 步骤

测量前试件在 (23 ± 2)℃和相对湿度 (50 ± 5)%条件下至少放 20h，试验在 (23 ± 2)℃进行。

试验卷材表面和测量装置的测量面洁净。

记录每个试件的相关厚度，精确到 0.01mm。计算所有试件测量结果的平均值和标准偏差。

a. 机械测量法

开始测量前检查测量装置的零点,在所有测量结束后再检查一次。

在测定厚度时,测量装置下足应避免材料变形。

b. 光学测量法

任何有表面结构或背衬的卷材用光学法测量厚度。

(5) 结果表示

卷材的全厚度(e)取所有试件的平均值。

卷材有效厚度(e_{eff})取所有试件去除表面结构或背衬后的厚度平均值。

记录所有卷材厚度的结果和标准偏差,精确至 0.01mm。

3　单位面积质量测定

(1) 原理

称量已知面积的试件进行单位面积质量测定(可用已用于测定厚度的同样试件)。

(2) 仪器设备

天平:能称量试件,精确到 0.01g。

(3) 试件

正方形或圆形试件,面积(10000 ± 100)mm^2。

在卷材宽度方向上均匀裁取 x 个试件,最外端的试件距卷材边缘(100 ± 10)mm。(x 至少为三个试件,x 个试件在卷材宽度方向相互间隔不超过 500mm)(图 3-4)。

(4) 步骤

称量前试件在(23 ± 2)℃和相对湿度(50 ± 5)%条件下放 20h,试验在(23 ± 2)℃进行。

称量试件精确到 0.01g,计算单位面积质量,单位为 g/m^2。

(5) 结果表示

单位面积质量取计算的平均值,单位为 g/m^2,修约至 5g/m^2。

4　试验方法精确度

试验方法的精确度没有规定。

5　试验报告

试验报告至少包括以下信息:

a) 涉及的 GB/T 328 的本部分及偏离;

b) 相关产品试验需要的所有数据;

c) 根据一、(五)1 的抽样信息;

d) 根据 2(3)和 3(3)制备试件的细节;

e) 根据 2(5)和 3(5)得到的试验结果;

f) 非标准步骤或试验过程中遇到的异常;

g) 试验日期。

(六)沥青防水卷材　长度、宽度和平直度的测定(GB/T 328.6—2007)

1　原理

抽取成卷沥青卷材在平面上展开,用金属尺测量长度和宽度。卷材平直度用相同的测量工具测量其与直线的偏离。

2 仪器设备

(1) 长度

钢卷尺的长度应大于被测量沥青卷材的长度,保证测量精度10mm。

(2) 宽度

钢卷尺或直尺的长度应大于被测量沥青卷材的宽度,保证测量精度1mm。

(3) 平直度

用在沥青卷材上划直线的笔、钢卷尺或直尺,保证测量精度1mm。

3 抽样与试件制备

(1) 抽样

按一、(一) 抽取成卷未损伤的沥青卷材进行试验。

(2) 试验条件

通常情况常温下进行测量。

有争议时,试验在 (23±2)℃条件进行,并在该温度放置不少于20h。

4 步骤

(1) 一般要求

抽取成卷卷材放在平面上,小心地展开卷材,保证与平面完全接触。

5min后,测量长度、宽度和平直度。

(2) 长度测定

长度测定在整卷卷材宽度方向的两个1/3处测量,记录结果,精确到10mm。

(3) 宽度测定

宽度测量在距卷材两端头各 (1±0.01)m 处测量,记录结果,精确到1mm。

(4) 平直度测定

平直度测量沿卷材纵向一边,距纵向边缘100mm处的两点作记号(见图3-5a的A、

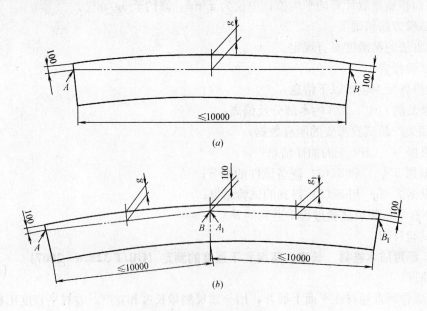

图3-5 平直度的测定

B 点），在卷材的两记号点处用笔划一参考直线，测量参考线与卷材纵向边缘的最大距离（g），记录该最大偏离（$g-100mm$），精确到 1mm。卷材长度超过 10m 时，每 10m 长度如此测量一次（见图 3.5b）。

5　结果表示

（1）长度测定的结果

长度取两处测量的平均值，精确到 10mm。

（2）宽度测定的结果

宽度取两处测量的平均值，精确到 1mm。

（3）平直度结果

卷材平直度以整卷卷材上测量的最大偏离表示，精确到 1mm。

（4）精确度

试验方法的精确度没有规定。

以下是推论的：

——长度［5（1）］测量精确度不低于±10mm。

——宽度［5（2）］测量精确度不低于±1mm。

——平直度［5（3）］测量精确度不低于±5mm。

6　试验报告

试验报告至少包括以下信息：

a）相关产品试验需要的所有数据；

b）涉及的 GB/T 328 的本部分及偏离；

c）根据（六）3 的抽样和制备试件的信息；

d）根据（六）5 的试验结果；

e）试验日期。

（七）高分子防水卷材　长度、宽度、平直度和平整度的测定（GB/T 328.7—2007）

1　抽样

抽样按一、（一）进行。

2　长度测定

（1）推荐方法

a. 仪器设备

平面如工作台或地板，至少 10m 长，宽度与被测卷材至少相同，同时纵向距平面两边 1m 处有标尺。至少在长度一边的该位置，特别是平面的边上，标尺应有至少分度 1mm 的刻度用来测量卷材，在规定温度下的准确性为±5mm。

b. 步骤

如必要在卷材端处作标记，并与卷材长度方向垂直，标记对卷材的影响应尽可能小。卷材端处的标记与平面［2（1）①］的零点对齐，在（23±5）℃不受张力条件下沿平面展开卷材，在达到平面的另一端后，在卷材的背面用合适的方法标记，和已知长度的两端对齐。再从已测量的该位置展开，放平，不受力，下一处没有测量的长度象前面一样从边缘标记处开始测量，重复这样过程，直到卷材全部展开，标记。像前面一样测量最终长度，精确至 5mm。

(2) 可选方法

除了 2(1) 采用的手工方法外，任何适宜的机械、机电、光电方法测量长度的结果与 2.(1) 方法结果相同时也可选用，有争议时，采用 2.(1) 方法。

注：包括采用钢卷尺测量。

(3) 结果表示

报告卷材长度，单位为 m，所有得到的结果修约到 10mm。

3 宽度测定

(1) 仪器设备

a. 平面　如工作台或地板，长度不小于 10m，宽度至少与被测卷材一样。

b. 测量的卷尺或直尺　比测量的卷材宽度长，在规定的温度下测量精确度 1mm。

(2) 步骤

卷材不受张力的情况下在平面 [3(1)a] 上展开，用 3(1)b 测量器具，在 (23±5)℃ 时每间隔 10m 测量并记录，卷材宽度精确到 1mm。保证所有的宽度在与卷材纵向垂直的方向上测量。

(3) 结果表示

计算宽度记录结果的平均值，作为平均宽度报告，报告宽度的最小值，精确到 1mm。

4 平直度和平整度测定

(1) 仪器设备

a. 平面　如工作台或地板，长度不小于 10m，宽度至少与被测卷材一样。

b. 测量装置　在规定温度下能测量距离 g 和 p，准确到 1mm。

(2) 步骤

卷材在 (23±5)℃ 不受张力的情况下沿平面展开至少第一个 10m，在 (30±5)min 后，在卷材两端 AB (10m)（见图 3-6）直线处测量平直度的最大距离 g，单位 mm。

在卷材波浪边的顶点与平面间测量平整度的最大值 p，单位 mm。

(3) 结果表示

按 4(2) 测量，将距离 (g－100mm) 和 p 报告为卷材的平直度和平整度，单位 mm，修约到 10mm。

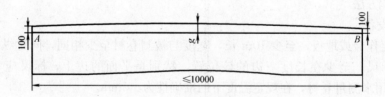

图 3-6　平直度测量原理

5 试验方法精确度

试验方法的精确度没有规定。

6 试验报告

试验报告至少包括以下信息：

a) 涉及的 GB/T 328 的本部分及偏离；

b) 相关产品试验需要的所有数据；

c) 卷材长度，单位 m；

d) 每处测量的宽度，单位 m；

e) 宽度平均值，单位 m；

f) 平直度（g－100mm），单位 mm；

g) 平直度 p，单位 mm；

h) 非标准步骤和试验过程中出现的异常；

i) 试验日期。

(八) 沥青防水卷材 拉伸性能的测定（GB/T 328.8—2007）

1 原理

试件以恒定的速度拉伸至断裂。连续记录试验中拉力和对应的长度变化。

2 仪器设备

拉伸试验机有连续记录力和对应距离的装置，能按下面规定的速度均匀地移动夹具。拉伸试验机有足够的量程（至少 2000N）和夹具移动速度（100±10）mm/min，夹具宽度不小于 50mm。

拉伸试验机的夹具能随着试件拉力的增加而保持或增加夹具的夹持力，对于厚度不超过 3mm 的产品能夹住试件，使其在夹具中的滑移不超过 1mm，更厚的产品不超过 2mm。这种夹持方法不应在夹具内外产生过早的破坏。

为防止从夹具中的滑移超过极限值，允许用冷却的夹具，同时实际的试件伸长用引伸计测量。

力值测量至少应符合《拉力、压力和万能试验机》（JJG 139—1999）的 2 级（即 ±2%）。

3 抽样

抽样按一、（一）进行。

4 试件制备

整个拉伸试验应制备两组试件，一组纵向 5 个试件，一组横向 5 个试件。

试件在试样上距边缘 100mm 以上任意裁取，用模板或用裁刀，矩形试件宽为（50±0.5）mm，长为（200mm＋2×夹持长度），长度方向为试验方向。

表面的非持久层应去除。

试件在试验前在（23±2）℃和相对湿度（30~70）%的条件下至少放置 20h。

5 步骤

将试件紧紧地夹在拉伸试验机的夹具中，注意试件长度方向的中线与试验机夹具中心在一条线上。夹具间距离为（200±2）mm，为防止试件从夹具中滑移应作标记。当用引伸计时，试验前应设置标距间距离为（180±2）mm。为防止试件产生任何松弛，推荐加载不超过 5N 的力。

试验在（23±2）℃进行，夹具移动的恒定速度为（100±10）mm/min。

连续记录拉力和对应的夹具（或引伸计）间距离。

6 结果表示、计算和试验方法的精确度

(1) 计算

按最大的拉力和对应的由夹具（引伸计）间距离与起始距离的百分率计算出延伸率。去除任何在夹具 10mm 以内断裂或在试验机夹具中滑移超过极限值的试件的试验结果，用备用件重测。

最大拉力单位为 N/50mm，对应的延伸率用百分率表示，作为试件同一方向结果。

分别记录每个方向 5 个试件的拉力值和延伸率，计算平均值。

拉力的平均值修约到 5N，延伸率的平均值修约到 1%。

同时对于复合增强的卷材在应力应变图上有两个或更多的峰值，拉力和延伸率应记录两个最大值。

（2）试验方法的精确度

试验方法的精确度没有规定。

7 试验报告

试验报告至少包括以下信息：

a) 相关产品试验需要的所有数据；
b) 涉及的 GB/T 328 的本部分及偏离；
c) 根据一、（八）3 的抽样信息；
d) 根据一、（八）4 的试件制备细节；
e) 根据 6（1）的试验结果；
f) 试验日期。

（九）高分子防水卷材 拉伸性能的测定（GB/T 328.9—2007）

1 原理

试件以恒定的速度拉伸至断裂。连续记录试验中拉力和对应的长度变化，特别记录最大拉力。

2 仪器设备

拉伸试验机 有连续记录力和对应距离的装置，能按下面规定的速度均匀的移动夹具。拉伸试验机有足够的量程，至少 2000N，夹具移动速度（100±10）mm/min 和（500±50）mm/min，夹具宽度不小于 50mm。

拉伸试验机的夹具能随着试件拉力的增加而保持或增加夹具的夹持力，对于厚度不超过 3mm 的产品能夹住试件使其在夹具中的滑移不超过 1mm，更厚的产品不超过 2mm。试件放入夹具时作记号或用胶带以帮助确定滑移。

这种夹持方法不应导致在夹具附近产生过早的破坏。

假若试件从夹具中的滑移超过规定的极限值，实际延伸率应用引伸计测量。

力值测量应符合 JJG 139—1999 中的至少 2 级（即±2%）。

3 抽样

抽样按一、（一）进行。

4 试件制备

除非有其他规定，整个拉伸试验应准备两组试件，一组纵向 5 个试件，一组横向 5 个试件。

试件在距试样边缘（100±10）mm 以上裁取，用模板或用裁刀，尺寸如下：

方法 A：矩形试件为（50±0.5）mm×200mm，见图 3-7 和表 3-8。

方法 B：哑铃形试件为（6±0.4）mm×115mm，见图 3-8 和表 3-8。

表面的非持久层应去除。

试件中的网格布、织物层、衬垫或层合增强层在长度或宽度方向应裁一样的经纬数，避免切断筋。

试件在试验前在（23±2）℃和相对湿度（50±5）%的条件下至少放置 20h。

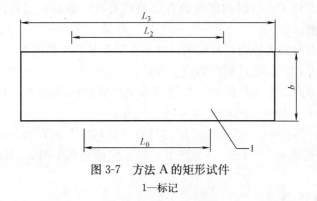

图 3-7　方法 A 的矩形试件

1—标记

试 件 尺 寸　　　表 3-8

方　法	方法 A/mm	方法 B/mm	方　法	方法 A/mm	方法 B/mm
全长，至少（L_3）	>200	>115	小半径（r）		14±1
端头宽度（b_1）		25±1	大半径（R）		25±2
狭窄平行部分长度（L_1）		33±2	标记间距（L_0）	100±5	25±0.25
宽度（b）	50±0.5	6±0.4	夹具间起始间距（L_2）	120	80±5

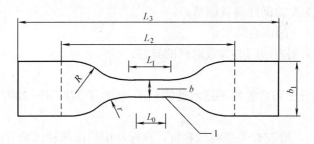

图 3-8　方法 B 的哑铃形试件

1—标记

5　步骤

对于方法 B，厚度是用 GB/T 328.5 方法测量的试件有效厚度。

将试件紧紧地夹在拉伸试验机的夹具中，注意试件长度方向的中线与试验机夹具中心在一条线上。为防止试件产生任何松弛，推荐加载不超过 5N 的力。

试验在（23±2）℃进行，夹具移动的恒定速度为：方法 A（100±10）mm/min，方法 B（500±50）mm/min。

连续记录拉力和对应的夹具（或引伸计）间分开的距离，直至试件断裂。

注：在 1%和 2%应变时的正切模量，可以从应力应变曲线上推算，试验速度（5±1）mm/min。

试件的破坏形式应记录。

对于有增强层的卷材，在应力应变图上有两个或更多的峰值，应记录两个最大峰值的拉力和延伸率及断裂延伸率。

6 结果表示

(1) 计算

按最大的拉力和对应的由夹具（或引伸计）间距离与起始距离的百分率计算出延伸率。

去除任何在距夹具 10mm 以内断裂或在试验机夹具中滑移超过极限值的试件的试验结果，用备用件重测。

记录试件同一方向最大拉力、对应的延伸率和断裂延伸率的结果。

测量延伸率的方式，如夹具间距离或引伸计。

分别记录每个方向 5 个试件的值，计算算术平均值和标准偏差，方法 A 拉力的单位为 N/50mm，方法 B 拉伸强度的单位为 MPa（N/mm^2）。

拉伸强度 MPa（N/mm^2）根据有效厚度计算（见 GB/T 328.5）。

方法 A 的结果精确至 N/50mm，方法 B 的结果精确至 0.1MPa（N/mm^2），延伸率精确至两位有效数字。

(2) 试验方法的精确度

试验方法的精确度没有规定。

7 试验报告

试验报告至少包括以下信息：

a) 涉及的 GB/T 328 的本部分及偏离；

b) 相关产品试验需要的所有数据；

c) 根据一（九）3 的抽样信息；

d) 根据一（九）4 的试件制备细节；

e) 根据一（九）6 的试验结果；

f) 试验过程中采用方法的差异或遇到的异常；

g) 试验日期。

（十）沥青和高分子防水卷材不透水性的测定（GB/T 328.10—2007）

1 原理

对于沥青、塑料、橡胶有关范畴的卷材，在标准中给出两种试验方法的试验步骤。

(1) 方法 A

试验适用于卷材低压力的使用场合，如：屋面、基层、隔汽层。试件满足直到 60kPa 压力 24h。

(2) 方法 B

试验适用于卷材高压力的使用场合，如：特殊屋面、隧道、水池。试件采用有四个规定形状尺寸狭缝的圆盘，保持规定水压 24h，或采用 7 孔圆盘保持规定水压 30min，观测试件是否保持不渗水。

2 仪器设备

(1) 方法 A

一个带法兰盘的金属圆柱体箱体，孔径 150mm，并连接到开放管子末端或容器，其间高差不低于 1m，通常如图 3-9 所示。

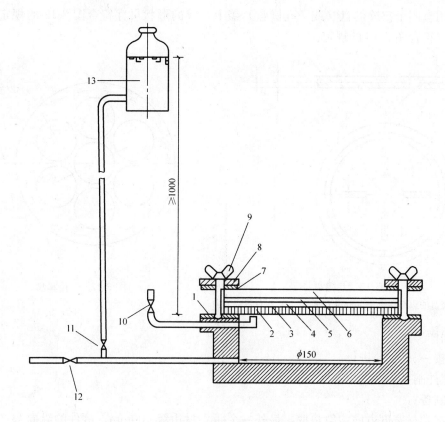

图 3-9 低压力不透水性装置

1—下橡胶密封垫圈；2—试件的迎水面是通常暴露于大气/水的面；3—实验室用滤纸；4—湿气指示混合物，均匀地铺在滤纸上面，湿气透过试件能容易地探测到，指示剂由细白糖（冰糖）（99.5%）和亚甲基兰染料（0.5%）组成的混合物，用 0.074mm 筛过滤并在干燥器中用氯化钙干燥；5—实验室用滤纸；6—圆的普通玻璃板，其中：5mm 厚，水压≤10kPa；8mm 厚，水压≤60kPa；7—上橡胶密封垫圈；8—金属夹环；9—带翼螺母；10—排气阀；11—进水阀；12—补水和排水阀；13—提供和控制水压到 60kPa 的装置

（2）方法 B

组成设备的装置见图 3-10 和图 3-11，产生的压力作用于试件的一面。

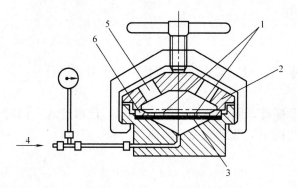

图 3-10 高压力不透水性用压力试验装置

1—狭缝；2—封盖；3—试件；4—静压力；5—观测孔；6—开缝盘

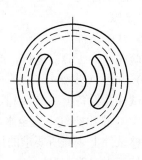

图 3-11 狭缝压力试验装置—封盖草图

试件用有四个狭缝的盘（或 7 孔圆盘）盖上。缝的形状尺寸符合图 3-12 的规定，孔的尺寸形状符合图 3-13 的规定。

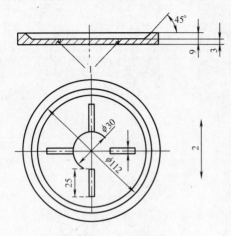 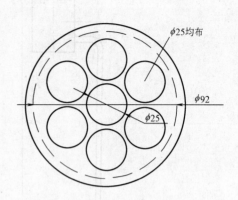

图 3-12　开缝盘　　　　　　　　　图 3-13　7 孔圆盘

1—所有开缝盘的边都有约 0.5mm 半径弧度；2—试件纵向方向

3　抽样

抽样按一、（一）进行。

4　试件制备

（1）制备

试件在卷材宽度方向均匀裁取，最外一个距卷材边缘 100mm。试件的纵向与产品的纵向平行并标记。

在相关的产品标准中应规定试件数量，最少三块。

（2）试件尺寸

a. 方法 A

圆形试件，直径（200±2）mm。

b. 方法 B

试件直径不小于盘外径（约 130mm）。

（3）试验条件

试验前试件在（23±5）℃放置至少 6h。

5　步骤

（1）试验条件

试验在（23±5）℃进行，产生争议时，在（23±2）℃相对湿度（50±5）%进行。

（2）方法 A 步骤

放试件在设备上 [2（1）]，旋紧翼形螺母，固定夹环。打开阀 11，让水进入，同时打开阀 10，排出空气，直至水出来，关闭阀 10，说明设备已水满。

调整试件上表面所要求的压力。

保持压力（24±1）h。

检查试件，观察上面滤纸有无变色。

（3）方法 B 步骤

图 3-10 装置中充水直到满出，彻底排出水管中空气。

试件的上表面朝下放置在透水盘上，盖上规定的开缝盘（或 7 孔圆盘），其中一个缝的方向与卷材纵向平行（见图 3-12）。放上封盖，慢慢夹紧直到试件夹紧在盘上，用布或压缩空气干燥试件的非迎水面，慢慢加压到规定的压力。

达到规定压力后，保持压力（24±1）h［7 孔盘保持规定压力（30±2）min］。

试验时观察试件的不透水性（水压突然下降或试件的非迎水面有水）。

6 结果表示和精确度

(1) 结果表示

a. 方法 A

试件有明显的水渗到上面的滤纸产生变色，认为试验不符合。

所有试件通过认为卷材不透水。

b. 方法 B

所有试件在规定的时间不透水，认为不透水性试验通过。

(2) 精确度

试验方法的精确度没有规定。

7 试验报告

试验报告至少包括以下信息：

a) 相关产品试验需要的所有数据；

b) 涉及的 GB/T 328 的本部分及偏离；

c) 根据一（十）3 的抽样信息；

d) 根据一（十）4 的试件制备细节；

e) 采用的试验步骤方法 A 或方法 B（开缝盘或 7 孔圆盘），包括试验压力和差异；

f) 根据一（十）6 的试验结果；

g) 试验日期。

(十一) 沥青防水卷材耐热性的测定（GB/T 328.11—2007）

1 方法 A

(1) 原理

从试样裁取的试件，在规定温度分别垂直悬挂在烘箱中。在规定的时间后测量试件两面涂盖层相对于胎体的位移。平均位移超过 2.0mm 为不合格。耐热性极限是通过在两个温度结果间插值测定。

(2) 仪器设备

a. 鼓风烘箱（不提供新鲜空气） 在试验范围内最大温度波动±2℃。当门打开 30s 后，恢复温度到工作温度的时间不超过 5min。

b. 热电偶 连接到外面的电子温度计，在规定范围内能测量到±1℃。

c. 悬挂装置（如夹子） 至少 100mm 宽，能夹住试件的整个宽度在一条线，并被悬挂在试验区域（图 3-14）。

d. 光学测量装置（如读数放大镜） 刻度至少 0.1mm。

e. 金属圆插销的插入装置 内径约 4mm。

f. 画线装置 画直的标记线（图 3-14）。

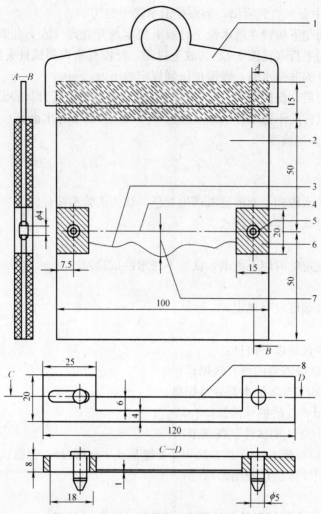

图 3-14 试件，悬挂装置和标记装置（示例）
1—悬挂装置；2—试件；3—标记线 1；4—标记线 2；5—插销，ϕ4mm；
6—去除涂盖层；7—滑动 ΔL（最大距离）；8—直边

g. 墨水记号 线的宽度不超过 0.5mm，白色耐水墨水。

h. 防粘纸。

(3) 抽样

抽样按一、（一）进行。

(4) 试件制备

矩形试件尺寸 $(115\pm1)mm\times(100\pm1)mm$，按 1 (5) b 或 1 (5) c 试验。在试样宽度方向均匀裁取试件，长边是卷材的纵向。试件应距卷材边缘 150mm 以上，试件从卷材的一边开始连续编号，卷材上表面和下表面应标记。

去除任何非持久保护层，适宜的方法是常温下用胶带粘在上面，冷却到接近假设的冷弯温度，然后从试件上撕去胶带。另一方法是用压缩空气吹［压力约 0.5MPa（5bar），喷嘴直径约 0.5mm］。假若上面的方法不能除去保护膜，用火焰烤，用最少的时间破坏膜而不损伤试件。

在试件纵向的横断面一边，去除上表面和下表面的大约 15mm 一条的涂盖层直至胎体，若卷材有超过一层的胎体，去除涂盖料直到另外一层胎体。在试件的中间区域的涂盖层也从上表面和下表面的两个接近处去除，直至胎体（图 3-14）。为此，可采用热刮刀或类似装置，小心地去除涂盖层，不损坏胎体。两个内径约 4mm 的插销在裸露区域穿过胎体。任何表面浮着的矿物料或表面材料通过轻轻敲打试件去除。然后将标记装置放在试件两边，插入插销定位于中心位置，在试件表面整个宽度方向沿着直边用记号笔垂直画一条线（宽度约 0.5min），操作时试件平放。

试件试验前至少放置在（23±2）℃的平面上 2h，相互之间不要接触或粘住，必要时，将试件分别放在防粘纸上，防止粘结。

(5) 步骤

a. 试验准备

烘箱预热到规定试验温度，温度通过与试件中心同一位置的热电偶控制。整个试验期间，试验区域的温度波动不超过±2℃。

b. 规定温度下耐热性的测定

按 1（3）制备的一组三个试件露出的胎体处用悬挂装置夹住，涂盖层不要夹到。必要时，用如防粘纸的不粘层包住两面，便于在试验结束时除去夹子。

制备好的试件垂直悬挂在烘箱的相同高度，间隔至少 30mm。此时烘箱的温度不能下降太多，开关烘箱门放入试件的时间不超过 30s。放入试件后加热时间为（120±2）min。

加热周期一结束，试件和悬挂装置一起从烘箱中取出，相互间不要接触，在（23±2）℃自由悬挂冷却至少 2h。然后除去悬挂装置，按 1（4）要求，在试件两面画第二个标记，用光学测量装置在每个试件的两面测量两个标记底部间最大距离 ΔL，精确到 0.1mm（图 3-14）。

c. 耐热性极限测定

耐热性极限对应的涂盖层位移正好 2mm，通过对卷材上表面和下表面在间隔 5℃的不同温度段的每个试件的初步处理试验的平均值测定，其温度段总是 5℃的倍数（如 100℃、105℃、110℃）。这样试验的目的是找到位移尺寸 $\Delta L=2$mm 在其中的两个温度段 T 和（$T+5$）℃。

卷材的两个面按 1（5）b 试验，每个温度段应采用新的试件试验。

按 1（5）b 一组三个试件初步测定耐热性能的这样两个温度段已测定后，上表面和下表面都要测定两个温度 T 和（$T+5$）℃，再每个温度用一组新的试件。

卷材涂盖层在两个温度段间完全流动将产生的情况下，$\Delta L=2$mm 时的精确耐热性不能测定，此时滑动不超过 2.0mm 的最高温度 T 可作为耐热性极限。

(6) 结果计算、表示和试验方法精确度

a. 平均值计算

计算卷材每个面三个试件的滑动值的平均值，精确到 0.1mm。

b. 耐热性

耐热性按 1（5）b 试验，在此温度卷材上表面和下表面的滑动平均值不超过 2.0mm 认为合格。

c. 耐热性极限

耐热性极限通过线性图或计算每个试件上表面和下表面的两个结果测定，每个面修约到 1℃（图 3-15）。

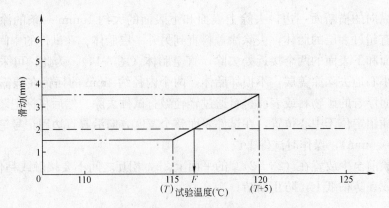

图 3-15 内插法耐热性极限测定（示例）
F—耐热性极限（示例=117℃）

d. 试验方法精确度

1（5）c 方法的精确度值由相关的实验室按 GB/T 6379.2 试验，采用的是聚酯胎卷材。1（6）b（a）规定的范围对 1（5）b 条也有效。

（a）重复性

——一组三个试件偏差范围：$d_{a,3}=1.6mm$

——重复性的标准偏差：$\sigma_r=0.7℃$

——置信水平（95%）值：$q_r=1.3℃$

——重复性极限（两个不同结果）：$r=2℃$

（b）再现性

——再现性的标准偏差：$\sigma_R=3.5℃$

——置信水平（95%）值：$q_R=6.7℃$

——再现性极限（两个不同结果）：$R=10℃$

2 方法 B

（1）原理

从试样裁取的试件，在规定温度分别垂直悬挂在烘箱中。在规定的时间后测量试件两面涂盖层相对于胎体的位移及流淌、滴落。

（2）仪器设备

① 鼓风烘箱（不提供新鲜空气） 在试验范围内最大温度波动±2℃。当门打开 30s 后，恢复温度到工作温度的时间不超过 5min。

② 热电偶 连接到外面的电子温度计，在规定范围内能测量到±1℃。

③ 悬挂装置 洁净无锈的钢丝或回形针。

④ 防粘纸。

（3）抽样

抽样按 GB/T 328.1 进行。

矩形试件尺寸（100±1）mm×（50±1）mm，按 2（5）b 试验。在试样宽度方向均匀裁取试件，长边是卷材的纵向。试件应距卷材边缘 150mm 以上，试件从卷材的一边开始连续编号，卷材上表面和下表面应标记。

(4) 试件制备

去除任何非持久保护层,适宜的方法是常温下用胶带粘在上面,冷却到接近假设的冷弯温度,然后从试件上撕去胶带。另一方法是用压缩空气吹[压力约 0.5MPa(5bar),喷嘴直径约 0.5mm]。假若上面的方法不能除去保护膜,用火焰烤,用最少的时间破坏膜而不损伤试件。

试件试验前至少在(23±2)℃平放 2h,相互之间不要接触或粘住,有必要时,将试件分别放在防粘纸上,防止粘结。

(5) 步骤

a. 试验准备

烘箱预热到规定试验温度,温度通过与试件中心同一位置的热电偶控制。整个试验期间,试验区域的温度波动不超过±2℃。

b. 规定温度下耐热性的测定

按 2(3)制备一组三个试件,分别在距试件短边一端 10mm 处的中心打一小孔,用细钢丝或回形针穿过,垂直悬挂试件在规定温度烘箱的相同高度,间隔至少 30mm。此时烘箱的温度不能下降太多,开关烘箱门放入试件的时间不超过 30s。放入试件后加热时间为(120±2)min。

加热周期一结束,试件从烘箱中取出,相互间不要接触,目测观察并记录试件表面的涂盖层有无滑动、流淌、滴落、集中性气泡。

集中性气泡指破坏涂盖层原形的密集气泡。

(6) 结果计算、表示和试验方法精确度

a. 结果计算

试件任一端涂盖层不应与胎基发生位移,试件下端的涂盖层不应超过胎基,无流淌、滴落、集中性气泡,为规定温度下耐热性符合要求。

一组三个试件都应符合要求。

b. 试验方法精确度

试验方法的精确度没有规定。

3 试验报告

试验报告至少包括以下信息:

a) 相关产品试验需要的所有数据;
b) 涉及的 GB/T 328 的本部分及偏离;
c) 根据本部分的抽样信息;
d) 根据本部分的试件制备细节及选择的方法;
e) 根据本部分的试验结果;
f) 试验日期。

(十二) 沥青防水卷材尺寸稳定性的测定 (GB/T 328.12—2007)

1 原理

从试样裁取的试件热处理后,让所有内应力释放出来。用光学或机械方法测量尺寸变化结果。

2 仪器设备

(1) 通则

两种测量方法任选：

a) 光学方法（方法 A）

本方法采用光学方法测量标记在热处理前后间的距离（图 3-16）。

b) 卡尺法（方法 B）

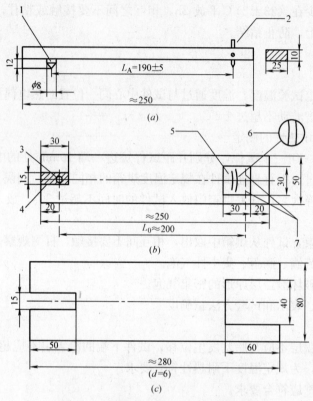

图 3-16　试件及方法 A 的试验仪器设备

(a) 长臂规；(b) 试件；(c) 钢板

1—钢锥；2—钉；3—M5 螺母（测量基点）；4—涂盖层去除；
5—铝标签；6—测量标记；7—钉书机钉

本方法采用卡尺（变形测量器）测量两个测量标记间距离变化（图 3-17）。

(2) 方法 A 和 B 的仪器设备

a. 鼓风烘箱（无新鲜空气进入）　达到 (80 ± 2)℃。

b. 热电偶　连接到外面的电子温度计，在温度测量范围内精确至 ±1℃。

c. 钢板（大约 280mm×80mm×6mm）　用于裁切，它作为模板来去除露出的涂盖层，在放置测量标记和测量期间压平试件（图 3-16 和图 3-17）。

d. 玻璃板　涂有滑石粉。

(3) 方法 A（光学方法）仪器设备

a. 通则　除 2 (2) 外，需要 2 (3) b～2 (3) g 所示的仪器设备。

b. 长臂规　钢制，尺寸大约 25mm×10mm×250mm，上配有定位圆锥（直径大约 8mm，高度大约 12mm，圆锥角度约 60°）及可更换的画线钉（尖头直径约 0.05mm），与

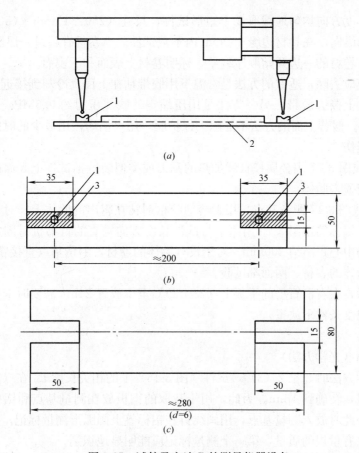

图 3-17 试件及方法 B 的测量仪器设备
(a) 卡尺测量装置（变形测量器）；(b) 试件；(c) 钢板
1—测量基点；2—胎体；3—涂盖层去除

圆锥轴距离 $L_A=(190\pm5)$mm(图 3-16)。

c. M5 螺母 或类似的测量标记作为测量基点。

d. 铝标签（约 30mm×30mm×0.2mm） 用于标测量标记。

e. 办公用钉书机 用于扣紧铝标签。

f. 长度测量装置 测量长度至少 250mm，刻度至少 1mm。

g. 精确长度测量装置（如读数放大镜） 刻度至少 0.05mm。

(4) 方法 B（卡尺方法）仪器设备

a. 通则

除 2（2）外，需要 2（4）b～2（4）c 所示的仪器设备。

b. 卡尺（变形测量器） 测量基点间距 200mm，机械或电子测量装置能测量到 0.05mm。

c. 测量基点 特制的用于配合卡尺测量的装置。

3 抽样

抽样按一（一）进行。

4 试件制备

从试样的宽度方向均匀地裁取 5 个矩形试件，尺寸（250±1）mm×（50±1）mm，长度方向是卷材的纵向，在卷材边缘 150mm 内不裁试件。当卷材有超过一层胎体时裁取 10 个试件。试件从卷材的一边开始顺序编号，标明卷材上表面和下表面。

任何保护膜应去除，适宜的方法是常温下用胶带粘在上面，冷却到接近假设的冷弯温度，然后从试件上撕去胶带。另一方法是用压缩空气吹［压力约 0.5MPa（5bar），喷嘴直径约 0.5mm］。假若上面的方法不能除去保护膜，用火焰烤，用最少的时间破坏膜而对试件没有其他损伤。

按图 3-16 或图 3-17 用金属模板和加热的刮刀或类似装置把试件上表面的涂盖层去除直到胎体，不应损害胎体。

按图 3-16 或图 3-17 测量基点，用无溶剂胶粘剂粘在露出的胎体上。对于采用光学测量方法的试件，铝标签按图 3-16 用两个与试件长度方向垂直的钉书机钉固定到胎体，钉子与测量基点的中心距离约 200mm。对于没有胎体的卷材，测量基点直接粘在试件表面，对于超过一层胎体的卷材，两面都试验。

试件制备后，在有滑石粉的平板上（23±2）℃至少放置 24h。需要时卡尺、量规、钢板等也在同样温度条件下放置。

5　步骤

（1）方法 A（光学方法）

当采用光学方法时［见 2（3）］，试件（图 3-16）上的相关长度 L_0 在（23±2）℃用长度测量装置测量，精确到 1mm。为此，用于裁取的钢板放在测量基点和铝标签上，长臂规上圆锥的中心此时放入测量基点，用画线钉在铝标签上画弧形测量标记。操作时不应有附加的压力，只有量规的质量，第一个测量标记应能明显地识别。

（2）方法 B（卡尺方法）

试件采用卡尺方法试验［见 2（4）］，测量装置放在测量基点上，温度（23±2）℃，测量两个基点间的起始距离 L_0，精确到 0.05mm。

（3）通则（方法 A 和 B）

烘箱预热到（80±2）℃，在试验区域控制温度的热电偶位置靠近试件。然后，试件和上面的测量基点放在撒有滑石粉的玻璃板上并放入烘箱，在（80±2）℃处理 24h±15min。整个试验期间烘箱试验区域保持温度恒定。

处理后，玻璃板和试件从烘箱中取出，在（23±2）℃冷却至少 4h。

6　结果记录、评价和试验方法精确度

（1）方法 A（光学方法）

试件按 5（1）画第二个测量标记，测量两个标记外圈半径方向间的距离（图 3-16），每个试件用精确长度测量装置测量，精确到 0.05mm。

每个测量值与 L_0 比给出百分率。

（2）方法 B（卡尺方法）

按 5（2）再次测量两个测量基点间的距离，精确到 0.05mm。计算每个试件与起始长度 L_0 比较的差值，以相对于起始长度 L_0 的百分率表示。

（3）评价

每个试件根据直线上的变化结果给出符号（＋伸长，－收缩）。

试验结果取 5 个试件的算术平均值,精确到 0.1%,对于超过一层胎体的卷材要分别计算每面的试验结果。

(4) 试验方法精确度

试验方法的精确度由相关的实验室按 GB/T 6379.2 测定,采用聚酯胎卷材。

目前对于其他胎体或无胎体的卷材没有给出数据。

a. 重复性

——5 个试件偏差范围:$d_{a,5}=0.3\%$

——重复性的标准偏差:$\sigma_r=0.06\%$

——置信水平(95%)值:$q_r=0.1\%$

——重复性极限(两个不同结果):$r=0.2\%$

b. 再现性

——再现性的标准偏差:$\sigma_R=0.12\%$

——置信水平(95%)值:$q_R=0.2\%$

——再现性极限(两个不同结果):$R=0.3\%$

7 试验报告

试验报告至少包括以下信息:

a) 相关产品试验需要的所有数据;

b) 涉及的 GB/T 328 的本部分及偏离;

c) 根据一(十二)3 的抽样信息;

d) 根据一(十二)4 的试件制备细节;

e) 根据 6(3)的试验结果,采用的试验方法(A 或 B);

f) 试验日期。

(十三) 高分子防水卷材尺寸稳定性的测定 (GB/T 328.13—2007)

1 原理

试验原理是测定试件起始纵向和横向尺寸,在规定的温度加热试件到规定的时间,再测量试件纵向和横向尺寸,记录并计算尺寸变化。

2 仪器设备

试验设备由 2(1) 和 2(2) 组成。

(1) 鼓风烘箱

烘箱能调节试件在整个试验周期内保持规定温度±2℃,温度计或热电偶放置靠近试件处,记录实际试验温度。

能保证试件放入后烘箱不会干扰试验期间的尺寸变化,例如为防止影响,试件放在涂有滑石粉的玻璃板上。

(2) 机械或光学测量装置

测量装置能测量试件的纵向和横向尺寸,精确到 0.1mm。

3 抽样

抽样按一、(一)进行。

4 试件制备

取至少三个正方形试件,大约 250mm×250mm,在整个卷材宽度方向均匀分布,最外一个距卷材边缘（100±10）mm。

注：当有表面结构存在时可能需要更大的试件。

按图3-18所示，在试件纵向和横向的中间作永久标记。

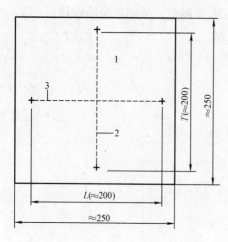

图3-18 试件尺寸测量
1—永久标记；2—横向中心线；3—纵向中心线

任何标记方法应满足按2（2）选择的测量装置，测量精度不低于0.1mm。

试验前试件在（23±2）℃、相对湿度（50±5）%标准条件下至少放置20h。

5 步骤

（1）试验条件

试件在（80±2）℃处理6h±15min。

（2）试验方法

按图3-18测量试件起始的纵向和横向尺寸（L_0和T_0），精确到0.1mm。

按2（1）调节到（80±2）℃，放试件在平板上，上表面在烘箱中朝上。

在6h±15min后，从烘箱的平板上取出试件，在（23±2）℃、相对湿度（50±5）%标准条件下恢复至少60min。按图3-18再测量试件纵向和横向尺寸（L_1和T_1），精确到0.1mm。

6 结果表示

（1）评价

对每个试件，按公式计算和取尺寸变化（ΔL）和（ΔT），以起始尺寸的百分率表示，见式（3-2）和式（3-3）。

$$\Delta L = \frac{L_1 - L_0}{L_0} \times 100 \tag{3-2}$$

$$\Delta T = \frac{T_1 - T_0}{T_0} \times 100\% \tag{3-3}$$

式中 L_0和T_0——起始尺寸，单位为毫米（mm），测量精度0.1mm；

L_1和T_1——加热处理后的尺寸，单位为毫米（mm），测量精度0.1mm；

ΔL和ΔT——可能＋或－，修约到0.1%。

ΔL和ΔT的平均值分别作为样品试验的结果。

（2）试验方法精确度

试验方法的精确度没有规定。

7 试验报告

试验报告至少包括以下信息：

a）涉及的GB/T 328的本部分及偏离；

b）相关产品试验需要的所有数据；

c）根据一（十三）3的抽样信息；

d）根据一（十三）4的试件制备细节；

e）根据一（十三）6 的试验结果；

f）试验过程中采用的非标准步骤或遇到的异常；

g）试验日期。

（十四）沥青防水卷材　低温柔性的测定（GB/T 328.14—2007）

1　原理

从试样裁取的试件，上表面和下表面分别绕浸在冷冻液中的机械弯曲装置上弯曲 180°，弯曲后，检查试件涂盖层存在的裂纹。

2　仪器设备

试验装置的操作的示意和方法见图 3-19，该装置由两个直径（20±0.1）mm 不旋转的圆筒，一个直径（30±0.1）mm 的圆筒或半圆筒弯曲轴组成（可以根据产品规定采用其他直径的弯曲轴，如 20mm、50mm），该轴在两个圆筒中间，能向上移动。两上圆筒间的距离可以调节，即圆筒和弯曲轴间的距离能调节为卷材的厚度。

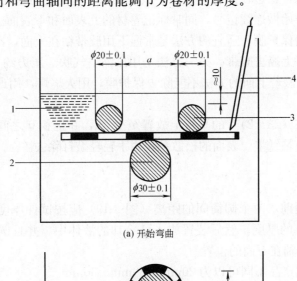

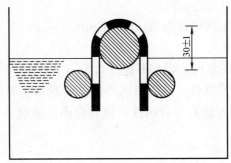

图 3-19　试验装置原理和弯曲过程
1—冷冻液；2—弯曲轴；3—固定圆筒；4—半导体温度计（热敏探头）

整个装置浸入能控制温度在 20～−40℃、精度 0.5℃温度条件的冷冻液中。冷冻液用任一混合物：

——丙烯乙二醇/水溶液（体积比 1∶1）低至 −25℃，或

——低于 −20℃ 的乙醇/水混合物（体积比 2∶1）。

用一支测量精度 0.5℃ 的半导体温度计检查试验温度，放入试验液体中与试验试件在

同一水平面。

试件在试验液体中的位置应平放且完全浸入，用可移动的装置支撑，该支撑装置应至少能放一组五个试件。

试验时，弯曲轴从下面顶着试件以 360mm/min 的速度升起，这样试件能弯曲 180°，电动控制系统能保证在每个试验过程和试验温度的移动速度保持在（360±40）mm/min。裂缝通过目测检查，在试验过程中不应有任何人为的影响。为了准确评价，试件移动路径是在试验结束时，试件应露出冷冻液，移动部分通过设置适当的极限开关控制限定位置。

3 抽样

抽样按一（一）进行。

4 试件制备

用于 5(3) 或 5(4) 试验的矩形试件尺寸（150±1）mm×(25±1)mm，试件从试样宽度方向上均匀地裁取，长边在卷材的纵向，试件裁取时应距卷材边缘不少于 150mm，试件应从卷材的一边开始做连续记号，同时标记卷材的上表面和下表面。

去除表面的任何保护膜，适宜的方法是常温下用胶带粘在上面，冷却到接近假设的冷弯温度，然后从试件上撕去胶带。另一方法是用压缩空气吹［压力约 0.5MPa(5bar)，喷嘴直径约 0.5mm］。假若上面的方法不能除去保护膜，用火焰烤，用最少的时间破坏膜而不损伤试件。

试件试验前应在（23±2）℃的平板上放置至少 4h，并且相互之间不能接触，也不能粘在板上。可以用防粘纸垫，表面的松散颗粒用手轻轻敲打除去。

5 步骤

（1）仪器设备

在开始所有试验前，两个圆筒间的距离（图 3-19）应按试件厚度调节，即弯曲轴直径+2mm+两倍试件的厚度。然后装置放入已冷却的液体中，并且圆筒的上端在冷冻液面下约 10mm，弯曲轴在下面的位置。

弯曲轴直径根据产品不同可以为 20mm、30mm、50mm。

（2）试件条件

冷冻液达到规定的试验温度，误差不超过 0.5℃，试件放于支撑装置上，且在圆筒的上端，保护冷冻液完全浸没试件。试件放入冷冻液达到规定温度后，开始保持在该温度 1h±5min。半导体温度计的位置靠近试件，检查冷冻液温度，然后试件按 5(3) 或 5(4) 试验。

（3）低温柔性

两组各 5 个试件，全部试件按 5(2) 在规定温度处理后，一组是上表面试验，另一组下表面试验，试验按下述进行。

试件放置在圆筒和弯曲轴之间，试验面朝上，然后设置弯曲轴以（360±40）mm/min 速度顶着试件向上移动，试件同时绕轴弯曲。轴移动的终点在圆筒上面（30±1）mm 处（图 3-19）。试件的表面明显露出冷冻液，同时液面也因此下降。

在完成弯曲过程 10s 内，在适宜的光源下用肉眼检查试件有无裂纹，必要时，用辅助光学装置帮助。假若有一条或更多的裂纹从涂盖层深入到胎体层，或完全贯穿无增强卷材，即存在裂缝。一组 5 个试件应分别试验检查。假若装置的尺寸满足，可以同时试验几组试件。

(4) 冷弯温度测定

假若沥青卷材的冷弯温度要测定（如人工老化后变化的结果），按 5(3) 和下面的步骤进行试验。

冷弯温度和范围（未知）最初测定，从期望的冷弯温度开始，每隔 6℃ 试验每个试件，因此每个试验温度都是 6℃ 的倍数（如 −12℃、−18℃、−24℃ 等）。从开始导致破坏的最低温度开始，每隔 2℃ 分别试验每组 5 个试件的上表面和下表面，连续的每次 2℃ 的改变温度，直到每组 5 个试件分别试验后至少有 4 个无裂缝，这个温度记录为试件的冷弯温度。

6 结果记录、计算和试验方法的精确度

(1) 规定温度的柔度结果

按 5(3) 进行试验，一个试验面 5 个试件在规定温度至少 4 个无裂缝为通过，上表面和下表面的试验结果要分别记录。

(2) 冷弯温度测定的结果

测定冷弯温度时，要求按 5(4) 试验得到的温度应 5 个试件中至少 4 个通过，这冷弯温度是该卷材试验面的，上表面和下表面的结果应分别记录（卷材的上表面和下表面可能有不同的冷弯温度）。

(3) 试验方法的精确度

精确度由相关实验室按 GB/T 6379.2 规定进行测定，采用增强卷材和聚合物改性涂料。

a. 重复性

——重复性的标准偏差：$\sigma_r = 1.2℃$

——置信水平（95%）值：$q_r = 2.3℃$

——重复性极限（两个不同结果）：$r = 3℃$

b. 再线性

——再线性的标准偏差：$\sigma_R = 2.2℃$

——置信水平（95%）值：$q_R = 4.4℃$

——再现性极限（两个不同结果）：$R = 6℃$

7 试验报告

试验报告至少包括以下信息：

a) 相关产品试验需要的所有数据；

b) 涉及的 GB/T 328 的本部分及偏离；

c) 根据一（十四）3 的抽样信息；

d) 根据一（十四）4 的试件制备细节；

e) 根据 6(1) 或 6(2) 的试验结果；

f) 试验日期。

(十五) 高分子防水卷材 低温弯折性的测定 (GB/T 328.15—2007)

1 原理

试验的原理是放置已弯曲的试件在合适的弯折装置上，将弯曲试件在规定的低温温度放置 1h。在 1s 内压下弯曲装置，保持在该位置 1s。取出试件在室温下，用 6 倍放大镜检查弯折区域。

2 仪器设备

(1) 弯折板

金属弯折装置有可调节的平行平板,图 3-20 是装置示例。

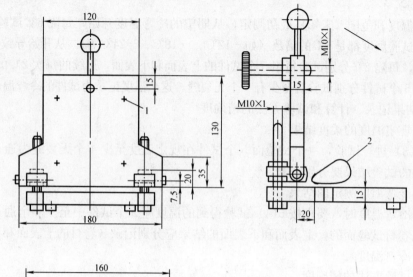

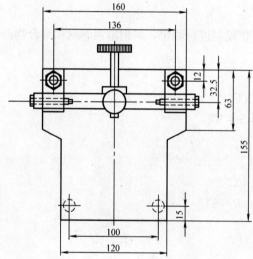

图 3-20 弯折装置示意图
1—测量点;2—试件

(2) 环境箱

空气循环的低温空间,可调节温度至 -45℃,精度 ±2℃。

(3) 检查工具

6 倍玻璃放大镜。

3 抽样

试样按一(一)抽取。

4 试件制备

每个试验温度取四个 100mm×50mm 试件,两个卷材纵向（L）,两个卷材横向（T）。

试验前试件应在 (23±2)℃和相对湿度 (50±5)% 的条件下放置至少 20h。

5 步骤
(1) 温度

除了低温箱，试验步骤中所有操作在 (23±5)℃进行。

(2) 厚度

根据一（五）测量每个试件的全厚度。

(3) 弯曲

沿长度方向弯曲试件，将端部固定在一起，例如用胶粘带，见图 3-20 卷材的上表面弯曲朝外，如此弯曲固定一个纵向、一个横向试件，再卷材的上表面弯曲朝内，如此弯曲另外一个纵向和横向试件。

(4) 平板距离

调节弯折试验机的两个平板间的距离为试件全厚度（见 5(2)）的 3 倍。检测平板间 4 点的距离，如图 3-20 所示。

(5) 试件位置

放置弯曲试件在试验机上，胶带端对着平行于弯板的转轴，如图 3-20 所示。放置翻开的弯折试验机和试件于调好规定温度的低温箱中。

(6) 弯折

放置 1h 后，弯折试验机从超过 90°的垂直位置到水平位置，1s 内合上，保持该位置 1s，整个操作过程在低温箱中进行。

(7) 条件

从试验机中取出试件，恢复到 (23±5)℃。

(8) 检查

用 6 倍放大镜检查试件弯折区域的裂纹或断裂。

(9) 临界低温弯折温度

弯折程序每 5℃重复一次，范围为：−40℃、−35℃、−30℃、−25℃、−20℃等，直至按 5(8) 条，试件无裂纹和断裂。

6 结果表示

按照 5(9) 条重复进行弯折程序，卷材的低温弯折温度，为任何试件不出现裂纹和断裂的最低的 5℃间隔。

7 试验报告

试验报告包括如下信息：

a) 涉及的 GB/T 328 的本部分及偏离；

b) 确定试验产品的所有必要细节；

c) 根据一（十五）3 的抽样信息；

d) 根据一（十五）4 的制备试件信息；

e) 根据一（十五）6 的试验结果；

f) 试验过程中采用方法的差异或遇到的异常；

g) 试验日期。

(十六) 高分子防水卷材 耐化学液体（包括水）的测定（GB/T 328.16—2007）

1 原理

试件在规定温度、规定时间不完全浸入规定数量的试验液体中。浸入前后测定性能，需要时干燥后测定性能，后一种情况的测定，在可能的情况下，采用同一试件进行。

2 仪器设备

(1) 容器 合适尺寸的广口瓶及配套的盖子（有气体挥发或挥发性液体的情况时密封用，需要时使用合适的冷凝器）。

(2) 密闭空间 试验温度通过温度调节控制。

(3) 温度计 合适的量程和精度。

(4) 称量瓶。

(5) 天平 精度0.001g，能称量试件大于等于1g。

(6) 厚度计 有平台，精度0.01mm。

(7) 测径规 能够测量精确到0.1mm。

(8) 鼓风烘箱 温度校准程序见附录A(1)描述，空气流动的具体要求参见附录A(2)，对于干燥用途，烘箱控制在(50±2)℃。

3 抽样

抽样按一（一）进行。

4 试件制备

根据处理后进行的试验（质量、尺寸、物理性能）及高分子防水卷材的种类不同，试件形状和尺寸不同。

处理前后测定性能试件的数量应在产品标准中规定，当没有其他明示要求时，至少试验3个试件。

试件试验前应在(23±2)℃、相对湿度(50±5)%的条件下放置至少24h。

5 步骤

(1) 试验溶液

假如需要得到卷材与特定溶液接触特性的信息，通常应采用该溶液。

试验应采用规定的化学物质进行，使用它们的单种或混合物，试验应尽可能是对防水卷材有代表性影响的溶液。

通常用于评价暴露于水溶液的材料性能的试件浸在表3-9规定的水溶液中。

标准水溶液　　　　　　　　　　　　　　　　表3-9

	试验溶液	说　明
1	10%氯化钠溶液(NaCl)(盐水)	GB/T 11547 规定
2	石灰悬浮液，$Ca(OH)_2$	沉淀饱和溶液
3	5%~6%亚硫酸，H_2SO_3	

若需要暴露于其他溶液，应列出实验室用的化学药品，见GB/T 11547。

(2) 温度

优先采用的浸入温度为(23±2)℃和(50±2)℃。

测定性能变化的温度为(23±2)℃。若浸入温度不同，试件以环境温度放入刚配置的试验溶液中，要在室温放置15min到30min。

(3) 暴露周期

任何可行的暴露周期，应采用可评价的有代表性的现象。

优先的对照试验暴露周期是：

a）短试验周期：24h；

b）标准试验周期：7d（通常在23℃）；

c）长试验周期：112d。

（4）浸泡程序

a. 试验溶液的数量

试验溶液的数量至少是以试件整个表面积计每平方厘米8ml，以防止溶液在试验期间被试件吸收后浓缩。

b. 试件装置

放置每组试件在容器中，并完全浸入试验液体中（必要时用重物）。

当几个相同成分的材料要试验时，允许在同一容器中放置这些试件。

通常，不注明试件表面与其他试件表面、容器壁、需要时重物的接触比例。在试验中，至少每天一次搅动液体，例如旋转容器。

若试验超过7d，用相同数量的原液体每7d更换液体一次，若液体不稳定，需经常更换液体。

若光线对试验液体的性能可能有影响，则需要在黑暗条件或规定的亮度条件下操作。

在某些情况下需要（例如有氧化风险时）规定在试件上面的液体高度。

c. 清洗及擦拭

在浸水周期结束时，从试件的温度到环境温度，必要时转移试件到新鲜数量的室温试验液体中，该过程15min到30min。

从试验液体中取出试件，选择合适性质的，对试验材料没有影响的液体漂洗。

用滤纸或棉绒布擦干试件。

（5）质量变化的测定

a. 试件

试件的尺寸和形状按GB/T 328.5规定测定单位面积质量。

按GB/T 328.5规定数量制备测定单位面积质量的试件。

若在暴露过程中要提高温度，制备额外的试件用于测定温度的任何影响，测定其他影响也需要额外数量的试件。

b. 初始值

按GB/T 328.5测定每个试件的初始质量M_1，在试件质量大于或等于1g时，精确到0.001g。

c. 暴露

按5(4)的浸泡程序，浸泡试验试件在选定温度和周期的试验液体中。

d. 质量测量

（a）浸泡后立即测量（湿）

冲洗和擦干试件后，放入称量瓶，塞上塞子，测定试件质量M_2，精确到0.001g。

若试验液体在环境温度下易挥发，则试件暴露于空气中的时间不超过30s，若试验称重后还要继续试验（时间影响试验），立即将试件重放回试验液体，将容器放回所要求的环境。

(b) 浸泡干燥后测量（干燥）

从称量瓶中取出试件，放入鼓风烘箱中干燥，在规定的温度和规定的时间[通常（24±1）h、（50±2）℃]下恒重。让试件冷却和恢复到4的条件，测定每个试件质量M_3，精确到0.001g。

(6) 测定尺寸变化

a. 试件

测定尺寸变化的试件的尺寸和形状符合GB/T 328.13。

按GB/T 328.13制备规定的数量、尺寸的试件。

若在暴露过程中要提高温度，制备额外的试件用于了解温度的任何影响，了解其他影响也需要额外数量的试件。

b. 初始值

(a) 圆形试件

标记和测量相互垂直的直径，用测径规，精确到0.1mm，记录平均值L_1。

测量试件四个不同点的厚度，用厚度计，精确到0.01mm，记录平均值E_1。

这些点应距试件边缘至少10mm。

(b) 正方形试件

标记和测量试件四边的长度，用测径规，精确到0.1mm，记录平均值L_1。

测量试件四个不同点的厚度，用厚度计，精确到0.01mm，记录平均值E_1。

这些点应距试件边缘至少10mm。

c. 暴露

按5(4)的浸泡程序，浸试验试件在选定温度和周期的试验液体中。

d. 尺寸测量

(a) 浸泡后立即测量（湿）

按5(6)c同样标记测量每个试件，同样的记录平均值L_2和E_2。

(b) 在浸泡干燥后测量（干燥）

在鼓风烘箱中干燥试件，按规定的温度和时间[通常（24±1）h、（50±2）℃]恒重。让试件冷却和恢复到4的条件，然后按5(6)中的初始值同样测量每个试件，同样的记录平均值L_3和E_3。

(7) 外观变化测定

a. 试件

检验外观变化可与本部分要求的其他试验一起进行，或分别进行。同时，制备另外的试件作为对比。

b. 暴露

按5(4)的浸泡程序，浸试验试件在选定温度和周期的试验液体中。

c. 步骤

若外观变化测定是本部分要求的试验的一种补充，按此程序规定进行试验。

检验每个试件，必要时用放大镜的方法，与未处理的试件进行比较，按表3-10使用的符号等级，记录外观的任何变化。

符 号 等 级　　　　　　　　　　　　　　　　表 3-10

符　号	外观变化程度	符　号	外观变化程度
O	无	M	中等
F	轻微	L	严重

a) 颜色（变化性质和变化是否一致）；

b) 不透明性；

c) 光泽或失去光泽。

若存在下面的影响也记录：

d) 裂纹或裂缝的产生；

e) 气泡、凹陷和其他类似影响的产生；

f) 材料能容易地被擦除；

g) 外观发粘；

h) 分层、翘曲或其他变形；

i) 部分分解。

（8）物理性能变化的测定

下面要求的是用于屋面防水卷材的低温弯折性的可能变化。

若测定其他物理性能，可参照此进行。

a. 试件

用于测定低温弯折性的试件形状和尺寸符合一（十五）规定。

按照 GB/T 328.15 规定数量制备试件和测定临界低温弯折温度。

根据规定的条件制备规定数量的试件和测定暴露后低温弯折性的变化。

若在暴露过程中要提高温度，制备额外的试件用于了解温度的任何影响，了解其他影响也需要额外数量的试件。

b. 初始值

根据一（十五）测定开始时临界低温弯折温度 V_1。

c. 暴露

按 5（4）的浸泡程序，浸相同尺寸的试验试件在选定温度和周期的试验液体中。

d. 后续试验

（a）浸泡后立即测量（湿）

若试验液体在环境温度易挥发，则从液体中取出试件在（2～3）min 内开始测定低温弯折性。

（b）浸泡干燥后测量（干燥）

在鼓风烘箱中干燥试件，按规定的温度和时间，若无任何规定时，在（24±1）h、（50±2）℃。在进行低温弯折性测定前，让试件冷却和恢复到 4 的条件。

6　结果表示

（1）质量变化

a. 质量变化

报告每个试件的质量，单位毫克：

a) 试件浸泡前，M_1；

b) 试件浸泡后质量，M_2（潮湿）；

c) 试件浸泡后，干燥和回复，M_3（干燥）。

计算数值：

$$M_2-M_1（潮湿）或 M_3-M_1（干燥）$$

报告这些值，采用合适的符号。

b. 单位面积质量变化

每个试件，计算单位面积质量的增加或减少，用毫克每平方厘米表示，用下面公式之一计算平均值：

$$(M_2-M_1)/A（潮湿）和(M_3-M_1)/A（干燥）$$

如6(1)a，M_1、M_2、M_3有相同的单位。

A是试件初始的整个面积，单位平方厘米。

c. 质量变化百分率

每个试件用下面的公式之一计算质量增减的百分率：

$$100\times(M_2-M_1)/M_1（潮湿）或100\times(M_3-M_1)/M_1（干燥）$$

见6(1)a，M_1、M_2、M_3有相同的单位。

d. 平均值

无论什么方式，采用相同的方法计算试件结果的算术平均值（或平均值）。

(2) 尺寸变化

除报告初始和最终尺寸之外，报告最终值与初始值间的百分率。计算每个试件、每个尺寸、每个不同步骤的百分率。这些百分率可能大于、等于、小于100%，100%的值表示液体对尺寸变化无影响。

采用相同的方法计算试件结果的算术平均值（或平均值）。

若可能，画出试验期间的结果性能曲线。

(3) 外观变化

按表3-10的符号等级表示结果。

分别报告试件仅仅浸泡后擦干（潮湿）以及这些试件烘箱干燥和恢复（干燥）的相关试验结果。

(4) 物理性能变化

a. 低温弯折性变化（任意循环）

V_1，在浸泡前或比对试件的临界低温弯折摄氏温度（初始值）；

V_2，浸泡后临界低温弯折摄氏温度；

V_3，浸泡后干燥并恢复后临界低温弯折摄氏温度。

低温弯折性的变化计算如下：

V_2-V_1（潮湿），单位℃或V_3-V_1（干燥），单位℃

用5℃的增量表示变化。

b. 物理性能变化（百分率）

浸泡前初始状态值V_1，浸泡后的值V_2（潮湿）和/或V_3（干燥），物理性能按相关的标准检测。

对可测量的性能（如可按比例变化测量），计算这些性能与初始值相比最终的百分率，用如下公式分别计算：

$$(V_2/V_1) \times 100 \text{ 或} (V_3/V_1) \times 100$$

这些百分率大于、等于、小于100%，100%值表示液体对相关性能没有影响。

c. 性能变化资料

若可能，给出试验过程中性能变化曲线。

7 试验报告

试验报告包括如下信息：

a) 涉及的 GB/T 328 的本部分及偏离；
b) 确定试验产品的所有必要细节；
c) 根据一（十六）3 的抽样信息；
d) 根据一（十六）4 的制备试件细节；
e) 根据一（十六）6 的试验结果；
f) 在试验方法中使用或碰到的异常；
g) 试验日期。

8 备注

在液体的影响下，材料可能几种现象同时发生。一方面，吸收液体，部分可溶解于液体的成分析出发生。另一方面，通过化学反应，对材料性能有重大变化的结果可能产生。

仅用于任何固定条件下，材料现有的化学特性测定，目的是比较不同材料。选择试验条件（液体性质、温度、周期），同样测定材料性能变化，根据试验后最终的性能评定。

当然，不可能在试验结果和测量使用性能之间建立任何对应的直接关系。这个试验所做的仅仅是允许比较不同材料在规定条件下的特性，然后可以初步评价某些相关物质组成的特性。

注：只有在试件有相同的形状、尺寸（甚至于相同厚度），以及尽可能相同的状态（内应力、表面等），采用本方法来强调比较不同材料才是有效的。

9. 附录 A（资料性附录）仪器的标准

（1）温度校准

热电耦最小精度 0.1℃，范围 40~60℃，用于校核烘箱。校准每年进行一次，50℃工作温度的三点在水平面，分别在试件的中心和上面、下面，每点都是上述随机选择的工作区域的水平面。测定这些点的温度在半小时中每 10min 一次。获得的这些点温度的偏差，每个都不能超过（50±2）℃的范围。

（2）通风条件

烘箱中空气交换至少每小时（5±2）次。烘箱中空气的循环应稳定在（0.5~1.5）m/s，不必校准。

（十七）沥青防水卷材 矿物料粘附性的测定（GB/T 328.17—2007）

1 原理

测定在规定条件下矿物料刷洗试验的方法。刷下的矿物料质量与同一卷材上裁取试件原来矿物料质量比较。

2 仪器设备

(1) 刷洗机 A

刷洗机 A 可更换刷子,在试件上表面及其试件上可产生 (21.5±0.5)N 的力,并自动作直线往复循环移动。可更换刷子轴的相对移动振幅 A 是 (200±20)mm,平均移动速度是 50 个循环在 (55±5)s。刷洗机器应有合适的夹具,至少 50mm 宽,用于固定试件的两端。

(2) 可更换刷子 A

用一合适的材料制成,其上钻有 22 个孔,如图 3-21 所示,孔径 4mm,每个孔有 22 根尼龙 66 丝,直径 0.80mm,凸出 (16±2)mm。

可更换刷子的有效面积在加荷载时不超过 80mm×25mm,有效刷洗面积 B 如图 3-22 所示,是 $[(A+80)×25]mm^2$。

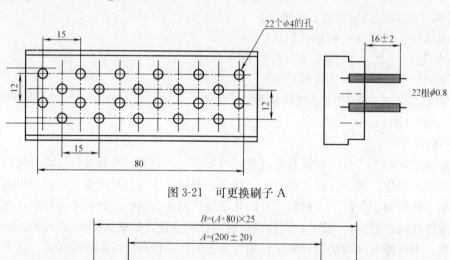

图 3-21 可更换刷子 A

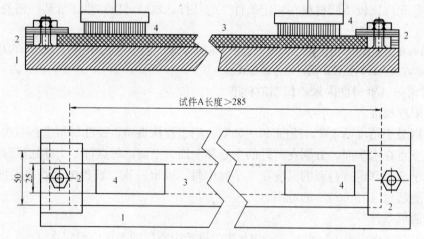

图 3-22 刷洗机 A 刷洗区域
1—支撑;2—试件的固定夹具(示例);3—试件;4—可更换刷子 A

每个可更换刷子使用不应超过 100 个试验,或当孔中的丝凸出小于 13mm 时,次数更少。

(3) 天平

精确到 0.01g。

(4) 用于裁取或冲切试件的机器

在所选长度方向宽 (50±1)mm。

(5) 室内条件

温度 (23±2)℃，相对湿度 (50±20)%。

(6) 家用真空吸尘器

500W，通过 50mm 宽的附件吸气。

(7) 刷洗机 B

可更换刷子质量为 (2268±7)g，并自动的作直线往复循环移动。刷子振幅 A 是 (152±6)mm，平均移动速度是 50 个循环在 60～70s。刷洗机器应有合适的夹具，至少 50mm 宽，用于固定试件的两端。

(8) 可更换刷子 B

其上钻有 22 个孔，如图 3-23 所示，孔径 2.36mm。每个孔有 40 根直径 0.305mm 的不锈钢丝，最长 16.5mm，当短于 14.5mm 时需要更换。

可更换刷子的有效面积在加荷载时不超过 32mm×20mm，有效刷洗面积如图 3-23 所示，是 $[(152+32)×20]mm^2$。

3 试件制备

(1) 抽样

抽样按一 (一) 进行。

(2) 试件制备

a. 试件 A：宽度 (50±1)mm，长度至少 285mm，沿卷材的长度方向。

b. 试件 B：宽度 (50±1)mm，长度至少 230mm，沿卷材的长度方向。

c. 从试样上裁取或冲切试件，3 个试件在 (23±2)℃ 的室内气候条件下放置 (24±0.5)h。用真空吸尘器的附件在试件表面小心移动，吸落下的颗粒。测定每个试件的质量 M_{1i}，精确到 0.01g。

4 步骤

(1) 试件 A

试件 A 用刷洗机 A 和可更换刷子 A 进行试验。

刷落的颗粒质量与试件初始颗粒质量比较，试件在同一卷材的相同位置裁取，既与卷芯相同距离，又同在左边或右边。

根据一 (十七) 8 附录 B 测定初始颗粒质量。

试件在刷洗机中用夹具固定，在试件上放上规定荷载的可更换刷子，刷子的长度方向与试件长度方向相同 (图 3-23)。

完成 50 个循环，从刷洗机上取出试件。

每个试件重复该步骤。

用真空吸尘器的附件在试件上表面移动，吸落下的颗粒。测定每个试件的质量 M_{2i}，精确到 0.01g。

(2) 试件 B

试件 B 用刷洗机 B 和可更换刷子 B 进行试验。

刷子的宽度方向与试件的长度方向平行，新刷子在使用前，应在废矿物卷材表面预刷

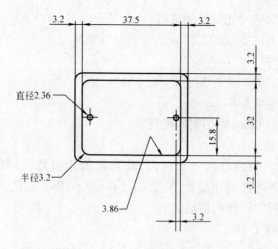

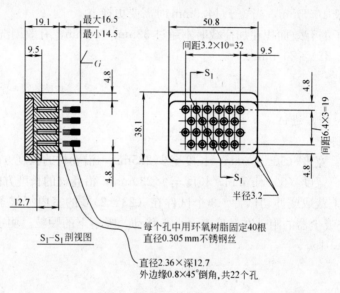

图 3-23 可更换刷子 B

150个循环再用于试验。所有不锈钢丝应长度相同,用精度至少 0.5mm 的钢尺测定长度。

完成 50 个循环,从刷洗机上取出试件。

每个试件重复该步骤。

用真空吸尘器的附件在试件表面移动,吸落下的颗粒。测定每个试件的质量 M_{2i},精确到 0.01g。

5 结果表面

(1) 颗粒粘附率

测定颗粒粘附率,用式(3-4)计算每个试件相关的两个质量,用百分率表示,取 3 个试件平均值。

$$M_i = \frac{M_{1i} - M_{2i}}{BG_0} \times 100 \tag{3-4}$$

式中 M_i ——颗粒粘附率,(%)。

G_0——每平方米初始颗粒质量,按 GB/T 328.1 裁取的试件,相同的 1/3 处试样(g/m^2),根据附录 B 测定;

M_{1i}——刷前试件质量,单位为克(g);

M_{2i}——刷后试件质量,单位为克(g);

B——有效刷洗区域,单位为平方米(m^2)。

(2)颗粒脱落量

测定颗粒脱落量(M),用式(3-5)计算每个试件的颗粒脱落量,单位为 g,取 3 个试件的平均值。

$$M = M_{1i} - M_{2i} \tag{3-5}$$

式中 M——颗粒脱落量,(g);

M_{1i}——刷前试件质量,(g);

M_{2i}——刷后试件质量,(g)。

6 精确度

试验方法的精确度没有规定。

注:没有报告实验室间试验的重复性 r,再现性 R。精确度在有足够的实验室间的数据时才可行。

7 试验报告

试验报告包括如下信息:

a)确定试验产品的所有必要细节;

b)涉及的 GB/T 328 的本部分及偏离;

c)根据一(十七)3 的抽样或制备试件信息;

d)根据一(十七)4 的试验程序信息;

e)根据一(十七)5 的试验结果;

f)试验日期。

8 附录 B(规范性附录)初始矿物料质量测定

(1)仪器设备和材料

a. 热萃取装置 索氏萃取器。

b. 315μm 筛。

c. 溶剂 如三氯乙烯、甲苯、二氯甲烷,根据相关的安全规定。

d. 天平 见一(十七)2(3)。

(2)试件

从用于制备颗粒粘附性试验试样的卷材上裁取试件。除卷材长度方向起始和最后 1m,宽度方向距卷材边缘不少于 100mm 外。在长度方向分相同的三块卷材,从每个 1/3 块裁取两个试件(100 ± 1)mm×(100 ± 1)mm,精确到 1mm(每个试件的面积是 $0.01m^2$),或选择 70mm×50mm(每个试件的面积 $0.0035m^2$)。每对试件代表相应 1/3 块的初始颗粒质量,用作粘附性试样的依据。

(3)步骤

a. 计算试件 S_i 的面积,m^2。

b. 试件放入有尽可能合适溶剂的萃取器中。

c. 可溶成分被热萃取分离,直到热萃取装置中的溶剂变成无色(通常 1h 至 2h)。

d. 从萃取器中取出试件,在(105±2)℃干燥至少 2h。
e. 用筛子 [一(十七)8(1)b] 分离颗粒与其他成分。
f. 称量颗粒的质量 N_i,精确到 0.01g,每个试件按该步骤进行。

(4) 结果计算和表示

① 计算单位面积颗粒的质量 (G_i),每个试件按式(3-6)计算,单位为 g/m^2。

$$G_i = N_i/S_i \tag{3-6}$$

式中 N_i——对应于一个试件颗粒质量,单位为克(g);
S_i——试件的面积,单位为平方米(m^2)。

② 计算相同 1/3 处每对 G_i 试件的平均值(G_0),单位为(g/m^2)。

(十八)沥青防水卷材 撕裂性能(钉杆法)的测定 (GB/T 328.18—2007)

1 原理

通过用钉杆刺穿试件试验测量需要的力,用与钉杆成垂直的力进行撕裂。

2 仪器设备

(1) 拉伸试验机

拉伸试验机应有连续记录力和对应距离的装置,能够按以下规定的速度分离夹具。拉伸试验机有足够的荷载能力(至少 2000N)和足够的夹具分离距离,夹具拉伸速度为 (100±10)mm/min,夹持宽度不少于 100mm。

拉伸试验机的夹具能随着试件拉力的增加而保持或增加夹具的夹持力,夹具能夹住试件使其在夹具中的滑移不超过 2mm,为防止从夹具中的滑移超过 2mm,允许用冷却的夹具。这种夹持方法不应在夹具内外产生过早的破坏。

力测量系统满足 JJG 139—1999 至少 2 级(即±2%)。

(2) U 形装置

U 形装置一端通过连接件连在拉伸试验机夹具上,另一端有两上臂支撑试件。臂上有钉杆穿过的孔,其位置能允许按 5 要求进行试验(图 3-24)。

3 抽样

抽样按一(一)进行。

4 试件制备

试件需距卷材边缘 100mm 以上在试样上任意裁取,用模板或裁刀裁取,要求的长方形试件宽(100±1)mm,长至少 200mm。试件长度方向是试验方向,试件从试样的纵向或横向裁取。

对卷材用于机械固定的增强边,应取增强部位试验。

每个选定的方向试验 5 个试件,任何表面的非持久层应去除。

试验前试件应在(23±2)℃和相对湿

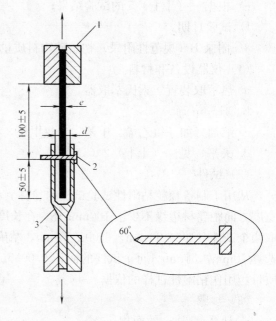

图 3-24 钉杆撕裂试验
1—夹具;2—钉杆(ϕ2.5±0.1);3—U 型头;
e—样品厚度;d—U 形头间隙($e+1 \leqslant d \leqslant e+2$)

度30%~70%的条件下放置至少20h。

5 步骤

试件放入打开的U形头的两臂中，用一直径（2.5±0.1）mm的尖钉穿过U形头的孔位置，同时钉杆位置在试件的中心线上，距U形头中的试件一端（50±5）mm（图3-24）。

钉杆距上夹具的距离是（100±5）mm。

把该装置试件一端的夹具和另一端的U形头放入拉伸试验机，开动试验机，使穿过材料面的钉杆直到材料的末端。试验装置的示意图见图3-24。

试验在（23±2）℃进行，拉伸速度（100±10）mm/min。

穿过试件钉杆的撕裂力应连续记录。

6 结果表示、计算和试验方法的精确度

（1）计算

连续记录的力，试件撕裂性能（钉杆法）是记录试验的最大力。

每个试件分别列出拉力值，计算平均值，精确到5N，记录试验方向。

（2）试验方法的精确度

试验方法的精确度没有规定。

7 试验报告

试验报告包括如下信息：

a) 确定试验产品的所有必要细节；

b) 涉及的GB/T 328的本部分及偏离；

c) 根据一（十八）3的抽样或制备试件信息；

d) 根据一（十八）4的试验程序信息；

e) 根据6（1）的试验结果；

f) 试验日期。

（十九）高分子防水卷材 撕裂性能的测定（GB/T 328.19—2007）

1 原理

试验的原理是测量试件完全撕裂需要的力，是试件已有缺口或割口的延续。

拉伸试验机在恒定速度下产生均匀的撕裂力直至试件破坏，记录达到的最高点的力。

2 仪器设备

拉伸试验机应有连续记录力和对应距离的装置，能够按以下规定的速度匀速分离夹具。

拉伸试验机有效荷载范围至少2000N，夹具拉伸速度为（100±10）mm/min，夹持宽度不少于50mm。

拉伸试验机的夹具能随着试件拉力的增加而保持或增加夹具的夹持力，对于厚度不超过3mm的产品能夹住试件，使其在夹具中的滑移不超过1mm，更厚的产品不超过2mm。试件在夹具处用一记号或胶带来显示任何滑移。

力测量系统满足JJG 139—1999至少2级（即±2%）。

裁取试件的模板尺寸见图3-25。

3 抽样

抽样按一（一）进行。

4 试件制备

试件形状和尺寸见图 3-26。
α 角的精度在 1°。

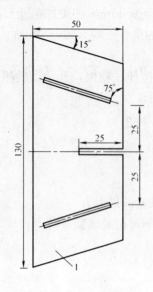

图 3-25 裁取试件模板
1—试件厚度 2～3mm

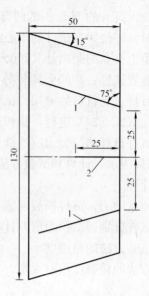

图 3-26 试件形状和尺寸
1—夹持线；2—缺口或割口

卷材纵向和横向分别用模板裁取 5 个带缺口或割口试件。
在每个试件上的夹持线位置作好记号。
试验前试件应在（23±2）℃和相对湿度（50±5）%的条件下放置至少 20h。

5 步骤

试件（2）应紧紧地夹在拉伸试验机的夹具中，注意使夹持线沿着夹具的边缘（图 3-27）。
试件试验温度为（23±2）℃，拉伸速度为（100±10）mm/min。
记录每个试件的最大拉力。

6 结果表示

（1）计算

每个试件的最大拉力用牛（N）表示。
舍去试件从拉伸试验机夹具中滑移超过规定值的结果，用备用件重新试验。
计算每个方向的拉力算术平均值（F_L 和 F_T），用 N 表示，结果精确到 1N。

（2）试验方法的精确度。

试验方法的精确度没有规定。

7 试验报告

试验报告包括如下信息：
a）涉及的 GB/T 328 的本部分及偏离；
b）确定试验产品的所有必要细节；
c）根据一（十九）3 的抽样信息；

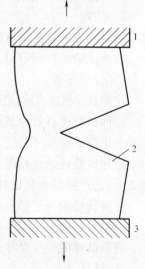

图 3-27 试件在夹具中的位置
1—上夹具；2—试件；3—下夹具

d) 根据一（十九）4 的制备试件信息；
e) 根据一（十九）6 的试验结果；
f) 试验日期。

（二十）沥青防水卷材　接缝剥离性能的测定（GB/T 328.20—2007）

1　原理

试件的接缝处以恒定速度拉伸至试件分离，连续记录整个试验中的拉力。

2　仪器设备

拉伸试验机应有连续记录力和对应距离的装置，能够按以下规定的速度分离夹具。

拉伸试验机具有足够的荷载能力（至少 2000N）和足够的拉伸距离，夹具拉伸速度为 (100 ± 10)mm/min，夹持宽度不少于 50mm。

拉伸试验机的夹具能随着试件拉力的增加而保持或增加夹具的夹持力，夹具能夹住试件，使其在夹具中的滑移不超过 2mm，为防止从夹具中的滑移超过 2mm，允许用冷却的夹具。

这种夹持方法不应在夹具内外产生过早的破坏。

力测量系统满足 JJG 139—1999 至少 2 级（即 $\pm2\%$）。

3　抽样及搭接试片制备

抽样按一（一）进行。

裁取试件的搭接试片应预先在 (23 ± 2)℃和相对湿度 $(30\sim70)\%$ 的条件下放置至少 20h。

根据规定的方法搭接卷材试片，并留下接缝的一边不粘结（图 3-28）。

应按要求的相同粘结方法制备搭接试片。

4　试件制备

从每个试样上裁取 5 个矩形试件，宽度 (50 ± 1)mm，并与接头垂直，长度应能保证试件两端装入夹具，其完全叠合部分可以进行试验（图 3-28 和图 3-29）。

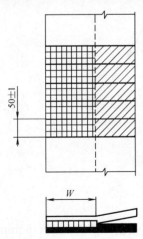
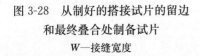

图 3-28　从制好的搭接试片的留边
和最终叠合处制备试片
W—接缝宽度

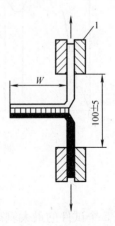

图 3-29　剥离强度的留边和最终叠合
1—夹具；W—搭接宽度

试件试验前应在 (23 ± 2)℃和相对湿度 $30\%\sim70\%$ 的条件下放置至少 20h。

接缝采用冷粘剂时需要根据制造商的要求增加足够的养护时间。

5 步骤

试件稳固的放入拉伸试验机的夹具中,使试件的纵向轴线与拉伸试验机及夹具的轴线重合。

夹具间整个距离为(100±5)mm,不承受预荷载。

试验在(23±2)℃进行,拉伸速度(100±10)mm/min。

产生的拉力应连续记录直至试件分离,用 N 表示。

试件的破坏形式应记录。

6 结果表示、计算和试验方法的精确度

(1) 表示

画出每个试件的应力应变图。

a. 最大剥离强度

记录最大的力作为试件的最大剥离强度,用 N/50mm 表示。

b. 平均剥离强度

去除第一和最后一个 1/4 的区域,然后计算平均剥离强度,用 N/50mm 表示。平均剥离强度是计算保留部分 10 个等分点处的值(图 3-30)。

注:这里规定估值方法的目的是计算平均剥离强度值,即在试验过程中某些规定时间段作用于试件的力的平均值。这个方法允许在图形中即使没有明显峰值时进行估值,在试验某些粘结材料时或许会发生。必须注意根据试件裁取方向不同试验结果会变化。

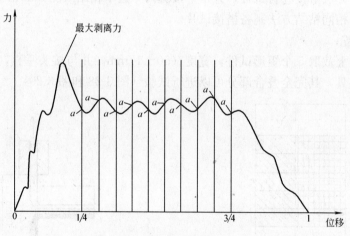

图 3-30 剥离性能计算图(示例)
a—a 点处的估值

(2) 计算

计算每组 5 个试件的最大剥离强度平均值和平均剥离强度,修约到 5N/50mm。

(3) 试验方法的精确度

试验方法的精确度没有规定。

7 试验报告

试验报告包括如下信息:

a) 确定试验产品的所有必要细节;

b) 涉及的 GB/T 328 的本部分及偏离;

c) 根据一（二十）3 的抽样信息；
d) 根据一（二十）4 的试件制备信息和搭接方法的说明；
e) 根据一（二十）6 的试验结果；
f) 试验日期。

（二十一）高分子防水卷材 接缝剥离性能的测定（GB/T 328.21—2007）

1 原理

试验的原理是以恒定速度拉伸试件剥离搭接缝至试件破坏，连续记录整个试验的拉力。

2 仪器设备

拉伸试验机应有连续记录力和对应伸长的装置，能够按以下规定的速度匀速分离夹具。

拉伸试验机有效荷载范围至少 2000N，夹具拉伸速度为（100±10）mm/min，夹持宽度不少于 50mm。

拉伸试验机的夹具能随着试件拉力的增加而保持，或增加夹具的夹持力，能夹住试件，使其在夹具中的滑移不超过 2mm。

夹持的方式不应导致试件在夹具附近产生过早的断裂。

力测量系统满足 JJG 139—1999 至少 2 级（即±2%）。

3 抽样

抽样按一（一）进行。

4 试片和试件制备

用于搭接的试片应预先在（23±2）℃和相对湿度（30~70）%的条件下放置至少 20h。

卷动的试片按要求的方法搭接。搭接后，试片试验前应在（23±2）℃和相对湿度（50±5）%的条件下放置至少 2h，除非制造商有不同的要求。

每个搭接试片裁 5 个矩形试件，宽度（50±1）mm，与搭接边垂直，其长度应保证试件装入夹具，整个叠合部分可以进行试验并垂直于接缝（图 3-31 和图 3-32）。

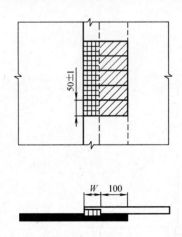
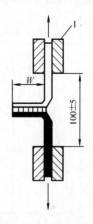

图 3-31 按规定的留边和最终叠合制备试件
W—搭接宽度

图 3-32 留边和最终叠合的剥离强度试验
1—夹具；W—搭接宽度

矩形搭接试件按要求的所有搭接步骤制备。

每组试验5个试件。

5 步骤

试件应紧紧地夹在拉伸试验机的夹具中，使试件的纵向轴线与拉伸试验机及夹具的轴线重合。

夹具间整个距离为（100±5）mm（图3-32），不承受预荷载。

试件试验温度为（23±2）℃，拉伸速度为（100±10）mm/min。

连续记录试件的拉力和伸长，直至试件分离。

记录接缝的破坏形式。

6 结果表示

（1）搭接信息

说明所有相关的搭接制备和条件的信息。

（2）计算

画出应力应变图。

舍去试件距拉伸试验机夹具10mm范围内的破坏及以拉伸试验机夹具中滑移超过规定值的结果，用备用件重新试验。

报告试件的破坏形式。

a. 最大剥离强度

从图上读取最大力作为试件的最大剥离强度，用N/50mm表示（对应于试件断裂、无剥离发生和仅有一个峰值）。

b. 平均剥离强度（对应于只有剥离发生）

去除第一和最后一个1/4的区域，然后计算平均剥离性能，平均剥离性能是计算保留部分10个等份点处的值，用N/50mm表示（图3-33）。

注：这里规定估值方法的目的是计算平均剥离强度值，即在试验过程中某些规定时间段作用于试件的力的平均值。这个方法允许在图形中即使没有明显峰值时进行估值，在试验某些粘结材料时或许会发生。必须注意根据试件裁取方向不同试验结果会变化。

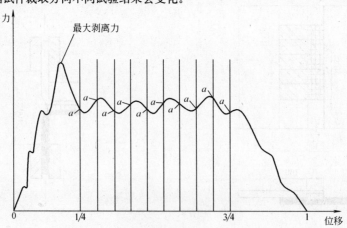

图3-33 计算平均剥离强度图（示例）
a—a点处的估值

(3) 计算

以每组 5 个试件计量剥离强度作为平均值（用每个试件得到的最大剥离强度或平均剥离强度），用 N/50mm 表示。报告剥离强度精确到 1N/50mm，以及标准偏差。

(4) 试验方法的精确度

试验方法的精确度没有规定。

7　试验报告

试验报告包括如下信息：

a) 涉及的 GB/T 328 的本部分及偏离；
b) 确定试验产品的所有必要细节；
c) 根据一（二十一）3 的抽样信息；
d) 根据一（二十一）4 的制备试件信息；
e) 根据一（二十一）6 的试验结果；
f) 试验过程中采用的非标准步骤或遇到的异常；
g) 试验日期。

（二十二）沥青防水卷材　接缝剪切性能的测定（GB/T 328.22—2007）

1　原理

试件的接缝处以恒定速度拉伸至试件破坏或分离，整个试验中拉力连续记录。

2　仪器设备

拉伸试验机应有连续记录力和对应距离的装置，能够按以下规定的速度分离夹具。

拉伸试验机具有足够的荷载能力（至少 2000N），夹具拉伸速度为（100±10）mm/min，夹持宽度不少于 50mm。

拉伸试验机的夹具能随着试件拉力的增加而保持，或增加夹具的夹持力，夹具能夹住试件使其在夹具中的滑移不超过 2mm，为防止从夹具中的滑移超过 2mm，允许用冷却的夹具。这种夹持方法不应在夹具内外产生过早的破坏。

力测量系统满足 JJG 139—1999 至少 2 级（即±2%）。

3　抽样

抽样按一（一）进行。

裁取试件的试样应预先在（23±2）℃和相对湿度（30~70）%的条件下放置至少 20h。

根据规定的方法搭接卷材试样，包括搭接边及最终搭接缝，以及根据产品规定的搭接。

4　试样和试件制备

从每个试样上裁取 5 个矩形试件，宽度（50±1）mm，并与接头垂直，长度应能保证夹具间初始距离为（200±5）mm（图 3-34）。

试件试验前应在（23±2）℃和相对湿度 30%~70%的条件下放置至少 20h。

当接缝采用冷粘剂时需要增加足够的养护时间。

5　步骤

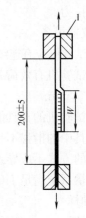

图 3-34　接缝的剪切强度试验
1—夹具；W—搭接宽度

试件稳固的放入拉伸试验机的夹具中，使试件的纵向轴线与拉伸试验机及夹具的轴线重合。夹具间整个距离为（200±5）mm，不承受预荷载。

每个试件应作记号以确定任何从夹具中产生的滑移。

试验在（23±2）℃进行，拉伸速度（100±10）mm/min。

产生的拉力应连续记录直至试件破坏，试件的破坏形式应记录。

舍去试件从拉伸试验机夹具中破坏，或任一夹具上滑移超过2mm的结果，用备用件重新试验。

6 结果表示、计算和试验方法的精确度

（1）计算

试件剪切性能是试验记录的最大值，以 N/50mm 表示。

每个试件分别列出拉力值，计算平均值和标准偏差。

（2）试验方法的精确度

试验方法的精确度没有规定。

7 试验报告

试验报告包括如下信息：

a) 确定试验产品的所有必要细节；

b) 涉及的 GB/T 328 的本部分及偏离；

c) 根据一（二十二）3 的抽样信息；

d) 根据一（二十二）4 的制备试件信息和搭接方法的说明；

e) 根据 6(1) 的试验结果；

f) 试验日期。

（二十三）高分子防水卷材接缝剪切性能的测定（GB/T 328.23—2007）

1 原理

试验的原理是以恒定速度拉伸试件搭接缝在剪切方向至试件破坏或分离，连续记录整个试验的拉力。

2 仪器设备

拉伸试验机应有连续记录力和对应伸长的装置，能够按以下规定的速度匀速分离夹具。

拉伸试验机有效荷载范围至少2000N，夹具拉伸速度为（100±10）mm/min，夹持宽度不少于 50mm。

拉伸试验机的夹具能随着试件拉力的增加而保持，或增加夹具的夹持力，能夹住试件使其在夹具中的滑移不超过 2mm。

夹持的方式不应导致试件在夹具附近产生过早的断裂。

力测量系统满足 JJG 139—1999 至少 2 级（即±2%）。

3 抽样

抽样按一（一）进行

4 试片和试件制备

用于搭接的试片应预先在（23±2）℃和相对湿度（30～70）%的条件下放置至少 20h。

卷材的试件按要求的方法搭接，包括搭接边、最终搭接缝、产品规定的搭接面。搭接后，试片试验前应在（23±2）℃和相对湿度（50±5）%的条件下放置至少 2h，除非制造商有不同的要求。

每个搭接试片裁 5 个矩形试件，宽度（50±1）mm，与搭接边垂直，其长度应保证在中间搭接的情况下两个夹具间初始距离为（200±5）mm（图 3-35）。

5　步骤

试件应紧紧地夹在拉伸试验机的夹具中，使试件的纵向轴线与拉伸试验机及夹具的轴线重合。

每个试件应做记号，以确定任何从夹具中产生的滑移。

夹具间整个距离为（200±5）mm，不承受预荷载。

试件试验温度为（23±2）℃，拉伸速度为（100±10）mm/min。

连续记录试件的拉力直至试件断裂或剪断。

记录接缝的破坏形式。

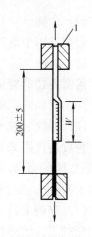

图 3-35　接缝剪切强度试验
1—夹具；W—搭接宽度

6　结果表示

（1）搭接信息

说明所有相关的搭接制备和条件的信息。

（2）计算

报告试件的破坏形式。

剪切性能是试验记录的最大拉力。

列出每组 5 个试件的数值，单位 N/50mm，计算和说明接缝剪切性能的平均值，精确到 N/50mm。计算和说明标准偏差。

舍去试件距拉伸试验机夹具 10mm 范围内的破坏及从拉伸试验机夹具中滑移超过规定值的结果，用备用件重新试验。

（3）试验方法的精确度

试验方法的精确度没有规定。

7　试验报告

试验报告包括如下信息：

a）涉及的 GB/T 328 的本部分及偏离；

b）确定试验产品的所有必要细节；

c）根据一（二十三）3 的抽样信息；

d）根据一（二十三）4 的制备试件信息；

e）根据一（二十三）6 的试验结果；

f）试验过程中采用的非标准步骤或遇到的任何异常；

g）试验日期。

（二十四）沥青和高分子防水卷材抗冲击性能的测定（GB/T 328.24—2007）

1　原理

试件的上表面被自由下落的重锤冲击，重锤下端有规定的穿刺工具。当冲击能量保持恒定时，穿刺工具的圆柱直径不一样。支撑物由发泡聚苯乙烯制成。

2　仪器设备

试验用落锤试验装置进行，其由 2（1）～2（9）表述的部分组成。

(1) 台架

台架是用于落锤的导轨，见图 3-36 示例。

(2) 落锤

落锤安装有穿刺工具，落锤包括穿刺工具共 (1000±10)g，见图 3-37 示例。

(3) 释放装置

释放装置用来固定落下高度，落下高度从穿刺工具的底部到试件的上表面测量，为 (600±5)mm。见图 3-37 示例。

(4) 穿刺工具

穿刺工具的形状是圆柱活塞（图 3-38），并按以下规定制成：

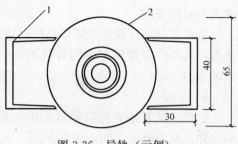

图 3-36 导轨（示例）
1—导轨；2—落锤

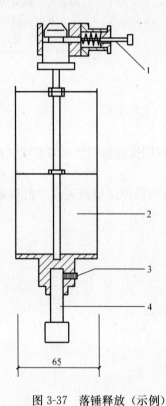

图 3-37 落锤释放（示例）
1—释放装置；2—落锤；3—固定螺丝；4—穿刺工具

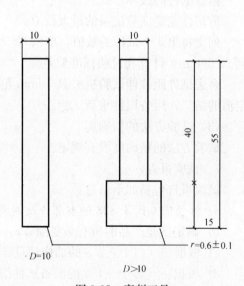

图 3-38 穿刺工具
D—圆柱直径；r—圆边半径

a) 不锈钢材料制造；
b) 硬度 50HRC；
c) 轴直径 (10±0.1)mm；
d) 圆柱直径：10mm、20mm、30mm 和 40mm，每种公差±0.1mm；
e) 圆柱边缘半径 (0.6±0.1)mm。

(5) 压环

压环是不锈钢，质量 (5000±50)g，内环直径 (200±2)mm，见图 3-39。

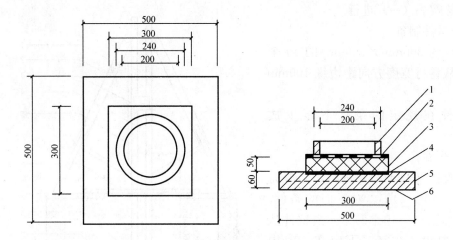

图 3-39 基础和压环
1—压环；2—试件；3—聚苯乙烯；4—10mm 表面光滑无标记的不锈钢板；
5—φ5mm 不锈钢网；6—混凝土基础

（6）标准发泡聚苯乙烯板

标准发泡聚苯乙烯板具有切割表面，密度 $(20±2)kg/m^3$，尺寸约 300mm×300mm×50mm。

（7）基础

基础是大约 500mm×500mm×60mm 的混凝土块，其表面嵌入光滑无标记的不锈钢支撑板约 300mm×300mm×10mm，见图 3-39。

（8）穿刺试验装置

真空或压力装置用于确认可能的穿刺，见图 3-40。

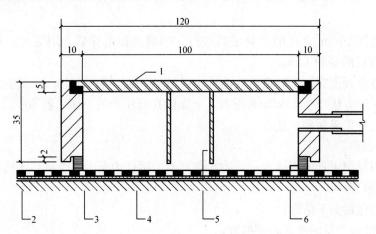

图 3-40 真空装置（示例）
1—玻璃板；2—支撑；3—空气透过层；4—试件；5—透明塑料管；6—垫圈

（9）冷冻箱顶部的试验支架

试验在低温的冷房或冷冻箱进行时，如图 3-41 所示。

3 抽样

抽样按一（一）进行。

4　试件制备

至少约 300mm×300mm 的 10 个试件，从卷材宽度方向距边缘 100mm 外裁取。

试件在规定的条件下至少放置 24h。

5　步骤

试验在（23±2）℃进行，必要时采用（−10±2）℃。对后面的条件，试件冷冻至（−10±2）℃。当试件从冷冻箱取出，在室温下应在 10s 内试验。

每次试验采用新的试件和新的聚苯乙烯板。

试件平放在绝热材料上，上表面朝上，并用压环（9）压住，聚苯乙烯板（11）放在基础（12）的不锈钢板上。

落锤（4）当释放时，能从距试件上表面垂直高度（600±5）mm 的位置自由落下。

穿刺工具（8）应冲击压环下试件的中心。

试验开始用 10mm 直径的穿刺工具进行，当试件被击穿后，用更大直径的，如此一直到 40mm 直径的穿刺工具。

检测试件是否击穿，用肥皂溶液涂冲击区域的表面，隔 5～10min 试验。对冲击区域用真空或加压的方法产生 15kPa 的压差，上表面在低压力的一面。若 60s 后未观测到空气气泡，认为试件无渗漏和穿孔。

6　结果表示

抗冲击用穿刺工具的直径表示，防水卷材 5 个试件中至少 4 个试件无渗漏。

7　试验报告

试验报告包括如下信息：

a) 确定试验产品的所有必要细节；

b) 涉及的 GB/T 328 的本部分及偏离；

c) 根据一（二十四）3 的抽样信息；

d) 根据一（二十四）4 的制备试件信息；

e) 根据一（二十四）5 的试验步骤信息；

f) 根据一（二十四）6 的试验结果；

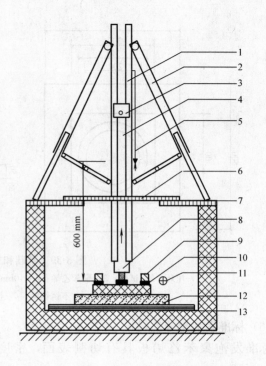

图 3-41　在冷冻箱顶部的试验支架
1—导轨；2—可调节支架；3—锁定机械；4—在上部位置的落锤；5—控制高度位置；6—可移开透明盖；7—固定盖；8—落锤和穿刺工具；9—压环；10—试件；11—试件水平位置的温度控制；12—基础；13—冷冻箱

g）试验日期。

（二十五）沥青和高分子防水卷材抗静态荷载的测定（GB/T 328.25—2007）

1 原理

试验的原理是在一定时间内，通过穿刺工具，集中荷载在卷材的上表面，卷材平放在规定的软支撑（方法A）或硬支撑（方法B）上。

2 仪器设备

（1）通则

试验装置由 2(2) 至 2(7) 所示的部分组成。

（2）导轨

导轨保证荷载杆在垂直位置，通过导轨穿刺工具能在垂直方向移动，从试件表面计，至少（40±2）mm。

（3）荷载杆

荷载杆的下端有穿刺工具，中间有支撑荷载用的圆片。荷载杆和穿刺工具应调整到包括支撑圆片质量 2kg。

（4）荷载圆片

一组荷载圆片由一个 3kg 和 3 个 5kg 质量的圆片组成。

（5）穿刺工具

穿刺工具是 10mm 直径的球状，并用 5mm 的螺纹连接到荷载杆上，穿刺工具由如下要求制造：

a）不锈钢材料构成；

b）硬度 50HRC；

c）球直径（10±0.05）mm；

d）表面，无印记并磨光。

（6）支撑

a. 通则

根据 2（6）b 和 2（6）c 采用两种支撑。

b. 方法 A 用软支撑

试件用钉子固定在框架上，直接放在支撑上（图 3-42），框架的内尺寸大约 500mm×500mm。支撑是发泡聚苯乙烯（20±2）kg/m³，厚度（50±1）mm。

c. 方法 B 用硬支撑

试件自由的放在混凝土浇筑的 300mm×300mm×40mm 板上，混凝土表面应平滑无缺陷。

（7）真空或压力装置

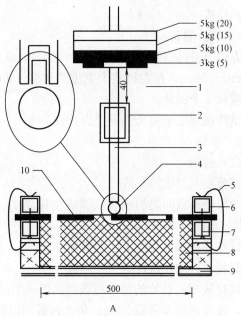

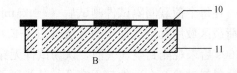

图 3-42 静态试验安装（示例）

1—最大向下位移；2—导轨；3—荷载杆；4—球状穿刺工具，直径 10mm；5—夹具；6—框架剖面；7—钉子；8—EPS（500mm×500mm×50mm）（发泡聚苯乙烯）；9—刚性支撑；10—试件；11—混凝土（300mm×300mm×40mm）；A—软支撑；B—硬支撑真空或压力装置用来检查可能的穿透（图 3-43）。

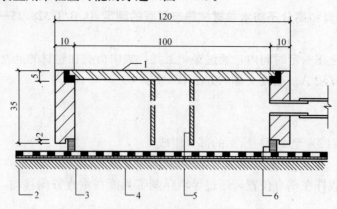

图 3-43 真空装置（示例）
1—玻璃板；2—支撑；3—能透过空气层；4—试件；5—透明塑料管；6—衬垫

3 抽样

抽样按一（一）进行。

4 试件制备

方法 A 的试件尺寸（550mm×550mm）±2mm，方法 B 的试件尺寸（300mm×300mm）±2mm，在卷材整个宽度除边缘 100mm 处取样，每个方法（A 或 B）每个荷载条件应取 3 个试件。

试件在规定试验条件下至少放置 24h。

5 步骤

（1）通则

试验在（23±2)℃进行。

对每个荷载间隔的所有试验应使用新的试件，对软支撑试验应使用新的聚苯乙烯板［见 5(2)]。

试件放在水平支撑上，上表面朝上。

穿刺工具放在试件的中心位置。

试验从 5kg 开始的每个荷载间隔用三个试件平行试验，荷载每次增加 5kg，直至穿刺发生，或直到最大荷载 20kg，每个荷载间隔的荷载过程是 24h。

加荷小心进行，不要震动。

在每个荷载间隔试件测试后（7±2)min，用肥皂溶液涂被压表面，检查可能的穿孔。对荷载区域用真空或加压的方法（图 4-43）产生 15kPa 的压差，上表面在低压力的一面。若 60s 后未观测到空气气泡，认为试件无穿孔。

材料试验 3 个试件都无穿孔，认为可承受规定的荷载。

（2）方法 A 用软支撑

当用软支撑试验时，试件用钉子固定在夹紧的框架上。

球从试件表面向下移动最多 40mm，如图 3-42 所示。

（3）方法 B 用硬支撑

当用硬支撑试验时，试件自由的放在混凝土板上。

6 结果表示

耐静态荷载是以三个平行试件按规定方法（方法 A 或方法 B）试验,三个都通过,为柔性屋面卷材或防水材料在要求的荷载无渗漏。

7 试验报告

试验报告包括如下信息：

a）确定试验产品的所有必要细节；

b）涉及的 GB/T 328 的本部分及偏离；

c）根据一（二十五）3 的抽样信息；

d）根据一（二十五）4 的制备试件信息；

e）根据一（二十五）5 的试验步骤信息及采用的方法（A 或 B）；

f）根据一（二十五）6 的试验结果；

g）试验日期。

（二十六）沥青防水卷材可溶物含量（浸涂材料含量）的测定（GB/T 328.26—2007）

1 原理

试件在选定的溶剂中萃取直至完全后取出，让溶剂挥发，然后烘干得到可溶物含量，将烘干后的剩余部分通过规定的筛子的为填充料质量，筛余的为隔离材料质量，清除胎基上的粉末后得到胎基质量。

2 仪器设备

(1) 分析天平 称量范围大于 100g，精度 0.001g。

(2) 萃取器 500ml 索氏萃取器。

(3) 鼓风烘箱 温度波动度±2℃。

(4) 试样筛 筛孔为 315μm 或其他规定孔径的筛网。

(5) 溶剂 三氯乙烯（化学纯）或其他合适溶剂。

(6) 滤纸 直径不小于 150mm。

3 抽样

抽样按一（一）进行。

4 试件制备

对于整个试验应准备 3 个试件。

试件在试样上距边缘 100mm 以上任意裁取，用模板帮助，或用裁刀，正方形试件尺寸为 (100±1)mm×(100±1)mm。

试件在试验前至少在 (23±2)℃和相对湿度 30%～70% 的条件下放置 20h。

5 步骤

每个试件先进行称量 (M_0)，对于表面隔离材料为粉状的沥青防水卷材，试件先用软毛刷刷除表面的隔离材料，然后称量试件 (M_1)。将试件用干燥好的滤纸包好，用线扎好，称量其质量 (M_2)。将包扎好的试件放入萃取器中，溶剂量为烧瓶容量的 1/2～2/3，进行加热萃取，萃取至回流的溶剂第一次变成浅色为止，小心取出滤纸包，不要破裂，在空气中放置 30min 以上，使溶剂挥发。再放入 (105±2)℃的鼓风烘箱中干燥 2h，然后取出放入干燥器中冷却至室温。

将滤纸包从干燥器中取出称量 (M_3)，然后将滤纸包在试样筛上打开，下面放一容器接着，将滤纸包中的胎基表面的粉末都刷除下来，称量胎基（M_4）。敲打振动试样筛直至其中没有材料落下，扔掉滤纸和扎线，称量留在筛网上的材料质量（M_5），称量筛下的材料质量（M_6）。对于表面疏松的胎基（如聚酯毡、玻纤毡等），将称量后的胎基（M_4）放入超声清洗池中清洗，取出在（105±2）℃烘干 1h，然后放入干燥器中冷却至室温，称量其质量（M_7）。

6 结果表示、计算和试验方法的精确度

（1）计算

记录得到的每个试件的称量结果，然后按以下要求计算每个试件的结果，最终结果取三个试件的平均值。

　a. 可溶物含量

可溶物含量按式（3-7）计算：

$$A=(M_2-M_3)\times 100 \tag{3-7}$$

式中　A——可溶物含量，单位为克每平方米（g/m²）。

　b. 浸涂材料含量

表面隔离材料非粉状的产品浸涂材料含量按式（3-8）计算，表面隔离材料为粉状的产品浸涂材料含量按式（3-9）计算：

$$B=(M_0-M_5)\times 100-E \tag{3-8}$$
$$B=M_1\times 100-E \tag{3-9}$$

式中　B——浸涂材料含量，单位为克每平方米（g/m²）；
　　　E——胎基单位面积质量，单位为克每平方米（g/m²）。

　c. 表面隔离材料单位面积质量及胎基单位面积质量

表面隔离状态为粉状的产品表面隔离材料单位面积质量按式（3-10）计算，其他产品的表面隔离材料单位面积质量按式（3-11）计算：

$$C=(M_0-M_1)\times 100 \tag{3-10}$$
$$C=M_5\times 100 \tag{3-11}$$

式中　C——表面隔离材料单位面积质量，（g/m²）。

　d. 填充料含量

胎基表面疏松的产品填充料含量按式（3-12）计算，其他按式（3-13）计算：

$$D=(M_6+M_4-M_7)\times 100 \tag{3-12}$$
$$D=M_6\times 100 \tag{3-13}$$

式中　D——填充料含量，单位为克每平方米（g/m²）。

　e. 胎基单位面积质量

胎基表面疏松的产品胎基单位面积质量按式（3-14）计算，其他按式（3-15）计算：

$$E=M_7\times 100 \tag{3-14}$$
$$E=M_4\times 100 \tag{3-15}$$

式中　E——胎基单位面积质量，单位为克每平方米（g/m²）。

（2）试验方法的精确度

试验方法的精确度没有规定。

7 试验报告

试验报告至少包括以下信息：
a) 相关产品试验需要的所有数据；
b) 涉及的 GB/T 328 的本部分及偏离；
c) 根据一（二十六）3 的抽样信息；
d) 根据一（二十六）4 的试件制备细节；
e) 根据 6（1）的试验结果；
f) 试验日期。

（二十七）沥青和高分子防水卷材　吸水性的测定（GB/T 328.27—2007）

1　原理

吸水性是将沥青和高分子防水卷材浸入水中规定的时间，测定质量的增加。

2　仪器设备

（1）分析天平　精度 0.001g，称量范围不小于 100g。

（2）毛刷

（3）容器　用于浸泡试件。

（4）试件架　用于放置试件，避免相互之间表面接触，可用金属丝制成。

3　试件制备

试件尺寸 100mm×100mm，共 3 块试件，从卷材表面均匀分布裁取。试验前，试件在（23±2）℃、相对湿度（50±10）%条件下放置 24h。

4　抽样

抽样按一（一）进行。

5　步骤

取 3 块试件，用毛刷将试件表面的隔离材料刷除干净，然后进行称量（W_1），将试件浸入（23±2）℃的水中，试件放在试件架上相互隔开，避免表面相互接触，水面高出试件上端 20～30mm。若试件上浮，可用合适的重物压下，但不应对试件带来损伤和变形。浸泡 4h 后取出试件，用纸巾吸干表面的水分，至试件表面没有水渍为度，立即称量试件质量（W_2）。

为避免浸水后试件中水分蒸发，试件从水中取出至称量完毕的时间不应超过 2min。

6　结果计算

吸水率按式（3-16）计算：

$$H=(W_2-W_1)/W_1\times100 \tag{3-16}$$

式中　H——吸水率，（%）；

W_1——浸水前试件质量，单位为克（g）；

W_2——浸水后试件质量，单位为克（g）。

吸水率取三块试件的算术平均值表示，计算精确到 0.1%。

（二十八）附录《沥青防水卷材试验方法》（GB 328—89）

1　总则（GB 328.1—89）

本方法规定了沥青防水卷材试验的试验条件、试样和试验结果评定与处理。

本方法适用于石油沥青纸胎油毡、油纸防水卷材（以下简称卷材）和允许采用本方法的其他防水卷材的验收试验和仲裁试验。

(1) 试验条件

a. 送至试验室的试样在试验前应原封放于干燥处并保持在 15~30℃ 范围内一定时间，试验室温度应每日记录。

b. 物理性能试验所用的水应为蒸馏水或洁净的淡水（饮用水）。所用溶剂应为化学纯或分析纯，但生产厂一般日常检验可采用工业溶剂。

(2) 试样

a. 将取样的一卷卷材切除距外层卷头 2500mm 后，顺纵向截取长度为 500mm 的全幅卷材两块，一块作物理性能试验试用，另一块备用。

b. 按图 3-44 所示的部位及表 3-11 规定尺寸和数量切取试件。

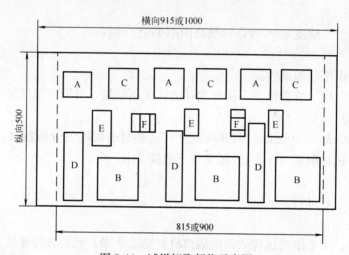

图 3-44 试样切取部位示意图

试件尺寸和数量表　　　　表 3-11

试件项目	试件部位	试件尺寸 mm	数 量
浸材材料含量	A	100×100	3
不 透 水 性	B	150×150	3
吸 水 性	C	100×100	3
拉　　力	D	250×50	3
耐 热 度	E	100×50	3
柔性 纵向	F	60×30	3
柔性 横向	F	60×30	3

(3) 试验结果评定与处理

a. 各项技术指标试验值除另有注明者外，均以平均值作为试验结果。

b. 物理性能试验时如由于特殊原因造成试验失败，不能得出结果，应取备用样重做，但须注明原因。

2　浸涂材料含量的测定（GB 328.2—89）

本方法规定了沥青防水卷材浸涂材料含量测定的仪器、溶剂及材料、试件、试验步骤和结果计算与评定。

本方法适用于石油沥青纸胎油毡、油纸防水卷材（以下简称卷材）和允许采用本方法的其他防水卷材的验收试验和仲裁试验。

(1) 仪器、溶剂及材料

分析天平：感量 0.001g 或 0.0001g。

萃取器：250~500ml 索氏萃取器。

加热器：电炉或水浴（具有电热或蒸气加热装置）。

干燥箱：具有恒温控制装置。

标准筛：140 目圆形网筛，具筛盖和筛底。

毛刷：细软毛刷或笔。

称量瓶或表面皿。

镀镍钳或镊子。

干燥器：$\phi 250 \sim \phi 300$mm。

金属支架及夹子。

软质胶管。

溶剂：四氯化碳或苯。

滤纸：直径不小于 150mm。

裁纸刀及棉线。

(2) 试件

试件尺寸、形状、数量及制备按 GB 328.1 规定。

(3) 试验步骤

a. 试件处理

根据不同的试验要求，试件作如下处理：

(a) 测定单位面积浸涂材料总量的试件，将其表面隔离材料刷除，再进行称量（W）。

(b) 测定浸渍材料占干原纸质量百分比的油纸试件，试件不需预处理即可称量（W_1）。

(c) 测定浸渍材料占干原纸质量百分比和单位面积涂盖材料质量的油毡试件，将其表面隔离材料刷除，进行称量（W）。然后在电炉上缓慢加热试件，使其发软，用刀轻轻剖为三层，用手撕开，分成带涂盖材料的两层和不带涂盖材料的一层（中间一层）。注意不使试件碎屑散失，将不带涂盖材料的一层进行称量（G）。

(d) 称量后的试件用滤纸包好，并用棉线捆扎。油毡试样撕分出带涂盖材料层者，也用滤纸包好并用线捆扎。

b. 萃取

将滤纸包置入萃取器中，用四氯化碳或苯为溶剂（煤沥青卷材用苯为溶剂），溶剂用量为烧瓶容量的 $\frac{1}{2} \sim \frac{2}{3}$，然后加热萃取，直到回流的溶剂无色为止（煤沥青卷材至淡黄色为止），取出滤纸包，使吸附的溶剂先行蒸发，放入预热至 105~110℃ 的干燥箱中干燥 1h，再放入干燥器内冷却至室温。

c. 称量

冷却至室温的干燥试件，按以下要求进行处理和称量：

(a) 测定单位面积浸涂材料总量的油毡萃取后的试件或油毡的带涂盖材料层经萃取后的试件，放在圆形筛网中，迅速仔细地刷净试件表面的矿质材料，然后把试件移入称量瓶或表面皿内进行称量（P_1 和 P）。

将留在网筛中的矿质材料进行筛分，并分别进行称量。筛余物为隔离材料（S），筛下物为填充料（F）。

(b) 萃取后的油纸试件和油毡不带涂盖材料层的试件迅速移入称量瓶或表面皿内进行称量（G_1）。

(4) 试验结果计算与评定

a. 单位面积浸涂材料总量 $A(g/m^2)$ 按式 (3-17) 计算：

$$A = (W - P_1 - S) \times 100 \tag{3-17}$$

式中 W——100mm×100mm 试件萃取前的质量，(g)；
   P_1——被测的干原纸质量，(g)；
   S——被测面积的隔离材料质量，(g)。

b. 浸渍材料占干原纸质量百分比 D（%）按式 (3-18)、式 (3-19) 和式 (3-20) 计算：

$$石油沥青油毡\ D_1 = \frac{G - G_1}{G_1} \times 100 \tag{3-18}$$

$$石油沥青油纸\ D_2 = \frac{W_1 - G_1}{G_1} \times 100 \tag{3-19}$$

$$煤沥青油毡\ D_3 = \frac{(G - G_1)K}{K_1 G_1} \times 100 \tag{3-20}$$

式中 G——油毡的不带涂盖材料层试件在萃取前的质量，g；
   G_1——油纸试件或油毡的不带涂盖材料层试件经萃取后干原纸的质量，g；
   W_1——油纸试件的质量，g；
   K——不溶于苯的沥青数量的修正系数（如煤沥青在苯中的溶解度为 80% 时，则 K 为 1.20）；
   K_1——不溶物留在原纸毛细孔中数量的修正系数（如煤沥青在苯中的溶解度为 80% 时，则 K_1 为 0.80）。

c. 单位面积涂盖材料质量 $C(g/m^2)$ 按式 (3-21)、式 (3-22) 计算：

$$石油沥青油毡\ C_1 = (W - G - P - P \cdot D_1 - S) \times 100 \tag{3-21}$$

$$煤沥青油毡\ C_2 = (W - G - K_1 \cdot P - P \cdot D_3 \cdot K_1 - S) \times 100 \tag{3-22}$$

式中 P——油毡的带涂盖层试件经萃取后的质量，g。

d. 填充料占涂盖材料质量百分比 M（%）按式 (3-23) 计算：

$$M = \frac{100F}{C} \times 100 \tag{3-23}$$

式中 F——填充料质量，g。

e. 结果评定与处理按一（二十八）1（3）规定进行。

3 不透水性的测定（GB 328.3—89）

本方法规定了沥青防水卷材不透水性试验的仪器与材料、试件、试验步骤和结果。

本方法适用于石油沥青纸胎油毡、油纸防水卷材（以下简称卷材）和允许采用本方法的其他防水卷材的验收试验和仲裁试验。

(1) 仪器

不透水仪：具有三个透水盘的不透水仪，它主要由液压系统、测试管路系统、夹紧装置和透水盘等部分组成，透水盘底座内径为92mm，透水盘金属压盖上有7个均匀分布的直径25mm透水孔。压力表测量范围为0～0.6MPa，精度2.5级。其测试原理见图3-45。

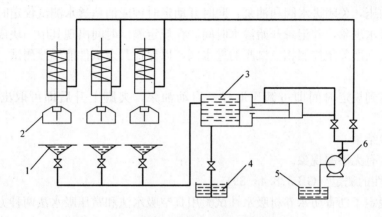

图 3-45 不透水仪测试原理图
1—试座；2—夹脚；3—水缸；4—水箱；5—油箱；6—油泵

定时钟（或带定时器的油毡不透水测试仪）。

(2) 试件

试件尺寸、形状、数量及制备按 GB 328.1 规定。

(3) 试验条件

试样在送至试验室前应原封放于干燥处并保持在15～30℃范围内一定时间，每日记录试验室温度；使用水温为（20±5）℃的蒸馏水或洁净的淡水（饮用水）。

(4) 试验步骤

a. 试验准备

(a) 水箱充水

将洁净水注满水箱。

(b) 放松夹脚

启动油泵，在油压的作用下，夹脚活塞带动夹脚上升。

(c) 水缸充水

先把水缸内的空气排净，然后水缸活塞将水从水箱吸入水缸，完成水缸充水过程。

(d) 试座充水

当水缸储满水后，由水缸同时向三个试座充水，三个试座充满水并已接近溢出状态时，关闭试座进水阀门。

(e) 水缸二次充水

由于水缸容积有限，当完成向试座充水后，水缸内储存水已近断绝，需通过水箱向水缸再次充水，其操作方法与一次充水相同。

b. 测试

（a）安装试件

将三块试件分别置于三个透水盘试座上，涂盖材料薄弱的一面接触水面，并注意"O"形密封圈应固定在试座槽内，试件上盖上金属压盖（或油毡透水测试仪的探头），然后通过夹脚将试件压紧在试座上。如产生压力影响结果，可向水箱泄水，达到减压目的。

（b）压力保持

打开试座进水阀，通过水缸向装好试件的透水盘底座继续充水，当压力表达到指定压力时，停止加压，关闭进水阀和油泵，同时开动定时钟或油毡透水测试仪定时器，随时观察试件有否渗水现象，并记录开始渗水时间。在规定测试时间出现其中一块或两块试件有渗漏时，必须立即关闭控制相应试座的进水阀，以保证其余试件能继续测试。

（c）卸压

当测试达到规定时间即可卸压取样，启动油泵，夹脚上升后即可取出试件，关闭油泵。

（5）试验结果

检查试件有无渗漏现象。

4 吸水性的测定（GB 328.4—89）

本方法规定了沥青防水卷材吸水性试验用真空吸水法和常压吸水法两种方法。

本方法适用于石油沥青纸胎油毡、油纸防水卷材（以下简称卷材）和允许采用本方法的其他防水卷材验收和仲裁试验。

（1）试件

试件尺寸、形状、数量及制备按 GB 328.1 规定。

（2）真空吸水法

a. 试验仪器与材料

分析天平：感量 0.001g。

温度计：0～50℃，最小刻度 0.5℃，长 300～500mm。

真空泵：30L。

真空表：0～0.1MPa（760mm 汞柱），精度 0.4 级。

真空干燥器：$\phi180～\phi220$mm。

抽气阀：玻璃真空三通阀门。

注水阀：玻璃活塞三通。

调压阀：玻璃真空二通阀门。

三角过滤瓶：2000ml，具下口。

贮水瓶：5000～10000ml 细口瓶，具下口。

真空耐压胶管。

玻璃三通。

试件架（用以隔开和固定试件）：可用包塑料铝质电线或其他不锈金属线自制。

定时钟。

秒表。

10%聚乙烯醇水溶液。
真空脂。
变色硅胶。
毛刷。
毛巾。
滤纸。

b. 试验装置

由真空泵、真空干燥器、真空表、抽气阀、注水阀、调压阀、三角过滤瓶及贮水瓶等主要部件组成（图3-46）。

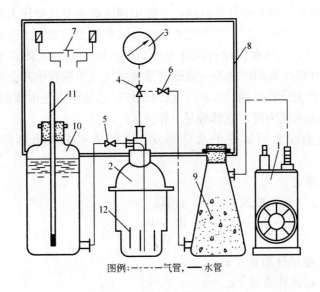

图例：-----气管，——水管

图 3-46 真空吸水试验装置
1—真空泵；2—真空干燥器；3—真空表；4—抽气阀；
5—注水阀；6—调压阀；7—真空泵电气开关；8—操作面架；
9—三角过滤瓶；10—贮水瓶；11—温度计；12—试件架

(a) 各部件之间，按抽气和注水系统分别用耐压橡皮管连接，接头处用10%聚乙烯醇水溶液涂封。抽气阀的三通阀门、调压阀的二通阀门、注水阀的活塞三通和真空干燥的接口处，用真空脂涂上，以免漏气漏水。

(b) 真空表、抽表阀、调压阀、注水阀、真空泵电器开关分别镶在操作面架上，真空泵、三角过滤瓶、贮水瓶可装在操作面架后部，前部仅放置真空干燥器。

(c) 试件置于试件架内并立放在真空干燥器中，试件之间的距离应不小于2mm。干燥器盖子上端具有抽气口和注水口，注水口应用胶皮管引至干燥器底部，以便从底部开始注水逐渐上升浸泡试件。

(d) 真空干燥器内的空气是由抽气口利用真空泵通过抽气阀和盛有硅胶的三角过滤瓶等连成系统进行抽气而真空的。系统内连接有真空表和调压阀。

(e) 试件的吸水是由注水口将贮水瓶内规定温度的清水，通过注水阀抽吸注入干燥器中。贮水瓶附有温度计，以便随时调节水温。

c. 试验准备

试验前,须预先开启抽气阀并开动真空泵,使真空干燥器内的真空度达到规定的数值。此时开启注水阀,贮水瓶内调节好温度的水抽吸到真空干燥器中,以检查抽气系统是否畅通和漏气,并将注水管路中的空气排净而充满水,然后将干燥器内的水倒出,内壁用干毛巾擦干净。

d. 试件处理

试件不封边,将其表面浮动隔离材料刷除,并准确称量(W_1)。

e. 试验步骤

将试件放于试件架上置入真空干燥器中,接着打开抽气阀,启动真空泵。当真空度达(80000±1300)Pa时,一面开始计算时间,一面用调压阀调节真空压力表,使其真空度稳定在规定数值范围内。10min后,打开注水阀,使贮水瓶中的水注入干燥器中,保持干燥器内水温为(35±2)℃。当水面没过试件上端20mm以上时,关闭注水阀,注水时间控制在1~1.5min,并将注水阀的活塞三通旋回接通大气(使胶管中残余水吸入干燥器中)。关闭真空泵并按动秒表计算时间。5min后取出试件,迅速用干毛巾或滤纸按贴试件两面,以吸取表面水分至无水渍为度,立即称量(W_2)。

为了尽可能避免浸水后试件中水分蒸发,试件从水中取出到称量完毕时间不超过3min。

f. 结果计算与评定

(a) 吸水率 $H_真$(%)按式(3-24)计算:

$$H_真 = \frac{W_2 - W_1}{W_1} \times 100 \tag{3-24}$$

式中 W_1——浸水前试件质量,g;

W_2——浸水后试件质量,g。

(b) 单位面积吸水量 $A_真$(g/m^2)按式(3-25)计算:

$$A_真 = (W_2 - W_1) \times 100 \tag{3-25}$$

g. 结果评定与处理按一(二十八)1(3)规定进行。

(3) 常压吸水法

a. 试验仪器与材料

分析天平:感量0.001g。

容纳试件的广口保温瓶。

毛刷。

搅拌棒。

毛巾。

滤纸。

温度计:0~50℃,精确度为0.5℃。

软化点90℃以上的建筑石油沥青或软化点70℃以上的煤沥青。

b. 试验步骤

(a) 取三块试件,将其表面的隔离材料尽量清刷干净进行称量(W_1),然后将其四边分别均匀地插入热熔沥青中约2mm深,使之涂封(石油沥青卷材用石油沥青涂封,煤沥青卷材用煤沥青涂封），以防由试件横断面处吸入水分。待其冷却，并注意避免涂封沥青产生小针眼、脱落或与试件表面粘结。

(b) 将涂封沥青的试件称量（W_2），然后立放在（18±2）℃的水中浸泡，每块试件相隔距离不小于2mm（用细玻璃棒置于试件之间），水面应高出试样上端20mm以上。在此条件下，油毡试件浸泡24h，油纸试件浸泡6h，取出迅速用毛巾或滤纸按贴试件两面及封边处吸取表面水分，至无水渍为度，立即称量（W_3）。

为尽可能避免浸水后试件中水分蒸发，试件从水中取出至称量完毕的时间，不应超过3min。

c. 试验结果计算与评定

(a) 吸水率 $H_常$（％）按式（3-26）计算：

$$H_常 = \frac{W_3 - W_2}{W_1} \times 100 \tag{3-26}$$

式中　W_1——浸水前未封边试件质量，g；

　　　W_2——浸水前已封边试件质量，g；

　　　W_3——浸水后已封边试件质量，g。

(b) 单位面积吸水量 $A_常$（g/m²）按式（3-27）计算：

$$A_常 = (W_3 - W_2) \times 100 \tag{3-27}$$

(c) 结果评定与处理按一（二十八）1（3）规定进行。

5. 耐热度的测定（GB 328.5—89）

本方法规定了沥青防水卷材耐热度试验的仪器与材料、试件、试验步骤和结果计算与评定。

本方法适用于石油沥青纸胎油毡、油纸防水卷材（以下简称卷材）和允许采用本方法的其他防水卷材的验收试验和仲裁试验。

(1) 仪器与材料

电热恒温箱：带有热风循环装置。

温度计：0～150℃，最小刻度0.5℃。

干燥器：$\phi 250 \sim \phi 300$mm。

表面皿：$\phi 60 \sim \phi 80$mm。

天平：感量0.001g。

试件挂钩：洁净无锈的细钢丝或回形针。

(2) 试件

试件尺寸、形状、数量与制备按一（二十八）1规定。

(3) 试验步骤

a. 在每块试件距短边一端1cm处的中心打一小孔。

b. 将试件用细钢丝或回形针穿挂好试件小孔，放入已定温至标准规定温度的电热恒温箱内。试件的位置与箱壁距离不应小于50mm，试件间应留一定距离，不致粘结在一起，试件的中心与温度计的水银球应在同一水平位置上，距每块试件下端10mm处，各放一表面皿用以接受淌下的沥青物质。

c. 需作加热损耗的试件，将表面隔离材料尽量刷净，进行称量（G_1），存放一段时期的油毡其试件应在干燥器中干燥 24h 后称量。试件打孔带钩后，再将带钩试件进行称量（G_2）。加热后带钩试件放入干燥器内，冷却 0.5～1h 后进行称量（G_3）。

(4) 结果及计算

a. 结果：在规定温度下加热 2h 后，取出试件及时观察并记录试件表面有无涂盖层滑动和集中性气泡。

集中性气泡系指破坏油毡涂盖层原形的密集气泡。

b. 需作加热损耗时，以加热损耗百分比的平均值表示。

加热损耗百分比 L（%）按式（3-28）计算：

$$L=\frac{G_2-G_3}{G_1}\times 100 \tag{3-28}$$

式中　G_1——试件原质量，g；
　　　G_2——加热前带钩试件质量，g；
　　　G_3——加热后带钩试件质量，g。

6　拉力的测定（GB 328.6—89）

本方法规定了沥青防水卷材拉力试验的仪器与材料、试件、试件条件、试验步骤和结果评定。

本方法适用于石油沥青纸胎油毡、油纸防水卷材（以下简称卷材）和允许采用本方法的其他防水卷材的验收试验和仲裁试验。

(1) 仪器与材料

拉力机：测量范围 0～1000N（或 0～2000N），最小读数为 5N，夹具夹持宽度不小于 5cm。

量尺：精确度 0.1cm。

(2) 试件

试件尺寸、形状、数量及制备按 GB 328.1 规定。

(3) 试验条件

试验温度：(25±2)℃。

拉力机在无负荷情况下，空夹具自动下降速度为 40～50mm/min。

(4) 试验步骤

a. 将试件置于拉力试验相同温度的干燥处不少于 1h。

b. 调整好拉力机后，将定温处理的试件夹持在夹具中心，并不得歪扭，上下夹具之间的距离为 180mm，开动拉力机使受拉试件被拉断为止。

读出拉断时指针所指数值即为试件的拉力。如试件断裂处距夹具小于 20mm 时，该试件试验结果无效；应在同一样品上另行切取试件，重作试验。

(5) 试验结果评定

按一（二十八）1（3）a 规定。

7　柔度的测定（GB 328.7—89）

本方法规定了沥青防水卷材柔度试验的仪器与材料、试件、试验步骤和试验结果。

本方法适用于石油沥青纸胎油毡、油纸防水卷材（以下简称卷材）和允许采用本方法的其他防水卷材的验收试验和仲裁试验。

(1) 仪器与材料

柔度弯曲器：$\phi 25mm$、$\phi 20mm$、$\phi 10mm$ 金属圆棒或 R 为 12.5mm、10mm、5mm 的金属柔度弯板（图3-47）。

恒温水槽或保温瓶。

温度计：0～50℃，精确度 0.5℃。

(2) 试件

试件尺寸、形状、数量及制备按 GB 328 规定。

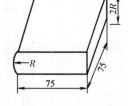

图 3-47　柔度弯板

(3) 试验步骤

a　将呈平板状无卷曲试件和圆棒（或弯板）同时浸泡入已定浸的水中，若试件有弯曲则可微微加热，使其平整。

b　试件经 30min 浸泡后，自水中取出，立即沿圆棒（或弯板）用手在约 2s 时间内按均衡速度弯曲成 180°。

(4) 试验结果

用肉眼观察试件表面有无裂纹。

二、建筑防水材料的老化试验

建筑防水材料的老化试验现已发布《建筑防水材料老化试验方法》（GB/T 18244—2000）国家标准。该试验方法适用于建筑防水工程用的沥青基卷材与涂料、合成高分子卷材与涂料等耐老化性能对比，其他建筑防水材料也可参照使用。

该标准规定了热空气老化、臭氧老化、人工气候加速老化（氙弧灯、碳弧光灯、紫外荧光灯）的试验方法。其具体试验方法如下：

(一) 一般规定

1　试验室标准条件

温度：(23 ± 2)℃；

相对湿度：45%～70%。

2　试样

(1) 试样形状、尺寸与取样方法　按产品标准进行，产品标准没有规定的按下列方法进行。

a. 沥青基防水卷材按图 3-48（a）取样，按图 3-48（b）和表 3-12 切取试件。

沥青基防水卷材试样尺寸　　　　表 3-12

项　　目	规格(mm)	数量(个)
老化试样 A、B	300×90	纵向2,横向2
对比试样 A'、B'	300×90	纵向2,横向2
拉伸性能试件 c	120×25	纵向6,横向6
低温柔性试件 d	120×25	纵向6,横向6

b. 高分子防水卷材按图 3-49（a）取样，按图 3-49（b）与表 3-13 切取试件。

c. 防水涂料试样制备按 GB/T 16777—1997 中第 8 章和第 10 章［参见本书第四章第二节（见表 4-1）］要求进行。试件切取按图 3-50、表 3-14 进行。无方向要求。

d. 试件制备，采取试样经老化试验后再切取试件的方法。

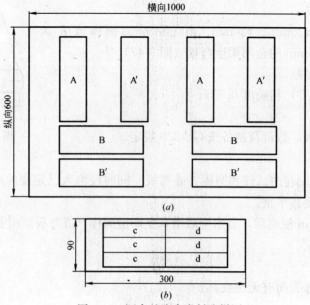

图 3-48 沥青基防水卷材取样图
(a) 取样部位；(b) 试件位置

高分子防水卷材试样尺寸　　　　　　　　　　表 3-13

项　目	规格(mm)	数量(个)
老化试样 E	300×150	2
对比试样 E′	300×150	2
拉伸性能试件 f、f′	115×25 哑铃Ⅰ型或 120×25	纵向6、横向6
低温柔度试件 g、g′	100×25	纵向2、横向2

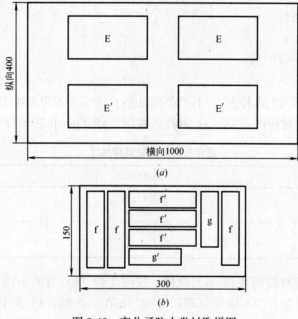

图 3-49 高分子防水卷材取样图
(a) 取样部位；(b) 试件位置

防水涂料试件尺寸 表 3-14

项 目	规格(mm)	数量(个)
拉伸性能试件 H	115×25 哑铃Ⅰ型	6
低温柔性试件 J	100×25	3

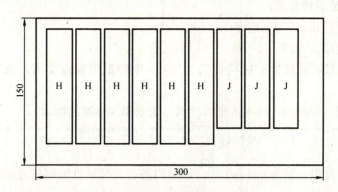

图 3-50 防水涂料的取样图

（2）试样数量根据试验项目与试验周期确定。若对产品纵向、横向力学性能均有要求，则两个方向分别取样，各为一组。

（3）试验前试样在标准条件下放置 24h。

（4）对比试样放置于暗环境中，与达到规定老化周期的试样同时试验。

3 试验方法

（1）拉伸性能 沥青基防水卷材拉伸试验时，夹具间距为 70mm，拉伸速度 50mm/min。高分子防水卷材、防水涂料按产品标准中的方法进行试验，其他防水材料按产品标准规定。

拉伸性能变化率按式（3-29）计算：

$$W = (P_1/P_2 - 1) \times 100 \tag{3-29}$$

式中 W——拉伸性能变化率，%；
P_1——老化试件拉伸性能的算术平均值；
P_2——对比试件拉伸性能的算术平均值。

拉伸性能保持率（X）按式（3-30）计算：

$$X = P_1/P_2 \times 100 \tag{3-30}$$

式中 X——拉伸性能保持率，%。

拉伸性能试验结果计算取同一方向数据的算术平均值。

（2）低温柔度 试验方法按产品标准中的方法进行，试验温度按产品标准要求，或以产品不产生裂纹为最低温度。

拉伸性能、低温柔度试验结果处理按产品标准进行。

4 评定方法

根据产品标准规定。在产品标准未作规定时，可以根据老化试验后外观、拉伸性能变化与低温柔度进行判定。

（二）热空气老化

1 原理

将试验材料置于试验箱中，使其经受热和氧的加速老化作用，通过检测老化前后性能的变化，据此评价材料的耐热空气老化性能。

2 试验装置

(1) 热空气老化试验箱

试验箱应满足下列要求：

a) 工作温度：40~200℃或更高；

b) 温度波动度：±1℃；

c) 温度均匀性：温度分布应符合二（二）3中的温度偏差要求，见二（七）附录A（标准的附录）；

d) 平均风速：0.5~1.0m/s，见二（八）附录B（标准的附录）；

e) 换气率10~100次/h，见二（九）附录C（标准的附录）、二（十一）附录E（提示的附录）；

f) 工作室：容积一般为0.1~0.3m^3，室内备有安装试件的网板或旋转架。

(2) 温度指示计

温度指示计分度不大于1℃。

3 试验条件

(1) 试验温度

根据材料的使用要求和试验目的，确定试验温度。沥青基防水材料通常可选70℃、合成高分子材料可选80℃等。在50~100℃范围内，温度允许偏差为±1℃；在101~200℃范围内，温度允许偏差为试验温度的±1%。

(2) 试验周期

试验周期应根据材料特性决定，一般以某规定的暴露时间，或以性能变化至某一规定值时的暴露时间为试验终止时间，通常可选168h或更长。

(3) 换气率

换气率可根据试样的特性和数量选取，对于互相有影响的试样应分别进行老化试验，对于不能确定试样是否有影响，又必须同时进行试验时，最好选用较大的换气率。

4 试验步骤

(1) 试验前，试件需编号，测量尺寸。

(2) 根据试验要求，调节试验箱至规定的温度和换气量。稳定后，试件可用衬有或包有惰性材料的合适的金属夹或金属丝，将其安置在网板或旋转架上。试件与工作室内壁之间距离不小于70mm，试件之间距离不小于10mm，工作室容积与试件总体积之比不小于5∶1。

对于要求试验准确度较高的小型试件，建议采用双轴旋转架进行试验。

互有影响的试样不允许同时在一箱内进行试验。

(3) 试件放入恒温的老化箱内，即开始计算老化时间，至规定的老化时间时，立即取出，取样速度要快，尽可能减少箱内温度的变化。对于网板或试样架，为减少温度不均匀的影响，可周期地交换网板上试样的位置。

(4) 取出的试样在标准温度条件下停放24h，根据试验所选定的项目测定性能。

5 试验结果

(1) 性能评定

应选择对材料应用最适宜及变化较敏感的下列一种或几种性能：

a. 通过目测试样发生局部粉化、龟裂、斑点、起泡及变形等外观的变化；

b. 质量（重量）的变化；

c. 拉伸强度、最大拉力时伸长率、低温柔性、撕裂强度等力学性能的变化；

d. 其他性能的变化。

(2) 根据有关产品标准规定处理试验结果。

6 试验报告

试验报告应包括如下内容：

a) 采用本标准名称及代号；

b) 试样名称、型号、规格及制备方法；

c) 试验箱型号、试样架形式及工作室容积；

d) 试验条件：试样的状态调节、试验温度、时间、平均风速、换气率及旋转架转速；

e) 性能评定项目及检测方法；

f) 试验结果；

g) 试验人员、日期及地点。

(三) 臭氧老化

1 原理

材料在静态拉伸变形下置于臭氧介质环境中，会受到臭氧的作用而发生变化，据此评价材料的耐臭氧性能。

2 试验装置

人工臭氧老化试验的装置是臭氧老化仪。应具备臭氧发生器、老化试验箱和臭氧浓度检测等装置。

(1) 臭氧发生器

可以选用下面任一种装置发生臭氧：

a. 紫外灯。

b. 无声放电管。

用来发生臭氧或作稀释用的空气，首先应通过硅胶干燥塔进行干燥，或能过活性炭进行净化处理。从发生器出来的含臭氧的空气，应经过热交换器后才输入老化试验箱内。

(2) 臭氧老化试验箱

臭氧老化试验箱是一个密闭的、无光照（除间歇使用的照明灯外）的箱子，是放置试样进行老化试验的空间。箱内容积不小于100l，能恒定控制试验温差±2℃。箱室的内壁、导管和安装试样的框架等。应不使用易被臭氧分解腐蚀和影响臭氧浓度的材料制成。

安装试样的框架应通过机械装置在箱内旋转，能使试样的转动速度保持在20～25mm/s。试样与含臭氧的空气接触时，其长度方向要跟气流方向基本平行。

3 试验条件

(1) 臭氧浓度

试验采用的臭氧浓度应根据材料的耐老化程度和使用条件来选取。可选用的臭氧分压（单位：MPa）有：

101±10.1，202±20.2，505±50.5 或以上（允许偏差±10%）。

注：在标准状况下，1.01MPa 臭氧分压相当于 1.00×10^{-8} 的臭氧浓度。

（2）温度

最适宜的试验温度应为（40±2）℃。也可以根据使用环境或设备的控温条件采用其他试验温度（如[（30±2）℃或（23±2）℃]，但不应高于60℃。

不同条件的试验所得的结果不能相互比较。

（3）相对湿度

含臭氧空气的相对湿度除特殊要求外，一般不应超过65%。

（4）流速或流量

通入老化试验箱中的含臭氧空气的流速，平均不少于8mm/s，最宜在12～16mm/s之间，或含臭氧空气的流量，即相当于每分钟的置换量以占箱体容积的3/4为适宜。

（5）伸长率

试样的静态拉伸条件可以选用下列一种或几种伸长率（%）：

20±2，40±2，60±2。

（6）试验周期

试验周期根据产品标准规定，通常为168h、240h或更长。

4 试验步骤

（1）仔细检查试样外观必须符合产品标准的规定。

（2）先测好试样的初始性能（包括厚度），然后用对试验无害的颜料绘好试样的标距线，再将试样夹紧在试样框架上并拉伸至要求的伸长率。不同配方的试样不能互相接触，试样的间距至少50mm。

在靠近夹具的试样末端部位涂上耐臭氧涂料或覆盖耐臭氧材料，或用其他方法防护。在产品标准规定的标准温度的无臭氧暗室中静置24h。

（3）开动臭氧老化仪，调节试验箱内的温度至规定的试验温度，将经拉伸静置后的试样移入试验箱内，使试样在箱内转动并恒温处理（15min）。

（4）将调节好的规定浓度和流速（或流量）的含臭氧空气通入试验箱内与试样接触，并开始记录时间。

（5）按预定的试验周期，通过装在试验箱的透明窗口，观测试样的表面变化，或者将试样从试验箱内取出进行外观检查或性能测试，从而评定试样的耐臭氧老化性能。

用不同工具和方法观测的结果不能作比较。

5 试验结果

试验结果可以用观测的数据和评价指标来表示。

（1）用试样表面臭氧龟裂的表示法。

用龟裂等级来表示（即评定在规定时间老化后试样表面裂纹变化的深浅和数量等程度），龟裂等级可分为0～4级，参照GB 3511—1983附录B的规定进行评定，即0级——没有裂纹；1级——轻微裂纹；2级——显著裂纹；3级——严重裂纹；4级——临断裂纹。

（2）用试样性能变化的表示法。

（3）用其他指标表示。

6 试验报告

试验报告包括以下内容：

a) 试验目的和要求；
b) 采用本标准名称及代号；
c) 臭氧老化仪的型号；
d) 试样名称、规格和数量；
e) 试验条件（包括臭氧浓度、温度、伸长率等项）；
f) 采用的评价指标和方法；
g) 试验时间；

（四）人工气候加速老化（氙弧灯）

1 原理

用人工的方法，模拟和强化在自然气候中受到的光、热、氧、湿气、降雨为主要老化破坏的环境因素，特别是光，以加速材料的老化。按标准检测评定性能变化，从而获得近似于自然气候的耐候性。

2 试验装置

(1) 试验箱的中心安装光源——氙灯，箱内有一个安装试样架的转鼓，设有氙灯功率、温度、湿度、喷水周期等指示及自控装置、干湿球温度自动记录仪及计时器。箱体有一个控制循环空气的调节器，用来调节黑板温度和排出箱内的臭氧。根据需要，箱上还设有光照周期开关。

(2) 氙灯

氙灯是试验光源，其光谱的波长从 270mm 以下短波紫外区，经可见光谱扩展到红外区。氙灯发出的辐射要经过滤光，滤掉较短的紫外光波，并尽可能滤掉红外光波，使达到试样表面的光谱极接近太阳光的光谱，与表 3-15 的光谱能量分布一致。建议选择波长在 290nm 至 800nm 间的辐照度为 550W/m^2。

人工气候条件下相对光谱辐射 表 3-15

波长 λ(nm)	相对光谱辐射[1]（%）
290≤λ≤800	100
λ≤290	0[2]
290≤λ≤320	0.6±0.2
320≤λ≤360	4.2±0.5
360≤λ≤400	6.2±1.0

[1] 将 290nm 到 800nm 之间的光谱辐射定为 100%。
[2] 按照本方法规定进行操作的氙灯光源，在 290nm 以下发出的少量的辐射量，在某些情况下还可能产生在室外暴露中不会发生的老化反应。

氙灯和滤光罩的使用期按该产品的技术要求定期更换。建议氙灯冷却水用蒸馏水或去离子水。输水管采用塑料或不锈钢等耐水腐蚀材料制成，避免采用铁、铜和锰等金属。氙灯要定期清洗污渍以达到规定的辐射强度和黑板温度的要求。

(3) 试样架

试样架用来安放试样和安装规定的传感装置。试样架与光源的距离应能使试样表面所受到的光谱辐照均匀和在允许偏差以内。规定的传感装置可用于监控辐照功率和调节发光，使辐照波动最小。

（4）润湿装置

润湿装置给试样暴露面提供均匀的喷水或凝露。可使用喷水管或冷凝水蒸气的方法来实现喷水或凝露。

（5）控湿装置

控湿装置控制和测量试验箱内空气的相对湿度。它由放置在试验箱空气流中，但又避免直接辐射和喷水的传感器来控制。

（6）温度传感器

温度传感器用于测量和控制试验箱内空气的温度，并可感测和控制规定的黑板传感器的温度。

不同型号的设备使用同一种黑标准温度计［见（四）2（6）a］，或使用各自的一种黑板温度计［见（四）2（6）b］。温度计应安装在试样架上，使它接受的辐射和冷却条件与试样架上试样表面所接受的相同。温度计也可安装在与试样距离不相同的另一固定位置上，并进行校订，以得出该温度计与试样处于相同距离时的温度。

a. 黑标准温度计

当黑标准温度计与试样在试样架同一位置受到辐射时，黑标准温度近似于导热性差的深色试样的温度。这种温度计是由长 70mm、宽 40mm、厚 1mm 的平面不锈钢制成，平板朝向对光源的一面，涂上一种耐老化的黑色平光涂层。涂覆后的黑板至少吸收 2500nm 以内总入射光通量的 95%。用铂电阻传感器测量平板温度。传感器安装在背向光源的一面，并与平板中心有良好的热接触。金属板的这一面用 5mm 厚的、有凹槽的聚偏二氟乙烯（PVDF）底座固定，使它仅在传感器范围形成空间。传感器与 PVDF 平板凹槽之间的距离约 1mm。PVDF 板的长度和宽度必须足够大，以确保在试样架上安装黑标准温度计时，金属板与试样架之间不存在金属接触。试样架上的金属支架与金属板的边缘至少相距 4mm。

为了测定试样表面的温度范围及更好地控制设备的辐照度和试验条件，建议除使用黑标准温度计外，还增加使用白标准温度计。白标准温度计与黑标准温度计设计相同，它用耐老化的白色涂层代替黑色平光涂层。白色涂层比黑色平光涂层在 300～1000nm 范围内的吸收至少降低 90%，在 1000～2500nm 范围内的吸收至少降低 60%。

b. 黑板温度计

黑板温度计仍受到广泛应用，但各种型号的设备所使用的黑板温度计在设计上已有许多发展变化。黑板温度计是使用一种非绝热的黑色金属板底座，这就是黑板温度计与黑标准温度计的本质区别。在规定的操作条件下，黑板温度计的温度低于（四）2（6）a 中黑标准温度计所显示的温度。有一种使用的黑板温度计是由一块长约 150mm、宽约 70mm、厚约 1mm 的平面不锈钢制成。平板对光源的一面涂上一层黑色平光涂层。涂覆后的黑板至少吸收 2500nm 以内总入射光通量的 90%。平板温度的测量是通过一个位于板的中心并与黑板的对光面牢固连接的、已涂黑的杆状双金属盘式传感器来进行，或是通过测温电阻传感器来进行。对于尺寸不同、传感元件不同和传感元件固定方式不同的黑板温度计应在报告中说明。黑板温度计在试样架上安装的形式也应说明。

(7) 程控装置

设备应有控制试样湿润或非湿润时间程序及辐射或非辐射时间程序的装置。

(8) 辐射测量仪

设备可任选测量试样表面辐照度 E 和辐照量 H 的方法。

辐射仪用一个光电传感器来测量辐照度和辐照量。光电传感器的安装必须使它接受的辐射与试样表面接受的相同。如果光电传感器与试样表面不处于同一位置，就必须有一个足够大的观测范围，并校订它处于试样表面相同距离时的辐照度。

辐射仪必须在使用的光源辐射区域校订，并按生产厂的推荐检查校订，且每年至少进行一次全面校订。

当进行辐照度测量时，必须报告有关双方商定的波长范围，通常使用 300～400nm 或 300～800nm 范围内的辐照度。一些装置也可供测量特定波长（如 340nm）的辐照度。

注：直接比较人工气候加速设备与自然气候老化的辐照量，最好使用相同的辐射测量仪。

(9) 指示或记录装置

为了满足特定试验方法的要求，试验箱需有指示或记录以下操作要素的装置。

a. 电源电压、灯电压、灯电流；

b. 试验箱空气温度、黑标准温度或黑板温度；

c. 试验箱相对湿度、喷水或凝露周期、水的质量；

d. 辐照度和辐照量；

e. 暴露时间（辐照时间或总暴露时间）。

试验报告中应说明试验箱温度和湿度的测量精度。

3 试验条件

黑标准温度：(65±3)℃，相对湿度：65%±5%；喷水时间：(18±0.5)min；两次喷水之间的干燥间隔 (102+0.5)min。

如果使用水喷淋，规定的温度是指不喷水最后阶段的温度。若温度计在一个短循环内不能达到平衡，则规定的温度就要在未喷水时建立，并且在报告中注明在干燥循环中达到的温度。如果使用黑板温度计，则在试验报告中应注明：温度计型号、试样架上的安装方式、使用温度。

4 试验步骤

(1) 试样安装

除另有规定，试样一般按自由状态安装在试样架上，应避免试样受外应力的作用。试样架固定在试验箱的转鼓上时，试样的暴露面要对正光源，试样工作区面积要完全暴露在有效的光源范围，并且要方便调换试样的位置。

在与氙灯轴平行的试样架上，任意两点的试样表面辐照度的变化不应超过 10%，否则应定期调换试样位置，使其在每一位置都得到相等的辐照度。

(2) 暴露试验

开动试验箱，调好规定的试验条件，并记录开始暴露时间。在整个暴露期间要保持规定的试验条件恒定。

放入或取出试样时，不要触摸或碰撞试样表面。

(3) 辐射量的测定

辐射量的测定有两种方式：
① 连续测定：用积算照度计连续测定累计总辐射量。
② 间断测定：用辐射计测定一段暴露时间的辐射量，再求出总的辐射量。

测定时，将感光器固定在适当位置上，使感光器所测得的辐射值相当于试样位置上的辐射值。

辐射量也可以用其他物质标准测定。

(4) 试验周期

试验期限应根据产品标准决定，以某一规定的暴露时间或辐射量，或性能降至某一规定值时的暴露时间或辐射量，通常可选720h（累计辐射能量1500MJ/m^2）或更长。

(5) 性能测定

按预定试验周期从试验箱中取出试样进行各项性能的测定。

a. 外观检测

用目测或仪器检测试样表面，评定暴露后试样表面颜色或其他外观变化。试样外观检测的方法，按 GB/T 3511 进行。

b. 其他性能测试

按产品标准中规定进行。

5 试验结果

试样老化后的试验结果可用试样暴露至某一时间或辐射量时的外观变化程度或性能变化率表示，也可用试样性能变化至某一规定值所需的暴露时间或辐射量表示。

(1) 试样外观变化程度分 0~4 级，按（三）5（1）的规定进行评定。

(2) 试样性能变化可按外观、拉伸性能变化率、低温柔度或产品标准规定进行。

6. 试验报告

试验报告包括如下内容：

a) 试验目的和要求；

b) 采用本标准名称及代号；

c) 试样名称、规格和数量；

d) 试验箱型号、氙灯型号和过滤光罩的类型；

e) 辐射强度、黑板温度和相对湿度；

f) 降雨周期和水的 pH 值；

g) 测定辐射量的方法和所测波长范围；

h) 试验时间和期限；

i) 测试项目和试验结果；

j) 试验者及其他。

(五) 人工气候加速老化（碳弧灯）

1 原理

试样暴露于规定的环境条件和实验室光源下，通过测定试样表面的辐照度或辐照量与试样性能的变化，以评定材料的耐候性。

进行试验时，建议将被试材料与已知性能的类似材料同时暴露。暴露于不同装置的试验结果之间不宜进行比较，除非是被试材料在这些装置上的试验重现性已被确定。

2 试验装置

(1) 光源

a. 碳弧灯光源由上、下碳棒之间的碳弧构成,光源的规格见附录 D(标准的附录)。碳棒的安装和更换须按设备厂家的说明进行。

b. 碳弧光经滤光后辐射到试样表面。在实施中使用的各种类型的滤光器,使用前在特定波段有不同的透光率(表 3-16)各种滤光器的详细资料见二(十二)附录 F(提示的附录),建议采用表 3-30 型号 1。

滤光器使用前在特定波段的透光率 表 3-16

型号 1		型号 2		型号 3	
滤长(nm)	透光率(%)	滤长(nm)	透光率(%)	滤长(nm)	透光率(%)
255	≤1	275	≤2	295	≤1
302	71~86	320	65~80	320	≥40
≥360	≥91	400~700	≥90	400~700	≥90

随着使用时间的增加,滤光器的透光性能会因玻璃的老化和积垢等而改变,因此,需定时清洗和更换〔见(五) 4 (2) b〕。

(2) 试验箱〔参见二(十三)附录 G(提示的附录)〕

试验箱包括一个用于放置试样可使空气通过试样表面以便控制温度的转鼓(试样框架)。转鼓围绕光源转动,标准直径为 96cm。若经与有关方面协商,也可使用其他直径的转鼓。

转鼓可直接放置板状试样或放置用试验架固定的试样,其形状可为垂直形式或倾斜形式。

箱体应有在操作范围内编制循环暴露条件程序的控制装置。

(3) 辐射测量仪

使用的辐射测量仪应符合(四) 2 (8) 规定。

(4) 黑板温度计或黑标准温度计

使用的黑板温度计或黑标准温度计应符合(四) 2 (6) 规定。

(5) 控湿装置

箱内应有测量和控制相对湿度的装置,该装置应避免光照,根据需要控制箱内空气的相对湿度。

(6) 喷水系统

a. 喷水系统通过试验箱内的喷嘴将试样表面均匀喷湿和迅速冷却。喷水管道应由不与水反应和不污染水的不锈钢、塑料或其他材料制成。

为了满足水的纯度要求,可在喷水系统上连接水质处理装置,如过滤器和水质软化器等。

b. 在规定条件下,可用蒸馏水、软化水或去离子水间歇喷淋试样表面。水内固体含量小于 20×10^{-6}。喷水不应在试样面上留下明显的沉淀物和污迹。在试验报告中要说明水的 pH 值。

注:ISO 4892.4:1994 中对水质要求较高,规定水内固体含量小于 1×10^{-6},电导率小于 $5\mu S/cm$。

c. 若进行凝露、暴露试验,可将喷水系统设计为用喷嘴喷淋试样背板以冷却试样,形成凝露。

(7) 试样架

试样架可以是有背板或无背板形式。它应由不影响试验结果的惰性材料制成，例如，铝合金、不锈钢等。在试样附近不能有黄铜、钢铁或铜的存在。

3 试验条件

(1) 黑板温度或黑标准温度

除非另有规定，黑板温度一般为 (63±3)℃。在试验报告中应说明黑板温度计的类型和固定形式。如果使用黑标准温度计，在报告中要说明所选择的温度。

对于有喷水循环的试验，温度是表示干周期末箱内的温度。

(2) 相对湿度

除非另有规定，相对湿度一般为 50%±5%。

注：因为不同颜色和厚度的试样的温度不同，所以试验箱内测得的相对湿度不一定就是试样表面空气的湿度。

(3) 喷水周期

选用的喷水周期应由有关方面协商，但是最好选用以下的喷水周期：

喷水时间/不喷水时间为 18min/102min。

(4) 试验周期

试验期限应根据产品决定，以某一规定的暴露时间或辐射量，或性能降至某一规定值时的暴露时间或辐射量，通常可选 168h、240h 或它们的倍数。

4 试验步骤

(1) 试样固定

将试样以不受应力的状态固定于试样架上，在非测试面处作易于辨认的标记。如果必要，当进行试样的颜色和外观变化试验时，为了便于检查试验的进展情况，可用不透明物盖住每个试样的一部分，以比较盖面与暴露面之间的变化差异。但试验结果应以试样暴露面与贮存在暗处的对比试样的比较为准。

(2) 暴露

在试样投入试验箱前，将设备调试并稳定在选定的试验条件［参见（五）3］下运转，并在试验过程中保持恒定。

a. 将试样固定在转鼓上，位于辐射源中心水平线的上方和下方。为了使每个试样面尽可能受到均匀的辐射，应以定次序变换试样在垂直方向的位置。

当试验时间不超过 24h 时，应使每个试样与光源的距离相同；当试验时间不超过 100h 时，建议每 24h 变换试样位置一次。经有关双方协商后，也可使用其他变换试样位置的方法。

b. 按设备厂家的推荐时间，用干净、无磨损作用的布或毛巾定时清洗滤光片。如有必要，也可用洗涤剂清洗。滤光片的使用寿命为 2000h，如出现变色、模糊、破裂时，应立即更换。

为了尽可能使滤光器长期保持一致的透光性，建议每 500h 以一对新滤光片替换一对使用时间最长的滤光片，因此需标记每块滤光片的使用时间和位置，以便按顺序进行撤换。

(3) 辐照量测定

如使用仪器法测量辐照量,辐射仪的安装位置应使它能显示试样暴露面的辐射。
在选定的波段范围内,暴露阶段最好用单位面积的入射光能量(单位:J/m^2)表示。
(4) 性能测定
按(四)4(5)规定进行。

5 试验结果
按(四)5进行。

6 试验报告
参照二(四)6。

(六) 人工气候加速老化(荧光紫外—冷凝)

1 原理
材料暴露在紫外光、温度和冷凝水等老化因素的环境中,按规定的时间检测试样性能的变化,据此评价材料的耐候性。

2 试验装置
(1) 试验箱
试验箱工作室安装两排每排4支荧光灯,设有加热水槽、试样架、黑板温度计、控制和指示工作时间和温度的装置。

(2) 荧光灯
荧光灯分为 UV-A、UV-B、UV-C、UV-D 和 UV-E 五种类型,各种类型的荧光灯出现最大峰值辐射的波长不同。除非另有规定,一般使用 UV-A340 灯。荧光灯光能量输出随使用时间而逐步衰减,为了减小因光能量衰减造成对试验的影响,在8支荧光灯中每隔1/4的荧光灯寿命时间,在每排由一支新灯替换一支旧灯,其余位置变换如图3-51所示,使荧光灯按顺序定期更换,这样,紫外光源始终由新灯和旧灯组成,得到一个输出恒定的光能量。

(3) 试样架
试样架是由框式基架、衬垫板和伸张弹簧组成。
框式基架和衬垫板是由铝合金材料制成。

(4) 黑板温度计或黑标准温度计。

(5) 辐射测量仪
符合(四)2(8)规定。

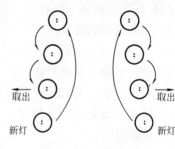

图3-51 灯的位置变换

(6) 标准物质
蓝色羊毛标准应按GB 730的有关规定;灰色标准样卡应按GB 250的有关规定。

3 试验条件
(1) 除移动或检查试件的时间间隔外,仪器应按照下列循环之一连续工作:
(60 ± 3)℃紫外光照4h,(50 ± 3)℃无辐照冷凝暴露4h。
检查时间不应计作暴露试验时间。
(2) 紫外光暴露期间,选用热空气供给试验箱的平衡温度应该保持在±3℃之内。
(3) 冷凝暴露期间,选用水槽中热水的平衡温度应该保持在±3℃之内。
(4) 供给水槽的用水可以使用蒸馏水、去离子水或可饮用的自来水。
(5) 暴露周期

相互商定的暴露小时数，或在试件中产生相互商定的最小变化量所需的暴露小时数，通常选 720h 或更长。

4　试验步骤

(1) 试样安装

试样按自由状态安装在试样架上，试样的暴露表面朝向灯。当试样没有完全装满架时要用空白板填满剩下的空位，以保持箱内的试验条件稳定。在暴露期间定期调换暴露区中央和暴露区边缘的试样位置，以减少不均匀暴露。

(2) 暴露试验

启动试验箱，调好规定的试验条件，并记录开始暴露时间，在整个暴露期间要保持规定的试验条件恒定。

(3) 紫外光辐射量的测定

① 仪器测定辐射量

定期将紫外光积算照度计或辐射计放在暴露试样架侧旁直接测定接受紫外光的辐射量。

② 蓝色羊毛标准测定辐射量

使用蓝色羊毛标准测定辐射量的方法按 GB 730 进行。

(4) 性能测定

按规定的暴露时间或辐射量从试验箱中取出试样，按产品标准要求进行测定。

5　试验结果

按（四）5 进行。

6　试验报告

试验报告包括如下内容：

a) 试验目的和要求；
b) 采用本标准名称及代号；
c) 试样名称、规格和数量；
d) 试验箱的型号和荧光紫外灯型号；
e) 紫外光暴露时间和温度、冷凝暴露时间和温度；
f) 试验时间；
g) 测试项目和试验结果；
h) 试验者及其他。

（七）附录 A（标准的附录）热空气老化试验箱温度均匀性的测定

1　试验仪器

a) 直流数字电压表，最低分辨率不大于 $10\mu V$，实际上限精度不低于 0.5%；
b) 转换开关，10 点热电势不大于 $1\mu V$；
c) 热电偶冷端（0℃）保温装置；
d) 经校正的 EA-2 型镍铬-考铜热电偶 9 根，线径为 0.5mm，结点尺寸不大于 2.5mm，并裸露于空气中；
e) 温度计，分度为 0.1℃；
f) 钢丝架，用来固定热电偶探头。钢丝架尺寸按箱的工作室尺寸而定，保证热电偶探头离铁架 20mm 左右。

2 测定位置

热电偶在工作室的位置分布如下：测温点共 9 点，其中 1～8 点分别置于室内的 8 个角上，每点离内壁 70mm，第 9 点在工作室几何中心处。

3 操作

(1) 从试验箱的温度计插入孔或箱门放入热电偶，并按（七）2 的规定固定在钢丝架上。热电偶各条引线放在工作室内的长度应不少于 30cm。打开通风孔，启动鼓风机，箱内不挂试样。

(2) 把试验箱温度升高到试验温度，恒温 1h 以上，使之达到稳定状态后开始测定。每隔 5min 记录 9 点热电偶的读数，共 5 次。计算这 45 个读数的平均值，把它作为箱温。

(3) 从 45 个读数中选择两个最高读数各自减箱温，同样用箱温减去两个最低读数。然后，选其中两个最大差值求平均值。此平均值对于箱温的百分数应符合本标准的规定。

(4) 如果上述所测温度均匀性不符合要求，可以缩小测定区域，使工作空间符合要求。

在测定过程中，室温变化不得超过 10℃，试验箱线电压变化不得超过 5%。

（八）附录 B（标准的附录）热空气老化试验箱风速的测定

1 试验仪器

a) 热球式或热线式电风速计，在测量范围内分度值不大于 0.05m/s；

b) 透明塑料板（如聚氯乙烯或有机玻璃板），大小与试验箱内门相同，厚 2mm 以上。

2 测定位置

在距离工作室顶部 70mm 处的水平面、中央高度的水平面及距离底部 70mm 处的水平面上各取 9 点，共计 27 点（图 3-52）。

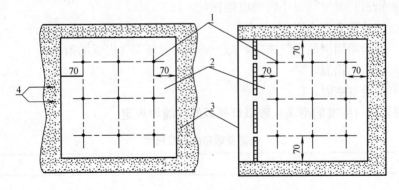

图 3-52 风速测定点位置示意图
1—测定位置；2—透明板；3—开口处；4—风向

3 测定温度

以测定风速时的室温作为测定温度。

4 操作

在透明板上开 9 个与风速计探头大小相同（以探头能插入并转动自如为准）的插入孔，如图 3-52 中正视图所示。

将开好孔的透明板固定在试验箱内门开口处,打开通风孔,启动鼓风机。测定风速时,将风速计探头的手柄垂直于透明板插入图 3-52 中侧视剖面图所示的测定位置。由于风速计探头有方向性,测定时应转动探头的手柄,读取最高值。计算 27 点测定位置的风速平均值作为试验箱的平均风速。

(九)附录 C(标准的附录)热空气老化试验箱换气率的测定

1 试验仪器

a)0.5 级标准电度表,最小分度值为 36kJ(相当于 0.01kW·h);

b)秒表;

c)温度计,分度 1℃。

2 操作

(1)用压敏胶带密封试验箱全部通风门、孔、温度计插入孔及电动机轴伸入试验箱部位的间隙(以不影响电动机轴转动为宜)。将标准电度表接入试验箱电源系统。

(2)启动鼓风机,把箱温升到比室温高(80±2)℃。在该温度恒温 1h 以上,连续测定 30min 以上的电能耗量。室温测量点在离试验箱 2m、与箱进气孔同一高度、离任何物体至少 1m 的位置上。

(3)拆除所有密封胶带,调节进出气门至某一设定位置。按 2(2)条方法测量电能耗量。如需要,可重新调节进出气门的位置,直至换气率达到试验所选定的范围。在测定过程中,室温变动不能超过 2℃。

(4)换气率由式(3-31)计算:

$$N=\frac{9.97\times10^{-4}(W_2-W_1)}{V\cdot\rho(t_2-t_1)} \tag{3-31}$$

式中 N——换气率,次/h;

W_2——箱不密封时平均每小时的电能耗量,J;

W_1——箱密封时平均每小时的电能耗量,J;

V——试验箱全部内容积,m^3;

ρ——试验箱周围的空气密度,kg/m^3,见附录 E(提示的附录);

t_2——试验箱箱温,℃;

t_1——试验室室温,℃。

(十)附录 D(标准的附录)碳弧灯光源的性能和规定

光源及碳棒的外形尺寸　　　　　　　　　　　　　表 3-17

项　目	内　容	
光源形式	开放式	
灯数	1	
弧电压	交流电压范围 48～52V;设定值 50V±1V	
弧电流	交流电流范围 58～62A;设定值 60A±1.2A	
型号	上碳棒直径和长度	下碳棒直径和长度
a	φ23mm×305mm 或 φ22mm×305mm	φ13mm×305mm 或 φ15mm×305mm
b	φ35mm×350mm 或 φ36mm×350mm	φ23mm×350mm
c	φ36mm×410mm	φ23mm×410mm

碳棒芯内含铈,表面涂覆金属层,如铜等。碳棒应不弯曲,且无裂纹。

(十一) 附录 E (提示的附录) 空气密度表

空气密度表　　　　　　　　　　　　　　　　表 3-18

温度 ℃	密度 kg/m³	温度 ℃	密度 kg/m³	温度 ℃	密度 kg/m³
1	1.288	14	1.230	27	1.177
2	1.284	15	1.226	28	1.173
3	1.297	16	1.222	29	1.169
4	1.275	17	1.217	30	1.165
5	1.270	18	1.213	31	1.161
6	1.265	19	1.209	32	1.157
7	1.261	20	1.205	33	1.154
8	1.256	21	1.201	34	1.150
9	1.252	22	1.197	35	1.116
10	1.248	23	1.193	36	1.142
11	1.243	24	1.189	37	1.139
12	1.239	25	1.185	38	1.135
13	1.236	26	1.181	39	1.132

(十二) 附录 F (提示性附录) 碳弧灯滤光器

型号1：柯瑞克司（Corex）7058 或其等效物（属透紫外玻璃）；

型号2：派瑞克司（Pyrex）7740 或其等效物（属硼硅玻璃）；

型号3：耐热玻璃。

柯瑞克司 7058 和派瑞克司 7740 是有商品供应的产品。碳弧灯光源必须经滤光后才能进行试验。型号1是多数碳弧箱习惯配用的玻璃滤光器，如需改用型号2或3的滤光器，则应经有关方面协商。型号1滤光器透过部分日光中所缺乏的较短波紫外辐射，可能引起试验出现大气暴露所没有的降解反应；型号2滤光器能吸收通常不出现于日光中的短波辐射；型号3滤光器是模拟1.8～2.0mm 厚的窗玻璃的透光性。这三种型号的滤光器都不能完全有效地改变碳弧灯光谱与日光紫外区的差异。

(十三) 附录 G (提示的附录) 典型的碳弧灯试验设备

典型试验设备的简图示于图 3-53。

三、建筑材料水蒸气透过性能的试验方法

建筑材料水蒸气透过性能的试验方法国家现已发布 GB/T 17146—1997 标准。该方法标准规定了各种建筑材料湿流密度、透湿率、透湿系数的试验方法。该方法适用于片状、板状或通过加工制作可获得这些形状的绝热、防水隔潮、装饰装修等用途的各种建筑材料，也适用于其他片状或板状材料的水蒸气透过性能的测定。

(一) 原理

有两种基本试验方法——干燥剂法和水法。这些试验旨在用简单的方法可靠地测量通过可透过和半透性材料传递的水蒸气量值，并以适当的单位表示之。这些值可用于设计、制造和销售。

1　干燥剂法——试样被封装在带有干燥剂的试验盘的开口上，装配后放入一受控的环境气氛中，定时称重以测定水蒸气通过试样进入干燥剂的速度。

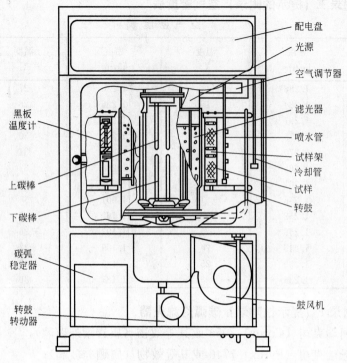

图 3-53 碳弧灯试验箱

2 水法——试样封装方法同干燥剂法，但盘内盛蒸馏水，定时称重以测定水通过试样蒸发到环境气氛中的速度。

3 不同试验方法和条件下获得的透过试验结果会不一致，为此，应尽可能选择接近使用的条件进行试验。可以采用任何试验条件，但附录C（提示的附录）推荐了一些常用的试验条件。

（二）装置

1 试样盘

试样盘应以不易腐蚀的材料制作，且不能透过水或水蒸气，盘形状任意，但质量宜轻，宜选大而浅的盘子。盘的口径应尽可能大，直径至少60mm，试样越厚，盘口应越大，盘的口径应大于试样厚度的4倍。干燥剂或水的铺摊面积应不小于盘口面积。当使用三（五）3（1）中所述的那种网架时，网架影响的面积不得超过盘口面积的10%。当试样会发生收缩或翘曲时，应在盘口外面设一个带凸缘的栏圈。在试样面积大于盘口面积时，超出盘口的试样部分是个误差源（尤其对厚试样更甚），应按（五）1中所描述的那样用遮模将其遮挡起来，使盘口面积近似或等同于试验面积。超出部分会使水蒸气透过结果偏大。这一类误差应被限制于约10%～12%，故对厚的试样，用口径254mm或更大的（方形或圆形）试样盘时，其栏圈宽应不超过19mm，127mm盘口（方形或圆形）的栏圈宽应不超过3mm，76mm盘口（方形或圆形）的栏圈宽应不超过2.8mm，栏圈的凸缘高度不应超过试样上表面6mm。干燥剂法和水法的盘深度可以不同，但19mm深（盘口下面）对两种方法都能满足。

附录A（标准的附录）列示了几种试样盘的设计示意图可供选择。

2 试验工作室

装配好的试样盘应放在温度和湿度受控的房间或箱内，温度选在 21～32℃ 之间，恒温精度 ±0.6℃，推荐使用 32℃，因只需简单加热即可控制温度，但为安排一个使人感觉舒适的温度，可以选 23℃ 或 26.7℃。平均的试验温度可从埋入一定量干砂中的灵敏温度计上读得。除非选择了如 (38±0.6)℃ 和 90%±2% 相对湿度那样极端的实验条件，工作室内相对湿度一般保持在 50%±2%。温湿度均应频繁地测量，能连续记录更好。空气应持续在工作室内循环，试样上方的空气流速应控制在 0.02～0.3m/s，使试验区的温湿度保持均匀。

3 天平

天平的灵敏度应足以察觉达到稳定状态后，继续试验时间内试样盘质量变化值的 1%，称量通常也应精确到相应水平。例如，透湿率为 $5.7×10^{-8} g/(m^2·s·Pa)$ 的试样，在 26.7℃ 下，254mm 见方面积内透过量为 0.56g/d，在 18d 稳定状态下将透过 10g 水蒸气，故天平的灵敏度必须为 10g 的 1%，即为 0.1g，称量也必须精确至 0.1g。如天平的灵敏度为 0.2g，或称量精确度不能优于 0.2g，达到稳定后继续试验的时间应延长到 36d。如试样透湿率低于 $5.7×10^{-8} g/(m^2·s·Pa)$，宜使用更灵敏的分析天平，以缩短实验过程。为适应较大较重的负荷，可用一轻的线钩代替天平上常规的托盘。

(三) 材料

1 干燥剂和水

(1) 对干燥剂法，试样盘中应放置粒径为 2.5～0.63mm 之间的小粒状无水氯化钙，它们在使用前应在 200℃ 下干燥。如氯化钙与试样会发生化学反应，可使用硅胶类吸附干燥剂，但其试验时的吸湿增重必须限制在 4% 以内。

(2) 对水法，试样盘中应放置蒸馏水。在准备试样前水温应控制在与试验温度相差 1℃ 的范围内，以防止放到工作室内时在试样内表面上发生冷凝。

2 密封剂

为把试样封装到盘上去，密封剂必须对水蒸气（和水）的通过有高的阻断作用，在要求的试验时间周期内，密封剂必须无明显失重或增重，即失重到环境中或从环境中增重的量均不得大于 2%，且必须不会影响充水盘内的蒸汽压。对透湿率低于 $2.3×10^{-7} g/(m^2·s·Pa)$ 的试样要使用熔融沥青或蜡。密封剂的选用宜参照附录 A (标准的附录)。

(四) 采样和试样制备

1 应按产品标准规定或相应的取样方法标准采集样品，样品应厚度均匀，如为不对称结构的材料，其两面应标上明显可区分的记号（例如对一边有涂覆层的样品，涂覆的一边记"Ⅰ"，不涂覆的记"Ⅱ"）。

2 试样应代表被试材料。如制品两面结构对称，或虽不对称，但制品被设计成按一种方向使用时，应按设计的水蒸气流过方向用同样的试验方法测试三块试样；否则，要用四块试样，每两块按同水蒸气流向测试。

3 以夹层方式制作和使用的板（如带有自然形成"表皮"的泡沫塑料）可按使用厚度做试验，也可像三（四）5 中那样切成 2 片或更多片进行测试。

4 若材料表面高低不平或有编织纹，试验厚度也应是使用厚度，但如为均匀材料，也可像三（四）5 中那样切成薄片进行试验。

5 在三（四）3和三（四）4的情况下，如以小于使用厚度测试，其试验厚度应不小于其两表面最大凹凸深度和的五倍，且其透湿率应不大于3×10^{-7}g/(m^2·s·Pa)。

6 每块试样的厚度应在每个象限的中心位置进行测量后取平均值算出。试样厚度4mm以上的，测量应精确至0.5%；0.1mm至4mm的，应精确至1%；0.1mm下的测量精度要求可适当放宽。

对防水薄膜产品等仅需测量透湿率的试样，可以不必测量试样厚度。

7 测试透湿率小于3×10^{-9}g/(m^2·s·Pa)的试样，或透湿率较低且在测试中可能会失重或增重（因挥发或氧化）的样品时，无论采用干燥剂法或水法，均须增加一附加试样，作为"模拟样"，见三（五）4。

（五）试验程序

1 试样封装到试验盘上的要求

试样密封或夹紧到试样盘上去，盘中确定了试样在盘中暴露于水蒸气的区域，必要时用遮模遮挡暴露于空气中的试样顶面，使盘口的形状和大小得以复制，要彻底地封掉试样的边缘和任何其他不该暴露的部位，防止水蒸气从这些地方进入或逸出，同样要保证试样只裸露划定的区域。附录A（标准的附录）描述了封装方法。

注：某些材料（特别像木材之类）的水蒸气透过量会与试验前环境的相对湿度密切有关，如其先前的相对湿度高于试验条件，水蒸气透过量结果可能会异常地偏高；反之亦然。因此木质和纸质制品等试样在试验前宜放在相对湿度为50%的气氛中恒重，经预处理使其含湿量尽可能小，对试验可能会有利。

2 干燥剂法的试验步骤

（1）干燥剂放入盘内，与试样下表面之间留约6mm的间隙，以便每次称重时摆动试样盘以搅动干燥剂。

（2）把试样封装到盘上，见三（五）1，试样朝上放入工作室，立刻称量并记录。

（3）定期称量记录盘组件的质量，试验时8或10个数据点已足够。称重的时间也应记录，精确到该时间间隔的1%。如每小时称重，时间记录精度30s；如每天记录，允许到15min。开始时质量可能变得很快，后来变化速率将达稳定状态。称重时不应将试样盘从控制气氛中移出，但如必需移出，试样保持在不同条件（温度或相对湿度或两者）下的时间应尽可能短。

（4）吸水量超过干燥剂初始质量的一定比例（无水氯化钙为10%，硅胶为4%）前结束试验。这个限制不一定能很严格地确定，当试样本身的含湿量有变化时，干燥剂的增重可能大于或小于试样盘的增重，实验时可考虑这一情况作灵活处理。

3 水法的试验步骤

（1）用蒸馏水注入试样盘至离试样（25±5）mm高（水面与试样之间留有空气间隙是为使有一小的水蒸气区域，减少操作试样盘时水接触试样的危险，这是必须的，对某些材料如纸、木材或其他吸湿材料，这种接触会使试验无效）。水的深度应不少于3mm，以保证在整个试验中水能盖满盘底，如是玻璃盘，只要能看到所有时间里水都盖满盘底则不需规定水深度。为减少水的涌动，可在盘中放置一个轻质且耐腐蚀材料制作的网架，以隔开水面，其位置至少应比试样的下表面低6mm，且对水表面的减少应不大于10%。

（2）为便于在盘中注水，建议在试样盘壁上打一小孔，其位置在水位线上方。烘干空盘，用密封剂将试样封到盘口上，通过小孔向盘中注水，然后将小孔封闭。

（3）称量试样盘组件并将其水平地放入工作室内，其后的步骤同三（五）2（3）。如果试样不能经受表面上的凝聚水的影响，试样盘组件与控制气氛的温差不应超过3℃，以防止试样受凝聚水的影响。

（4）在进行倒置水法的试验时，除了是颠倒着放置盘子外，操作过程就像三（五）2（3）那样。盘子必须放得水平，水才能均匀地覆盖在试样的内表面，尽管由于水的质量，试样仍会有些变形。透湿率高的试样，试样盘的放置位置必须保证循环空气能以规定的速度经过其暴露面。称量时试样盘可面朝上地放置到天平上，但试样的潮湿面将不被水覆盖，这时，称量的时间必须尽可能短。

4 模拟样的使用

当样品如三（四）7所述必须使用模拟样时，应增加一试样，并同样封装到试样盘上，但盘中不放干燥剂或水，即为模拟样盘组件。试样本身的质量变化、温度变化和因大气压影响导致浮力变化等环境因素可从模拟样盘的质量变化中得以反映，从正式试样盘质量变化值中扣除模拟样盘质量变化值后即可得到修正后的试样的水蒸气透过量，从而提高测试精度，加快试验进程。

（六）数据处理

1 水蒸气透过试验结果可用作图或回归分析方法确定。

（1）图解方法

质量变化值对时间作图，用模拟样的则作相应修正，即以模拟样相对于初始质量的变化反方向修正相应时间称样记录的质量，描出一根曲线，它趋于变成直线。至少要有六个适当距离的点（其距离超过天平灵敏度20倍）才能充分地确定一条直线，直线的斜率即为湿流量。

（2）回归分析方法

质量变化值经模拟试样修正（如果有）后，对时间进行数学上的回归分析，即给出湿流量，其不确定度或标准偏差也能算出。对透湿系数非常低的材料，虽然用灵敏度为±1mg的分析天平，即使30～60d后，其质量变化仍可能达不到在三（二）3中要求的天平灵敏度的100倍，用这种数学分析方法可算出结果。

在一般情况下宜采用回归分析法。

2 湿流密度和透湿率计算

（1）湿流密度，按式（3-32）计算：

$$g = (\Delta m/\Delta t)/A \tag{3-32}$$

式中 Δm——质量变化，g；

Δt——时间，s；

$\Delta m/\Delta t$——直线的斜率，即湿流量，g/s；

A——试验面积（盘口面积），m²；

g——湿流密度，[g/(m²·s)]。

（2）透湿率，按式（3-33）计算：

$$W_P = g/\Delta p = g \cdot p_s^{-1} \cdot (R_{H1} - R_{H2})^{-1} \tag{3-33}$$

式中 Δp——水蒸气压差，Pa；

p_s——试验温度下的饱和水蒸气压,由附录 B(标准的附录)查得,Pa;

R_{H1}——以分数值表示的高水蒸气压侧的相对湿度(干燥剂法为试验工作室一侧;水法时为盘内一侧);

R_{H2}——以分数值表示的低水蒸气压侧相对湿度;

W_p——透湿率,g/(m² • s • Pa)。

(3) 试验工作室中的相对湿度和温度是试验时实际测得值的平均值(除非有连续记录值),其测量频度应与称重相同。盘内相对湿度名义上在干燥剂法中为 0%,水法为 100%。对透湿率小于 2.3×10^{-7} g/(m² • s • Pa)的试样,当所要求的条件($CaCl_2$ 中的含水量小于 10% 及水面上的空气隙不大于 25mm)得以维持时,实际相对湿度与上述名义值之差通常在 3% 相对湿度内。

3 仅当试样为同质的(非层叠的)且厚度不超过 12.5mm 时才可用式(3-34)计算其透湿系数:

$$\delta_p = W_p \times L \tag{3-34}$$

式中 L——试样厚度,m;

δ_p——透湿系数,g/(m • s • Pa)。

4 示例

用干燥剂法试验 288h(12d),暴露面积 0.0645m²;48h 后增重速率已恒定,接着的 240h 中增重 12.0g,试验工作室条件测得为 31.7℃ 和相对湿度 49%,要求计算湿流密度和透湿率。

$\Delta m/\Delta t = 12.0 \text{g} \div 240 \text{h} = 1.389 \times 10^{-5}$ g/s;

$A = 0.0645$ m²;

$p_s = 46.66 \times 10^2$ Pa(由表 3-19 按内插法求得);

$R_{H1} = 49\%$(试验工作室内);

$R_{H2} = 0\%$。

按式(3-32)和式(3-33)计算:

$g = 1.389 \times 10^{-5}$ g/s $\div 0.0645$ m² $= 2.15 \times 10^{-4}$ g/(m² • s)

$W_p = g/\Delta p = g \div [p_s \times (R_{H1} - R_{H2})]$

$\quad = 2.15 \times 10^{-4}$ g/(m² • s) $\div [46.66 \times 10^2$ Pa $\times (0.49 - 0)]$

$\quad = 9.4 \times 10^{-8}$ g/(m² • s • Pa)

5 如果试样较厚,而精度要求又较高时,可参照三(十一)附录 D(提示的附录)对试样封装边缘的影响进行修正。

(七)报告

1 报告应包括下述内容

(1) 被试材料的特征,包括其厚度;

(2) 所用试验方法(干燥剂法或水法);

(3) 试验温度;

(4) 试验工作室内相对湿度;

(5) 每个试样的湿流密度和透湿度;

(6) 用来暴露于较高水蒸气压侧的每个试样的面,必要时图示之;

(7) 在每种位置上所测试样的平均透湿率；

(8) 每个试样的透湿系数及所有测试样的平均透湿系数按三（六）3 的要求计算；

(9) 如果用作图法，应列出重量-时间图，并标明用于计算透湿系数的那段曲线部分；

(10) 说明盘的设计和密封剂的类型或组成。

2 报告还应包括试验单位，试验日期等其他应有内容。

3 如需将本标准所采用的 SI 制单位转换成英制单位，可参考附录 E（提示的附录）。

（八）附录 A（标准的附录）试样盘的设计和密封方法

1 一种理想的密封材料应有下列性质

(1) 水（不论是蒸气或液状）不能透过；

(2) 在进出试验工作室时无增重或失重（因挥发、氧化、吸湿和水溶而有可觉察的变化）；

(3) 对任何试样和盘（即使是潮湿的）粘附好；

(4) 完全适应于粗糙表面；

(5) 与试样相容且不会过分渗入那试样内；

(6) 强度好或柔韧性好（或两者兼有）；

(7) 易于操作（包括合适的粘度和熔融热）；

(8) 要满足上述全部要求并不现实，必须现实地降低部分要求。透湿率低于 $2.3 \times 10^{-7} g/(m^2 \cdot s \cdot Pa)$ 的试样要用熔融沥青或蜡密封，必要时作下述试验，以确定密封剂的品质。

a. 把一个不透气的试样（金属）正常地密封到盘上做试验。

b. 正常地密封组装一个没有干燥剂或水的空盘做试验。

2 当试样不受密封剂的温度影响时，一般推荐使用下列材料

(1) 沥青，软化点 82~93℃，浇注应用；

(2) 蜂蜡和松香（等重），可望在 135℃ 下刷涂用，在较低温度下可浇注用；

(3) 微晶蜡（60%）混以精制的结晶石蜡（40%）。

3 透湿率高的厚试样的密封

对透湿率超过 $2.3 \times 10^{-7} g/(m^2 \cdot s \cdot Pa)$ 的厚试样，建议做 290mm 见方的大试样，按图 3-54 所示，采用 3（1）的材料，按三（八）3（2）的程序密封。

(1) 材料

a. 铝箔，最小厚度 0.125mm；

b. 聚氯乙烯塑料压敏电绝缘胶带；

c. 胶粘剂，最好是橡胶基材的。

(2) 程序

a. 步骤 1——用胶粘剂将密封铝箔围住试样边缘，每一面留出一个 $0.0645 m^2$ 的暴露试验面积。

b. 步骤 2——在凸缘和栏圈的里面涂敷密封剂，盘中放入干燥剂（干燥剂法）或水和防涌网架（水法），试样定位在试验盘栏圈内部居中位置。

c. 步骤 3——用胶粘剂涂覆凸缘外面和栏圈底部，将铝箔再围在凸缘和栏圈底上（图 3-54）。如果透湿率很高，也可用聚氯乙烯压敏胶带直接代替铝箔包封。

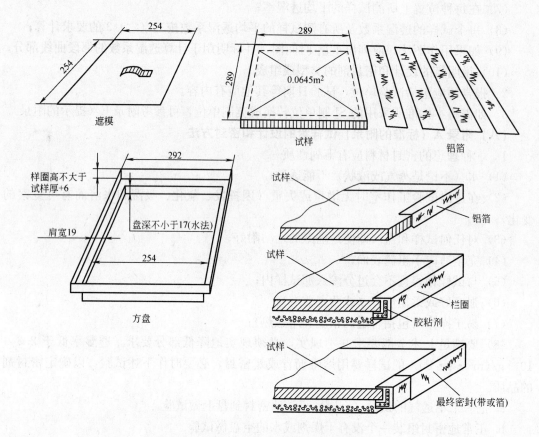

图 3-54 大块厚试样水蒸气透过试验装置

4 透湿率小的厚试样的密封

对透湿率低于 2.3×10^{-7} g/(m² · s · Pa) 的大块材料应以热熔沥青或蜡密封,方法如下:

(1) 工具和材料

a. 遮模——一只 5mm 厚、19mm 深的黄铜或钢质方框,在框的底部 5mm 厚处加工成楔状,该底部将压在试样上并保持一个 254mm 见方的试验面积。

b. 密封剂——在 180~230℃ 下有合适的浇注稠度的沥青。

c. 沥青熔融壶,电加热。

d. 浇注用的小长柄勺。

(2) 程序——在 289mm 见方的试样上,离每边等距离地做好记号线,使暴露面尽可能接近 254mm 见方。遮模可用于做记号,用熔融沥青蘸涂试样每边直到记号线,使试验面积得以确定且所有边全被厚层沥青覆盖,把试样放到盛有水或干燥剂的盘上,遮模的边缘上涂少许油后,放到试样上,把熔融沥青倾倒在遮模和盘栏圈间的空隙里,待沥青冷却几分钟后遮模将方便地移除。

(3) 热熔蜡可像沥青一样地使用,它也可用小刷子刷涂,当试样含湿时,用蜡更好,因为操作温度低。

5 片状材料的密封

(1) 蜡封法

a. 图 3-55 中所示为几种适用于薄型片状材料的带支撑环或栏圈的试样盘的设计方案，只要能密封，防止边缘漏泄，也可以改变设计。试样盘可由任何坚硬的、不渗透的耐腐蚀材料做成。要避免使用从盘内壁凸出的盘，凸出物会影响水蒸气的扩散。

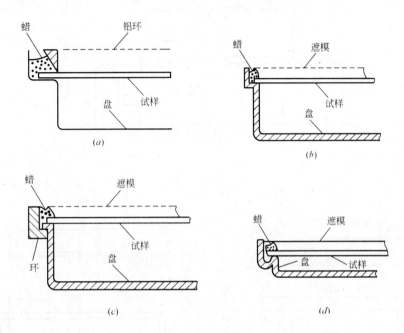

图 3-55 片状材料水蒸气透过试验的几种盘形式

b. 水法使用的试样盘深度要使水深约 5mm 情况下仍能保持水表面与试样下表面间距有 (20±5)mm。

c. 干燥剂法的试样盘不需水法的那么深，干燥剂铺厚约 12mm，它距试样下表面不超过 6mm。

d. 图 3-55 中所示试样盘均需熔蜡密封。

e. 图 3-56 中所示的遮模常用于确定试验面积并有效地封蜡，由一厚度为 3mm 或更厚的金属盘制成（图 3-56），其边缘倒斜约 45°，遮模的底面（较小的）直径等于与试样接触的盘的有效开口直径，遮模上小的导向块可使其自动地定位在试样的中心，一个小孔允许空气通过遮模，在遮模斜边上涂凡士林有助于试样封到盘上后移去遮模。遮模放到试样上小心对中于盘口后，熔蜡流入遮模斜边周围的环形空隙内，蜡一固化，稍稍转动一下遮模并将其从试样片上移去。盘外凸缘应比试样顶部高些，使蜡能完全封住试样边。

f. 图 3-57 所示为另一种形式试样盘的设计图。

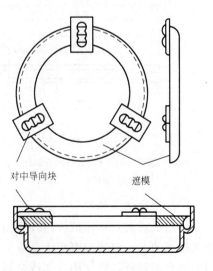

图 3-56 帮助试验盘蜡封的遮模

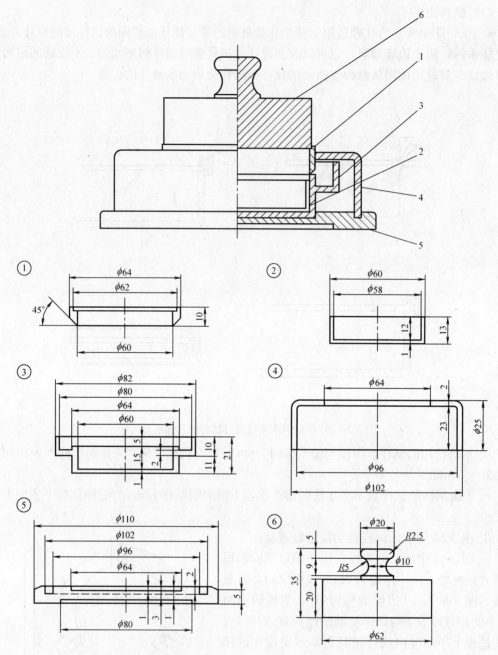

图 3-57 片状材料水蒸气透过试验所用的另一种试验盘装置
1—遮模（阳极氧化处理过的铝材）；2—玻璃器（玻璃质）；3—盘本体（阳极氧化处理过的铝材）；
4—定位套（黄铜质）；5—定位底座（黄铜质）；6—压块［黄铜质（约500g）］

(2) 密封垫式密封

密封垫式密封可使试样封装简便，但必须小心使用，因为密封垫密封的边缘漏泄可能会比蜡封的大，对透湿率小于 $2.5\times10^{-9}\,\mathrm{g/(m^2 \cdot s \cdot Pa)}$ 的试样不允许使用密封垫密封。用密封垫密封时，建议用玻璃或金属作为模拟样进行密封效果考核试验，以确定密封设计的可靠性。

6 根据试验对象的特点，可适当改变试样盘的设计和密封方法，但应按三（八）1（8）验证密封效果。

（九）附录 B（标准的附录）水在不同温度条件下的饱和蒸气压力值

水在不同温度条件下的饱和蒸气压力值（Pa）　　　　　表 3-19

温度/℃	0.0	0.2	0.4	0.6	0.8
10	1227.8	1244.3	1261.0	1277.9	1295.1
11	1312.4	1330.0	1347.8	1365.8	1383.9
12	1402.3	1420.9	1439.7	1458.7	1477.9
13	1497.3	1517.1	1536.9	1557.2	1577.6
14	1598.1	1619.1	1640.1	1661.5	1683.1
15	1704.9	1726.9	1749.3	1771.8	1794.6
16	1817.7	1841.0	1864.8	1888.6	1912.8
17	1937.2	1961.8	1986.9	2012.1	2037.7
18	2063.4	2089.6	2116.0	2142.6	2169.4
19	2196.7	2224.5	2252.3	2280.5	2309.0
20	2337.8	2366.9	2396.3	2426.1	2456.1
21	2486.5	2517.1	2548.2	2579.6	2611.4
22	2643.4	2675.8	2708.6	2741.8	2775.1
23	2808.8	2843.0	2877.5	2912.4	2947.7
24	2983.3	3019.5	3056.0	3092.8	3129.9
25	3167.2	3204.9	3243.2	3282.0	3321.3
26	3360.9	3400.9	3441.3	3482.0	3523.2
27	3564.9	3607.0	3649.6	3692.5	3735.8
28	3779.5	3823.7	3868.3	3913.5	3959.9
29	4005.4	4051.9	4099.0	4146.6	4194.4
30	4242.8	4291.8	4341.1	4390.8	4441.2
31	4492.3	4543.9	4595.7	4648.1	4701.1
32	4754.7	4808.7	4863.2	4918.4	4974.0
33	5030.1	5086.9	5144.1	5202.0	5260.5
34	5319.3	5378.7	5439.0	5499.7	5560.9
35	5489.5	5685.4	5748.4	5812.2	5876.6
36	5941.2	6006.7	6072.7	6139.5	6206.9
37	6275.1	6343.7	6413.1	6483.0	6553.7
38	6625.0	6696.9	6769.3	6842.5	6916.6
39	6991.7	7067.3	7143.4	7220.2	7297.6
40	7375.9	7454.0	7534.0	7614.0	7695.3
41	7778.0	7860.7	7943.3	8028.7	8114.0
42	8199.3	8284.6	7372.6	8460.6	8548.6
43	8639.3	8729.9	8820.6	8913.9	9007.2
44	9100.6	9195.2	9291.2	9387.2	9484.5
45	9583.2				

注：本表数据摘自《CRC Handbook of Chemistry and Physics》，并将 mmHg 单位转换成 Pa（按 0℃时）。

（十）附录 C（提示的附录）推荐的试验条件

1　程序 1——23℃下干燥剂法；

2　程序 2——23℃下水法；

3　程序 3——23℃下倒置的水法；

4　程序 4——32℃下干燥剂法；

5　程序 5——32℃下水法；

6 程序 6——38℃下干燥剂法。

(十一) 附录 D (提示的附录) 试样封装边缘影响的修正

封装试样时,试样尺寸往往略大于盘口尺寸,以便封装,超出部分的这种"封装边缘"会导致透过试样的水蒸气量大于单纯通过暴露面积的量,即试验结果会偏大,这种影响可用式(3-35)评估:

$$K = 1 + \frac{4d}{\pi S} \cdot \ln\left(\frac{2}{1+\exp(-2\pi b/d)}\right) \qquad (3-35)$$

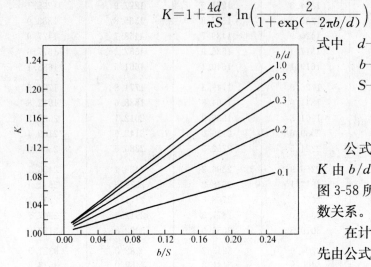

图 3-58 封装边缘修正系数的大小

式中 d——试样的厚度,m;
b——封装边缘的宽度,m;
S——水力学直径(4 倍试验面积被试样周边长相除之商),m。

公式(3-35)说明,修正系数 K 由 b/d 和 d/S 这两个比值求得,图 3-58 所示为 K 与这两个比值的函数关系。

在计算水蒸气透过性能值前,先由公式(3-35)或图 3-58 求得 K 的相应值,由试验值算出未经封装边缘修正的水蒸气透过密度、测量值 g,被修正系数 K 除后即得修正后的值。

(十二) 附录 E (提示的附录) SI 制单位与英制单位间的转换

湿流密度、透湿率及透湿系数的 SI 制单位与英制单位间的转换因子见表 3-20

SI 制单位与英制单位间的转换因子   表 3-20

项 目	原 单 位	需 乘 因 子	所得单位(相同试验条件下)
湿流密度	g/(m² · s) grains/(h · ft²)	5.17×10³ 1.93×10⁻⁴	grains/(h · ft²) g/(m² · s)
透湿度	g/(m² · s · Pa) 1Perm(inch-pound)	1.75×10⁷ 5.72×10⁻⁸	1Perm(inch-pound) g/(m² · s · Pa)
透湿系数	g/(m · s · Pa) 1Perm inch	6.88×10¹⁰ 1.45×10⁻⁹	1Perm inch g/(m · s · Pa)

注:表中的英制单位 1Perm (inch-pound) 有时写作 1Perm,该单位相当于 1grain/(h · ft² · inHg);1Prem inch 相当于 1grain · in(厚度)/(h · ft² · inHg)。

第三节 沥青防水卷材

沥青是一种应用广泛的防水、防潮、防腐和胶粘材料,以沥青为浸涂材料制成的防水卷材,在建筑防水工程中应用广泛。

我国生产的采用沥青作浸涂材料的防水卷材，根据采用的沥青材料的不同，分为沥青防水卷材和高分子聚合物改性沥青防水卷材两大类。

沥青防水卷材俗称沥青油毡，是以原纸、纤维织物、纤维毡、塑料膜、金属箔等材料为胎基，以石油沥青、煤沥青、页岩沥青或非高聚物材料改性的沥青为基料，以滑石粉、板岩粉、碳酸钙等为填充料进行浸涂或辊压，并在其表面撒布粉状、片状、粒状矿质材料或合成高分子薄膜、金属膜等材料制成的可卷曲的片状类防水材料。

传统的沥青防水卷材主要是沥青纸胎防水卷材和沥青油纸，随着科学技术的发展，工程技术人员对胎体材料、沥青的不断改进，其品种已由单一的纸胎油毡、油纸发展成多品种的沥青防水卷材产品。沥青防水卷材的品种繁多，其分类方法亦有多种，详见图3-59。

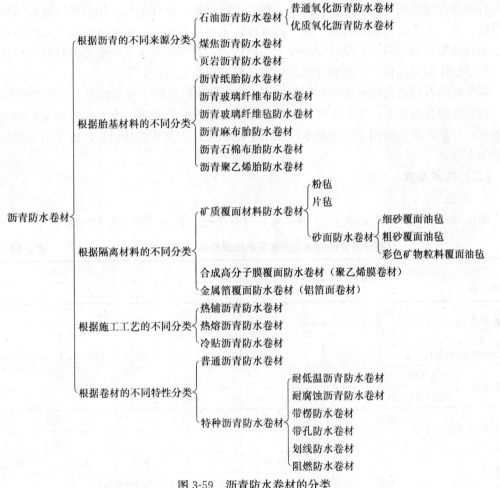

图 3-59　沥青防水卷材的分类

一、石油沥青纸胎防水卷材

石油沥青纸胎防水卷材包括石油沥青纸胎油毡和油纸。其产品已发布 GB 326—89 国家标准。

石油沥青纸胎油毡（简称油毡）系采用低软化点石油沥青浸渍原纸，然后用高软化点石油沥青涂盖油纸两面，再涂或撒隔离材料所制成的一种纸胎防水卷材。

石油沥青油纸（简称油纸）系采用低软化点石油沥青浸渍原纸所制成的一种无涂盖层的纸胎防水卷材。

（一）产品的分类和标记

石油沥青纸胎防水卷材可按以下几个方面进行分类。

油毡按所用浸涂材料总量和物理性能可分为合格品、一等品、优等品三类。

油毡和油纸根据幅宽可分为 915mm 和 1000mm 两种规格。

油毡按所用隔离材料可分为粉状面油毡和片状面油毡两个品种。

油毡和油纸均按其所用原纸每平方米的质量克数划分标号：石油沥青油毡分为 200 号、350 号和 500 号三种标号；石油沥青油纸分为 200 号、350 号两种标号。

石油沥青纸胎防水卷材是建筑防水工程的传统材料，以往习惯于用石油沥青胶结材料做两毡三油，作为屋面防水材料。为了治理建筑工程屋面渗漏，建设部要求"屋面防水材料选用石油沥青油毡的，其设计应不少于三毡四油，对屋面防水工程使用的材料，设计文件中要详细注明对品种、规格和性能的要求，但不得指定生产厂"。

各类纸胎石油沥青防水卷材其用途如下：200 号油毡适用于简易防水、临时性建筑防水、建筑防潮及包装等；350 号和 500 号粉状面油毡适用于屋面、地下、水利等工程的多层防水；片状面油毡则用于单层防水；油纸适用于建筑防潮和物品包装，也可用于多层防水层的下层。

（二）技术要求

1 油毡

油毡每卷的质量应符合表 3-21 的规定。每卷油毡面积为 $(20\pm0.3)m^2$。

石油沥青纸胎油毡的卷重和物理性能（GB 326—89） 表 3-21

指标名称		标号与等级	200 号			350 号			500 号		
			合格	一等	优等	合格	一等	优等	合格	一等	优等
每卷质量/kg ≥		粉毡	17.5			28.5			39.5		
		片毡	20.5			31.5			42.5		
单位面积浸涂材料总量(g/m²) ≥			600	700	800	1000	1050	1110	1400	1450	1500
不透水性	压力/MPa ≥		0.05			0.10			0.15		
	保持时间/min ≥		15	20	30	30	30	45	30		
吸水率(真空法)/% ≤		粉毡	1.0			1.0			1.5		
		片毡	3.0			3.0			3.0		
耐热度	℃		85±2	90±2		85±2	90±2		85±2	90±2	
	要求		受热 2h 涂盖层应无滑动和集中性气泡								
拉力[(25±2)℃时纵向]/N ≥			240	270		340	370		440	470	
柔性	℃		18±2	18±2	16±2	14±2			18±2	14±2	
	要求		绕 φ20mm 圆棒或弯板无裂纹						绕 φ25mm 圆棒或弯板无裂纹		

油毡的外观质量应符合下列要求。

a. 成卷卷材宜卷紧、卷齐，卷筒两端厚度差不得超过 5mm，端面里进外出不得超过10mm。

b. 成卷油毡在环境温度10～45℃时，应易于展开，不应有破坏毡面长度为10mm以上的粘结和距卷芯1000mm以外长度在10mm以上的裂纹。

c. 纸胎必须浸透，不应有未被浸透的浅色斑点，材料宜均匀致密地涂盖油纸两面，不应有油纸外露和涂油不均。

d. 毡面不应有孔洞、硌伤和长度在20mm以上的疙瘩、糨糊状粉浆或水渍；距卷芯1000mm以外，不应有长度100mm以上的折纹、折皱，20mm以内的边缘裂口或长50mm、深20mm以内的缺边不应超过4处。

e. 每卷油毡中允许有一处接头，其中较短的一段长度不应少于2500mm，接头处应剪切整齐，并加长150mm备作搭接，优等品中有接头的油毡卷数不得超过批量的3％。

油毡的质量应执行 GB 326—89 国家标准。

石油沥青纸胎油毡的标号、等级、卷材质量和物理性能要求见表2-1所示。

2 油纸

油纸每卷质量应符合表3-22规定。每卷油纸的总面积为 $(20±0.3)m^2$。

石油沥青油纸的卷材质量和物理性能（GB 326—89）　　表 3-22

指标名称	标号	200 号	350 号
质量/kg ≥		7.5	13.0
浸渍材料占干原纸质量/％ ≥		100	
吸水率（真空法）/％ ≤		25	
拉力[（25±2）℃时纵向]/N ≥		110	240
柔度[在(18±2)℃时]		围绕 ϕ10mm 圆棒或弯板无裂纹	

油纸的外观质量应符合下列要求。

a. 成卷油纸宜卷紧、卷齐，两端里进外出不得超过10mm。

b. 纸胎必须浸透，不应有未被浸渍的浅色斑点，表面应无成片未压干的浸油，但允许有个别不致引起互相粘结的油斑。

c. 油纸不应有孔洞、硌伤、折纹、折皱，不应有200mm以上的疙瘩，20mm以内的边缘裂口或长50mm、深20mm以内的缺边不应超过4处。

d. 每卷油纸的接头不应超过1处，其中较短的一段不应小于2500mm，接头处应剪切整齐，并加长150mm备作搭接。

各种油纸的物理性能要求应符合表3-22规定。石油沥青油纸的质量亦应执行 GB 326—89 国家标准。

（三）检验方法

1 检查方法

按一（四）附录A石油沥青纸胎油毡、油纸检查方法（补充件）进行。

2 检验方法

油毡、油纸的物理力学性能按《沥青防水卷材试验方法》（GB 328.1—89）至（GB 328.7—89）[见本章第二节一（二十八）]进行试验。

（四）附录 A 石油沥青纸胎油毡、油纸检查方法（补充件）

1 适用范围

本方法适用于石油沥青纸胎油毡、油纸防水卷材（以下简称卷材）和允许采用本方法的其他防水卷材的检查。

2 检查方法

（1）包装

包装标志按本标准中包装与标志要求的项目进行检查。

（2）质量

用精度为 0.1kg 的台秤称量每卷油毡（纸）的质量。

（3）厚度差及里进外出

将受检卷材立放平面上，捏紧其顶端的卷材层，用最小刻度 1mm 钢卷尺量其厚度之后，将卷材倒立用同样方法在对称部位量其另一端，两端厚度相减的数值即为卷筒两端厚度差。然后用一把钢板尺平放在卷材的端面上，用另一把最小刻度为 1mm 的钢板尺垂直伸入卷材端面最凹处，所测得的数值，即为卷材端面里进外出的尺寸。

（4）开卷检查

在 10～45℃ 环境温度条件下，将成卷油毡（纸）展开，用最小刻度不大于 1mm 的钢板尺测量毡面粘结、裂纹、折纹、折皱、边缘裂口、缺边；观察孔洞、硌伤、水渍或浆糊状粉浆等是否符合毡（纸）面质量要求。

（5）面积

用最小刻度为 1mm 卷尺量其宽度，用最小刻度不大于 5mm 的卷尺量其长度，以长乘宽得每卷卷材的面积，并检查其接头情况，如遇接头，量出两段长度之和减去 150mm 计算。

（6）浸涂情况

在受检防水卷材的任一端沿横向全幅裁取 50mm 宽的一条，沿其边缘撕开，纸胎内不应有未被浸透的浅色斑点，并检查整卷毡面涂层有无涂油不均，若露油纸，可用不透水性试验判定。

二、石油沥青玻璃纤维毡防水卷材

石油沥青玻璃纤维毡防水卷材（简称玻纤胎油毡）系采用玻璃纤维薄毡为胎基，浸除石油沥青，在其表面涂撒以矿物粉料或覆盖聚乙烯膜等隔离材料而制成可卷曲的片状防水材料。

玻纤胎油毡为无机材料，具有良好的耐水性、耐腐性与耐久性，属中等拉力，低延伸率、质地较脆，优于原纸胎沥青防水卷材。其产品已发布 GB/T 14686—93 国家标准。

（一）产品的分类和标记

玻纤胎油毡按物理性能可分为优等品、一等品和合格品三类。

玻纤胎油毡其规格幅宽为 1000mm。其品种按油毡上表面材料分为膜面、粉面和砂面三个品种。按每 $10m^2$ 标称质量分为 15 号、25 号、35 号三个标号。

本品用途：15 号玻纤胎油毡适用于一般工业和民用建筑的多层防水，并用于包扎管道（热管道除外），作防腐保护层；25 号和 35 号玻纤胎油毡适用于屋面、地下、水利等工程的多层防水，其中 35 号玻纤胎油毡可采用热熔法施工的多层（或单层）防水；彩砂面玻纤胎油毡适用于防水层面层和不再作表面处理的斜屋面。

标记方法：

根据涂盖沥青、胎基、上表面材料的代号加上产品标号，按下列顺序排列：

涂盖沥青—胎基—上表面材料—标号等级—本标准号

涂盖沥青、胎基、上表面材料的代号为：

石油沥青	A
玻纤毡	G
河砂（普通矿物粒、片料）	S
彩砂（彩色矿物粒、片料）	CS
粉状材料	T
聚乙烯膜	PE

标记示例

a. 15 号合格品砂面玻纤胎石油沥青油毡标记为：

油毡 A-G-S-15（C）GB/T 14686

b. 25 号一等品粉面玻纤胎石油沥青油毡标记为：

油毡 A-G-T-25（B）GB/T 14686

c. 35 号优等品聚乙烯薄膜面玻纤胎石油沥青油毡标记为：

油毡 A-G-PE-35（A）GB/T 14686

（二）技术要求

1 质量

每卷油毡质量应符号表 3-23 的规定。

玻纤胎油毡质量（GB/T 14686—93）（kg）　　　　表 3-23

标　号	15 号			25 号			35 号		
上表面材料	PE 膜	粉	砂	PE 膜	粉	砂	PE 膜	粉	砂
标称卷重	30			25			35		
卷重不小于	25.0	26.0	28.0	21.0	22.0	24.0	31.0	32.0	34.0

2 面积

每卷油毡面积：15 号为 $(20\pm0.2)m^2$

25 号、35 号为 $(10\pm0.1)m^2$

3 外观

（1）成卷油毡应卷紧卷齐，卷筒两端厚度差不得超过 5mm，端面里进外出不得超过 10mm。

（2）成卷油毡在环境温度 5~45℃时应易于展开，不得有破坏毡面长度 10mm 以上的粘结和距卷芯 1000mm 以外长度 10mm 以上的裂纹。

（3）胎基必须均匀浸透，并与涂盖材料紧密粘结。

（4）油毡表面必须平整，不允许有孔洞、硌（楞）伤以及长度 20mm 以上的疙瘩和距卷芯 1000mm 以外长度 100mm 以上的折纹、折皱。20mm 以内的边缘裂口或长 50mm、深 20mm 以内的缺边不应超过 4 处。

(5) 撒布材料的颜色和粒度应均匀一致,并紧密地粘附于油毡表面。

(6) 每卷油毡接头不应超过一处,其中较短的一段不得少于2500mm,接头处应剪切整齐,并加长150mm。

4 物理性能

各标号等级的玻纤胎油毡物理性能应符合表3-24的规定。

玻纤胎油毡物理性能 (GB/T 14686—93)　　表3-24

序号	标号\等级\指标名称		15号			25号			35号		
			优等品	一等品	合格品	优等品	一等品	合格品	优等品	一等品	合格品
1	可溶物含量,g/m² 不小于		800		700	1300		1200	2100		2000
2	不透水性	压力,MPa 不小于	0.1			0.15			0.2		
		保持时间,min 不小于	30								
3	耐热度,℃		85±2 受热2h涂盖层应无滑动								
4	拉力(N)不小于	纵向	300	250	200	400	300	250	400	320	270
		横向	200	150	130	300	200	180	300	240	200
5	柔度	温度,℃不高于	0	5	10	0	5	10	0	5	10
		弯曲半径	绕r=15mm 弯板无裂纹						绕r=25mm 弯板无裂纹		
6	耐霉菌(8周)	外观	2级			2级			1级		
		重量损失率,%不大于	3.0			3.0			3.0		
		拉力损失率,%不大于	40			30			20		
7	人工加速气候老化(27周期)	外观	无裂纹,无气泡等现象								
		失重度,%不大于	8.00			5.50			4.00		
		拉力变化率,%	+25~-20			+25~-15			+25~-10		

(三) 试验方法

1　质量、面积、外观质量检查按 GB 326 附录 A 进行〔见本节一(四)〕。

2　试件的切取和可溶物含量、柔度按 JC 504 附录 A 进行〔见本节四(四)2、四(四)4〕。

3　不透水性、耐热度、拉力按 GB 328.3、GB 328.5 和 GB 328.6 进行〔见本章第二节一(二十八)3、一(二十八)5、一(二十八)6〕。

4　耐霉菌试验和人工气候老化试验按二(四)附录 A、二(五)附录 B 进行。

(四) 附录 A　油毡耐霉菌试验方法 (补充件)

1　主题内容与适用范围

本方法规定了玻纤胎油毡耐霉菌试验方法。

本方法适用于玻纤毡制成的油毡。

2　方法提要

在经过无菌处理的培养基上放置试件,把霉菌混合菌液喷至培养基上,在(28±2)℃和95%~99%的相对湿度下使霉菌腐蚀试件一定时间,以试验前后试件的外观变化情况、质量、拉力变化百分率来表示玻纤胎油毡的耐霉菌腐蚀性能。

3　仪器设备

(1) 霉菌试验箱：温度调节范围 20~35℃，相对湿度范围 90%~100%。

(2) 拉力机：符合 GB 328 规定的拉力机。

(3) 分析天平：感量 0.0001g。

(4) 恒温箱：具有鼓风装置。

(5) 真空干燥器。

(6) 消毒器：医用蒸煮或高压消毒器（压力大于 0.1MPa）。

(7) 取菌环：由镍铬合金电炉丝制成，一端焊接在一玻璃管上，另一端弯成 ϕ8mm 的圆环，2 个。

(8) 喷雾器：医用喉头喷雾器与喷嘴直径不大于 1mm 的其他喷雾器。

(9) 培养皿：ϕ200mm，4 个。

(10) 三角烧瓶：50ml 10 个；100ml 1 个；200ml 1 个。

4　杀菌

(1) 将烧瓶及培养皿用蒸馏水洗净，干燥后用棉花塞住瓶口，每个培养皿都用硫酸纸包好，然后一起放入烘箱内，于 160~170℃下保持 2h，以棉花或纸发黄作为终止加热的标志，杀菌结束后，将这些器皿置于干燥器中备用。

(2) 加热琼脂培养基呈液态，并灌注到每个培养皿中，使深度为 5mm，然后盖上硫酸纸，放入消毒器内于 0.1MPa 压力下灭菌 30min，让其自行冷却凝固备用。

5　试剂和材料

(1) 试验菌种

试验用菌种参见表 3-25。

试 验 用 菌 种　　　　　　　　　　　表 3-25

序　号	名　称	菌　号
1	黑曲霉	1.25
2	桔青霉	2.9
3	拟青霉	3.1
4	球毛壳霉	AS3.1054
5	根菌	AS3.866

a. 菌种应由正式的菌学研究机构供应。

b. 菌种应分别放在培养基的试管内，并保存在 5~10℃ 的冰箱内。

(2) 培养基

培养基的组成为：

土豆　　　　　200g

琼脂　　　　　25g

葡萄糖　　　　20g

水　　　　　　1000ml

(3) 培养基的制备

将大块无伤疤的土豆洗净去皮，挖去牙眼及周围部分约 10mm，切成约 10mm 大小的方块，取切好的土豆 200g，在 3% 的乙酸水溶液中浸 30min，然后用水冲洗，放入搪瓷锅中，加入1000ml蒸馏水，用明火直接煮沸1h，趁热用纱布过滤至200ml烧瓶中，加蒸馏水补至1000ml，然后加入20g葡萄糖和25g琼脂，制得培养液，在沸腾水浴中加热，使其充分溶解完毕后，盖上硫酸纸，放入消毒器内于0.1MPa压力下灭菌30min，在杀菌后的培养皿中注入15～20ml经杀菌处理后的培养液，凝固后于30℃下放置2d，即得培养基。

6　试样

（1）取样

将取样的一卷油毡切除距外层卷头2500mm后，顺纵向裁取长度为100mm的全幅油毡两块，一块（A）作霉菌试验用，另一块（B）留作备用，如图3-60所示。

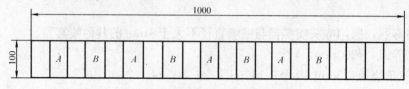

图3-60　油毡耐霉菌试验用试样

（2）试件尺寸和数量

试件的尺寸和数量如表3-26所示（其中3块用于霉菌试验，另一块用作空白试验），每组试样分别编号。

试件的尺寸和数量　　　　表3-26

项　目	数量 块	尺寸，mm
质量损失率	4	100×50
拉力损失率	4	100×50

（3）试件处理和称量

用毛刷刷去试件表面浮动撒布料，将测定质量变化的试件在0.08MPa真空度的真空干燥器中干燥1h，取出称重，精确至0.0001g，记录每一试件的质量，然后将其中三块试件均用软化点90℃以上的建筑石油沥青或软化点70℃以上的煤沥青封边，分别称量封边试件质量。

用于测拉力变化的试件不需要进行处理。

7　试验程序

（1）试验条件

温度为（28±2）℃，相对湿度为95%～99%。

（2）菌种存活性的检验

向培养基表面喷射混合菌液，按7（1）的条件培养3～4d，若菌种没有大量繁殖，则认为这种混合菌液不能用于试验，须重新获取。

（3）菌液制备

a.单一菌种悬浮液的制备

在50ml三角烧瓶中加入0.005%气溶胶OT 10ml，然后加入30ml无菌水，将取菌环进行消毒杀菌，用取菌环取五环某一菌种加入水中猛烈摇晃，使其充分分散，用消毒纱布过滤，滤液作为此单一菌种悬浮液置于另外一个50ml三角烧瓶中，加蒸馏水补至40ml，盖上盖子备用,此悬浮液超过 24h 即不能使用,五种菌种均制成单一菌种悬浮液备用。

b. 混合菌液的制备

将五种单一菌种悬浮液各取 10ml 加入 100ml 的烧瓶中摇匀即成试验用混合菌液,塞上瓶塞,配制后 24h,即不能使用。

(4) 试件的准备和接种

将试件放入杀菌后的培养皿中,试件间或试件与器壁间不能接触。

用喷雾器向每一培养皿内的试件表面均匀喷混合菌液,使其覆盖住整个试件表面,必须防止小水珠滴在试件表面。

(5) 培养

盖上培养皿盖,将培养皿放在温度为 (28±2)℃ 和相对湿度 95%～99% 的霉菌试验箱内进行培养。

培养时间:外观检验 6 周;物性检验 8 周。

8　试件的检验

(1) 试件表面霉变情况

检查试件上霉菌的生长情况作为表面霉变程度的评定,用肉眼和 5 倍放大镜检查试件表面霉变情况。

(2) 试件的质量变化的测定

试验结束后,用毛刷刷去试件表面的菌毛,然后在真空干燥器中于 0.08MPa 下干燥 1h,称量试件,精确至 0.0001g,计算每一试件的试验前后的质量差。

(3) 试件拉力变化的测定

按 GB 328.6 [见本章第二节一(二十八) 6] 测出拉力变化。

9　结果的表示和计算

(1) 记录每个试件外观检验的结果,其长霉的程度分级如下:

0 级——在放大镜下也看不到长霉;

1 级——用肉眼几乎看不到长霉,但在放大镜下观察较为明显;

2 级——用肉眼能清楚地看到试件表面长霉,但覆盖面不超过 50%;

3 级——用肉眼能清楚地看到试件表面长霉,其覆盖面大于 50%。

(2) 质量变化

试件因霉菌腐蚀作用而发生的质量变化百分率 A 按式 (3-36) 计算:

$$A = \frac{W_2 - W_3}{W_1} \times 100 \tag{3-36}$$

式中　A——腐蚀后质量变化百分率,%;
　　　W_1——腐蚀前未封边试件质量,g;
　　　W_2——腐蚀前封边试件质量,g;
　　　W_3——腐蚀后封边试件质量,g。

取三组试样的算术平均值,精确到小数点后第一位。

(3) 拉力变化

试件因霉菌腐蚀作用而发生拉力变化百分率,按式 (3-37) 计算:

$$P = \frac{P_1 - P_2}{P_1} \times 100 \tag{3-37}$$

式中　P——腐蚀后试件拉力变化的百分率，%；
　　　P_1——腐蚀前试件拉力，N；
　　　P_2——腐蚀后试件拉力，N。
取三组试样的算术平均值，精确到小数点后第一位。

（五）附录 B　油毡人工加速气候老化试验方法（补充件）

1　主题内容与适用范围

本方法规定了玻纤胎油毡人工加速气候老化的试验方法。

本方法适用于玻纤胎油毡。

2　方法提要

把玻纤胎油毡裁成规定尺寸的试样悬挂在人工加速气候老化箱中，控制一定的温度、湿度、降雨量和光照时间，使试样暴露至规定周期后进行有关性能的测试，并评价结果。

3　仪器设备及材料

（1）人工加速气候老化试验箱（简称试验箱）：光源为 4.5～6.5kW 管状氙弧灯，样板与光源中心距离为 250～400mm。

（2）黑板温度计：20～100℃，最小刻度 1℃。

注：黑板温度计是一块规格为 150mm×70mm、厚（0.9±0.1）mm 上面涂一层黑色耐光釉的钢板，并装有与钢板紧密接触的双金属片或热电偶，加上温度显示盘便构成黑板温度计。用以测量转架上试样受光面的表面温度。

（3）冰箱：控温精度±2℃。

（4）恒温玻璃水槽：规格 440mm×350mm×300mm。

（5）铝板：长宽与试样相适应，厚 0.8mm。

（6）铁夹、牛皮纸。

（7）拉力机：分度值符合 GB 328.6 中规定的拉力机。

（8）分析天平：感量 0.0001g。

（9）真空泵：30l。

（10）真空表：0～0.1MPa，精度 0.4 级。

（11）电热真空干燥器：ϕ350～ϕ400mm，真空度 0.0997MPa。

（12）抽气阀：玻璃真空三通阀门两只。

（13）调压阀：玻璃真空二通阀门一只。

（14）真空耐压胶管。

（15）真空脂。

（16）试样架：可用铜丝和胶木板制作，其尺寸与试样的尺寸、试样的数量相适应。

（17）钢直尺：150mm。

（18）毛刷。

（19）试验用水：试验箱内人工降雨用去离子水，内壁冷却用自来水。

4　试样

（1）取样

将抽取的一卷油毡切除距外层卷头 2500mm 后，沿纵向截取长度为 500mm 的全幅卷材两块，一块作老化试验，一块备用。

(2) 试样和试件的制备

a. 按图 3-61 所示部位和表 3-27 要求的尺寸和数量在样品上切取试样。

b. 按图 3-62 所示部位和表 3-28 所要求的尺寸和数量分别在老化前后的试样上切取试件。

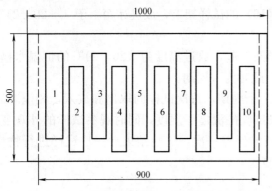

图 3-61 试样切取部位示意图

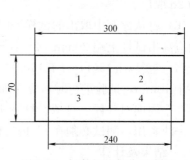

图 3-62 试件切取部位示意图

试样的尺寸和数量　　　　　　　表 3-27

项 目	规 格	数 量
老化试样	300mm×70mm	2
对比试样	300mm×70mm	2
留存试样	300mm×70mm	2

试样的尺寸和数量　　　　　　　表 3-28

项 目	规 格	数 量	备 注
失重率	120mm×25mm	8	4 块为空白试样 4 块作老化试验
拉力变化率	120mm×25mm	8	用测失重率后的试件

5　试验条件

(1) 试验箱

温度：空气温度 (45±2)℃，黑板温度 (60±5)℃；

相对湿度：65%±5%；

降雨量：喷水的喷射压力为 0.1MPa，降雨量为 (0.16±0.01)l/min；

光照和降雨周期：试样先光照 48min 后立即雨淋并同时光照 12min。

(2) 冰冻温度：(-20±2)℃。

(3) 浸水温度：(20±2)℃。

6　试验步骤

表 3-29 规定了老化试验一个循环周期所需的时间，总试验时间为 27 周期。

老化试验一个循环周期的时间　　　　　　　表 3-29

试验条件	试验时间 h	试验条件	试验时间 h
光照和雨淋	18	浸水[(20±2)℃]	2
冷冻[(-20±2)℃]	2	总计	22

(1) 试验时将试样受光面的矿物隔离材料刷除干净,然后在试样的两端衬上牛皮纸,将其贴在铝板上,用铁夹夹紧,将夹好的试样和黑板温度计分别挂在试样转架上,温度计正面朝光源,喷水压力为 0.1MPa,光照雨淋周期为光照 48min,雨淋并同时光照 12min,循环试验 18h 后停机。

(2) 从试验箱中取出试样插于(五)3(16) 的试样架上,放进冰箱,于(-20±2)℃下冷却 2h 取出。

(3) 将从冰箱中取出的试样连同试样架一起,放进温度为 (20±2)℃的恒温水槽内,水面应高出试样上端 20mm,2h 后取出,此时为一周期。

(4) 重复(五)6(1)~(五)6(3)操作 27 个周期,每次试样的取出和放入,相隔时间不得多于 10min,试验进行时,应详细记录试验的温度、湿度,同时观察试样的外观变化,每隔 3 个周期对气候、灯罩、灯管进行清洁保养一次,试验结束后一块试样进行物性测试,一块备用,测试必须在 8h 内进行完毕。

7 结果及计算

(1) 外观

观察并记录老化后试样表面有无泛白、裂纹、起泡等现象。

(2) 物理性能

a. 失重率

取空白试样和老化后试样,按(五)4(2)切取试件,分别测量其长宽,精确至 1mm,将试件放入电热真空干燥器,在 0.08MPa 真空度条件下干燥 1h 后称重,由此计算出试件的单位面积质量 G_0、G_1,失重率 G 按式(3-38)计算:

$$G = \frac{G_0 - G_1}{G_0} \times 100 \tag{3-38}$$

式中 G——失重率,%;

G_0——空白试件单位面积质量,g/m;

G_1——老化后试件的单位面积质量,g/m^2。

计算时取数值最接近的三个试件的平均值作为试验结果,精确至小数点后二位。

b. 拉力变化率

取测完失重率后的试件,按 GB 328.6 方法〔见本章第二节一(二十八)6〕测试老化前和老化后的拉力。

拉力变化率 P 按式(3-39)计算:

$$P = \frac{P_0 - P_1}{P_0} \times 100 \tag{3-39}$$

式中 P——拉力变化率,%;

P_0——老化前试件的拉力值,N;

P_1——老化后试件的拉力值,N。

计算时取数值最接近的三个试件的算术平均值作为试验结果,精确到小数点后一位。

8 试验报告

报告应包括下述内容:

a. 光源的类型和瓦数;

b. 样板位置与光源（中心）位置；
c. 运转时的黑板温度；
d. 运转时箱内温度和相对湿度；
e. 雨量，L/min；
f. 试样的外观变化、失重率和拉力变化率。

三、石油沥青玻璃纤维布胎防水卷材

石油沥青玻璃纤维布胎防水卷材简称玻璃布油毡，是采用玻璃纤维布为胎基材料，浸涂石油沥青并在两面涂撒矿物隔离材料所制成的可卷曲的片状防水材料。其产品已发布 JC/T 84—1996 行业标准。

玻璃布油毡幅宽为 1000mm，其拉抻强度、柔韧性较好，耐腐蚀性较强，吸水率低，耐久性比石油沥青纸胎油毡提高一倍以上，适用于铺设地下防水防腐层，并用于屋面作防水层及金属管道（热管道除外）的防腐保护层。

（一）产品的分类和标记

玻璃布油毡按其物理性能分为一等品（B）和合格品（C）。产品按其名称、等级、本标准号依次标记。玻璃布油毡一等品标记示例如下：玻璃布油毡 B JC/T 84。

（二）技术要求

玻璃布油毡每卷重应不小于 15kg（包括不大于 0.5kg 的硬质卷芯）。

每卷油毡面积为 (20±0.3)m²。

油毡的外观质量应符合下列要求：

（1）成卷油毡应卷紧。
（2）成卷油毡在 5~45℃ 的环境温度下应易于展开，不得有粘结和裂纹。
（3）浸涂材料应均匀、致密地浸涂玻璃布胎基。
（4）油毡表面必须平整，不得有裂纹、孔眼、扭曲折纹。
（5）涂布或撒布材料均匀、致密地粘附于涂盖层两面。
（6）每卷油毡的接头应不超过一外，其中较短一段不得少于 2000mm，接头外应剪切整齐，并加长 150mm 备作搭接。

玻璃布油毡的质量执行 JC/T 84—1996 标准，其物理性能应符合表 3-30 的规定。

玻璃布油毡的物理性能 (JC/T 84—1996)   表 3-30

项目	等级		一等品	合格品
可溶物含量，g/m² ≥			420	380
耐热度[(85±2℃),2h]			无滑动、起泡现象	
不透水性	压力，MPa		0.2	0.1
	时间不小于 15min		无渗漏	
拉力(25±2)℃时纵向，N ≥			400	360
柔度	温度，℃ ≥		0	5
	弯曲直径 30min		无裂纹	
耐霉菌腐蚀性	重量损失，% ≤		2.0	
	拉力损失，% ≤		15	

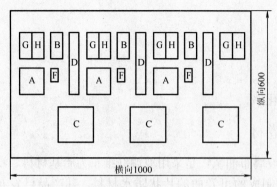

图 3-63 试件切取部位

（三）试验方法

1 卷重、面积、外观

按 GB 326 附录 A 进行 ［见本节一（五）］。

2 物理性能

（1）将取样的一卷油毡切除距外层卷头 2500mm 后，顺纵向截取长宽为 600mm 的全幅卷材两块，一块作物理性能试验试件用，另一块备用。

（2）试件的切取倍位如图 3-63 所示，试件尺寸和数量如表 3-31 所示。

试件尺寸和数量　　　　　表 3-31

试验项目	试件部位	试件尺寸　mm	试件数量　个
可溶物含量	A	100×100	3
耐热度	B	100×50	3
不透水性	C	150×150	3
拉力	D	250×25	3
柔度	F	60×30	3
耐霉菌腐蚀性：			
重量损失	G	100×50	4
拉力损失	H	100×50	4

（3）可溶物含量

按 JG 504 附录 A 进行 ［见本节四（四）2］。

（4）耐热度

按 GB 328.5 试验方法进行 ［见本章第二节一（二十八）5］。

（5）不透水性

按 GB 328.3 试验方法进行，在试件与金属板之间加二层 350 号原纸 ［见本章第二节一（二十八）3］。

（6）拉力

按 GB 328.6 试验方法进行 ［见本章每二节一（二十八）6］。

（7）柔度

按 GB 328.7 试验方法进行 ［见本章第二节一（二十八）7］。

（8）耐霉菌腐蚀性

按 GB/T 14686 附录 A 进行 ［参见本节二（四）］

四、石油沥青玻璃纤维毡胎铝箔面防水卷材

石油沥青玻璃纤维毡胎铝箔面防水卷材简称铝箔面油毡，是采用玻璃纤维毡为胎基，浸涂氧化沥青，在其上表面用压纹铝箔贴面，底面撒以细颗粒矿物材料或覆盖聚乙烯（PE）膜所制成的一种具有热反射和装饰功能的防水卷材。该产品已发布 JC 504—92 建材行业标准。

(一) 产品的分类和标记

铝箔面油毡按其物理性能分为优等品（A）、一等品（B）、合格品（C）等三个等级。

铝箔面油毡按其标称质量分为 30 号和 40 号两种标号，其规格幅宽为 1000mm。30 号铝箔面油毡的厚度不小于 2.4mm；40 号铝箔面油毡的厚度不小于 3.2mm。30 号铝箔面油毡适用于多层防水工程的面层；40 号铝箔面油毡既适用于单层防水工程的面层，又适用于多层防水工程的面层。

铝箔面油毡产品应按下列顺序标记：产品名称、标号、质量等级、本标准号。优等品 30 号铝箔面油毡的标记示例如下：

铝箔面油毡　　　　30A　　　JC 504

(二) 技术要求

每卷油毡的面积为 $(10\pm 0.1)m^2$。其卷材质量应符合表 3-32 的规定。

铝箔面油毡卷材质理（JC 504—92）　　表 3-32

标　号	30 号	40 号
标称质量(kg)	30	40
最低质量(kg)	28.5	38.0

本品外观质量应符合下列要求：

(1) 成卷油毡应卷紧、卷齐，卷筒两端厚度差不得超过 5mm，端面里进外出不得超过 10mm。

(2) 成卷油毡在环境气温 10～45℃时，应易于展开，距卷芯 1000mm 处不得有长度在 10mm 以上的裂纹。

(3) 铝箔与涂盖材料应粘结牢固，不允许有分层或气泡现象。

(4) 铝箔表面应洁净，花纹排列整齐有序，不得有污迹、折皱、裂纹等缺陷。

(5) 在油毡贴铝箔的一面上沿纵向留一条宽 50～100mm 的无铝箔的搭接边，在搭接边上撒细颗粒隔离材料或用 0.005mm 厚聚乙烯薄膜覆面，聚乙烯膜应粘结紧密，不得有错位或脱落的现象。

(6) 每卷油毡接头不应超过 1 处，其中较短的一段不应小于 2500mm，接头处应裁剪整齐，并加长 150mm 备作搭接。

铝箔面油毡的物理性能应符合表 3-33 的要求。

铝箔面油毡物理性能（JC 504—92）　　表 3-33

标号　等级　项目	30 号			40 号		
	优等品	一等品	合格品	优等品	一等品	合格品
可溶物含量 g/m² ≥	1600	1550	1500	2100	2050	2000
拉力 N(纵横均不小于)	500	450	400	550	500	450
断裂伸长率%(纵横均不小于)	2					
柔度℃ ≤	0	5	10	0	5	10
	绕半径 35mm 圆弧，无裂纹					
耐热度	(80 ± 2)℃,受热 2h 涂盖层应无滑动					
分层	(50 ± 2)℃,7d 无分层现象					

(三) 试验方法

1　卷重、面积、外观质量检查按 GB 326 附录 A 进行 [见本节一（四）]。

2　厚度按［四（五）］附录B进行。

3　物理性能按［四（四）］附录A进行。

（四）附录A　铝箔面油毡物理性能试验方法（补充件）

1　总则

（1）试验条件

按 GB 328.1 执行［见本章第二节一（二十八）］。

（2）试样

a. 将取样的一卷卷材切除距外层卷头 2500mm 后，顺纵向切取长度为 500mm 的全幅卷材试样两块。一块作物理性能检验试件用；另一块备用。

b. 按图 3-64 所示的部位及表 3-34 规定的尺寸和数量切取试件。

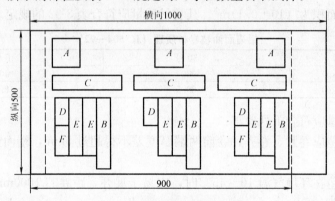

图 3-64　试件切取部位示意图

试件尺寸和数量表　　　　表 3-34

试件项目		试件部位	试件尺寸(mm)	数量
可溶物含量		A	100×100	3
拉力及延伸率	纵	B	250×50	3
	横	C	250×50	3
耐热度		D	100×50	3
柔度		E	200×50	6
分层		F	100×50	2

（3）结果评定与处理

按 GB 328.1 执行［见本章第二节一（二十八）1］。

2　可溶物含量

（1）溶剂

四氯化碳、三氯甲烷或三氯乙烯，工业纯或化学纯。

（2）仪器

a. 分析天平：感量 0.001g 或 0.0001g；

b. 萃取器：500mL 索氏萃取器；

c. 加热器：电炉或水浴（具有电热或蒸汽加热装置）；

d. 干燥箱：具有恒温控制装置；

e. 毛刷：细软毛刷或笔；

f. 称量瓶或表面皿；

g. 镀镍钳或镊子；

h. 干燥器：$\phi 250 \sim \phi 300$mm；

i. 金属支架或夹子；

j. 软质胶管；

k. 滤纸：直径不小于150mm；

l. 裁纸刀及棉线。

(3) 试件准备

按（五）1（2）b 切取的三块试件（A），轻轻刷净，以除掉松散的隔离材料，分别称量，得出卷材单位面积质量。

(4) 测定步骤

a. 称量后的三块试件分别用滤纸包好并用棉线捆扎，三块试件连滤纸一起进行称量（G）。

b. 将滤纸包置于萃取器中，用规定的溶剂（溶剂量为烧瓶容量的1/2～2/3）进行加热萃取，直到回流的溶剂无色为止，取出滤纸包，使吸附的溶剂先行蒸发。放入预热至105～110℃的干燥箱中干燥1h，再放入干燥器内冷却至室温。

c. 将冷却至室温的滤纸包放在已称量的称量盒或表面皿中一起称量，减去称量盒质量，即为试件萃取后的滤纸包重（P）。

d. 可溶物含量按式（3-40）计算：

$$A=(G-P)\times 100/3 \tag{3-40}$$

式中　A——可溶物含量，g/m^2；
　　　G——萃取前滤纸包重，g；
　　　P——萃取后滤纸包重，g。

3　拉力及断裂延伸率

(1) 仪器及材料

拉伸试验机：所用的拉伸试验机必须能同时测定拉力与延伸率。测力范围不小于2000N，最小读数为5N，伸长范围应能保证试验的正常进行，其夹具夹持宽度应不小于50mm。

(2) 试验条件

试验温度：(25 ± 2)℃。

(3) 试件准备

将按（四）1（2）b 切取的三块试件（B 和 C），置于试验温度下干燥不少于1h。

(4) 试验步骤

a. 校准拉伸试验机。

b. 根据不同的标号选择好合适的量程和记录仪坐标纸牵引速度。

c. 将处理后的试件夹持在夹具中心，不得歪扭，上下夹具之间的距离为180mm，拉伸速度为50mm/min。

d. 先启动记录仪，随后启动位伸试验机，至受拉试件被拉断为止。

(5) 结果及处理

a. 拉力值为数字显示仪的最大值或记录曲线的应力坐标的最高值，取三块试件的平均值为结果。

b. 断裂时的延伸值可根据记录曲线、应变坐标的长度、坐标纸牵引速度及拉伸试验机的拉伸速度求得。

c. 断裂延伸率按式（3-41）计算：

$$\varepsilon_R = \frac{\Delta L}{180} \times 100 \tag{3-41}$$

式中　ε_R——断裂延伸率，%；
　　　ΔL——断裂时的延伸值，mm；
　　　180——上下夹具间距离，mm。

d. 当试件断裂处与夹具之间的距离小于 20mm 时，该试件试验结果无效。应在备用试样上另行切取试件，重新试验，以三块试件的平均值为结果。

4　柔度

(1) 仪器与材料

a. 恒温水槽或保温瓶；

b. 温度计：0~50℃，精确度 0.5℃；

c. 柔度弯曲器：r＝35mm 的金属或硬木质弯板（图 3-65）。

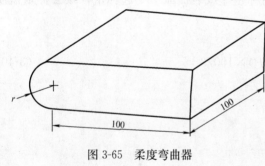

图 3-65　柔度弯曲器

(2) 试件准备

按（四）1（2）b 切取的六块试件（E）和弯板，同时放在柔度指标规定温度的液体中。

(3) 试验步骤

a. 试件和弯板经 30min 浸泡后，自液体中取出，立即沿弯板用手在约 3s 的时间内按均衡速度弯曲成 180°。

b. 六块试件中，三块试件的下表面及另外三块试件的上表面与弯板面接触。

(4) 试验结果

用肉眼观察试件表面有无裂纹。

5　耐热度

按（五）1（2）b 切取的三块试件（D），再按 GB 328.5〔见本章第二节一（五），参见表 3-4〕方法进行试验。

6　分层

(1) 仪器及工具

a. 超级恒温器或电热恒温烘箱；

b. 水槽：直径不小于 250mm，深度不小于 80mm；

c. 试件架。

(2) 试验步骤

a. 将水槽中的水用超级恒温器或电热恒温烘箱保温稳定在（50±2）℃，放好试件架。

b. 按（五）1（2）b 切取的两块试件（F）置于试件架上，保证试件全部浸入水中，水面应高于试件上端10mm以上，浸泡7d。

(3) 试验结果

用肉眼观察试件切面是否出现分层。

（五）附录 B　油毡厚度的检测方法（补充件）

1　主题内容与适用范围

本标准规定了油毡厚度的检测方法。

本标准适用于铝箔面油毡和允许采用本方法的其他防水材料的检测。

2　检测仪器

厚度计：分度值为 0.01mm，测点接触面积为 $(2\pm0.005)cm^2$，单位面积（cm^2）压力为 0.1MPa。

3　检测方法

沿油毡切割边由距自然边 100mm 处起，每隔 200mm 测一点，共测五点，五次算术平均值作为该卷油毡的厚度。

4　结果评定

以抽样卷数的油毡厚度平均结果作为油毡厚度值。

五、煤沥青纸胎防水卷材

煤沥青纸胎防水卷材即煤沥青纸胎油毡（简称油毡），是采用低软化点煤沥青浸渍原纸，然后用高软化点煤沥青涂盖油纸两面，再涂或撒布隔离材料所制成的一种纸胎可卷曲的片状防水材料。该产品已发布 JC 505—92 建材行业标准。

（一）产品的分类和标记

煤沥青纸胎油毡按可溶物含量和物理性能分为一等品和合格品两个等级。

煤沥青纸胎油毡其品种规格按所用隔离材料分为粉状面和片状面两个品种。

煤沥青纸胎油毡幅宽分为 915mm 和 1000mm 两种规格，按原纸质量［每 $1m^2$ 质量（g）］分为 200 号、270 号和 350 号三种标号。

200 号煤沥青纸胎油毡适用于简易建筑防水、建筑防潮及包装防潮等；270 号煤沥青纸胎油毡和 350 号煤沥青纸胎油毡适用于建筑工程防水、建筑防潮和包装防潮等，与聚氯乙烯改性煤焦油防水涂料复合，也可用于屋面多层防水。350 号油毡还可用于一般地下防水。

产品按下列顺序标记：产品名称、品种、标号、质量等级、本标准号，标记示例如下：

a. 一等品（B）350 号粉状面（F）煤沥青纸胎油毡：

煤沥青纸胎油毡　F　350　B　JC 505；

b. 合格品（C）270 号片状面（P）煤沥青纸胎油毡：

煤沥青纸胎油毡　P　270　C　JC 505。

（二）技术要求

1　每卷油毡的重量应符合表 3-35 的规定。

2　外观质量要求如下：

（1）成卷油毡应卷紧、卷齐。卷筒的两端厚度差不得超过 5mm，端面里进外出不得超过 10mm。

煤沥青油毡的质量要求（kg） 表 3-35

标　号	200 号		270 号		350 号	
品种	粉毡	片毡	粉毡	片毡	粉毡	片毡
质量　不小于	16.5	19.0	19.5	22.0	23.0	25.5

（2）成卷油毡在环境温度 10~45℃时，应易于展开。不应有破坏毡面长度 10mm 以上的粘结和距卷芯 1000mm 以外，长度在 10mm 以上的裂纹。

（3）纸胎必须浸透，不应有未浸透的浅色斑点；涂盖材料应均匀致密地涂盖油纸两面，不应有油纸外露和涂油不均的现象。

（4）毡面不应有孔洞、硌（楞）伤、长度 20mm 以上的疙瘩或水渍、距卷芯 1000mm 以外长度 100mm 以上的折纹和折皱；20mm 以内的边缘裂口或长 50mm、深 20mm 以内的缺边不应超过四处。

（5）每卷油毡的接头不应超过一处，其中较短的一段长度不应小于 2500mm，接头处应剪切整齐，并加长 150mm 备作搭接。合格品中有接头的油毡卷数不得超过批量的 10%，一等品中有接头的油毡卷数不得超过批量的 5%。

（6）每卷油毡总面积为（20±0.3）m²。

3　物理性能

油毡物理性能符合表 3-36 规定。

煤沥青油毡的物理性能要求 表 3-36

指标名称		标号 等级	200 号		270 号		350 号	
			合格品	一等品	合格品	一等品	合格品	一等品
可溶物含量,g/m²		不小于	450	560	510	660	600	
不透水性	压力 MPa,	不小于	0.05		0.05		0.10	
	保持时间,min	不小于	15	30	20	30	15	
			不渗漏					
吸水率(常压法),%　不大于		粉毡	3.0					
		片毡	5.0					
耐热度,℃			70±2	75±2	70±2	75±2	70±2	
			受热 2h 涂盖层应无滑动和集中性气泡					
拉力[(25±2)℃时,纵向],N　不大于			250	330	300	380	350	
柔度,℃　不大于			18	16	18	16	18	
			绕 φ20mm 圆棒或弯板无裂纹					

（三）试验方法

1　卷重、外观、面积按 GB 326 附录 A 执行 [参见本节一（四）]。

2　试验条件、试样和试验结果评定与处理按 GB 328.1 执行 [见本章第二节一

(二十八）1]。

3 可溶物含量按五（四）附录 A 执行。

4 不透水性按 GB 328.3 执行［见本章第二节一（二十八）3］。

5 吸水率按 GB 328.4 中常压吸水法执行［见本章第二节一（二十八）4］。

6 耐热度按 GB 328.5 执行［见本章第二节一（二十八）5］。

7 拉力按 GB 328.5 执行［见本章第二节一（二十八）6］。

8 柔度按 GB 328.7 执行［见本章第二节一（二十八）7］。

(四）附录 A　煤沥青纸胎油毡可溶物含量试验方法（补充件）

1 仪器、溶剂及材料

分析天平：感量 0.001g 或 0.0001g。

萃取器：250～500ml 索氏萃取器。

加热器：电热水浴锅。

干燥箱：具有恒温控制装置。

毛刷：细软毛刷或毛笔。

称量瓶或表面皿。

镀镍钳或镊子。

干燥器：$\phi 250\sim\phi 300mm$。

金属支架及夹子。

软质胶管。

溶剂：苯（分析纯）。

滤纸：直径不小于 150mm。

裁纸刀及棉线。

2 试件

试件尺寸、形状、数量及制备同 GB 328.1（见本章第二节二，参见表 3-5）中的浸涂材料含量试样。

3 试验步骤

(1) 试件处理

a. 将滤纸及棉线放入预热至 105～110℃ 的干燥箱中干燥 1h。取出放入干燥器内冷却至室温，迅速移入称量瓶或表面皿内进行称量（P）。

b. 将试件表面隔离材料刷除后，进行称量（W）。用滤纸包好试件，并用棉线捆扎。

(2) 萃取

将滤纸包置入萃取器中，用苯作溶剂（溶剂用量为烧瓶容量的 1/2～2/3），进行加热萃取，直到回流的溶剂呈淡黄色为止。取出滤纸包，晾干，放入预热至 105～110℃ 干燥箱中干燥 1h，再放入干燥器内冷却至室温。

(3) 称量

从干燥器内取出滤纸包，迅速移入称量瓶或表面皿内进行称量（G）。

4 结果计算与评定

(1) 单位面积可溶物含量按式（3-42）计算：

$$A=(P+W-G)\times 100 \tag{3-42}$$

式中　A——单位面积可溶物含量，g/m^2；
　　　P——滤纸及棉线（烘干后）的质量，g；
　　　W——100mm×100mm 试件萃取前的质量，g；
　　　G——萃取后滤纸包（烘干后）的质量，g。

(2) 可溶物含量以试验值的平均值作为试验结果。

(3) 如试验失败，不能得出结果，应取备用样重做，但须注明原因。

六、玻纤胎沥青瓦

玻纤胎沥青瓦简称沥青瓦，是一类以石油沥青为主要原料，加入矿物填料，采用玻纤毡为胎基、上表面覆以保护材料，用于铺设搭接法施工的坡屋面的沥青瓦。该产品现已发布了《玻纤胎沥青瓦》(GB/T 20474—2006) 标准。

(一) 产品的分类和标记

玻纤胎沥青瓦按其产品形式可分为平面沥青瓦（P）和叠合沥青瓦（L），平面沥青瓦是以玻纤毡为胎基，用沥青材料浸渍涂盖后，表面覆以保护隔离材料，并且外表面平整的沥青瓦，俗称平瓦；叠合沥青瓦是采用玻纤毡为胎基生产的沥青瓦，在其实际使用的外露面的部分区域，用沥青粘合一层或多层沥青瓦材料形成叠合状的一类沥青瓦，俗称叠瓦。产品按其上表面保护材料分为矿物粒（片）料（M）和金属箔（C）。胎基采用纵向加筋或不加筋的玻纤毡（G）。产品规格长度推荐尺寸为 1000mm，宽度推荐尺寸为 333mm。

产品按产品名称、上表面材料、产品形式、胎基和标准号顺序进行标记：例如：矿物粒料、平瓦、玻纤毡、玻纤胎沥青瓦的标记为：沥青瓦 MPG GB/T 20474—2006。

(二) 技术要求

1 原材料

(1) 在浸渍、涂盖、叠合过程中，使用的石油沥青应满足产品的耐久性要求，不应在使用进程中有轻油成分渗出。

(2) 所有使用的玻纤毡应是低碱或中碱玻纤，满足 GB/T 18840—2002 中 5.1、5.5.2 的要求，胎基单位面积质量不宜低于 $90g/m^2$。不得采用带玻纤网格布复合的胎基。

(3) 上表面保护材料的矿物粒（片）料应符合相关标准的规定，有合适级配和强度，不易变色和掉色；金属箔应有合适的强度。

(4) 沥青瓦的下表面应覆盖适当的材料，如粉碎的砂、滑石粉、防粘材料等，以防止在包装中相互粘结。

(5) 沥青瓦表面采用的沥青自粘胶应保证在使用过程中能将沥青瓦相互锁合粘结，不在使用过程中产生流淌，保证产品具有抗风能力。

2 产品要求

(1) 单位面积质量、规格尺寸

a. 矿物粒（片）料面沥青瓦质量不低于 $3.4kg/m^2$，厚度不小于 2.6mm；金属箔面沥青瓦质量不低于 $2.2kg/m^2$，厚度不小于 2.0mm。

b. 长度尺寸偏差为 ±3mm，宽度尺寸偏差为 +5mm、-3mm。

c. 切口深度不大于（沥青瓦宽度-43)/2，单位 mm。

(2) 外观

a. 沥青瓦在 10～45℃时，应易于打开，不得产生脆裂和破坏沥青瓦表面的粘结。胎基应为玻纤毡，胎基应被沥青完全浸透，表面不应有胎基外露，叠瓦的两层须用沥青材料粘结在一起。

b. 表面保护层必须连续均匀地粘结在沥青表面，以达到紧密覆盖的效果。矿物粒（片）料必须均匀，嵌入沥青的矿物粒（片）料不应对胎基造成损伤。

c. 沥青瓦表面应有沥青自粘胶和保护带。

d. 沥青瓦表面无可见的缺陷，如孔洞、未切齐的边、裂口、裂纹、凹坑和起鼓。

(3) 物理力学性能

沥青瓦的物理力学性能应符合表 3-37 的规定。

物理力学性能 (GB/T 20474—2006) 表 3-37

序号	项目		平瓦	叠瓦
1	可溶物含量/g/m² ≥		1000	1800
2	拉力/N/50mm ≥	纵向	500	
		横向	400	
3	耐热度(90℃)		无流淌、滑动、滴落、气泡	
4	柔度[a](10℃)		无裂纹	
5	撕裂强度/N ≥		9	
6	不透水性(0.1MPa,30min)		不透水	
7	耐钉子拔出性能/N ≥		75	
8	矿物料粘附性[b]/g ≤		1.0	
9	金属箔剥离强度[c]/N/mm ≥		0.2	
10	人工气候加速老化	外观	无气泡、渗油、裂纹	
		色差,ΔE ≤	3	
		柔度(10℃)	无裂纹	
11	抗风揭性能		通过	
12	自粘胶耐热度	50℃	发粘	
		75℃	滑动≤2mm	
13	叠层剥离强度/N ≥		—	20

a. 供需双方可以根据使用要求商定温度更低的柔度指标。
b. 仅适用于矿物粒（片）料沥青瓦。
c. 仅适用于金属箔沥青瓦。

(三) 试验方法

1 单位面积质量、规格尺寸

(1) 单位面积质量

分别称取 5 包沥青瓦的质量，扣除包装质量，计算每平方米沥青瓦质量，取平均值，精确到 0.1kg/m²。

(2) 规格尺寸

每包中各取一片沥青瓦，用精度 1mm 的尺测量每片沥青瓦的长度（不包括边缘突出的定位片）、宽度（从沥青瓦的最外端测量，见图 3-66 中 L_1、L_2），测量切口的深度（见

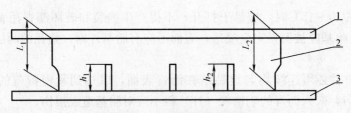

图 3-66 宽度、切口测量
1—直挡块；2—沥青瓦；3—直挡块

图 3-66 中 h_1、h_2），计算五片沥青瓦的平均值，精确到 1mm。

(3) 厚度

厚度按 GB 18242—2000 中 5.1.3 进行［参见本章第四节一（三）1（3）］，每片沥青瓦上非外露端测量两点，其间距不小于 500mm，共测量 5 片，取 10 点的平均值作为测定结果，精确到 0.01mm。

2 外观

目测，检查外观。

3 试件制备

试样的裁取尽量避开自粘面。没有规定时，每组试验的每个试件应取自不同包装中的不同沥青瓦（通常出厂检验需要从 5 包中各取一片以上，形式检验需要从 5 包中各取 3 片以上），试件距沥青瓦边缘不小于 10mm。沥青瓦的长度方向为纵向，宽度方向为横向。试件尺寸和数量见表 3-38。

试件尺寸和数量   表 3-38

试 验 项 目	试件方向	尺寸/mm	数量/个
可溶物、填料、矿物粒料含量	—	100×100	3
拉力	纵向、横向	180×50	各 5
耐热度	横向	100×50	3
柔度	纵向	150×25	10
撕裂强度	纵向	76×63	10
不透水性	—	150×150	3
耐钉子拔出性能	—	100×100	10
矿物料粘附性	纵向	265×50	3
金属箔剥离强度	纵向	200×75	5
人工气候加速老化	纵向	150×25	6
叠层剥离强度	横向	120×75	5
自粘胶耐热度	横向	100×50	3

4 可溶物含量、胎基类型

按 GB 18242—2000 中 5.2.2 进行［参见本章第四节一（三）3（2）］，叠瓦在叠合处裁取，可溶物含量取 3 个试件的平均值。然后将滤纸包打开，检查胎基类型，矿物粒（片）料对胎基是否产生破坏。

5 拉力

试件在平面处裁取，尽量避开叠合处。试验按 GB 18242—2000 中 5.3.3 进行［参见本章第四节一（三）3（3）］，拉伸速度为 100mm/min，夹具间距为 100mm。分别取纵向和横向 5 个试件的平均值，精确到 5N。

6 耐热度

试件从沥青瓦实际使用的外露部分裁取，叠瓦从叠合处裁取。试验按 GB 18242—2000 中 5.3.5 进行［参见本章第四节一（三）3（5）］，温度为（90±2）℃。

7 柔度

按 GB 18242—2000 中 5.3.6B 进行［参见本章第四节一（三）3（6）］，弯板直径 70mm，可以采用水为介质，试件从沥青瓦的平面处裁取，避开叠合处。

8 撕裂强度

(1) 原理

在规定的试验装置上，用规定质量的刀头，冲击试件，记录冲击力，作为测量沥青瓦的抗撕裂性能。

(2) 仪器设备

Elmendorf 撕裂强度试验仪或具有相同功能的其他设备。砝码质量 6400g，测量精度 0.1N。

(3) 试验步骤

按照表 3-38 规定裁取试件，每片沥青瓦上裁取的试件数量不超过 3 个，并且在单层非外露处裁取。试验前试件在（23±2）℃条件下放置至少 2h，并在该温度下进行试验。在试件的长边中央，与短边平行处开一深度 19mm 的割口。

采用全刻度范围的 Elmendorf 撕裂强度试验仪，试验时试件的矿物粒（片）料面背向刀片，当发生与试件固定件部分摩擦的撕裂数据要舍弃。试件的数量应能保证最终的有效数据 10 个。

(4) 结果表示

试验结果以 10 个数据的平均值表示，精确到 0.1N。

9 不透水性

按 GB 18242—2000 中 5.3.4 进行［参见本章第四节一（三）3（4）］，避开叠合处，按照表 3-38 在单层处取样，试件尺寸满足试验设备要求即可，试验结束检查试件是否渗水。

10 耐钉子拔出性能

(1) 原理

在规定的试验装置中，在规定条件下从沥青瓦试件中拔出固定用钉帽所需要的力。此试验对与沥青瓦抗风揭性能有关的复杂力学影响提供简单的测量。

(2) 仪器设备

a. 固定件：采用钉帽直径 9.5mm、钉杆直径 2mm、至少 26mm 长的标准镀锌屋面钉。

b. 夹持装置：由图 3-67 所示平板和图 3-68 所示基板组成，试验装置示意图见图 3-69。

(3) 试验步骤

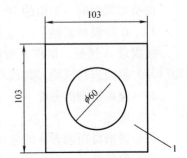

图 3-67 耐钉子拔出性能夹持装置的平板部分
1—钢板，厚度 1mm

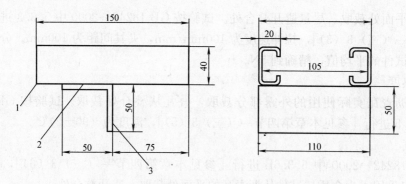

图 3-68　耐钉子拔出性能夹持装置的基板部分
1—电镀槽钢；2—两根槽钢焊接在角钢上；3—角钢，厚度3mm

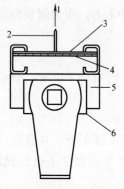

图 3-69　试验装置示意图
1—固定件拔出方向；2—固定件；3—夹持装置的平板部分；4—沥青瓦试件；5—夹持装置的基板部分；6—试验机夹头

无论是平瓦或叠瓦，应按照生产厂家说明书或包装，在布钉位置裁取试件，保证试件的中心位置处于布钉区。试件宜避开沥青瓦的切口位置。若按生产厂家要求的布钉区域包括叠合区域，在该区域的非叠合处裁取试件。每片沥青瓦裁取试件不多于 4 个，共裁取 10 个试件。

将固定件打入试件中心处，与正常沥青瓦施工一样，由矿物粒（片）料面穿入，从背面出来，钉帽靠在矿物粒（片）料表面，钉身由背面伸出。允许使用器具使钉子位于试件两个对角线交点的±6mm 范围内。

已钉好的试件在（23±2）℃条件下放置至少 1h，再进行拔出试验。

将图 3-67 所示平板部分居中放置在已布钉的试件上，与试件背面接触，钉身从平板中间的圆孔伸出，每个试件用一个新的钉子。

调节试验机的速度为 100mm/min，将图 3-68 所示的基板部分装入试验机的一个夹头上。把组装好的试件、钉子、平板放入夹持装置的基板部分的槽中，如图 3-69 所示，钉头向外，由试验机的另一夹头夹住。

在（23±2）℃下开动试验机，直到钉子从试件中拔出，记录最大力，精确到 1N。

（4）结果计算

试验结果用同一类型的 10 个试件的平均值表示，精确到 0.1N。

11　矿物料粘附性

按附录 A 进行，试件在沥青瓦的纵向外露部位裁取，避开叠层的叠合端处，用矿物粒（片）料面进行试验，共裁取 3 个试件，取 3 个试件的平均值，精确到 0.01g。

12　金属箔剥离强度

（1）原理

将金属箔覆面沥青瓦的金属箔从沥青瓦表面剥开，测量金属箔与沥青层的粘结效果。

（2）仪器设备

拉伸试验机：拉伸速度 100mm/min。

（3）试验步骤

在沥青瓦纵向裁取 5 个试件，用热铲刀把金属箔从沥青瓦表面剥起 20mm，试验前试件在（23±2)℃放置至少 4h。将金属箔夹在拉伸试验机的夹具一头内，将剥开试件的另一端夹在另一头，夹持宽度 100mm。

调节拉伸试验机速度为 100mm/min，在（23±2)℃开动拉伸试验机，直至试件金属箔剥开或试件断裂，记录最大拉力。

(4) 结果计算

计算每个试件单位宽度的剥离强度，单位为 N/mm，精确到 0.2N/mm。

试验结果以 5 个试件的平均值表示。

13　人工气候加速老化

按 GB/T 18244—2000［参见本章第二节二］中氙弧灯老化方法进行，试验累计辐照能量为 $1500MJ/m^2$（约 720h）。

老化后，取出试件在定温放置 24h。用肉眼观察有无气泡、渗油、裂纹。用色差计比较相同位置沥青瓦彩砂表面的颜色变化 ΔE，每个试件测量一点，取 6 个试件的平均值为试验结果。然后按（三）7 测定 6 个试件的柔度。

14　抗风揭性能

按附录 B 进行，风速为 97km/h，供需双方也可采用更高的风速，并在试验结果中注明。

15　叠层剥离强度

(1) 原理

测量叠层处两片材料从同一端分离的力，作为叠层剥离强度。

(2) 仪器设备

拉伸试验机：具有能以 90°角分离叠层的夹具。

(3) 试验步骤

按表 3-38 要求的数量在叠层处裁取，且在试件长度方向的一端有约 25mm 的单层部分，叠合部分先用人工分开约 25mm。

将试件夹在拉伸试验机的夹具上，如图 3-70 所示。启动试验机，拉伸速度为 50mm/min，记录试件的最大拉力。

(4) 结果计算

计算 5 个试件的平均值作为试验结果，精确到 2N。

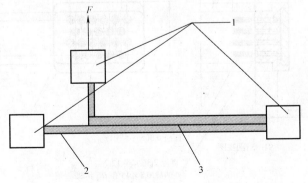

图 3-70　叠层剥离试验夹具示意图

1—夹具；2—沥青瓦单层处；3—沥青瓦叠层处

16 自粘胶耐热度

试件从沥青瓦上自粘胶位置裁取,自粘胶位于试件的中间。加热到(50±2)℃恒温 1h,用 PE 膜轻触表面,移去 PE 膜,检查 PE 膜上有无明显的黑色沥青,若有则为"发粘"。在 20min 内将温度升至(75±2)℃,并在此温度下保持 2h,取出检查自粘胶的滑移。

(四)附录 A(规范性附录) 矿物料粘附性试验方法

1 范围

本方法规定了沥青瓦的矿物料粘附性的测定装置与试验程序。

2 仪器设备

(1)天平

精确到 0.01g。

(2)用于裁取或冲切试件的机器

在所选长度方向宽(50±1)mm。

(3)室内条件

温度(23±2)℃,相对湿度(50±20)%。

(4)家用真空吸尘器

500W,通过 50mm 宽的附件吸气。

(5)刷洗机

刷子质量为(2268±7)g,并自动的作直线往复循环移动。摩擦长度 A 是(152±6)mm,平均移动速度是 50 个循环在 60～70s。刷洗机器应用合适的夹具,至少 50mm 宽,用于固定试件的两端。

(6)刷子

其上钻有 22 个孔,如图 3-71 所示,孔径 2.36mm。每个孔有 40 根直径 0.305mm 的不锈钢丝,最长 16.5mm,当短于 14.5mm 时需要更换刷子。

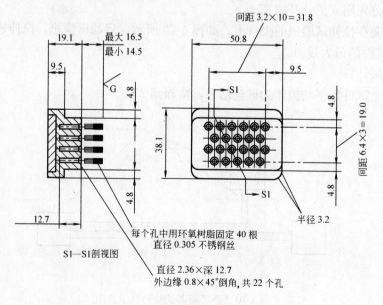

图 3-71 可更换刷子

刷子的有效面积在加荷载时不超过 $(32×20)\text{mm}^2$,有效刷洗面积 $[(152+32)×20]\text{mm}^2$。

3 试件和试样制备

(1) 试件:宽度 $(50±1)\text{mm}$,长度至少 230mm,沿卷材的长度方向。

(2) 从试样上裁取或冲切试件,3 个试件在 $(23±2)℃$ 的室内气候条件下放置 $(24±0.5)\text{h}$。用真空吸尘器的附件在试件表面小心移动,吸落下的颗粒。测定每个试件的质量 M_{1i},精确到 0.01g。

4 步骤

刷子的宽度方向与试件的长度方向平行,新刷子在使用前,应在废矿物粒(片)料卷材表面预刷 150 个循环再用于试验。所有不锈钢丝应长度相同,用精度至少 0.5mm 的钢尺测量长度。

完成 50 个循环,从刷洗机上取下试件。

每个试件重复该步骤。

用真空吸尘器的附件在试件表面移动,吸落下的颗粒。测定每个试件的质量 M_{2i},精确到 0.01g。

5 结果表示

测定颗粒脱落量 (M),用式 (3-43) 计算每个试件的颗粒脱落量,单位为 g,取 3 个试件的平均值。

$$M=M_{1i}-M_{2i} \qquad (3\text{-}43)$$

式中 M——颗粒脱落量,单位为克 (g);

M_{1i}——刷前试件质量,单位为克 (g);

M_{2i}——刷后试件质量,单位为克 (g)。

(五) 附录 B (规范性附录) 玻纤胎沥青瓦抗风揭试验方法

1 范围

本方法用于测定沥青瓦按制造商要求使用在低坡斜面时抗风吹揭的试验方法,用来测定沥青瓦自粘结或自锁定时在规定风速条件的抗吹落性能,也可以用来测定自粘结或自锁定沥青瓦在其他风速条件的抗吹落性能。

2 意义和用途

(1) 大部分沥青瓦用本试验说明其抗风性,证明使用时仍然保持完好。自然风的条件是跟强度、持续时间、紊流有关,这些超过了本试验模仿的要求。

(2) 许多因素影响沥青瓦使用时的自粘结性能,如:温度、时间、屋面坡度、灰尘和碎片的污染、安装错误的固定件的阻碍,从试验中无法得到所有这些因素的影响。但试验沥青瓦的自粘结性能时,本试验用来测定在规定条件下自粘结沥青瓦的代表性样品的抗风性能。

3 仪器设备

(1) 试验机:通过 914mm 宽、305mm 高的矩形口,吹出水平的气流。在出口处测量的风速为规定要求的 ±5%。固定试验板的可调节架子,安装的试验板能调节到相对于风口的任何角度及水平位置。

(2) 计时器:精确到分钟。

(3) 机械鼓风的箱体或烘房：适用于自粘结沥青瓦，使 1.20m 宽、1.68m 长或更长的、坡度 17％的试验板，在其中保持规定的 57～60℃温度，同时强制空气循环。

4 试验板制备

(1) 试验板用夹子紧固在相应的板框或合适的支架上，其尺寸至少（1.20×1.68）m，应坚硬不扭曲和变形，在试验的风速下不振动。

(2) 对于自粘结沥青瓦，根据制造商要求的安装方式，平行于试验板的短边，用自粘沥青瓦覆盖板。按照制造商要求的合适位置，使用屋面钉固定每片沥青瓦。除了工厂生产过程的自粘胶，不用水泥等来固定垂片。无论是施工时还是施工后，瓦片上不要受力。

(3) 对于自锁沥青瓦，根据制造商的要求安装方式，平行于板的短边，用自锁沥青瓦至少安装四排。保证沥青瓦超过试验板的外边，并用暴露的钉固定在试验板的侧边上。

(4) 在施工过程中保持温度在（27±8）℃，试验板的坡度在 17％。

5 养护条件

(1) 自粘结沥青瓦试验板养护条件

a. 试验前保持试验板的坡度在 17％，温度在（27±8）℃。

b. 放置试验板在试验箱或烘房内，坡度 17％，温度（57～60）℃，时间 16h。

c. 完成加热后，试验板回到坡度 17％、温度（27±8）℃条件放置。

d. 在处理过程中避免沥青瓦片扭曲和弯曲。

(2) 自锁定沥青瓦试验板养护条件

进行抗风试验前，保持试验板的温度在（27±8）℃，此处没有其他的条件。

6 试验步骤

(1) 试验板的位置

将试验板安装在支架上，调整与风出口间的位置，保证试验板从板底边向上算起的 1/3 位置处，与风出口水平位置下边的距离是（178±1）mm，并在同一高度。对于自粘结沥青瓦试验采用 17％的坡度，对于自锁定沥青瓦也采用该坡度，或制造商推荐的最低倾斜度。

对于每种沥青瓦至少试验两块试验板。

(2) 试验

试验时保持环境温度在（24±3）℃。

a. 当试验板安装就位后立即开动风扇，调节管口的风速到 97km/h，风速允许波动范围为±5％，或供需双方商定的更高风速。试验时间为 2h。

b. 在试验期间，观察者注意沥青瓦片的吹起，应记录整个沥青瓦的任何损坏，锁耳、垂片或沥青瓦片的脱落，包括粘结失效，同时记录发生的时间。

c. 若在试验期间发生破坏，停止吹风，记录经过的时间。标记产生破坏的点，导致一片或更多整个沥青瓦片固定的密封性破坏，或自锁沥青瓦从其锁定位置撕开或吹落锁耳或垂片，以及在试验中，沥青瓦自由部分吹起，如立起和翻折。

7 试验结果

(1) 没有沥青瓦片吹起，没有锁耳撕裂及吹落，认为该试验通过。

(2) 若装配的沥青瓦没有固定住，锁耳撕裂及吹落，或试验中沥青瓦任何自由部分吹起成 90°竖立或翻折，认为该试验不通过。

8 试验报告

（1）报告包括下列每个试件的通过信息：

试验时保持的风速和经过的时间。

（2）报告下列每个试件不通过的信息：

a. 固定的一片或更多自粘结沥青瓦粘结性能破坏，或自锁定沥青瓦从锁定位置撕裂，吹落锁耳或碎片的风速和经过时间。

b. 根据 7（2）报告破坏的形式。

（3）报告包括每个试件停止吹风前的照片。

第四节　高聚物改性沥青防水卷材

高聚物改性沥青防水卷材简称改性沥青防水卷材，俗称改性沥青油毡。

高聚物改性沥青防水卷材是以玻纤毡、聚酯毡、黄麻布、聚乙烯膜、聚酯无纺布、金属箔或两种材料复合为胎基，以掺量不小于 10% 的合成高分子聚合物改性沥青、氧化沥青为浸涂材料，以粉状、片状、粒状矿质材料、合成高分子薄膜、金属膜为覆面材料制成的可卷曲的片状类防水材料。

高聚物改性沥青防水卷材是采用改性后的沥青来作卷材浸涂材料的。普通石油沥青材料在低温条件下容易变硬发脆、裂缝，感温性强，长期受太阳光照的紫外线作用下，夏季高温软化，以致热解流淌，反复的热胀冷缩可引起沥青内应力的变化。在氧和臭氧等的综合作用下，沥青中的化学组分不断转变的结果，先是油质挥发，沥青脂胶的含量减少，塑性下降，脆性增加，粘结力减低，产生龟裂而"老化"。由于这些原因，故传统的石油沥青防水卷材制品难以满足建筑防水耐用年限的需要，我国从 20 世纪 70 年代中期开始研究开发合成高分子材料改性沥青。在沥青中添加一定量的高聚物改性剂，使沥青自身固有的低温易脆裂，高温易流淌的劣性得以改善，改性后的沥青不但具有良好的高低温性能，而且还具有良好的弹塑性（拉伸强度较高、伸长率较大）、憎水性和粘结性等。高聚物改性沥青防水卷材与沥青防水卷材相比较，改性沥青防水卷材的拉伸强度、耐热度及低温柔性均有一定的提高，并有较好的不透水性和抗腐蚀性。

高聚物改性沥青防水卷材是新型防水材料中使用比例较高的一类产品，现已成为防水卷材的主导产品之一，属中、高档防水材料，其中以聚酯毡为胎体的卷材性能最优，具有高拉伸强度、高延伸率、低疲劳强度等特点。

高聚物改性沥青防水卷材其特点主要是利用高分子聚合物的优良特性，改善了石油沥青的热淌、冷脆，从而提高了沥青防水卷材的技术性能。

高分子聚合物改性沥青防水卷材一般可分为弹性体聚合物改性沥青防水卷材、塑性体聚合物改性沥青防水卷材、橡塑共混体聚合物改性沥青防水卷材三大类，各类可再按聚合物改性体作进一步的分类，例如，弹性体聚合物改性沥青防水卷材可进一步分为 SBS 改性沥青防水卷材、SBR 改性沥青防水卷材、再生胶改性沥青防水卷材等。此处还可以根据卷材有无胎体材料分为有胎防水卷材、无胎防水卷材两大类。

高聚物改性沥青防水卷材目前国内广泛应用的主要品种其分类参见图 3-72。

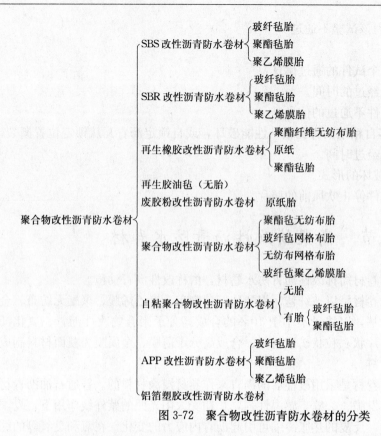

图 3-72 聚合物改性沥青防水卷材的分类

一、弹性体改性沥青防水卷材

弹性体改性沥青防水卷材是以苯乙烯—丁二烯—苯乙烯（SBS）热塑性弹性体为改性体，将石油沥青改性后作浸渍涂盖材料，以玻纤毡或聚酯毡等增强材料为胎基，以塑料薄膜、矿物粒、片料等作为防粘隔离层，经过选材、配料、共熔、浸渍、辊压、复合成型、卷曲、检验、分卷、包装等工序加工而制成的一种柔性中、高档可卷曲的片状防水材料。此类卷材一般称其为 SBS 改性沥青防水卷材，其产品已发布了 GB 18242——2000 国家标准。

（一）产品的分类和标记

产品按其胎基材料的不同，可分为聚酯胎（PY）和玻纤胎（G）等两类；按其上表面隔离材料的不同，可分为聚乙烯膜（PE）、细砂（S）以及矿物粒、片料（M）等三种；卷材按其不同的胎基、不同的上表面隔离材料可分为六个不同的品种，参见表 3-39。

弹性体改性沥青防水卷材的品种　　　　　　　　表 3-39

胎基 上表面材料	聚酯胎	玻纤胎
聚乙烯膜	PY-PE	G-PE
细砂	PY-S	G-S
矿物粒(片)料	PY-M	G-M

产品按其物理力学性能可分为 I 型和 II 型两个型号。

第四节 高聚物改性沥青防水卷材

产品幅宽为 1000mm，其厚度：聚酯胎卷材为 3mm 和 4mm；玻纤胎卷材为 2mm、3mm 和 4mm。每卷面积分为 15m²、10m² 和 7.5m²。

产品按弹性体改性沥青防水卷材、型号、胎基、上表面材料、厚度、标准号顺序标记，例如 3mm 厚砂面聚酯胎 I 型弹性体改性沥青防水卷材的标记为：SBS I PY S3 GB 18242。

(二) 技术要求

1 卷重、面积及厚度

卷重、面积及厚度应符合表 3-40 规定。

卷重、面积及厚度　　　　　　表 3-40

规格(公称厚度),mm		2		3			4					
上表面材料		PE	S	PE	S	M	PE	S	M	PE	S	M
面积 m²/卷	公称面积	15		10			10			7.5		
	偏差	±0.15		±0.10			±0.10			±0.10		
	最低卷重,kg/卷	33.0	37.5	32.0	35.0	40.0	42.0	45.0	50.0	31.5	33.0	37.5
厚度 mm	平均值,≥	2.0		3.0		3.2	4.0		4.2	4.0		4.2
	最小单值	1.7		2.7		2.9	3.7		3.9	3.7		3.9

2 外观

(1) 成卷卷材应卷紧卷齐，端面里进外出不得超过 10mm。

(2) 成卷卷材在 4～50℃任一温度下展开，在距卷芯 1000mm 长度外不应有 10mm 以上的裂纹或粘结。

(3) 胎基应浸透，不应有未被浸渍的条纹。

(4) 卷材表面必须平整，不允许有孔洞、缺边和裂口，矿物粒（片）料粒度应均匀一致并紧密地粘附于卷材表面。

(5) 每卷接头处不应超过 1 个，较短的一段不应小于 1000mm，接头应剪切整齐，并加长 150mm。

3 物理力学性能

物理力学性能应符合表 3-41 的规定。

弹性体改性沥青防水卷材物理力学性能 (GB 18242—2000)　　　　表 3-41

胎基			PY		G	
型号			I	II	I	II
可溶物含量/g/m² ≥		2mm	—		1300	
		3mm	2100			
		4mm	2900			
不透水性	压力/MPa ≥		0.3		0.2	0.3
	保持时间/min ≥		30			
耐热度/℃			90	105	90	105
			无滑动、流淌、滴落			
拉力/N/50mm ≥		纵向	450	800	350	500
		横向			250	300
最大拉力时伸长率/% ≥		纵向	30	40	—	
		横向				
低温柔度/℃			−18	−25	−18	−25
			无裂纹			

续表

胎基			RY		G	
型号			I	II	I	II
撕裂强度/N ≥		纵向	250	350	250	350
		横向			170	200
人工气候加速老化	外观		1级 无滑动、流淌、滴落			
	拉力保持率/% ≥	纵向	80			
	低温柔度/℃		−10	−20	−10	−20
			无裂纹			

注：表中1~6项为强制性项目。

4 原材料

（1）改性沥青

改性沥青应符合《弹性体改性沥青》（JG/T 905）的规定。

（2）胎基

采用的聚酯毡与玻纤毡作胎基，其规格、性能应符合《沥青防水卷材用胎基》（GB/T 18840）的规定。

（三）试验方法

1 卷重、面积及厚度

（1）卷重

用最小分度值为0.2kg的台秤称量每卷卷材的质量。

（2）面积

用最小分度值为1mm卷尺在卷材两端和中部三处测量宽度、长度，以长乘宽度的平均值求得每卷卷材面积。若有接头，以量出两段长度之和减去150mm计算。

当面积超出标准规定的正偏差时，按公称面积计算其卷重，当其符合最低卷重要求时，亦判为合格。

（3）厚度

使用10mm直径接触面，单位面积压力为0.02MPa，分度值为0.01mm的厚度计测量，保持时间5s。沿卷材宽度方向裁取50mm宽的卷材一条（50mm×1000mm），在宽度方向测量5点，距卷材长度边缘（150±15）mm向内各取一点，在两点中均分取其余3点。对砂面卷材必须清除浮砂后再进行测量，记录测量值。计算5点的平均值作为该卷材的厚度。以所抽卷材数量的卷材厚度的总平均值作为该批产品的厚度，并报告最小单值。

2 外观

将卷材立放于平面上，用一把钢板尺平放在卷材的端面上，用另一把最小分度值为1mm的钢板尺垂直伸入卷材端面最凹处，测得的数值即为卷材端面的里进外出值。然后将卷材展开按外观质量要求检查。沿宽度方向裁取50mm宽的一条，胎基内不应有未被浸透的条纹。

3 物理力学性能

（1）试件

将取样卷材切除距外层卷头 2500mm 后，顺纵向切取长度为 800mm 的全幅卷材试样两块，一块作物理力学性能检测用，另一块备用。

按图 3-73 所示的部位及表 3-42 规定的尺寸和数量切取试件。试件边缘与卷材纵向边缘间的距离不小于 75mm。

人工气候加速抗老化性能试件按 GB/T 18244 切取，共取两组。一组进行老化试验；一组作为对比试件，在标准条件下进行性能测定。

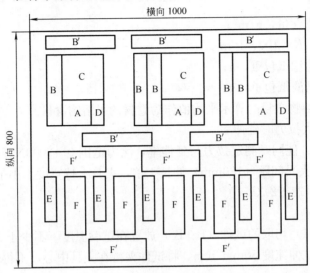

图 3-73 试件切取图

试件尺寸和数量　　　　　　　　　　表 3-42

试验项目	试件代号	试件尺寸(mm)	数量(个)
可溶物含量	A	100×100	3
拉力和延伸率	B、B′	250×50	纵横向各 5
不透水性	C	150×150	3
耐热度	D	100×50	3
低温柔度	E	150×25	6
撕裂强度	F、F′	200×75	纵横向各 5

（2）可溶物含量

a. 溶剂

四氯化碳、二氯甲烷、或三氯乙烯，工业纯或化学纯。

b. 试验器具

分析天平：感量 0.001g。

萃取器：500ml 索氏萃取器。

电热干燥箱：温度范围 0～300℃，精度±2℃。

滤纸：直径不小于 150mm。

c. 试验步骤

按（三）3（1）切取的三块试件（A）分别用滤纸包好并用棉线捆扎后，分别称量。

将滤纸包置于萃取器中,溶剂量为烧瓶容量 1/2~2/3 进行加热萃取,直至回流的溶剂呈浅色为止,取出滤纸包,使吸附的溶剂先挥发。放入预热至 105~110℃ 的电热干燥箱中干燥 1h,再放入干燥器中冷却至室温,称量滤纸包。

d. 计算

可溶物含量按式(3-44)计算:

$$A=K(G-P) \tag{3-44}$$

式中　A——可溶物含量,g/m^2;
　　　K——系数,$K=100$,$1/m^2$;
　　　G——萃聚前滤纸包重,g;
　　　P——萃聚后滤纸包重,g。

以 3 个试件可溶物含量的算术平均值作为卷材的可溶物含量。

(3) 拉力及最大拉力时延伸率

a. 拉力试验机:能同时测定拉力与延伸率,测力范围 0~2000N,最小分度值不大于 5N,伸长范围能使夹具间距(180mm)伸长 1 倍,夹具夹持宽度不小于 50mm。

b. 试验温度:(23±2)℃。

c. 试验步骤

将按(三)3(1)切取的试件(B、B′)放置在试验温度下不少于 24h。

校准试验机,拉伸速度 50mm/min,将试件夹持在夹具中心,不得歪扭,上下夹具间距离为 180mm。

启动试验机,至试件拉断为止,记录最大拉力及最大拉力时伸长值。

d. 计算

分别计算纵向或横向 5 个试件拉力的算术平均值作为卷材纵向或横向拉力,单位为 N/50mm。

延伸率按式(3-45)计算:

$$E=100(L_1-L_0)/L \tag{3-45}$$

式中　E——最大拉力时延伸率,%;
　　　L_1——试件最大拉力时的标距,mm;
　　　L_0——试件初始标距,mm;
　　　L——夹具间距离,180mm。

分别计算纵向或横向 5 个试件最大拉力时延伸率的算术平均值作为卷材纵向或横向延伸率。

(4) 不透水性

不透水性按 GB/T 328.3 进行,卷材上表面作为迎水面,上表面为砂面、矿物粒料时,下表面作为迎水面。下表面材料为细砂时,在细砂面沿密封圈一圈去除表面浮砂,然后涂一圈 60~100 号热沥青,涂平待冷却 1h 后检测不透水性。

(5) 耐热度

耐热度按 GB/T 328.5 进行,加热 2h 后观察并记录试件涂盖层有无滑动、流淌、滴落。任一端涂盖层不应与胎基发生位移，试件下端应与胎基平齐，无流挂、滴落。

(6) 低温柔度

a. 试验器具

低温制冷仪：范围 0～－30℃，控温精度±2℃。

半导体温度计：量程 30～－40℃，精度为 0.5℃。

柔度棒或弯板：半径 (r) 15mm、25mm，弯板示意图见图 3-74。

冷冻液：不与卷材反应的液体，如：车辆防冻液、多元醇、多元醚类。

b. 试验方法

A 法（仲裁法） 在不小于 10l 的容器中放入冷冻液（6l 以上），将容器放入低温制冷仪，冷却至标准规定温度。然后将试件与柔度棒（板）同时放在液体中，待温度达到标准规定的温度后至少保持

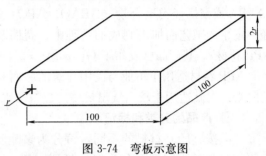

图 3-74 弯板示意图

0.5h。在标准规定的温度下，将试件于液体中在 3s 内匀速绕柔度棒（板）弯曲 180 度。

B 法 将试件和柔度棒（板）同时放入冷却至标准规定温度的低温制冷仪中，待温度达到标准规定的温度后保持时间不少于 2h，在标准规定的温度下，在低温制冷仪中将试件于 3s 内匀速绕柔度棒（板）弯曲 180 度。

c. 试验步骤

2mm、3mm 卷材采用半径 (r) 15mm 柔度棒（板），4mm 卷材采用半径 (r) 25mm 柔度棒（板）。

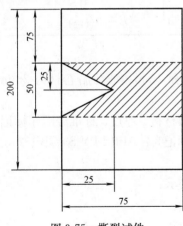

图 3-75 撕裂试件

6 个试件中，3 个试件的下表面及另处 3 个试件的上表面与柔度棒（板）接触。取出试件用肉眼观察。试件涂盖层有无裂纹。

(7) 撕裂强度

a. 拉力试验机：同（三）3（3）a 夹具夹持宽度不小于 75mm。

b. 试验温度：(23±2)℃。

c. 试验步骤

将按（三）3（1）切取的试件（F、F'）用切刀或模具裁成如图 3-75 所示形状，然后在试验温度下放置不少于 24h。

校准试验机，拉伸速度 50mm/min，将试件夹持在夹具中心，不得歪扭，上下夹具间距离为 130mm。

启动试验机，至试件拉断为止，记录最大拉力。

d. 计算

分别计算纵向或横向 5 个试件拉力的算术平均值作为卷材纵向或横向撕裂强度，单位 N。

(8) 人工气候加速老化

按 GB/T 18244（见本章第二节二，参见表 3-5）进行，采用氙弧光灯法，试验时间 720h（累计辐射能量约 1500MJ/m²）。

老化后，检查试件外观，测定纵向拉力与低温柔度，并计算纵向拉力保持率。

二、塑性体改性沥青防水卷材

塑性体改性沥青防水卷材是以聚酯毡或玻纤毡为胎基材料，浸涂由无规聚丙烯（APP）或聚烯烃类聚合物（APAO、APO）作改性剂的改性沥青，两面覆以隔离材料，经一定生产工艺而加工制成的一种中、高档改性沥青可卷曲的片状建筑防水卷材（统称 APP 卷材）。其产品已发布了 GB 18243—2000 国家标准。

APP 卷材适用于工业与民用建筑的屋面和地下防水工程，以及道路、桥梁等建筑物的防水，尤其适用于较高气温环境的建筑防水。

（一）产品的分类和标记

产品按其胎基材料的不同，可分为聚酯胎（PY）和玻纤胎（G）等两类；按其上表面隔离材料的不同，可分为聚乙烯膜（PE）、细砂（S）以及矿物粒、片料（M）等三种；卷材按其不同的胎基、不同的上表面隔离材料可分为六个不同的品种，参见表 3-43。

塑性体改性沥青防水卷材的品种　　　　表 3-43

上表面材料＼胎基	聚 酯 胎	玻 纤 胎
聚乙烯膜	PY-PE	G-PE
细砂	PY-S	G-S
矿物粒(片)料	PY-M	G-M

产品按其物理力学性能可分为Ⅰ型和Ⅱ型两个型号。

产品幅宽为 1000mm，其厚度：聚酯胎卷材为 3mm 和 4mm；玻纤胎卷材为 2mm、3mm 和 4mm。每卷面积分为 15m²、10m² 和 7.5m²。

产品按塑性体改性沥青防水卷材、型号、胎基、上表面材料、厚度、标准号顺序标记，例如，3mm 厚砂面聚酯胎Ⅰ型塑性体改性沥青防水卷材的标记为：APP Ⅰ PY S3 GB 18243。

（二）技术要求

1　卷重、面积及厚度同弹性体改性沥青防水卷材的要求。

2　外观质量要求同弹性体改性沥青防水卷材的要求。

3　物理力学性能。

APP 改性沥青防水卷材的物理性能应符合表 3-44 的要求。

4　原材料

（1）改性沥青

改性沥青应符合《塑性体改性沥青》（JG/T 904）的规定。

（2）胎基

采用的聚酯毡与玻纤毡作胎基，其规格、性能应符合《沥青防水卷材用胎基》（GB/T 18840）的规定。

塑性体改性沥青防水卷材物理力学性能（GB 18243—2000） 表3-44

胎基			PY		G	
型号			Ⅰ	Ⅱ	Ⅰ	Ⅱ
可溶物含量/g/m² ≥	2mm		—		1300	
	3mm		2100			
	4mm		2900			
不透水性	压力/MPa ≥		0.3		0.2	0.3
	保持时间/min ≥		30			
耐热度/℃①			110	130	110	130
			无滑动、流淌、滴落			
拉力/N/50mm ≥		纵向	450	800	350	500
		横向			250	300
最大拉力时伸长率/% ≥		纵向	25	40	—	
		横向				
低温柔度			−5℃	−15℃	−5℃	−15℃
			无裂纹			
撕裂强度/N ≥		纵向	250	350	250	350
		横向			170	200
人工气候加速老化	外观		1级			
			无滑动、流淌、滴落			
	拉力保持率/% ≥	纵向	80			
	低温柔度		3℃	−10℃	3℃	−10℃
			无裂纹			

① 当需要耐热度超过130℃卷材时，该指标可由供需双方协商确定。
注：表中1～6项为强制性项目。

（三）试验方法

塑性体改性沥青防水卷材的卷重、面积及厚度、外观，物理力学性能试验方法均同弹性体改性沥青防水卷材的试验方法。

三、改性沥青聚乙烯胎防水卷材

改性沥青聚乙烯胎防水卷材是指以改性沥青为基料，以高密度聚乙烯膜为胎体。以聚乙烯膜或铝箔为上表面覆盖材料，经滚压、水冷、成型制成的防水卷材。改性沥青聚乙烯胎防水卷材适用于工业与民用建筑的防水工程，上表面覆盖聚乙烯膜的卷材适用于非外露防水工程；上表面覆盖铝箔的卷材适用于外露防水工程。此产品已发布了《改性沥青聚乙烯胎防水卷材》（GB 18967—2003）国家标准。

（一）产品的分类和标记

改性沥青聚乙烯胎防水卷材按其基料的不同可分为改性氧化沥青防水卷材、丁苯橡胶改性氧化沥青防水卷材、高聚物改性沥青防水卷材等三类。改性氧化沥青防水卷材是指用增塑油和催化剂将沥青氧化改性后制成的防水卷材；丁苯橡胶改性氧化沥青防水卷材是指用丁苯橡胶和塑料树脂将氧化沥青改性后制成的防水卷材；高聚物改性沥青防水卷材是指用 APP、SBS 等高聚物将沥青改性后制成的防水卷材。

产品按其物理力学性能分为 I 型和 II 型。产品规格其幅宽为 1100mm；厚度为 3mm、4mm；面积每卷为 11m²。

产品按上表面覆盖材料的不同，可分为聚乙烯膜、铝箔等两个品种；卷材按不同基料、不同上表面覆盖材料分为五个品种，见表 3-45。

改性沥青聚乙烯胎防水卷材的品种　　　　表 3-45

上表面覆盖材料	基料		
	改性氧化沥青	丁苯橡胶改性氧化沥青	高聚物改性沥青
聚乙烯膜	OEE	MEE	PEE
铝箔		MEAL	PEAL

产品的代号如下：

改性氧化沥青	O（第一位表示）
丁苯橡胶改性氧化沥青	M（第一位表示）
高聚物改性沥青	P（第一位表示）
高密度聚乙烯膜胎体	E（第二位表示）
高密度聚乙烯覆面膜	E（第三位表示）

卷材按下列顺序标记：

卷材名称、基料、胎体、上表面覆盖材料、厚度、型号和本标准号。

例：3mm 厚的 I 型聚乙烯胎聚乙烯膜覆面高聚物改性沥青防水卷材，其标记如下：

改性沥青聚乙烯胎防水卷材：PEE 3 I BB/T 18967。

(二) 技术要求

1　厚度、面积及卷重

厚度、面积及卷重应符合表 3-46 规定。

厚度、面积及卷重　　　　表 3-46

公称厚度(mm)		3		4	
上表面覆盖材料		E	AL	E	AL
厚度(mm)	平均值≥	3.0		4.0	
	最小单值	2.7		3.7	
最低卷重(kg)		33	35	45	47
面积(m²)	公称面积	10			
	偏差	±0.2			

2　外观

(1) 成卷卷材应卷紧卷齐，端面里进外出差不得超过 20mm。胎体与沥青基料和覆面材料相互紧密粘结。

(2) 卷材表面应平整，不允许有可见的缺陷，如孔洞、裂纹、疙瘩等。

(3) 成卷卷材在 4～40℃ 任一温度下易于展开，在距卷芯 1000mm 长度外不应有

10mm 以上的裂纹或粘结。

（4）成卷卷材接头不应超过一处，其中较短的一段不得少于 1000mm。接头处应剪切整齐，并加长 150mm，备作搭接。

3 物理力学性能

物理力学性能应符合表 3-47 规定。

改性沥青聚乙烯胎防水卷材的物理力学性能（GB 18967—2003） 表 3-47

序号	上表面覆盖材料		E						AL			
	基料		O		M		P		M		P	
	型号		I	II	I	II	I	II	I	II	I	II
1	不透水性/MPa≥		0.3									
			不透水									
2	耐热度/℃		85	85	90	90	95		85	90	90	95
			无流淌，无起泡									
3	抗力(N/50mm)≥	纵向	100	140	100	140	100	140	200	220	200	220
		横向		120		120		120				
4	断裂延伸率/%≥	纵向	200	250	200	250	200	250	—			
		横向										
5	低温柔度/℃		0	−5	−10		−15		−5	−10		−15
			无裂纹									
6	尺寸稳定性	℃	85	85	90	90	95		85	90	90	95
		%≤	2.5									
7	热空气老化	外观	无流淌，无起泡									
		拉力保持率/%≥纵向	80						—			
		低温柔度/℃	8	3	−2		−7					
			无裂纹									
8	人工气候加速老化	外观							无流淌，无起泡			
		拉力保持率/%，≥纵向	—						80			
		低温柔度/℃							3	−2		−7
									无裂纹			

注：表中 1~5 项为强制性的。

（三）试验方法

1 厚度、面积及卷重

（1）厚度

使用接触面直径为 10mm，单位面积压力为 0.02MPa，分度值为 0.01mm 的厚度计测量，保持时间 5s。沿卷材宽度方向裁取 50mm 宽的卷材一条（50mm×1000mm），在宽度方向测量 5 点，距卷材长度边缘（150±15）mm 向内各取一点，在两点中均分取其余 3 点。计算 5 点的平均值作为该卷材的厚度。以所抽卷材数量的卷材厚度的总平均值作为该批产品的厚度，并报告最小单值。

(2) 面积

用最小分度值为 1mm 卷尺在卷材两端和中部三处测量宽度、长度，以长度平均值乘宽度平均值求得每卷卷材面积。若有接头，以量出两段长度之和减去 150mm 计算长度。当面积超出标准规定的正偏差时，按公称面积计算其卷重，当其符合最低卷重要求时，亦判为合格。

(3) 卷重

用最小分度值为 0.2kg 的台秤称量每卷卷材的质量。

2 外观

将卷材立放于平面上，用一把钢板尺平放在卷材的端面上，用另一把最小分度值为 1mm 的钢板尺垂直伸入卷材端面最凹处，测得的数值即为卷材端面的里进外出值，然后将卷材展开按外观质量要求检查。

3 物理力学性能

(1) 试件

试验前，将取样卷材在 15~30℃ 室温下至少放置 4h。然后在距端部 2000mm 处沿纵向切取长度为 1000mm 的全幅卷材试样 2 块，一块作物理力学性能检测用，另一块备用。

按图 3-76 所示的部位及表 3-48 规定的尺寸和数量切取试件。试件边缘与卷材纵向边缘间的距离不小于 75mm。

热空气老化与人工气候加速抗老化性能试件按 GB/T 18244—2000 [见本章第二节二] 切取。共取两组。一组进行老化试验；一组作为对比试件，在标准条件下进行性能测定。

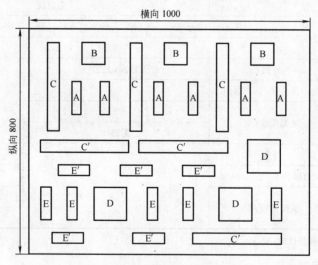

图 3-76 试样部位

试样尺寸和数量　　　　表 3-48

试验项目	试样代号	试样尺寸(mm)	数量(个)
不透水性	D	150×150	3
耐热度	B	100×100	3
拉力	E、E'	150×150	纵横向各 5
低温柔度	A	150×25	纵向 6
尺寸稳定性	C、C'	400×50	纵横向各 3

(2) 不透水性

a. 试验器具

不透水仪。

b. 试验方法

采用 GB/T 328.3—1989（参见表 3-4）规定的不透水仪，但透水盘的压盖采用图 3-77 所示的金属槽盘。

c. 试验步骤

试验在室温下进行。先按 GB/T 328.3—1989（参见表 3-4）的规定做好准备，将表 3-48 中（D）的 3 块试样。分别置于 3 个透水盘中，盖紧槽盘，然后按 GB/T 328.3—1989（参见表 3-4）的规定操作不透水仪，在 0.3MPa 压力下恒压 30min，观察并记录试样表面是否有渗水现象。

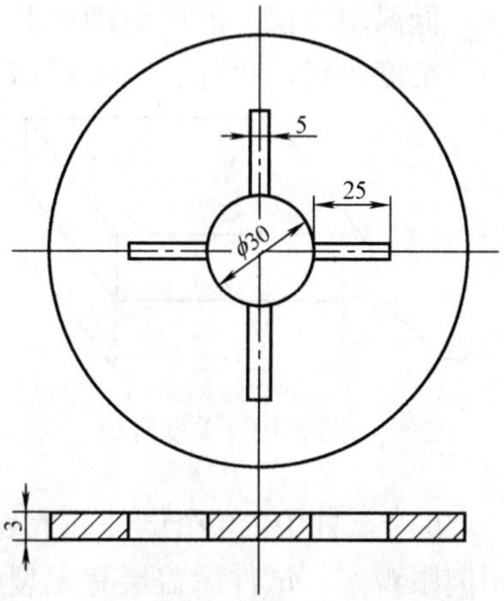

(3) 耐热度

a. 试验器具

带有热风循环的电烘箱；温度范围 0～200℃，控温精度±2℃。

b. 试验步骤

在试件边缘 10～15mm 处，穿两个洞，如图 3-78 所示，用回形针穿挂好试件小孔，垂直放入已恒温至表 3-48 规定温度的烘箱中。试件的表面与箱壁距离不应小于 50mm，试件间留一定距离，不致发生粘结。试件的中心与温度计的水银球应在同一水平位置上。在每块试件下端，各放一承受皿，用以承接淌下的沥青。

按规定温度，将试件在烘箱中恒温 2h。观察试件表面有无流淌和起泡。

(4) 拉力及断裂延伸率

a. 试验器具

拉力机：测量范围 0～1000N，最小读数值为 0.5N。

b. 试验温度

(23±2)℃。

c. 试验步骤

图 3-77 不透水性试验用的金属槽盘

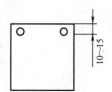

图 3-78 耐热度试验用试样

将按（三）3（1）切取的试件（E，E'）放置在试验温度下不少于 2h。

校准试验机，设定拉伸速度 100mm/min，将试件夹持在夹具中心，不得歪扭，上下夹具间距离为 70mm。

启动试验机，至试件断裂为止，记录拉伸过程中的最大荷载和断裂时的长度。

d. 计算

分别计算纵向和横向 5 个试件拉力的算术平均值（取整数）作为卷材纵横向拉力，单位为 N/50mm。

断裂延伸率按式（3-46）计算：

$$e(\%)=(e_1-e_0)/e_0 \times 100 \tag{3-46}$$

式中 e——断裂延伸率,%;

e_0——试样未加荷载前的有效长度,单位为毫米(mm);

e_1——试样断裂时的长度,单位为毫米(mm)。

(5) 低温柔度

a. 试验器具

低温制冷仪,温度范围 $-20\sim15℃$,控温精度 $\pm 2℃$。

柔度弯板,尺寸:75mm×75mm;半径(r):15mm、25mm,弯板示意图见图 3-79。

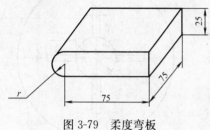

图 3-79 柔度弯板

b. 试验步骤

将按(三) 3 (1) 切取的试件 (A) 和弯板同时放入冷却至标准规定温度(带冷冻液)的制冷仪中恒温 2h。在标准温度规定下,在低温制冷仪中将试件于 3s 内匀速绕柔度弯板弯曲 180°。

3mm 卷材采用半径(r) 15mm 弯板,4mm 卷材采用半径(r) 25mm 弯板。

6 个试件中,3 个试件的上表面及另外 3 个试件的下表面与柔度弯板接触。取出试件用肉眼观察,试件涂盖层有无裂纹。

(6) 尺寸稳定性

a. 试验器具

带有热风循环的烘箱:温度范围 $0\sim200℃$,控温精度 $\pm 2℃$。

游标卡尺:$0\sim125mm$,精度 0.02mm。

b. 试验步骤

将试件按图 3-80 做标记(a, a')。然后摆放在铝板上,将铝板倾斜 30°,达到表 3-47 规定的温度后放入烘箱恒温 2h。

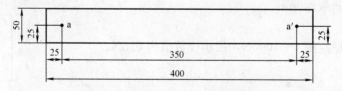

图 3-80 恒温前尺寸稳定性试验用试样

从烘箱中取出试件,在环境温度 $(23\pm 2)℃$ 下放置 2h 后,在 aa' 直线上重新标记 aa'',使 aa 距离保持 350mm,如图 3-81,用游标卡尺测出 $a'a''$ 距离,共测 6 块。

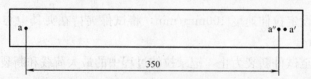

图 3-81 恒温后尺寸稳定性试验用试样

c. 试验结果计算

尺寸稳定性以纵向、横向尺寸变化率表示,按式(3-47)计算:

$$L \text{纵向变化率}(\%) = (A_1/350) \times 100 \tag{3-47}$$

式中 A_1——纵向的 3 个（C）试件 $a'a''$ 距离的算术平均值，单位为毫米（mm）。

$$T \text{横向变化率}(\%) = (A_2/350) \times 100 \tag{3-48}$$

式中 A_2——横向的 3 个（C'）试件 $a'a''$ 距离的算术平均值，单位为毫米（mm）。

计算结果精确至 0.1%。

(7) 热空气老化

按 GB/T 18244—2000（见本章第二节二，参见表 3-5）热空气老化方法进行，试验条件 70℃，试件水平放置 168h。

老化后，检查试件外观，测定纵向拉力与低温柔度，并计算纵向拉力保持率。

(8) 人工气候加速老化

按 GB/T 18244—2000（见本章第二节二，参见表 2-5）进行，采用氙弧灯法，试验时间 720h（累计辐射能量约 1500MJ/m²）。

老化后，检查试件外观，测定纵向拉力与低温柔度，并计算纵向拉力保持率。

四、再生胶油毡

再生胶油毡是用再生橡胶、10 号石油沥青和碳酸钙等经混炼、压延而成的无胎基防水卷材。该类产品已发布 JG 206—1976 行业标准。

由于再生胶油毡为无胎基防水卷材，故抗拉强度较小，但延伸性较大，低温性能好，可根据材料的这些特性，在不同的工程上选用。本产品可用作屋面、地下、水利等工程的防水层，尤其适用于对防水层的延伸性和低温柔性要求较高的工程。

（一）技术要求

再生胶油毡其规格应符号表 3-49 的要求；

再生胶油毡的外观质量要求其成卷的油毡产品应卷紧，两端平齐，表面无空洞、皱折或刻痕等缺陷；每平方米油毡上，直径为 3~5mm 的疙瘩不得超过三个，直径为 3~5mm 的气泡或因气泡破裂而造成的痕迹不得超过三个；每卷油毡其接头不得超过一个，短的一块不得小于 3m，并应比规格长 15cm；撒布材料应均匀，油毡铺开后不应有粘结现象。

再生胶油毡的物理力学性能应符合表 3-50 的规定。

再生胶油毡的规格（JC 206—76） 表 3-49

厚度，mm	幅度，mm	卷长，m
1.2±0.2	1000±10	20±0.3

注：如需特殊规格可用用货单位与生产厂双方协议。

再生胶油毡的物理力学性能（JC 206—76） 表 3-50

项目		指标
抗拉强度(20℃±2℃，纵向)，MPa	不小于	0.784
延伸率(20℃±2℃，纵向)，%	不小于	120
低温柔性(−20℃，1h，ϕ1mm 金属丝对折)		无裂纹
不透水性(动水压法，保持 90min)，MPa	不小于	0.294
耐热度(120℃下加热 5h)		不起泡,不发粘
吸水性(18℃±2℃，24h)，%	不大于	0.5

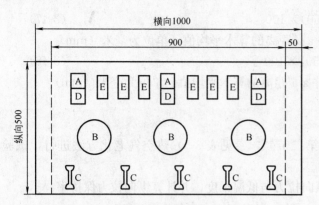

图 3-82 试样部位

注：测定抗拉强度和延伸率为试样 C，受力方向应与油毡的压延方向一致

（二）检验方法

1 产品规格：

（1）长度和幅宽：将油毡在平坦的平面上展开，用最小刻度为 1mm 的米尺测量油毡的长度和幅宽。

（2）厚度：用厚度计（1/100mm）沿油毡横向（在同一直线上）测定边、中、边三点，各点应符合表 3-49 规定。

2 外观质量：用目测和量具按外观质量要求逐项检查。

3 物理性能：检验用的试件，在油毡卷首起 3m 处按图 3-82 所示的部位和表 3-51 规定的尺寸和数量切取。

试件尺寸和数量表 表 3-51

试验项目	试件部位	试件尺寸，mm	数量
抗拉强度和延伸率	C	见图 3-83	5
低温柔性	E	60×20	6
不透水性	B	φ150	3
耐热度	D	100×50	3
吸水性	A	50×50	3

（1）抗拉强度和延伸率：

a. 仪器和工具：

拉力机：橡胶制品拉力机，极限负荷不大于 2.5kN，最小读数 1N。

厚度计：1/100mm。

量尺：1/10mm。

冲模：哑铃形，见图 3-83。

b. 试验步骤：

（a）按图 3-82 和表 3-51 的规定用冲模切取试件 5 片，切取时必须一次切断，每次切一片。

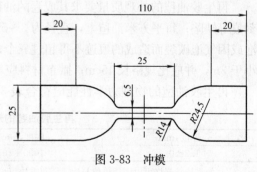

图 3-83 冲模

（b）将表面撒布材料刷净，放在温度为（20±2）℃ 的房间内，30min 后进行试验。

（c）在试件工作部分印两条距离为（25±0.5）mm 的平行标线，标线的粗度不超过 0.5mm。

（d）用厚度计量其标距内厚度，测量部位应不小于三点，取其最低值。

（e）把试件垂直地夹在拉力机的上下夹制器上，使下夹制器以 50mm/min 的下降速度拉伸试件，并测量试件工作部分的伸长直到拉断为止。

（f）根据试验要求记录试件被拉断时的标线距离和荷重。

(g) 试件如在工作标线以外扯断时,试验结果作废。

c. 试验结果表示方法:

抗拉强度按式 (3-49) 计算:

$$K = \frac{p}{b \cdot h} \tag{3-49}$$

式中　K——抗拉强度 (MPa);

　　　p——试件拉断时所受荷重 (kN);

　　　b——试验前试件工作部分宽度,以 0.65cm 计算;

　　　h——试验前试件工作部分最小厚度 (cm)。

延伸率按式 (3-50) 计算:

$$E = \frac{L_1 - L_0}{L_0} \times 100 \tag{3-50}$$

式中　E——伸长率 (%);

　　　L_0——试验前试件工作标线距离,以 25mm 计算;

　　　L_1——试件在扯断时的标线距离 (mm)。

d. 该两项性能试验结果均取其算术平均值。各试件试验数据对平均值的偏差不得超过±15%,如超过±15%则应将数据舍去,经取舍后的试件个数不能小于3个。

(2) 低温柔性:

a. 仪器和工具:

裁刀。

冰箱:低于-20℃。

ϕ1mm 金属丝。

b. 试验步骤:

(a) 按图 3-82 和表 3-51 的规定切取试件 6 条,将表面撒布材料刷净,和直径为 1mm 的金属丝同时放于-20℃冰箱中 1h。

(b) 在冰箱中将试件沿金属丝用手以约 2s 的时间对折,用肉眼观察试件表面是否有裂纹。

(c) 6 个试件有 5 个试件均无裂纹,方可评定油毡的低温柔性为合格。

(3) 不透水性 (动水压法):

a. 仪器和工具:

不透水性试验器 (图 3-84),由透水盘 3、5 (包括金属盖圈、胶皮垫圈和螺杆,用来压紧固定试件,透水盘内直径 135mm)、贮水罐 2、压力表 8、加水压装置 (包括电动机 4、齿轮箱 6 和泵 7) 和支架 1 (用于支承透水盘) 所构成。

b. 试验步骤:

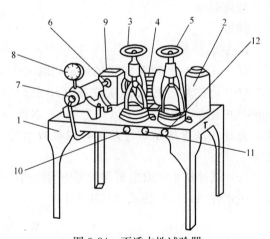

图 3-84　不透水性试验器
1—机架;2—贮水罐;3—透水盘;4—电动机;
5—透水盘;6—齿轮箱;7—泵;8—压力表;
9—拉杆;10—进水阀;11—总水阀;12—进水阀

（a）按图 3-82 和表 3-51 的规定切取试件 3 块，将其表面撒布材料刷净。

（b）试验前须将洁净的水注入贮水罐中，开启透水盘下部的进水阀门，检查进水是否畅通，并使水与透水盘上口齐平。并闭进水阀，开启总水阀，接着连续加水压，使贮水罐的水流出来，清除空气。

将试件置于透水盘上，垫上胶皮垫圈及孔径为 2mm×2mm 金属网，并用螺钉夹紧。开启进水阀门，关闭总水阀门，开始施加水压，并记录时间。一次升压到 0.294MPa，保持 90min。3 块试件的试验结果均应无透水现象，方可评定油毡的不透水性为合格。

(4) 耐热度：

a. 仪器和工具：

电热烘箱：具有恒温控制装置。

温度计：0～200℃ 水银温度计，精确度 0.5℃。

细钢丝或回形针：穿钩试件用。

裁刀。

b. 试验步骤：

（a）按图 3-82 和表 3-51 的规定切取试件 3 块，将表面撒布材料刷净，在距试件一端约 1cm 处的中心穿一小孔，用穿钩悬挂在烘箱内的上层笆板上。

（b）在 120℃ 下放置 5h，取出试件观察其表面是否有起泡、发粘现象。

（c）3 块试件均不起泡、不发粘，方可评定油毡的耐热度为合格。

(5) 吸水性：

a. 仪器及工具：

分析天平：精确度 0.001g。

1000ml 烧杯或其他适合容纳试件和装水的容器。

毛刷。

50℃ 或 100℃ 水银温度计：精确度 0.5℃。

细玻璃棒。

滤纸。

b. 试验步骤：

（a）按图 3-82 和表 3-51 的规定切取试件 3 块，将表面撒布材料刷净，再行称量。

（b）将称量后的试件立放在 (18±2)℃ 的水中浸泡，每块试件相隔距离不小于 2mm（可用细玻璃棒置于试件之间），水面高出试件上端不小于 20mm。浸泡 24h 后取出，迅速用滤纸按贴试件两面，以吸收水分，至滤纸按贴试件不再有水迹为度，立即称量。

（c）试件从水中取出至称量完毕的时间不应超过 3min。

吸水性 A（%）按式（3-51）计算：

$$A=\frac{W-W_1}{W_1}\times 100 \tag{3-51}$$

式中　W_1——浸泡前试件质量；

　　　W——浸泡后试件质量。

五、聚合物改性沥青复合胎柔性防水卷材

聚合物改性沥青复合胎柔性防水卷材是指以两种材料复合毡为胎基,以橡胶、树脂等高分子聚合物为改性剂制成的高分子聚合物改性沥青为基料,以细砂、矿物粒(片)料、聚乙烯膜、聚酯膜等为覆面材料,采用浸涂、滚压等工艺而制成的防水卷材。此类制品与沥青卷材相比较,其柔韧性有较大的改善,以复合毡为胎基,比单独聚乙烯膜胎基的卷材的抗拉强度要提高。此类产品已发布 JC/T 690—1998 建材行业标准。

(一) 产品的分类和标记

聚合物改性沥青复合胎柔性防水卷材按胎体可将产品分为:聚合物改性沥青聚酯毡和玻纤网格布(简称网格布)复合胎柔性防水卷材、聚合物改性沥青玻纤毡和网格布复合胎柔性防水卷材、聚合物改性沥青涤棉无纺布(简称无纺布)和网格布复合胎柔性防水卷材、聚合物改性沥青玻纤毡和聚乙烯膜复合胎柔性防水卷材等四类。

其产品规格尺寸如下:长:10m、7.5m;宽:1000mm、1100mm;厚:3mm、4mm。

产品按其物理力学性能分为一等品(B)和合格品(C)。

产品其复合胎体材料的代号如下:

聚酯毡、网格布:PYK;

玻纤毡、网格布:GK;

无纺布、网格布:NK;

玻纤毡、聚乙烯膜:GPE。

产品其覆面材料的代号如下:

细砂: S;

矿物粒(片)料: M;

聚酯膜: PET;

聚乙烯膜: PE。

产品按其复合胎体材料及上表面覆面材料的不同组合,可分为 16 个品种,其代号参见表 3-52。

聚合物改性沥青复合胎柔性防水卷材的品种代号　　　　表 3-52

上表面材料 \ 胎基	聚酯毡、网格布	玻纤毡、网格布	无纺布、网格布	玻纤毡、聚乙烯膜
细砂	PYK-S	GK-S	NK-S	GPE-S
矿物粒(片)料	PYK-M	GK-M	NK-M	GPE-M
聚酯膜	PYK-PET	GK-PET	NK-PET	GPE-PET
聚乙烯膜	PYK-PE	GK-PE	NK-PE	GPE-PE

卷材按产品名称、品种代号、厚度、等级和标准号顺序标记,例:4mm 厚的合格品聚乙烯膜覆面聚合物改性沥青玻纤毡和网格布复合胎柔性防水卷材的标记为:GK-PE 4C JC/T 690。

(二) 技术要求

1 卷重与尺寸允许偏差

应符合表 3-53 规定。

卷重与尺寸允许偏差　　　　　　表 3-53

项　目	厚度 mm	指　标		
		细砂	矿物粒（片）料	聚酯膜、聚乙烯膜
单位面积标称重量 /kg/m²	3	3.5	4.1	3.3
	4	4.7	5.3	4.5
标称卷重/kg/10m²	3	35	41	33
	4	47	53	45
最低卷重/kg/10m²	3	32	38	30
	4	42	48	40
长/m		±0.1		
宽/mm		±15		
厚/mm	3	平均值≥3.0，最小单值 2.7		
	4	平均值≥4.0，最小单值 3.7		

2 外观

（1）成卷卷材应卷紧、卷齐，端面里进外出差不得超过 10mm，玻纤毡和聚乙烯膜复合胎卷材不超过 30mm。胎体、沥青、复面材料之间应紧密粘结，不应有分层现象。

（2）卷材表面应平整，不允许有可见的缺陷，如孔洞、麻面、裂缝、褶皱、露胎等，卷材边缘应整齐、无缺口，不允许有距卷芯 1000mm 外，长度 10mm 以上的裂纹。

（3）卷材在 35℃下开卷不应发生粘结现象。在环境温度为柔度试验温度以上时，易于展开。

（4）成卷卷材接头不超过一处，其中较短一段不得少于 2500mm。接头处应剪整齐，并加长 150mm，备作搭接。一等品有接头的卷材数不得超过批量的 3%。

3 物理力学性能

应符合表 3-54 规定。

(三) 试验方法

1 卷重、尺寸偏差、物理力学性能均按 JC/T 560[①] 规定进行，其中玻纤毡和聚乙烯膜复合胎卷材物理力学性能按 JC/T 633[②] 规定进行。

2 人工候化处理试验按 GB 12952[③] 进行，试验温度（45±2）℃，相对湿度 70%～80%，降雨与干燥时间比 1/5，处理时间 30d。根据处理后与未处理时拉力比值，计算其保持率。

注：① JC/T 560 现已改为 GB 18242—2000，参见本节一。
② JC/T 633 现已改为 GB 18967—2003，参见本节三。
③ GB 12952 最新版本为 GB 12952—2003，参见本章第五节二。

聚合物改性沥青复合胎柔性防水卷材的物理力学性能（JC/T 690—1998） 表 3-54

项 目			聚酯毡、网格布		玻纤毡、网格布		无纺布、网格布		玻纤毡、聚乙烯膜	
			一等品	合格品	一等品	合格品	一等品	合格品	一等品	合格品
柔度/℃			−10	−5	−10	−5	−10	−5	−10	−5
			3mm 厚，$r=15$mm；4mm 厚，$r=25$mm；3 S，180°无裂纹							
耐热度/℃			90	85	90	85	90	85	90	85
			加热 2h，无气泡，无滑动							
拉力/N/50mm ≥		纵向	600	500	650	400	800	550	400	300
		横向	500	400	600	300	700	450	300	200
断裂延伸率/% ≥		纵向	30	20	2		2		10	4
		横向								
不透水			0.3MPa		0.2MPa				0.3MPa	
			保持时间 30min，不透水							
人工候化处理（30d）	外观		无裂纹、不起泡、不粘结							
	拉力保持率/% ≥	纵向	80							
		横向	70							
	柔度/℃		−5	0	−5	0	−5	0	−5	0
			无裂纹							

注：沥青玻纤毡和聚乙烯膜复合胎防水卷材为最大拉力时的延伸率。

六、自粘橡胶沥青防水卷材

自粘橡胶沥青防水卷材是以 SBS 等弹性体材料，沥青为基料，以聚乙烯膜、铝箔为表面材料或无膜（双面自粘），采用防粘隔离层的自粘防水卷材，简称自粘卷材。产品已发布了 JC 840—1999 建材行业标准。

(一) 产品的分类和标记

产品按表面材料分为聚乙烯膜（PE）、铝箔（AL）和无膜（N）三种自粘卷材，聚乙烯膜为表面材料的自粘卷材适用于非外露的防水工程；铝箔为表面材料的自粘卷材适用于外露的防水工程，无膜双面自粘卷材则适用于辅助防水工程。

产品按其使用功能可分为外露防水工程（O）和非外露防水工程（I）两种使用状况。

产品规格如下：面积为 20m²、10m²、5m²；幅宽为 920mm、1000mm；厚度为 1.2mm、1.5mm、2.0mm。

产品按其产品名称、使用功能、表面材料、卷材厚度、标准号顺序进行标记。例：2mm 厚表面材料为非外露使用的聚乙烯膜的自粘橡胶沥青防水卷材的标记如下：自粘卷材 IPE2 JC 840—1999。

(二) 技术要求

1 卷重与尺寸允许偏差

卷重应符合表 3-55 的规定；尺寸允许偏差应符合表 3-56 的规定。

卷 重 表 3-55

项目		指标		
		PE	AL	N
标称卷重 /kg/10m²	1.2m	13	14	13
	1.5m	16	17	16
	2.0m	23	24	23
最低卷重 /kg/10m²	1.2m	12	13	12
	1.5m	15	16	15
	2.0m	22	23	22

尺寸允许偏差 表 3-56

项目		指标		
面积/m²/卷		5±0.1	10±0.1	20±0.2
厚度/mm	平均值 ≥	1.2	1.5	2.0
	最小值	1.0	1.3	1.7

2 外观

(1) 成卷卷材应卷紧、卷齐,端面里进外出差不得超过 20mm。

(2) 卷材表面应平整,不允许有可见的缺陷,如孔洞、结块、裂纹、气泡、缺边与裂口等。

(3) 成卷卷材在环境温度为柔度规定的温度以上时应易于展开。

(4) 每卷卷材的接头不应超过 1 个。接头处应剪切整齐,并加长 150mm。一批产品中有接头卷材不应超过 3%。

3 物理力学性能

物理力学性能应符合表 3-57 规定。

物理力学性能（JC 840—1999） 表 3-57

项目			指标		
			PE	AL	N
不透水性	压力/MPa		0.2	0.2	0.1
	保持时间/min		120,不透水		30,不透水
耐热度			—	80℃,加热 2h,无气泡,无滑动	—
拉力/N/5cm		≥	130	100	—
断裂延伸率/%		≥	450	200	450
柔度			−20℃,ϕ20mm,3S,180°无裂纹		
剪切性能/ N/mm	卷材与卷材	≥	2.0 或粘合面外断裂		粘合面外断裂
	卷材与铝板	≥			
剥离性能/N/mm		≥	1.5 或粘合面外断裂		粘合面外断裂
抗穿孔性			不渗水		
人工候化处理	外观		—	无裂纹,无气泡	—
	拉力保持率/%	≥		80	
	柔度			−10℃,ϕ20mm,3S,180°无裂纹	

(三) 试验方法

1 卷重、尺寸允许偏差、外观和厚度

卷重、尺寸允许偏差与外观按 GB 326 附录进行[见本章第三节一(五)]。厚度按《弹性体沥青防水卷材》(JC/T 560—94) 进行。

卷重不包括卷芯与隔离纸。随机抽取 $10m^2$ 隔离纸与 10 根卷芯，称取其质量，计算出隔离纸单位面积的质量（kg/m^2）与每根卷芯的平均质量，计算卷重时扣除。

2 物理力学性能

(1) 试样

a. 被检测的卷材试样在试验前，应在 (23±2)℃标准试验条件下至少放置 4h。

b. 将被检测的卷材，在距端部 500mm 处沿纵向截取长度为 1500mm 的全幅卷材进行物理力学性能试验。

c. 试验按图 3-85 截取，尺寸数量按表 3-58

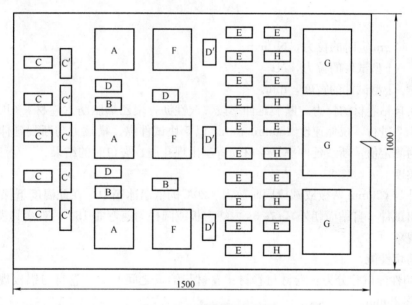

图 3-85 试件的截取位置

试件尺寸与数量　　　　　　　表 3-58

项　目	符　号	试件尺寸(长×宽)(mm)	数　量
不透水性	A	150×150	3
耐热度	B	100×50	3
拉伸性能	C C′	GB/T 528—92 Ⅰ型或 50×150	5×2
柔度	D D′	100×50	3×2
剪切性能	E	100×25	15
剥离性能	H	120×25	5
抗穿孔性	F	150×150	3
人工候化处理	G	250×200	3

(2) 不透水性

不透水性按《聚氯乙烯防水卷材》GB 12952—91 进行。撕去试件表面的隔离纸，将与透水盘密封圈尺寸一样的滤纸制成的纸环置于试件自粘面上,自粘面迎水进行试验。双面自粘卷材背水面的隔离纸同时撕去,放置一张同样尺寸的滤纸,再在试件上加上1块相同尺寸、孔径为2mm的金属网,一次升到规定压力,保持120min或30min,指标不同,见表3-57。

(3) 耐热度

耐热度按GB/T 328规定进行[见本章第二节一]。试件粘贴在光洁的铝板上,铝板尺寸为110mm×50mm,上部有孔可以悬挂。在标准规定的温度下加热2h,观察其表面变化。

(4) 拉伸性能

聚乙烯膜与无膜自粘卷材拉力、断裂延伸率按《硫化橡胶和热塑性橡胶拉伸性能的测定》(GB/T 528—92)进行,采用Ⅰ型试件。纵、横拉力与断裂延伸率分别以5个试件的中值作为测定值,按式(3-52)将拉力换算为5cm宽试件的拉力值。

$$P = \frac{F}{b} \times 50 \tag{3-52}$$

式中 P——5cm宽时的拉力,N/5cm;
F——Ⅰ型试件的拉力,N;
b——Ⅰ型试件的宽度,mm。

铝箔面自粘卷材的拉力、断裂延伸率按《改性沥青聚乙烯胎防水卷材》(JC/T 633—1996)中5.7进行,拉伸速度250mm/min。以5块试件纵、横拉力与断裂延伸率的算术平均值作为测定值。断裂延伸率是卷材沥青层出现孔洞、裂口时的结果。

(5) 柔度

将试件与ϕ20mm弯板或圆棒同时放入-20℃的低温冰箱中,在此温度下保持2h。然后迅速取出试件(自粘面朝外),在3s内绕弯板或圆棒匀速弯曲180°,观察其表面有无裂纹与断裂现象。

(6) 剪切性能

a. 剪切性能试验分为:卷材与卷材;卷材与铝板之间两类。卷材与铝板规格尺寸均为100mm×25mm。

b. 试件制备:卷材与卷材间剪切性能试件是将一试件自粘面与另一试件迎水面粘合,卷材与铝板间剪切性能试件是将卷材自粘面与光洁的铝板粘合。粘合面积25mm×25mm,如图3-86所示。粘合后用质量500g的辊子来回滚压5次压实。试件在标准条件下放置

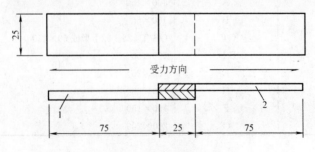

图3-86 剪切性试件制作
1—卷材;2—卷材或铝板

24h。每组试件 5 个。

c. 试验步骤与结果计算：按《聚氯乙烯防水卷材》(GB 12952) 中 5.12 进行。5 个试件中若只有 1 个试件粘合面脱开，则计算 5 个试件的剪切强度平均值作为试验结果；若所有试件粘合面未脱开而断裂，则判为"粘合面外断裂"。

(7) 剥离性能

a. 试件制备：按（三）2 (6) b 铝板尺寸为 100mm×25mm×2mm，见图 3-87，将卷材试件与铝板粘合，粘合面积为 50mm×25mm。粘合后用质量 500g 的辊子来回滚压 5 次压实。试件在标准条件下放置 24h。每组试件 5 个。

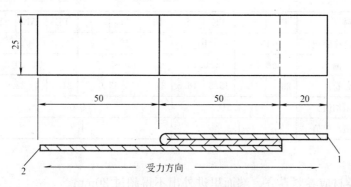

图 3-87 剥离性试件制作
1—卷材；2—铝板

b. 试验步骤与结果计算：按（三）2 (6) c 进行，取最大拉力。

(8) 抗穿孔性

抗穿孔性按《聚氯乙烯防水卷材》(GB 12952—91) 中 5.11 进行。在穿孔仪中，卷材迎水面朝上。水密性试验，将卷材自粘面朝上，并可用底涂料封闭玻璃管外圈。

(9) 人工候化处理

按《聚氯乙烯防水卷材》(GB 12952—91) 中 5.14 进行。光源为氙灯，功率 4.5～6.5kW，样板与光源中心距离为 250～400mm，试件连续光照 720h 后，在标准条件下放置 24h。然后检查外观，测定拉力与柔度，计算拉力保持率，根据表 3-57 规定判定其人工候化性能。

七、自粘聚合物改性沥青聚酯胎防水卷材

自粘聚合物改性沥青聚酯胎防水卷材是以聚合物改性沥青为基料，聚酯毡为胎体材料，粘贴面背面覆以防粘材料的增强自粘防水卷材，简称自粘聚酯胎卷材。产品已发布了 JC 898—2002 建材行业标准。

(一) 产品的分类和标记

产品按其物理性能分为Ⅰ型和Ⅱ型；按其上表面材料分为聚乙烯膜 (PE)、细砂 (S)、铝箔 (AL) 等三种，聚乙烯膜面、细砂面自粘聚酯胎卷材适用于非外露防水工程，铝箔面自粘聚酯胎卷材可用于外露防水工程。厚度为 1.5mm 的自粘聚酯胎卷材仅用于辅助防水。

产品的规格如下：面积为 $10m^2$、$15m^2$；幅宽为 1000mm；厚度聚乙烯膜面和细砂为 1.5mm、2mm、3mm，铝箔面为 2mm、3mm。

产品按其产品名称、型号、表面材料、卷材厚度、标准号顺序进行标记,例如:3mm厚Ⅰ型聚乙烯膜面自粘聚合物改性沥青聚酯胎防水卷材的标记为:自粘聚酯胎卷材 IPE3 JC 898—2002

(二) 技术要求

1 卷重、厚度及面积

卷重、厚度及面积应符合表3-59规定。

卷重、厚度及面积 表3-59

规格(公称厚度)/mm		1.5		2				3		
上表面材料		PE	S	PE	S	PE	AL	S	PE	AL	S
面积/(m²/卷)	公称面积	15		10		15			10		10
	偏差	±0.15		±0.10		±0.15			±0.10		±0.10
最低卷重/(kg/卷)		23.0	24.5	15.5	16.5	31.5	33.0	21.0	22.0	31.0	32.0
厚度/mm	平均值≥	1.5				2.0				3.0	
	最小单值	1.3				1.7				2.7	

2 外观

(1) 成卷卷材应卷紧卷齐,端面里进外出不得超过20mm。

(2) 成卷卷材在4~45℃任一温度下展开不应有粘结,在距卷芯1000mm长度外不应有10mm以上的裂纹。

(3) 胎基应浸透,不应有未被浸渍的条纹。

(4) 卷材表面应平整,不允许有孔洞、缺边和裂口,细砂应均匀一致并紧密地粘附于卷材表面。

(5) 每卷卷材接头不应超过一个,较短的一段长度不应少于1000mm,接头应剪切整齐,并加长150mm。

3 物理力学性能

物理力学性能应符合表3-60规定。

(三) 试验方法

1 标准试验条件

标准试验温度:(23±2)℃。

2 卷重、面积及厚度

(1) 卷重

用最小分度值为0.1kg的台秤称量每卷卷材的质量,卷重不包括卷芯及防粘材料。

随机抽取1m²防粘材料,测量其单位面积质量,随机抽取10根卷芯,称量其质量,计算出每根卷芯平均质量。计算卷重时扣除防粘材料与卷芯质量。

(2) 面积

用最小分度值为1mm卷尺在卷材两端和中部3处测量宽度、长度,以长度及宽度的平均值相乘求得每卷卷材面积。若有接头,以量出两段长度之和减去150mm计算。

当面积超出标准规定的正偏差时,以公称面积计算卷重,当其符合最低卷重要求时,也可判为符合标准。

物理力学性能　　　　　　　　　　　　　　　　　　表 3-60

序号	型号		I			II	
	厚度/mm		1.5	2	3	2	3
1	可溶物含量/(g/m²) ≥		800	1300	2100	1300	2100
2	不透水性	压力/MPa ≥	0.2	0.3			
		保持时间/min ≥	30				
3	耐热度/℃	PE、S	70 无滑动、流淌、滴落				
		AL	80 无滑动、流淌、滴落				
4	拉力/(N/50mm) ≥		200	350		450	
5	最大拉力时延伸率/%		30				
6	低温柔度/℃		−20			−30	
7	剪切性能 (N/mm) ≥	卷材与卷材	2.0 或粘合面外断裂	4.0 或粘合面外断裂			
		卷材与铝板					
8	剥离性能/(N/mm) ≥		1.5 或粘合面外断裂				
9	抗穿孔性		不渗水				
10	撕裂强度/N ≥		125	200		250	
11	水蒸气透湿率[1]/[g/(m²·s·Pa)] ≤		5.7×10^{-9}				
12	人工气候加速老化[2]	外观	—	1 级 无滑动、流淌、滴落			
		拉力保持率/%		80			
		低温柔度/℃		−10		−20	

1) 水蒸气透湿率性能在用于地下工程时要求。
2) 聚乙烯膜面、细砂面卷材不要求人工加速气候老化性能。

(3) 厚度

按 GB 18242—2000 中 5.1.3 进行 [见本节一 (三) 1 (3)],扣除防粘材料的厚度,并避开折皱处。

3　外观

外观按 GB 18242—2000 中 5.2 进行 [见本节一 (三) 2]。

4　物理力学性能

(1) 试件

将被检测的卷材在距外层端部 500mm 处沿纵向裁取 1500mm 的全幅卷材进行物理力学性能试验,试件按图 3-88 裁取,尺寸及数量见表 3-61,水蒸气透湿率按 GB/T 17146 (见本章第二节三,参见表 3-6) 的规定裁取试件,人工气候加速老化按 GB/T 18244—2000 中 3.2 [见本章第二节二 (一) 2,参见表 3-5] 裁取试件。

(2) 可溶物含量

按 GB 18242—2000 中 5.3.2 进行 [见本节一 (三) 3 (2)]。

(3) 不透水性

按 GB/T 328 (参见表 3-4) 进行,自粘面迎水,撕去试件表面防粘材料,将与透水

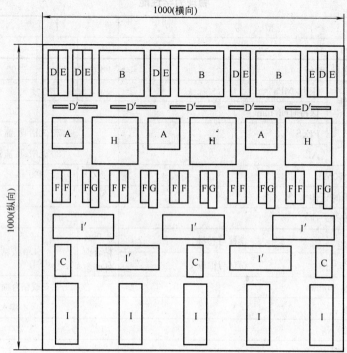

图 3-88　试件裁取位置

试件尺寸及数量　　　　　　　　　　　　　　　表 3-61

项　目	符　号	试件尺寸(长×宽)/mm	数量/个
可溶物含量	A	100×100	3
不透水性	B	150×150	3
耐热度	C	100×50	3
拉伸性能	D,D′	150×25	纵横向各5
低温柔度	E	150×25	6
剪切性能	F	100×25	15
剥离性能	G	120×25	5
抗穿孔性	H	150×150	3
撕裂强度	I、I′	200×75	纵横向各5

盘密封圈尺寸一样的滤纸制成的纸环置于试件自粘面上再进行试验。

(4) 耐热度

按 GB 18242—2000 中 5.3.5 进行 [见本节一（三）3（5）]。

(5) 拉力及最大拉力时延伸率

按 GB 18242—2000 中 5.3.3 [见本节一（三）3（3）]进行，夹具间距 75mm，纵横向均进行试验，拉力按式 (3-53) 计算：

$$P = F \times 2 \tag{3-53}$$

式中　P——50mm 宽度的拉力（N/50mm）；
　　　F——25mm 宽度试件的拉力（N/25mm）。

（6）低温柔度

按 GB 18242—2000 中 5.3.6 进行［见本节一（三）3（6）］厚度 2mm、3mm 的卷材采用半径 15mm 柔度板（棒），厚度 1.5mm 的卷材采用半径 12.5mm 柔度板（棒）。

（7）剪切性能

按 JC 840—1999 中 5.2.6 进行［见本节六（三）2（6）］。

（8）剥离性能

按 JC 840—1999 中 5.2.7 进行。［见本节六（三）2（7）］。

（9）抗穿孔性

按《聚氯乙烯防水卷材》（GB 12952—91）进行。

（10）撕裂强度

按 GB 18242—2000 中 5.3.7［见本节一（三）3（7）］进行。

（11）水蒸气透湿率

按 GB/T 17146（见本章第二节三，参见表 3-6）干燥剂法进行试验。

（12）人工气候加速老化

按 GB/T 18244—2000 中第 5 章进行，时间 720h［见本节一（三）3（8）］。

第五节　合成高分子防水卷材

合成高分子防水卷材亦称高分子防水片材，是以合成橡胶、合成树脂或两者的共混体为基料，加入适量的化学助剂。填充剂等，采用混炼、塑炼、压延或挤出成型、硫化、定型等橡胶或塑料的加工工艺所制成的无胎加筋或不加筋的弹性或塑性的片状可卷曲的一类建筑防水材料。

许多橡胶和塑料品种都可以用来制造高分子卷材，而且还可以采用两种以上材料来制造防水卷材，因而高分子卷材的品种也是多种多样的。

高分子防水卷材按其基料可以分为橡胶类、树脂类和橡塑共混类，然后再可进一步细分：按加工工艺又可将橡胶类卷材划分为硫化型、非硫化型，塑料类卷材则可划分为交联型、非交联型；按是否增强和复合又可分为均质型和复合型，以压延法或挤出法生产的片材称之为均质片，以高分子材料复合（包括带织物加强层）的称之为复合片；按其有无胎基材料可分为有胎和无胎两大类。

其分类方法见图 3-89。

一、高分子防水片材

高分子防水片材是指以高分子材料为主材料，以挤出法或压延法生产的均质片材（简称均质片）及以高分子材料复合（包括带织物加强层）的复合片材（简称复合片）和均质片材点粘合织物等材料的点粘（合）片材（简称点粘片）。高分子防水片材主要用于建筑物屋面防水及地下工程防水。均质片是指以同一种或一组高分子材料为主要材料，各部位截面材质均匀一致的防水片材；复合片是指以高分子合成材料为主要材料，复合织物等为保

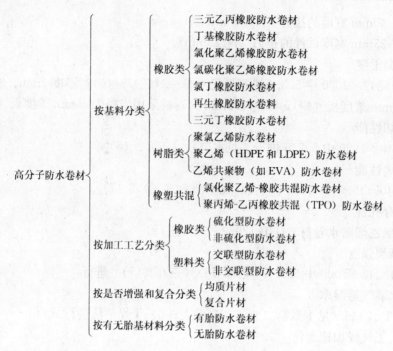

图 3-89 高分子防水卷材的分类

护或增强层,以改变其尺寸稳定性和力学特性,各部位截面结构一致的防水片材;点粘片是指均质片材与织物等保护层多点粘结在一起,粘结点在规定区域内均匀分布,利用粘结点的问题,使其具有切向排水功能的防水片材。此类产品现已发布了《高分子防水材料 第 1 部分 片材》(GB 181731—2006)国家标准。

(一)产品的分类和标记

片材的分类如表 3-62 所示。

高分子片材的分类 表 3-62

分 类		代 号	主要原材料
均质片	硫化橡胶类	JL1	三元乙丙橡胶
		JL2	橡胶(橡塑)共混
		JL3	氯丁橡胶、氯磺化聚乙烯、氯化聚乙烯等
		JL4	再生胶
	非硫化橡胶类	JF1	三元乙丙橡胶
		JF2	橡胶(橡塑)共混
		JF3	氯化聚乙烯
	树脂类	JS1	聚氯乙烯等
		JS2	乙烯乙酸乙烯、聚乙烯等
		JS3	乙烯乙酸乙烯改性沥青共混等
复合片	硫化橡胶类	FL	三元乙丙、丁基、氯丁橡胶、氯磺化聚乙烯等
	非硫化橡胶类	FF	氯化聚乙烯、三元乙丙、丁基、氯丁橡胶、氯磺化聚乙烯等
	树脂类	FS1	聚氯乙烯等
		FS2	聚乙烯、乙烯乙酸乙烯等
点粘片	树脂类	DS1	聚氯乙烯等
		DS2	乙烯乙酸乙烯、聚乙烯等
		DS3	乙烯乙酸乙烯改性沥青共混物等

产品应按下列顺序标记,并可根据需要增加标记内容:
类型代号、材质(简称或代号)、规格(长度×宽度×厚度)。
标记示例如下:
长度为 20000mm,宽度为 1000mm、厚度为 1.2mm 的均质硫化型三元乙丙橡胶(EPDM)片材标记为:
JL1-EPDM-20000mm×1000mm×1.2mm

(二)技术要求

1　规格尺寸

片材的规格尺寸及允许偏差如表 3-63 和表 3-64 所示,特殊规格由供需双方商定。

片材的规格尺寸　　　　　　　　　表 3-63

项　目	厚度/mm	宽度/mm	长度/m
橡胶类	1.0,1.2,1.5,1.8,2.0	1.0,1.1,1.2	20 以上
树脂类	0.5 以上	1.0,1.2,1.5,2.0	

注:橡胶类片材在每卷 20m 长度中允许有一处接头,且最小块长度应不小于 3m,并应加长 15cm 备作搭接;树脂类片材在每卷至少 20m 长度内不允许有接头。

允许偏差　　　　　　　　　表 3-64

项　目	厚　度	宽　度	长　度
允许偏差(%)	±10	±1	不允许出现负值

2　外观质量

(1)片材表面应平整,不能有影响使用性能的杂质、机械损伤、折痕及异常粘着等缺陷。

(2)在不影响使用的条件下,片材表面缺陷应符合下列规定。

a)凹痕,深度不得超过片材厚度的 30%;树脂类片材不得超过 5%;

b)气泡,深度不得超过片材厚度的 30%,每 $1m^2$ 内不得超过 $7mm^2$,树脂类片材不允许有。

3　片材的物理性能

(1)均质片的性能应符合表 3-65 的规定;复合片的性能应符合表 3-66 的规定;点粘片的性能应符合表 3-67 的规定。

(2)对于整体厚度小于 1.0mm 的树脂类复合片材,扯断伸长率不得小于 50%,其他性能达到规定值的 80% 以上。

(3)对于聚酯胎上涂覆三元乙丙橡胶的 FF 类片材,扯断伸长率不得小于 100%,其他性能应符合表 3-66 的规定。

(三)试验方法

1　片材尺寸的测定

(1)长度、宽度用钢卷尺测量、精确到 1mm。宽度在纵向两端及中央附近测定三点,取平均值;长度的测定取每卷展平后的全长的最短部位。

均质片的物理性能（GB 18173.1—2006） 表 3-65

项目		指标										适用试验条目
		硫化橡胶类				非硫化橡胶类			树脂类			
		JL1	JL2	JL3	JL4	JF1	JF2	JF3	JS1	JS2	JS3	
断裂拉伸强度 /MPa	常温 ≥	7.5	6.0	6.0	2.2	4.0	3.0	5.0	10	16	14	（三）3(2)
	60℃ ≥	2.3	2.1	1.8	0.7	0.8	0.4	1.0	4	6	5	
	常温 ≥	450	400	300	200	400	200	200	200	550	500	
	−20℃ ≥	200	200	170	100	200	100	100	15	350	300	
撕裂强度/kN/m ≥		25	24	23	15	18	10	10	40	60	60	（三）3(3)
不透水性(30min)		0.3MPa 无渗漏				0.2MPa 无渗漏		0.3MPa 无渗漏	0.2MPa 无渗漏		0.3MPa 无渗漏	（三）3(4)
低温弯折温度/℃ ≤		−40	−30	−30	−20	−30	−20	−20	−20	−35	−35	（三）3(5)
加热伸缩量/mm	延伸 ≤	2	2	2	2	2	4	4	2	2	2	（三）3(6)
	收缩 ≤	4	4	4	4	4	6	10	6	6	6	
热空气老化 (80℃×168h)	断裂拉伸强度保持率/% ≥	80	80	80	80	90	60	80	80	80	80	（三）3(7)
	扯断伸长率保持率/% ≥	70	70	70	70	70	70	70	70	70	70	
耐碱性(饱和 Ca(OH)₂溶液 常温×168h)	断裂拉伸强度保持率/% ≥	80	80	80	80	80	70	80	80	80	80	（三）3(8)
	扯断伸长率保持率/% ≥	80	80	80	80	90	80	80	80	90	90	
臭氧老化 (40℃×168h)	伸长率40% 500×10⁻⁸	无裂纹	—	—	—	无裂纹						（三）3(9)
	伸长率20% 500×10⁻⁸	—	无裂纹									
	伸长率20% 100×10⁻⁸	—	—	无裂纹	无裂纹	—	无裂纹	无裂纹	—	—	—	
人工气候老化	断裂拉伸强度保持率/% ≥	80	80	80	80	80	70	80	80	80	80	（三）3(10)
	扯断伸长率保持率/% ≥	70	70	70	70	70	70	70	70	70	70	
粘接剥离强度 （片材与片材）	N/mm(标准试验条件) ≥	1.5										（三）3(11)
	浸水保持率(常温 ×168h)/% ≥	70										

注：1. 人工气候老化和粘合性能项目为推荐项目。
2. 非外露使用可以不考核臭氧老化、人工气候老化、加热伸缩量、60℃断裂拉伸强度性能。

复合片的物理性能 (GB 18173.1—2006) 表3-66

项目			指标				适用试验条目
			硫化橡胶类 FL	非硫化橡胶类 FF	树脂类 FS1	树脂类 FS2	
断裂拉伸强度/N/cm	常温	≥	80	60	100	60	(三)3(2)
	60℃	≥	30	20	40	30	
扯断伸长率/%	常温	≥	300	250	150	400	
	−20℃	≥	150	50	10	10	
撕裂强度/N		≥	40	20	20	20	(三)3(3)
不透水性(0.3MPa,30min)			无渗漏	无渗漏	无渗漏	无渗漏	(三)3(4)
低温弯折温度/℃		≤	−35	−20	−30	−20	(三)3(5)
加热伸缩量/mm	延伸	≤	2	2	2	2	(三)3(6)
	收缩	≤	4	4	2	4	
热空气老化 (80℃×168h)	断裂拉伸强度保持率/%	≥	80	80	80	80	(三)3(7)
	扯断伸长率保持率	≥	70	70	70	70	
耐碱性(质量分数为10%的Ca(OH)$_2$溶液,常温×168h)	断裂拉伸强度保持率/%	≥	80	80	80	80	(三)3(8)
	扯断伸长率保持率/%	≥	80	60	80	80	
臭氧老化(40℃×168h),200×10^{-8}			无裂纹	无裂纹	—	—	(三)3(9)
人工气候老化	断裂拉伸强度保持率/%	≥	80	70	80	80	(三)3(10)
	扯断伸长率保持率/%	≥	70	70	70	70	
粘结剥离强度(片材与片材)	N/mm(标准试验条件)	≥	1.5	1.5	1.5	1.5	(三)3(11)
	浸水保持率(常温×168h)/%	≥	70	70	70	70	
复合强度(FS2型表层与芯层)(N/mm)		≥	—	—	—	1.2	(三)3(12)

注:1. 人工气候老化和粘合性能项目为推荐项目。
    2. 非外露使用可以不考核臭氧老化、人工气候老化、加热伸缩量,60℃断裂拉伸强度性能。

点粘片的物理性能 (GB 18173.1—2006) 表3-67

项目			指标			见本节一中内容
			DS1	DS2	DS3	
断裂拉伸强度/MPa	常温	≥	10	16	14	(三)3(2)
	60℃	≥	4	6	5	
扯断伸长率/%	常温	≥	200	550	500	
	−20℃	≥	15	350	300	
撕裂强度/kN/m		≥	40	60	60	(三)3(3)
不透水性(30min)			0.3MPa 无渗漏			(三)3(4)
低温弯折温度/℃		≤	−20	−35	−35	(三)3(5)
加热伸缩量/mm	延伸	≤	2	2	2	(三)3(6)
	收缩	≤	6	6	6	

续表

项目			指标			见本节一中内容
			DS1	DS2	DS3	
热空气老化 (80℃×168h)	断裂拉伸强度保持率/%	≥	80	80	80	(三)3(7)
	扯断伸长率保持率/%	≥	70	70	70	
耐碱性(质量分数为10%的 $Ca(OH)_2$溶液,常温×168h)	断裂拉伸强度保持率/%	≥	80	80	80	(三)3(8)
	扯断伸长率保持率/%	≥	80	90	90	
人工气候老化	断裂拉伸强度保持率/%	≥	80	80	80	(三)3(10)
	扯断伸长率保持率/%	≥	70	70	70	
粘结点	剥离强度(kN/m)	≥	1			(三)3(11)
	常温下断裂拉伸强度/N/cm	≥	100	60		
	常温下扯断伸长率/%	≥	150	400		
粘结剥离强度 (片材与片材)	N/mm(标准试验条件)	≥	1.5			(三)3(11)
	浸水保持率(常温×168h)/%	≥	70			

注:1. 人工气候老化和粘合性能项目为推荐项目。
　　2. 非外露使用可以不考核人工气候老化、加热伸缩量、60℃断裂拉伸强度性能。

(2) 厚度用分度为1/100mm、压力为(22±5)kPa、测量直径为6mm的厚度计测量,其测量点如图3-90所示,自端部起裁去300mm,再从其裁断处的20mm内侧,且自宽度方向距两边各10%宽度范围内取两个点(a、b),再将a、b间四等分,取其等分点(c、d、e)共五个点进行厚度测量,测量结果用五个点的平均值表示;宽度不满500mm的可以省略c、d两点的测定。点粘片测量防水层厚度,复合片测量片材整体厚度,当需测定复合片的芯层厚度时,按附录A规定的方法进行。

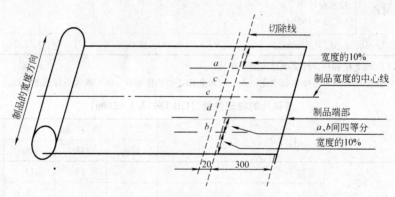

图3-90 厚度测量点示意图

2　片材的外观质量用目测方法及量具检查。
3　片材物理性能的测定
(1) 试件制备

将规格尺寸检测合格的卷材展平后在标准状态下静置24h,裁取试验所需的足够长度试样,按图3-91及表3-68裁取所需试片,试片距卷材边缘不得小于100mm。裁切复合片时应顺着织物的纹路,尽量不破坏纤维并使工作部分保证最多的纤维根数。

试样的形状与数量 表 3-68

项目		试样代号	试样形状		试样数量	
					纵向	横向
不透水性		A	140mm×140mm		3	
拉伸性能	常温	B,B′	《硫化橡胶或热塑性橡胶拉伸应力应变性能的测定》(GB/T 528—1998)中 1 型哑铃片	200mm×25mm FS2 类片材	5	5
	高温	D,D′		100mm×25mm	5	5
	低温	E,E′			5	5
撕裂强度		C,C′	《硫化橡胶或热塑性橡胶撕裂强度的测定裤形、直角形和新月形试样》(GB/T 529—1999)中直角形试片		5	5
低温弯折		S,S′	120mm×50mm		2	2
加热伸缩量		F,F′	300mm×30mm		3	3
热空气老化	拉伸性能	G,G′	《硫化橡胶或热塑性橡胶拉伸应力应变性能的测定》(GB/T 528—1998)中 1 型哑铃片	FS2 类片材,200mm×25mm	3	3
	伸长外观	J,J′			3	3
耐碱性		I,I′			3	3
臭氧老化		L,L′	《硫化橡胶或热塑性橡胶拉伸应力应变性能的测定》(GB/T 528—1998)中 1 型哑铃片	FS2 类片材,200mm×25mm	3	3
人工气候老化	拉伸性能	H,H′			3	3
	伸长外观	K,K′			3	3
粘结剥离强度	标准试验条件	M	200mm×25mm		5	—
	浸水 168h	N			5	—
复合强度		O			5	—

注：试样代号中，字母上方有"′"者应横向取样。

(2) 片材的断裂拉伸强度、扯断伸长率试验按 GB/T 528—1998 的规定进行，测试五个试样，取中值。其中，均质片断裂拉伸强度按式（3-54）计算，精确到 0.1MPa；扯断伸长率按式（3-55）计算，精确到 1%。

$$TS_b = F_b / Wt \tag{3-54}$$

式中 TS_b——均质片断裂拉伸强度，单位为兆帕（MPa）；

F_b——试样断裂时记录的力，单位为牛顿（N）；

W——哑铃试片狭小平行部分宽度，单位为毫米（mm）；

t——试验长度部分的厚度，单位为毫米（mm）。

$$E_b = 100(L_b - L_0)/L_0 \tag{3-55}$$

式中 E_b——常温均质片扯断伸长率，%；

L_b——试样断裂时的标距，单位为毫米（mm）；

L_0——试样的初始标距，单位为毫米（mm）。

复合片的断裂拉伸强度按式（3-56）计算，精确到 0.1N/cm；扯断伸长率按式（3-57）计算，精确到 1%。

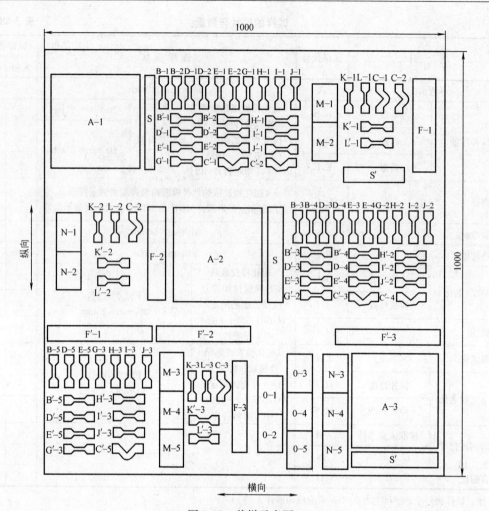

图 3-91 裁样示意图

$$TS_b = F_b/W \tag{3-56}$$

式中 TS_b——复合片断裂拉伸强度,单位为牛顿每厘米(N/cm);
　　F_b——复合片布断开时记录的力,单位为牛顿(N);
　　W——哑铃试片狭小平行部分宽度或矩形试片的宽度,单位为厘米(cm)。

$$E_b = 100(L_b - L_0)/L_0 \tag{3-57}$$

式中 E_b——复合片及低温均质片扯断伸长率,%;
　　L_b——试样完全断裂时夹持器间的距离,单位为毫米(mm);
　　L_0——试样的初始夹持器间距离(1型试样50mm,2型试样30mm)。

a. 拉伸试验用1型试样;高、低温试验时,如1型试样不适用,可用2型试样。将试样在规定温度下预热或预冷1h。仲裁检验试件的形状为哑铃2型。FS2型片材拉伸试样为矩形,尺寸为200mm×25mm,夹持距离为120mm,高低温试验试样尺寸为100mm×25mm,夹持距离为50mm。

b. 试样夹持器的移动速度:橡胶类为(500±50)mm/min,树脂类为(250±50)

mm/min。

c. 复合片的拉伸试验应首先以 25mm/min 的拉伸速度拉伸试样至加强层断裂后,再以(三)3(2)b 规定的速度继续拉伸至试样完全断裂。其中 FS2 型片材直接以(100±10)mm/min 的速度拉伸至试样完全断裂。

(3) 片材的撕裂强度试验按硫化橡胶或热塑性橡胶撕裂强度的测定(裤形、直角形和新月形试样》(GB/T 529—1999)中的无割口直角形试样执行,拉伸速度同(三)3(2)b 复合片取其拉伸至断裂时的最大力值计算撕裂强度。

(4) 片材的不透水性试验采用如图 3-92 所示的十字形压板。试验时按透水仪的操作规程将试样装好,并一次性升压至规定压力,保持 30min 后观察试验有无渗漏,以三个试样均无渗漏为合格。

(5) 片材的低温弯折试验按附录 B 执行。

(6) 片材的加热伸缩量试验按附录 C 执行。

(7) 片材的热空气老化试验按《硫化橡胶或热塑性橡胶热空气加速老化和耐热试验》(GB/T 3512—2001)的规定执行。

(8) 片材的耐碱性试验按《硫化橡胶或热塑性橡胶耐液体试验方法》(GB/T 1690—2006)的规定执行,试验前应用适宜的方法将复合片做封边处理。

(9) 片材的臭氧老化试验按《硫化橡胶或热塑性橡胶耐臭氧龟裂静态拉伸试验》(GB/T 7762—2003)的规定执行,以用 8 倍放大镜检验无龟裂为合格。

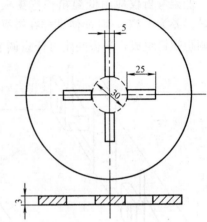

图 3-92 透水仪压板示意图

(10) 片材的人工气候老化性能按《硫化橡胶人工气候(氙灯)老化试验方法》(GB/T 12831—1991)的规定执行;黑板温度为(63±3)℃,相对湿度为(50±5)%,降雨周期为 120min,其中,降雨 18min,间隔干燥 102min,总辐照量为 495MJ/m^2(或辐照强度为 550W/m^2,试验时间为 250h)。试样经暴露处理后在标准状态下停放 4h,进行性能测定,外观检查以用 8 倍放大镜检验无裂纹为合格。

(11) 片材粘结剥离强度的测定按附录 D 的规定执行,点粘片粘结点的剥离强度的测定按《硫化橡胶或热塑性橡胶与织物粘合强度的测定》(GB/T 532—1997)的规定执行,从成品中取样。

(12) 复合强度的测定按片材粘结剥离强度方法(附录 D)执行,具有两个表面保护或增强层的复合片材,两表面的复合强度均应测定,其结果按下式计算:

复合强度(N/mm)=剥离力(N)/试样宽度(25mm)

以每个试样在拉伸过程中,材料表面保护或增强层未有破坏、与芯材未有剥离脱开现象、所有试样复合强度的平均值符合标准规定为合格。

(四) 附录 A(规范性附录) 复合片芯层厚度测量

1 试验仪器

读数显微镜:最小分度值 0.01mm,放大倍数最小 20 倍。

2 测量方法

在距片材长度方向边缘（100+15)mm 向内各取一点，在这两点中均分取三点，以这五点为中心裁取五块 50mm×50mm 试样，在每块试样上沿宽度方向用薄的锋利刀片垂直于试样表面切取一条约 50mm×2mm 的试条，注意不使试条的切面变形（厚度方向的断面）。将试条的切面向上，置于读数显微镜的试样台上，读取片材芯层厚度（不包括纤维层)，以芯层最外端切线位置计算厚度。每个试条取四个均分点测量，厚度以五个试条共20 处数值的算术平均值表示，并报告 20 处中的最小单值。

（五）附录 B（规范性附录）低温弯折试验

1 试验仪器

低温弯折仪应由低温箱和弯折板两部分组成。低温箱应能在 0～－40℃之间自动调节，误差为±2℃，且能使试样在被操作过程中保持恒定温度；弯折板由金属平板、转轴和调距螺钉组成，平板间距可任意调节，示意图如图 3-93 所示。

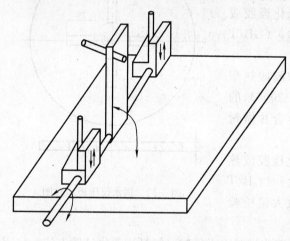

图 3-93 弯折板示意图

2 试验条件

（1）实验室温度：(23±2)℃

（2）试样在实验室温度下停放时间不少于 24h。

3 试验程序

（1）将按（三）3（1）制备的试样弯曲 180°，使 50mm 宽的试样边缘重合、齐平，并用定位夹或 10mm 宽的胶布将边缘固定，以保证其在试验中不发生错位，并将低温弯折仪的两平板间距调到片材厚度的三倍。

（2）将低温弯折仪上平板打开，将厚度相同的两块试样平放在底板上，重合的一边朝向转轴，且距转轴 20mm；在规定温度下保持 1h 之后迅速压下上平板，达到所调间距位置，保持 1s 后将试样取出，观察试样弯折处是否断裂，并用放大镜观察试样弯折处受拉面有无裂纹。

4 判定

用 8 倍放大镜观察试样表面，以两个试样均无裂纹为合格。

（六）附录 C（规范性附录）加热伸缩量试验

1 试验仪器

（1）测伸缩量的标尺精度不低于 0.5mm。

（2）老化试验箱。

2 试验条件

（1）实验室温度：(23±2)℃。

（2）试样在实验室温度下停放时间不少于 24h。

3 试验程序

将按图 3-94 规格尺寸制好的试样放入 (80±2)℃的老化箱中，时间为 168h；取出试样后停放 1h，用量具测量试样的长度，根据初始长度计算伸缩量，取纵横两个方向的算术平均值，用三个试样的平均值表示其伸缩量。

注：如试片弯曲，需施以适当的重物将其压平测量。

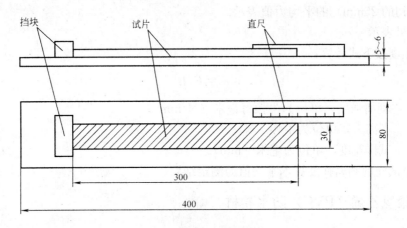

图 3-94　测量方法示意图

（七）附录 D（规范性附录）片材粘结剥离强度试验

1　试验设备

拉力试验机，量程≥500N。

2　试验条件

实验室温度为 (23±2)℃，相对湿度 45%～65%。

3　试样制备

按图 3-91 所示沿片材纵向裁取 200mm×150mm 试片四块，在标准试验条件下，将与片材配套的胶粘剂涂在试片上，涂胶面积为 150mm×150mm，然后将每两片片材按图 3-95 所示对正粘贴，对粘时间按生产厂商规定进行。将试片在标准试验条件下停放 168h 后裁取 10 个 200mm×25mm 的试样；取出五个试样，在 (23±2)℃ 的水中放置 168h，取出后在标准试验条件下停放 4h 备用。

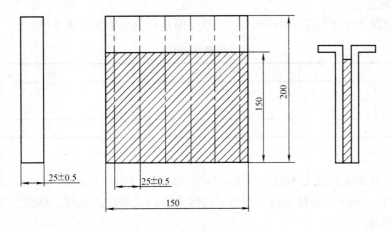

图 3-95　剥离强度试样

4 试验程序

将试样分别夹在拉力试验机上,夹持部位不能滑移,开动试验机,以(100±10)mm/min的速度进行剥离试验,试样剥离长度至少要有125mm,剥离力以拉伸过程中(不包括最初的25mm)的平均力值表示。

5 结果表示

剥离强度按下式计算：

$$\sigma_\tau = F/B \tag{3-58}$$

式中 σ_τ——剥离强度,单位为牛顿每毫米（N/mm）；

F——剥离力,单位为牛顿（N）；

B——试样宽度,单位为毫米（mm）。

取五个试样的剥离强度算术平均值为测定结果。

二、聚氯乙烯（PVC）防水卷材

聚氯乙烯（PVC）防水卷材是指适用于建筑防水工程用的,以聚氯乙烯（PVC）树脂为主要原料,经捏合、塑化、挤出压延、整形、冷却、检验、分类、包装等工序加工制成的可卷曲的片状防水材料。产品包括无复合层,用纤维单面复合及织物内增强的聚氯乙烯防水卷材。产品已发布了《聚氯乙烯防水卷材》（GB 12952—2003）国家标准。

(一) 产品的分类和标记

聚氯乙烯防水卷材按其有无复合层进行分类,无复合层的为N类,用纤维单面复合的为L类,织物内增强的为W型。每类产品按理化性能可分为Ⅰ型和Ⅱ型。

卷材长度规格为10m、15m、20m；厚度规格为1.2mm、1.5mm、2.0mm；其他长度、厚度规格可由供需双方商定,厚度规格不得小于1.2mm。

产品按产品名称（代号PVC卷材）、外露或非外露使用、类型、厚度、长×宽以及标准号顺序进行标记。例如：长度20m、宽度1.2m、厚度1.5mm、Ⅱ型、L类外露使用的聚氯乙烯防水卷材其标记为：PVC卷材 外露 LⅡ1.5/20×1.2 GB 12952—2003。

(二) 技术要求

1. 尺寸偏差

长度、宽度不小于规定值的99.5%,厚度偏差和最小单值见表3-69。

厚度（mm） 表3-69

厚 度	允许偏差	最小单值
1.2	±0.10	1.00
1.5	±0.15	1.30
2.0	±0.20	1.70

2. 外观

卷材的外观要求其接头不多于一处,其中较短的一段长度不少于1.5m,接头应剪切整齐,并加长150mm。卷材表面应平整,边缘整齐,无裂纹、孔洞、粘结、气泡和疤痕。

3. 理化性能

聚氯乙烯防水卷材的理化性能要求见表3-70和表3-71。

聚氯乙烯 N 类卷材的理化性能（GB 12952—2003） 表 3-70

编号	项目		Ⅰ型	Ⅱ型
1	拉伸强度/MPa	≥	8.0	12.0
2	断裂伸长率/%	≥	200	250
3	热处理尺寸变化率/%	≤	3.0	2.0
4	低温弯折性		−20℃无裂纹	−25℃无裂纹
5	抗穿孔性		不渗水	
6	不透水性		不透水	
7	剪切状态下的粘合性/(N/mm)	≥	3.0 或卷材破坏	
8	热老化处理	外观	无起泡、裂纹、粘结和孔洞	
		拉伸强度变化率/%	±25	±20
		断裂伸长率变化率/%		
		低温弯折性	−15℃无裂缝	−20℃无裂缝
9	耐化学侵蚀	拉伸强度变化率/%	±25	±20
		断裂伸长率变化率/%		
		低温弯折性	−15℃无裂缝	−20℃无裂缝
10	人工气候加速老化	拉伸强度变化率/%	±25	±20
		断裂伸长率变化率/%		
		低温弯折性	−15℃无裂缝	−20℃无裂缝

注：非外露使用可以不考核人工气候加速老化性能

聚氯乙烯 L 类和 W 类卷材的理化性能（GB 12952—2003） 表 3-71

编号	项目			Ⅰ型	Ⅱ型
1	拉力/(N/cm)	≥		100	160
2	断裂伸长率/%	≥		150	200
3	热处理尺寸变化率/%	≤		1.5	1.0
4	低温弯折性			−20℃无裂纹	−25℃无裂纹
5	抗穿孔性			不渗水	
6	不透水性			不透水	
7	剪切状态下的粘合性/(N/mm) ≥		L 类	3.0 或卷材破坏	
			W 类	6.0 或卷材破坏	
8	热老化处理	外观		无起泡、裂纹、粘结和孔洞	
		拉力变化率/%		±25	±20
		断裂伸长率变化率/%			
		低温弯折性		−15℃无裂缝	−20℃无裂缝
9	耐化学侵蚀	拉力变化率/%		±25	±20
		断裂伸长率变化率/%			
		低温弯折性		−15℃无裂缝	−20℃无裂缝
10	人工气候加速老化	拉力变化率/%		±25	±20
		断裂伸长率变化率/%			
		低温弯折性		−15℃无裂缝	−20℃无裂缝

注：非外露使用可以不考核人工气候加速老化性能。

（三）试验方法

1 标准试验条件

温度：(23 ± 2)℃。

相对湿度：$(60\pm15)\%$。

2 试件制备

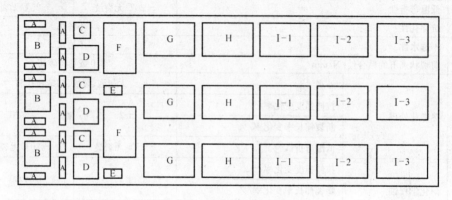

图 3-96 试件裁取图

将被测样品在标准试验条件下放置 24h，按图 3-96 和表 3-72 裁取所需试件，试件距卷材边缘不小于 100mm。裁切织物增强卷材时应顺着织物的走向，尽量使工作部位有最多的纤维根数。

3 尺寸偏差

（1）用最小分度值为 1mm 的卷尺分别在卷材两端和中部三处测量宽度、长度，以长度的平均值乘以宽度的平均值得到每卷卷材的面积。若有接头，以量出的两段长度之和减去 150mm 计算。

试件尺寸与数量　　　　　　　　　　表 3-72

序号	项目	符号	尺寸(纵向×横向)/mm	数量
1	拉伸性能	A、A′	120×25	各6
2	热处理尺寸变化率	C	100×100	3
3	抗穿孔性	B	150×150	3
4	不透水性	D	150×150	3
5	低温弯折性	E	100×50	2
6	剪切状态下的粘合性	F	200×300	2
7	热老化处理	G	300×200	3
8	耐化学侵蚀	I-1、I-2、I-3	300×200	各3
9	人工气候加速老化	H	300×200	3

（2）厚度

a. N 类、W 类卷材厚度

N 类、W 类卷材厚度用分度值为 0.01mm、压力为 (22 ± 5)kPa、接触面直径为 6mm 的厚度计测量，保持时间为 5s。在卷材宽度方向测量 5 点，距卷材长度方向边缘（100±

15)mm 向内各取一点，在这两点中均分取其余 3 点，以 5 点的平均值作为卷材的厚度，并报告最小单值。

b. L 类卷材厚度

（a）读数显微镜：最小分度值 0.01mm，放大倍数最小 20 倍。

（b）L 类纤维单面复合卷材按（三）3（2）a 在 5 点处各取一块 50mm×50mm 试样，在每块试样上沿宽度方向用薄的锋利刀片垂直于试样表面切取一条约 50mm×2mm 的试条，注意不使试条的切面变形（厚度方向的断面）。将试条的切面向上，置于读数显微镜的试样台上，读取卷材聚氯乙烯层厚度（不包括纤维层），对于表面压花纹的产品，以花纹最外端切线位置计算厚度。每个试条上测量 4 处，厚度以 5 个试条共 20 处数值的平均值表示，并报告 20 处中的最小单值。

4 外观

卷材外观用目测方法检查。

5 拉伸性能

（1）拉力试验机：能同时测定拉力与延伸率，保证拉力测试值在量程的 20%～80% 间，精度 1%；能够达到（250±50）mm/min 的拉伸速度，测长装置测量精度 1mm。

（2）N 类卷材拉伸性能

a. 试验步骤

试件按图 3-96 和表 3-72 要求裁取，采用符合 GB/T 528—1998 中 7.1 规定的哑铃 I 型，如图 3-97 所示试件，拉伸速度（250±50）mm/min，夹具间距约 75mm，标线间距离 25mm。用（三）3（2）a 要求的厚度计测量标线及中间 3 点的厚度，取中值作为试件厚度。

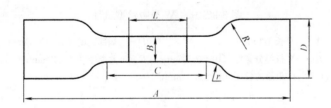

图 3-97　N 类哑铃型试件

A——总长，最小值 115mm；　　R——大半径（25±2）mm；
B——标距段的宽度 6.0mm+0.4mm；　r——小半径（14±1）mm；
C——标距段的长度（33±2）mm；　L——标距线间的距离（25±1）
D——端部宽度（25±1）mm；

将试件置于夹持器中心夹紧，不得歪扭，开动拉力试验机。读取试件的最大拉力 P、试件断裂时标线间的长度 L_1，若试件在标线外断裂，数据作废，用备用试件补做。

b. 结果计算

试件的拉伸强度按式（3-59）计算，精确到 0.1MPa：

$$TS = P/(B \times d) \qquad (3-59)$$

式中　TS——拉伸强度，单位为兆帕（MPa）；

P——最大拉力,单位为牛顿(N);
B——试件中间部位宽度,单位为毫米(mm);
d——试件厚度,单位为毫米(mm)。

试件的断裂伸长率按式(3-60)计算,精确到1%:

$$E=100(L_1-L_0)/L_0 \tag{3-60}$$

式中 E——断裂伸长率,单位为百分率(%);
L_0——试件起始标线间距离25mm;
L_1——试件断裂时标线间距离,单位为毫米(mm)。

分别计算纵向或横向5个试件的算术平均值作为试验结果。

(3) L类、W类卷材拉伸性能

a. 试验步骤

试件按图3-96和表3-72要求裁取,采用符合《塑料薄膜拉伸性能试验方法》(GB/T 13022—1991)中的哑铃Ⅰ型,如图3-98所示试件,拉伸速度(250±50)mm/min,夹具间距50mm。

将试件置于夹持器中心夹紧,不得歪扭,开动拉力试验机。读取试件的最大拉力P、试件断裂时夹具间的长度L_3。

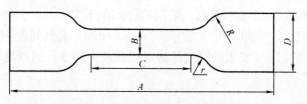

图3-98 L、W类哑铃型试件

A——总长120mm; D——端部宽度(25±0.5)mm;
B——平行部分宽度(10±0.5)mm; R——大半径(25±2)mm;
C——标距段的长度(40±0.5)mm; r——小半径(14±1)mm

b. 结果计算

试件的拉力按式(3-61)计算,精确到1N/cm:

$$T=P/B \tag{3-61}$$

式中 T——试件拉力,单位为牛顿每厘米(N/cm);
P——最大拉力,单位为牛顿(N);
B——试件中间部位宽度,单位为厘米(cm)。

试件的断裂伸长率按式(3-62)计算,精确到1%:

$$E=100(L_3-L_2)/L_2 \tag{3-62}$$

式中 E——断裂伸长率,单位为百分率(%);
L_2——试件起始夹具间距离50mm;
L_3——试件断裂时夹具间距离,单位为毫米(mm)。

分别计算纵向或横向5个试件的算术平均值作为试验结果。

6 热处理尺寸变化率

(1) 鼓风烘箱：控温范围为（室温～200）℃，控温精度±2℃。

(2) 试验步骤

按图 3-96 和表 3-72 裁取试件，试件尺寸为 100mm×100mm 的正方形，标明纵横方向，在每边测量处划线，作为试件处理前后的参考线。

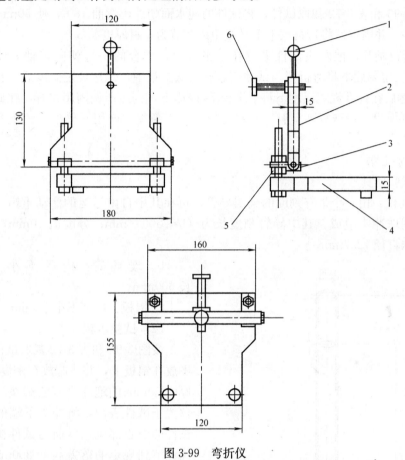

图 3-99 弯折仪
1—手柄；2—上行板；3—转轴；4—下行板；5、6—调距螺钉

在标准试验条件下，在试件上面放一钢直尺，用游标卡尺测量试件纵横方向划线处的初始长度 S_0，精确到 0.1mm，将试件平放在撒有少量滑石粉的釉面砖垫板上，再将垫板水平放入（80±2）℃的鼓风烘箱中，不得叠放，在此温度下恒温 24h。取出在标准试验条件下放置 24h，再测量纵横方向划线处的长度 S_1，精确到 0.1mm。

(3) 结果计算

纵向和横向的尺寸变化率按式（3-63）分别计算，精确到 0.1%：

$$R = |S_1 - S_0|/S_0 \times 100 \tag{3-63}$$

式中　R——热处理尺寸变化率，单位为百分率（%）；
　　　S_0——试件该方向的初始长度，单位为毫米（mm）；
　　　S_1——试件与 S_0 同方向处理后的长度，单位为毫米（mm）。

分别计算 3 块试件纵向或横向的尺寸变化率的平均值作为纵向或横向试验结果。

7 低温弯折性

(1) 试验器具

a. 低温箱：调节范围（0~-30）℃，控温精度±2℃。

b. 弯折仪：由金属制成的上下平板间距离可任意调节，形状和尺寸如图3-99所示。

(2) 试验步骤

按图3-96和表3-72裁取试件，将试件的迎水面朝外，弯曲180°，使50mm宽的边缘重合、齐平，并固定。将弯折仪上下平板距离调节为卷材厚度的3倍。

将弯折仪翻开，把两块试件平放在下平板上，重合的一边朝向转轴，且距离转轴20mm。在设定温度下将弯折仪与试件一起放入低温箱中，到达规定温度后，在此温度下放置1h。然后在标准规定温度下将上平板1s内压下，到达所调间距位置，在此位置保持1s后将试件取出。待恢复到室温后观察弯折处是否断裂，或用6倍放大镜观察试件弯折处有无裂纹。

8 抗穿孔性

(1) 试验器具

a. 穿孔仪：由一个带有刻度的金属导管、可在其中自由运运的活动重锤、锁紧螺栓和半球形钢珠冲头组成。其中导管刻度长为（0~500）mm；分度值10mm，重锤质量500g，钢珠直径12.7mm。

b. 玻璃管：内径不小于30mm，长600mm。

c. 铝板：厚度不小于4mm。

(2) 试验步骤

按图3-96和表3-72裁取试件，将试件平放在铝板上，并一起放在密度25kg/m³、厚度50mm的泡沫聚苯乙烯垫板上。穿孔仪置于试件表面，将冲头下端的钢珠置于试件的中心部位，球面与试件接触。把重锤调节到规定的落差高度300mm并定位。使重锤自由下落，撞击位于试件表面的冲头，然后将试件取出，检查试件是否穿孔，试验3块试件。

无明显穿孔时，采用图3-100所示的装置对试件进行水密性试验。将圆形玻璃管垂直放在试件穿孔试验点的中心，用密封胶密封玻璃管与试件间的缝隙。将试件置于滤纸（150mm×150mm）上，滤纸放置在玻璃板上，把染色的水加入玻璃管中，静置24h后检查滤纸，如有变色、水迹现象表明试件已穿孔。

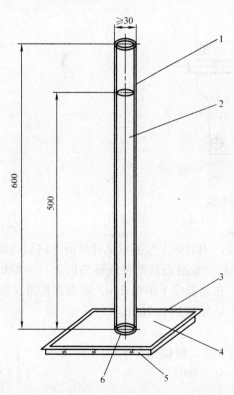

图3-100 穿孔水密性试验装置
1—玻璃管；2—染色水；3—滤纸；4—试样；
5—玻璃板；6—密封胶

9 不透水性

(1) 不透水仪：采用 GB/T 328（参见表 3-4）规定的不透水仪，透水盘的压盖板采用图 3-101 所示的金属开缝槽盘。

(2) 试验在标准试验条件下进行，按图 3-96 和表 3-72 裁取试件，按 GB/T 328（参见表 3-4）进行试验，采用图 3-54 所示的金属开缝槽盘，压力为 0.3MPa，保持 2h，观察试件有无渗水现象，试验 3 块试件。

10 剪切状态下的粘合性

(1) 试验步骤

按图 3-96 和表 3-72 裁取试片，在标准试验条件下，将与卷材配套的胶粘剂涂在试片上，涂胶面积 100mm×300mm，按图 3-102 进行粘合，对粘时间按生产厂商要求进行。粘合好的试片放置 24h，裁取 5 块 300mm×50mm 的试件，将试件在标准试验条件下养护 24h。单面纤维复合卷材在留边处涂胶，搭接面为 50mm×50mm。采用热风焊

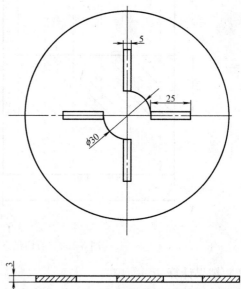

图 3-101 金属开缝槽盘

接试件的中间的搭接长度为 30mm，宽度 50mm，放置时间为 24h。

将试件夹在符合（三）5（1）要求的拉力试验机上，拉伸速度为（250±50）mm/min，夹具间距 150～200mm。记录试件最大拉力 P。

(2) 结果计算

拉伸剪切时，试件若有一个或一个以上在粘结面滑脱，则剪切状态下的粘合性以拉伸剪切强度表示，按式（3-64）计算，精确在 0.1N/mm：

$$\sigma = P/b \tag{3-64}$$

式中　σ——拉伸剪切强度，单位为牛顿每毫米（N/mm）；

　　　P——最大拉伸剪切力，单位为牛顿（N）；

　　　b——试件粘合面宽度 50mm。

卷材的拉伸剪切强度以 5 个试件的算术平均值表示。

在拉伸剪切时，试件都是卷材断裂，则报告为卷材破坏。

11 热老化处理

(1) 试验步骤

按图 3-51 和表 3-85 裁取试件，将试件按 GB/T 18244—2000 中第 4 章进行试验［见本章第二节二（二）］，温度为（80±2）℃，时间 168h。处理后的试件在标准试验条件下放置 24h，按（三）4 检查外观，每块试件上裁取纵向、横向哑铃形试件各 2 块。低温弯折性试验在一块试件上裁取纵向一块，另一块裁取横向一块。

低温弯折性按（三）7 进行试验，拉伸性能按（三）5 进行试验。

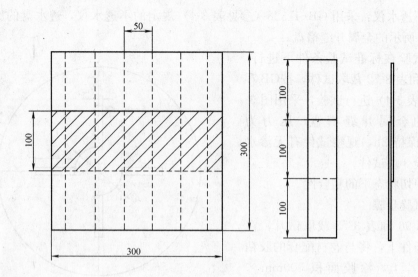

图 3-102　剪切状态下的粘合性试件

(2) 结果计算

处理后拉伸强度或拉力相对变化率按式（3-65）进行计算，精确到 1%：

$$Rt = (TS_1/TS - 1) \times 100 \tag{3-65}$$

式中　Rt——样品处理后拉伸强度（或拉力）相对变化率，单位为百分率（%）；

　　　TS——样品处理前平均拉伸强度，单位为兆帕（MPa）[或拉力，单位为牛顿每厘米（N/cm）]；

　　　TS_1——样品处理后平均拉伸强度，单位为兆帕（MPa）[或拉力，单位为牛顿每厘米（N/cm）]。

处理后断裂伸长率相对变化率按式（3-66）进行计算，精确到 1%：

$$Re = (E_1/E - 1) \times 100 \tag{3-66}$$

式中　Re——样品处理后断裂伸长率相对变化率，单位为百分率（%）；

　　　E——样品处理前平均断裂伸长率，单位为百分率（%）；

　　　E_1——样品处理后平均断裂伸长率，单位为百分率（%）。

12　耐化学侵蚀

(1) 试验容器能耐酸、碱、盐的腐蚀，可以密闭，容积根据样片数量而定。

(2) 试验步骤

按表 3-73 的规定，用蒸馏水和化学试剂（分析纯）配制均匀溶液，并分别装入各自贴有标签的容器中，温度为（23±2）℃。

在每种溶液中浸入 3 块按图 3-102 和表 3-73 裁取的 Ⅰ 试片，试片上面离液面至少 20mm，密闭容器，保持 28d 后取出，用清水冲洗干净，擦干。在标准试验条件下放置 24h，每块试件上裁取纵向、横向哑铃形试件各两块，在一块试件上裁取低温弯折性试件向一块，另一块裁取横向一块。分别按（三）5 和（三）7 进行试验。对于 W 类卷材处理前应将四周断面用适宜的密封材料封边。

溶液浓度　　　　　　　　　　　　　　　表 3-73

试剂名称	溶液浓度
NaCl	(10±2)%
Ca(OH)$_2$	饱和溶液
H$_2$SO$_4$	(5±1)%

(3) 结果计算

结果计算同（三）11（2）。

13 人工气候加速老化

(1) 试验步骤

按图 3-51 和表 3-85 裁取试片，按 GB/T 18244—2000 中第 6 章进行试验，[见本章第二节二（四）]，照射时间 1000h（累计辐照能量约 2000MJ/m^2）。处理后的试片在标准试验条件下放置 24h，每块试件上裁取纵向、横向哑铃形试件各两块。低温弯折性试验在一块试件上裁取纵向一块，另一块横向一块。按（三）5 和（三）7 进行试验。

(2) 结果计算

结果计算同（三）11（2）。

三、氯化聚乙烯防水卷材

氯化聚乙烯防水卷材是指适用于建筑防水工程用的，以含氯量为 30%～40%的氯化聚乙烯树脂为主要原料，掺入适量的化学助剂和大量的填充材料，采用塑料或橡胶的加工工艺，经过捏和、塑炼、压延、卷曲、检验、分卷、包装等工序，加工艺制成的弹塑性防水卷材。其产品包括无复合层、用纤维单面复合及织物内增强的氯化聚乙烯防水卷材。这类卷材由于具有热塑性弹性体的优良性能，加之原材料来源丰富，价格较低，生产工艺较简单，施工方便，故发展迅速，目前在国内属中高档防水卷材。其产品已发布了《氯化聚乙烯防水卷材》(GB 12953—2003) 国家标准。

(一) 产品的分类和标记

产品按照有无复合层进行分类，无复合层的为 N 类，用纤维单面复合的为 L 类，织物内增强的为 W 类。每类产品按理化性能分为Ⅰ型和Ⅱ型。

卷材长度规格为 10m、15m、20m；厚度规格为 1.2mm、1.5mm、2.0mm；其他长度、厚度规格可由供需双方商定，但厚度规格不得低于 1.2mm。

产品按其产品名称（代号 CPE 卷材）、外露或非外露使用、类、型、厚度、长×宽、标准号的顺序进行标记，例如：长度 20m，宽度 1.2m，厚度 1.5mmⅡ型 L 类外露使用的氯化聚乙烯防水卷材的标记为：CPE 卷材，外露 LⅡ1.5/20×1.2 GB 12953—2003。

(二) 技术要求

1 尺寸偏差

其长度、宽度不小于规定值的 99.5%，厚度偏差和最小单位参见表 3-74。

厚度 (mm)　　　　　　　　　　　　　　表 3-74

厚度	允许偏差	最小单值
1.2	±0.10	1.00
1.5	±0.15	1.30
2.0	±0.20	1.70

2 外观

卷材的外观要求其接头不多于一处，其中较短的一段长度不小于 1.5m，接头应剪切整齐，并加长 150mm。卷材其表面应平整，边缘整齐，无裂纹、孔洞和粘结，不应有明显的气泡、疤痕。

3 理化性能要求

N 类无复合层的卷材理化性能应符合表 3-75 的规定；L 类纤维单面复合及 W 类织物内增强的卷材其理化性能应符合表 3-76 的规定。

氯化聚乙烯 N 类卷材理化性能（GB 12953—2003）　　表 3-75

序号	项目			Ⅰ型	Ⅱ型
1	拉伸强度/MPa		≥	5.0	8.0
2	断裂伸长率/%		≥	200	300
3	热处理尺寸变化率/%		≤	3.0	纵向 2.5 横向 1.5
4	低温弯折性			−20℃无裂纹	−25℃无裂纹
5	抗穿孔性			不渗水	
6	不透水性			不透水	
7	剪切状态下的粘合性/（N/mm）		≥	3.0 或卷材破坏	
8	热老化处理	外观		无起泡、裂纹、粘结与孔洞	
		拉伸强度变化率/%		+50 −20	±20
		断裂伸长率变化率/%		+50 −30	±20
		低温弯折性		−15℃无裂纹	−20℃无裂纹
9	耐化学侵蚀	拉伸强度变化率/%		±30	
		断裂伸长率变化率/%		±30	
		低温弯折性		−15℃无裂纹	−20℃无裂纹
10	人工气候加速老化	拉伸强度变化率/%		+50 −20	±20
		断裂伸长率变化率/%		+50 −30	±20
		低温弯折性		−15℃无裂纹	−20℃无裂纹

注：非外露使用可以不考核人工气候加速老化性能。

氯化聚乙烯 L 类及 W 类理化性能（GB 12953—2003）　　表 3-76

序号	项目		Ⅰ型	Ⅱ型
1	拉力/（N/mm）	≥	70	120
2	断裂伸长率/%	≥	125	250
3	热处理尺寸变化率/%	≤	1.0	
4	低温弯折性		−20℃无裂纹	−25℃无裂纹
5	抗穿孔性		不渗水	
6	不透水性		不透水	

续表

序 号	项 目		Ⅰ型	Ⅱ型
7	剪切状态下的粘合性/N/mm ≥	L类	3.0 或卷材破坏	
		W类	6.0 或卷材破坏	
8	热老化处理	外观	无起泡、裂纹、粘结与孔洞	
		拉力/N/cm ≥	55	100
		断裂伸长率/% ≥	100	200
		低温弯折性	−15℃无裂纹	−20℃无裂纹
9	耐化学侵蚀	拉力/N/cm ≥	55	100
		断裂伸长率/% ≥	100	200
		低温弯折性	−15℃无裂纹	−20℃无裂纹
10	人工气候加速老化	拉力/N/cm ≥	55	100
		断裂伸长率/% ≥	100	200
		低温弯折性	−15℃无裂纹	−20℃无裂纹

注：非外露使用可以不考核人工气候加速老化性能。

（三）试验方法

1 标准试验条件

温度：(23±2)℃；相对湿度：60%±15%。

2 试件制备

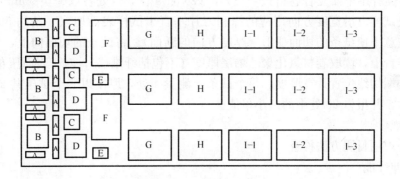

图 3-103 试件裁取图

将被测样品在标准试验条件下放置 24h，按图 3-103 和表 3-77 裁取所需试件，试件距卷材边缘不小于 10mm。裁切织物增强卷材时应顺着织物的走向，尽量使工作部位有最多的纤维根数。

3 尺寸偏差

（1）用最小分度值为 1mm 的卷尺分别在卷材两端和中部 3 处测量宽度、长度，以长度的平均值乘以宽度的平均值得到每卷卷材的面积。若有接头，以量出的两段长度之和减去 150mm 计算。

（2）厚度

a. N类、W类卷材厚度

N类、W类卷材厚度用分度值为0.01mm、压力为(22±5)kPa、接触面直径为6mm的厚度计测量,保持时间为5s。在卷材宽度方向测量5点,距卷材长度方向边缘(100±15)mm向内各取一点,在这两点中均分取其余3点,以5点的平均值作为卷材的厚主,并报告最小单值。

b. L类卷材厚度

试件尺寸与数量   表3-77

序号	项目	符号	尺寸(纵向×横向)mm	数量
1	拉伸性能	A、A'	120×25	各6
2	热处理尺寸变化率	C	100×100	3
3	抗穿孔性	B	150×150	3
4	不透水性	D	150×150	3
5	低温弯折性	E	100×50	2
6	剪切状态下的粘合性	F	200×300	2
7	热老化处理	G	300×200	3
8	耐化学侵蚀	I-1、I-2、I-3	300×200	各3
9	人工气候加速老化	H	300×200	3

(a) 读数显微镜:最小分度值0.01mm。

(b) L类纤维单面复合卷材按(三)3(2)①a在5点处各取一块50mm×50mm试样,在每块试样上沿宽度方向用薄的锋利刀片垂直于试样表面切取一条约50mm×2mm的试条,注意不使试条的切面变形(厚度方向的断面)。将试条的切面向上,置于读数显微镜的试样台上,读取卷材氯化聚乙烯层厚度(不包括纤维层),对于表面压花纹的产品,以花纹最外端切线位置计算厚度。每个试条上测量4处,厚度以5个试条共20处数值的平均值表示,并报告20处中的最小单值。

4 外观

卷材外观用目测方法检查。

5 拉伸性能

(1) 拉力试验机

能同时测定拉力与延伸率,保证拉力测试值在量程的20%~80%间,精度1%;能够达到(250±50)mm/min的拉抻速度,测长装置测量精度1mm。

(2) N类卷材拉伸性能

a. 试验步骤

试件按图3-103和表3-77要求裁取,采用符合GB/T 528—1998中7.1规定的哑铃Ⅰ型,如图3-104所示试件,拉伸速度(250±50)mm/min,夹具间距约75mm,标线间距离25mm。用(三)3(2)a要求的厚度计测量标线及中间三点的厚度,取中值作为试件厚度。

将试件置于夹持器中心夹紧,不得歪扭,开动拉力试验机。读取试件的最大拉力P、试件断裂时标线间的长度L_1,若试件在标线外断裂,数据作废,用备用试件补做。

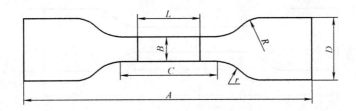

图 3-104 N 类哑铃型试件

A—总长,最小值 115mm;B—标距段的宽度 6.0mm+0.4mm;C—标距段的长度 (33±2)mm;D—端部宽度 (25±1)mm;R—大半径 (25±2)mm; r—小半径 (14±1)mm;L—标距线间的距离 (25±1)mm

b. 结果计算

试件的拉伸强度按式 (3-67) 计算,精确到 0.1MPa:

$$TS = P/(B \times d) \tag{3-67}$$

式中 TS——拉伸强度,单位为兆帕 (MPa);
P——最大拉力,单位为牛顿 (N);
B——试件中间部位宽度,单位为毫米 (mm);
d——试件厚度,单位为毫米 (mm)。

试件的断裂伸长率按式 (3-68) 计算,精确到 1%:

$$E = 100(L_1 - L_0)/L_0 \tag{3-68}$$

式中 E——断裂伸长率,单位为百分率 (%);
L_0——试件起始标线间距离 25mm;
L_1——试件断裂时标线间距离,单位为毫米 (mm)。

分别计算纵向或横向五个试件的算术平均值作为试验结果。

(3) L 类、W 类卷材拉伸性能

a. 试验步骤

试件按图 3-103 和表 3-77 要求裁取,采用符合《塑料薄膜拉伸性能试验方法》(GB/T 13022—1991) 中的哑铃Ⅰ型,如图 3-105 所示试件,拉伸速度 (250±50)mm/min,夹具间距 50mm。

将试件置于夹持器中心夹紧,不得歪扭,开动拉力试验机。读取试件的最大拉力 P、试件断裂时夹具间的长度 L_3。

b. 结果计算

试件的拉力按式 (3-69) 计算,精确到 1N/cm:

$$T = P/B \tag{3-69}$$

式中 T——试件拉力,单位为牛顿每厘米 (N/cm);
P——最大拉力,单位为牛顿 (N);
B——试件中间部位宽度,单位为厘米 (cm)。

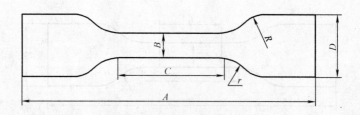

图 3-105　L、W 类哑铃形试件

A—总长 120mm；B—平行部分宽度（10±0.5）mm；C—标距段的长度（40±0.5）mm；
D—端部宽度（25±0.5）mm；R—大半径（25±2）mm；r—小半径（14±1）mm

试件的断裂伸长率按式（3-70）计算，精确到 1%：

$$E = 100(L_3 - L_2)/L_2 \qquad (3\text{-}70)$$

式中　E——断裂伸长率，单位为百分率（%）；
　　　L_2——试件起始夹具间距离 50mm；
　　　L_3——试件断裂时夹具间距离，单位为毫米（mm）。

分别计算纵向或横向五个试件的算术平均值作为试验结果。

6　热处理尺寸变化率

（1）鼓风烘箱

控温范围为（室温～200）℃，控温精度±2℃。

（2）试验步骤

按图 3-103 和表 3-77 裁取试件，试件尺寸为 100mm×100mm 的正方形，标明纵横方向，在每边测量处划线，作为试件处理前后的参考线。

在标准试验条件下，试件上面压一钢直尺，用游标卡尺测量试件纵横方向划线处的初始长度 S_0，精确到 0.1mm，将试件平放在撒有少量滑石粉的釉面砖垫板上，再将垫板水平放入（80±2）℃的鼓风烘箱中，不得叠放，在此温度下恒温 24h。取出在标准试验条件下放置 24h，再测量纵横方向划线处的长度 S_1，精确到 0.1mm。

（3）结果计算

纵向和横向的尺寸变化率按式（3-71）分别计算，精确到 0.1%：

$$R = |S_1 - S_0|/S_0 \times 100 \qquad (3\text{-}71)$$

式中　R——热处理尺寸变化率，单位为百分率（%）；
　　　S_0——试件该方向的初始长度，单位为毫米（mm）；
　　　S_1——试件与 S_0 同方向处理后的长度，单位为毫米（mm）。

分别计算 3 块试件纵向或横向的尺寸变化率的平均值作为纵向或横向的试验结果。

7　低温弯折性

（1）试验器具

a. 低温箱：调节范围（0～−30）℃，控温精度±2℃。

b. 弯折仪：由金属制成的上下平板间距离可任意调节，形状和尺寸如图 3-106 所示。

（2）试验步骤

按图 3-103 和表 3-77 裁取试件，将试件的迎水面朝外，弯曲 180°，使 50mm 宽的边缘重合、齐平，并固定。将弯折仪上下平板距离调节为卷材厚度的 3 倍。

将弯折仪翻开,把两块试件平放在下平板上,重合的一边朝向转轴,且距离转轴 20mm。在设定温度下将弯折仪与试件一起放入低温箱中,到达规定温度后,在此温度下放置 1h。然后在标准规定温度下将上平板 1s 内压下,到达所调间距位置,在此位置保持 1s 后将试件取出。待恢复到室温后观察弯折处是否断裂,或用 6 倍放大镜观察试件弯折处有无裂纹。

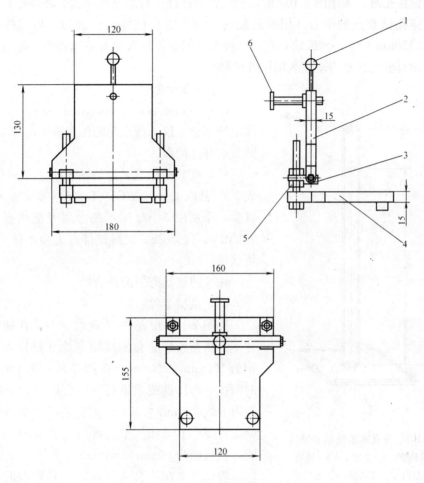

图 3-106 弯折仪
1—手柄;2—上行板;3—转轴;4—下行板;5、6—调距螺钉

8 抗穿孔性

(1) 试验器具

a. 穿孔仪:由一个带有刻度的金属导管、可在其中自由运动的活动重锤、锁紧螺栓和半球形钢珠冲头组成。其中导管刻度长为 (0~500)mm,分度值 10mm,重锤质量 500g,钢珠直径 12.7mm。

b. 玻璃管:内径不小于 30mm,长 600mm。

c. 铝板:厚度不小于 4mm。

(2) 试验步骤

按图 3-103 和表 3-77 裁取试件，将试件平放在铝板上，并一起放在密度 25kg/m³、厚度 50mm 的泡沫聚苯乙烯垫板上。穿孔仪置于试件表面，将冲头下端的钢珠置于试件的中心部位，球面与试件接触。把重锤调节到规定的落差高度 300mm 并定位。使重锤自由下落，撞击位于试件表面的冲头，然后将试件取出，检查试件是否穿孔，试验 3 块试件。

无明显穿孔时，采用图 3-107 所示的装置对试件进行水密性试验。将圆形玻璃管垂直放在试件穿孔试验点的中心，用密封胶密封玻璃管与试件间的缝隙。将试件置于滤纸（150mm×150mm）上，滤纸放置在玻璃板上，把染色的水加入玻璃管中，静置 24h 后检查滤纸，如有变色、水迹现象表明试件已穿孔。

9 不透水性

（1）不透水仪：采用 GB/T 328（参见表 3-4）规定的不透水仪，透水盘的压盖板采用图 3-108 所示的金属开缝槽盘。

（2）试验在标准试验条件下进行，按图 3-103 和表 3-77 裁取试件，按 GB/T 328（参见表 3-4）进行试验，采用图 3-108 所示的金属开缝槽盘，压力为 0.3MPa，保持 2h，观察试件有无渗水现象，试验 3 块试件。

10 剪切状态下的粘合性

（1）试验步骤

按图 3-103 和表 3-77 裁取试片，在标准试验条件下，将与卷材配套的胶粘剂涂在试片上，涂胶面积为 100mm×300mm，按图 3-109 进行粘合，对粘时间按生产厂商要求进行。粘合好的试片放置 24h，裁取 5 块 300mm×50mm 的试件，将试件在标准试验条件下养护 24h。单面纤维复合卷材在留边处涂胶，搭接面为 50mm×50mm。

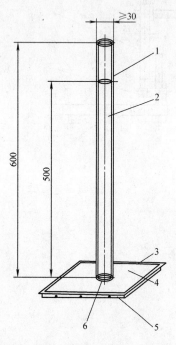

图 3-107 穿孔水密性试验装置
1—玻璃管；2—染色水；3—滤纸；4—试样；5—玻璃板；6—密封胶

将试件夹在符合（三）5（1）要求的拉力试验机上，拉伸速度为（250±20）mm/min，夹具间距 150mm～200mm。开动拉力试验机，记录试件最大拉力 P。

（2）结果计算

拉伸剪切时，试件若有一个或一个以上在粘结面滑脱，则剪切状态下的粘合性以拉伸剪切强度表示，按式（3-72）计算，精确到 0.1N/mm：

$$\sigma = P/b \tag{3-72}$$

式中　σ——拉伸剪切强度，单位为牛顿每毫米（N/mm）；
　　　P——最大拉伸剪切力，单位为牛顿（N）；
　　　b——试件粘合面宽度 50mm。

卷材的位伸剪切强度以 5 个试件的算术平均值表示。

在拉伸剪切时，试件都是卷材断裂，则报告为卷材破坏。

11 热老化处理

（1）试验步骤

按图 3-103 表 3-77 裁取试件，将试件按 GB/T 18244—2000 中第 4 章 [见本章第二节二（二），参见表 3-5] 进行试验，温度为 (80±2)℃，时间 168h。处理后的试件在标准试验条件下放置 24h，按（三）4 检查外观，每块试件上裁取纵向、横向哑铃形试件各两块。低温弯折性试验在一块试件上裁取纵向一块，另一块裁横向一块。

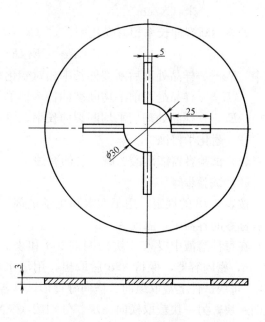

图 3-108 金属开缝槽盘

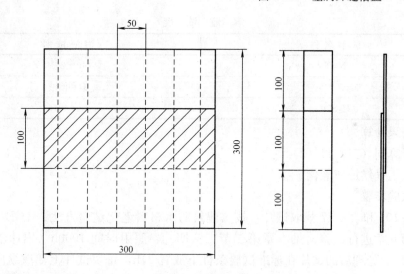

图 3-109 剪切状态下的粘合性试件

低温弯折性按（三）7 进行试验，拉伸性能按（三）5 进行试验。

（2）结果计算

处理后拉伸强度或拉力相对变化率按式（3-73）进行计算，精确到 1%：

$$Rt = (TS_1/TS - 1) \times 100 \tag{3-73}$$

式中 Rt——样品处理后拉伸强度（或拉力）相对变化率，单位为百分率（%）；

TS——样品处理前平均拉伸强度，单位为兆帕（MPa）[或拉力，单位为牛顿每厘米（N/cm）]；

TS_1——样品处理后平均拉伸强度，单位为兆帕（MPa）[或拉力，单位为牛顿每厘米（N/cm）]。

处理后断裂伸长率相对变化率按式（3-74）进行计算，精确到1%：

$$Re=(E_1/E-1)\times100 \tag{3-74}$$

式中　Re——样品处理后断裂伸长率相对变化率，单位为百分率（%）；

　　　E——样品处理前平均断裂伸长率，单位为百分率（%）；

　　　E_1——样品处理后平均断裂伸长率，单位为百分率（%）。

12　耐化学侵蚀

（1）试验容器能耐酸、碱、盐的腐蚀、可以密闭，容积根据样片数量而定。

（2）试验步骤

按表3-78的规定，用蒸馏水和化学试剂（分析纯）配制均匀溶液，并分别装入各自贴有标签的容器中，温度为（23±2）℃。

在每种溶液中浸入3块按图3-103和表3-77裁取的Ⅰ试片，试片上面离液面至少20mm，密闭容器，保持28d后取出，用清水冲洗干净，擦干。在标准试验条件下放置24h，每块试件上裁取纵向、横向哑铃形试件各两块，在一块试件上裁取低温弯折性试件纵向一块，另一块裁取横向一块。分别按（三）5和（三）7进行试验。对于W类卷材处理前应将四周断面用适宜的密封材料封边。

溶　液　浓　度　　　　　　　　　　　　　　表3-78

试　剂　名　称	溶液浓度
NaCl	(10±2)%
$Ca(OH)_2$	饱和溶液
H_2SO_4	(5±1)%

（3）结果计算

结果计算同（三）11（2）。

13　人工气候加速老化

（1）试验步骤

按图3-103和表3-77裁取试片，按《建筑防水材料老化试验方法》（GB/T 18244—2000）中第6章进行试验［见本章第二节二（四）］，照射时间1000h（累计辐射能量约2000MJ/m^2）。处理后的试片在标准试验条件下放置24h，每块试件上裁取纵向、横向哑铃形试件各两块。低温弯折性试验在一块试件上裁取纵向一块，另一块裁横向一块。按（三）5和（三）7进行试验。

（2）结果计算

结果计算同（三）11（2）。

四、三元丁橡胶防水卷材

三元丁橡胶防水卷材系以废旧丁基橡胶为主要原料，加入丁酯作改性剂，丁醇作促进剂加工制成的高分子合成橡胶无胎卷材，简称：三元丁卷材。该卷材的性能稳定，具有质量轻、弹性大、耐高低温、耐化学腐蚀及绝缘性能好等优点，用其维修旧的油毡屋面，可以不拆除原防水层而直接粘贴该类卷材，施工方便，工程造价也较低，适用于工业与民用建筑及构筑物的防水,尤其适用于寒冷及温差变化较大地区的防水工程。该产品已发布了JC/T 645—1996 建材行业标准。

(一) 产品的分类和标记

产品规格见表 3-79。

规格尺寸 (JC/T 645—1996)　　　　　表 3-79

厚度,mm	宽度,mm	长度,m
1.2　1.5	1000	20　10
2.0	1000	10

注:其他规格尺寸由供需双方协商确定。

产品按物理力学性能分为一等品(B)和合格品(C)。

产品按产品名称、厚度、等级、标准编号顺序标记。

例:厚度为 1.2mm、一等品的三元丁橡胶防水卷材的标记为:

三元丁卷材 1.2　B　JC/T 645

(二) 技术要求

1　产品尺寸允许偏差

产品尺寸允许偏差应符合表 3-80 规定。

尺寸允许偏差 (JC/T 645—1996)　　　　表 3-80

项　目	允　许　偏　差
厚度,mm	±0.1
长度,m	不允许出现负值
宽度,mm	不允许出现负值

注:1.2mm 厚规格不允许出现负偏差。

2　外观质量

(1) 成卷卷材应卷紧卷齐,端面里进外出不得超过 10mm。

(2) 成卷卷材在环境温度为低温弯折性规定的温度以上时应易于展开。

(3) 卷材表面应平整,不允许有孔洞、缺边、裂口和夹杂物。

(4) 每卷卷材的接头不应超过一个。较短的一段不应少于 2500mm,接头处应剪整齐,并加长 150mm。一等品中,有接头的卷材不得超过批量的 3%。

3　物理力学性能

物理力学性能应符合表 3-81 的规定。

物理力学性能 (JC/T 645—1996)　　　　表 3-81

产品 等级			一等品	合格品
不透水	压力,MPa	不小于	0.3	
	保持时间,min	不小于	90,不透水	
纵向拉伸强度,MPa		不小于	2.2	2.0
纵向断裂伸长率,%		不小于	200	150

续表

产品等级			一等品	合格品
低温弯折性（−30℃）			无裂纹	
耐碱性	纵向拉伸强度的保持率,%	不小于	80	
	纵向断裂伸长的保持率,%	不小于	80	
热老化处理	纵向拉伸强度保持率(80℃±2℃,168h),%	不小于	80	
	纵向断裂伸长保持率(80℃±2℃,168h),%	不小于	70	
热处理尺寸变化率(80℃±2℃,168h),%		不大于	−4,+2	
人工加速气候老化27周期	外观		无裂纹,无气泡,不粘结	
	纵向拉伸强度的保持率,%	不小于	80	
	纵向断裂伸长的保持率,%	不小于	70	
	低温弯折性		−20℃,无裂缝	

（三）试验方法

1 规格尺寸和外观检查

按 GB 326 附录 A 进行。[参见本章第三节一（四）]。厚度测定按图 3-110 所示，从距离卷首 3m 处切断，从长度方向内侧 20mm、宽度方向内侧 100mm 确定 a、b 两点，然后四等分 a、b 线段，得 c、e、d 三点，用 0.01mm 的千分尺或测厚计测量 5 点的厚度，计算其算术平均值即为厚度测定值，取值至小数点后两位。

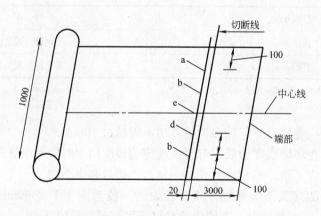

图 3-110 厚度的测定

2 物理力学性能

（1）状态调节和标准环境

温度：(23±2)℃；

相对湿度：45%～55%。

试验前卷材应进行状态调节，调节时间不少于 16h，仲裁检验时不少于 96h。

（2）取样

从被检测厚度的卷材上切取 0.5m 的样品置于（三）2（1）规定的条件下进行状态调节，然后按图 3-111 与表 3-82 切取所需要的试样。耐碱性与热处理尺寸变化率的试样按《屋顶橡胶防水材料　三元乙丙片材》（HG 2402）切取；热老化处理的试样按《聚氯乙烯防水卷材》（GB 12952—92）切取；人工加速气候老化的试样按 GB/T 14686 附录 B［参见本章第三节二（五）］切取。

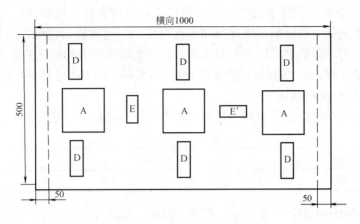

图 3-111　试样切取部位示意图

3　不透水性

按 GB 12952［参见本章第二节一（二十八）3］进行。但升压、压力保持、卸压按 GB 328.3［见本章第二节一（三），参见表 3-4］进行。

4　纵向拉伸强度和纵向断裂延伸率

按 GB 528《硫化橡胶和热塑性橡胶拉伸性能的测定》进行，各取六个试样试验结果的算术平均值作为测定结果。

试件尺寸和数量表　　　　　表 3-82

试　验　项　目	试件部位	试件尺寸(mm)	数　量
不透水性	A	150×150	3
纵向拉伸强度、伸长率	D	按 GB 528 1 型裁刀	6
低温弯折性　纵向	E		1
横向	E′	50×100	1
耐碱性		按 HG2402	6
热老化处理		300×200	3
热处理尺寸变化率		100×100	3
人工加速气候老化		300×70	6

5　低温弯折性和热老化处理

按《聚氯乙烯防水卷材》（GB 12952—92）进行。热老化处理试样共六个。每三个试样为一组。一组进行热老化处理；一组在标准环境下进行试验。测其试验结果，取 3 人试验结果的算术平均值为测定结果，计算其纵向拉伸强度与断裂延伸率的保持率。

6　耐碱性和热处理尺寸变化率

按《屋顶橡胶防水材料　三元乙丙片材》（HG 2402）进行。耐碱性采用饱和的 $Ca(OH)_2$ 溶液。

五、氯化聚乙烯-橡胶共混防水卷材

氯化聚乙烯-橡胶共混防水卷材是以氯化聚乙烯树脂和合成橡胶共混为主体,加入适量的硫化剂、促进剂、稳定剂、软化剂和填充剂等,经过素炼、混炼、压延或挤出成型,硫化、检验、分卷、包装等工序加工制成的共混、无织物增强的硫化型防水卷材。此类产品已发布了《氯化聚乙烯-橡胶共混防水卷材》JC/T 684—1997 建材行业标准。

(一) 产品的分类和标记

产品按物理力学性能分为 S 型、N 型两种类型。其规格尺寸见表 3-83。

规 格 尺 寸　　　　　　　　　　　　　　　表 3-83

厚 度 mm	宽 度 mm	长 度 m
1.0,1.2,1.5,2.0	1000,1100,1200	20

产品按下列顺序标记:产品名称、类型、厚度、标准号。
标记示例:
厚度 1.5mm S 型氯化聚乙烯-橡胶共混防水卷材标记为:

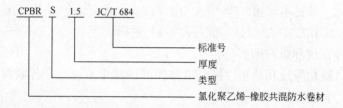

(二) 技术要求

1 外观质量

表面平整,边缘整齐。
表面缺陷应不影响防水卷材使用,并符合表 3-84 规定。

外观质量 (JC/T 684—1997)　　　　　　　　　　表 3-84

项　目	外观质量要求
折痕	每卷不超过 2 处,总长不大于 20mm
杂质	不允许有大于 0.5mm 颗粒
胶块	每卷不超过 6 处,每处面积不大于 4mm²
缺胶	每卷不超过 6 处,每处不大于 7mm²,深度不超过卷材厚度的 30%
接头	每卷不超过 1 处,短段不得少于 3000mm,并应加长 150mm 备作搭接

2 尺寸偏差

应符合表 3-85 的规定。

尺寸偏差 (JC/T 684—1997)　　　　　　　　　　表 3-85

厚度允许偏差/%	宽度与长度允许偏差
+15 −10	不允许出现负值

3 物理力学性能

应符合表 3-86 的规定。

物理力学性能（JC/T 684—1997） 表 3-86

序号	项目			指标	
				S型	N型
1	拉伸强度/MPa		≥	7.0	5.0
2	断裂伸长率/%		≥	400	250
3	直角形撕裂强度/kN/m		≥	24.5	20.0
4	不透水性(30min)			0.3MPa 不透水	0.2MPa 不透水
5	热老化保持率 [(80±2℃),168h]	拉伸强度/%	≥	80	
		断裂伸长率/%	≥	70	
6	脆性温度℃		≤	−40	−20
7	臭氧老化 500pphm,168h×40℃,静态			伸长率40% 无裂纹	伸长率20% 无裂纹
8	粘结剥离强度（卷材与卷材）	kN/m	≥	2.0	
		浸水168h,保持率/%	≥	70	
9	热处理尺寸变化率/%		≤	+1 / −2	+2 / −4

（三）试验方法

1 外观检查

用目测及精度为 1mm 的量具检查。

2 尺寸偏差

（1）厚度

厚度测量的选取应符合图 3-112 的规定，取试样一卷，从端部裁去 300mm，从试样纵向两端各 20mm 内，横向两端各 200mm 内取 4 个点（a，b，c，d），再取 ab 和 cd 分别 4 等分处的点（e，f，g，j，i，h），共 10 个厚度测量点，采用精度为 0.01mm 的量具测量厚度，测量结果用 10 点平均值表示，平均值取小数点后两位。

（2）长度及宽度

按《石油沥青纸胎油毡、油纸》（GB 326）附录（见本章第三节一）测定，测量精确至 1mm。

3 物理性能的测定

（1）实验室条件

温度：(23±2)℃；

相对湿度：45%～55%；

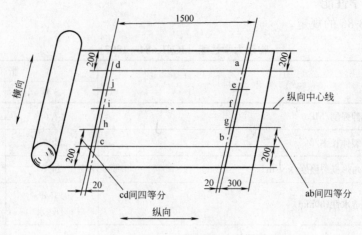

图 3-112 厚度的测定

试样存放：16h；
仲裁时存放：96h。

(2) 试样制备

a. 裁取试样：按图 3-113 裁取试样。

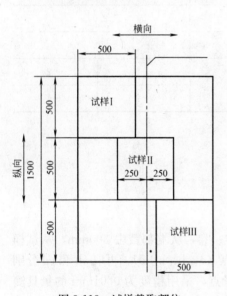

图 3-113 试样裁取部位

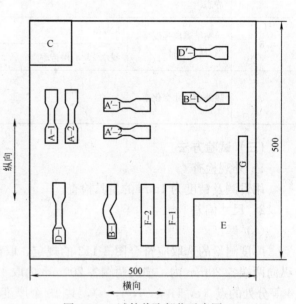

图 3-114 试件裁取部位示意图

b. 切取试件：将测完厚度的试样按图 3-114 和表 3-87 切取试样。

试件尺寸和数量   表 3-87

试 验 项 目		试件代号	试件尺寸/mm	试件数量
拉伸强度与断裂伸长度	(23±2)℃	A-1 A'-1	GB/T 528 中 1 型裁刀	6
	热老化保持率	A-2 A'-2		

续表

试 验 项 目		试件代号	试件尺寸/mm	试件数量
直角撕裂强度	(23±2)℃	B-1 B'-1	GB/T 529 中规定	3
臭氧老化		D-1 D'-1	GB/T 528 中 1 型裁刀	6
不透水性		E	150×150	3
粘结剥离强度		F-1 F-2	150×25	6
脆性温度		G	GB/T 1682 规定	3
热处理尺寸变化率		C	100×100	3

（3）测定

a. 拉伸强度、断裂伸长率的测定按《硫化橡胶和热塑性橡胶拉伸性能的测定》（GB/T 528）的规定进行。

b. 撕裂强度（直角形试样）按《硫化橡胶或热塑性橡胶撕裂强度的测定裤形、直角形和新月形试样》（GB/T 529）的规定进行。

c. 不透水性按《沥青防水卷材试验方法》（GB/T 328）[见本章第二节一（二十八）]的规定进行，透水盘的压盖采用《聚氯乙烯防水卷材》（GB 12952）规定的金属槽盘。

d. 热空气老化按《橡胶热空气老化试验方法》（GB/T 3512）的规定进行。

e. 脆性温度按《硫化橡胶脆性温度试验方法》（GB/T 1682）的规定进行。

f. 臭氧老化按《硫化橡胶耐臭氧老化试验静态拉伸试验法》（GB/T 7762）的规定进行。

g. 剥离强度按《硫化橡胶与织物粘结强度的测定》（GB/T 532）的规定进行。

h. 热处理尺寸变化率按《聚氯乙烯防水卷材》（GB 12952）的规定进行。

六、高分子防水卷材胶粘剂

高分子防水卷材胶粘剂是指适用于合成高分子防水卷材冷粘结的，以合成弹性体为基料的胶粘剂。产品已发布了 JC 863—2000 行业标准。

（一）产品的分类和标记

高分子防水卷材胶粘剂按其固化机理分为单组分（Ⅰ）和双组分（Ⅱ）两大类型；按其施工部位可分为基底胶（J）、搭接胶（D）和通用胶（T）三个品种。基底胶是指应用于卷材与防水基层粘结的胶粘剂；搭接胶是指应用于卷材与卷材之间粘结的胶粘剂；通用胶是指兼有基底胶和搭接胶功能的胶粘剂。

产品按名称（应包涵配套卷材的名称）、类型、品种、标准号顺序进行标记。例如：氯化聚乙烯防水卷材用单组分基底胶粘剂的标记为：氯化聚乙烯防水卷材胶粘剂 IJ JC 863—2000。

（二）技术要求

1 外观

胶粘剂经搅拌应为均匀液体，无杂质，无分散颗粒或凝胶。

2 物理力学性能

高分子防水卷材胶粘剂的物理力学性能应符合表 3-88 的规定。

物理力学性能（JC 863—2000） 表3-88

序号	项目				技术指标		
					基底胶 J	搭接胶 D	通用胶 T
1	黏度/Pa·s				规定值[1]±20%		
2	不挥发物含量/%				规定值[1]±2		
3	适用期[2]/min			≥	180		
4	剪切状态下的粘合性	卷材—卷材	标准试验条件/(N/mm)	≥	—	2.0	2.0
			热处理后保持率(80℃,168h)/%	≥	—	70	70
			碱处理后保持率10%$Ca(OH)_2$,168h/%	≥	—	70	70
		卷材—基底	标准试验条件/(N/mm)	≥	1.8	—	1.8
			热处理后保持率(80℃,168h)/%	≥	70	—	70
			碱处理后保持率(10%$Ca(OH)_2$,168h)/%	≥	70	—	70
5	剥离[3]强度		标准试验条件/(N/min)	≥		1.5	1.5
			浸水后保持率% 168h	≥		70	70

1) 规定值是指企业标准、产品说明书或供需双方商定的指标量值。
2) 仅适用于双组分产品，指标也可由供需双方协商确定。
3) 剥离强度为强制性指标。

（三）试验方法

1　标准试验条件

试验室标准试验条件为：温度（23±2）℃，相对湿度45%～65%。

2　取样与预处理

胶粘剂的取样和预处理按《建筑胶粘剂通用试验方法》(GB/T 12954—1991) 第4章的规定进行。试验用被粘材料也应在标准试验条件下放置相同时间。

3　试验设备

（1）拉力试验机：测量范围0～500N，分度值不大于2N，示值精度±1%，配有记录装置。

（2）恒温干燥箱：温度可调至（80±2）℃。

4　试件制备

（1）一般规定

被粘材料表面处理和胶粘剂的使用方法均按生产厂产品说明书的要求进行。试样粘合时应用手辊反复压实，排除气泡。

（2）水泥砂浆试板的制备

用强度等级32.5或42.5硅酸盐水泥和标准砂按1∶1.5比例、水灰比0.4～0.5配制水泥砂浆，倒入内腔尺寸150mm×60mm×10mm的模具中，表面抹平。将成型的试块在试验室条件下养护24h后拆模，放入约20℃的水中继续养护至少7d，取出将表面清洗干净，并在自然条件下干燥3d以上备用。

注：出厂检验时允许采用厚度约5mm、尺寸为150mm×60mm石棉水泥试板。

（3）剪切状态下的粘合性试样的制备

a. 卷材—卷材试样的制备

将与胶粘剂配套的卷材沿纵向裁取 300mm×200mm 的试片 6 块，用毛刷在每块试片上涂刷搭接胶（或通用胶）样品，涂胶面积 100mm×300mm，按图 3-115 所示进行粘合。在 3 块粘合的试片上各裁取 5 块 300×50mm 的试样，共 15 块。对碱处理试验用的增强型卷材应先裁成 200mm×50mm 的小片，封边处理后再粘合成试样。

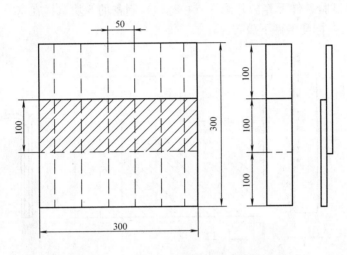

图 3-115　卷材—卷材粘合性试样

b. 卷材—基底试样的制备

将与胶粘剂配套的卷材沿纵向裁取 150mm×50mm 的试片 9 片，用毛刷在每个试片和水泥砂浆试板上分别涂刷基底胶（或通用胶）样品，按图 3-116 所示粘合成试样，每组制备 9 个试样。对碱处理试验用的增强型卷材裁成小片，封边处理后再粘合成试样。

（4）剥离强度试样的制备

将与胶粘剂配套的卷材沿纵向裁取 200mm×150mm 试片 4 块，按《胶粘剂 T 剥离强度试验方法 挠性材料对挠性材料》（GB/T 2791）的规定，用搭接胶（或通用胶）样品粘合成 200mm×25mm 的试样 10 块，见图 3-117 所示。

5　试样养护和处理

（1）标准试验条件养护

将按（三）4 制备的试样在标准试验条件下放置 168h。

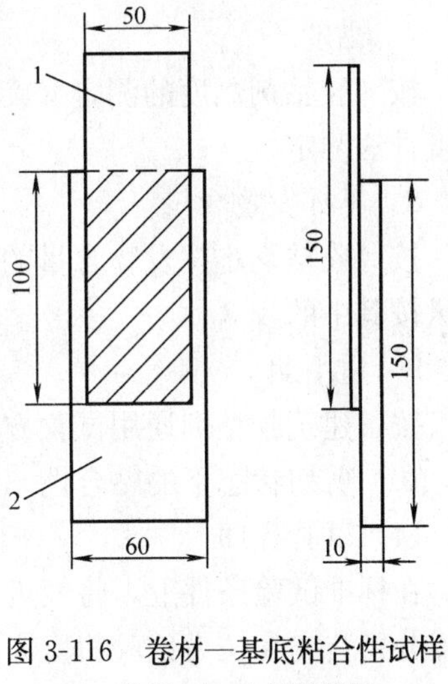

图 3-116　卷材—基底粘合性试样
1—卷材；2—水泥砂浆板

（2）热处理

取经过标准试验条件养护并按（三）4（3）制备的 5 块卷材—卷材试样和 3 块卷材—基底试样，按《屋顶橡胶防水材料　三元乙丙片材》（HG/T 2402—1992）附录 B4.1 的方法进行热处理。

（3）碱处理

取经过标准试验条件养护并按（三）4（3）制备的5块卷材—卷材试样和3块卷材—基底试样，按《屋顶橡胶防水材料 三元乙丙片材》（HG/T 2402—1992）附录B4.2的方法进行碱处理。

（4）浸水处理

取经过标准试验条件下养护并按（三）4（4）制备的5块试样在（23±2）℃的水中放置168h，取出后在标准条件下放置4h。

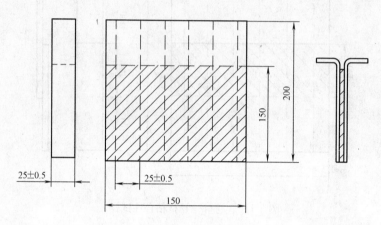

图3-117 剥离强度试样

6 外观

将胶粘剂样品充分搅拌后，倒入ϕ70mm表面皿中，用玻璃棒搅动目测。

7 黏度

按《胶粘剂黏度的测定（旋转黏度剂计法）》（GB/T 2794—1995）中5.1规定的旋转黏度计法测定。

8 不挥发物含量

按《胶粘剂不挥发物含量的测定》（GB/T 2793—1995）测定，试验温度、时间和取样量按其中的4.3。

9 适用期

按《建筑胶粘剂通用试验方法》（GB/T 12954—1991）中5.6测定。

10 剪切状态下的粘合性

（1）试验程序

在标准试验条件上，将经过（三）5（1）、（三）5（2）和（三）5（3）养护、处理的试样分别装夹在拉力试验机上，按《聚氯乙烯防水卷材》（GB 12952—1991）中5.12.1进行拉伸剪切试验。在测试卷材—基底试样时，卷材一端的装夹应加适当的垫块，使卷材在拉伸过程中保持垂直。

（2）结果计算

按《聚氯乙烯防水卷材》（GB 12952—1991）中5.12.2计算每个试样及各组试样的测试结果，并计算热处理和碱处理后剪切状态下的粘合性的保持率。

11 剥离强度

(1) 试验程序

在标准试验条件下,将经过(三)5(1)和(三)5(4)养护处理的试样分别装夹在拉力试验机上,按《胶粘剂T剥离强度试验方法 挠性材料对挠性材料》(GB/T 2791—1995)的规定,以(100±10)mm/min的速度进行剥离试验。

(2) 结果计算

按《胶粘剂T剥离强度试验方法 挠性材料对挠性材料》(GB/T 2791—1995)第8章规定的方法计算每个试样及各组试样的平均剥离强度,并计算浸水后剥离强度的保持率。

第四章　建筑防水涂料

第一节　概　　述

建筑防水涂料简称为防水涂料。防水涂料一般是由沥青、合成高分子聚合物、合成高

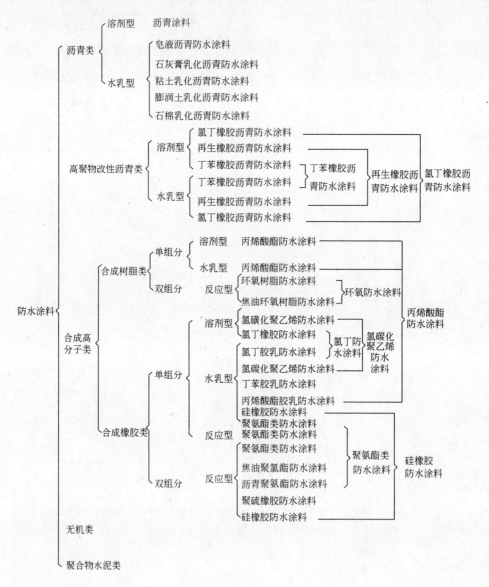

图 4-1　防水涂料的分类

分子聚合物与沥青、合成高分子聚合物与水泥或以无机复合材料等为主要成膜物质,掺入适量的颜料、助剂、溶剂等加工制成的溶剂型、水乳型或反应型的,在常温下呈无固定形状的黏稠状液态或可液化之固体粉末状态的高分子合成材料,是单独或与胎体增强材料复合,分层涂刷或喷涂在需要进行防水处理的基层表面上,通过溶剂的挥发或水分的蒸发或反应固化后可形成一个连续、无缝、整体的,且具有一定厚度的、坚韧的、能满足工业与民用建筑的屋面、地下室、厕浴厨房间以及外墙等部位的防水渗漏要求的一类材料的总称。

建筑防水涂料按其主要成膜物质的不同,可分为沥青类防水涂料、高聚物改性沥青类防水涂料,合成高分子类防水涂料等类别;防水涂料按其状态和形式的不同,可分为溶剂型防水涂料、水乳型防水涂料和反应型防水涂料等类别;防水涂料按其组分的不同,可分为单组分防水涂料和双组分防水涂料等类别。防水涂料的分类参见图 4-1。

第二节 建筑防水涂料的基本试验方法

本节所介绍的建筑防水涂料试验方法是以《建筑防水涂料试验方法》(GB/T 16777—1997)国家标准为依据的。

《建筑防水涂料试验方法》(GB/T 16777—1997)标准层次与本节结构层次的对应关系参见表 4-1。

《建筑防水涂料试验方法》(GB/T 16777—1997)标准层次与本节结构层次的对应关系表　　表 4-1

标准层次	本节结构层次	标准层次	本节结构层次	标准层次	本节结构层次	标准层次	本节结构层次
1	一	4.3.2	二、3(2)	6.2	四、2	7.2.2	五、2(2)
2	一	4.4	二、4	6.2.1	四、2(1)	7.2.3	五、2(3)
3	一	4.5	二、5	6.2.2	四、2(2)	7.2.4	五、2(4)
4	二	5	三、	6.3	四、3	7.2.5	五、2(5)
4.1	二、1	5.1	三、1	6.4	四、4	7.3	五、3
4.1.1	二、1(1)	5.1.1	三、1(1)	6.5	四、5	7.4	五、4
4.1.2	二、1(2)	5.1.2	三、1(2)	7	五、	7.5	五、5
4.1.3	二、1(3)	5.1.3	三、1(3)	7.1	五、1	8	六
4.1.4	二、1(4)	5.2	三、2	7.1.1	五、1(1)	8.1	六、1
4.1.5	二、1(5)	5.3	三、3	7.1.2	五、1(2)	8.1.1	六、1(1)
4.1.6	二、1(6)	5.4	三、4	7.1.3	五、1(3)	8.1.2	六、1(2)
4.2	二、2	6	四、	7.1.4	五、1(4)	8.1.3	六、1(3)
4.2.1	二、2(1)	6.1	四、1	7.1.5	五、1(5)	8.1.4	六、1(4)
4.2.1.1	二、2(1)a	6.1.1	四、1(1)	7.1.6	五、1(6)	8.1.5	六、1(5)
4.2.1.2	二、2(1)b	6.1.2	四、1(2)	7.1.7	五、1(7)	8.1.6	六、1(6)
4.2.2	二、2(2)	6.1.3	四、1(3)	7.1.8	五、1(8)	8.1.7	六、1(7)
4.3	二、3	6.1.4	四、1(4)	7.2	五、2	8.1.8	六、1(8)
4.3.1	二、3(1)	6.1.5	四、1(5)	7.2.1	五、2(1)	8.2	六、2

续表

标准层次	本节结构层次	标准层次	本节结构层次	标准层次	本节结构层次	标准层次	本节结构层次
8.2.1	六、2(1)	9.1.4	七、1(4)	10.2.2.2	八、2(2)b	12.1	十、1
8.2.1.1	六、2(1)a	9.2	七、2	10.3	八、3	12.1.1	十、1(1)
8.2.1.2	六、2(1)b	9.3	七、3	10.4	八、4	12.1.2	十、1(2)
8.2.2	六、2(2)	9.4	七、4	11	九、	12.1.3	十、1(3)
8.2.3	六、2(3)	9.5	七、5	11.1	九、1	12.1.4	十、1(4)
8.2.4	六、2(4)	10	八、	11.1.1	九、1(1)	12.1.5	十、1(5)
8.2.5	六、2(5)	10.1	八、1	11.1.2	九、1(2)	12.1.6	十、1(6)
8.2.6	六、2(6)	10.1.1	八、1(1)	11.1.3	九、1(3)	12.1.7	十、1(7)
8.2.7	六、2(7)	10.1.2	八、1(2)	11.1.4	九、1(4)	12.2	十、2
8.3	六、3	10.1.3	八、1(3)	11.2	九、2	12.2.1	十、2(1)
8.3.1	六、3(1)	10.1.4	八、1(4)	11.2.1	九、2(1)	12.2.1.1	十、2(1)a
8.3.2	六、3(2)	10.1.5	八、1(5)	11.2.1.1	九、2(1)a	12.2.1.2	十、2(1)b
8.4	六、4	10.1.6	八、1(6)	11.2.1.2	九、2(1)b	12.2.1.3	十、2(1)c
8.5	六、5	10.2	八、2	11.2.2	九、2(2)	12.2.2	十、2(2)
9	七、	10.2.1	八、2(1)	11.2.3	九、2(3)	12.2.2.1	十、2(2)a
9.1	七、1	10.2.1.1	八、2(1)a	11.3	九、3	12.2.2.2	十、2(2)b
9.1.1	七、1(1)	10.2.1.2	八、2(1)b	11.4	九、4	12.2.2.3	十、2(2)c
9.1.2	七、1(2)	10.2.2	八、2(2)	12	十、	12.3	十、3
9.1.3	七、1(3)	10.2.2.1	八、2(2)a				

一、标准试验条件

试验室标准试验条件为：
温度：(23±2)℃；
相对湿度：45%～70%。

二、固体含量的测定

1 试验器具
(1) 培养皿：直径75～80mm，边高8～10mm；
(2) 干燥器：内放变色硅胶或无水氯化钙；
(3) 天平：感量0.001g；
(4) 电热鼓风干燥箱：控温精度±2℃；
(5) 坩埚钳；
(6) 玻璃棒：长约100mm。
2 试验程序
(1) A法
a. 将洁净的培养皿放在干燥箱内于(105±2)℃下干燥30min，取出放入干燥器中，冷却至室温后称量。

b. 将样品搅匀后称取约 2g 的试样（足以保证最后试样的干固量）置于已称量的培养皿中，使试样均匀地流布于培养皿的底部。然后放入干燥箱内，按表 4-2 规定的温度干燥 1h 后取出，放入玻璃干燥器中冷却至室温后称量，再将培养皿放入干燥箱内，干燥 30min 后放入干燥器中冷却至室温后称量，重复上述操作，直至前后两次称量差不大于 0.01g 为止（全部称量精确至 0.01g）。

各类涂料干燥温度表　　　　　　　　　　　　　　　　表 4-2

涂料种类	聚氨酯	聚丙烯酸酯	水性沥青基
干燥温度, ℃	120±2	105±2	105±2

（2）B 法

按《色漆和清漆挥发物和不挥发物的测定》（GB/T 6751）的试验方法进行。

3　试验结果计算

（1）固体含量按式（4-1）计算：

$$X = \frac{m_2 - m}{m_1 - m} \times 100 \tag{4-1}$$

式中　X——固体含量，%；

m——培养皿质量，g；

m_1——干燥前试样和培养皿质量，g；

m_2——干燥后试样和培养皿质量，g。

（2）挥发物和不挥发物按式（4-2）和式（4-3）计算：

$$V = \frac{m_3 - m_4}{m_3} \times 100 \tag{4-2}$$

$$V_N = \frac{m_4}{m_3} \times 100 \tag{4-3}$$

式中　V——挥发物含量，%；

V_N——不挥发物含量，%；

m_3——干燥前试样质量，g；

m_4——干燥后试样质量，g。

4　结果评定

试验结果取两次平行试验的平均值，每个试样的试验结果计算精确到 1%。

5　试验报告

试验报告应写明下列内容：

a）试样的类别、名称、批号；

b）试验温度；

c）试样的固体含量或挥发物和不挥发物含量。

三、耐热度的测定

1　试验器具

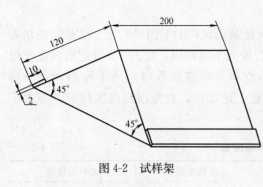

图 4-2 试样架

(1) 电热鼓风干燥箱：同二、1(4)；
(2) 铝板：规格为 100mm×50mm×2mm；
(3) 金属制试样架：如图 4-2 所示。

2 试验程序

将样品搅均后称取厚质涂料（40±0.1）g 或薄质涂料（12.5±0.1）g，分次满涂在洁净的铝板上，每次涂抹后应将试件水平放置于干燥箱内，于（40±2）℃下干燥 4～6h，最后一道涂层应在干燥箱中于（40±2）℃下干燥 24～30h，每一样品制备三个试件。

将试件置于干燥箱内金属试样架上，按产品所需温度恒温 5h 后取出。

3 试验结果评定

记录试件表面有无鼓泡、流淌和滑动现象。

4 试验报告

试验报告应写明下列内容：

a) 试样的名称、类别和批号；
b) 试验温度和时间；
c) 试样的耐热情况。

四、粘结性的测定

1 试验器具

(1) 电动抗折仪：单杠杆出力比 1∶10，最大出力 1000N，加荷速度 10N/s；
(2) "8"字形金属模具：如图 4-3 所示；
(3) 粘结基材："8"字形水泥砂浆块，如图 4-4 所示；

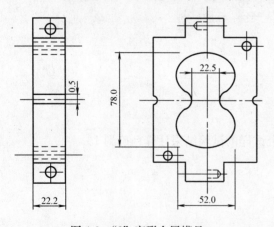

图 4-3 "8"字形金属模具

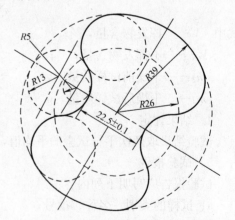

图 4-4 水泥砂浆块

(4) 电热鼓风干燥箱：同二、1(4)；
(5) 釉面砖。

2 试件的制备

(1) 用符合《硅酸盐水泥、普通硅酸盐水泥》(GB/T 175) 的 32.5 级普通硅酸盐水泥及中砂和水按重量比 1：2：0.4 配成砂浆，在图 4-3 所示的金属模具中，插入一 0.5mm 厚的金属片后，灌入配好的砂浆捣实抹平，24h 后脱模，将"8"字砂浆块在水中养护 7d，风干备用。

(2) 将"8"字砂浆块一分为二，清除断面上的浮砂，并涂刷厚 0.5～0.7mm 试样，根据产品的稠度不同可一次涂刷，也可分几次涂刷，每次间隔 24h。涂刷后在 (40±2)℃ 下烘干 1h，最后一道涂刷待表面收水后，对接两个半"8"字砂浆块，放在釉面砖上，半小时后移入干燥箱内，于 (40±2)℃下干燥 24h，按相同方法同时制备五个试件。

3 试验程序

将试件在标准条件下放置 2h，试验前先将试验机安装成单杠杆式，并调整零点，然后把试件置于试验机的夹具中，启动试验机至试件拉断为止，记下此时的读数。

4 试验结果评定

粘结性以粘结强度表示，试验结果取三个试件的算术平均值，精确到 0.01MPa。

5 试验报告

试验报告应写明下列内容：

a) 试样的名称、类别和型号；

b) 试样平均粘结强度值。

五、延伸性的测定

1 试验器具

(1) 拉伸试验机：测量范围为 0～500N，拉伸速度 0～500mm/min，标尺最小分度值为 1mm；

(2) 不锈钢槽板：12 块，如图 4-5 所示；

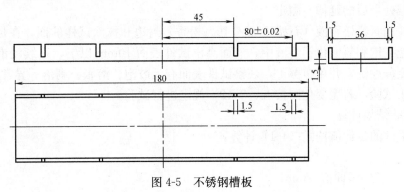

图 4-5 不锈钢槽板

(3) 铝板：24 块，规格为 80mm×35mm×2mm；

(4) 石棉水泥板：24 块，规格为 80mm×35mm×4mm；

(5) 不锈钢隔条：48 条，规格为 45mm×8mm×1.5mm；

(6) 电热鼓风干燥箱：同二、1 (4)；

(7) 紫外线老化箱：500W 直形高压汞灯，灯管与箱底平行，箱体尺寸 600mm×500mm×800mm；

(8) 釉面砖。

2 试验程序

(1) 试件的制备

将不锈钢槽板和隔条用隔离剂刷一遍，然后取两块按五、1(3)规定的铝板（厚质涂料）或按五、1(4)规定的石棉水泥板（薄质涂料）放入槽内，在槽板两侧的小槽中插入不锈钢隔条，使铝板或石棉水泥板对接固定在槽板中段，两块板之间的缝隙不得大于0.05mm。然后取已搅匀的厚质涂料（26±0.1）g或薄质涂料（8±0.1）g，分次涂抹在试板上，每次涂抹后放在干燥箱中于（40±2）℃下干燥4~8h，最后一道涂抹后应在干燥箱中干燥24h，趁热用锋利的小刀割试件四周，使试件与槽板和隔条脱离，每一样品准备12个试件。

(2) 无处理的延伸性测定

将试件在标准条件下放置2h，然后将试件安装在拉力机夹具中，记录拉力机标尺所示数值（L_0），以一定的拉伸速度拉伸试件至出现裂口或剥离等现象为止，记录此时标尺数值（L_1），读数精确到0.5mm。

(3) 热处理后的延伸性测定

将试件置于釉面砖上，然后一起放在（70±2）℃的干燥箱内，试件与干燥箱壁间距不小于50mm，试件中心与温度计的水银球应在同一水平位置上，恒温168h后取出，立即观察试件有无流淌、起泡等不良变化，若有变化则应中止试验，若无变化则按五、2(2)的规定进行试验。

(4) 紫外线处理后的延伸性测定

将试件置于釉面砖上，然后一起放入500W直管高压汞灯紫外线照射箱内，灯管与箱底平行，与试件的距离为47~50mm，使距试件表面50mm左右的空间温度为（45±2）℃，恒温照射240h后，按五、2(2)的规定进行试验。

(5) 碱处理后的延伸性测定

将试件用石蜡松香液（石蜡中加入10%松香）封边和抹涂试样的面，在标准温度下，把试件浸泡在饱和氢氧化钙溶液中，液面高出试件表面10mm以上，连续浸泡168h后取出，用水充分冲洗，并用布擦干，观察试件表面有无鼓泡、溶胀、剥落等异常变化，若有变化则中止试验，若无变化则按五、2(2)规定进行试验。

3 试验结果计算

每个试件的延伸值按式（4-4）计算：

$$L = L_1 - L_0 \tag{4-4}$$

式中 L——试件延伸值，mm；

L_0——试件拉伸前的标尺读数，mm；

L_1——试件拉伸后的标尺读数，mm。

4 试验结果评定

试验结果以三个试件的算术平均值表示，精确至0.5mm；并记录试件表面现象。

5 试验报告

试验报告应写明下列内容：

a) 试样的名称、类别和型号；

b) 试样的延伸值与表面现象；
c) 试样的处理方法。

六、拉伸性能的测定

1 试验器具

（1）拉伸试验机：五、1(1)；

（2）切片机：符合《硫化橡胶和热塑性橡胶拉伸性能的测定》（GB/T 528）规定的哑铃状Ⅰ型裁刀。

（3）厚度计：压重(100±10)g，测量面直径（10±0.1）mm，最小分度值0.01mm；

（4）涂膜模具：材料及尺寸如图4-6所示。

（5）电热鼓风干燥箱：同二、1(4)；

（6）紫外线老化箱：同五、1(7)；

（7）人工加速气候老化箱：光源为4.5～6.5kW管状氙弧灯，样板与光源（中心）距离为250～400mm；

（8）釉面砖。

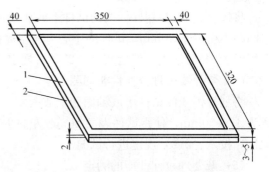

图4-6 涂膜模具
1—模型不锈钢板；2—普通平板玻璃

2 试验程序

（1）试件制备

a. 在试件制备前，所取样品及所用仪器在标准条件下放置24h，所取样品质量应保证固化后涂膜厚度为（2.0±0.2）mm。

b. 在标准条件下将静置后的样品搅拌均匀，若样品是双组分涂料，则按产品的配合比称取所需的主剂和固化剂，把两组分混合后充分搅拌5min，再在不混入气泡的情况下倒入按六、1(4)规定的模具中涂覆，为了便于脱模，在涂覆前模具表面可用硅油或石蜡进行处理，样品分次涂覆，最后一次将表面刮平，并在标准条件下养护168h，固化后涂膜厚度为（2.0±0.2）mm，膜模后用按六、1(2)规定的切片机切割涂膜，制得符合《硫化橡胶和热塑性橡胶拉伸性能的测定》（GB/T 528）规定的哑铃状Ⅰ型试件，试验所需试件要求见表4-3其中一个为备用件。

试 件 要 求　　　　　　　　　　　　　　　　表 4-3

试验项目	试　　件	试件数量
无处理拉伸试验	符合《硫化橡胶和热塑性橡胶拉伸性能的测定》（GB/T 528）规定的哑铃形Ⅰ型	6
热处理拉伸试验		6
紫外线处理拉伸试验		6
酸处理拉伸试验		6
碱处理拉伸试验		6
人工老化后拉伸试验		6

(2) 无处理拉伸性能的测定

将试件在标准条件下放置至少 2h，然后用直尺在试件上划好两条间距 25mm 的平行标线，并用厚度计测出试件标线中间和两端三点的厚度，取其算术平均值作为试样厚度，装在拉伸试验机夹具之间，夹具间标距为 70mm，以 500mm/min（聚氨酯类）或 200mm/min（聚丙烯酸酯类）拉伸速度拉伸试件至断裂，记录试件断裂时的最大荷载，并量取此时试件标线间距离（L_1），精确至 0.1mm，测试五个试件，若有试件断裂在标线外，其结果无效，应采用备用件补做。

(3) 热处理拉伸性能的测定

将按六、2(2) 划好标线的试件平放在釉面砖上，放入电热鼓风干燥箱内，试件与箱壁间距不得少于 50mm，试件的中心应与温度计水银球在同一水平位置上，于（80±2）℃下恒温 168h 后取出，然后按六、2(2) 规定进行试验。

(4) 紫外线处理拉伸性能的测定

将划好标线的试件平放釉面砖上放入六、1(6) 的紫外线老化箱内，灯管与试件的距离为 47～50mm，使距试件表面 50mm 左右的空间温度为（45±2）℃，恒温照射 250h 后取出，按六、2(2) 规定进行试验。

(5) 碱处理拉伸性能的测定

温度为（23±2）℃时，在《化学试剂氢氧化钠》(GB/T 629) 规定的化学纯 0.1% NaOH 溶液中，加入氢氧化钙试剂，使之达到饱和状态，在 600ml 该溶液中放入六个试件，液面应高出试件表面 10mm 以上，连续浸泡 168h 后取出，用水充分冲洗，用干布擦干，并在标准条件下，放置 4h 以上，然后按六、2(2) 规定进行试验。

(6) 酸处理拉伸性能的测定

温度为（23±2）℃时，在 600mL《化学试剂 硫酸》(GB/T 625) 规定的化学纯 2% 硫酸溶液中，放入六个试件，液面应高出试件表面 10mm 以上，连续浸泡 168h 后取出，用水充分冲洗，用干布擦干，并在标准条件下放置 4h 以上，然后按六、2(2) 规定进行试验。

(7) 人工加速气候老化处理拉伸性能的测定

将试件的上下端用细绳固定在不锈钢板上，并使试件标线间位于板的中央位置，然后挂在试验箱内的转动试样架上，黑板温度计同时挂在试样架上，温度计正面朝光源，设定黑板温度计温度为（63±2）℃，喷水压力 0.1MPa，光照雨淋周期为每光照 120min，喷水 18min 并同时受光照，每隔 24h 试样架上的试件按顺序转换位置，试验 250h 后取出并在标准条件下放置 4h，然后按六、2(2) 规定进行试验。

3 试验结果计算

(1) 拉伸强度按式 (4-5) 计算：

$$P=\frac{F}{A} \tag{4-5}$$

式中　P——拉伸强度，MPa；
　　　F——试件最大荷载，N；
　　　A——试件断面面积，mm^2。

$$A = b \cdot d \tag{4-6}$$

式中　b——试件工作部分宽度，mm；
　　　d——试件实测厚度，mm。

（2）断裂伸长率按式（4-7）计算

$$L = \frac{L_1 - 25}{25} \times 100 \tag{4-7}$$

式中　L——试件断裂时的伸长率，%；
　　　L_1——试件断裂时标线间的距离，mm；
　　　25——拉伸前标线间的距离，mm。

4　试验结果判定

试验结果取 3 位有效数字，并以五个试件的算术平均值表示。

5　试验报告

试验报告应写明下列内容：
a）试样的名称、类别和批号；
b）拉伸速度；
c）试样的处理方法；
d）试样的拉伸强度；
e）试样的断裂伸长率。

七、加热伸缩率的测定

1　试验器具

（1）电热鼓风干燥箱：同二、1(4)；
（2）涂膜模具：同六、1(4)；
（3）直尺：精度为 0.5mm；
（4）平板玻璃。

2　试验程序

按六、2(1) 规定制备涂膜，脱模后切取三块 30mm×300mm 的试件，将试件在标准条件下放置 24h 以上，并用直尺量出试件长度，然后将试件平放在撒有滑石粉的平板玻璃上一起水平放入电热鼓风干燥箱中，于 (80±2)℃下恒温 168h 后取出，在标准条件下放置 4h 以上，然后再测定试件的长度，精确至 0.5mm。

3　试验结果计算

加热伸缩率按式（4-8）计算：

$$\Delta S = \frac{S_1 - S_0}{S_0} \times 100 \tag{4-8}$$

式中　ΔS——加热伸缩率，%；
　　　S_0——加热处理前的试件长度，mm；
　　　S_1——加热处理后的试件长度，mm。

4　试验结果评定

试验结果取 2 位有效数字,并以三个试件的算术平均值表示。

5　试验报告

试验报告应写明下列内容:

a) 试样的名称、类别和批号;

b) 试件的加热伸缩率。

八、低温柔性的测定

1　试验器具

(1) 低温冰箱:控温精度±2℃;

(2) 弯折机:如图 4-7 所示;

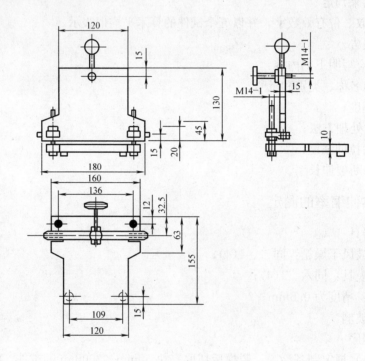

图 4-7　弯折机示意图

(3) 圆棒:直径 10mm,20mm;

(4) 放大镜:放大倍数 8 倍;

(5) 涂膜模具:同六、1(4);

(6) 釉面砖。

2　试验程序

(1) 水性沥青基涂料

a. 将牛皮纸放在釉面砖上,然后称取厚质涂料(80.0±0.1)g;或薄质涂料(25.0±0.1)g 的试样分次满涂在 100mm×100mm 的牛皮纸上,每次涂抹后放在干燥箱中于(40±2)℃下干燥 4~6h,最后一道应在干燥箱中于(40±2)℃下干燥 24h 以上,然后将试件取出,冷却后切取三块 80mm×25mm 试件。

b. 将试件和圆棒一起放入低温冰箱中，在规定的温度下保持 2h 后打开冰箱，迅速捏住试件的两端（涂层面朝上），在 3~4s 内绕圆棒弯曲 180°，并记录此时的温度，取出试件立即观察其表面有无裂纹、断裂现象。

（2）高分子防水涂料

a. 按六、2(1) 的规定制备涂膜，脱模后切取 100mm×25mm 的试件三块。

b. 将试件在标准条件下放置 2h 后弯曲 180°，使 25mm 宽的边缘平齐，用钉书机将边缘处固定，调整弯折机的上平板与下平板间的距离为试件厚度的 3 倍，然后将试件放在弯折机的下平板上，试件重叠的一边朝向弯折机轴，距转轴中心约 25mm 处将放有试件的弯折机放入低温冰箱中，在规定温度下保持 2h 后打开冰箱，在 1s 内将上平板压下，保持 1s，取出试件并用 8 倍放大镜观察试件。

3 试验结果评定

记录试件表面弯曲处有无裂纹或开裂现象。

4 试验报告

试验报告应写明下列内容：

a) 试样的名称、类别和批号；

b) 试验温度；

c) 圆棒直径；

d) 试件的表面现象。

九、不透水性的测定

1 试验器具

（1）不透水试验仪：符合 GB/T 328.3 ［见第三章第二节一（二十八）3，参见表 3-4］规定的不透水仪；

（2）铜丝网布：孔径为 0.2mm；

（3）牛皮纸：70~90g/m²；

（4）釉面砖。

2 试验程序

（1）试件制备

a. 水性沥青基涂料

把牛皮纸放在釉面砖上，然后将试样分次满涂在 150mm×150mm 的牛皮纸上，涂刷量为厚质涂料（180±0.1）g/mm，薄质涂料（56±0.1）g/mm²，每一样品准备三个试件。

b. 高分子防水涂料

按六、2(1) 的规定制备涂膜，脱模后切取 150mm×150mm 的试件三块。

（2）将试件在标准条件下放置 1h，并在标准条件下将洁净的自来水注入不透水试验仪中至溢满，开启进水阀，接着加水压，使贮水罐的水流出，清除空气。

（3）将试件涂层面迎水置于不透水仪的圆盘上，再在试件上加一块相同尺寸、孔径为 0.2mm 的铜丝网布，启动压紧，开启进水阀，关闭总水阀，施加压力至规定值，保持该压力 30min。卸压，取下试件，观察有无渗水现象。

3 试验结果评定

记录每个试件有无渗水现象。

4 试验报告

试验报告应写明下列内容：

a) 试样的名称、类别和批号；

b) 试验压力和时间；

c) 试件渗水情况。

十、干燥时间的测定

1 试验器具

(1) 小玻璃球：直径 125～250mm；

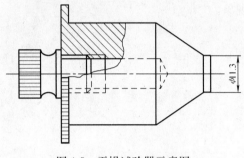

图 4-8 干燥试验器示意图

(2) 秒表：分度为 0.2s；

(3) 软毛刷；

(4) 干燥试验器：如图 4-8 所示，重 200g，底面积 100mm^2；

(5) 铝板：规格为 50mm×120mm×1mm；

(6) 单面保险刀片；

(7) 定性滤纸。

2 试验程序

(1) 表干时间的测定

a. 在标准条件下将试样搅匀后按产品要求涂刷于铝板上制备涂膜，不允许有空白，记录涂刷结束的时间。

b. A法 按《涂料表面干燥试验小玻璃球法》(GB/T 6753.2) 的试验方法进行。

c. B法 经过若干时间后，在距膜面边缘不小于 10mm 的范围以手指轻触涂膜表面，如感到有些发粘，但无涂料粘在手指上，即为表干，记下时间。

(2) 实干时间的测定

a. 按十、2(1) a 规定制备试件，记录涂刷结束的时间。

b. A法 在表干后的试件涂层上放一张定性滤纸，（光滑面接触涂面），滤纸上再轻轻放置干燥试验器，每若干时间后移去干燥试验器，将试件翻转滤纸能自由落下，或在背面用握板之手的食指轻轻敲几下滤纸能自由落下而滤纸纤维不沾在涂膜上则认为涂膜实干，记下涂膜达到实干所用的时间，即为实干时间。

c. B法 用单面保险刀片切割涂膜，若底层及膜内均无粘着现象，则认为实干，记下涂膜达到实干所用的时间，即为实干时间。

3 试验报告

试验报告应写明下列内容：

a) 试样的名称、类别和批号；

b) 试样的表干时间；

c) 试样的实干时间。

第三节 沥青类、改性沥青类防水涂料

沥青类防水涂料是以沥青为基料配制而成的溶剂型或水乳型防水涂料。将未经改性的石油沥青直接溶解于汽油等有机溶剂中而配制成的涂料称之为溶剂型沥青防水涂料,这类涂料其实质是一种沥青溶液。由于此类涂料所形成的涂膜较薄,沥青又未经过改性,故一般不单独作防水涂料,仅作某些防水材料的配套材料使用,如沥青防水卷材施工所用于打底的冷底子油。将石油沥青分散于水中,形成稳定的水分散体构成的涂料,称之为水乳型沥青防水涂料。根据水分散体系中沥青颗粒的大小,又可分为乳胶体(沥青乳液)和悬浮体(冷沥青悬乳液),乳胶体的沥青颗粒比较小,粒径可小至 $0.1\mu m$,悬浮体的沥青颗粒稍粗,其粒径可粗至 $10\mu m$ 或更大。我国过去常见的各种阴离子型乳化沥青、非离子型乳化沥青以及近年来出现的阳离子型乳化沥青均属于沥青乳胶体,这类采用化学乳化剂配制的乳化沥青属水性沥青基薄质防水涂料。由于这类涂料所形成的涂膜一般较薄,现一般已不单独作屋面防水涂料使用,而是作为防水施工的配套材料使用,或用来配制各种水乳型高分子聚合物改性沥青薄质防水涂料。熔化的沥青可以在石灰、黏土、膨润土、石棉中与水借助机械分裂作用(分散作用)制得膏状沥青悬浮体,常见的有石灰乳化沥青防水涂料、石棉乳化沥青防水涂料、膨润土乳化沥青防水涂料等品种。沥青膏体成膜较厚。其中石灰、石棉等对涂膜性能有一定的改善作用。这类采用无机矿物乳化剂配制的乳化沥青属水性沥青基厚质防水涂料。沥青防水涂料的分类参见图 4-9。

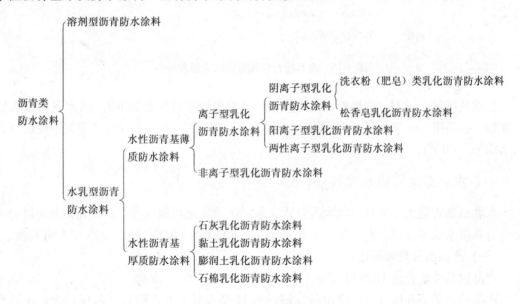

图 4-9 沥青类防水涂料的分类

高聚物改性沥青防水涂料一般是以沥青为基料,用合成高分子聚合物对其进行改性,配制而成的溶剂型或水乳型防水涂料。高聚物改性沥青防水涂料主要成膜物质是沥青和橡胶(天然橡胶、合成橡胶、再生橡胶)以及树脂,此类涂料是以橡胶和树脂对沥青进行改性为基础的,用合成橡胶等(如氯丁橡胶、丁基橡胶等)进行改性,则可以改善沥青的气

密性、耐化学腐蚀性、耐燃性、耐光性、耐气候性等，用 SBS 橡胶进行改性，则可以改善沥青的弹塑性、延伸性、耐老化、耐高低温性能，用再生橡胶进行改性，则可以改善沥青低温的冷脆性、抗裂性、增加涂膜的弹性。高聚物改性沥青防水涂料按成分可以分为溶剂型高聚物改性沥青防水涂料和水乳型高聚物改性沥青防水涂料两大类型，其具体品种及分类参见图 4-10。

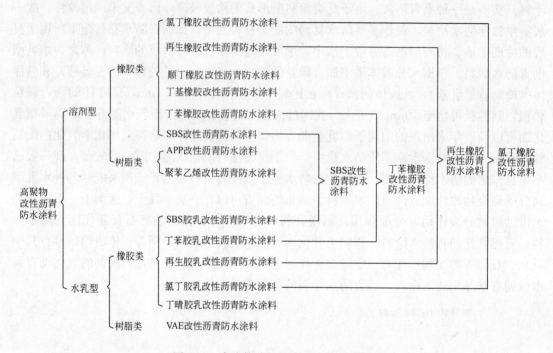

图 4-10　高聚物改性沥青防水涂料的分类

目前我国就沥青类、改性沥青类防水涂料已发布的建材行业标准有：《水乳型沥青防水涂料》（JC/T 408—2005)、《皂液乳化沥青》（JC/T 797—84（96））、《溶剂型橡胶沥青防水涂料》（JC/T 852—1999）等。

一、水乳型沥青防水涂料

水乳型沥青防水涂料是指以水为介质、采用化学乳化剂和（或）矿物乳化剂制得的一类沥青基防水涂料，现已发布了《水乳型沥青防水涂料》（JC/T 408—2005）行业标准。

（一）产品的分类和标记

产品按其性能分为 H 型和 L 型。

产品按其类型和标准号顺序进行标记，例 H 型水乳型沥青防水涂料标记为：水乳型沥青防水涂料 H JC/T 408—2005。

（二）技术要求

1　外观

样品搅拌后均匀，无色差、无凝胶、无结块、无明显沥青丝。

2　物理力学性能

物理力学性能应满足表 4-4 的要求。

水乳型沥青防水涂料物理力学性能（JC/T 408—2005）　　　　表 4-4

项　目		L	H
固体含量/%≥		\multicolumn{2}{c}{45}	
耐热度/℃		80±2	110±2
		\multicolumn{2}{c}{无流淌、滑动、滴落}	
不透水性		\multicolumn{2}{c}{0.10MPa,30min 无渗水}	
粘结强度/MPa		\multicolumn{2}{c}{0.30}	
表干时间/h≤		\multicolumn{2}{c}{8}	
实干时间/h≤		\multicolumn{2}{c}{24}	
低温柔度[a]/℃	标准条件	−15	0
	碱处理	−10	5
	热处理		
	紫外线处理		
断裂伸长率/%≥	标准条件	\multicolumn{2}{c}{600}	
	碱处理		
	热处理		
	紫外线处理		

[a] 供需双方可以商定温度更低的低温柔度指标。

（三）试验方法

1　标准试验条件

标准试验条件为：温度（23±2）℃，相对湿度 60%±15%。

2　试验设备

（1）拉力试验机：拉伸速度 500mm/min，伸长范围大于 500mm，测量值在量程的 15%～85%之间，示值精度不低于 1%。

（2）低温冰柜：可控温度−20℃，精度±2℃。

（3）电热鼓风干燥箱：可控温度 200℃，精度±2℃。

（4）紫外线箱：500W 直管汞灯，灯管与箱底平行，与试件表面的距离为（47～50）cm。

（5）冲片机及符合《硫化橡胶或热塑橡胶拉伸应力应变性能的测定》(GB/T 528) 要求的哑铃 1 型裁刀。

（6）不透水仪：压力（0～0.4）MPa，精度 2.5 级，三个七孔透水盘，内径 92mm。

（7）半导体温度计：量程（−20～70）℃，精度 0.5℃。

（8）铝板：厚度不小于 2mm，面积大于 100mm×50mm，中间上部有一小孔，便于悬挂。

3　涂膜制备

（1）在涂膜制备前，试验样品及所用试验器具在标准试验条件下放置 24h。

（2）在标准试验条件下称取所需的试验样品量，保证最终涂膜厚度（1.5±0.2）mm。

(3) 将样品在不混入气泡的情况下倒入模框中。模框不得翘曲，且表面平滑，为便于脱模，涂覆前可用脱模剂处理或采用易脱膜的模板（如光滑的聚乙烯、聚丙烯、聚四氟乙烯、硅油纸等）。

样品分3～5次涂覆（每次间隔8h～24h），最后一次将表面刮平，在标准试验条件下养护120h后脱膜，避免涂膜变形、开裂（宜在低温箱中进行），涂膜翻个面，底面朝上在（40±2）℃的电热鼓风干燥箱中养护48h，再在标准试验条件下养护4h。

(4) 试件形状及数量见表4-5

试件形状及数量　　　　　　　　　　表4-5

项目		试件形状	数量 个
耐热度		100mm×50mm	3
不透水性		150mm×150mm	3
粘结强度		8字形砂浆试件	5
低温柔度	标准条件	100mm×25mm	3
	碱处理		3
	热处理		3
	紫外线处理		3
断裂伸长率	标准条件	符合《硫化橡胶或热塑性橡胶拉伸应力应变性能的测定》（GB/T 528）规定的哑铃Ⅰ型	6
	碱处理		6
	热处理		6
	紫外线处理		6

4　外观

涂料搅拌后目测检查。

5　固体含量

(1) 试验步骤

将样品搅匀后，取（3±0.5）g的试样倒入已干燥称量的底部衬有两张定性滤纸的直径（65±5）mm的培养皿（m_0）中刮平，立即称量（m_1），然后放入已恒温到（105±2）℃的烘箱中，恒温3h，取出放入干燥器中，在标准试验条件下冷却2h，然后称量（m_2）。

(2) 结果计算

固体含量按式（4-9）计算：

$$X=\frac{m_2-m_0}{m_1-m_0}\times 100 \tag{4-9}$$

式中　X——固体含量，单位为百分数（%）；

　　　m_0——培养皿质量，单位为克（g）；

　　　m_1——干燥前试样和培养皿质量，单位为克（g）；

　　　m_2——干燥后试样和培养皿质量，单位为克（g）。

试验结果取两次平行试验的算术平均值,结果计算精确到1%。

6 耐热度

(1) 试验步骤

将样品搅匀后,取表面已用溶剂清洁干净的铝板,将样品分3~5次涂覆(每次间隔8~24h),涂覆面积为100mm×50mm,总厚度(1.5±0.2)mm,最后一次将表面刮平,在标准试验条件下养护120h,然后在(40±2)℃的电热鼓风干燥箱中养护48h。取出试件,将铝板垂直悬挂在已调节到规定温度的电热鼓风干燥箱内,试件与干燥箱壁间的距离不小于50mm,试件的中心宜与温度计的探头在同一水平位置,达到规定温度后放置5h取出,观察表面现象,共试验三个试件。

(2) 结果评定

试验后记录试件有无产生流淌、滑动、滴落等现象。

7 不透水性

从制备好的涂膜上裁取试件,按 GB/T 16777—1997 中 11.2.2、11.2.3 进行试验见本章第二节,在金属网和涂膜之间加一张滤纸防止粘结。试验后,记录试件有无渗水现象。

8 粘结强度

(1) 试验步骤

按 GB/T 16777—1997(见表4-1)中第6章制备8字砂浆块。取五对养护好的干燥水泥砂浆块,用2号砂纸清除表面浮浆,将在标准试验条件下已放置24h的样品涂抹在砂浆块的断面上,将两个砂浆块断面对接,压紧,砂浆块间涂料的厚度不超过0.5mm。将制得的试件在标准试验条件下养护120h,然后在(40±2)℃的电热鼓风干燥箱中养护48h,取出试件,在标准条件下养护4h。制备五个试件。

将试件装在试验机上,以50mm/min的速度拉伸至试件破坏,记录试件的最大拉力。试验温度为(23±2)℃。

(2) 结果计算

粘结强度按式(4-10)计算:

$$\sigma = \frac{F}{a \times b} \tag{4-10}$$

式中 σ——试件的粘结强度,单位为兆帕(MPa);

F——试件的最大拉力,单位为牛顿(N);

a——试件粘结面的长度,单位为毫米(mm);

b——试件粘结面的宽度,单位为毫米(mm)。

去除表面未粘结的试件,粘结强度以剩下的不少于三个试件的算术平均值表示,精确到0.01MPa,不足三个试件应重新试验。

9 表干时间

按 GB/T 16777—1997(见表4-1)中 12.2.1 进行试验,采用B法。涂膜用量为 $0.5 kg/m^2$。

10 实干时间

按 GB/T 16777—1997(见表4-1)中 12.2.2 进行试验,采用B法。涂膜用量为

$0.5 kg/m^2$。

11 低温柔度

(1) 试验步骤

a. 标准条件

从制备好的涂膜上裁取三个试件进行检验，将试件和直径 30mm 的弯板或圆棒放入已调节到规定温度的低温冰柜中，按 GB 18242—2000 中 5.3.6.2 条进行试验 [见第三章第四节一 (三) 3 (6) b]，弯曲三个试件（无上、下表面区分），取出试件用肉眼观察试件表面有无裂纹、断裂。

b. 碱处理

从制备好的涂膜上裁取三个试件，将试件浸入 (23±2)℃的 0.1%的氢氧化钠和饱和氢氧化钙混合溶液中，每 400ml 溶液放入三个试件，液面高出试件上端 10mm 以上。连续浸泡 168h 后取出试件，用水冲洗，然后用布吸干，在标准试验条件下放置 4h，再按 11 (1) a 进行试验。

c. 热处理

从制备好的涂膜上裁取三个试件，将试件平放在釉面砖上，为了防粘，可在釉面砖表面撒滑石粉。将试件放入已调节到 (70±2)℃的电热鼓风干燥箱中，试件与干燥箱壁间的距离不小于 50mm，试件的中心宜与温度计的探头在同一水平位置，在该温度条件下处理 168h。取出试件，在标准试验条件下放置 4h，然后按 11 (1) a 进行试验。

d. 紫外线处理

从制备好的涂膜上裁取三个试件，将试件平放在釉面砖上，为了防粘，可在釉面砖表面撒滑石粉。将试件放入紫外线箱中，距试件表面 50mm 左右的空间温度为 (45±2)℃，恒温照射 240h。取出试件，在标准试验条件下放置 4h，然后按 11 (1) a. 进行试验。

(2) 结果计算

记录每个试件的表面有无裂纹、断裂。

12 断裂伸长率

(1) 试验步骤

a. 标准条件

从制备好的涂膜上裁取六个试件进行检验，将试件在标准试验条件下放置 2h，在试件中间划好两条间距 25mm 的平行标线，将试件夹在拉力试验机的夹具间，夹具间距约 70mm，以 (500±50)mm/min 的速度拉伸试件至断裂，记录试件断裂时的标线间距离 (L_1)，精确到 1mm，试验五个试件。若试件断裂在标线外，取备用件补做。

试验时，对于试验试件达到 1000%仍未断裂的，结束试验，试验结果表示为大于 1000%。

b. 碱处理

从制备好的涂膜上裁取六个试件，按 11 (1) b 处理，然后按 12.(1) a 进行试验。

c. 热处理

从制备好的涂膜上裁取六个试件，按 11 (1) c 处理，然后按 12.(1) a 进行试验。

d. 紫外线处理

从制备好的涂膜上裁取六个试件，按 11 (1) d 处理，然后按 12.(1) a 进行试验。

(2) 结果计算

断裂伸长率按式（4-11）计算：

$$L=\frac{L_1-25}{25}\times 100 \tag{4-11}$$

式中

L——试件的断裂伸长率，单位为百分数（%）；
L_1——试件断裂时标线间距离，单位为毫米（mm）；
25——拉伸前试件标线间距离，单位为毫米（mm）。

试验结果取五个试件的平均值，精确到整数位。

若有个别试件断裂伸长率达到1000%不断裂，以1000%计算；若所有试件都达到1000%不断裂，试验结果报告为大于1000%。

二、皂液乳化沥青

水性沥青基薄质防水涂料品种根据所采用的乳化剂的不同类型可分为阴离子型乳化沥青防水涂料、阳离子型乳化沥青防水涂料、非离子型乳化沥青防水涂料、两性离子型乳化沥青防水涂料等几类，其中阴离子型乳化沥青防水涂料品种根据所采用的乳化剂不同，主要有皂液乳化沥青、松香皂乳化沥青等多个品种（图4-9）。

皂液乳化沥青是以定量的石油沥青置于含有一定浓度的皂类复合乳化剂的水溶液中，通过分散乳化设备，使石油沥青均匀地分散在水中所形成的一种相对稳定的沥青乳液。产品已发布了《皂液乳化沥青》（JC/T 797—84（96））建材行业标准。

皂液乳化沥青可与玻璃纤维毡片或玻璃纤维布配合使用，亦可与再生橡胶乳液混合使用，作为一般建筑工程的防水材料，可用于建筑屋面的防水，渠道、下水道的防渗，材料的表面防腐等。

(一) 技术要求

1 外观质量

皂液乳化沥青的外观质量要求如下：

a. 常温时，为褐色或黑褐色液体；

b. 应无肉眼可见的沥青颗粒、硬的聚块。

2 物理性能指标

皂液乳化沥青的各项物理性能指标应符合表4-6的要求。

皂液乳化沥青的外观质量要求和物理性能指标（JC/T 797—84（96））　　　表4-6

项　目	指　标
固体含量　重量%不小于	50.0
黏度　沥青标准黏度计,25℃,孔径5mm,s 不小于	6
分水率　经3500r/min,15min后分离出水相体积占试样体积的百分数,%不大于	25
粒度　沥青微滴粒平均直径,μm 不大于	15
耐热性　(80±2)℃,5h,45°坡度(铝板基层)	无气泡、不滑动、不流淌
粘结力　20℃,kgf/cm² 不低于	3.0

(二) 试验方法

1 外观质量

将玻璃棒插入已除去表面皮层的皂液乳化沥青中搅动，观察有无硬块，是否均匀一致；拔出玻璃棒后检查其色泽，然后放入盛有1%合成洗涤剂水溶液的透明容器中，充分搅拌，用肉眼观察是否有沥青颗粒。

2 固体含量

(1) 仪器及材料

a. 恒温电热干燥箱；

b. 温度计：0～200℃（精确度±1℃），1支；

c. 烧杯：100ml 或 150ml，3个；

d. 天平：感量为 0.001g。

(2) 试样

皂液乳化沥青试样 50～100g。

(3) 试验步骤

a. 取已恒重的烧杯3个，分别注入经充分搅拌的皂液乳化沥青试样 15～20g，准确称其质量。

b. 将盛有试样的烧杯放入温度为 105～110℃ 的干燥箱内蒸发直至恒重（两次称重的误差不得超过 0.004g）。

(4) 结果计算

a. 固体含量按式（4-12）计算，精确至小数点后一位数：

$$G = \frac{P_2 - P_1}{P_1 - P_0} \times 100 \quad (4\text{-}12)$$

式中 G——皂液乳化沥青固体含量，%；
P_0——烧杯重，g；
P_1——盛有试样的烧杯重，g；
P_2——盛有蒸发后残留物的烧杯重，g。

b. 结果评定

以三个试样测定数据的平均值作为固体含量试验结果，每个试样试验结果与平均值的误差不得大于1%。

3 黏度

(1) 仪器及材料

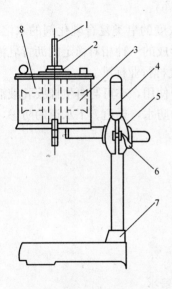

图 4-11　沥青标准黏度计
1—球塞杆及球塞；2—盛样铜管；
3—搅拌叶；4—立柱；5—支架；
6—手柄；7—底盘；8—保温水槽

a. 沥青标准黏度计：流孔直径为 5mm，如图1所示；

b. 秒表；

c. 量筒：100ml，2个；

d. 蒸发皿或瓷杯：400ml，2个；

e. 有机溶剂：洁净的苯或汽油；

f. 温度计：0～100℃（精确度为±0.5℃），2支。

(2) 试样

皂液乳化沥青试样200ml。

(3) 试验步骤

将沥青标准黏度计的盛样铜管、球塞杆及球塞。用苯或汽油洗净，在空气中干燥。然后用球塞将流孔盖住，并将流样容器放入规定位置，在黏度计流孔下放一蒸发皿或瓷杯，以接受不慎流出的试样。保温水槽内注入比试验温度（25±0.5℃）高1～2℃的水，如室温高于试验温度时，则注入比（25±0.5）℃低1～2℃的水，槽内水用搅拌器搅匀。

取约200ml皂液乳化沥青试样盛于瓷杯或蒸发皿中，将比试验温度高2～3℃的试样（如试验温度低于室温时，试样需冷却至比试验温度低2～3℃）注入盛样铜管内，注入深度以液面到达球塞垂直时棒上标记钉为止。此后，用温度计搅拌铜管内的试样，当符合试验温度（25±0.5）℃时，将流孔下蒸发皿移去，改置100ml量筒，使量筒的中心对准流孔，试样保持规定温度1～5min后取出温度计，并调整试样液面至球塞的标记钉处。然后提起球塞待试样流入量筒达到25ml时，立即开始计时，待流至75ml时停止计时，记下所用时间。

(4) 结果评定

此项须做两次平行试验，以两次时间的平均值作为黏度试验结果，两次平行试验的值与平均值的误差不得大于±5%。

4 分水率

(1) 仪器及材料

a. 离心机：转速为3500r/min；

b. 刻度试管：5ml，4只；

c. 秒表（或定时钟）：1个。

(2) 试样

皂液乳化沥青试样50ml。

(3) 试验步骤

a. 先将皂液乳化沥青仔细注入4只容量为5ml的试管内，将试管管壁清除干净，然后记录装入量（V）。

b. 将装有样品的试管4只放入离心机内，开动离心机，调节转数达到3500r/min，开始计时。15min后停机，取出试管并记录分出水的体积（V_1）。

(4) 结果计算

a. 分水率按式 (4-13) 计算，取整数值：

$$C=\frac{V_1}{V}\times 100 \tag{4-13}$$

式中 C——分水率，%；

V_1——分出水的体积，ml；

V——皂液乳化沥青装入量，ml。

b. 结果评定：每 4 只试管测定一项，以两次试验数据的平均值作为试验结果，平行试验的误差不大于 1%。

5　粒度

(1) 仪器及材料

a. 放大 500 倍显微镜及测微尺；

b. 配制浓度为 1% 的合成洗涤剂水溶液；

c. 烧杯：100ml，1 个；

d. 玻璃片：6 片。

(2) 试样

皂液乳化沥青试样 20ml。

(3) 试样制备

取 20ml 浓度为 1% 的合成洗涤剂水溶液放在 100ml 烧杯中，用玻璃棒沾 1~2 滴皂液乳化沥青试样置于合成洗涤剂水溶液中充分搅拌，得到稀释的乳化沥青液，再用玻璃棒沾 1~2 滴稀释的沥青乳化液于玻璃片上，然后加盖玻璃片。

(4) 试验步骤

a. 先将物镜标准尺放于物镜内，另将刻度镜片装于目镜内，观测目镜与物镜刻度进行比较，求出物镜换算目镜刻度系数。

b. 将准备好的试样放在物镜下进行观测，用目镜刻度测量皂液乳化沥青颗粒直径。

(5) 结果计算

a. 每个试样的粒度按式（4-14）计算：

$$D = d \cdot K \tag{4-14}$$

式中　D——测得皂液乳化沥青颗粒直径，μm；

d——测得皂液乳化沥青目镜刻度读数；

K——标准测微尺与目镜刻度换算系数。

b. 试验结果平均值按式（4-15）计算：

$$\overline{D} = \frac{D_1 + D_2 + D_3}{3} \tag{4-15}$$

式中　$\overline{D}$——颗粒平均直径，μm；

D_1——第一次测得的乳化沥青颗粒直径，μm；

D_2——第二次测得的乳化沥青颗粒直径，μm；

D_3——第三次测得的乳化沥青颗粒直径，μm。

c. 以三次测量值的平均数作为试验结果。

6　耐热性

(1) 仪器及材料

a. 电热烘箱：带恒温控制装置；

b. 温度计：0~200℃，精确度为 ±1℃；

c. 金属试样架：45 度角；

d. 铝板（或铁板）：100mm×50mm×1mm，3块。

(2) 试样准备

将3块铝板或铁板用细砂纸打磨，除去表面杂物，然后用自来水洗净并进行干燥。使用时再用脱脂棉蘸乙醇或汽油等溶剂拭净，放在45°角金属架上，将黏度符合标准规定的皂液乳化沥青试样浇注在铝板上，经1～2min流去多余的试样，然后在室温下平放静置48h后即成干燥试件。

(3) 试验步骤

将3块试件置于45度角金属试样支架上，放入(80±2)℃的电热烘箱内，试件与烘箱壁之间距离不小于5mm，试件的中心与温度计的水银球应在同一位置上，在(80±2)℃下恒温5h。

(4) 结果评定

恒温5h后，及时取出，记录试件表面有无气泡、滑动和流淌等现象。

7 粘结力

(1) 仪器及材料

a. 抗张仪：单杠杆；

b. 抗拉试验砂浆块。

(2) 试件准备

a. 砂浆块的制备

用32.5级硅酸盐水泥和中砂按质量1∶2的比例混合，水和灰按质量0.4∶1的比例制成砂浆。将厚约15mm的金属隔板垂直放入砂浆模中间，然后注入砂浆，脱模后，去掉金属隔板成为两个相等的砂浆块（图4-12）。在水中养护7d后，自然风干备用。

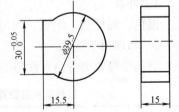

图4-12 砂浆块

b. 试件的制备

取两个砂浆块清除浮砂，在横断面上涂刷0.5～1mm厚的皂液乳化沥青，使其全部粘结，在(40±2)℃下干燥24h备用，每组试件6块。

(3) 试验步骤

a. 取已充分干燥的试件在(20±1)℃条件下放置1h，然后于抗张仪上拉断，记录破坏时读数。

b. 结果计算

每个粘结力的数值按式(4-16)计算：

$$f = \frac{P \times 10}{S} \tag{4-16}$$

式中　f——粘结力，kgf/cm^2；

P——拉力读数，kgf；

10——修正常数；

S——粘结面积（按实际粘结面积计），cm^2。

c. 结果评定

在 6 块试件中选取 4 块数值接近的平均值作为粘结力的试验结果。

三、溶剂型高聚物改性沥青防水涂料

溶剂型高聚物改性沥青防水涂料是以橡胶树脂改性沥青为基料，经溶剂溶解配制而成的黑色黏稠状、细腻而均匀胶状液体的一种防水涂料。产品具有良好的粘结性、抗裂性、柔韧性和耐高、低温性能。

溶剂型高聚物改性沥青防水涂料根据其改性剂的类别可分为：溶剂型橡胶改性沥青防水涂料和溶剂型树脂改性沥青防水涂料两大类。溶剂型橡胶改性沥青防水涂料我国目前已经发布了《溶剂型橡胶沥青防水涂料》（JC/T 852—1999）行业标准。

目前我国生产的属溶剂型高聚物改性沥青防水涂料的品种主要有：氯丁橡胶改性沥青防水涂料、再生橡胶改性沥青防水涂料、SBS 改性沥青防水涂料、顺丁橡胶改性沥青防水涂料、丁基橡胶改性沥青防水涂料、丁苯橡胶改性沥青防水涂料、APP 改性沥青防水涂料等。

（一）产品的分类和标记

溶剂型橡胶沥青防水涂料按产品的抗裂性、低温柔性分为一等品（B）和合格品（C）。

溶剂型橡胶沥青防水涂料按下列顺序标记：产品名称、等级、标准号。

（二）技术要求

1 外观

黑色、黏稠状、细腻、均匀胶状液体。

2 物理力学性能

溶剂型橡胶沥青防水涂料的物理力学性能应符合表 4-7 的规定。

溶剂型橡胶沥青防水涂料的物理力学性能（JC/T 852—1999）　　　　表 4-7

项　目		技术指标	
		一等品	合格品
固体含量/% ≥		48	
抗裂性	基层裂缝/mm	0.3	0.2
	涂膜状态	无裂纹	
低温柔性(ϕ10mm,2h)		−15℃	−10℃
		无裂纹	
粘结强度/MPa ≥		0.20	
耐热性(80℃×5h)		无流淌、鼓泡、滑动	
不透水性(0.2MPa,30min)		不渗水	

(三) 试验方法

1 试验室条件

标准试验条件为温度 (23±2)℃。

2 试件制备

(1) 抗裂性试件基板：水泥和砂按 1：3 制成水泥砂浆，中间夹一层钢丝网制成尺寸为 200mm×100mm×10mm 的钢丝网水泥砂浆板三块，在室温下养护 28d 后备用。

(2) 低温柔性试件：尺寸为 100mm×25mm×2mm。

(3) 粘结性试件：尺寸按 GB/T 16777—1997（见表 4-1）中 6.1.2 和 6.1.3 规定的尺寸要求见本章第二节。

(4) 耐热性试件：尺寸按 GB/T 16777—1997（见表 4-1）中 5.1.2 和 5.1.3 规定的尺寸要求。

(5) 不透水性试件：尺寸为 150mm×150mm。

3 试件表面涂膜厚度为 (2±0.2)mm。

4 外观

取样时目测。

5 固体含量

按 GB/T 16777—1997（见表 4-1）中第 4 章 A 法进行。

6 抗裂性

(1) 试验器具

a. 涂膜抗裂性测定仪。

b. 放大镜：放大倍数为 8 倍。

(2) 试验步骤

称取搅拌均匀的试样 30g，涂抹于按（三）2（1）规定的试件上的一面两边，每边涂刷面积为 200mm×30mm。将试样置于 (40±2)℃干燥箱内 24h 后取出，试样涂膜面向上放在测定仪的位架上，调整底部螺杆，使三角刀刃与试件底部成垂直方向接触，然后缓缓转动螺杆的手柄，使试件渐渐产生裂纹，用 8 倍放大镜观察试件裂纹宽度达到规定值时，涂膜是否开裂。

(3) 试验结果评定

三个试件的涂膜均不开裂，则抗裂性合格。

7 低温柔性

按 GB/T 16777—1997（见表 4-1）中第 10 章规定进行。

8 粘结性

按 GB/T 16777—1997（见表 4-1）中第 6 章规定进行。

9 耐热性

按 GB/T 16777—1997（见表 4-1）中第 5 章规定进行。

10 不透水性

按 GB/T 16777—1997（见表 4-1）中第 11 章规定进行。

第四节 合成高分子防水涂料

合成高分子防水涂料是以合成橡胶或合成树脂为主要成膜物质,加入其他辅助材料而配制成的单组分或多组分的防水涂膜材料。

合成高分子防水涂料的种类繁多,不易明确分类,通常情况下,一般都按化学成分即按其不同的原材料来进行分类和命名。如进一步简单地按其形态进行分类,则主要有三种类型:一类为乳液型,属单组分高分子防水涂料中的一种,其特点是经液状高分子材料中的水分蒸发而成膜;第二类是溶剂型,也是单组分高分子防水涂料中的一种,其特点是经液状高分子材料中的溶剂挥发而成膜;第三类为反应型,属双组分型高分子涂料,其特点是用液状高分子材料作为主剂与固化剂进行反应而成膜(固化)。

高分子防水涂料的具体品种更是多种多样,如聚氨酯、丙烯酸、硅橡胶(有机硅)等。

一、聚氨酯防水涂料

聚氨酯(PU)防水涂料亦称聚氨酯涂膜防水材料,是以聚氨酯树脂为主要成膜物质的一类高分子防水材料。

聚氨酯防水涂料是由异氰酸酯基(—NCO)的聚氨酯预聚体和含有多羟基(—OH)或胺基(—NH_2)的固化剂以及其他助剂的混合物按一定比例混合所形成的一种反应型涂膜防水材料。

聚氨酯防水涂料根据所用原料和配方的不同,可制成性能各异,用途不同的产品,其具体品种参见图 4-13。

目前我国已发布了适用于建筑防水工程用的《聚氨酯防水涂料》(GB/T 19250—2003)国家标准。

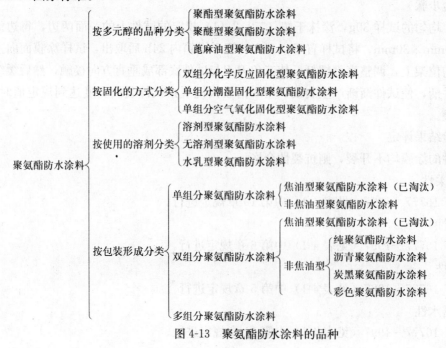

图 4-13 聚氨酯防水涂料的品种

（一）产品的分类和标记

产品按组分分为单组分（S）和多组分（M）等两种，按其拉伸性能分为Ⅰ、Ⅱ两类。

产品按其名称、组分、类、标准号的顺序进行标记，例Ⅰ类单组分聚氨酯防水涂料的标记为：PU 防水涂料 S Ⅰ GB/T 19250—2003。

（二）技术要求

1 外观

产品为均匀黏稠状，无凝胶、结块。

2 物理力学性能

单组分聚氨酯防水涂料的物理力学性能应符合表 4-8 的规定；多组分聚氨酯防水涂料的物理力学性能应符合表 4-9 的规定。

单组分聚氨酯防水涂料物理力学性能（GB/T 19250—2003） 表 4-8

序号	项目			Ⅰ	Ⅱ
1	拉伸强度/MPa		≥	1.90	2.45
2	断裂伸长率/%		≥	550	450
3	撕裂强度/(N/mm)		≥	12	14
4	低温弯折性/℃		≤	−40	
5	不透水性 0.3MPa 30min			不透水	
6	固体含量/%		≥	80	
7	表干时间/h		≤	12	
8	实干时间/h		≤	24	
9	加热伸缩率/%		≤	1.0	
			≥	−4.0	
10	潮湿基面粘结强度[a]/MPa		≥	0.50	
11	定伸时老化	加热老化		无裂纹及变形	
		人工气候老化[b]		无裂纹及变形	
12	热处理	拉伸强度保持率/%		80～150	
		断裂伸长率/%	≥	500	400
		低温弯折性/℃	≤	−35	
13	碱处理	拉伸强度保持率/%		60～150	
		断裂伸长率/%	≥	500	400
		低温弯折性/℃	≤	−35	
14	酸处理	拉伸强度保持率/%		80～150	
		断裂伸长率/%	≥	500	400
		低温弯折性/℃	≤	−35	
15	人工气候老化[b]	拉伸强度保持率/%		80～150	
		断裂伸长率/%	≥	500	400
		低温弯折性/℃	≤	−35	

a. 仅用于地下工程潮湿基面时要求。
b. 仅用于外露使用的产品。

多组分聚氨酯防水涂料物理力学性能（GB/T 19250—2003） 表4-9

序号	项目			I	II
1	拉伸强度/MPa		≥	1.90	2.45
2	断裂伸长率/%		≥	450	450
3	撕裂强度/N/mm		≥	12	14
4	低温弯折性/℃		≤	−35	
5	不透水性 0.3MPa 30min			不透水	
6	固体含量/%		≥	92	
7	表干时间/h		≤	8	
8	实干时间/h		≤	24	
9	加热伸缩率/%		≤	1.0	
			≥	−4.0	
10	潮湿基面粘结强度a/MPa		≥	0.50	
11	定伸时老化	加热老化		无裂纹及变形	
		人工气候老化b		无裂纹及变形	
12	热处理	拉伸强度保持率/%		80~150	
		断裂伸长率/%	≥	400	
		低温弯折性/℃	≤	−30	
13	碱处理	拉伸强度保持率/%		60~150	
		断裂伸长率/%	≥	400	
		低温弯折性/℃	≤	−30	
14	酸处理	拉伸强度保持率/%		80~150	
		断裂伸长率/%	≥	400	
		低温弯折性/℃	≤	−30	
15	人工气候老化b	拉伸强度保持率/%		80~150	
		断裂伸长率/%	≥	400	
		低温弯折性/℃	≤	−30	

a. 仅用于地下工程潮湿基面时要求。
b. 仅用于外露使用的产品。

3 一般要求

《聚氨酯防水涂料》GB/T 19250—2003 产品标准包括的产品不应对人体、生物与环境造成有害的影响，所涉及与使用有关安全与环保要求，应符合我国相关国家标准和规范的规定。

（三）试验方法

1 标准试验条件

标准试验条件为：温度（23±2）℃，相对湿度（60±15）%。

2 试验设备

（1）拉力试验机：测量值在量程的15%~85%之间，示值精度不低于1%，伸长范围大于500mm。

（2）低温冰柜：能达到−40℃，精度±2℃。

（3）电热鼓风干燥箱：不小于200℃，精度±2℃。

（4）冲片机及符合《硫化橡胶或热塑性橡胶拉伸应力应变性能的测定》（GB/T 528）要求的哑铃I型、符合《硫化橡胶或热塑性橡胶撕裂强度和测定（裤形、直角形和新月形试样)》(GB/T 529—1999) 中 5.1.2 要求的直角撕裂裁刀。

(5) 不透水仪：压力 0~0.4MPa，三个精度 2.5 级透水盘，内径 92mm。

(6) 厚度计：接触面直径 6mm，单位面积压力 0.02MPa，分度值 0.01mm。

(7) 半导体温度计：量程-40~30℃，精度±0.5℃。

(8) 定伸保持器：能使试件标线间距离拉伸 100%以上。

(9) 氙弧灯老化试验箱：符合《建筑防水材料老化试验（见第三章第二节二，参见表 3-5)》(GB/T 18244—2000) 要求的氙弧灯老化试验箱。

(10) 游标卡尺：精度±0.02mm。

3 试件制备

(1) 在试件制备前，试验样品及所用试验器具在标准试验条件下放置 24h。

(2) 在标准试验条件下称取所需的试验样品量，保证最终涂膜厚度 (1.5±0.2)mm。

将静置后的样品搅匀，不得加入稀释剂。若样品为多组分涂料，则按产品生产厂要求的配合比混合后充分搅拌 5min，在不混入气泡的情况下倒入模框中。模框不得翘曲且表面平滑，为便于脱模，涂覆前可用脱模剂处理。样品按生产厂的要求一次或多次涂覆（最多三次，每次间隔不超过 24h)，最后一次将表面刮平，在标准试验条件下养护 96h，然后脱膜，涂膜翻过来继续在标准试验条件下养护 72h。

(3) 试件形状及数量见表 4-10。

试件形状及数量 表 4-10

项　　目		试件形状	数量（个）
拉伸性能		符合《硫化橡胶或热塑性橡胶拉伸应力应变性能的测定》(GB/T 528)规定的哑铃Ⅰ型	5
撕裂强度		符合《硫化橡胶或热塑性橡胶撕裂强度的测定(裤形、直角形和新月形试样)》(GB/T 529—1999)中 5.1.2 规定的无割口直角形	5
低温弯折性		100mm×25mm	3
不透水性		150mm×150mm	3
加热伸缩率		300mm×30mm	3
潮湿基面粘结强度		8 字形砂浆试件	5
定伸时老化	热处理	符合《硫化橡胶或热塑性橡胶拉伸应力应变性能的测定》(GB/T 528)规定的哑铃Ⅰ型	3
	人工气候老化		3
热处理	拉伸性能	符合《硫化橡胶或热塑性橡胶拉伸应力应变性能的测定》(GB/T 528)规定的哑铃Ⅰ型	5
	低温弯折性	100mm×25mm	3
碱处理	拉伸性能	符合《硫化橡胶或热塑性橡胶拉伸应力应变性能的测定》(GB/T 528)规定的哑铃Ⅰ型	5
	低温弯折性	100mm×25mm	3
酸处理	拉伸性能	符合《硫化橡胶或热塑性橡胶拉伸应力应变性能的测定》(GB/T 528)规定的哑铃Ⅰ型	5
	低温弯折性	100mm×25mm	3
人工气候老化	拉伸性能	符合《硫化橡胶或热塑性橡胶拉伸应力应变性能的测定》(GB/T 528)规定的哑铃Ⅰ型	5
	低温弯折性	100mm×25mm	3

4 外观

涂料搅拌后目测检查。

5 拉伸性能

按 GB/T 16777—1997（见表 4-1）中 8.2.2 进行试验，拉伸速度为 (500±50) mm/min。

6 撕裂强度

按《硫化橡胶或热塑性橡胶撕裂强度的测定（裤形、直角形和新月形试样)》(GB/T 529—1999) 中 5.1.2 直角形试件进行试验，无割口，拉伸速度为 (500±50) mm/min。

7 低温弯折性

按 GB/T 16777—1997（见表 4-1）中 10.2.2 进行试验。

8 不透水性

按 GB/T 16777—1997（见表 4-1）中 11.2.2 进行试验，金属网孔径 (0.5±0.1) mm。

9 固体含量

(1) 试验步骤

将样品搅匀后取 (6±1)g 的样品倒入已干燥测量的直径 (65±5)mm 的培养皿 (m_n) 中刮平，立即称量 (m_1)，然后在标准试验条件下放置 24h。再放入到 (120±2)℃ 烘箱中，恒温 3h，取出放入干燥器中，在标准试验条件下冷却 2h，然后称量 (m_2)。

(2) 结果计算

固体含量按式 (4-17) 计算：

$$X=(m_2-m_n)/(m_1-m_n)\times 100 \tag{4-17}$$

式中　X——固体含量，%；

m_n——培养皿质量，g；

m_1——干燥前试样和培养皿质量，g；

m_2——干燥后试样和培养皿质量，g。

试验结果取两次平行试验的平均值，结果计算精确到 1%。

10 表干时间

按 GB/T 16777—1997（见表 4-1）中 12.2.1 进行试验，采用 B 法。涂膜用量为 0.5kg/m²。对于表面有组分渗出的样品，以实干时间作为表干时间的试验结果。

11 实干时间

按 GB/T 16777—1997（见表 4-1）中 12.2.2 进行试验，采用 B 法。涂膜用量为 0.5kg/m²。

12 加热伸缩率

按 GB/T 16777—1997（见表 4-1）中第 9 章进行试验。

13 潮湿基面粘结强度

(1) 试验步骤

按 GB/T 16777—1997（见表 4-1）中第 6 章制备 8 字砂浆块。取 5 对养护好的水泥砂浆块，用 2 号（粒径 60 目）砂纸清除表面浮浆，将砂浆块浸入 (23±2)℃ 的水中浸泡 24h。将在标准试验条件下已放置 24h 的样品按生产厂要求的比例混合后搅拌 5min（单组分防水涂料样品直接使用)。从水中取出砂浆块,用湿毛巾抹去水渍,晾置 5min 后,在砂浆块的断面上涂抹准备好的涂料,将两个砂浆块断面对接,压紧,在标准试验条件下放置 4h。然后将制得的试件进行养护,温度 (20±1)℃,相对湿度不小于 90%,养护 168h。制备 5 个试件。

将养护好的试件在标准试验条件下放置 2h,用游标卡尺测量粘结面的长度、宽度,精确到 0.02mm。将试件装在试验机上,以 50mm/min 的速度拉伸至试件破坏,记录试件的最大拉力。

(2) 结果处理

潮湿基面粘结强度按式 (4-18) 计算:

$$\sigma = F/(a \times b) \tag{4-18}$$

式中 σ——试件的潮湿基面粘结强度,单位为兆帕 (MPa);

F——试件的最大拉力,单位为牛顿 (N);

a——试件粘结面的长度,单位为毫米 (mm);

b——试件粘结面的宽度,单位为毫米 (mm)。

潮湿基面粘结强度以 5 个试件的算术平均值表示,精确到 0.01MPa。

14 定伸时老化

(1) 试验步骤

a. 加热老化

将试件夹在定伸保持器上,并使试件的标线间距离从 25mm 拉伸至 50mm,在标准试验条件下放置 24h。然后将夹有试件的定伸保持器放入烘箱,加热温度为 (80±2)℃,水平放置 168h 后取出。再在标准试验条件下放置 4h;观测定伸保持器上的试件有无变形,并用 8 倍放大镜检查试件有无裂纹。

b. 人工气候老化

将试件夹在定伸保持器上,并使试件的标线间距离从 25mm 拉伸至 37.5mm,在标准试验条件下放置 24h。然后将夹有试件的定伸保持器放入符合 GB/T 18244—2000 中第 6 章 [见第三章第二节二 (四)] 要求的氙弧灯老化试验箱中,试验 250h 后取出。再在标准试验条件下放置 4h,观测定伸保持器上的试件有无变形,并用 8 倍放大镜检查试件有无裂纹。

(2) 结果处理

分别记录每个试件有无变形、裂纹。

15 热处理

按 GB/T 16777—1997 (见表 4-1) 中 8.2.4 进行试验。结果处理按 GB/T 16777—1997 (见表 4-1) 中 8.3、8.4 进行。

16 碱处理

按 GB/T 16777—1997 (见表 4-1) 中 8.2.5 进行试验。结果处理按 GB/T 16777—1997 (见表 4-1) 中 8.3、8.4 进行。

17 酸处理

按 GB/T 16777—1997 (见表 4-1) 中 8.2.6 进行试验。结果处理按 GB/T 16777—1997 中 8.3、8.4 进行。

18 人工气候老化

将试件放入符合 GB/T 18244—2000 中第 6 章［见第三章第二节二（四）］要求的氙弧灯老化试验箱中，试验累计辐照能量为 1500MJ/m² （约 720h）后取出。再在标准试验条件下放置 4h，然后按（三）5、（三）7 进行试验。结果处理按 GB/T 16777—1997（见表 4-1）中 8.3、8.4 进行。

二、聚氯乙烯弹性防水涂料

聚氯乙烯弹性防水涂料简称 PVC 防水涂料，是以聚氯乙烯为基料，加入改性材料和其他助剂配制而成的一类热塑性和热熔性防水涂料。此类涂料现已发布《聚氯乙烯弹性防水涂料》（JC/T 674—1997）建材行业标准。

（一）产品的分类和标记

PVC 防水涂料按施工方式分为热塑型（J 型）和热熔型（G 型）两种类型。

PVC 防水涂料按耐热和低温性能分为 801 和 802 两个型号。

"80"代表耐热温度为 80℃，"1"、"2"代表低温柔性温度分别为"－10℃"、"－20℃"。

产品按下列顺序标记：名称、类型、型号、标准号。

标记示例如下：

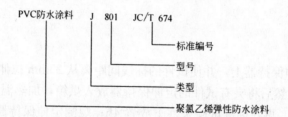

（二）技术要求

1 外观

（1）J 型防水涂料应为黑色均匀黏稠状物，无结块、无杂质。

（2）G 型防水涂料应为黑色块状物，无焦渣等杂物，无流淌现象。

2 物理力学性能

PVC 防水涂料的物理力学性能应符合表 4-11 的规定。

PVC 防水涂料的物理力学性能 （JC/T 674—1997）　　　　表 4-11

序号	项目		技术指标	
			801	802
1	密度，g/cm³		\multicolumn{2}{c}{规定值¹⁾±0.1}	
2	耐热性，80℃，5h		无流淌、起泡和滑动	
3	低温柔性，℃(φ20mm)		－10	－20
			无裂纹	
4	断裂延伸率，%　不小于	无处理	350	
		加热处理	280	
		紫外线处理	280	
		碱处理	280	
5	恢复率，%　不小于		70	
6	不透水性，0.1MPa；30min		不渗水	
7	粘结强度，MPa，不小于		0.20	

1）规定值是指企业标准或产品说明所规定的度值。

(三) 试验方法

1　试验室条件

标准试验条件为温度 (20±2)℃, 相对湿度 45%~60%。

2　试件制备

(1) 试样：试样需经塑化或熔化后制备试件。J 型试样塑化时，边搅拌，边加热，温度至 (135±5)℃时，保持 5min。降温至 (120±5)℃时注模；G 型试样加热温度为 (120±5)℃，熔化均匀后立即注模。

注：当冬季室温较低时，注模前可将涂好隔离剂的玻璃底板放在 60℃左右烘箱内预热 30min 后趁热注膜。

(2) 耐热性试件：底板用尺寸为 130mm×80mm×2mm 的铝板，居中放置内部尺寸为 100mm×50mm×3mm 的金属模框，同时制备 3 个。

(3) 低温柔性试件：底板用涂有甘油滑石粉 (配比 1∶3~1∶4) 隔离剂的釉面砖，金属模框内部尺寸为 80mm×25mm×3mm。同时制备 3 个。

(4) 无处理、加热处理、紫外线处理、碱处理的断裂延伸率和恢复率试件：应分片浇注成型，每片尺寸不小于 180mm×120mm×3mm。将模框居中放置在涂有隔离剂的玻璃底板上，并用透明胶带固定。拆模后将脱模的试片平放在撒有滑石粉的软木板上，按《聚氨酯防水涂料》(JG/T 500) 附录 A 中有关哑铃片的规定，同时裁取至少 5 片哑铃形试件，平放于撒有滑石粉的釉面砖上，每次裁样时裁刀上应沾有滑石粉。

(5) 不透水性试件：将油毡原纸放在玻璃底板上，居中放置内部尺寸为 150mm×150mm×3mm 的金属模框，同时制备 3 个。

(6) 粘结强度试件：先按《水性沥青基防水涂料》(JC/T 408) 制备砂浆块，然后取 5 对断开的 8 字砂浆块，清除浮砂，擦净。分别蘸取少量已塑化或熔化好的涂料，稍加摩擦后对接两个半块，使粘结层涂料厚度为 0.5~0.7mm，然后立放在釉面砖上。

(7) 所有制备好的试件，必须在室温条件下放置 24h，标准试验条件下放置 2h 后拆模。

3　外观

取样时目测。

4　耐热性

按《水性沥青基防水涂料》(JC/T 408) 规定进行。

5　低温柔性

按《水性沥青基防水涂料》(JC/T 408) 规定进行。用 ϕ20mm 圆棒进行弯曲。

6　密度

按《建筑密封材料试验方法》(GB/T 13477) (见第五章第二节二十一) 规定进行。

7　断裂延伸率

(1) 无处理时断裂延伸率

按《聚氨酯防水涂料》(JG/T 500) 附录 A 规定进行试验。试验前以浅色广告画颜料标记间距 25mm 的两条平行标线 (L_0)，并用精度 0.02mm 的游标卡尺测量间距值；试验拉伸速度为 50mm/min。试件两端垫油毡原纸以防污染试验机夹具。

(2) 加热处理后断裂延伸率

将脱模的试片平放在贴有脱水牛皮纸胶带或涂有硅油凡士林的釉面砖上,按《水性沥青基防水涂料》(JC/T 408)规定进行加热处理,然后按本三7(1)进行试验。

(3) 紫外线处理后断裂延伸率

将脱模的试片平放在贴有脱水牛皮纸胶带或不粘纸的釉面砖上,按《水性沥青基防水涂料》(JC/T 408)规定进行紫外线处理,然后按(三)7(1)进行试验。

(4) 碱处理后断裂延伸率

脱模的试片按《水性沥青基防水涂料》(JC/T 408)规定进行碱处理,但不需涂石蜡松香液,然后按(三)7(1)进行试验。

(5) 结果计算

按式(4-19)计算断裂延伸率:

$$E = \frac{L - L_0}{L_0} \times 100 \qquad (4-19)$$

式中 E——断裂延伸率,%;
L_0——拉伸前标线间距离,mm;
L——断裂时标线间距离,mm。

试验结果取5个有效数据的算术平均值,精确至1%。

8 恢复率

按(三)7(1)的规定进行试验,把试件拉伸至延伸率100%(L_1)时,保持5min,然后取下试件,平移至撒有滑石粉的釉面砖上,在标准试验条件下停放1h,用精度为0.02mm的游标卡尺测量两标线间的距离(L_2),按式(4-20)计算恢复率。

$$S = \frac{L_1 - L_2}{L_1 - L_0} \times 100 \qquad (4-20)$$

式中 S——恢复率,%;
L_1——100%延伸率时的标线间距离,mm;
L_2——100%延伸率恢复后的标线间距离,mm;
L_0——拉伸前标线间距离,mm。

试验结果取5个试件的算术平均值。精确至0.1%。

9 不透水性

按《水性沥青基防水涂料》(JC/T 408)规定进行。铜丝网孔直径为0.2mm。

10 粘结强度

按《水性沥青基防水涂料》(JC/T 408)规定进行,采用可调速拉伸试验机进行试验,拉伸速度为50mm/min。

试验结果取5个试件的算术平均值,精确至0.01MPa。

三、聚合物乳液建筑防水涂料

聚合物乳液建筑防水涂料是以各类聚合物乳液为主要原料,加入其他添加剂而制得的单组分水乳型防水涂料。此类涂料以丙烯酸酯聚合物乳液防水涂料为代表,可在屋面、墙面、室内等非长期浸水环境下的建筑防水工程中使用。

此类涂料现已发布《聚合物乳液建筑防水涂料》(JC/T 864—2000)建材行业标准,

此类涂料若用于地下及其他建筑防水工程,其技术性能还应符合相关技术规程的规定。

(一) 产品的分类和标记

按物理力学性能分为Ⅰ类和Ⅱ类。

产品按下列顺序标记:产品代号、类型、标准号。

标记示例如下:

Ⅰ类聚合物乳液建筑防水涂料标记为:

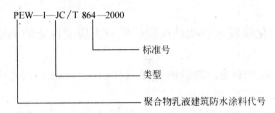

(二) 技术要求

1 外观

产品经搅拌后无结块,呈均匀状态。

2 物理力学性能

产品物理力学性能应符合表 4-12 要求。

物理力学性能 (JC/T 864—2000) 表 4-12

序号	试验项目			指标	
				Ⅰ类	Ⅱ类
1	拉伸强度/MPa		≥	1.0	1.5
2	断裂延伸率/%		≥	300	300
3	低温柔性/绕 ϕ10mm 棒			−10℃,无裂纹	−20℃,无裂纹
4	不透水性(0.3MPa,0.5h)			不透水	
5	固体含量/%		≥	65	
6	干燥时间/h	表干时间	≤	4	
		实干时间	≤	8	
7	老化处理后的拉伸强度保持率/%	加热处理	≥	80	
		紫外线处理	≥	80	
		碱处理	≥	60	
		酸处理	≥	40	
8	老化处理后的断裂延伸率/%	加热处理	≥	200	
		紫外线处理	≥	200	
		碱处理	≥	200	
		酸处理	≥	200	
9	加热伸缩率/%	伸长	≤	1.0	
		缩短	≤	1.0	

(三) 试验方法

1 标准试验条件

温度 (23±2)℃,相对湿度 45%~70%。

2 试验准备

试验前,所取样品及所用仪器在标准条件下放置 24h。

3　外观检查

打开容器用搅拌棒轻轻搅拌，允许在容器底部有沉淀，经搅拌易于混合均匀时，可评为"搅拌后无结块，呈均匀状态"。

4　物理力学性能

（1）试验器具

拉伸试验机：测量范围为（0～500）N，最小分度值为 0.2N，拉伸速度为（0～500）mm/min；

切片机：符合《硫化橡胶或热塑性橡胶拉伸应力应变性能的测定》（GB/T 528）规定的哑铃状Ⅰ型裁刀；

厚度计：压重（100±10）g，测量面直径（10±0.1）mm，最小分度值 0.01mm；

电热鼓风干燥箱：温度控制精度±2℃；

紫外线老化箱：500W 直形高压汞灯，箱体尺寸 600mm×500mm×800mm；

天平：感量 0.001g；

直尺：精度 0.5mm；

涂膜模具：可用平板玻璃或塑料板制作，规格符合 GB/T 16777—1997（见表 4-1）中 8.1.4 要求；

不透水仪：测试压力为（0.1～0.3）MPa；

低温箱：温度控制 -30～0℃，温度控制精度±2℃；

玻璃干燥器：内放干燥剂；

铜丝网布：孔径为 0.2mm；

线棒涂布器：250μm。

（2）试样制备

a. 将静置后的样品搅拌均匀，在不混入气泡的情况下倒入（三）4（1）规定的模具中涂覆。为方便脱膜，在涂覆前模具表面可用硅油或液体蜡进行处理。试样制备时至少分三次涂覆，后道涂覆应在前道涂层成膜后进行，在 72h 以内使涂膜厚度达到（2.0±0.2）mm。制备好的试样在标准条件下养护 168h，脱膜后，再经（50±2）℃干燥箱中烘 24h，取出后在标准条件下放置 4h 以上。

b. 检查涂膜外观，试样表面应光滑平整、无明显气泡。然后按表 4-13 的要求裁取试验所需试件。

试件形状、尺寸及数量　　　　　　　表 4-13

试 验 项 目		试件形状/mm	数量/个
拉伸强度和断裂延伸率	无处理	符合《硫化橡胶或热塑性橡胶拉伸应力应变性能的测定》（GB/T 528）规定的哑铃形Ⅰ型形状	6
	加热处理		6
	紫外线处理		6
	碱处理	120×25	6
	酸处理		6
低温柔性试验		100×25	3
不透水性试验		150×150	
加热伸缩试验		300×30	3

(3) 拉伸性能

a. 无处理拉伸性能

试件在标准条件下放置 4h 以上，按 GB/T 16777—1997（见表 4-1）中 8.2.2 进行，拉伸速度为 200mm/min。

b. 热处理拉伸性能

按 GB/T 16777—1997（见表 4-1）中 8.2.3 进行处理。拉伸性能按（三）4（3）a 规定进行试验。

c. 紫外线处理拉伸性能

按 GB/T 16777—1997（见表 4-1）中 8.2.4 进行处理。紫外线老化箱，灯管与试件的距离为 (470~500)mm，距试件表面 50mm 左右的空间温度为 (45 ± 2)℃。拉伸性能按（三）4（3）a 规定进行试验。

d. 碱处理拉伸性能

温度为 (23 ± 2)℃时，在按《化学试剂氢氧化钠》(GB/T 629) 规定的化学纯氢氧化钠试剂配制成氢氧化钠溶液（1g/l）中，加入氢氧化钙试剂，使之达到饱和状态。在 600ml 溶液中放入六个试件，液面应高出试件表面 10mm 以上。连续浸泡 168h 后取出，用水充分冲洗，用干布擦干，并在 (50 ± 2)℃ 干燥箱中烘 6h 后，取出冷却至室温，用（三）4（1）规定的切片机对试件裁切后，拉伸性能按（三）4（3）a 规定进行试验。

e. 酸处理拉伸性能

温度为 (23 ± 2)℃时，按《化学试验 硫酸》(GB/T 625) 规定的化学纯硫酸试剂配制成硫酸溶液（0.2mol/l）。在 600ml 溶液中放入六个试件，液面应高出试件表面 10mm 以上，连续浸泡 168h 后取出，用水充分冲洗，用干布擦干，并在 (50 ± 2)℃ 干燥箱中烘 6h 后，取出冷却至室温，用（三）4（1）规定的切片机对试件裁切，拉伸性能按（三）4（3）a 规定进行试验。

f. 试验结果计算

拉伸强度按式（4-21）计算：

$$P=\frac{F}{A} \tag{4-21}$$

式中 P——拉伸强度，MPa；

F——试件最大荷载，N；

A——试件断面面积，mm^2，按式（4-22）计算：

$$A=B\times D \tag{4-22}$$

式中 B——试件工作部分宽度，mm；

D——试件实测厚度，mm。

拉伸强度试验结果以五个试件的算术平均值表示，计算精确至 0.1MPa。

断裂延伸率按式（4-23）计算：

$$L=\frac{L_1-25}{25}\times 100 \tag{4-23}$$

式中 L——断裂延伸率，%。

L_1——试件断裂时标线间的距离，mm；

25——拉伸前标线间的距离，mm。

断裂延伸率试验结果以五个试件的算术平均值表示，计算精确至1%。

老化处理后的拉伸强度保持率按式（4-24）计算：

$$E=\frac{P_1}{P_0}\times 100 \tag{4-24}$$

式中 E——老化处理后的拉伸强度保持率，%；

P_1——老化处理后的拉伸强度，MPa；

P_0——无处理时的拉伸强度，MPa。

老化处理后的拉伸强度保持率试验结果取整数。

(4) 低温柔性

将试件和 $\phi 10mm$ 的圆棒在规定温度的低温箱中放置2h后，打开低温箱，迅速捏住试件的两端，在（2~3）s内绕圆棒弯曲180°，记录试件表面弯面处有无裂纹或断裂现象。

(5) 不透水性

按 GB/T 16777—1997（见表4-1）第11章进行。试样制备按（三）4（2）进行。

(6) 固体含量

按 GB/T 16777—1997（见表4-1）第4章B法进行。

(7) 干燥时间

a. 表干时间

按 GB/T 16777—1997（见表4-1）中12.2.1B法进行，试件制备时，用规格为 $250\mu m$ 的线棒涂布器进行制膜。

b. 实干时间

按 GB/T 16777—1997（见表4-1）中12.2.2B法进行，试件制备时，用规格为 $250\mu m$ 的线棒涂布器进行制膜。

(8) 加热伸缩率

按 GB/T 16777—1997（见表4-1）第9章进行。

四、聚合物水泥防水涂料

聚合物水泥防水涂料简称JS防水涂料，是一类以丙烯酸酯等聚合物乳液和水泥为主要原料，加入其他外加剂制得的双组分水性建筑防水涂料，其所用原材料不应对环境和人体健康构成危害。此类涂料现已发布《聚合物水泥防水涂料》（JC/T 894—2001）建材行业标准。

（一）产品的分类和标记

产品分为Ⅰ型和Ⅱ型两种。

Ⅰ型：以聚合物为主的防水涂料；

Ⅱ型：以水泥为主的防水涂料。

Ⅰ型产品主要用于非长期浸水环境下的建筑防水工程；Ⅱ型产品适用于长期浸水环境下的建筑防水工程。

产品按下列顺序进行标记：名称、类型、标准号。

标记示例如下：

Ⅰ型聚合物水泥防水涂料标记为：

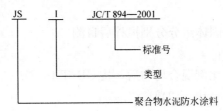

(二) 技术要求

1 外观

产品的两组分经分别搅拌后，其液体组分应为无杂质、无凝胶的均匀乳液；固体组分应为无杂质、无结块的粉末。

2 物理力学性能

产品物理力学性能应符合表 4-14 的要求。

物理力学性能　　　　表 4-14

序号	试验项目			技术指标 Ⅰ型	技术指标 Ⅱ型
1	固体含量,%		≥	65	65
2	干燥时间	表干时间,h	≤	4	4
		实干时间,h	≤	8	8
3	拉伸强度	无处理,MPa	≥	1.2	1.8
		加热处理后保持率,%	≥	80	80
		碱处理后保持率,%	≥	70	80
		紫外线处理后保持率,%	≥	80	80[1]
4	断裂伸长率	无处理,%	≥	200	80
		加热处理,%	≥	150	65
		碱处理,%	≥	140	65
		紫外线处理,%	≥	150	65[1]
5	低温柔性,φ10mm 棒			−10℃ 无裂纹	—
6	不透水性,0.3MPa,30min			不透水	不透水[1]
7	潮湿基面粘结强度,MPa		≥	0.5	1.0
8	抗渗性(背水面)[2],MPa		≥	—	0.6

1) 如产品用于地下工程，该项目可不测试。
2) 如产品用于地下防水工程，该项目必须测试。

(三) 试验方法

1 标准试验条件

试验室标准试验条件为：温度 (23±2)℃，相对湿度 45%～70%。

2 试验准备

试验前样品及所用器具应在标准条件下至少放置24h。

3 外观检查

用玻璃棒将液体组分和固体组分分别搅拌后目测。

4 固体含量的测定

将样品按生产厂指定的比例混合均匀后,按 GB/T 16777—1997(见表4-1)第4章 A法的规定测定。干燥温度为(105±2)℃。

5 干燥时间的测定

将在标准条件下放置后的样品按生产厂指定的比例分别称取适量液体和固体组分,混合后机械搅拌5min,按 GB/T 16777—1997(见表4-1)中12.2.1.1的规定制备试件,涂料用量(8±1)g。表干时间按 GB/T 16777—1997(见表4-1)中12.2.1.3B法测定。实干时间按 GB/T 16777—1997(见表4-1)中12.2.2.2B法测定。试验条件为:温度(23±2)℃,相对湿度(50±5)%。

6 拉伸性能的测定

(1) 试验器具

同 GB/T 16777—1997(见表4-1)中8.1规定。

(2) 试样制备

将在标准条件下放置后的样品按生产厂指定的比例分别称取适量液体和固体组分,混合后机械搅拌5min,倒入(三)6(1)规定的模具中涂覆,注意勿混入气泡。为方便脱模,模具表面可用硅油或石蜡进行处理。试样制备时分二次或三次涂覆,后道涂覆应在前道涂层实干后进行,在72h之内使试样厚度达到(1.5±0.2)mm。试样脱模后在标准条件下放置168h,然后在(50±2)℃干燥箱中处理24h,取出后置于干燥器中,在标准条件下至少放置2h。用切片机将试样冲切成试件。拉伸试验所需试件数量和形状见表4-15。

拉伸试验试件数量　　　　　表4-15

试 验 项 目		试 件 形 状	试件数量(个)
拉伸强度和断裂伸长率	无处理	《硫化橡胶或热塑性橡胶拉伸应力应变性能的测定》(GB/T 528—1998)中规定的Ⅰ型哑铃形试件	6
	加热处理		6
	紫外线处理		6
	碱处理	120mm×25mm	6

注:每组试件试验5个,1个备用。

(3) 无处理拉伸性能的测定

按 GB/T 16777—1997(见表4-1)中8.2.2的规定进行试验,拉伸速度为200mm/min。

(4) 热处理后拉伸性能的测定

按 GB/T 16777—1997(见表4-1)中8.2.3处理试件,热处理温度(80±2)℃,时间168h。取出后冷却至室温,按(三)6(3)的规定测定拉伸性能。

(5) 碱处理后拉伸性能的测定

按 GB/T 16777—1997(见表4-1)中8.2.5处理试件,浸碱时间168h。取出后用水充分冲洗,擦干后放入(50±2)℃的干燥箱中烘6h,取出后冷却至室温,用切片机冲切成哑铃形试件,按(三)6(3)的规定测定拉伸性能。

(6) 紫外线处理后拉伸性能的测定

按 GB/T 16777—19997(见表 4-1)中 8.2.4 处理试件。灯管与试件的距离为 470mm~500mm,距试件表面 50mm 左右的空间温度为(45±2)℃,照射时间 250h。取出后冷却至室温,按(三)6(3)的规定测定拉伸性能。

(7) 试验结果计算

a. 拉伸强度按式(4-25)计算:

$$P=\frac{F}{a\times d} \tag{4-25}$$

式中　P——拉伸强度,MPa;
　　　F——试件最大荷载,N;
　　　a——裁刀狭小平行部分宽度,mm;
　　　d——试验长度部分平均厚度,mm。

拉伸强度试验结果以五个试件的算术平均值表示,精确至 0.1MPa。

b. 断裂伸长率按式(4-26)计算:

$$L=\frac{L_1-25}{25}\times 100 \tag{4-26}$$

式中　L——试件断裂时的伸长度,%;
　　　L_1——试件断裂时的标距,mm;
　　　25——试件的初始标距,mm。

断裂伸长率试验结果以五个试件的算术平均值表示,精确至 1%。

c. 拉伸强度保持率按式(4-27)计算:

$$E=\frac{P_1}{P_0}\times 100 \tag{4-27}$$

式中　E——处理后的拉伸强度保持率,%;
　　　P_1——处理后的拉伸强度,MPa;
　　　P_0——标准条件下的拉伸强度,MPa。

拉伸强度的保持率的计算结果精确至 1%。

7　低温柔性的测定

按(三)6(2)的规定制备涂膜试样,脱模后切取 100mm×25mm 的试件三块。按 GB/T 16777—1997(见表 4-1)中 10.2.1.2 的规定进行试验,圆棒直径 10mm。

8　不透水性的测定

按(三)6(2)的规定制备涂膜试样,脱模后切取 150mm×150mm 的试件三块。按 GB/T 16777—1997(见表 4-1)中 11.2.2 和 11.2.3 的规定进行试验。试验压力 0.3MPa。保持压力 30min。

9　潮湿基面粘结强度的测定

(1) 试验器具

a)拉力试验机:量程 0N~1000N,拉伸速度 0~500mm/min;
b)"8"字形金属模具:按 GB/T 16777—1997(见表 4-1)中的图 2;
c)"8"字形水泥砂浆块:按 GB/T 16777—1997(见表 4-1)中的图 3;

d) 水泥标准养护箱（室）：控制范围（20±1）℃，相对湿度不小于90%；

e) 游标卡寸：精度0.1mm。

(2) 试件制备

按 GB/T 16777—1997（见表4-1）中6.2.1的规定制备半"8"字形水泥砂浆块。清除砂浆块断面上的浮浆，将砂浆块在（23±2）℃的水中浸泡24h。将在标准条件下放置后的样品按生产厂指定的比例分别称取适量液体和固体组分，混合后机械搅拌5min。从水中取出砂浆块，晾置5min后，在砂浆块的断面上均匀涂抹混合好的试样，将两个砂浆块的断面小心对接，在标准条件下放置4h。将制得的试件在水泥标准养护箱中放置168h，养护条件为：温度（20±1）℃，相对湿度不小于90%。

每组样品制备五个条件。

(3) 试验步骤

将养护后的试件在标准条件下放置2h，用卡尺测量试件粘结面的长度和宽度（mm）。将试件装在拉力试验机的夹具上，以50mm/min的速度拉伸试件，记录试件破坏时的拉力值（N）。

(4) 结果计算

粘结强度按式（4-28）计算：

$$\sigma = \frac{F}{a \times b} \tag{4-28}$$

式中　σ——试件的粘结强度，MPa；

　　　F——试件破坏时的拉力值，N；

　　　a——试件粘结面的长度，mm；

　　　b——试件粘结面的宽度，mm。

粘结强度试验结果以五个试件的算术平均值表示，精确至0.1MPa。

10　抗渗性的测定

(1) 试验器具

a) 砂浆渗透试验仪，SS_{15}型；

b) 水泥标准养护箱（室）：同（三）9（1）d；

c) 金属试模：截锥带底圆模，上口直径70mm，下口直径80mm，高30mm；

d) 捣棒：直径10mm，长350mm，端部磨圆；

e) 抹刀。

(2) 试件制备

a. 砂浆试件的制备

按照《水泥胶砂流动度测定方法》（GB/T 2419—1994）第4章的规定确定砂浆的配比和用量，并以砂浆试件在0.3~0.4MPa压力下透水为准，确定水灰比。每组试验制备三个试件，脱模后放入（20±2）℃的水中养护7d。取出待表面干燥后，用密封材料密封装入渗透仪中进行砂浆试件的抗渗试验。水压从0.2MPa开始，恒压2h后增至0.3MPa，以后每隔1h增加0.1MPa，直至三个试件全部透水。

b. 涂膜抗渗试件的制备

从渗透仪上取下已透水的砂浆试件，擦干试件上口表面水渍，将待测涂料样品按生产厂指定的比例分别称取适量液体和固体组分，混合后机械搅拌5min。在三个试件的上口表面（背水面）均匀涂抹混合好的试样，第一道 0.5~0.6mm 厚。待涂膜表面干燥后再涂第二道，使涂膜总厚度为 1.0~1.2mm。待第二道涂膜表干后，将制备好的抗渗试件放入水泥标准养护箱（室）中放置 168h，养护条件为：温度（20±1）℃，相对湿度不小于 90%。

(3) 试验步骤

将抗渗试件从养护箱中取出，在标准条件下放置，待表面干燥后装入渗透仪，按（五）2（1）所述加压程序进行涂膜抗渗试件的抗渗试验。当三个抗渗试件中有两个试件上表面出现透水现象时，即可停止该组试验，记录当时水压（MPa）。当抗渗试件加压至 1.5MPa、恒压 1h 还未透水，应停止试验。

(4) 试验结果报告

涂膜抗渗性试验结果应报告三个试件中二个未出现透水时的最大水压力（MPa）。

五、建筑表面用有机硅防水剂

建筑表面用有机硅防水剂是一类以硅烷和硅氧烷为主要原料的水性或溶剂型的，应用于多孔性无机基层（如混凝土、瓷砖、黏土砖、石材等）不承受水压的防水及防护材料。此类产品现已发布《建筑表面用有机硅防水剂》（JC/T 902—2002）建材行业标准。

(一) 产品的分类和标记

产品分为水性（W），溶剂型（S）两种。

产品按其名称、类型、标准号顺序进行标记，如水性建筑表面用有机硅防水剂其标记为：建筑表面用有机硅防水剂 W JC/T 902—2002。

(二) 技术要求

1 外观

产品无沉淀，无漂浮物，呈均匀状态。

2 理化性能

产品理化性能应符合表 4-16 规定。

理化性能（JC/T 902—2002） 表 4-16

序号	试验项目		指标 W	指标 S
1	pH 值		规定值±1	
2	固体含量/%	≥	20	5
3	稳定性		无分层、无漂油、无明显沉淀	
4	吸水率比/%	≤	20	
5	渗透性 ≤	标准状态	2mm，无水迹无变色	
		热处理	2mm，无水迹无变色	
		低温处理	2mm，无水迹无变色	
		紫外线处理	2mm，无水迹无变色	
		酸处理	2mm，无水迹无变色	
		碱处理	2mm，无水迹无变色	

注：1、2、3 项为未稀释的产品性能，规定值在生产企业说明书中告知用户。

(三) 试验方法

1 一般规定

(1) 标准试验条件

标准试验条件为温度（23±2）℃，相对湿度60%±15%。

(2) 水泥砂浆板制备

a. 试验器具

天平：感量0.001g。

水泥砂浆板模具：每个内腔尺寸为75mm×25mm×12.5mm。

b. 试验步骤

采用符合《硅酸盐水泥 普通硅酸盐水泥》（GB 175）要求的强度等级为32.5级普通硅酸盐水泥。水泥∶ISO标准砂∶水＝1∶4∶0.55，混合均匀后，加入水泥砂浆板模具中捣实，不用脱模剂，振动约10次后，抹平试件表面。在标准试验条件下放置24h后脱模，放入（23±2）℃的清水中养护14d，取出晾干备用。

2 外观

用玻璃棒搅拌，目测观察。

3 pH值

pH值按《混凝土外加剂匀质性试验方法》（GB/T 8077）规定进行，出厂检验可采用精密pH试纸测定。

4 固体含量

固体含量按GB/T 16777—1997（见表4-1）第4章B法进行，试验温度为（105±2）℃。

5 稳定性

(1) 试验器具

电动离心机：转速3000r/min。

(2) 试验步骤

取10ml样品两份放入试管中，置于电动离心机的相对的两面，以3000r/min的速度旋转5min，取出试管，观察有无分层、漂油和沉淀。

6 吸水率比

(1) 试验步骤

a. 将试样按生产厂商要求的配比制成稀释液，倒入密闭的容器中，容器中有金属网或其他类似的搁板，将上面的试件与容器底部架空隔开，防水剂液面比搁板高约7mm，然后和已在（105±2）℃烘干4h的水泥砂浆板分别在标准试验条件下放置24h。将水泥砂浆板放在容器中的搁板上，75mm×12.5mm面为试验面朝下在防水剂中浸20s，取出甩去表面的防水剂，将试验面朝上，标准试验条件下放置72h，共准备五块，试验中保持液面比搁板高约7mm。

b. 将处理好的水泥砂浆板用天平称量（W_0），取5个未处理的水泥砂浆板同样分别称量（M_0）。在标准试验温度下，用上面的干净容器倒入蒸馏水，液面比搁板高约3mm。将处理过的试件的试验面朝下放在容器中的搁板上浸24h。取出试件，用餐巾纸吸干表面水分，然后立即称量（W_1）。5个未处理的水泥砂浆板同样浸水称量（M_1），试验中保持液面比搁板高约 3mm。

(2) 结果计算

a. 按式 (4-29) 计算用防水剂处理试件的吸水率，按式 (4-30) 计算未用防水剂处理试件的吸水率：

$$A_1 = (W_1 - W_0)/W_0 \times 100 \qquad (4\text{-}29)$$

式中　A_1——用防水剂处理后试件的吸水率，%；
　　　W_0——浸水前处理好的水泥砂浆板质量，g；
　　　W_1——浸水后处理好的水泥砂浆板质量，g。

$$A_0 = (M_1 - M_0)/M_0 \times 100 \qquad (4\text{-}30)$$

式中　A_0——未用防水剂处理试件的吸水率，%；
　　　M_0——浸水前未处理的水泥砂浆板质量，g；
　　　M_1——浸水后未处理的水泥砂浆板质量，g。

用防水剂处理和未用防水剂处理试件分别去掉 1 个最大值和 1 个最小值，结果取 3 个中间值的算术平均值。

b. 按式 (4-31) 计算吸水率比：

$$B = \overline{A}_1 / \overline{A}_0 \times 100 \qquad (4\text{-}31)$$

式中　B——试件的吸水率比，%；
　　　$\overline{A}_1$——用防水剂处理后试件吸水率的平均值，%；
　　　$\overline{A}_0$——未用防水剂处理试件吸水率的平均值，%。

7　渗透性

(1) 标准状态

a. 按 (三) 6 (1) a 处理水泥砂浆板试件，采用抹光面的背面 (75mm×25mm) 为试验面，共准备 3 块。

b. 在标准试验条件下，将处理好的试件水平放置，试验面朝上，在上面立放直径约 20mm、长 120mm 的玻璃管，用中性密封材料密封玻璃管与试件间的缝隙。把试件放置在滤纸上，将染色的水溶液加入玻璃管，液面高度 100mm，在液面高度作好标记，并在玻璃管上端放置一玻璃盖板，静置 2h，记录液面下降的高度。检查试件背面有无水迹，滤纸有无变色。记录 3 个试件液面高度，以其中值作为试验结果。

(2) 热处理

按 (三) 7 (1) a 制备试件后，将试件放入温度为 (80±2)℃ 电热鼓风烘箱中处理 48h 取出，然后在标准试验条件下放置 2h，按 (三) 7 (1) b 进行试验。

(3) 低温处理

按 (三) 7 (1) a 制备试件后，将试件放入温度为 (−30±2)℃ 低温冰箱中处理 48h 取出，然后在标准试验条件下放置 2h，按 (三) 7 (1) b 进行试验。

(4) 紫外线处理

按 (三) 7 (1) a 制备试件后，将试件放入 GB/T 16777—1997 (见表 4-1) 中 7.1.7 规定的紫外线箱中处理 48h，试件与灯管的距离为 50cm 左右，试件表面空间温度为 (45±2)℃。取出试件，然后在标准试验条件下放置 2h，按 (三) 7 (1) 进行试验。

(5) 耐酸性

按（三）7（1）a制备试件后，在标准试验条件下将试件浸入0.1mol/l的H_2SO_4水溶液中，试件上端距液面2cm。处理48h后取出，用清水冲洗，吸干表面水迹，标准试验条件下架空放置24h，按（三）7（1）b进行试验。

(6) 耐碱性

按（三）7（1）a制备试件后，在标准试验条件下将试件浸入饱和$Ca(OH)_2$水溶液中，试件上端距液面2cm。处理48h后取出，用清水冲洗，吸干表面水迹，标准试验条件下架空放置24h，按（三）7（1）b进行试验。

六、建筑防水涂料用聚合物乳液

建筑防水涂料用聚合物乳液是指以聚合物单体为主要原料，以水为分散介质，通过聚合反应而成并在建筑防水涂料中起着主要成膜作用的一类聚合物乳液，此类产品现已发布了《建筑防水涂料用聚合物乳液》（JC/T 1017—2006）建材行业标准。

（一）技术要求

《建筑防水涂料用聚合物乳液》（JC/T 1017—2006）产品标准包括的产品不应对人体、生物与环境造成有害的影响，所涉及与使用有关的安全与环保要求，应符合我国相关国家标准和规范的规定。产品应符合表4-17规定的技术要求。

建筑防水涂料用聚合物乳液的技术要求（JC/T 1017—2006）　　表4-17

序号	试验项目	技术指标
1	容器中状态	均匀液体，无杂质、无沉淀、不分层
2	不挥发物含量/%	规定值±1
3	pH值	规定值±1
4	残余单体总和/%　≤	0.10
5	冻融稳定性(3次循环，-5℃)	无异常
6	钙离子稳定性(0.5% $CaCl_2$溶液,48h)	无分层、无沉淀、无絮凝
7	机械稳定性	不破乳、无明显絮凝物
8	贮存稳定性	无硬块、无絮凝、无明显分层和结皮
9	吸水率(24h)/%　≤	8.0
10	耐碱性(0.1% NaOH溶液,168h)	无起泡、溃烂

（二）试验方法

1　标准试验条件

标准试验条件：温度(23±2)℃。

2　试验设备

(1) 低温冰柜：(-30~0)℃，精度±2℃。

(2) 电热鼓风干燥箱：不小于200℃，精度±2℃。

(3) 厚度计：接触面直径6mm，单位面积压力0.02MPa，分度值0.01mm。

(4) 半导体温度计：量程(-30~30)℃，精度0.5℃。

(5) 天平：精度为0.001g。

3　试样处理

在试件制备前，试验试样及所用试验器具在标准条件下放置24h。

4 容器中状态

打开包装容器，观察有无分层。借助搅拌棒搅拌，观察有无沉淀，将混匀后的试样在清洁的玻璃板上用规格为120μm涂布器均匀涂成薄层后观察有无杂质。

5 不挥发物含量

按《合成树脂乳液试验方法》(GB/T 11175—2002) 中 5.2 规定进行。

6 pH 值

按《聚合物和共聚物水分散体 pH 值测定方法》(GB/T 8325) 规定进行。

7 残余单体总和

(1) 原理

试样稀释后，采用顶空进样技术，把配制好的试样注入到色谱柱中，经汽化使被测醋酸乙烯酯、丙烯腈、丙烯酸乙酯、甲基丙烯酸甲酯、苯乙烯、丙烯酸丁酯、丙烯酸异辛酯单体与其他组分分离，用氢火焰离子化检测器检测，采用内标法定量。

(2) 范围

本方法适用于各类合成树脂乳液中未反应残余单体（如醋酸乙烯酯、丙烯腈、丙烯酸乙酯、甲基丙烯酸甲酯、苯乙烯、丙烯酸丁酯、丙烯酸异辛酯）含量的测定，测量范围为 0.001%～1.00%，残余单体含量不在此范围的乳液试样经适当稀释和调整后按此方法测定。

(3) 试剂与材料

a. 除非另有规定，所用试剂均至少为分析纯；

b. 载气：高纯氮气，纯度≥99.999%；

c. 燃气：高纯氢气，纯度≥99.999%；

d. 助燃气：空气；

e. 丙酮；

f. 环丙基甲基酮 (CPMK)；

g. 蒸馏水〔《分析实验室用水规格和试验方法》(GB/T 6682) 三级水〕；

h. 醋酸乙烯酯 (VAC)；

i. 丙烯腈 (AN)；

j. 丙烯酸乙酯 (EA)；

k. 甲基丙烯酸甲酯 (MMA)；

l. 苯乙烯 (ST)；

m. 丙烯酸丁酯 (BA)；

n. 丙烯酸异辛酯 (2-EHA)。

(4) 仪器

a. 气相色谱仪：能满足分析要求并配有氢火焰离子化检测器的气相色谱仪。

b. 进样器：能满足分析要求的顶空进样装置。

c. 色谱柱：甲基聚硅氧烷（35%三氟丙基）毛细管柱 60m×0.23mm×1.5μm。

d. 分析天平：精度为 0.1mg。

e. 顶空瓶：容积为 20ml。

(5) 分析条件

本方法是以顶空进样器和毛细柱及 FID 检测器为基础的。任何型号的气相色谱仪、顶空进样器及性能相当或性能优越的能排除干扰峰的色谱柱均可使用，前提是一定要有足够的分离度和灵敏度。

以下分析条件仅供参考，可根据所用仪器和色谱柱及试样的实际情况另外选择最佳的色谱测试条件。

① 顶空条件

(a) 恒温箱温度：130℃。
(b) 定量管温度：150℃。
(c) 传送线温度：170℃。
(d) 试样平衡时间：10min。
(e) 瓶压平衡时间：0.20min。
(f) 定量管充满时间：0.11min。
(g) 定量管平衡时间：0.20min。
(h) 进样时间：1min。
(i) 定量管：2ml。
(j) 试样循环周期：38.0min。

② 色谱条件

(a) 初温 40℃，恒温 2min，以 10℃/min 升温速率升至 100℃，恒温 2min，再以 6℃/min 升温速率升至 200℃，保持 5min。
(b) 检测器温度：250℃。
(c) 进样器温度：225℃。
(d) 载气流速：2.6ml/min。
(e) 氢气流速：30ml/min。
(f) 空气流速：300ml/min。
(g) 分流比：10:1。

(6) 试验步骤

a. 仪器调整

按照（5）给出的色谱分析条件进行参考调整，使仪器达到最佳状态。

b. 校正因子测定

(a) 内标溶液

准确称取 0.05g（精确至 0.1mg）环丙基甲基酮（CPMK）于 50ml 容量瓶中，用水稀释，配成浓度为 0.1%（w/w）的溶液。

(b) 储液

A 液：分别称取醋酸乙烯酯、丙烯腈、丙烯酸乙酯、甲基丙烯酸甲酯、苯乙烯、丙烯酸丁酯、丙烯酸异辛酯试剂各 0.1g（精确至 0.1mg）于一个带有密封盖的 20ml 小瓶中，准确称取 10g 丙酮（精确至 0.1mg）加入瓶中混合均匀。此溶液各单体浓度约为 1.0%。

B 液：用丙酮将 A 液继续稀释成浓度约为 0.1%。

注：如果待测试试样含量低于测量范围，可将 B 液继续稀释至约 0.01%。

(c) 标准溶液

按约 1∶1（w/w）的比例准确称取内标溶液[(6) b (a)]和储液 B 液混合均匀。

注：此溶液制备后应在 2d 内使用。

(d) 取一滴（约 0.01g）内标溶液[(6) b (a)]于一顶空瓶中作空白，用以检查和调整仪器的状态是否处于正常。

(e) 取一滴（约 0.01g）标准溶液[(6) b (c)]于一顶空瓶中，用盖封好，待仪器稳定后按照（5）给出的分析条件操作，记录色谱图（图 4-14），用式（4-32）计算各单体的相对响应因子：

$$F_i = (W_i \times A_i)/(W_s \times A_i) \tag{4-32}$$

式中 F_i——某种残余单体的相对响应因子；

W_i——标准溶液中 B 液所含相应单体的质量，单位为克（g）；

W_s——标准溶液中内标溶液所含内标物的质量，单位为克（g）；

A_i——相应单体的单位峰面积；

A_s——内标的单位峰面积。

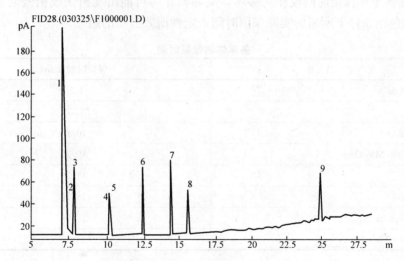

图 4-14 乳液中各残余单体色谱分离图

1—丙酮；2—醋酸乙烯酯；3—丙烯腈；4—丙烯酸乙酯；5—甲基丙烯酸甲酯；
6—环丙基甲基酮；7—苯乙烯；8—丙烯酸丁酯；9—丙烯酸异辛酯

c. 试样测定

(a) 如果试样中的单体组分是未知的，首先要按照（5）的分析条件进行定性，记录色谱图，用相对保留时间来鉴别单体的存在。

(b) 准确称取乳液试样和内标溶液按 1∶1 充分混匀，然后取一滴混合液加入一顶空瓶中用盖封好，注入色谱柱中，按照（二）7（5）给出的分析条件进行测试，记录色谱图，按式（4-33）计算乳液中残余单位的含量：

$$M_i = [(W_s \times A_{in})F_i/(W_a \times A_s)] \times 100 \tag{4-33}$$

式中 M_i——乳液试样中一种残余单体的质量百分数；

F_i——相应单体的相对响应因子;
W_a——乳液试样的质量,g;
W_s——内标溶液中所含内标物的质量,g;
A_{in}——乳液试样中相应单体的单位峰面积;
A_s——内标的单位峰面积。

④ 结果计算

(a) 按式(4-34)计算乳液中残余单体含量的总和:

$$M_{总}=M_{VAC}+M_{AN}+M_{EA}+M_{MMA}+M_{ST}+M_{BA}+M_{2\text{-}EHA} \tag{4-34}$$

(b) 按式(4-35)计算乳液中不挥发物为50%时残余单体含量的总和:

$$M=50\%\times M_{总}/NV \tag{4-35}$$

式中 M——乳液中不挥发物为50%时残余单体含量总和的质量百分数;
$M_{总}$——乳液中残余单体含量总和的质量百分数;
NV——乳液中不挥发物的质量百分数。

(7) 各单体出峰顺序及保留时间

表4-18各单体保留时间仅作为参考,实际操作时可能出现稍快或稍慢的现象,可根据色谱柱和色谱条件下所用的实际保留时间来定性所要分析的组分。

各单体的保留时间　　　　表4-18

单 体 名 称	保留时间(min)
醋酸乙烯酯(VAC)	7.56
丙烯腈(AN)	7.89
丙烯酸乙酯(EA)	10.21
甲基丙烯酸甲酯(MMA)	10.37
苯乙烯(ST)	14.56
丙烯酸丁酯(BA)	15.75
丙烯酸异辛酯(2-EHA)	24.99
环丙基甲基酮(CPMK)	12.57

8 冻融稳定性

按《合成树脂乳液试验方法》(GB/T 11175—2002)中5.5的规定进行。其试验循环为三次,试验温度为-5℃。

9 钙离子稳定性

在小烧杯中加入30ml乳液,然后加入质量分数为0.5% $CaCl_2$ 溶液6ml,搅匀后置于50ml带盖的广口瓶中,48h后观察有无分层、沉淀、絮凝等现象。可用规格为120μm涂布器将试样均匀地涂在玻璃板上观察有无絮凝物的存在。

10 机械稳定性

用直径约100mm、高度约180mm,容积约为1000ml的容器中称入(400±0.5)g已用孔径为0.177mm的滤网过滤的乳液,将其放在高速分散机座上,用夹子固定,开动分散机,调速达2500转/min,分散30min,再过滤,并用自来水将容器内壁上的残留物冲至滤网中,用自来水冲洗滤网,观察乳液是否破乳及有无明显的絮凝物。分散机的搅拌头为盘齿形，直径约 40mm。

11　贮存稳定性

将约 0.5l 的试样装入合适的塑料或玻璃容器中，瓶内留有 10% 的空间，密封后放入 (50±2)℃ 恒温干燥箱中，14d 后取出在 (23±2)℃ 下放置 3h，打开容器，观察有无分层、结皮、硬块及絮凝现象。可用规格为 120μm 涂布器将试样均匀地涂在玻璃板上后，观察有无絮凝物的存在。

12　吸水率

(1) 胶膜的制备

将乳液通过孔径为 0.177mm 筛网后，注入到内尺寸为 145mm×145mm×5mm 硅橡胶试模中。一次涂覆成 (1±0.2)mm（干膜厚度）。将该盛有乳液的试模放置于水平架上，在温度 (23±2)℃、相对湿度 (50±2)% 的条件下养护 168h 后脱模。制膜时根据乳液的黏度，可在乳液中加入适量水搅匀后再倒入试模，以提高流动性。

(2) 试验步骤

从制备的胶膜中切下三条 20mm×15mm 试件，并称量（W_0），精确至 0.001g。将三条试件浸入处于标准条件下的水中，水面应高出试件至少 10mm，浸泡 24h。然后将试件从水中取出，用滤纸吸去表面附着水，立即称量（W_1），精确至 0.001g。

(3) 试验结果计算

试验结果按式 (4-36) 计算：

$$P=\frac{W_1-W_0}{W_0}\times 100\% \tag{4-36}$$

式中　P——试件吸水率，单位为百分数（%）；

W_1——试件吸水后质量，单位为克（g）；

W_0——试件吸水前质量，单位为克（g）。

每个试件的测定值计算精确至 1%，试验结果取三个试件的平均值。

13　耐碱性

从按（二）12 (1) 条制成的胶膜中，切下三条 20mm×15mm 试件。将三条试件浸入处于标准条件下的 0.1% NaOH 溶液中，液面应高出试件至少 10mm，浸泡 168h 后，取出观察有无起泡或溃烂。

第五章 建筑防水密封材料

第一节 概 述

建筑防水密封材料是指能够承受接缝位移以达到气密、水密目的而嵌入建筑接缝中的一类材料。广义上的密封材料还包括嵌缝膏，嵌缝膏是指由油脂、合成树脂等与矿物填充材料混合制成的，表面形成硬化膜而内部硬化缓慢的一类密封材料。

建筑防水密封材料品种繁多，组成复杂，性状各异，故有多种不同的分类方法。

密封材料按形态可分为密封胶和预制密封材料两大类。密封胶又称密封膏，是以非成型状态嵌入接缝中，通过与接缝表面粘结而密封的一类材料；预制密封材料是指预先成型的，具有一定形状和尺寸的一类密封材料。

建筑防水密封胶按其固化机理的不同，可以分为溶剂型密封胶、乳液型密封胶、化学固化型密封胶。溶剂型密封胶是指主要通过溶剂挥发而固化的密封胶，乳液型密封胶是指主要通过水分挥发而固化的密封胶，化学固化型密封胶是指主要通过化学反应而固化的密封胶。

建筑防水密封胶按其结构粘结作用，可分为结构型密封胶（如硅酮结构密封胶）和非结构型密封胶。

建筑防水密封胶按其基料的不同，可细分为硅酮密封胶、聚硫密封胶、聚氨酯密封胶、丙烯酸酯密封胶、丁基橡胶密封胶、氯丁橡胶密封胶、丁苯橡胶密封胶、氯磺化聚乙烯密封胶、聚氯乙烯接缝材料、沥青嵌缝油膏、蓖麻油油膏、油灰等。

建筑防水密封胶如按其产品的用途可分为混凝土建筑接缝用密封胶、幕墙玻璃接缝用密封胶、石材用建筑密封胶、彩色涂层钢板用建筑密封胶、建筑用防霉密封胶、中空玻璃用弹性密封胶、建筑窗用弹性密封剂、建筑门窗用油灰等。

建筑防水密封胶如按其所用材料的不同可分为沥青及高聚物改性沥青基建筑防水密封材料和合成高分子建筑防水密封材料。

建筑防水密封材料按其材性可分为弹性和塑性两大类，弹性密封材料是嵌入接缝后，呈现明显弹性，当接缝位移时，在密封材料中引起的残余应力几乎与应变量成正比的密封材料，塑性密封材料是嵌入接缝后，呈现明显塑性，当接缝位移时，在密封材料中引起的残余应力迅速消失的密封材料。

建筑防水密封材料还可按其流动性分为自流平型密封材料和非下垂型密封材料；按其施工期可分为全年用、夏季用以及冬季用等三类；按其组分及包装形式，使用方法可分为单组分密封材料、多组分密封材料以及加热型密封材料（热熔型密封胶）。

第二节 密封材料的基本试验方法

本节所介绍的建筑密封材料试验方法是以《建筑密封材料试验方法》(GB/T 13477—2002)国家标准为依据的。

本节一至二十介绍了 GB/T 13477.1—2002～GB/T 13477.20—2002 版建筑密封材料的试验方法。本节二十一采用附录的形式介绍了 GB/T 13477—92 版建筑密封材料的试验方法,可供读者参考。

《建筑密封材料试验方法》(GB/T 13477)标准层次与本节结构层次的对应关系参见表 5-1。

《建筑密封材料试验方法》标准层次与本节结构层次的对应关系表　　表 5-1

标准层次	本节结构层次	标准层次	本节结构层次	标准层次	本节结构层次
GB/T 13477.1—2002	一、	5.2	二、(二)2	7	三、(四)
1	—	6	二、(三)	7.1	三、(四)1
2	一、(一)	6.1	二、(三)1	7.1.1	三、(四)1(1)
3	—	6.2	二、(三)2	7.1.2	三、(四)1(2)
4	一、(二)	6.3	二、(三)3	7.1.3	三、(四)1(3)
4.1	一、(二)1	6.4	二、(三)4	7.1.4	三、(四)1(4)
4.1.1	一、(二)1(1)	7	二、(四)	7.2	三、(四)2
4.1.2	一、(二)1(2)	7.1	二、(四)1	7.3	三、(四)3
4.1.3	一、(二)1(3)	7.2	二、(四)2	7.3.1	三、(四)3(1)
4.1.3.1	一、(二)1(3)a	7.3	二、(四)3	7.3.2	三、(四)3(2)
4.1.3.2	一、(二)1(3)b	8	二、(五)	8	三、(五)
4.1.3.3	一、(二)1(3)c	9	二、(六)		
4.1.3.4	一、(二)1(3)d			GB/T 13477.4—2002	四、
4.2	一、(二)2	GB/T 13477.3—2002	三、	1	—
4.3	一、(二)3	1	—	2	—
4.3.1	一、(二)3(1)	2	—	3	—
4.3.2	一、(二)3(2)	3	—	4	四、(一)
4.3.3	一、(二)3(3)	4	三、(一)	5	四、(二)
		5	三、(二)	5.1	四、(二)1
GB/T 13477.2—2002	二、	6	三、(三)	5.2	四、(二)2
1	—	6.1	三、(三)1	5.3	四、(二)3
2	—	6.2	三、(三)2	5.4	四、(二)4
3	—	6.3	三、(三)3	5.5	四、(二)5
4	二、(一)	6.4	三、(三)4	5.6	四、(二)6
5	二、(二)	6.5	三、(三)5	6	四、(三)
5.1	二、(二)1	6.6	三、(三)6	7	四、(四)

续表

标准层次	本节结构层次	标准层次	本节结构层次	标准层次	本节结构层次
7.1	四、(四)1	5.5	六、(二)5	GB/T 13477.8—2002	八、
7.2	四、(四)2	5.6	六、(二)6	1	—
7.3	四、(四)3	6	六、(三)	2	—
8	四、(五)	6.1	六、(三)1	3	—
9	四、(六)	6.1.1	六、(三)1(1)	4	八、(一)
		6.1.2	六、(三)1(2)	5	八、(二)
GB/T 13477.5—2002	五、	6.1.2.1	六、(三)1(2)a	6	八、(三)
1	—	6.1.2.2	六、(三)1(2)b	6.1	八、(三)1
2	—	6.1.3	六、(三)1(3)	6.2	八、(三)2
3	—	6.2	六、(三)2	6.3	八、(三)3
4	五、(一)	6.2.1	六、(三)2(1)	6.4	八、(三)4
5	五、(二)	6.2.2	六、(三)2(2)	6.5	八、(三)5
6	五、(三)	7	六、(四)	6.6	八、(三)6
6.1	五、(三)1			6.7	八、(三)7
6.2	五、(三)2	GB/T 13477.7—2002	七、	7	八、(四)
6.3	五、(三)3	1	—	8	八、(五)
6.4	五、(三)4	2	—	8.1	八、(五)1
6.5	五、(三)5	3	—	8.2	八、(五)2
6.6	五、(三)6	4	七、(一)	8.3	八、(五)3
7	五、(四)	5	七、(二)	9	八、(六)
8	五、(五)	6	七、(三)	10	八、(七)
8.1	五、(五)1	6.1	七、(三)1	10.1	八、(七)1
8.2	五、(五)2	6.2	七、(三)2	10.2	八、(七)2
8.3	五、(五)3	6.3	七、(三)3	11	八、(八)
9	五、(六)	6.4	七、(三)4		
		6.5	七、(三)5	GB/T 13477.9—2002	九、
GB/T 13477.6—2002	六、	6.6	七、(三)6	1	—
1	—	7	七、(四)	2	—
2	—	7.1	七、(四)1	3	—
3	—	7.2	七、(四)2	4	九、(一)
4	六、(一)	7.3	七、(四)3	5	九、(二)
5	六、(二)	8	七、(五)	6	九、(三)
5.1	六、(二)1	8.1	七、(五)1	6.1	九、(三)1
5.2	六、(二)2	8.2	七、(五)2	6.2	九、(三)2
5.3	六、(二)3	9	七、(六)	6.3	九、(三)3
5.4	六、(二)4	10	七、(七)	6.4	九、(三)4

续表

标准层次	本节结构层次	标准层次	本节结构层次	标准层次	本节结构层次
6.5	九、(三)5	10	十、(七)	6.4	十二、(三)4
6.6	九、(三)6			6.5	十二、(三)5
7	九、(四)	GB/T 13477.11—2002	十一、	6.6	十二、(三)6
8	九、(五)	1	—	7	十二、(四)
8.1	九、(五)1	2	—	8	十二、(五)
8.2	九、(五)2	3	—	9	十二、(六)
9	九、(六)	4	十一、(一)	10	十二、(七)
9.1	九、(六)1	5	十一、(二)		
9.2	九、(六)2	6	十一、(三)	GB/T 13477.13—2002	十三、
10	九、(七)	6.1	十一、(三)1	1	—
10.1	九、(七)1	6.2	十一、(三)2	2	—
10.2	九、(七)2	6.3	十一、(三)3	3	—
11	九、(八)	6.4	十一、(三)4	4	十三、(一)
		6.5	十一、(三)5	5	十三、(二)
GB/T 13477.10—2002	十、	6.6	十一、(三)6	6	十三、(三)
1	—	6.7	十一、(三)7	6.1	十三、(三)1
2	—	6.8	十一、(三)8	6.2	十三、(三)2
3	—	7	十一、(四)	6.3	十三、(三)3
4	十、(一)	8	十一、(五)	6.4	十三、(三)4
5	十、(二)	8.1	十一、(五)1	6.5	十三、(三)5
6	十、(三)	8.2	十一、(五)2	6.6	十三、(三)6
6.1	十、(三)1	9	十一、(六)	6.7	十三、(三)7
6.2	十、(三)2	9.1	十一、(六)1	6.8	十三、(三)8
6.3	十、(三)3	9.2	十一、(六)2	7	十三、(四)
6.4	十、(三)4	10	十一、(七)	8	十三、(五)
6.5	十、(三)5			8.1	十三、(五)1
6.6	十、(三)6	GB/T 13477.12—2002	十二、	8.2	十三、(五)2
6.7	十、(三)7	1	—	9	十三、(六)
6.8	十、(三)8	2	—	10	十三、(七)
6.9	十、(三)9	3	—		
7	十、(四)	4	十二、(一)	GB/T 13477.14—2002	十四、
8	十、(五)	5	十二、(二)	1	—
8.1	十、(五)1	6	十二、(三)	2	—
8.2	十、(五)2	6.1	十二、(三)1	3	—
8.3	十、(五)3	6.2	十二、(三)2	4	十四、(一)
9	十、(六)	6.3	十二、(三)3	5	十四、(二)

续表

标准层次	本节结构层次	标准层次	本节结构层次	标准层次	本节结构层次
6	十四、(三)	6.10	十五、(三)10	2	—
6.1	十四、(三)1	6.11	十五、(三)11	3	—
6.2	十四、(三)2	7	十五、(四)	4	十七、(一)
6.3	十四、(三)3	8	十五、(五)	5	十七、(二)
6.4	十四、(三)4	8.1	十五、(五)1	6	十七、(三)
6.5	十四、(三)5	8.2	十五、(五)2	6.1	十七、(三)1
6.6	十四、(三)6	9	十五、(六)	6.2	十七、(三)2
6.7	十四、(三)7	9.1	十五、(六)1	6.3	十七、(三)3
6.8	十四、(三)8	9.2	十五、(六)2	6.4	十七、(三)4
7	十四、(四)	9.2.1	十五、(六)2(1)	6.5	十七、(三)5
8	十四、(五)	9.2.2	十五、(六)2(2)	6.6	十七、(三)6
8.1	十四、(五)1	9.3	十五、(六)3	6.7	十七、(三)7
8.2	十四、(五)2	10	十五、(七)	6.8	十七、(三)8
9	十四、(六)			6.9	十七、(三)9
9.1	十四、(六)1	GB/T 13477.16—2002	十六、	7	十七、(四)
9.2	十四、(六)2	1	—	8	十七、(五)
9.3	十四、(六)3	2	—	8.1	十七、(五)1
9.4	十四、(六)4	3	—	8.2	十七、(五)2
10	十四、(七)	4	十六、(一)	9	十七、(六)
		5	十六、(二)	10	十七、(七)
GB/T 13477.15—2002	十五、	5.1	十六、(二)1	11	十七、(八)
1	—	5.2	十六、(二)2		
2	—	5.3	十六、(二)3	GB/T 13477.18—2002	十八、
3	—	5.4	十六、(二)4	1	—
4	十五、(一)	5.5	十六、(二)5	2	—
5	十五、(二)	5.6	十六、(二)6	3	—
6	十五、(三)	6	十六、(三)	4	十八、(一)
6.1	十五、(三)1	7	十六、(四)	5	十八、(二)
6.2	十五、(三)2	7.1	十六、(四)1	6	十八、(三)
6.3	十五、(三)3	7.2	十六、(四)2	6.1	十八、(三)1
6.4	十五、(三)4	7.3	十六、(四)3	6.2	十八、(三)2
6.5	十五、(三)5	8	十六、(五)	6.3	十八、(三)3
6.6	十五、(三)6	9	十六、(六)	6.4	十八、(三)4
6.7	十五、(三)7			6.5	十八、(三)5
6.8	十五、(三)8	GB/T 13477.17—2002	十七、	6.6	十八、(三)6
6.9	十五、(三)9	1	—	6.7	十八、(三)7

续表

标准层次	本节结构层次	标准层次	本节结构层次	标准层次	本节结构层次
6.8	十八、(三)8	6.2	十九、(三)2	8.1	二十、(五)1
6.9	十八、(三)9	6.3	十九、(三)3	8.1.1	二十、(五)1(1)
6.10	十八、(三)10	7	十九、(四)	8.1.2	二十、(五)1(2)
6.11	十八、(三)11	8	十九、(五)	8.1.3	二十、(五)1(3)
6.12	十八、(三)12	8.1	十九、(五)1	8.2	二十、(五)2
7	十八、(四)	8.2	十九、(五)2	8.2.1	二十、(五)2(1)
7.1	十八、(四)1	9	十九、(六)	8.2.2	二十、(五)2(2)
7.2	十八、(四)2			8.2.3	二十、(五)2(3)
7.3	十八、(四)3	GB/T 13477.20—2002	二十、	8.2.4	二十、(五)2(4)
7.4	十八、(四)4	1	—	8.2.5	二十、(五)2(5)
7.5	十八、(四)5	2	—	8.2.6	二十、(五)2(6)
7.6	十八、(四)6	3	—	9	二十、(六)
7.7	十八、(四)7	4	二十、(一)	9.1	二十、(六)1
7.8	十八、(四)8	4.1	二十、(一)1	9.2	二十、(六)2
7.9	十八、(四)9	4.2	二十、(一)2		
8	十八、(五)	5	二十、(二)	GB/T 13477—92	二十一、
8.1	十八、(五)1	6	二十、(三)	1	二十一、(一)
8.2	十八、(五)2	6.1	二十、(三)1	2	二十一、(二)
9	十八、(六)	6.2	二十、(三)2	3	二十一、(三)
		6.3	二十、(三)3	3.1	二十一、(三)1
GB/T 13477.19—2002	十九、	6.4	二十、(三)4	3.1.1	二十一、(三)1(1)
1	—	6.5	二十、(三)5	3.1.2	二十一、(三)1(2)
2	—	6.6	二十、(三)6	3.1.3	二十一、(三)1(3)
3	—	6.7	二十、(三)7	3.1.4	二十一、(三)1(4)
4	十九、(一)	6.8	二十、(三)8	3.2	二十一、(三)2
5	十九、(二)	6.9	二十、(三)9	3.2.1	二十一、(三)2(1)
5.1	十九、(二)1	6.10	二十、(三)10	3.2.2	二十一、(三)2(2)
5.2	十九、(二)2	6.11	二十、(三)11	3.3	二十一、(三)3
5.3	十九、(二)3	6.12	二十、(三)12	3.4	二十一、(三)4
5.4	十九、(二)4	7	二十、(四)	4	二十一、(四)
5.5	十九、(二)5	7.1	二十、(四)1	4.1	二十一、(四)1
5.6	十九、(二)6	7.1.1	二十、(四)1(1)	4.1.1	二十一、(四)1(1)
5.7	十九、(二)7	7.1.2	二十、(四)1(2)	4.1.2	二十一、(四)1(2)
5.8	十九、(二)8	7.1.3	二十、(四)1(3)	4.1.3	二十一、(四)1(3)
6	十九、(三)	7.2	二十、(四)2	4.1.4	二十一、(四)1(4)
6.1	十九、(三)1	8	二十、(五)	4.1.5	二十一、(四)1(5)

续表

标准层次	本节结构层次	标准层次	本节结构层次	标准层次	本节结构层次
4.2	二十一、(四)2	9.1.3	二十一、(九)1(3)	12.1.3	二十一、(十二)1(3)
4.2.1	二十一、(四)2(1)	9.1.4	二十一、(九)1(4)	12.1.4	二十一、(十二)1(4)
4.2.2	二十一、(四)2(2)	9.1.5	二十一、(九)1(5)	12.1.5	二十一、(十二)1(5)
4.3	二十一、(四)3	9.1.6	二十一、(九)1(6)	12.1.6	二十一、(十二)1(6)
5	二十一、(五)	9.1.7	二十一、(九)1(7)	12.1.7	二十一、(十二)1(7)
5.1	二十一、(五)1	9.2	二十一、(九)2	12.1.8	二十一、(十二)1(8)
5.1.1	二十一、(五)1(1)	9.3	二十一、(九)3	12.1.9	二十一、(十二)1(9)
5.1.2	二十一、(五)1(2)	9.3.1	二十一、(九)3(1)	12.1.10	二十一、(十二)1(10)
5.1.3	二十一、(五)1(3)	9.3.2	二十一、(九)3(2)	12.1.11	二十一、(十二)1(11)
5.1.4	二十一、(五)1(4)	9.4	二十一、(九)4	12.2	二十一、(十二)2
5.1.5	二十一、(五)1(5)	9.5	二十一、(九)5	12.2.1	二十一、(十二)2(1)
5.2	二十一、(五)2	9.6	二十一、(九)6	12.2.2	二十一、(十二)2(2)
5.3	二十一、(五)3	10	二十一、(十)	12.2.3	二十一、(十二)2(3)
5.4	二十一、(五)4	10.1	二十一、(十)1	12.2.4	二十一、(十二)2(4)
6	二十一、(六)	10.2	二十一、(十)2	12.2.5	二十一、(十二)2(5)
6.1	二十一、(六)1	10.3	二十一、(十)3	12.2.6	二十一、(十二)2(6)
6.2	二十一、(六)2	10.4	二十一、(十)4	12.2.7	二十一、(十二)2(7)
6.3	二十一、(六)3	10.5	二十一、(十)5	12.2.8	二十一、(十二)2(8)
6.4	二十一、(六)4	11	二十一、(十一)	12.3	二十一、(十二)3
7	二十一、(七)	11.1	二十一、(十一)1	12.3.1	二十一、(十二)3(1)
7.1	二十一、(七)1	11.1.1	二十一、(十一)1(1)	12.3.2	二十一、(十二)3(2)
7.1.1	二十一、(七)1(1)	11.1.2	二十一、(十一)1(2)	12.4	二十一、(十二)4
7.1.2	二十一、(七)1(2)	11.1.3	二十一、(十一)1(3)	13	二十一、(十三)
7.1.3	二十一、(七)1(3)	11.1.4	二十一、(十一)1(4)	13.1	二十一、(十三)1
7.1.4	二十一、(七)1(4)	11.1.5	二十一、(十一)1(5)	13.1.1	二十一、(十三)1(1)
7.1.5	二十一、(七)1(5)	11.1.6	二十一、(十一)1(6)	13.1.2	二十一、(十三)1(2)
7.2	二十一、(七)2	11.1.7	二十一、(十一)1(7)	13.1.3	二十一、(十三)1(3)
7.3	二十一、(七)3	11.1.8	二十一、(十一)1(8)	13.1.4	二十一、(十三)1(4)
7.4	二十一、(七)4	11.1.9	二十一、(十一)1(9)	13.1.5	二十一、(十三)1(5)
8	二十一、(八)	11.2	二十一、(十一)2	13.1.6	二十一、(十三)1(6)
8.1	二十一、(八)1	11.3	二十一、(十一)3	13.2	二十一、(十三)2
8.2	二十一、(八)2	11.4	二十一、(十一)4	13.3	二十一、(十三)3
8.3	二十一、(八)3	11.5	二十一、(十一)5	13.3.1	二十一、(十三)3(1)
8.4	二十一、(八)4	11.6	二十一、(十一)6	13.3.2	二十一、(十三)3(2)
9	二十一、(九)	12	二十一、(十二)	13.3.3	二十一、(十三)3(3)
9.1	二十一、(九)1	12.1	二十一、(十二)1	13.3.4	二十一、(十三)3(4)
9.1.1	二十一、(九)1(1)	12.1.1	二十一、(十二)1(1)	13.3.5	二十一、(十三)3(5)
9.1.2	二十一、(九)1(2)	12.1.2	二十一、(十二)1(2)	13.4	二十一、(十三)4

一、试验基材的规定（GB/T 13477.1—2002）

GB/T 13477 的本部分规定了用于测试密封材料的砂浆、玻璃和阳极氧化铝基材制作程序。

这些要求的目的是通过规定试验基材的组成和制备方法获得对密封材料标准测试的再现性。

本标准所规定的基材是测试密封材料性能使用的，不是工程用基材的复制品。

（一）规范性引用文件

下列文件中的条款通过 GB/T 13477 的本部分的引用而成为本部分的条款。凡是注日期的引用文件，其随后所有的修改单（不包括勘误的内容）或修订版均不适用于本部分，然而，鼓励根据本部分达成协议的各方研究是否可使用这些文件的最新版本。凡是不注日期的引用文件，其最新版本适用于本部分。

《硅酸盐水泥 普通硅酸盐水泥》（GB 175）

《水泥胶砂流动度测试方法》（GB/T 2419）

《变形铝及铝合金化学成分》（GB/T 3190—1996）

《铝及铝合金阳极氧化 阳极氧化膜的总规范》（GB/T 8013—1987）（idt ISO 7599：1983）

《铝及铝合金阳极氧化 阳极氧化膜封闭后吸附能力的损失评定 酸处理后的染色斑点试验》（GB/T 8753）（GB/T 8753—1988，idt ISO 2143：1981）

《浮法玻璃》（GB 11614）

《建筑密封材料术语》（GB/T 14682）

《水泥胶砂强度试验方法（ISO 法）》（GB/T 17671—1999）（idt ISO 679：1989）

（二）试验基材

1 水泥砂浆基材

（1）基材尺寸：75mm×25mm×12mm。

注：水泥砂浆基材的制备直接受基材几何形状的影响。

（2）原材料：

a）水泥：质量符合《硅酸盐水泥 普通硅酸盐水泥》（GB 175）的规定，强度等级 42.5。

b）砂子：质量符合《水泥胶砂强度试验方法》（GB/T 17671—1999）中 5.1 的规定。

c）水：蒸馏水。

（3）基材的制备

a. 一般规定

水泥砂浆基材表面应具有足够的内聚强度，以承受密封材料试验过程中产生的应力。与密封材料粘结的表面应无浮浆、无松动砂粒和脱模剂。用方法 M1［见（二）1（3）c］可制成表面光滑的基材，用方法 M2［见（二）1（3）d］可制成表面粗糙的基材。

b. 砂浆的混合

砂浆的配合比（质量比）为水泥∶砂∶水＝1∶2∶0.4，用《水泥胶砂强度试验方法》

(GB/T 17671—1999) 中 4.2.3 规定的搅拌机，按该标准 6.3 所述方法混合砂浆。

c. 制备方法 M1

将砂浆在 2min 内分两层填入模具，每层以约 3kHz 的频率振实，然后用刮刀修平表面。

在（20±1）℃和（90±5）％相对湿度的环境中养护基材。

24h 后拆模，将基材在（20±1）℃的水中放置 28d，然后湿磨砂浆基材的表面，或用金刚石锯片注水锯切。取出干燥至恒重后备用。

用此法制备的水泥砂浆基材的表面应光滑平整，允许有少量小孔。

d. 制备方法 M2

将砂浆一次填满模具，并使砂浆少许富余，按《水泥胶砂流动度测定方法》（GB/T 2419—1994）的规定用跳桌振动砂浆（30 次），在（20±1）℃和（90±5）％相对湿度下放置。装模 2～3h 后修饰砂浆，除去浮沫并用刮刀修平，在（20±1）℃和（90±5）％相对湿度下养护。

成型约 20h 后，用金属丝刷沿长度方向反复用力刷基材表面，直至砂粒暴露，然后拆模并将基材放入（20±1）℃水中养护 28d，取出干燥至恒重后备用。

用此法制备的水泥砂浆基材的表面应是粗糙的，不允许有任何孔洞。

2 玻璃基材

从公称厚度（6.0±0.1）mm、透射率 0.85 的清洁浮法玻璃板上制取基材，玻璃板的质量应符合《浮法玻璃》（GB 11614）的规定。如果在试验标准中光的照射不作为影响因素的话，则其公称厚度可较大，如 8mm。

对于高模量密封材料，应提供足够增强的平板玻璃基材。

3 阳极氧化铝基材

(1) 基材尺寸：75mm×12mm×5mm。

(2) 板材：化学成分应符合《变形铝及铝合金化学成分》（GB/T 3190—1996）表 1 中 6060＃或 6063＃的规定。供应状态为 T5 或 T6。

(3) 阳极氧化处理：按《铝及铝合金阳极氧化 阳极氧化膜的总规范》（GB/T 8013—1987）进行阳极氧化处理，并符合以下要求：

a) 五色阳极氧化铝；

b) 阳极氧化膜厚度为 AA 15 或 AA 20 级；

c) 按《铝及铝合金阳极氧化 阳极氧化膜封闭后吸附能力的损失评定 酸处理后的染色斑点试验》（GB/T 8753）的规定，氧化膜吸附能力的损失为：染色强度不大于 2；

d) 氧化膜封闭质量按《铝及铝合金阳极氧化 阳极氧化膜的总规范》（GB/T 8013—1987）中 7.2.1 检查。

二、密度的测定（GB/T 13477.2—2002）

GB/T 13477 的本部分规定了建筑密封材料密度的测定方法。

本部分适用于测定非定形密封材料的密度。

(一) 原理

在已知容积的金属环内填充等体积的试样，测量试样的质量。以试样的质量和体积计算试样的密度。

(二) 一般规定

1 标准试验条件

试验室标准试验条件为：温度（23±2）℃、相对湿度（50±5）%。

2 状态调整

试验前，待测样品及所用器具应在标准条件下放置至少 24h。

(三) 试验器具

1 金属环：如图 5-1 所示，用黄铜或不锈钢制成。高 12mm，内径 65mm，厚 2mm。环的上表面和下表面要平整光滑，与上板和下板密封良好。

2 上板和下板：用玻璃板，表面平整，与金属环密封良好。上板上有 V 形缺口，上板厚度为 2mm，下板为 3mm，尺寸均为 85mm×85mm。

3 滴定管：容量 50ml。

4 天平：感量 0.1g。

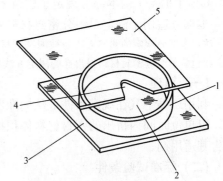

图 5-1 密度试验器具
1—铜环；2—填充试料；3—下板；
4—缺口；5—上板

(四) 试验步骤

1 金属环容积的标定

将环置于下板中部，与下板密切接合，为防止滴定时漏水，可用密封材料等密封下板与环的接缝处，用滴定管往金属环中滴注约 23℃ 的水，即将满盈时盖上上板，继续滴注水，直至环内气泡消除。从滴定管的读数差求取金属环的容积 V（ml）。

2 质量的测定

把金属环置于下板中部，测定其质量 m_0。在环内填充试样，将试样在环和下板上填嵌密实，不得有空隙，一直填充到金属环的上部，然后用刮刀沿环上部刮平，测定质量 m_1。

3 试样体积的校正

对试样表面出现凹陷的试件应采取以下步骤进行体积校正：

将上板小心盖在填有试样的环上，上板的缺口对准试样凹陷处，用滴定管往试样表面的凹陷处滴注水，直至环内气泡全部消除，从滴定管的读数差求取试样表面凹陷处的容积 V_c（ml）。

(五) 试验结果计算

密度按式 (5-1) 计算，取三个试件的平均值：

$$\rho = \frac{m_1 - m_0}{V - V_c} \tag{5-1}$$

式中　ρ——密度，单位为克每立方厘米（g/cm³）；

　　　V——金属环的容积，单位为立方厘米或毫升（cm³ 或 ml）；

　　　m_0——下板和金属环的质量，单位为克（g）；

　　　m_1——下板、金属环及试样的质量，单位为克（g）；

V_c——试样凹陷处的容积,单位为立方厘米或毫升(cm^3或ml)。

(六) 试验报告

试验报告应写明下述内容:

a) 采用 GB/T 13477(见表 5-1)的本部分;

b) 样品的名称、类型和批号;

c) 密度,精确至 $0.01g/cm^3$。

三、使用标准器具测定密封材料挤出性的方法(GB/T 13477.3—2002)

GB/T 13477 的本部分规定了建筑密封材料挤出性和适用期的测定方法。

本部分适用于测定单组分密封材料的挤出性及多组分密封材料的适用期。

注:本部分规定的测定方法与被测密封材料的供货包装形式和将其用于建筑接缝时的包装形式无关。原包装单组分密封材料挤出性的测定方法见 GB/T 13477.4(参见表 5-1)。

(一) 原理

利用压缩空气在规定条件下从标准器具中挤出规定体积的密封材料。对单组分密封材料,以单位时间内挤出的密封材料体积报告其挤出性;对多组分密封材料,以绘图的方法报告其适用期。

(二) 标准试验条件

试验室标准试验条件为:温度(23 ± 2)℃、相对湿度(50 ± 5)%。

(三) 试验器具

1. 挤出器:挤出器的试验体积约为 250ml 或 400ml(图 5-2 和图 5-3),根据有关产品标准的规定或各方的商定选用喷口,喷口挤出孔直径为 2mm、4mm、6mm 或 10mm,采用气动进行操作。

2. 空气压缩机:配有阀门和压力表,以便将压缩空气源的压力保持在(200 ± 2.5)kPa;配有与挤出器适当连接的装置。

3. 恒温箱:温度可调节至(5 ± 2)℃。

4. 玻璃量筒:容积为 1000ml。

5. 秒表:精度为 0.1s。

6. 天平:感量 0.1g。

(四) 试验步骤

1. 一般规定

(1) 根据相关产品标准的规定或各方的商定选择挤出筒的体积和挤出孔的直径。

(2) 在不同温度下测试处理过的试样时,应使用相同体积的挤出筒和相同直径的挤出孔。

(3) 将待测试样和所用器具在标准试验条件和/(或)(5 ± 2)℃的温度下至少放置 8h。

(4) 挤出试验应在标准试验条件下进行。

2. 单组分密封材料挤出性的测定

将图 5-3 中所示活塞和活塞环装在一起,放入挤出筒中,活塞环的一侧朝向挤出孔。将试样填入挤出筒中,注意勿混入空气,将填满的试样表面修平,然后将前盖、滑板、孔板及后盖装在挤出筒上。

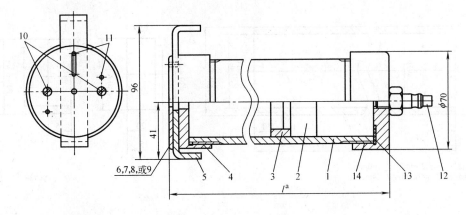

^a 当试样量为250ml时，$l=182$；当试样量为400ml时，$l=262$。

零件序号	零件名称	数量	备注
1	挤出筒	1	
2	活塞	1	
3	活塞环	1	
4	前盖	1	
5	滑板	1	
6	孔板	1	$d=2$
7	孔板	1	$d=4$
8	孔板	1	$d=6$
9	孔板	1	$d=10$
10	螺钉	2	GB 68 精度4.8级
11	销	3	GB 119.1
12	插入式管接头	1	GB/T 7307 G 3/8
13	垫圈	1	$\phi60/\phi35$ 材料：氯丁橡胶
14	后盖	1	

图5-2 标准挤出器

使滑板处于关闭状态，将组装好的挤出器与空压机相连接。使挤出器置于（200±2.5）kPa的空气压力之下，在整个试验过程中保持压力稳定。

测试之前先挤出2~3cm长的试样，使试样充满挤出器的挤出孔。

以（200±2.5）kPa的压缩空气一次挤完挤出器中的试样，同时用秒表记录所需时间。根据挤出筒的体积和所用的挤出时间计算试样的挤出率（ml/min），精确至1ml/min。

3. 多组分密封材料挤出性的测定

将试样各组分按生产厂的要求混合均匀后立即填入挤出筒，并按 [（四）2] 的规定组装挤出器。

（1）A法

将蒸馏水倒入带刻度的量筒中，读出水的体积，以（200±2.5）kPa的压缩空气从挤出筒中往盛有水的量筒中挤入大约50ml试样，记下所用的时间，同时读出量筒内水的体积增量，记作试样第一次挤出的体积（ml）。第一次挤出应在各组分开始混合后15min时进行。

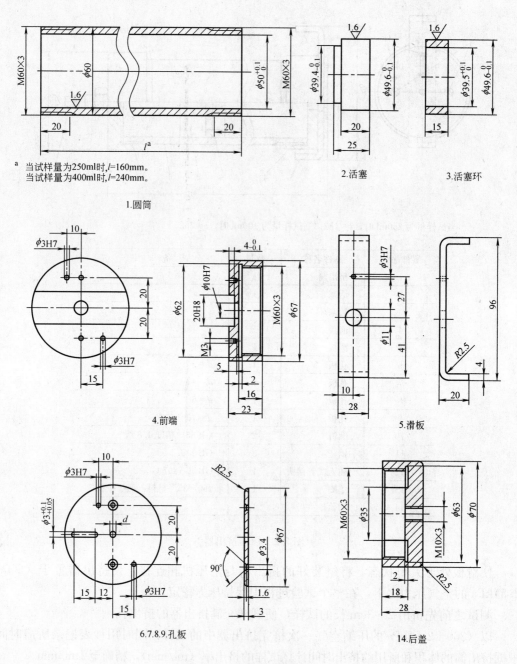

a 当试样量为250ml时，l=160mm。
　当试样量为400ml时，l=240mm。

1. 圆筒　　2. 活塞　　3. 活塞环　　4. 前端　　5. 滑板　　6.7.8.9. 孔板　　14. 后盖

图5-3　标准挤出器零件

上述操作至少应重复三次，即每隔适当时间挤出大约50ml试样。记录每次挤出时间和挤出试样的体积，计算各次挤出率（ml/min）。描绘出混合各次挤出时间间隔与挤出率的关系曲线，读取产品标准规定或各方商定的挤出率所对应的时间，即为适用期（h）。

（2）B法

以（200±2.5）kPa的压缩空气从挤出筒中挤出试样至天平上，挤出50～100g，记录挤出时间。称取挤出试样的质量，精确至0.1g。然后每隔适当时间重复一次，第一次挤出应在各组分开始混合后 15min 时进行。

上述操作至少应重复三次。计算各次的挤出量（g/min），根据试样的密度计算各次挤出率（ml/min）。按 A 法规定求得适用期（h）。

（五）试验报告
试验报告应写明下述内容：
  a) 采用的 GB/T 13477（参见表 5-1）的本部分；
  b) 样品的名称、类型、批号和有效期；
  c) 挤出筒容积和挤出孔直径；
  d) 样品处理温度；
  e) 多组分样品的试验方法（A 法或 B 法）；
  f) 单组分样品的挤出率（ml/min）；
  g) 多组分样品的适用期（h）。必要时报告挤出时间间隔-挤出率的曲线图；
  h) 与本部分规定试验条件的不同之处。

四、原包装单组分密封材料挤出性的测定（GB/T 13477.4—2002）

GB/T 13477 的本部分规定了用于建筑接缝直接施工的原包装的单组分密封材料挤出性的测定方法。

本部分适用于测定枪筒或膜包装的单组分溶剂型密封材料的挤出性，其他类型密封材料也可参照采用。

（一）原理
在规定条件下采用压缩空气将密封材料从生产厂所使用的包装中挤出至水中，以规定时间内挤出的体积报告挤出性。

（二）试验器具
1. 气动挤枪：密封材料生产厂建议的用于施工现场的挤枪。
2. 稳压气源：带有调节阀和压力表，压力可保持在 (250 ± 10) kPa，与气动挤枪适当连接。
3. 玻璃量筒：容积 1000ml。
4. 恒温箱：温度可调节至 (23 ± 2)℃ 和 (5 ± 2)℃。
5. 秒表：精度 0.1s。
6. 挤出喷嘴：直径 (5 ± 0.3)mm，用于不带喷嘴的包装。

（三）包装的处理
试验前，将待测包装在 (23 ± 2)℃ 和 (5 ± 2)℃ 恒温箱中处理至少 24h。每个处理温度各处理三个包装。

（四）包装的准备
1. 带固定喷嘴的硬筒包装

喷嘴 [（二）6] 的口径应被切割成 (5 ± 0.3)mm，并将喷嘴内与筒之间的内膜完全刺破。

2. 不带固定喷嘴的硬筒包装

包装筒所配螺旋喷嘴的一端的口径应切割成不小于 6mm，然后安装到包装筒上。

3. 薄膜包装

把薄膜包装安装喷嘴的一端切开，以使试样自由流动到喷嘴。将包装、喷嘴和挤枪适当地装配在一起。

（五）试验步骤

试验在（18～23）℃下进行。

将包装从恒温箱中取出，立即按（四）、进行准备，并插入气动挤枪［（二）、1.］，升压至（250±10）kPa，先挤出2～3cm长的试样，以充满喷嘴，排出空气，然后关闭气阀。

将600ml蒸馏水或去离子水倒入玻璃量筒，并将装有包装的挤枪垂直放在量筒的上方，喷嘴尖浸入水中约12mm。

在确认空气压力为（250±10）kPa后，先在几秒钟内挤出少量试样，以确保试样在水中自由流动。然后第一次读取玻璃量筒中的水位。挤出试样至量筒中，使水位至少变化200ml，记下所用的时间（s）。第二次读取玻璃量筒的水位。两次读数之差即为密封材料的挤出体积（ml）。

根据密封材料的挤出体积和所用的挤出时间计算每个包装的挤出率（ml/min）。计算每个处理温度下三个包装的平均挤出率。

（六）试验报告

试验报告应写明下述内容：

a）采用的GB/T 13477（参见表5-1）的本部分；
b）样品的名称、类型；
c）样品包装的批号和包装类型；
d）试样在每一处理温度的最大、最小和平均挤出率；
e）与本部分规定试验条件的不同点。

五、表干时间的测定（GB/T 13477.5—2002）

GB/T 13477的本部分规定了建筑密封材料表干时间的测定方法。

本部分适用于测定用挤枪或刮刀施工的嵌缝密封材料的表面干燥性能。

（一）原理

在规定条件下将密封材料试样填充到规定形状的模框中，用在试样表面放置薄膜或指触的方法测量其干燥程度。报告薄膜或手指上无粘附试样所需的时间。

（二）标准试验条件

试验室标准试验条件为：温度（23±2）℃、相对湿度（50±5）%。

（三）试验器具

1　黄铜板：尺寸19mm×38mm，厚度约6.4mm。
2　模框：矩形，用钢或铜制成，内部尺寸25mm×95mm，外形尺寸50mm×120mm，厚度3mm。
3　玻璃板：尺寸80mm×130mm，厚度5mm。
4　聚乙烯薄膜：2张，尺寸25mm×130mm，厚度约0.1mm。
5　刮刀。
6　无水乙醇。

（四）试件制备

用丙酮等溶剂清洗模框和玻璃板。将模框居中放置在玻璃板上，用在（23±2）℃下至少放置过24h的试样小心填满模框，勿混入空气。多组分试样在填充前应按生产厂的要求将各组分混合均匀。用刮刀刮平试样，使之厚度均匀。同时制备两个试件。

（五）试验步骤

1 A法

将制备好的试件在标准条件下静置一定的时间，然后在试样表面纵向1/2处放置聚乙烯薄膜，薄膜上中心位置加放黄铜板。30s后移去黄铜板，将薄膜以90°角从试样表面在15s内匀速揭下。相隔适当时间在另外部位重复上述操作，直至无试样粘附在聚乙烯条上为止。记录试件成型后至试样不再粘附在聚乙烯条上所经历的时间。

2 B法

将制备好的试件在标准条件下静置一定的时间，然后用无水乙醇擦净手指端部，轻轻接触试件上三个不同部位的试样。相隔适当时间重复上述操作，直至无试样粘附在手指上为止。记录试件成型后至试样不粘附在手指上所经历的时间。

3 表干时间的数值修约

方法如下：

a）表干时间少于30min时，精确至5min；

b）表干时间在30min至1h之间时，精确至10min；

c）表干时间在1h至3h之间时，精确至30min；

d）表干时间超过3h时，精确至1h。

（六）试验报告

试验报告应写明下述内容：

a）采用的GB/T 13477（参见表5-1）的本部分；

b）样品的名称、类型、批号；

c）试验方法（A法或B法）；

d）样品表干时间（min或h）。

六、流动性的测定（GB/T 13477.6—2002）

GB/T 13477的本部分规定了建筑密封材料流动性的测定方法。

本部分适用于测定非下垂型密封材料的下垂度和自流平型密封材料的流平性。

（一）原理

在规定条件下，将非下垂型密封材料填充到规定尺寸的模具中，在不同温度下以垂直或水平位置保持规定时间，报告试样流出模具端部的长度。

在规定条件下，将自流平型密封材料注入规定尺寸的模具中，以水平位置保持规定时间，报告试样表面流平情况。

（二）试验器具

1 下垂度模具：无气孔且光滑的槽形模具，宜用阳极氧化或非阳极氧化铝合金制成（图5-4）。长度（150±0.2）mm，两端开口，其中一端底面延伸（50±0.5）mm，槽的横截面内部尺寸为：宽（20±0.2）mm，深（10±0.2）mm。其他尺寸的模具也可使用，例

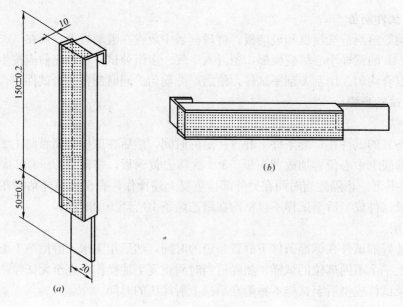

图 5-4 下垂度模具
(a) 试件垂直放置；(b) 试件水平放置

如宽（10±0.2）mm，深（10±0.2）mm。

2 流平性模具：两端封闭的槽形模具，用 1mm 厚耐蚀金属制成（图 5-5）。槽的内部尺寸为 150mm×20mm×15mm。

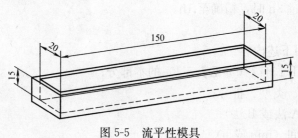

图 5-5 流平性模具

3 鼓风干燥箱：温度能控制在（50±2）℃、（70±2）℃。
4 低温恒温箱：温度能控制在（5±2）℃。
5 钢板尺：刻度单位为 0.5mm。
6 聚乙烯条：厚度不大于 0.5mm，宽度能遮盖下垂度模具槽内侧底面的边缘。在试验条件下，长度变化不大于 1mm。

（三）试验方法

1 下垂度的测定

(1) 试件制备

按［（三）(2)］所述试验步骤确定所用模具的数量。

将下垂度模具用丙酮等溶剂清洗干净并干燥之。把聚乙烯条衬在模具底部，使其盖住模具上部边缘，并固定在外侧，然后把已在（23±2）℃下放置 24h 的密封材料用刮刀填入模具内，制备试件时应注意：

a）避免形成气泡；

b) 在模具内表面上将密封材料压实；
c) 修整密封材料的表面，使其与模具的表面和末端齐平；
d) 放松模具背面的聚乙烯条。

(2) 试验步骤

对每一试验温度70℃和（或）50℃和（或）5℃及试验步骤A [（三）1（2）a] 或试验步骤B [（三）1（2）b]，各测试一个试件。根据各方协商，试件可按试验步骤A [（三）1（2）a] 或试验步骤B [（三）1（2）b] 测试。

a. 试验步骤A

将制备好的试件立即垂直放置在已调节至（70±2）℃和（或）（50±2）℃的干燥箱和（或）（5±2）℃的低温箱内，模具的延伸端向下（图5-4a），放置24h。然后从干燥箱或低温箱中取出试件。用钢板尺在垂直方向上测量每一试件中试样从底面往延伸端向下移动的距离（mm）。

b. 试验步骤B

将制备好的试件立即水平放置在已调节至（70±2）℃和（或）（50±2）℃的干燥箱和（或）（5±2）℃的低温箱内，使试样的外露面与水平面垂直（图5-4b），放置24h。然后从干燥箱或低温箱中取出试件，用钢板尺在水平方向上测量每一试件中试样超出槽形模具前端的最大距离（mm）。

(3) 如果试验失败，允许重复一次试验，但只能重复一次。当试样从槽形模具中滑脱时，模具内表面可按生产方的建议进行处理，然后重复进行试验。

2 流平性的测定

(1) 将流平性模具用丙酮溶剂清洗干净并干燥之，然后将试样和模具在（23±2）℃下放置至少24h。每组制备一个试件。

(2) 将试样和模具在（5±2）℃的低温箱中处理16~24h，然后沿水平放置的模具的一端到另一端注入约100g试样，在此温度下放置4h。观察试样表面是否光滑平整。

多组分试样在低温处理后取出，按规定配比将各组分混合5min，然后放入低温箱内静置30min，再按上述方法试验。

(四) 试验报告

试验报告应写明下述内容：

a) 采用的GB/T 13477（参见表5-1）的本部分；
b) 样品的名称、类别和批号；
c) 下垂度模具的类型（阳极氧化或非阳极氧化铝合金或其他材料）、内部尺寸、内表面处理情况；
d) 采用的下垂度试验温度和试验步骤（步骤A或步骤B）；
e) 下垂度试验每一试件的下垂值，精确至1mm；
f) 流平性试验试样自流平情况；
g) 与本部分规定试验条件的不同点。

七、低温柔性的测定（GB/T 13477.7—2002）

GB/T 13447的本部分规定了建筑密封材料低温柔性的测定方法。

本部分适用于测定单组分弹性溶剂型密封材料经高温和低温循环处理后的低温柔性。其他类型的密封材料也可参照采用。

注：本部分规定的试验方法并非模拟实际应用条件，只是对测定建筑密封材料在低温下的弹性或柔性提供指导。本试验方法可用于区分弹性密封材料和老化过程中变硬、变脆及低温挠曲时开裂或失去粘结性的塑性密封材料，也可用于鉴别因过分拉伸而柔性变差、弹性胶粘剂含量极低的密封材料与含有低温变脆的胶粘剂的密封材料。

（一）原理

在规定条件下，用模框将密封材料试样粘附在基板上，经高温和低温循环处理后，在规定的低温条件下弯曲试样。报告密封材料开裂或粘结破坏情况。

（二）标准试验条件

试验室标准试验条件为：温度（23±2）℃、相对湿度（50±5）％。

（三）试验器具

1 铝片：尺寸 130mm×76mm，厚度 0.3mm。
2 刮刀：钢制、具薄刃。
3 模框：矩形，用钢或铜制成，内部尺寸 25mm×95mm，外形尺寸 50mm×120mm，厚度 3mm。
4 鼓风式干燥箱：温度可调至（70±2）℃。
5 低温箱：温度可调至（−10±3）℃、（−20±3）℃或（−30±3）℃。
6 圆棒：直径 6mm 或 25mm，配有合适支架。

（四）试件制备

1 将试样在未开口的包装容器中于标准条件下至少放置 5h。
2 用丙酮等溶剂彻底清洗模框和铝片。将模框置于铝片中部，然后将试样填入模框内，防止出现气孔。将试样表面刮平，使其厚度均匀达 3mm。
3 沿试样外缘用薄刃刮刀切割一周，垂直提起模框，使成型的密封材料粘牢在铝片上。同时制备三个试件。

（五）试件处理

1 将试件在标准试验条件下至少放置 24h。其他类型密封材料试件在标准试验条件下放置的时间应与其固化时间相当。
2 将试件按下面的温度周期处理三个循环：
a) 于（70±2）℃处理 16h；
b) 于（−10±3）℃、（−20±3）℃或（−30±3）℃处理 8h。

（六）试验步骤

在第三个循环处理周期结束时，使低温箱里的试件和圆棒同时处于规定的试验温度下，用手将试件绕规定直径的圆棒弯曲，弯曲时试件粘有试样的一面朝外，弯曲操作在 1~2s 内完成。弯曲之后立即检查试样开裂、部分分层及粘结损坏情况。微小的表面裂纹、毛细裂纹或边缘裂纹可忽略不计。

（七）试验报告

试验报告应写明下述内容：
a) 采用 GB/T 13477（参见表 5-1）的本部分；

b) 样品的名称、类别、批号；
c) 圆棒直径；
d) 低温试验温度；
e) 试件裂缝、分层及粘结破坏情况。

八、拉伸粘结性的测定（GB/T 13477.8—2002）

GB/T 13477 的本部分规定了建筑密封材料拉伸粘结性能的测定方法。

本部分适用于测定建筑密封材料的拉伸强度、断裂伸长率以及与基材的粘结状况。

(一) 原理

将待测密封材料粘结在两个平行基材的表面之间，制成试件。将试件拉伸至破坏，以计算拉伸强度、断裂伸长率及绘制应力—应变曲线的方法表示密封材料的拉伸性能。

(二) 标准试验条件

试验室标准试验条件为：温度（23±2）℃、相对湿度（50±5）%。

(三) 试验器具

1 粘结基材：符合 GB/T 13477.1（参见表 5-1）规定的水泥砂浆板、玻璃板或铝板，用于制备试件（每个试件用两个基材）。基材的形状及尺寸如图 5-6 和图 5-7 所示。按各方商定，也可选用其他材质和尺寸的基材，但密封材料试样粘结尺寸及面积应与图 5-8 和图 5-9 所示相同。

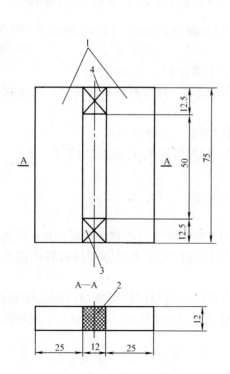

图 5-6 拉伸粘结性能用试件（水泥砂浆板）
1—水泥砂浆板；2—试样；3、4—隔离垫块

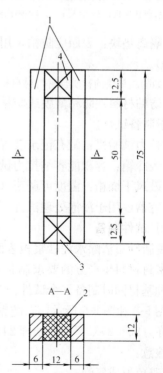

图 5-7 拉伸粘结性能用试件（铝板或玻璃板）
1—铝板或玻璃板；2—试样；3、4—隔离垫块

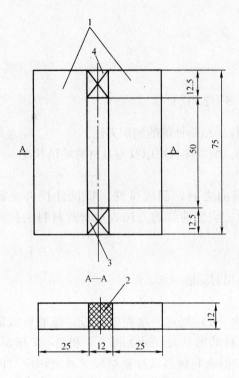 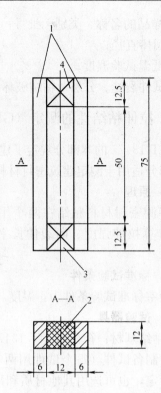

图 5-8 浸水后拉伸粘结性能用试件（水泥砂浆板）　图 5-9 浸水后拉伸粘结性能用试件（铝板或玻璃板）
　1—水泥砂浆板；2—试样；3、4—隔离垫块　　　　1—铝板或玻璃板；2—试样；3、4—隔离垫块

2　隔离垫块：表面应防粘，用于制备密封材料截面为 12mm×12mm 的试件（图 5-8 和图 5-9）。

注：如隔离垫块的材质与密封材料相粘结，其表面应进行防粘处理，如薄涂蜡层。

3　防粘材料：防粘薄膜或防粘纸，如聚乙烯薄膜等，宜按密封材料生产厂的建议选用。用于制备试件。

4　拉力试验机：配有记录装置，拉伸速度可调为 5～6mm/min。

5　致冷箱：容积能容纳拉力试验机拉伸装置，温度可调至 (−20±2)℃。

6　鼓风干燥箱：温度可调至 (70±2)℃。

7　容器：用于浸泡处理试件。

（四）试件制备

用脱脂纱布清除水泥砂浆板表面浮灰。用丙酮等溶剂清洗铝板和玻璃板，并干燥之。

按密封材料生产方的要求制备试件，如是否使用底涂料及多组分密封材料的混合程序。每种基材同时制备三个试件。

按图 5-8 和图 5-9 所示，在防粘材料上将两块粘结基材与两块隔离垫块组装成空腔。然后将在 (23±2)℃下预先处理 24h 的密封材料样品嵌填在空腔内，制成试件。嵌填试样时必须注意：

　a）避免形成气泡；
　b）将试样挤压在基材的粘结面上，粘结密实；
　c）修整试样表面，使之与基材和垫块的上表面齐平。

将试件侧放,尽早去除防粘材料,以使试样充分固化。在固化期内,应使隔离垫块保持原位。

(五) 试件处理

1　概述

按各方商定,试件可选用 A 法或 B 法处理。处理后的试件在测试之前,应于标准试验条件下放置至少 24h。

2　A法

将制备好的试件于标准试验条件下放置 28d。

3　B法

先按照 A 法处理试件,接着再将试件按下述程序处理三个循环:

a) 在 (70±2)℃干燥箱内存放 3d;
b) 在 (23±2)℃蒸馏水中存放 1d;
c) 在 (70±2)℃干燥箱内存放 2d;
d) 在 (23±2)℃蒸馏水中存放 1d。

上述程序也可以改为 c—d—a—b。

注:B法是利用热和水的影响的一般处理程序,不宜给出有关密封材料耐久性的信息。

(六) 试验步骤

试验在 (23±2)℃和 (−20±2)℃两个温度下进行。每个测试温度测三个试件。

当试件在−20℃温度下进行测试时,试件需预先在 (−20±2)℃温度下至少放置 4h。

除去试件上的隔离垫块,将试件装入拉力试验机,以 5~6mm/min 的速度将试件拉伸至破坏。记录应力—应变曲线。

(七) 试验结果计算

1. 拉伸强度 T_s 按式 (5-2) 计算,取三个试件的算术平均值:

$$T_s = P/S \tag{5-2}$$

式中　T_s——拉伸强度,(MPa);

P——最大拉力值,(N);

S——试件截面积,(mm^2)。

2. 断裂伸长率 E 按式 (5-3) 计算,取三个试件的算术平均值:

$$E = \frac{W_1 - W_0}{W_0} \times 100 \tag{5-3}$$

式中　E——断裂伸长率,(%);

W_0——试件的原始宽度,(mm);

W_1——试件破坏时的拉伸宽度,(mm)。

(八) 试验报告

试验报告应写明下述内容:

a) 采用的 GB/T 13477 (参见表 5-1) 的本部分;
b) 样品名称、类别和批号;
c) 基材类别见 [(三) 1];
d) 所用底涂料 (如果使用);

e）试件处理方法（A法或B法）；
f）试件的拉伸强度（MPa）和断裂伸长率（%），并报告应力—应变曲线图；
g）试件的破坏形式（粘结破坏和/或内聚破坏）；
h）与本部分规定试验条件的不同点。

九、浸水后拉伸粘结性的测定（GB/T 13477.9—2002）

GB/T 13477的本部分规定了浸水对建筑密封材料拉伸粘结性能影响的测定方法。

本部分适用于测定浸水对建筑密封材料拉伸强度、断裂伸长率以及与基材粘结状况的影响。

（一）原理

将密封材料试样粘结在两个平行基材的表面之间，制成试验试件和参比试件。将试验试件在规定条件下浸水，然后将试验试件和参比试件拉伸至破坏，报告试验试件和参比试件的拉伸强度、断裂伸长率以及应力—应变曲线。

（二）标准试验条件

试验室标准试验条件为：温度（23±2）℃、相对湿度（50±5）%。

（三）试验器具

1 粘结基材：符合GB/T 13477.1（参见表5-1）规定的水泥砂浆板、玻璃板或铝板，用于制备试件（每个试件用两个基材）。基材的形状及尺寸如图5-8和图5-9所示。按各方商定，也可选用其他材质和尺寸的基材，但密封材料试样粘结尺寸及面积应与图5-10和图5-11所示相同。

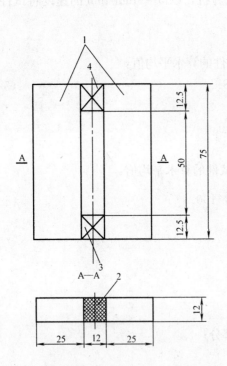
图5-10　定伸粘结性能用试件（水泥砂浆板）
1—水泥砂浆板；2—试样；3、4—隔离垫块

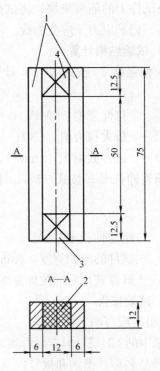
图5-11　定伸粘结性能用试件（铝板或玻璃板）
1—铝板或玻璃板；2—试样；3、4—隔离垫块

2 隔离垫块：表面应防粘，用于制备密封材料截面为 12mm×12mm 的试件（图5-10 和图 5-11）。

注：如隔离垫块的材质与密封材料相粘结，其表面应进行防粘处理，如薄涂蜡层。

3 防粘材料：防粘薄膜或防粘纸，如聚乙烯薄膜等，宜按密封材料生产厂的建议选用。用于制备试件。

4 试验机：配有记录装置，能以 5～6mm/min 的速度拉伸试件。

5 鼓风干燥箱：温度可调至 (70±2)℃。

6 容器：用于浸泡试件。

(四) 试件制备

用脱脂纱布清除水泥砂浆板表面浮灰。用丙酮等溶剂清洗铝板和玻璃板，并干燥之。

按密封材料生产方的要求制备试件，如是否使用底涂料及多组分密封材料的混合程序。每种基材应同时制备三个试验试件和三个参比试件。

按图 5-10 和图 5-11 所示，在防粘材料上将两块粘结基材与两块隔离垫块组装成空腔。然后将在 (23±2)℃下预先处理 24h 的密封材料样品嵌填在空腔内，制成试件。嵌填试样时必须注意：

a) 避免形成气泡；
b) 将试样挤压在基材的粘结面上，粘结密实；
c) 修整试样表面，使之与基材和垫块的上表面齐平。

将试件侧放，尽早去除防粘材料，以使试样充分固化。在固化期内，应使隔离垫块保持原位。

(五) 试件处理

按各方商定，试验试件和参比试件可选用 A 法或 B 法处理。

1 A 法

将制备好的试件于标准试验条件下放置 28d。

2 B 法

先按照 A 法处理试件，接着再将试件按下述程序处理三个循环：

a) 在 (70±2)℃干燥箱内存放 3d；
b) 在 (23±2)℃蒸馏水中存放 1d；
c) 在 (70±2)℃干燥箱内存放 2d；
d) 在 (23±2)℃蒸馏水中存放 1d；

上述程序也可以改为 c—d—a—b。

注：B 法是利用热和水的影响的一般处理程序，不宜给出有关密封材料耐久性的信息。

(六) 试验步骤

1 浸水

将处理后的试验试件放入 (23±2)℃蒸馏水中浸泡 4d，接着将试验试件于标准试验条件下放置 1d。

2 拉伸试验

拉伸试验在 (23±2)℃的温度下进行。

除去试件上的隔离垫块，将试验试件和参比试件装入试验机，以 5～6mm/min 的速度拉伸至试件破坏,记录应力-应变曲线。

(七)试验结果计算

1 拉伸强度 T_s 按式(5-4)计算,取三个试件的算术平均值:

$$T_s = P/S \tag{5-4}$$

式中　T_s——拉伸强度,单位为兆帕(MPa);
　　　P——最大拉力值,单位为牛顿(N);
　　　S——试件截面积,单位为平方毫米(mm^2)。

2 断裂伸长率 E 按式(5-5)计算,取三个试件的算术平均值:

$$E = \frac{W_1 - W_0}{W_0} \times 100 \tag{5-5}$$

式中　E——断裂伸长率,单位百分数(%);
　　　W_0——试件的原始宽度,单位为毫米(mm);
　　　W_1——试件破坏时的拉伸宽度,单位为毫米(mm)。

(八)试验报告

试验报告应写明下述内容:
a) 采用的 GB/T 13477(参见表 5-1)的本部分;
b) 样品名称、类别和批号;
c) 基材类别见[(三)1];
d) 所用底涂料(如果使用);
e) 试件处理方法(A 法或 B 法);
f) 试件的拉伸强度(MPa)和断裂伸长率(%),并报告应力-应变曲线图;
g) 试件的破坏形式(粘结破坏和/或内聚破坏);
h) 与本部分规定试验条件的不同点。

十、定伸粘结性的测定(GB/T 13477.10—2002)

GB/T 13477 的本部分规定了建筑密封材料定伸粘结性的测定方法。

本部分适用于测定建筑密封材料在定伸状态下的拉伸粘结性能。

(一)原理

将待测密封材料粘结在两个平行基材的表面之间,制成试件。将试件拉伸至规定宽度,并在规定条件下保持这一拉伸状态。记录密封材料粘结或内聚的破坏情况,以及拉伸性能的应力—应变曲线。

(二)标准试验条件

试验室标准试验条件为:温度(23±2)℃、相对湿度(50±5)%。

(三)试验器具

1 粘结基材:符合 GB/T 13477.1(参见表 5-1)规定的水泥砂浆板、玻璃板或铝板,用于制备试件(每个试件用两个基材),基材的形状及尺寸如图 5-12 和图 5-13 所示。按各方商定,也可选用其他材质和尺寸的基材,但密封材料试样粘结尺寸及面积应与图 5-12 和图 5-13 所示相同。

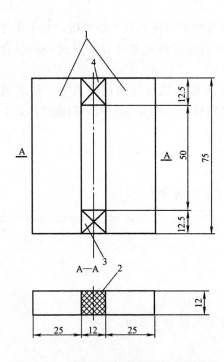
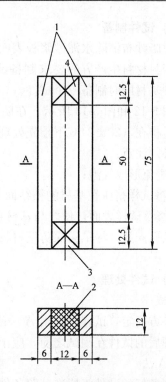

图 5-12　浸水后定拉伸粘结性能用试件
（水泥砂浆板）
1—水泥砂浆板；2—试样；3、4—隔离垫块

图 5-13　浸水后定拉伸粘结性能用试件
（铝板或玻璃板）
1—铝板或玻璃板；2—试样；3、4—隔离垫块

2　隔离垫块：表面应防粘，用于制备密封材料截面为 12mm×12mm 的试件（图5-10 和图 5-11）。

注：如隔离垫块的材质与密封材料相粘结，其表面应进行防粘处理，如薄涂蜡层。

3　防粘材料：防粘薄膜或防粘纸，如聚乙烯薄膜等，宜按密封材料生产厂的建议选用。用于制备试件。

4　定位垫块：用于控制被拉伸的试件宽度，使试件保持绝对伸长率为 25％、60％或 100％（表 5-2）。

试件拉伸后的接缝宽度　　表 5-2

拉伸宽度与初始宽度之比（％）	最终缝宽（mm）
25	15.0
60	19.2
100	24.0

5　拉力试验机：配有记录装置，拉伸速度可调为 5～6mm/min。

6　制冷箱：容积能容纳拉力试验机拉伸装置，温度可调至（−20±2)℃。

7　鼓风干燥箱：温度可调至（70±2)℃。

8　容器：用于浸泡处理试件。

9　量具：精度为 0.5mm。

（四）试件制备

用脱脂纱布清除水泥砂浆板表面浮灰。用丙酮等溶剂清洗铝板和玻璃板，并干燥之。按密封材料生产方的要求制备试件，如是否使用底涂料及多组分密封材料的混合程序。每种基材同时制备三个试件。

按图 5-12 和图 5-13 所示，在防粘材料上将两块粘结基材与两块隔离垫块组装成空腔。然后将在（23±2）℃下预先处理 24h 的密封材料样品嵌填在空腔内，制成试件。嵌填试样时必须注意：

a) 避免形成气泡；
b) 将试样挤压在基材的粘结面上，粘结密实；
c) 修整试样表面，使之与基材和隔离垫块的上表面齐平。

将试件侧放，尽早去除防粘材料，以使试样充分固化。在固化期内，应使隔离垫块保持原位。

（五）试件处理

1 概述

按各方商定，试件可选用 A 法或 B 法处理。

处理后的试件在测试之前，应于标准试验条件下放置至少 24h。

2 A 法

将制备好的试件于标准试验条件下放置 28d。

3 B 法

先按照 A 法处理试件，接着再将试件按下述程序处理三个循环：

a) 在（70±2）℃干燥箱内存放 3d；
b) 在（23±2）℃蒸馏水中存放 1d；
c) 在（70±2）℃干燥箱内存放 2d；
d) 在（23±2）℃蒸馏水中存放 1d。

上述程序也可以改为 c—d—a—b。

注：B 法是利用热和水的影响的一般处理程序，不宜给出有关密封材料耐久性的信息。

（六）试验步骤

分别在（23±2）℃和（-20±2）℃温度下进行定伸试验。每一温度条件下测试三个试件。在-20℃测量时，试件事先要在（-20±2）℃温度下放置 4h。

将试件除去隔离垫块，置入拉力机夹具内，以（5~6）mm/min 的拉伸速度将试件拉伸至原宽度的 25%、60% 或 100%，记录应力-应变曲线。然后用相应尺寸的定位垫块插入已拉伸至规定宽度的试件中并在相应试验温度下保持 24h。

检查试件粘结或内聚破坏情况，并用精度为 0.5mm 的量具测量粘结或内聚破坏的深度（mm）。

在-20℃试验时，应将试件从致冷箱中取出并待其融化后方能检查、测量其粘结或内聚破坏情况。

表 5-2 给出了初始宽度（L_0）为 12mm 的试件拉伸后的接缝宽度（L_1，mm）。

（七）试验报告

试验报告应写明下述内容：

a) 采用 GB/T 13477（参见表 5-1）的本部分；
b) 样品的名称、类型和批号；
c) 基材类别；
d) 所用底涂料（如果已知）；
e) 试件处理方法（A 法或 B 法）；
f) 定伸宽度（%）；
g) 试件粘结或内聚破坏情况；破坏深度和部位。必要时报告应力—应变曲线图；
h) 与本部分规定试验条件的不同点。

十一、浸水后定伸粘结性的测定（GB/T 13477.11—2002）

CB/T 13477 的本部分规定了浸水对建筑密封材料定伸粘结性能影响的测定方法。
本部分适用于测定浸水对建筑密封材料在定伸长状态下粘结/内聚性能的影响。

（一）原理

将密封材料试样粘结在两个平行基材的表面之间，制备成试验试件和参比试件。试验试件在规定条件下浸水后，将试验试件和参比试件拉伸至规定宽度，保持拉伸状态至规定时间后，测量并记录试件粘结或内聚的破坏情况。

（二）标准试验条件

试验室标准试验条件为：温度（23±2）℃、相对湿度（50±5）%。

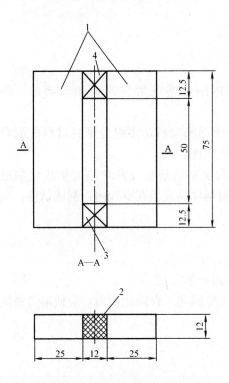

图 5-14　同一温度下拉伸—压缩循环后粘结性能用试件（水泥砂浆板）
1—水泥砂浆板；2—试样；3、4—隔离垫块

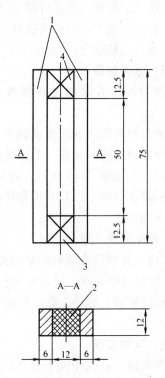

图 5-15　同一温度下拉伸—压缩循环后粘结性能用试件（铝板或玻璃板）
1—铝板或玻璃板；2—试样；3、4—隔离垫块

（三）试验器具

1　粘结基材：符合 GB/T 13477.1（参见表 5-1）规定的水泥砂浆板、玻璃板或铝板，用于制备试件（每个试件用两个基材）。基材的形状及尺寸如图 5-12 和图 5-13 所示。按各方商定，也可选用其他材质和尺寸的基材，但密封材料试样粘结尺寸及面积应与图 5-12 和图 5-13 所示相同。

2　隔离垫块：表面应防粘，用于制备密封材料截面为 12mm×12mm 的试件（图5-14 和图 5-15）。

注：如隔离垫块的材质与密封材料相粘结，其表面应进行防粘处理，如薄涂蜡层。

3　防粘材料：防粘薄膜或防粘纸，如聚乙烯薄膜等，宜按密封材料生产厂的建议选用。用于制备试件。

4　定位垫块：用于控制被拉伸的试件宽度，使试件保持绝对伸长率为 60% 或 100%（表 5-3）。

试件拉伸后的接缝宽度　　　　表 5-3

拉伸宽度与初始宽度之比$(W_1-W_0)/W_0$(%)	最终缝宽 W_1(mm)
60	19.2
100	24.0

5　试验机：可以 5～6mm/min 的速度拉伸试件。

6　鼓风干燥箱：温度可调至（70±2）℃。

7　容器：用于水中浸泡试件。

8　量具：精度为 0.5mm。

（四）试件制备

用脱脂纱布清除水泥砂浆板表面浮灰。用丙酮等溶剂清洗铝板和玻璃板，并干燥之。

按密封材料生产方的要求制备试件，如是否使用底涂料及多组分密封材料的混合程序。每种基材应同时制备三个试验试件和三个参比试件。

按图 5-14 和图 5-15 所示，在防粘材料上将两块粘结基材与两块隔离垫块组装成空腔。然后将在（23±2）℃下预先处理 24h 的密封材料样品嵌填在空腔内，制成试件。嵌填试样时必须注意：

a) 避免形成气泡；

b) 将试样挤压在基材的粘结面上，粘结密实；

c) 修整试样表面，使之与基材和垫块的上表面齐平。

将试件侧放，尽早去除防粘材料，以使试样充分固化。在固化期内，应使隔离垫块保持原位。

（五）试件处理

按各方商定，试件可选用 A 法或 B 法处理。

1　A 法

将制备好的试件于标准试验条件下放置 28d。

2　B 法

先按照 A 法处理试件，接着再将试件按下述程序处理三个循环：
a) 在 (70±2)℃干燥箱内存放 3d；
b) 在 (23±2)℃蒸馏水中存放 1d；
c) 在 (70±2)℃干燥箱内存放 2d；
d) 在 (23±2)℃蒸馏水中存放 1d；

上述程序也可以改为 c—d—a—b。

注：B 法是利用热和水的影响的一般处理程序，不宜给出有关密封材料耐久性的信息。

(六) 试验步骤

1 浸水

将处理后的试件放入 (23±2)℃蒸馏水中浸泡 4d，接着将试验试件于标准试验条件下放置 1d。

2 拉伸试验

拉伸试验在 (23±2)℃的温度下进行。

将试验试件和参比试件除去隔离垫块，置入拉力机夹具内，以 5～6mm/min 的拉伸速度将试件拉伸至原宽度的 60% 或 100% 或各方商定的其他宽度，然后用相应尺寸的定位垫块插入已拉伸至规定宽度的试件中并保持 24h。

检查试件粘结或内聚破坏情况，并用精度为 0.5mm 的量具测量粘结或内聚破坏的深度 (mm)。

表 5-3 给出了初始宽度 (W_0) 为 12mm 的试件拉伸后的接缝宽度 (W_1, mm)。

(七) 试验报告

试验报告应写明下述内容：
a) 采用 GB/T 13477 (参见表 5-1) 的本部分；
b) 样品的名称、类型和批号；
c) 基材类别见 [(三) 1]；
d) 所用底涂料 (如果使用)；
e) 试件处理方法 (A 法或 B 法)；
f) 定伸宽度 (%)；
g) 试件粘结或内聚破坏情况；破坏深度和部位；
h) 与本部分规定试验条件的不同点。

十二、同一温度下拉伸—压缩循环后粘结性的测定 (GB/T 13477.12—2002)

GB/T 13477 的本部分规定了建筑密封材料经拉伸—压缩循环后粘结性能的测定方法。

本部分适用于测定具有明显塑性特点的建筑密封材料经反复拉伸—压缩后的粘结和内聚性能。

(一) 原理

将密封材料试样粘结在两个平行基材的表面之间，制备成试件。使试件经受拉伸—压缩循环之后，检查其粘结或内聚的破坏情况。

(二) 标准试验条件

试验室标准试验条件为：温度（23±2）℃、相对湿度（50±5）%。

(三) 试验器具

1 粘结基材：符合 GB/T 13477.1（参见表 5-1）规定的水泥砂浆板、玻璃板或铝板，用于制备试件（每个试件用两个基材）。基材的形状及尺寸如图 5-16 和图 5-17 所示。按各方商定，也可选用其他材质和尺寸的基材，但密封材料试样粘结尺寸及面积应与图 5-16 和图 5-17 所示相同。

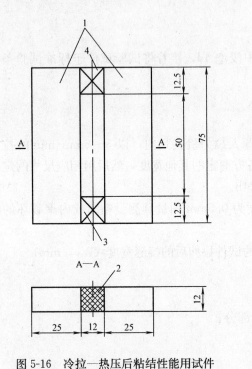 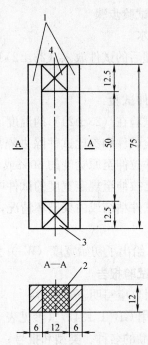

图 5-16 冷拉—热压后粘结性能用试件　　图 5-17 冷拉—热压后粘结性能用试件
（水泥砂浆板）　　　　　　　　　　　　（铝板或玻璃板）
1—水泥砂浆板；2—试样；3、4—隔离垫块　　1—铝板或玻璃板；2—试样；3、4—隔离垫块

2 隔离垫块：表面应防粘，用于制备密封材料截面为 12mm×12mm 的试件（图 5-14 和图 5-15）。

注：如隔离垫块的材质与密封材料相粘结，其表面应进行防粘处理，如薄涂蜡层。

3 防粘材料：防粘薄膜或防粘纸，如聚乙烯薄膜等。宜按密封材料生产厂的建议选用。用于制备试件。

4 试验机：拉伸—压缩速度可调为（1±0.2）mm/min，拉伸—压缩幅度应符合表 5-4 的规定。

5 鼓风干燥箱：温度可调至（70±2）℃。

6 量具：精度为 0.5mm。

(四) 试件制备

用脱脂纱布清除水泥砂浆板表面浮灰。用丙酮等溶剂清洗铝板和玻璃板，并干燥之。

应按密封材料生产方的说明（如是否使用底涂料和多组分密封材料的混合程序）制备试件。每种基材同时制备三个试件。

应按图 5-16 和图 5-17 所示，在防粘材料上将两块粘结基材与两块隔离垫块组装成空腔。然后将在（23±2）℃下预先处理 24h 的密封材料样品嵌填在空腔内，制成试件。嵌填试样时必须注意：

  a）避免形成气泡；
  b）将试样挤压在基材的粘结面上，粘结密实；
  c）修整试样表面，使之与基材和垫块的上表面齐平。

将试件侧放，尽早去除防粘材料，以使试样充分固化。在固化期内，应将隔离垫块保持原位。

（五）试件处理

将制备好的试件于标准试验条件下放置 28d。然后在（70±2）℃的鼓风干燥箱内放置 14d。取出后在标准试验条件下放置 24h。

（六）试验步骤

试验在（23±2）℃温度下进行。将试件放入拉伸—压缩试验机内以（1±0.2）mm/min 的速度拉伸压缩试件 100 次。拉伸—压缩幅度应为 ±12.5% 或 ±7.5%，或各方商定的任何幅度。初始宽度为 12mm 的试件的拉伸—压缩幅度和相对应的最终拉伸/压缩宽度见表 5-4。

试件的拉伸—压缩幅度和相应宽度　　　　表 5-4

拉伸—压缩幅度(%)	拉伸后宽度(mm)	压缩后宽度(mm)
±12.5	13.5	10.5
±7.5	12.9	11.1

试验结束后，将试件放置 1h，用精度为 0.5mm 的量具测量每个试件粘结或内聚破坏的深度。

（七）试验报告

试验报告应写明下述内容：

  a）采用 GB/T 13477（参见表 5-1）的本部分；
  b）样品的名称、类型和批号；
  c）基材类别见 [（三）1]；
  d）所用底涂料（如果使用）；
  e）拉伸—压缩幅度见（六）；
  f）每个试件粘结或内聚破坏的深度与部位；
  g）与本部分规定试验条件的不同点。

十三、冷拉—热压后粘结性的测定（GB/T 13477.13—2002）

GB/T 13477 的本部分规定了建筑密封材料经不同温度下拉伸—压缩循环后粘结性能的测定方法。

本部分适用于测定具有显著弹性特点的建筑密封材料经反复冷却拉伸—加热压缩后的粘结和内聚性能。

(一) 原理

将密封材料试样粘结在两个平行基材的表面之间,制备成试件。使试件在规定的高温和低温条件下经受拉伸—压缩循环之后,检查其粘结或内聚的破坏情况。

(二) 标准试验条件

试验室标准试验条件为:温度(23±2)℃、相对湿度(50±5)%。

(三) 试验器具

1 粘结基材:符合 GB/T 13477.1 (参见表 5-1) 规定的水泥砂浆板、玻璃板或铝板,其形状及尺寸如图 5-16 和图 5-17 所示。按供需双方商定,也可选用其他材质和尺寸的基材,但密封材料试样粘结尺寸及面积应与图 5-16 和图 5-17 所示相同。

2 隔离垫块:表面应防粘,用于制备密封材料截面为 12mm×12mm 的试件 (图 5-18 和图 5-19)。

注:如隔离垫块的材质与密封材料相粘结,其表面应进行防粘处理,如薄涂蜡层。

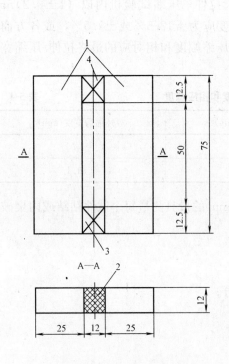

图 5-18 浸水及拉伸—压缩后粘结
性能用试件(水泥砂浆板)
1—水泥砂浆板;2—试样;3、4—隔离垫块

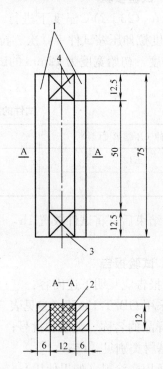

图 5-19 浸水及拉伸—压缩后粘结
性能用试件(铝板或玻璃板)
1—铝板或玻璃板;2—试样;3、4—隔离垫块

3 防粘材料:防粘薄膜或防粘纸,如聚乙烯薄膜等。宜按密封材料生产厂的建议选用。用于制备试件。

4 鼓风干燥箱:温度可调至 (70±2)℃。

5 低温箱:温度可调至 (-20±2)℃,并可容纳拉伸状态的试件。

6 试验机:能以 5～6mm/min 的速度拉伸或压缩试件。
7 容器:用于按 B 法浸泡处理试件。
8 量具:精度为 0.5mm。

(四) 试件制备

用脱脂纱布清除水泥砂浆板表面浮灰。用丙酮等溶剂清洗铝板和玻璃板,并干燥之。

应按密封材料生产方的说明(如是否使用底涂料和多组分密封材料的混合程序)制备试件。每种基材同时制备三个试件。

按图 5-16 和图 5-17 所示,在防粘材料上将两块粘结基材与两块隔离垫块组装成空腔。然后将在 (23±2)℃下预先处理 24h 的密封材料样品嵌填在空腔内,制成试件。嵌填试样时必须注意:

a) 避免形成气泡;
b) 将试样挤压在基材的粘结面上,粘结密实;
c) 修整试样表面,使之与基材和垫块的上表面齐平。

将试件侧放,尽早去除防粘材料,以使试样充分固化。在固化期内,应将隔离垫块保持原位。

(五) 试件处理

按各方商定,试件可选用 A 法或 B 法处理。处理后的试件在试验前还须在标准条件下至少放置 24h。

1 A 法

将制备好的试件于标准试验条件下放置 28d。

2 B 法

先按照 A 法处理试件,接着再将试件按下述程序处理三个循环:

a) 在 (70±2)℃干燥箱内存放 3d;
b) 在 (23±2)℃蒸馏水中存放 1d;
c) 在 (70±2)℃干燥箱内存放 2d;
d) 在 (23±2)℃蒸馏水中存放 1d;

上述程序也可以改为 c—d—a—b。

注:B 法是利用热和水的影响的一般处理程序,不宜给出有关密封材料耐久性的信息。

(六) 试验步骤

试验所用的拉伸和压缩速度为 5～6mm/min,拉伸压缩幅度为±12.5%、±20%或±25%(表 5-5),或各方商定的其他值。

试件冷拉—热压时的拉伸压缩幅度和相对宽度(初始宽度为 12mm)   表 5-5

拉伸—压缩幅度(%)	拉伸时宽度(mm)	压缩时宽度(mm)
±25	15.0	9.0
±20	14.4	9.6
±12.5	13.5	10.5

除去试件上的隔离垫块,按选定的拉伸压缩幅度对试件进行下述试验:

第一周:

第 1 天：将试件放入（-20±2）℃的低温箱内，3h 后在试验机上于相同温度下拉伸试件至所要求的宽度，并在（-20±2）℃下保持拉伸状态 21h。

第 2 天：解除拉伸，将试件放入（70±2）℃的干燥箱内，3h 后在试验机上于相同温度下压缩试件至所要求的宽度，并在（70±2）℃下保持压缩状态 21h。

第 3 天：解除压缩，重复第 1 天步骤。

第 4 天：同第 2 天的步骤。

第 5 天～第 7 天：解除压缩，将试件以不受力状态于标准试验条件下放置。

第二周：重复第一周的步骤。

试验结束后，用精度为 0.5mm 的量具测量每个试件粘结或内聚破坏深度。

（七）试验报告

试验报告应写明下述内容：
a) 采用 GB/T 13477（参见表 5-1）的本部分；
b) 样品的名称、类型和批号；
c) 基材类别见 [（三）1]；
d) 是否用底涂料（如果使用）；
e) 处理方法（A 法或 B 法）；
f) 拉伸—压缩幅度见（六）；
g) 每个试件粘结或内聚破坏的深度与部位；
h) 与本部分规定试验条件的不同点。

十四、浸水及拉伸—压缩循环后粘结性的测定（CB/T 13477.14—2002）

CB/T 13477 的本部分规定了建筑密封材料在使用条件下耐受不同等级浸水能力的测试方法。

本部分适用于评价密封材料在规定时间内经持续浸水后对位移能力的影响。

（一）原理

将密封材料试样粘结在两个平行基材的表面之间，制成试件。在规定条件下于水中浸泡试件，然后用适当的设备反复拉伸/压缩试件，按密封材料所评定的位移能力的 50% 确定拉伸/压缩幅度。此程序重复一定次数，或直至一个或更多试件破坏。浸水后拉伸/压缩的循环次数与实际应用时预期的耐水性相关。

浸水既可以在环境温度（23℃）下进行，也可以在较高温度（40℃ 或 50℃）下进行，以加速水中暴露的影响。

（二）标准试验条件

试验室标准试验条件为：温度（23±2）℃、相对湿度 50%±5%。

（三）试验器具

1 粘结基材：符合 GB/T 13477.1（参见表 5-1）规定的水泥砂浆板、玻璃板或铝板，用于制备试件（每个试件用两个基材）。基材的形状及尺寸如图 5-18 和图 5-19 所示。按各方商定，也可选用其他材质和尺寸的基材，但密封材料试样粘结尺寸及面积应与图 5-20 和图 5-21 所示相同。

2 隔离垫块：表面应防粘，用于制备密封材料截面为12mm×12mm的试件（图5-18和图5-19）。

注：如隔离垫块的材质与密封材料相粘结，其表面应进行防粘处理，如薄涂蜡层。

3 防粘材料：防粘薄膜或防粘纸，如聚乙烯薄膜等。宜按密封材料生产厂的建议选用。用于制备试件。

4 鼓风干燥箱：温度可调至（70±2）℃。

5 恒温水浴：容积不少于10l，用于浸泡试件，水温可保持在（23±2）℃、（40±2）℃或（50±2）℃。

6 试验机：能以5～6mm/min的速度拉伸或压缩试件。

7 定位垫块和夹具：能使试件保持拉伸或压缩的幅度为原宽度的±6.25%或±12.5%。

8 量具：精度为0.5mm。

(四) 试件制备

用脱脂纱布清除水泥砂浆板表面浮灰。用丙酮等溶剂清洗铝板和玻璃板，并干燥之。

应按密封材料生产方的说明制备试件，如是否使用底涂料及多组分密封材料的混合程序。每种基材同时制备五个试件。

按图5-20和图5-19所示，在防粘材料上将两块粘结基材与两块隔离垫块组装成空腔。然后将在（23±2）℃下预先处理24h的密封材料样品嵌填在空腔内，制成试件。嵌填试样时必须注意：

a) 避免形成气泡；
b) 将试样挤压在基材的粘结面上，粘结密实；
c) 修整试样表面，使之与基材和垫块的上表面齐平。

将试件侧放，尽早去除防粘材料，以使试样充分固化。在固化期内，应将隔离垫块保持原位。

(五) 试件处理

按各方商定，试件可选用A法或B法处理。

1 A法

将制备好的试件于标准试验条件下放置28d。

2 B法

先按照A法处理试件，接着再将试件按下述程序处理三个循环：

a) 在（70±2）℃干燥箱内存放3d；
b) 在（23±2）℃蒸馏水中存放1d；
c) 在（70±2）℃干燥箱内存放2d；
d) 在（23±2）℃蒸馏水中存放1d。

上述程序也可以改为c—d—a—b。

注：B法是利用热和水的影响的一般处理程序，不宜给出有关密封材料耐久性的信息。

（六）试验步骤

1 浸水

除去试件上的隔离垫块，将试件在盛有 23℃、40℃ 或 50℃ 的蒸馏水的恒温水浴内放置 21d。然后取出试件，在标准试验条件下放置 1h。

2 拉伸—压缩循环试验

密封材料的位移能力应根据 GB/T 13477.12 或 GB/T 13477.13（参见表 5-1）规定的方法，参照《建筑结构　密封材料　分级和要求》（ISO 11600）确定。

拉伸—压缩循环试验的幅度应为按密封材料分级［见《建筑结构　密封材料　分级和要求》（ISO 11600：1993）表 1 和 4.2］所确定的位移能力的 50%，可以是其原始宽度的 ±6.25% 或 ±12.5%，也可以是各方商定值。

在标准试验条件下将试件安装在试验机上，以 5～6mm/min 的速度拉伸或压缩试件。拉伸—压缩循环试验的程序为：

a) 拉伸试件至规定宽度，插入相应宽度的定位垫块，保持拉伸状态 24h；
b) 松弛拉伸，将试件压缩至规定宽度，使用夹具使之保持压缩状态 24h；
c) 重复上述程序两次。

第三个循环结束时，松弛压缩并使试件在（23±2）℃ 中恢复 1h。

3 外观检查

检查每个试件粘结和内聚破坏情况，并用精度为 0.5mm 的量具测量破坏的深度（mm）。

4 重复试验

若五个试件均无破坏，或仅有一个试件粘结或内聚的破坏深度不超过 2mm，所有试件将返回至第一次浸水时相同温度的蒸馏水中放置，按本章第二节十四、（六）1～3 的步骤重复浸水和拉压循环，并报告外观检查结果。

此过程经用户同意可多次重复，或直至经浸水和循环运动过程后有两个或更多试件的粘结/内聚破坏深度超过 2mm 时为止。

（七）试验报告

试验报告应写明下述内容：

a) 采用 GB/T 13477（参见表 5-1）的本部分；
b) 样品的名称、类型和批号；
c) 基材类别见［（三）1］；
d) 所用底涂料（如果使用）；
e) 试件处理方法（A 法或 B 法）；
f) 试件浸水温度见［（六）1］；
g) 拉伸—压缩幅度见［（六）2］；
h) 浸水和拉伸—压缩的循环次数；
i) 每次循环结束时所有试件的外观检查结果；若发生破坏，其破坏的类型（粘结或内聚）、破坏深度和部位；
j) 与本部分规定试验条件的不同点。

十五、经过热、透过玻璃的人工光源和水暴露后粘结性的测定（GB/T 13477.15—2002）

GB/T 13477 的本部分规定了密封材料经过热、人工光源和水循环暴露后的粘结和内聚性能的测定方法。

注：试件经热、光源和水的循环暴露试验类似于密封材料实际使用时的自然老化条件，与实际使用状况相比，其加速因素是未知的，不能作为密封材料耐久性评价，但是可获得用于镶装玻璃的最低性能保证。

（一）原理

将密封材料试样粘结在两个平行玻璃板的表面之间，制成试件。在规定温度下使试件经过人工光源和水的循环暴露之后，将试件拉伸至规定宽度。保持拉伸状态至规定时间后，检查试件的粘结和内聚破坏情况。

（二）标准试验条件

试验室标准试验条件为：温度（23±2）℃、相对湿度（50±5）%。

（三）试验器具

1 玻璃基材：用于制备试件。玻璃材质应符合 GB/T 13477.1—2002 中 4.2（参见表 5-1）的规定，厚度为 6mm。每一试件由两个玻璃板组成，截面尺寸见图 5-20，其他尺寸的试验基材也可采用，但密封材料粘结的面积应与图 5-22 相同。

2 隔离垫块：表面应防粘，用于制备密封材料截面尺寸为 12mm×12mm 的试件（图 5-22）。

注：如果垫块材料能与密封材料相粘结，其表面应进行防粘处理，如涂蜡或用聚乙烯膜。

3 防粘材料：防粘薄膜或防粘纸，如聚乙烯薄膜等，用于制备试件。宜按密封材料生产厂商的建议选用。

4 鼓风干燥箱：温度可调至（70±2）℃，用于 B 法处理试件。

5 容器：盛有去离子水或蒸馏水，用于 B 法处理时浸泡试件。

6 带有人工光源的试验箱：能使试件在规定温度（即黑标准温度计测定的温度）的干燥条件下进行光源暴露，试验箱应充分通风，光线直接照射在玻璃基材的一个表面上（图 5-20）。

如果使用既可浸水、也可喷淋的全自动设备则可在同一试验箱内完成水中暴露，但应使用规定温度的蒸馏水。带有喷淋系统的循环暴露试验设备见《塑料实验室光源暴露试验方法 第 2 部分：氙弧灯光源》（GB/T 16422.2—1999）。

如果水中暴露在试验箱外进行（人工转移试件），应将试件浸泡在规定温度的去离子水中。

通过过滤避免试验用水的污染，建议将不同类型密封材料的试件相互隔离并使用新鲜水。如果使用循环水（例如喷淋），应勤用清洁水更换。

7 带有合适过滤器的人工光源：光源的光谱范围和分布应符合《塑料实验室光源暴露试验方法 第 2 部分：氙弧灯光源》（GB/T 16422.2—1999）中 4.1.1 方法 A 的规定，其中波长为 290～800nm 的光源在试件表面的辐照度为（550±75）W/m^2。

8 黑标准温度计：同《塑料实验室光源暴露试验方法 第 2 部分：氙弧灯光源》（GB/T 16422.2—1999）中 4.4。黑板温度计也可使用，在所给定的操作条件下，其所指

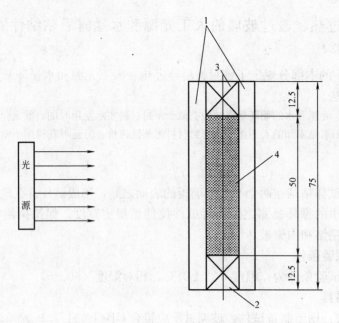

图 5-20 经过热、透过玻璃的人工光源和水暴露后粘结性能用试件
1—玻璃板；2、3—隔离垫块；4—试样

示的温度比黑标准温度计低。两者测量的温度差别可能多达 10℃。

读数只能在经历足够的时间后进行，因为此时温度变得较为稳定。温度也可控制，例如通过调整空气流动速度。

9 拉伸试验机：配有记录装置，拉伸速度可调为 5～6mm/min。

10 定位垫块：用于控制被拉伸的试件宽度，使试件保持绝对伸长率为 60%或 100%（表 5-6）。

11 量具：精度为 0.5mm。

试件拉伸后的宽度（试件初始宽度 12mm） 表 5-6

伸长率(%)	试件拉伸后的实际宽度(mm)
60	19.2
100	24.0

（四）试件制备

用丙酮等溶剂清洗玻璃板，并干燥之。

按密封材料生产方的说明制备试件，如是否使用底涂料及多组分密封材料的混合程序。每组同时制备三个试件。

按图 5-22 所示，在防粘材料上将两块粘结基材与两块隔离垫块组装成空腔。然后将在（23±2）℃下预先处理 24h 的密封材料样品嵌填在空腔内，制成试件。嵌填试样时必须注意：

a) 避免形成气泡；

b) 将试样挤压在基材的粘结面上，粘结密实；

c) 修整试样表面，使之与基材和垫块的上表面齐平。

将试件侧放，尽早去除防粘材料，以使试样充分固化。在28d内应将试件及隔离垫块保持原位。

(五) 试件处理

按各方商定，试件可选用A法或B法处理。

1　A法

将制备好的试件于标准试验条件下放置28d。

2　B法

先按照A法处理试件，接着再将试件按下述程序处理三个循环：

a) 在 (70±2)℃干燥箱内放置3d；
b) 在 (23±1)℃蒸馏水或去离子水中放置1d；
c) 在 (70±2)℃干燥箱内放置2d；
d) 在 (23±1)℃蒸馏水或去离子水中放置1d。

上述程序也可以改为c—d—a—b。

注：B法是利用热和水的影响的一般处理程序，不宜给出有关密封材料耐久性的信息。

(六) 试验步骤

1　概述

试件处理之后，除去隔离垫块，按各方商定可选用自动程序或人工程序进行人工气候循环暴露试验。

2　人工气候循环暴露试验

(1) 自动循环暴露试验

将三个试件放入试验箱内，按下述规定的试验条件进行循环暴露试验。暴露时间共500h，250次循环，每次循环120min，其中：

a) 干燥期102min：在此期间试件受光线照射且处加热状态。从干燥期开始，使温度上升，直至达到稳定温度 (65±3)℃，用黑标准温度计检测；
b) 湿态期18min：可采用喷淋或在水中浸泡，水温 (25±3)℃。湿态期内可关闭光源。

(2) 人工循环暴露试验

在干燥试验箱和湿态试验箱之间人工转移试件，此时湿态期应采用浸水。标记试件任一表面以保证始终是同一表面进行暴露。

规定的试验条件为：暴露时间共504h，三次循环，每次循环7d。其中：

a) 循环处理5d：每天浸入 (25±3)℃水中5h，然后在光照和 (65±3)℃下暴露19h；
b) 干态暴露2d：在光照和 (65±3)℃下暴露。

3　拉伸试验

人工气候循环暴露试验之后，将试件在标准试验条件下放置24h。

将试件装入拉力试验机以5～6mm/min的拉伸速度，拉伸幅度为初始宽度的60%或100%，用合适的定位垫块保持此拉伸状态24h。试件拉伸后的实际宽度见表5-6。

试验结束后，检查试件的粘结内聚破坏情况，用精度0.5mm的量具测量其破坏深度。

(七) 试验报告

试验报告写明下述内容：

a) 采用 GB/T 13477（参见表 5-1）的本部分；
b) 样品的名称、颜色、类型和批号；
c) 所用底涂料（如果使用）；
d) 试件处理方法（A 法或 B 法）；
e) 所用试验程序（暴露试验种类、灯和温度计的类型、灯的强度、浸水或喷淋），应说明湿态期是否进行光暴露；
f) 定伸宽度（%）；
g) 试件粘结或内聚破坏情况，破坏深度和部位；
h) 与规定试验条件的不同点。

十六、压缩特性的测定（GB/T 13477.16—2002）

GB/T 13477 的本部分规定了用于建筑结构接缝的密封材料抗压缩性能的测试方法。

(一) 原理

将待测密封材料粘结在两个平行表面之间制成试件，在规定条件下压缩试件至规定值，记录压力和应力。

(二) 试验器具

1 铝基材：用于制备试件（每个试件要求用两块基材），尺寸见图 5-21。

2 隔离垫块：用于制备密封材料截面为 12mm×12mm 的试件，表面防粘（图 5-21）。

注：若隔离垫块所用材料与密封材料相粘，其表面应进行防粘处理，如薄的蜡涂层。

3 防粘材料：防粘薄膜或防粘纸，如聚乙烯薄膜等，宜按密封材料生产厂的建议选用。用于制备试件。

4 鼓风式干燥箱：能控制温度在 (70±2)℃，用于 B 法处理试件。

5 容器：装有蒸馏水，用于 B 法处理试件。

6 试验机：具有记录装置，能以 (5~6)mm/min 速度压缩试件。

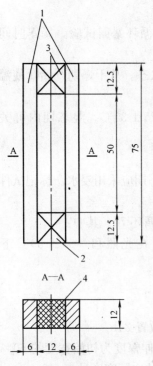

图 5-21 压缩特性用试件
1—铝基材；2、3—隔离垫块；4—试样

(三) 试件制备

制备三个试件。每个试件由两个基材 [见（二）1] 和两个隔离垫块 [见（二）2] 装配后（图 5-23）放置在防粘材料 [见（二）3] 上。

按密封材料生产方的要求制备试件，如是否使用底涂料及多组分密封材料的混合程序。

用已在 (23±2)℃ 条件下放置 24h 的密封材料填满基材和隔离垫块装配的空腔，并采取以下预防措施：

a) 避免形成气泡；

b) 将密封材料在基材粘结面上压实;
c) 修整密封材料表面,使之与基材和垫块表面齐平。

将试件侧放,尽早除去防粘材料,以使密封材料充分固化或干燥。在固化期内,应使隔离垫块保持原位。

(四) 试件处理

1 一般要求

根据有关各方要求,试件可按 A 法或 B 法进行处理。

2 A 法

试件在 (23 ± 2)℃、相对湿度 (50 ± 5)%下放置 28d。

3 B 法

试件按 7.1 处理后,再按下列步骤处理三个循环:

a) 在 (70 ± 2)℃干燥箱 [见 (二) 4] 中 3d;
b) 在盛有 (23 ± 1)℃蒸馏水的容器 [见 (二) 5] 中 1d;
c) 在 (70 ± 2)℃的干燥箱中 2d;
d) 在 (23 ± 1)℃的蒸馏水中 1d。

此循环也可按 c—d—a—b 顺序进行。

注:B 法是利用热和水的影响的一般处理程序,不宜给出有关密封材料耐久性的信息。

(五) 试验步骤

试验应在 (23 ± 2)℃温度下进行。

去除垫块,用试验机 [见 (二) 6] 压缩试件至初始宽度的 75% 或 80%,速度为 $(5\sim6)$mm/min。

表 5-7 给出试件压缩后的接缝宽度 W_1 (mm)。试件初始宽度 W_0 为 12mm。

记录试件达到规定的压缩率时压力 (N)。

压缩后的接缝宽度　　　　表 5-7

比例 W_1/W_0(%)	最终接缝宽度 W_1(mm)
75	9.0
80	9.6

(六) 试验报告

试验报告应写明下述内容:

a) 采用 GB/T 13477 (参见表 5-1) 的本部分;
b) 样品的名称和类型;
c) 样品的批号 (如果已知);
d) 所用底涂料 (如果已知);
e) 试件处理方法 (A 法或 B 法);
f) 试件压缩率见 (五);
g) 每个试件的压缩力 (N) 和计算应力 (N/mm^2)。
h) 与本部分规定试验条件的不同点。

十七、弹性恢复率的测定（GB/T 13477.17—2002）

GB/T 13477 的本部分规定了密封材料被持续拉伸后的弹性恢复率的测定方法。

（一）原理

将被测密封材料粘结在两个平行基材的表面之间，制成试件。将试件拉伸至规定宽度，在规定时间内保持拉伸状态，然后释放。以试件在拉伸前后宽度的变化报告弹性恢复率（以伸长的百分比表示）。

（二）标准试验条件

试验室标准试验条件为：温度（23±2）℃、相对湿度（50±5）%。

（三）试验器具

1　粘结基材：符合 GB/T 13477.1（参见表 5-1）规定的水泥砂浆板、玻璃板或铝板，用于制备试件（每个试件用两个基材）。基材的形状及尺寸如图 5-22 和图 5-23 所示。按各方商定，也可选用其他材质和尺寸的基材，但密封材料试样粘结尺寸及面积应与图 5-22 和图 5-23 所示相同。

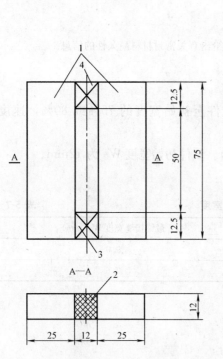 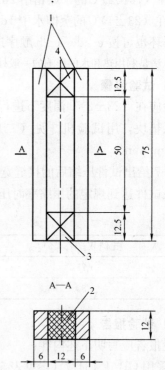

图 5-22　弹性恢复率用试件（水泥砂浆板）　　图 5-23　弹性恢复率用试件（铝板或玻璃板）
1—水泥砂浆板；2—试样；3、4—隔离垫块　　　1—铝板或玻璃板；2—试样；3、4—隔离垫板

2　隔离垫块：表面应防粘，用于制备密封材料截面为 12mm×12mm 的试件（图5-22 和图 5-23）。

注：如隔离垫块的材质与密封材料相粘结，其表面应进行防粘处理，如薄涂蜡层。

3　定位垫块：宽度 15.0mm、19.2mm 或 24.0mm，用于控制被拉伸试件的宽度，使试件保持绝对伸长率为 25%、60% 或 100%（见表 5-8）。

4 防粘材料：防粘薄膜或防粘纸，如聚乙烯薄膜等，宜按密封材料生产厂的建议选用。用于制备试件。

5 玻璃板：上面撒有滑石粉。

6 鼓风干燥箱：温度可调至（70±2）℃，用于 B 法处理试件。

7 拉伸试验机：可以 5～6mm/min 的速度拉伸试件。

8 游标卡尺：精确度为 0.1mm。

9 容器：用于 B 法处理时浸泡试件。

(四) 试件制备

用脱脂纱布清除水泥砂浆板表面浮灰。用丙酮等溶剂清洗铝板和玻璃板，并干燥之。

按密封材料生产方的说明制备试件，如是否使用底涂料及多组分密封材料的混合程序。每种基材同时制备三个试件。

按图 5-24 和图 5-25 所示，在防粘材料上将两块粘结基材与两块隔离垫块组装成空腔。然后将在（23±2）℃下预先处理 24h 的密封材料样品嵌填在空腔内，制成试件。嵌填试样时必须注意：

a) 避免形成气泡；

b) 将试样挤压在基材的粘结面上，粘结密实；

c) 修整试样表面，使之与基材和垫块的上表面齐平。

将试件侧放，尽早去除防粘材料，以使试样充分固化。在固化期内，应使隔离垫块保持原位。

(五) 试件处理

按各方商定，试件可选用 A 法或 B 法处理。

1 A 法

将制备好的试件于标准试验条件下放置 28d。

2 B 法

先按照 A 法处理试件，接着再将试件按下述程序处理三个循环：

a) 在（70±2）℃干燥箱内存放 3d；

b) 在（23±2）℃蒸馏水中存放 1d；

c) 在（70±2）℃干燥箱内存放 2d；

d) 在（23±2）℃蒸馏水中存放 1d。

上述程序也可以改为 c—d—a—b。

按 B 法处理后的试件，在试验之前应在标准条件下放置 24h。

注：B 法是利用热和水的影响的一般处理程序，不宜给出有关密封材料耐久性的信息。

(六) 试验步骤

在标准条件下进行弹性恢复率试验。

除去隔离垫块，用游标卡尺量出每一试件两端的初始宽度 W_0。然后将试件装入拉伸试验机上，以（5～6）mm/min 的速度拉伸试件至初始宽度的 25%、60%、100%，或各方商定的其他百分比。用 W_1 表示试件拉伸后的宽度。

表 5-8 给出了初始宽度为 12mm 的试件拉伸的百分比，以及对应的拉伸宽度（mm）。利用合适的定位垫块使试件保持拉伸状态 24h。然后去掉定位垫块，将试件以长轴向

垂直放置在平坦的低摩擦表面上，如撒有滑石粉的玻璃板上，静置1h。在每一试件两端同一位置测量弹性恢复后的宽度W_2，精确到0.1mm。

分别计算在试件两端测得的W_0、W_1、W_2的算术平均值。

试件的拉伸宽度（初始宽度12mm） 表5-8

伸长百分率(%)	拉伸后的宽度(mm)
25	15.0
60	19.2
100	24.0

（七）试验结果计算

弹性恢复率R_e按式（5-6）计算：

$$R_e = \frac{W_1 - W_2}{W_1 - W_0} \times 100 \tag{5-6}$$

式中　R_e——弹性恢复率，(%)；

　　　W_0——试件的初始宽度，(mm)；

　　　W_1——试件拉伸后的宽度，(mm)；

　　　W_2——试件弹性恢复后的宽度，(mm)。

记录每个试件的弹性恢复率和三个试件弹性恢复率的算术平均值，精确到1%。

（八）试验报告

试验报告应写明下述内容：

a) 采用GB/T 13477（参见表5-1）的本部分；
b) 样品的名称、类型和批号；
c) 基材种类见（三）1；
d) 所用底涂料（如果使用）；
e) 试件处理方法（A法或B法）；
f) 伸长率（%）；
g) 每一试件的弹性恢复率（%）；
h) 每组试件的平均弹性恢复率（%）；
i) 与本部分规定试验条件的不同点。

十八、剥离粘结性的测定（GB/T 13477.18—2002）

GB/T 13477的本部分规定了建筑密封材料剥离粘结性的测定方法。

本部分适用于测定弹性建筑密封材料的剥离强度和破坏状况。

（一）原理

将被测密封材料涂在粘结基材上，并埋入一布条，制得试件。于规定条件下将试件养护至规定时间，然后使用拉伸试验机将埋放在布条沿180°方向从粘结基材上剥下，测定剥下布条时的拉力值及密封材料与粘结基材剥离时的破坏状况。

注：通常利用剥离粘结试验确定密封材料与底涂料在特殊或专用粘结基材上的粘结性能。

（二）标准试验条件

试验室标准试验条件为：温度（23±2）℃、相对湿度（50±5）%。

（三）试验器具

1 拉力试验机：配有拉伸夹具和记录装置，拉伸速度可调至 50mm/min。

2 铝合金材：材质符合 GB/T 13477.1—2002 中 4.3.2（参见表 5-11）的规定，尺寸 150mm×75mm×5mm。

3 水泥砂浆板：原材料及制备方法同 GB/T 13477.1—2002 中 4.1.2 和 4.1.3（参见表 5-1），具有粗糙表面，尺寸 150mm×75mm×10mm。

4 玻璃板：材质符合 GB/T 13477.1 的 4.2（参见表 5-1）的规定，尺寸 150mm×75mm×5mm。

注：鉴于密封材料的粘结性与粘结基材的性质有关系，建议在可能的情况下，还要用建筑工程中实际使用的粘结基材代替（三）2、（三）3 和（三）4 中描述的标准粘结基材进行剥离试验。常用的这类粘结基材包括砖、大理石、石灰石、花岗石、不锈钢、塑料、石片和其他粘结基材。可根据实际情况使用其他尺寸的试件进行试验，但密封材料的厚度应符合规定要求。

5 垫板：4 只，用硬木、金属或玻璃制成。其中 2 尺寸为 150mm×75mm×5mm，用于在铝板或玻璃板上制备试件，另 2 只尺寸为 150mm×75mm×10mm，用于在水泥砂浆板上制备试件。

6 玻璃棒：直径 12mm，长 300mm。

7 不锈钢棒或黄铜棒：直径 1.5mm，长 300mm。

8 遮蔽条：成卷纸条，条宽 25mm。

9 布条/金属丝网：脱水处理的 8×10 或 8×12 帆布，尺寸为 180mm×75mm，厚约 0.8mm；或用 30 目（孔径约 1.5mm）、厚度 0.5mm 的金属丝网。

10 刮刀。

11 锋利小刀。

12 紫外线辐照箱：灯管功率 300W。灯管与箱底平行，并且距离可调节，箱内温度可调至（65±3）℃。

（四）试件制备

1 将被测密封材料在未打开的原包装中置于标准条件下处理 24h，样品数量不少于 250g。如果是多组分密封材料，还要同时处理相应的固化剂。

2 用刷子清理水泥砂浆板表面，用丙酮或二甲苯清洗玻璃和铝基材，干燥后备用。根据密封材料生产厂的说明或有关各方的商定在基材上涂刷底涂料。每种基材准备两块板，并在每块基材上制备两个试件。

3 在粘结基材上横向放置一条 25mm 宽的遮蔽条，条的下边距基材的下边至少 75mm。然后将已在标准条件下处理过的试样涂抹在粘结基材上（多组分试样应按生产厂的配合比将各组分充分混合 5min 后再涂抹），涂抹面积为 100mm×75mm（包括遮蔽条），涂抹厚度约 2mm。

4 用刮刀将试样涂刮在布条一端，面积为 100mm×75mm，布条两面均涂试样，直到试样渗透布条为止。

5 将涂好试样的布条/金属丝网放在已涂试样的基材上，基材两侧各放置一块厚度合适的垫板。在每块垫板上纵向放置一根金属棒。从有遮蔽条的一端开始,用玻璃棒沿金属棒滚动,挤压下面的布条/金属丝网和试样,直至试样的厚度均达到1.5mm,除去多余的试样。

6 将制得的试件在标准条件下养护28d。多组分试件养护14d。养护7d后应在布/金属丝网上复涂一层1.5mm厚试样。

7 养护结束后,用锋利的刀片沿试件纵向切割4条线,每次都要切透试料和布条/金属丝网至基材表面。留下2条25mm宽的、埋有布条/金属丝网的试料带,两条带的间距为10mm,除去其余部分。

8 如果剥离粘结性试件是玻璃基材,则在(四)7步骤之后,应将试件放入紫外线辐照箱,调节灯管与试件间的距离,使紫外线辐照强度为(2000~3000)$\mu W/cm^2$,温度为(65 ± 3)℃。试件的试料表面应背朝光源,透过玻璃进行紫外线暴露试验。在无水条件下紫外线暴露200h,然后继续(四)9步骤。

9 将试件在蒸馏水中浸泡7d。水泥砂浆试件应与玻璃、铝试件分别浸泡。

(五) 试验步骤

1 从水中取出试件后,立即擦干。将试料与遮蔽条分开,从下边切开12mm试料,仅在基材上留下63mm长的试料带。

2 将试件装入拉力试验机,以50mm/min的速度于180°方向拉伸布条/金属丝网,使试料从基材上剥离。剥离时间约1min。记录剥离时拉力峰值的平均值(N)。若发现从试料上剥下的布条/金属丝网很干净,应舍弃记录的数据,用刀片沿试料与基材的粘结面上切开一个缝口,继续进行试验。

对每种基材应测试两块试件上的4条试验带。

计算并记录每种基材上4条试料带的剥离强度及其平均值(N/mm)和每条试料带粘结或内聚破坏面积的百分率(%)。

(六) 试验报告

试验报告应写明下述内容:

a) 采用GB/T 13477(参见表5-1)的本部分;
b) 样品名称、类型和批号;
c) 基材类别见(三)2、(三)3和(三)4;
d) 所用底涂料(如果使用);
e) 每种基材上4条试料带的剥离强度及其平均值(N/mm);
f) 每条试料带粘结或内聚破坏面积的百分率(%);
g) 布条的破坏情况;
h) 与本部分规定试验条件的不同点。

十九、质量与体积变化的测定(GB/T 13477.19—2002)

GB/T 13477的本部分规定了建筑结构接缝用密封材料质量变化与体积变化的测定方法。

(一) 原理

在金属环中填充被测密封材料组成试件,经室温和升温处理后测试并记录处理前后试件质量和（或）体积的变化。

（二）试验器具

1　耐腐蚀的金属环：尺寸约为外径 34mm，内径 30mm，高 10mm。每个环上设有吊钩或弹簧，以便称量时用丝线悬挂。

2　防粘材料：成型试件用，如潮湿的纸。

3　养护箱：能控制温度（23±2）℃，相对湿度（50±2）%。

4　鼓风式干燥箱：温度能控制在（70±2）℃。

5　天平：精度 0.01g。

6　比重天平：精度 0.01g。

7　试验液体：温度（23±2）℃，由水和外加不多于 0.25%（质量比）的低泡沫表面活性剂组成。对于水敏感性密封材料，采用沸点为 99℃，密封 0.7g/ml 的异辛烷（2,2,4-三甲基戊烷）。

8　容器：用于在试验液体中浸泡试件。

（三）试件制备

1　每组试验准备三个金属环试件。

2　用天平［见（二）5］称量每个金属环质量（m_1）。对于体积测定，还应在试验液体［见（二）7］中用比重天平［见（二）6］称量质量（m_2）。把金属环放在防粘材料［见（二）2］上，然后将已在（23±2）℃和相对湿度（50±5）%条件下放置 24h 的被测密封材料试样填满金属环。嵌填时必须注意：

(1) 避免形成气泡；

(2) 将密封材料在金属环的内表面上压实；

(3) 修整密封材料表面，使之与金属环的上缘齐平。

3　从防粘材料上立即移去试件并称量（m_3、m_4）。

（四）试验步骤

将已称量的试件悬挂并在下述条件养护：

(1) 在养护箱［(二)3］内于（23±2）℃和相对湿度（50±5）%条件下放置 28d；

(2) 在（70±2）℃干燥箱［(二)4］中放置 7d；

(3) 在（23±2）℃和相对湿度（50±5）%条件下放置 1d。

然后立即称量试件（m_5、m_6）。

（五）试验结果计算

1　质量变化

每个试件的质量变化率 Δm 应用（5-7）式计算：

$$\Delta m = \frac{m_5 - m_3}{m_3 - m_1} \times 100 \tag{5-7}$$

式中　Δm——质量变化率，(%)；

　　　m_1——填充密封材料前金属环在空气中时质量，单位为克（g）；

　　　m_3——试件制备后立即在空气中称量的质量，单位为克（g）；

　　　m_5——试件处理后立即在空气中称量的质量，单位为克（g）。

试验结果以三个试件质量变化率的算术平均值表示。

2 体积变化

每个试件的体积变化率 ΔV 应用（5-8）式计算：

$$\Delta V = \frac{(m_5 - m_6) - (m_3 - m_4)}{(m_3 - m_4) - (m_1 - m_2)} \times 100 \tag{5-8}$$

式中 ΔV——体积变化率，单位为百分数（%）；

　　　m_2——填充密封材料前金属环在试验液体中时质量，单位为克（g）；

　　　m_4——试件制备后立即在试验液体中称量的质量，单位为克（g）；

　　　m_6——试件处理后立即在试验液体中称量的质量，单位为克（g）。

m_1、m_3 和 m_5 同式 5-7。

试验结果以三个试件体积变化率的算术平均值表示。

（六）试验报告

试验报告应写明下述内容：

a）采用 GB/T 13477 参见表 5-1 的本部分；

b）样品的名称、类型和批号；

c）质量变化率和/或体积变化率的平均值（%）；

d）与本部分规定试验条件的不同点。

二十、污染性的测定（GB/T 13477.20—2002）

GB/T 13477 的本部分规定了建筑密封材料污染性的测定方法。

本部分的试验方法 A 适用于单组分溶剂型密封材料组分渗出、扩散程度的测定。其他类型的密封材料也可参照采用。

本部分的试验方法 B 适用于在加速试验条件下弹性密封材料对多孔基材（如大理石、石灰石、砂石、花岗石等）污染性的测定。

注：密封材料对基材的污染影响建筑装饰效果，应尽量避免发生。本部分规定的两种试验方法仅能评价由于密封材料内部组分渗出使多孔基材上产生早期污染的可能性，无法预测由于其他原因或因长期使用而使多孔基材污染、变色的可能性。

（一）原理

1 试验方法 A

将被测密封材料填入规定尺寸的金属环中，置于叠层滤纸之上，经过规定时间后，测量滤纸上污染的渗出幅度和被污染滤纸的张数，以两者之和（即渗出指数）作为试验结果。

2 试验方法 B

将被测密封材料填入两个规定尺寸的多孔基材之间，制成试件。将试件按位移能力等级压缩并夹紧，分别在标准试验条件、受热条件及紫外线暴露条件下保持压缩状态至规定时间，目测评价基材表面产生的变化及污染深度和宽度的平均值。

（二）标准试验条件

试验室标准试验条件为：温度（23±2）℃、相对湿度（50±5）%。

(三) 试验器具

1　鼓风式干燥箱：温度可调至 (70±2)℃和 (105±2)℃。
2　黄铜环：内径 20mm，高 20mm，下端的环壁斜削至内径。
3　快速定性滤纸：10 张，直径 90mm。
4　铝箔：边长 35mm 的正方形。
5　砝码：300g，直径约 35mm。
6　刮刀。
7　玻璃板：100mm×100mm。
8　干燥器：带有干燥剂。
9　紫外线箱：紫外灯功率 300W，灯管与箱底平行，并且距离可调节，温度可调至 (50±2)℃。
10　夹具：可使试件保持压缩状态。
11　防粘垫块。
12　遮蔽带。

(四) 试验方法 A

1　试件制备

(1) 应从未打开过的容器中取样，使用之前必须搅拌均匀。将装在密闭容器中的试样于标准试验条件下至少处理 24h。

(2) 于温度为 (105±2)℃的干燥箱内将 10 张滤纸烘干 5～8h；然后从干燥箱中取出滤纸，置于干燥器中，直至冷却。

(3) 从干燥器中取出 10 张滤纸，钉在一起放在玻璃板上。将黄铜环的斜边朝下放在滤纸中央，然后把在标准条件下处理过的试样填入环内，使之与环的上端齐平。注意勿留气孔，在黄铜环上放置一张铝箔，铝箔上再放 300g 的砝码。同时制备两个试件。

2　试验步骤

将制备好的试件在标准条件下放置 72h。用刮刀轻轻插入黄铜环的底部。取下黄铜环和试样，将上面第一张滤纸连同玻璃板对准光源，用削尖的铅笔标出渗出痕迹的最大和最小直径，测量其尺寸，精确到 0.5mm，从这两个直径的平均值中减去环的直径，再除以 2，记录计算结果，即渗出幅度。

分别将 10 张滤纸对准光源，检查其污染痕迹。记录有污染痕迹的滤纸的张数，即渗出张数。以渗出幅度与渗出张数之和记为渗出指数。

(五) 试验方法 B

1　试件制备

(1) 试验选用实际工程用基材或白色及浅色基材，尺寸 75mm×25mm×(20～25)mm，每组共需 24 块基材，制备 12 块试件。当生产方推荐使用底涂料时，应在每个试件的一块基材的被粘面上涂覆底涂料，另一块不涂，以作对比。

(2) 将未开封的密封材料于标准条件下放置 24h，然后取不少于 250g 的试样（多组分密封材料应将基胶与适量的固化剂混合搅拌 5min），按图 5-24 所示在平行于基材 25mm×75mm 的面间嵌填制成 12mm×12mm×50mm 的密封胶层。嵌填试样前，应在试件上表面粘结遮蔽带，以保护上表面的清洁。嵌填、修整后立即除去遮蔽带。

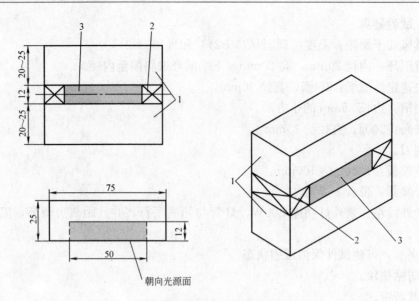

图 5-24 污染性试验用试件
1—基材;2—防粘垫块;3—密封材料

(3) 将制备好的试件在标准条件下放置 21d,在此期间,宜尽早除去防粘垫块,但不得使密封材料受损。

2 试验步骤

(1) 用夹具将所有试件压缩并固定夹紧,压缩幅度应与密封材料生产厂指明的位移能力相同。

(2) 将四个压缩试件放置在标准条件下,14d 时取出两个试件,28d 时再取出两个试件。

(3) 将四个压缩试件放置在 (70±2)℃ 的干燥箱中,14d 时取出两个试件,28d 时再取出两个试件。

(4) 将四个压缩试件放置在紫外线箱中,试件的表面朝向光源,调节灯管与试件间的距离,以 $2000\sim3000\mu W/cm^2$ 的辐照强度连续照射试件。照射期间,紫外线箱内温度保持 (50±2)℃,紫外线辐照强度每 7d 测定一次。14d 时取出两个试件,28d 时再取出两个试件。

(5) 将所有取出的试件在标准条件下放置 24h,检查试件每块基材的上表面,记录表面的任何变化。测量至少三点的污染宽度 (mm),记录其平均值,精确至 0.5mm。若使用底涂料,则应记录每个试件有底涂料和无底涂料的基材污染宽度值。

(6) 将基材从 25mm 宽度方向中间敲成两块 (最后的基材尺寸约为 40mm×25mm×25mm),若表面有污染,则从最大污染处敲开基材,测量至少三点的污染深度 (mm),记录其平均值,精确到 0.5mm。若使用底涂料,则应分别记录每个试件有底涂和无底涂基材的污染深度值。

(六) 试验报告

1 采用试验方法 A 的试验报告应写明下述内容:
a) 采用 GB/T 13477 (参见表 5-1) 的本部分;

b）样品名称、类型和批号；

c）渗出幅度（mm）；

d）渗出张数（张）；

e）渗出指数；

f）与本部分规定试验条件的不同点。

2　采用试验方法 B 的试验报告应写明下述内容：

a）采用 GB/T 13477（参见表 5-1）的本部分；

b）样品的名称、类别、批号和位移能力；

c）基材种类；

d）是否使用底涂料；

e）每种试验条件下，基材表面变色情况、污染宽度的平均值（mm）和污染深度的平均值（mm）；

f）与本部分规定试验条件的不同点。

二十一、附录建筑密封材料试验方法（GB/T 13477—92）

（一）主题内容与适用范围

本标准规定了建筑密封材料的密度、挤出性、表干时间、渗出性、下垂度、低温柔性、拉伸粘结性、定伸粘结性、恢复率、剥离粘结性、拉伸-压缩循环性等物理性能测试方法。

本标准适用于以有机硅、聚硫、聚氨酯、丙烯酸酯等合成高聚物为基材的弹性、弹塑性膏状非定型密封材料的检测。

（二）标准试验条件

试验室标准试验条件为：

温度（23±2）℃；相对湿度 45%～55%。

（三）密度的测定

1　试验器具

（1）金属环：如图 5-25 所示，用黄铜或不锈钢制成。高 12mm，内径 65mm，厚约 2mm。环的上表面和下表面要平整光滑，与上板和下板密封良好。

（2）上板和下板：用玻璃板。上板上有 V 字形缺口，厚度上板为 2mm，下板为 3mm，尺寸均为 85mm×85mm。表面平整，与金属环密封良好。

（3）滴定管：容量 50ml。

（4）天平：称量 500g，感量 0.1g。

2　试验步骤

（1）金属环容积的标定

将环置于下板中部，与下板密切接合，为防止滴定时漏水，可用密封材料等密封下板与环的接缝处。用滴定管往金属环中滴注 20℃ 的水，即将满盈时盖上上板，

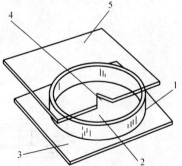

图 5-25　密度试验器具
1—铜环；2—填充试料；3—下板；
4—缺口；5—上板

继续滴注水,直至环内气泡全部消除。从滴定管的读数差求取金属环的容积V(ml)。

(2) 质量的测定

把金属环置于下板中部,测定其质量M_0。在环内填充试料,将试料在环和下板上填嵌密实,不得有空隙,一直填充到金属环的上部,然后用刮刀沿环上部刮平,测定质量M_1。

3 结果计算

密度按式 (5-9) 计算,取 3 个试件的平均值:

$$\rho = \frac{M_1 - M_0}{V} \qquad (5-9)$$

式中 ρ——密度,g/cm;

V——金属环的容积,cm^3;

M_0——下板和金属环的质量,g;

M_1——下板、金属环及试料的质量,g。

4 试验报告

试验报告应写明下述内容:

a. 试件名称、类型、批号;

b. 密度,精确至 0.1g/cm^3。

(四) 挤出性的测定

1 试验器具

(1) 挤出器:177ml 聚乙烯筒或 400ml 金属筒,喷嘴直径可采用 2mm、4mm、6mm 或 10mm (构造见图 5-26)。

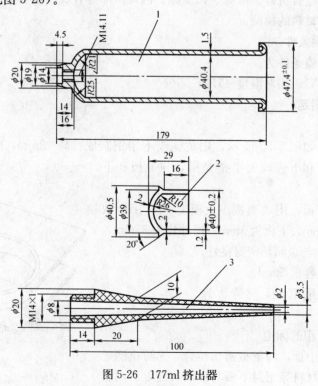

图 5-26 177ml 挤出器

1—挤出筒;2—活塞;3—喷嘴

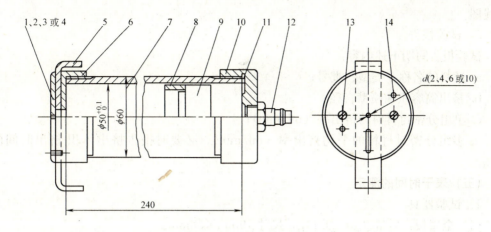

图 5-27 400ml 挤出器
1、2、3、4—喷嘴；5—滑动杆；6—喷口盖；7—挤出筒；8—活塞；9—活塞环；
10—底盘；11—橡胶垫圈；12—接头；13—螺钉；14—平行插头

(2) 稳压气源：压力保持在 (200±2.5)kPa。

(3) 玻璃量筒：容积为 1000ml。

(4) 秒表。

(5) 天平：称量 500g，感量 0.5g。

2 试验步骤

将待测试料和所用器具在标准条件下至少放置 8h。试验在标准条件下进行。

将试料填入挤出筒，注意勿留气孔。如果试料为多组分密封材料，应按规定配比混合均匀后立即填入挤出筒。将喷嘴和活塞装在挤出筒上，使试料充满喷嘴。

(1) 单组分密封材料的测试

以 (200±2.5)kPa 的压缩空气挤完挤出器中的试料，同时用秒表测量所需时间。根据挤出筒的体积和所用的挤出时间计算试料的挤出率 (ml/min)。

(2) 多组分密封材料的测试

A 法：将 500ml 蒸馏水倒入带刻度的量筒中，读出水的体积。以 (200±2.5)kPa 的压缩空气从挤出筒中往盛有水的量筒中挤入大约 30ml 试料，记下所用的时间，同时读出量筒内水的体积增量，记作试料第一次挤出的体积 (ml)。第一次挤出应在各组分混合均匀后 15min 时进行。

上述操作至少应重复 3 次，即每隔适当时间挤出大约 30ml 试料。记下每次挤出所用的时间和挤出试料的体积，计算平均挤出率 (ml/min)。

B 法：以 (200±2.5)kPa 的压缩空气从挤出筒中挤出试料至天平上，挤出时间为 30s，记录挤出试料的质量，精确至 1g。然后每隔适当时间重复一次。第一次挤出应在各组分混合均匀后 15min 进行。

上述操作至少应重复 3 次，计算平均挤出量 (g/min)。根据试料的密度计算平均挤出率 (ml/min)。

A 法作为仲裁试验方法。

必要时，可利用挤出时间间隔，各次挤出时间和挤出体积绘制挤出体积-挤出时间的曲线图。

3 试验报告

试验报告写明下述内容：

a. 试料的名称、类型、批号；

b. 挤出筒容积和喷嘴直径；

c. 单组分密封材料的挤出率（ml/min）；

d. 多组分密封材料的平均挤出率（ml/min）。必要时报告挤出体积-挤出时间的曲线图。

（五）表干时间的测定

1 试验器具

（1）金属板：质量（40±0.1）g，尺寸19mm×38mm。

（2）模框：矩形，用钢或铜制成，内部尺寸25mm×95mm，外形尺寸50mm×120mm，厚度3mm。

（3）玻璃板：尺寸80mm×130mm，厚度5mm。

（4）聚乙烯薄膜：2张，尺寸25mm×130mm，厚度约0.1mm。

（5）刮刀。

2 试件制备

用丙酮等溶剂清洗模框和玻璃板。将模框居中放置在玻璃板上，用在标准条件下至少放置过5h的试料小心填满模框，勿留气孔。用刮刀刮平试料，使之厚度均匀（3mm）。同时制备两个试件。

3 试验步骤

将制备好的试件在标准条件下静置一定的时间，然后在试料表面纵向$\frac{1}{2}$处放置聚乙烯薄膜，薄膜上中心位置加放金属板。30s后移去金属板，将薄膜以90°角从试料表面在15s内匀速揭下，相隔适当时间重复上述操作。直至无试料粘附在聚乙烯条上为止。记录试件成型后至试料不再粘附在聚乙烯条上所经历的时间。

4 试验报告

试验报告应写明下述内容：

a. 试料名称、类型、批号；

b. 试料表干时间（h）。

（六）渗出性的测定

本方法不适用于检测天然石材砌体工程（如大理石、花岗岩等）所用的密封材料。

1 试验器具

a. 鼓风式干燥箱：温度可调至（105±2）℃；

b. 黄铜环：内径20mm，高20mm，一端的环壁斜削至内径；

c. 快速定性滤纸：直径90mm；

d. 铝箔：边长25mm的正方形；

e. 砝码：300g，直径35mm；

f. 刮刀。

g. 玻璃板：100mm×100mm。

2 试件制备

从干燥器中取出 10 张经 (105±2)℃烘干 5～8h 的滤纸，钉在一起放在玻璃板上。将黄铜环的斜边朝下放在滤纸中央，然后把在标准条件下至少放置 5h 的试料填入环内，使之与环的上端齐平。注意勿留气孔，在黄铜环上放置一张铝箔，铝箔上再放 300g 的砝码。同时制备两个试件。

3 试验步骤

将制备好的试件在标准条件下放置 72h。用刮刀轻轻插入黄铜环的底部，取下黄铜环和试料，将上面第一张滤纸连同玻璃板放到亮处，用铅笔标出析出的最大和最小直径，精确到 0.5mm，从这两个直径的平均值中减去环的直径，再除以 2，即为测得的渗出幅度。

将 10 张滤纸放到亮光下，分别检查其渗出张数。凡有污染痕迹的滤纸都算作渗出张数。以渗出幅度与渗出张数之和记为渗出指数。

4 试验报告

试验报告应写明下述内容：

a. 试料名称、类型、批号；

b. 渗出幅度 (mm)；

c. 渗出张数 (张)；

d. 渗出指数。

(七) 下垂度的测定

1 试验器具

(1). 模具：如图 5-28 所示用非阳极化铝合金制成。长度 (150±0.2)mm，两端开口，其中一端底面延伸 (50±0.5)mm，横截面的内部尺寸有两种类型。

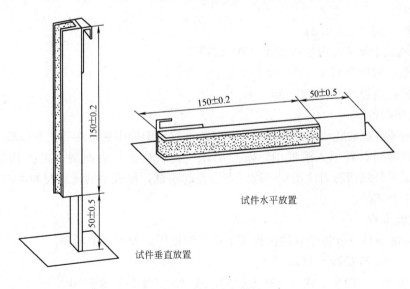

图 5-28 下垂度模具

a. 型宽 (10±0.2)mm，深 (10±0.2)mm；

b. 型宽 (20±0.2)mm，深 (10±0.2)mm。

(2) 鼓风干燥箱：温度能控制在（50±2）℃、（70±2）℃。

(3) 低温恒温箱：温度能控制在（5±2）℃。

(4) 钢板尺，单位为 mm。

(5) 聚乙烯薄膜，厚约 0.1mm。

2　试件制备

将模具用丙酮或二甲苯擦净并干燥之，把聚乙烯薄膜衬在底部，使其盖住模具上部边缘，并固定在外侧，然后把已在标准条件下放置 24h 的密封材料用刮刀填入模具内，使之与模具上表面齐平，注意勿留气孔。每组制备三个试件。

3　试验步骤

将制备好的试件垂直悬挂或水平放置在已调节至（70±2）℃、（50±2）℃或（5±2）℃的恒温箱内，恒温 24h。然后从恒温箱中取出试件。垂直悬挂在试件是测量试料从模具的下端到下端点的长度（mm）。水平放置的试件是测量试料从模具的上边沿流出的最大距离（mm）。两种放置方法可同时采用，也可选其中一种。

4　试验报告

试验报告应写明下述内容：

a. 试料的名称、类别、批号；

b. 试件型号和试验温度；

c. 试件放置方法；

d. 每一试件的下垂值及三个试件下垂值的平均值，精确至 1mm。

（八）低温柔性的测定

1　试验器具

a. 铝片：尺寸 130mm×76mm，厚度 0.3mm；

b. 刮刀；

c. 模框：同（五）1.2；

d. 鼓风式干燥箱：温度可调至（70±2）℃；

e. 冰箱：温度可调至（−20±2）℃、（−30±2）℃、（−40±2）℃。

f. 圆棒：直径 6mm 或 25mm。

2　试件制备

用丙酮等溶剂彻底清洗模框和铝片，将模框置于铝片中部，然后把在标准条件下至少放置 24h 的密封材料填入模框内，防止出现气孔、将试料表面刮平，使其厚度均匀达 3mm。沿试料外缘用薄刀片切割一周，垂直提起模框，使成型的密封材料粘牢在铝片上，同时制备 3 个试件。

3　试验步骤

将在标准条件下放置 28d 的试件按下面的温度周期养护 3 个循环：

a. 于（70±2）℃养护 16h；

b. 于（−20±2）℃、或（−30±2）℃、或（−40±2）℃养护 8h。

在第三个循环养护周期结束时，使冰箱里的试件和圆棒同时处于规定的低温试验温度下，用手将试件绕规定直径的圆棒弯曲 180°，弯曲时试件粘有试料的一面朝外，弯曲操作在 1~2s 内完成。弯曲之后立即检查试料开裂、剥离及粘结损坏情况。

4 试验报告

试验报告应写明下述内容：

a. 试料的名称、类别、批号；

b. 圆棒直径；

c. 低温试验温度；

d. 试件裂缝及粘结破坏情况。

（九）拉伸粘结性能的测定

1 试验器具

（1）粘结基材：可用水泥砂浆板、铝板或玻璃板，其形状及尺寸如图5-29所示。

注：在用玻璃板测试高模量的密封材料时，应采用增强方法，使玻璃板具有足够的强度，或用50mm×50mm×5mm玻璃板。

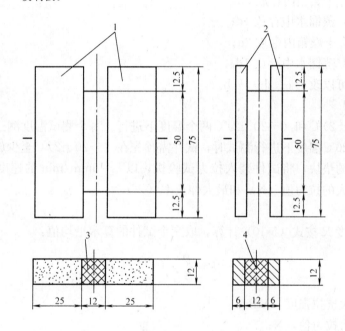

图5-29 拉伸性能、定伸性能和拉伸-压缩循环性能用试件（A型）
1—水泥砂浆板；2—铝板或玻璃板；3、4—试料

（2）隔离垫块：可用聚丙烯、聚乙烯或浸蜡的木块。尺寸为12mm×12mm×12.5mm，用于制备试件。

（3）防粘薄膜或防粘纸。

（4）拉力试验机：配有记录装置，拉伸速度可调为5～6mm/min。

（5）致冷箱：容积能容纳拉力试验机拉伸装置，温度可调至（-20±2）℃。

（6）鼓风干燥箱：温度可调至（70±2）℃。

（7）容器：用于浸泡试件。

2 试件制备

用32.5级或42.5级硅酸盐水泥和标准砂按1：1.5比例，水灰比为0.4～0.5的水泥砂浆注入模具中，成型拆模后在约20℃的水中养护7d后制成水泥砂浆板。清除水泥砂浆板表面的浮浆，用丙酮等溶剂清洗铝板或玻璃板，干燥后备用。

按图 5-30 所示，在防粘薄膜或防粘纸上将两块粘结基材与两块隔离垫块组装成空腔。然后在空腔内嵌填已在标准条件下放置 24h 的试料制成试件。每组试件制备 3 块。嵌填试料时必须注意：

  a. 避免形成气泡；
  b. 将试料挤压在基材的粘结面上，粘结密实；
  c. 修整试料表面，使之与基材与垫块的上表面齐平。

3 试件处理

（1）A法：将制备好的试件于标准条件下放置 28d。

（2）B法：先按照 A 法处理试件，接着再将试件按下述程序处理 3 个循环：

  a. （70±2）℃干燥箱内存放 3d；
  b. （23±2）℃蒸馏水中存放 1d；
  c. （70±2）℃干燥箱内存放 2d；
  d. （23±2）℃蒸馏水中存放 1d。

上述程序也可以改为 c—d—a—b。

4 试验步骤

试验在（23±2）℃和（-20±2）℃两个温度下进行。每个测试温度测三个试件。当试件在-20℃温度下进行测试时，试件需预先在（-20±2）℃至少放置 4h。

除去试件上的垫块，将试件装入拉力试验机，以 5～6mm/min 的速度拉伸至试件破裂为止。记下最大的拉力值（N）和最大伸长率（%）。

5 结果计算

最大抗拉强度 R 按式（5-10）计算，取三个试件的算术平均值：

$$R=\frac{P}{S}\times 10^{-2} \tag{5-10}$$

式中 R——最大抗拉强度，MPa；
    P——最大拉力值，N；
    S——试件截面积，cm^2。

最大伸长率 L 按式（5-11）计算，取三个试件的算术平均值：

$$L=\frac{L_2-L_1}{L_1}\times 100 \tag{5-11}$$

式中 L——最大伸长率，%；
    L_1——原始长度，mm；
    L_2——最大拉伸长度，mm。

6 试验报告

试验报告应写明下述内容：

  a. 试料名称、类别、批号；
  b. 基材类别；
  c. 是否用底涂料；

d. 试件处理方法（A 法或 B 法）;

e. 试件的最大抗拉强度值（MPa）和最大伸长率（%），必要时可报告应力-应变曲线图;

f. 试件的破坏形式（粘结破坏或内聚破坏）。

（十）定伸粘结性能的测定

1　试验器具

a. 粘结基材同（九）1（1）。

b. 隔离垫块同（九）1（2）。

c. 垫块：用于控制被拉伸的试件宽度，使其保持原宽度的 125%、160% 或 200%。

d. 拉力试验机：同（九）1（4）和（九）1（5）。

2　试件制备

同（九）2 条。

3　试件处理

同（九）3 条。

4　试验步骤

在 (23 ± 2)℃ 和 (-20 ± 2)℃ 两个温度下进行定伸试验。每一温度条件下测试三个试件。在 -20℃ 测量时，试件事先要在 (-20 ± 2)℃ 温度下放置 4h。

将试件除去隔离垫块，置入拉力机夹具内以 5～6mm/min 拉伸速度将试件拉伸至原宽度的 125%、160% 或 200%。然后用（十）1 条中 c 项所规定的相应尺寸的垫块插入已拉伸至规定宽度的试件中并在相应试验温度下保持 24h。

记录试料粘结或内聚破坏情况。在 -20℃ 试验时，应将试件从冰箱中取出并待其融化后方能记录它的粘结或内聚破坏情况。

5　试验报告

试验报告应写明下述内容：

a. 试料的名称、类型、批号;

b. 基材类别;

c. 是否用底涂料;

d. 试件处理方法（A 法或 B 法）;

e. 定伸宽度（%）;

f. 试料粘结或内聚破坏情况。

（十一）恢复率的测定

1　试验器具

(1) U 型铝条：用未经阳极化处理的铝合金 U 型材。截面尺寸为 12mm×12mm，长 70mm，厚 1～2mm，如图 5-30 所示。

(2) 隔离垫块：尺寸为 12mm×12mm×10mm。

(3) 垫块：同（十）1c。

(4) 防粘薄膜或防粘纸。

(5) 玻璃板：上面撒有滑石粉。

(6) 鼓风干燥箱：温度可控制在 (70 ± 2)℃。

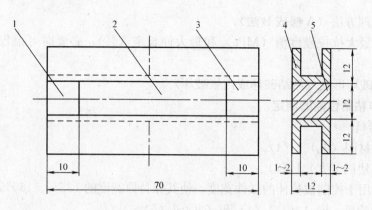

图 5-30 U 型铝条
1、3—垫块；2、5—试料；4—U 型条

(7) 拉力试验机：同（九）1（4）。
(8) 游标卡尺：精确度为 0.1mm。
(9) 容器：用于浸泡试件。

2 试件制备

将 U 型铝条用丙酮洗净，然后用蒸馏水冲洗并在空气中干燥。将两块 U 型铝条与两块隔离垫块按图 5-30 所示组合起来，按照（九）2 条所述方法制成试件。每组试件制备 3 块。

3 试件处理

同（九）3 条。

4 试验步骤

将处理过的试件在标准条件下存放 24h，并在同样条件下进行恢复率试验。

除去制备试件时使用的垫块，用游标卡尺量出每一试件两端的原始宽度 L_0，然后将试件装入拉力机上，以 5～6mm/min 的速度分别把试件拉伸到原始宽度的 125%、160% 或 200%，用 L_1 表示拉伸后的宽度。

当试件拉伸至规定的宽度 L_1 后，夹入两个尺寸合适的垫块，从试验机上取出试件，水平放置 24h。然后去掉垫块，将试件放在撒有滑石粉的玻璃板上静置 1h。在每一试件两端测量弹性恢复后的宽度 L_2，精确到 0.1mm。

5 结果计算

恢复率 R' 按式（5-12）计算：

$$R' = \frac{L_1 - L_2}{L_1 - L_0} \times 100 \quad (5-12)$$

式中 R'——恢复率，%；
L_0——试件的原始宽度，mm；
L_1——试件拉伸后的宽度，mm；
L_2——试件弹性恢复后的宽度，mm。

记录每个试件的值和三个试件的算术平均值并精确到 1%。

6 试验报告

试验报告应写明下述内容：
a. 试料的名称、类型、批号；
b. 是否用底涂料；
c. 试件处理方法（A 法或 B 法）；
d. 伸长率（%）；
e. 每一试件的恢复率（%）；
f. 每组试件的平均恢复率（%）。

（十二）剥离粘结性的测定

1　试验器具

（1）拉力试验机：配有拉伸夹具，拉伸速度可调至 50mm/min。
（2）铝合金板：150mm×75mm×5mm。
（3）水泥砂浆板：150mm×75mm×10mm。
（4）玻璃板：150mm×75mm×5mm。
（5）垫板：4 根，用硬木、金属或玻璃制成。其中 2 根尺寸为 150mm×75mm×5mm，用于在铝板或玻璃板上制备试件，另 2 根尺寸为 150mm×75mm×10mm，用于在水泥砂浆板上制备试件。
（6）玻璃棒：直径 12mm，长 300mm。
（7）黄铜棒：直径 1.5mm，长 300mm。
（8）遮蔽条：成卷纸条，条宽 25mm。
（9）布条：脱水处理的 8×10 或 8×12 帆布，尺寸为 180mm×75mm，厚约 0.8mm。
（10）刮刀。
（11）锋利小刀。

2　试件制备

（1）用刷子清理砂浆板表面，用丙酮或二甲苯擦洗玻璃和铝基材，干燥后使用。根据需要分别在基材上涂刷底涂料。

（2）在粘结基材上横向放置一条 25mm 宽的遮蔽条，条的下边距基材的下边至少 75mm。然后取 250g 已在标准条件下放置 24h 的试料，涂抹面积为 100mm×75mm（包括遮蔽条）涂抹厚度约 2mm。

（3）用刮刀将试料涂刮在布条一端，面积为 100mm×75mm，布条两面均涂试料，直到试料渗透布条为止。

（4）将涂好试料的布条放在已涂试料的基材上，基材两侧各放置一块厚度合适的垫板。在每块垫板上纵向放置一根黄铜棒。从有遮蔽条的一端开始，用玻璃棒沿黄铜棒滚动，挤压下面的布条和试料，直至试料的厚度均匀达到 1.5mm，除去多余的试料。

（5）将制得的试件在标准条件下养护 28d。
（6）每种基材制备两块试件。
（7）养护结束后，用锋利的刀片沿试件纵向切割 4 条线，每次都要切透试料和布条，至基材表面。留下 2 条 25mm 宽的、粘有布条的试料带，两条带的间距为 10mm，除去其余部分。
（8）将试件在蒸馏水中浸泡 7d。

3 试验步骤

(1) 从水中取出试件后，立即擦干。将试料与遮蔽条分开，从下边切开 12mm 试料，仅在基材上留下 63mm 长的试料带。

(2) 将试件装入拉力试验机，以 50mm/min 的速度于 180°方向拉伸布条，使试料从基材上剥离。剥离时间约 1min。记录剥离时拉力峰值的平均值（N），若发现从试料上剥干净，应舍弃记录的数据，用刀片沿试料与基材的粘结面上切开一个缝口，继续进行试验。

对每种基材，应测试两块试件上的 4 条试料带。

4 试验报告

试验报告应写明下述内容：

a. 试料名称、类型、批号；

b. 基材类别；

c. 是否用底涂料；

d. 每种基材上 4 条试料带的剥离强度及其平均值，以 N/mm 为单位；

e. 每条试料带粘结或内聚破坏情况。

(十三) 拉伸-压缩循环性能的测定

1 试验器具

(1) 鼓风干燥箱：能调节温度至 (70±2)℃～(100±2)℃。

(2) 冰箱：能调节温度至 -(10±2)℃。

(3) 恒温水槽：能将水温调至 (50±1)℃。

(4) 夹具：能将试件的接缝宽度固定在 8.4mm，9.6mm，10.8mm，11.4mm，12.0mm，12.6mm，13.2mm，14.4mm 以及 15.6mm，其精度为 ±0.1mm。

(5) 拉伸压缩试验机，能以 4～6 次/min 的速度将试件接缝宽度在 11.4～12.6mm、10.8～13.2mm、9.6～14.4mm 或 8.4～15.6mm 的范围内反复拉伸和压缩。其精度为 ±0.2mm。

(6) 粘结基材：同（九）1 (1)。此外可用 50mm×50mm 试件（尺寸及形状见图 5-31），但仲裁试验应采用 75mm×25mm×12mm 试件（图 5-28）。

2 试件制备

同（九）2 条。

3 试验步骤

拉伸-压缩循环试验按表 5-9 所示程序对 3 个试件进行试验。试验程序如表 5-9。

(1) 将在标准条件下养护 28d 的试件按制作时的尺寸固定在夹具上，然后把试件放在 (50±1)℃的水中，浸泡 24h。浸水后解除固定夹具，把试件置标准条件下 24h，然后检查试件[1]。

(2) 在保持粘结基材平行的情况下，缓慢使试件变形至程序 3（参见表 5-9）中的各尺寸，然后固定之。将试件放入已调至各加热温度的烘箱内，加热 168h。解除固定状态后，将粘结基材在标准条件下水平放置 24h，然后检查试件[1]。

(3) 将试件缓慢变形至程序 5（参见表 5-9）中各尺寸。固定之，在 (-10±2)℃的冰箱中将试件放置 24h。解除试件固定状态，使粘结基材在标准条件下水平放置 24h，然后检查试件[1]。

第二节　密封材料的基本试验方法

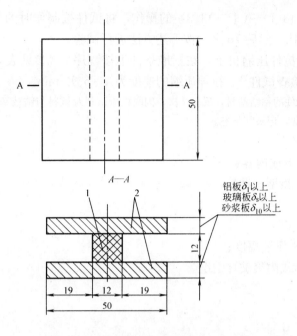

图 5-31　拉伸-压缩循环性能用试件（B 型）
1—试料；2—铝板、玻璃板或砂浆板

拉伸-压缩循环试验的程序　　　　　　　　　　　　　　　表 5-9

试验程序			耐久性等级				
			9030	8020	7020	7010	7005
1	接缝宽固定 12mm、浸入 50℃水中时间,h		24				
2	除去夹具,试件置标准条件下时间,h		24				
3	压缩加热	接缝宽,mm	8.4	9.6	9.6	10.8	11.4
		压缩率,%	−30	−20	−20	−10	−5
		温度,℃	90	80	70	70	70
		时间,h	168				
4	除去夹具,试件置标准条件下时间,h		24				
5	拉伸冷却	接缝宽,mm	15.6	14.4	14.4	13.2	12.6
		拉伸率,%	+30	+20	+20	+10	+5
		温度,℃	−10				
		时间,h	24				
6	除去夹具,试件置标准条件下时间,h		24				
7	程序反复		程序 1～6 反复一次				
8	接缝宽固定 12mm,置标准条件下时间,h　不小于		24				
9	接缝的扩大、缩小 4～6 次,min	接缝宽,mm	8.4～15.6	9.6～14.4	9.6～14.4	10.8～13.2	11.4～12.6
		拉伸～压缩率,%	−30～+30	−20～+20	−20～+20	−10～+10	−5～+5
		次数,次	2000				

(4) 重复 (十三)3(1)～(十三)3(3) 的操作,将试件按制作时的尺寸固定在夹具上,在标准条件下放置 24h,然后 7d 之内按下述方法进行试验。

(5) 将试件装在拉伸压缩机上,在标准条件下按程序 9（参见表 5-9）的要求拉伸和压缩 2000 次,然后检查试件[1]。拉伸压缩的速度为 4～6 次/min。

注：1) 用手掰开试件的粘结基材,反复 2 次,肉眼检查试料及试料与粘结基材的粘结面有无溶解、膨胀、破裂、剥离等异常,记录其状态。

4 试验报告

试验报告应写明下述内容：

a. 试料的名称、类型、批号；

b. 基材类别；

c. 是否用底涂料；

d. 所选用的拉伸-压缩幅度；

e. 每块试件粘结或内聚破坏情况。

在现代的平顶建筑物中,屋面板的接缝均采用柔韧性嵌缝材料,然后在屋面板上面再涂刷防水涂料,这是解决无保温层或在屋面板下面做保温层的屋面防水防漏的一种好办法,油基类和沥青基类防水密封材料均是建筑工程中应用较为广泛的防水嵌缝材料。

嵌缝膏是由天然或合成的油脂、液体树脂、低熔点沥青或这些材料的复合共混物,加入改性橡胶、纤维、矿物填料共混制成的黏稠膏状物。基础材料一般有干性油、橡胶沥青、聚丁烯、聚氯乙烯及其复合物。嵌缝膏为塑性或弹塑性体,嵌缝后由于氧化、低分子物挥发或冷却,表面形成皮膜或随时间延长而硬化,但通常不发生化学固化,可承受接缝位移±3%以下,优质产品可达到±5%或±7.5%。产品一般易粘灰,易受烃类油软化,易随使用时间延长而失去塑性及弹性,使用寿命较短,价格便宜,施工方便。

一、沥青玛琋脂

沥青玛琋脂是由沥青加入粉状或纤维状或两者兼有的填充料（如滑石粉、云母粉、石棉粉、粉煤灰等）配制而成的黏稠状防水材料。它与沥青密封胶性能相近,可用于嵌缝防水,也可用于粘贴防水卷材。

沥青玛琋脂又名沥青胶,一般在涂胶后不硬化、聚结或固化,但暴露于大气中表面结壳,玛琋脂中的载体包括干性或非干性油（包括含油树脂）、聚丁烯、聚异丁烯、低熔点沥青或以上几种材料复合,其中任何一种都可采用各种不同的填料,这些材料的有效拉伸-压缩范围约为±30%。

沥青玛琋脂用于房屋建筑中的一般嵌缝和玻璃镶装,这种场合预计接缝运动很小,并首先强调成本的经济性而不是维修或更换的费用,随着时间的推移,绝大多数玛琋脂因开始氧化或失去挥发性物质而趋于硬化,厚度增大,因而使用寿命缩短,聚丁烯和聚异丁烯玛琋脂的使用寿命较其他玛琋脂略长些。

沥青玛琋脂可分为冷热两种,即冷沥青玛琋脂（又名冷沥青胶）和热沥青玛琋脂（又名热沥青胶)。两者又均有石油沥青胶和煤沥青胶。石油沥青胶适用于粘结石油沥青类卷材，煤沥青胶适用于粘结煤沥青类卷材。

沥青玛琋脂具有耐热性、可塑性、粘结性等特性，便于施工涂刷。它的这些特性决定于沥青和填充剂的质量和配合比。采用不同品种的沥青或同一品种不同用量的沥青，配合不同填充剂可以制成许多标号的沥青玛琋脂，以满足各种不同的使用要求。

(一) 沥青玛琋脂标号的选用及技术性能

粘贴各层卷材、粘结绿豆砂保护层的沥青玛琋脂标号，应根据屋面的使用条件、坡度和当地历年极端最高气温，按表 5-10 的规定选用。

沥青玛琋脂选用标号　　　　表 5-10

材料名称	屋面坡度/%	历年极端最高气温℃	沥青玛琋脂标号
沥青玛琋脂	1～3	小于 38	S-60
		38～41	S-65
		41～45	S-70
	3～15	小于 38	S-65
		38～41	S-70
		41～45	S-75
	15～25	小于 38	S-75
		38～41	S-80
		41～45	S-85

注：1. 卷材层上有块体保护层或整体刚性保护层时，沥青玛琋脂标号可按表 5-10 降低 5 号；
　　2. 屋面受其他热源影响（如高温车间等）或屋面坡度超过 25% 时，应将沥青玛琋脂的标号适当提高。

沥青玛琋脂的质量要求，应符合表 5-11 的规定。

沥青玛琋脂的质量要求　　　　表 5-11

指标名称 \ 标号	S-60	S-65	S-70	S-75	S-80	S-85
耐热度	用 2mm 厚的沥青玛琋脂粘合两张沥青油纸，于不低于下列温度(℃)中，1∶1 坡度上停放 5h 的沥青玛琋脂不应流淌，油纸不应滑动					
	60	65	70	75	80	85
柔韧性	涂在沥青油纸上的 2mm 厚的沥青玛琋脂层，在 (18±2)℃ 时，围绕下列直径(mm)的圆棒，用 2s 的时间以均衡速度弯成半周，沥青玛琋脂不应有裂纹					
	10	15	15	20	25	30
粘结力	用手将两张粘贴在一起的油纸慢慢地一次撕开，从油纸和沥青玛琋脂的粘贴面的任何一面的撕开部分，应不大于粘贴面积的 1/2					

(二) 沥青玛琋脂的试验方法 (GB 50345—2004)

1 沥青玛琋脂的各项试验，每项应至少 3 个试件，试验结果均应合格。

2 耐热度测定：应将已干燥的 110mm×50mm 的 350 号石油沥青油纸，由干燥器中取出，放在瓷板或金属板上，将熔化的沥青玛琋脂均匀涂布在油纸上，其厚度应为 2mm，并不得有气泡。但在油纸的一端应留出 10mm×50mm 空白面积以备固定。以另一块 100mm×50mm 的油纸平行地置于其上，将两块油纸的三边对齐，同时用热刀将边上多余的沥青玛琋脂刮下。将试件置放于 15～25℃ 的空气中，上置一木制薄板，并将 2kg 重的金属块放在木板中心,使均匀加压 1h,然后卸掉试件上的负荷,将试件平置于预先已加热的电烘箱中(电烘箱的温度低于沥青玛琋脂软化点 30℃)停放 30min,再将油纸未涂沥青玛琋脂的一端向上,固定在 45°角的坡度板上,在电烘箱中继续停放 5h,然后取出试件,并仔细察看有无沥青玛琋脂流淌和油纸下滑现象。如果未发生沥青玛琋脂流淌或油纸下滑,应认为沥青玛琋脂的耐热度在该温度下合格。然后将电烘箱温度提高 5℃,另取一试件重复以上步骤,直至出现沥青玛琋脂流淌或油纸下滑时为止,此时可认为在该温度下沥青玛琋脂的耐热度不合格。

3 柔韧性测定:应在 100mm×50mm 的 350 号石油沥青油纸上,均匀地涂布一层厚约 2mm 的沥青玛琋脂(每一试件用 10g 沥青玛琋脂),静置 2h 以上且冷却至温度为 (18±2)℃后,将试件和规定直径的圆棒放在温度为 (18±2)℃的水中浸泡 15min,然后取出并用 2s 时间以均衡速度弯曲成半周。此时沥青玛琋脂层上不应出现裂纹。

4 粘结力测定:将已干燥的 100mm×50mm 的 350 号石油沥青油纸。由干燥器中取出,放在成型板上,将熔化的沥青玛琋脂均匀涂布在油纸上,厚度宜为 2mm,面积为 80mm×50mm,并不得有气泡,但在油纸的一端应留出 20mm×50mm 的空白,以另一块 100mm×50mm 的沥青油纸平行的置于其上,将两块油纸的四边对齐,同时用热刀把边上多余的沥青玛琋脂刮下。试件置于 15~25℃的空气中,上置木制薄板,并将 2kg 重的金属块放在木板中心,使均匀加压 1h,然后除掉试件上的负荷,再将试件置于 (18±2)℃的电烘箱中 30min 取出,用两手的拇指与食指捏住试件未涂沥青玛琋脂的部分一次慢慢地揭开,若油纸的任何一面被撕开的面积不超过原粘贴面积的 1/2 时,应认为合格。

二、沥青防水密封材料

沥青类嵌缝材料是以石油沥青为基料,加入改性材料(例如橡胶、树脂等)、稀释剂、填料等配制而成的黑色膏状嵌缝材料。

现用沥青基密封胶有热熔型、溶剂型和水乳型三种类型。在主要成分沥青中加入橡胶或树脂,其目的是提高其密封粘结性能,这类密封胶的突出优点是价格低廉,至今仍大量使用于一般建筑物上。这种密封胶施工较困难,多用于水平的密封面,施工后耐候性差,易老化变硬,失去密封性能,美观方面也欠佳。尽管有这么多缺点,沥青基密封胶作为防水密封材料的应用仍在继续增长,这主要由于它具有优良的防水性能和低成本。按组成的材料不同目前使用较多的品种为橡胶沥青防水嵌缝油膏、桐油沥青防水油膏等。近年来,许多科技工作者进行了大量的改性研究,使沥青同丙烯酸酯、聚氨酯、丁苯嵌段聚合物等聚合物相结合,制备成性能更为优良的密封胶。

(一) 特点

沥青防水密封胶为非弹性型防水密封材料。其特点:

① 冷施工,操作简便、安全;
② 一定的气候适应性,夏天 70℃不流淌,冬天 -10℃不脆裂;
③ 优良的粘结性和防水性;
④ 塑性为主,延伸性好,回弹性差;
⑤ 较好的耐久性;
⑥ 价格较低廉。

（二）组成材料

成膜和胶结材料：石油沥青；

改性材料：废橡胶、重松节油、桐油渣；

分散剂：松焦油；

稀释剂：机械油；

填充剂：滑石粉、石棉绒；

硫化剂：硫磺。

（三）技术性能指标

冷施工型建筑防水沥青嵌缝油膏已发布《建筑防水沥青嵌缝油膏》(JC/T 207—1996) 建材行业标准，其产品按耐热性和低温柔性分为 702 和 801 两个标号。产品的技术性能要求如下：

1　外观

油膏应为黑色均匀膏状，无结块和未浸透的填料。

2　物理力学性能

油膏的各项物理力学性能应符合表 5-12 的规定。

建筑防水沥青嵌缝油膏的物理力学性能（JC/T 207—1996）　　表 5-12

序号	项目			技术指标	
				702	801
1	密度，g/cm³			规定值±0.1	
2	施工度，mm		≥	22.0	20.0
3	耐热性	温度，℃		70	80
		下垂值，mm	≤	4.0	
4	低温柔性	温度，℃		−20	−10
		粘结状况		无裂纹和剥离现象	
5	拉伸粘结性，%		≥	125	
6	浸水后拉伸粘结性，%		≥	125	
7	渗出性	渗出幅度，mm	≤	5	
		渗出张数，张	≤	4	
8	挥发性，%		≤	2.8	

注：规定值由厂方提供或供需双方商定。

（四）试验方法

本试验方法所引用的方法标准为 GB/T 13477—92，其内容参见本章第二节二十一。

1　试验室条件

试验室标准试验条件为温度（25±2）℃、相对湿度 50%±5%，试验前试样应在此条件下放置 24h。

2　外观

打开容器，取中部油膏目测。

3　密度

按 GB/T 13477 第 3 章（参见表 5-1）规定进行试验。

4　施工度

将油膏填入金属罐（图 5-32），装满压实刮平。然后浸入（25±1）℃水中 45min，用装有金属落锥（图5-33）的针入度仪（锥和杆总质量156g）测定5s时的沉入量（mm），每测一次，需用浸汽油或煤油的棉纱及干软布将落锥擦拭干净。共测3点，各点均匀分布在距离金属罐边缘约20mm处。试验结果取3个数据的算术平均值。若3个数据中有与平均值相差大于2mm者，允许重测一次。若仍有与平均值相差大于2mm者，则应重新制样进行检测。

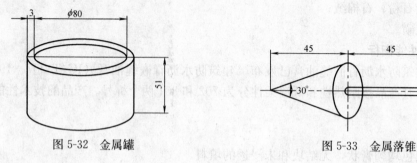

图5-32　金属罐　　　　　　　　图5-33　金属落锥

5　耐热性

将金属槽（图5-34）用丙酮擦洗干净，用刮刀将油膏仔细密实地嵌入槽内，刮平表面及两端。同时制备三个试件，随即将试件放于45°支架上（图5-34），按产品标号置于（70±2）℃或（80±2）℃烘箱中恒温5h，然后取出试件，分别测量每个试件从金属槽下端到油膏下垂端点的长度，精确至0.1mm。

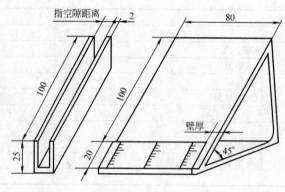

图5-34　金属槽及支架

6　低温柔性

采用GB/T 13477第9章（参见表5-1）规定的水泥砂浆粘结基材，隔离垫块尺寸为22.5mm×15mm×12mm，制备三个试件，成型时底部用条格纸隔离。试件尺寸为30mm×15mm×12mm，成型后将试件（图5-35）除去隔离垫块平放于瓷砖上，按标号置于（-10℃±2）℃或（-20±2）℃冰箱内恒温2h，迅速在金属试台（图5-36）上弯曲，在2s内完成。检查每个试件表面的粘结状况。

7　拉伸粘结性

按GB/T 13477第9章（参见表5-1）规定制备五个试件，成型时隔离垫块涂以隔离剂（甘油：滑石粉＝1：3），并用透明胶粘带进行固定，底部用4g/m² 油光纸隔离。除去试件上的隔离垫块，于（25±1）℃恒温水槽中放置45min后，置于拉力试验机上，以5～10mm/min的速度拉伸至油膏破坏（出现孔洞，裂口或边缘产生5mm以上的粘结破坏）

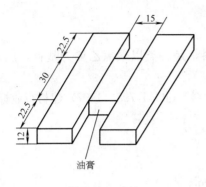

图 5-35 试件

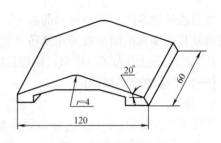

图 5-36 金属试台

时,测量并记录其伸长值（mm）,按（5-13）式计算其伸长率:

$$L=\frac{L_1-L_0}{L_0}\times 100 \tag{5-13}$$

式中　L——伸长率,%;

　　　L_0——试件的原始长度,mm;

　　　L_1——试件破坏时的长度,mm。

试验结果取五个试件中三个接近数据的算术平均值,精确至 1%。

8　浸水后拉伸粘结性

按（四）7 制备五个试件,经室内停放 24h,（25±1)℃水中浸泡 24h 后进行拉伸粘结性试验,并以相同方法计算试验结果。

9　渗出性

取干燥的中速定性滤纸五张,叠放在玻璃板上,在滤纸中央压上金属环（图 5-37）,将油膏密实地填入环内,刮平表面,同时制备三个试件。然后按产品标号将其放入（70±2)℃ 或（80±2)℃的烘箱中恒温 1h,分别测定油膏在金属环外壁油分渗出的最大幅度（mm）和渗渍滤纸的张数（包括油膏接触的滤纸在内）。

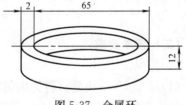

图 5-37 金属环

10　挥发性

取油膏（20±0.5)g 填入恒重的玻璃培养皿（深 12mm,内径 65mm）内,用刮刀嵌实展平后称量（精确至 0.001g）,制备三个试件。将试件放入（80±2)℃烘箱内 5h,取出放入干燥器内冷却 30min,再次称量,按（5-14）式计算挥发率:

$$M=\frac{M_1-M_2}{M_1-M_0}\times 100 \tag{5-14}$$

式中　M——挥发率,%;

　　　M_1——加热前培养皿和油膏的质量,g;

　　　M_2——加热后培养皿和油膏的质量,g;

　　　M_0——培养皿质量,g。

试验结果取三个试件的算术平均值,精确至 0.1%。

三、聚氯乙烯建筑防水接缝材料

聚氯乙烯建筑防水接缝材料简称 PVC 接缝材料，是一类以聚氯乙烯为基料，加入改性材料及其他助剂配制而成的建筑防水密封材料。

此类产品现已发布了《聚氯乙烯建筑防水接缝材料》(JC/T 798—1997) 建材行业标准。

（一）产品的分类和标记

1 分类

PVC 接缝材料按施工工艺分为两种类型：

J 型：是指用热塑法施工的产品，俗称聚氯乙烯胶泥。

G 型：是指用热熔法施工的产品，俗称塑料油膏。

2 型号

PVC 接缝材料按耐热性 80℃和低温柔性－10℃为 801 和耐热性 80℃和低温柔性－20℃为 802 两个型号。

3 标记

产品按下列顺序标记：名称、类型、型号、标准号。

标记示例如下：

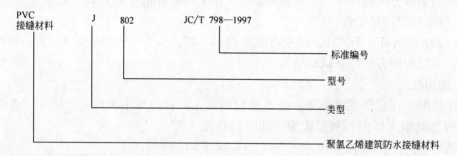

（二）技术要求

1 外观

（1）J 型 PVC 接缝材料为均匀黏稠状物，无结块，无杂质。

（2）G 型 PVC 接缝材料为黑色块状物，无焦渣等杂物、无流淌现象。

2 物理力学性能

产品物理力学性能符合表 5-13 的规定。

（三）试验方法

本试验方法所引用的方法标准为 GB/T 13477—92，其内容：参见本章第二节二十一。

1 标准试验条件及制样

（1）试验室标准温度为 (20±2)℃，相对湿度为 45%～55%。

（2）以抽取的试样中称取 400g，将塑化或熔化的试样，同时制备密度、下垂度、低温柔性、拉伸粘结性、浸水拉伸粘结性、恢复率试件。

（3）J 型试样塑化时，边搅拌、边加热至 (135±5)℃，保持 3min，降温至 (120±5)℃注模。在 G 型试样熔化时，边搅拌，边加热至 (120±5)℃注模。

聚氯乙烯建筑防水接缝材料物理力学性能（JC/T 798—1997） 表 5-13

项　目		技术要求	
		801	802
密度，(g/cm³)[1]		规定值±0.1[1]	
下垂度，mm，80℃ 不大于		4	
低温柔性	温度，℃	−10	−20
	柔性	无裂缝	
拉伸粘结性	最大抗拉强度，MPa	0.02～0.15	
	最大延伸率，% 不小于	300	
浸水拉伸粘结性	最大抗拉强度，MPa	0.02～0.15	
	最大延伸率，% 不小于	250	
恢复率，% 不小于		80	
挥发率，%[2] 不大于		3	

[1] 规定值是指企业标准或产品说明书所规定的密度值。
[2] 挥发率仅限于 G 型 PVC 接缝材料。

（4）试样注模后，在室温下放置 24h，再在标准试验室条件下放置 2h 后脱模。

（5）砂浆块制作按照 GB/T 13477（参见表 5-1）规定进行。

2　外观

取样时目测。

3　密度测定

按 GB/T 13477（参见表 5-1）中的规定。

4　下垂度测定

按 GB/T 13477（参见表 5-1）中的规定，模具按本章第二节二十一中（七）的试验器具（1）模具 b 型规定；45°坡度支架；恒温时间 5h。

5　低温柔性测定

（1）试验器具

a）模框：矩形，用钢或铜制成，外形尺寸 120mm×50mm，内部尺寸 95mm×25mm，高度 3mm；

b）玻璃板：尺寸 130mm×80mm，厚度 5mm；

c）牛皮纸：120mm×50mm；

d）冰箱：温度可调至（−10±2）℃，（−20±2）℃；

e）圆棒：直径 25mm。

（2）试样制备

用隔离剂（甘油∶滑石粉=1∶2）涂于模框内侧，将牛皮纸垫于模框下，置于玻璃板中间，按（三）1（3）注模，4h 后脱模，制成 95mm×25mm×3mm 试件，然后在标准试验室条件下放置 24h。

（3）试验步骤

将试件与圆棒一起放入已降温到要求温度的低温箱中，待温度降到要求温度时，开始计时，恒温 2h 后，用手将试件绕圆棒弯曲 180°，弯曲操作在 1～2s 内完成。弯曲后，立即检查试件开裂及破损情况。

每个试样测试3个试件。

6　拉伸粘结性测定

按GB/T 13477（参见表5-1）中规定进行，粘结基材为水泥砂浆板，每组试件制备5块。

7　浸水拉伸粘结性测定

试件在自来水中浸泡24h处理后，按（三）6进行测定。每组试件制备5块。

8　恢复率测定

按GB/T 13477（参见表5-1）进行，试件与（三）6相同，每组试件制作5块。测试时，把试件由原12mm拉伸到31mm，保持5min，恢复1h。

9　挥发率测定

（1）试件制备

取200g G型试件，按（三）1（3）制备，即将（20±5）g试样注入已知质量、深为14.5mm、内径为65mm的玻璃培养皿内，使其流平，冷却后用天平称量（准确至0.001g），每个试样制作3个试件。

（2）试验步骤

把试件放入定温（80±2）℃的恒温箱内保温5h后取出，放入干燥器内冷却30min，称量（准确至0.001g）。

（3）试验结果

取三个试件的算术平均值为挥发率的结果。挥发率按式（5-15）计算（精确到0.1）：

$$W(\%) = \frac{M_1 - M_2}{M_1 - M_0} \times 100 \tag{5-15}$$

式中　W——挥发率，%；

M_1——加热前，培养皿和试样质量之和，g；

M_2——加热后，培养皿和试样质量之和，g；

M_0——培养皿质量，g。

四、建筑门窗用油灰

油灰，又称玻璃腻子。以少量的胶粘剂（桐油等）和大量体质填料经充分混合而成的黏稠材料。用于钢、木门窗的玻璃镶嵌。

油灰为非弹性密封材料，其种类可分为硬化型和非硬化型两种，近代干性玻璃腻子至今已有近百年的历史，以碳酸钙和混合油（熟桐油、硬脂油、松香）组成的油灰和以亚麻仁（红丹、铅油）组成的油灰，已广泛用于木、钢、铝合金的门窗工程，具有密封、塑性、固化和柔韧性等特点。此类产品现已发布《建筑门窗用油灰》（JG/T 16—1999）行业标准。

（一）技术要求

油灰的色泽为灰黄色或灰白色，其他颜色可由供需双方商定。

油灰的等级及各项技术性能指标见表5-14。

建筑门窗用油灰的各项技术性能标准　　　　表 5-14

测 试 项 目	质 量 指 标	
	Ⅰ类	Ⅱ类
含水率/%	0.6	1
附着力/Pa(gf/cm²)	2.81×10⁴(290)	1.96×10⁴(200)
针入度/mm	15	15
下垂度(60℃)/mm	1	3
结膜时间/h	3～7	3～7
龟裂试验(80℃)	不龟裂、无裂纹、不脱框	不龟裂、无裂纹、无明显脱框
耐寒性(−30℃)	不开裂、不脱框	
操作性	不明显粘手、操作时容易做到光滑平整	

注：摘自 JG/T 16—1999。

(二) 测试方法

1 测试条件

试验温度为 (23±2)℃

2 样品准备

测试的样品应取自密封的包装容器，取距离表面 50mm 以下的油灰 3kg。试样采取后应放置在能密封的容器内备用，容器大小应使油灰上方不致留有过大的空间。

3 含水率检测

(1) 器具

a. 不锈钢平底器皿，内径 80mm，深 3mm，壁厚 0.4mm（图 5-38）。不锈钢板应符合《不锈钢棒》(GB 1220—84) 规定。

b. 油灰刀。

(2) 测试器皿的清洗

用洗涤剂充分洗涤，直到器皿全部浸湿后吊起时能形成连续不破的水膜，待水稍干后取出晾干，然后放入 (105±2)℃ 的恒温烘箱内恒温 1h，取出后放入干燥器内备用。

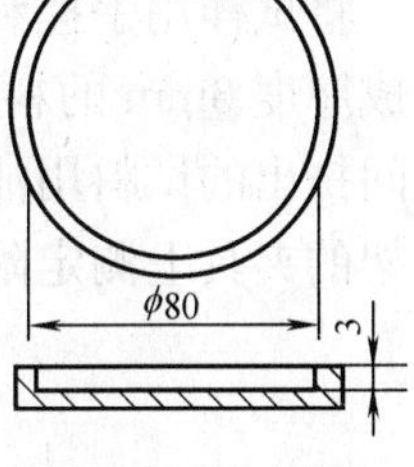

图 5-38　平底器皿

(3) 测试方法

取试样约 40g，用手捏和 1min，装入已称重的清洁器皿中，用油灰刀铲平后称重 (W_1)，然后置于温度为 (105±2)℃ 的恒温箱内恒温 3h，取出后放入干燥器内冷却 1h，称量 (W_2，称重精度为 0.01g)，平行测定两个试样。

(4) 计算方法

含水率 X（%）按式 (5-16) 计算：

$$X = \frac{W_1 - W_2}{G} \times 100 \tag{5-16}$$

式中　W_1——试样加器皿总质量，g；

　　　W_2——烘焙后试样加器皿总质量，g；

　　　G——试样质量，g。

测试结果取平均值，但平行试验的两个结果相差不能大于 0.1%，否则须重新进行测试。

4 附着力检测

（1）器具

a. 电动抗折仪。

b. 上圆板如图5-39所示，上圆板直径72.06mm，圆板中央附着一直径为10mm、厚3mm垫片，表面应平整光滑（上圆板和试样的接触面积为10cm²）。

c. 夹具由支架和连杆所组成。支架见图5-40（a），连杆见图5-40（b）。

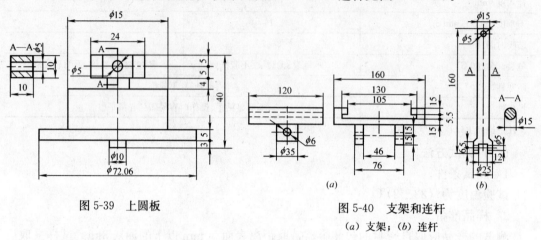

图5-39 上圆板

图5-40 支架和连杆
(a) 支架；(b) 连杆

d. 底板为光滑玻璃，规格120mm×80mm×5mm。

e. 油灰刀。

（2）测试器具的清洗

同（二）3（2）。

（3）测试方法

将试样用手捏和1min，涂布于上圆板，将其放置于玻璃底板的中央部位，轻压试料，制成厚度3mm的料层（图5-41），务必注意附着面与试料中不能存有气泡，上圆板和底板间挤出的试料用油灰刀除去，制成的试料于试验温度下静置1h，然后置于电动抗折仪支架的夹具上测定附着力（图5-42）。

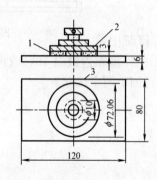

图5-41 试件
1—试料；2—上圆板；3—玻璃板

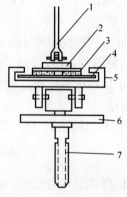

图5-42 测试装置
1—连杆；2—上圆板；3—试样；4—玻璃板；5—下支架；
6—转盘；7—固定螺杆（与抗折仪底座螺孔连接）

抗折仪使用的是 100kgf 抗拉力挡，平行测定五个试样。
(4) 计算方法

附着力 $W[\text{Pa}(\text{gf/cm}^2)]$ 按式 (5-17) 计算：

$$W = \frac{P}{S} \times 9.8 \times 10^3 \left(W = \frac{P}{S} \times 10^4\right) \tag{5-17}$$

式中　P——电动抗折仪上标尺读数，kgf；

　　　S——上圆板面积为 10cm²。

测试结果取五次平行试验的平均值。若其中有一个数值偏离平均值 6% 以上，将其删去后再求平均值，如两个数值偏离平均值 6% 以上，则测试须重新进行。

5　针入度检测

(1) 测试器具

a. 针入度测试仪。

b. 针入度的试锥；试锥用不锈钢制成，锥体和针杆总重量 150g（图 5-43）。

c. 盛样铜环：内径 70mm，高 50mm，厚 5mm（图 5-44）。

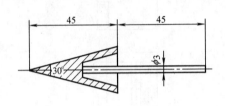

图 5-43　试锥

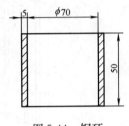

图 5-44　铜环

d. 玻璃底板：规格约 100mm×100mm×5mm。

e. 油灰刀。

(2) 测试方法

将盛样铜环置于玻璃板的中央，取约 500g 试样充分捏和 1min，填入该铜环内，装满、压实，用油灰刀平整表面。在试验温度（23±2℃）下静置 3h，将试件置于针入度仪的台架上，测试前使针入度仪锥顶恰好触及试样表面，然后调整针入度仪零点，离铜环边 20mm 的圆周上按等距离取三点（相隔 120），测定 30s 的针入度（精确至 0.1mm），每测定一点前用乙醇清洗锥尖。

平行测试两个试样。

(3) 计算方法

以六个数据的平均值为测试结果。若有一个数值偏离平均值 1.5mm 以上，将其删除后再求平均值，若有两个数据与平均值相差大于 1.5mm 以上，则试验须重新进行。

6　下垂值检测

(1) 器具

模具：测试模具为一带挂钩的沟槽形容器（图 5-45）。由厚度为 2mm 以上的铝或铝合金板制成（内壁须光滑平整）。

(2) 测试器具的清洗

同（二）3（2）。

(3) 测试方法

将试样充分捏和 1min，用油灰刀将试样嵌实于模具的沟槽内，在试验温度（23±2℃）下水平静置 24h 后移入（60±2）℃的恒温箱内垂直悬挂 3h 取出，测量模具下端至下垂试料间的最大距离，此测量值即为下垂值，平行测试三个试样。

(4) 计算方法

以测试三次的计算平均值为测试结果，若有一个数据与平均值相差 1mm，则试验须重新进行。

7 结膜时间检测

(1) 器具

a. 紫外线灯，功率 20W。

b. 钢或木窗框条：用松木或杉木制成的木窗框条见图 5-46。

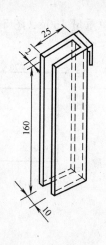

图 5-45 沟槽容器

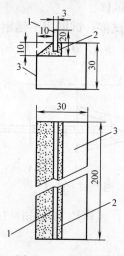

图 5-46 木窗试验
1—玻璃条；2—试样；3—木材

(2) 测试方法

取试样约 100g，充分捏和 1min，将试样于窗框条上砌成三角形，玻璃条垂直放置，用油灰刀展平，放置 30min，在试验温度（23±2℃）下平置试件于紫外线灯下照射，试件与灯相距 20cm，经照射后，用手指按住油灰表面沿木窗框条轴线方向缓慢推进，推进过程中油灰表面出现皱折或皱裂现象即为成膜。如未成膜，则继续在紫外线灯下照射，每隔 1h 检查成膜情况，直至成膜为止，按小时记录成膜时间。

8 龟裂试验检测

(1) 器具

a. 模具：

模具是由底板和压板组成。

底板：规格为 120mm×120mm×5mm 的玻璃板。

压板：不锈钢制成的 60mm×60mm×2mm 的压板，中央开有直径为 40mm 的内孔（图 5-47）。

b. 滤纸：直径 110mm，中速定性，应符合《定性滤纸》（GB 1915—80）规定。

c. 油灰刀。

(2) 测试方法

取干燥中速定性滤纸 5 张，叠放在玻璃底板上，滤纸中央放上压板，滤纸和压板须用聚酯胶带加以固定，试样充分捏和 1min，充填于压板孔内，用油灰刀压实平整，平放在温度为 (80±2)℃ 的恒温箱内恒温静置

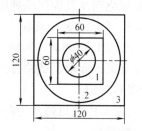

图 5-47　龟裂试验装置示图
1—压板；2—滤纸；3—底板

96h 后取出冷却，观察试样，应不龟裂，无裂纹，不脱框或无明显脱框为合格。

9　耐寒性检测

(1) 器具

a. 木窗框条：同（二）7（1）中 b。

b. 钢窗框条：用厚度 2mm 以上的铝板制成的钢窗框条，如图 5-47 所示。

c. 玻璃条：规格 20mm×200mm×3mm。

(2) 测试方法

取试样约 500g 充分捏和 1min，将试样在窗框条上按图 5-46、图 5-48 所示砌成三角形，玻璃条垂直放置（约 10mm×10mm），用油灰刀展平后平置于 (-30±2)℃ 的低温冰箱内 24h，取出后立即观察，以不脱框，不开裂为合格。

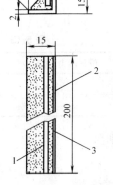

图 5-48　钢窗试验
1—试样；2—玻璃条；3—铝板

10　操作性检测

(1) 器具：

同（二）9（1）。

(2) 测试方法

取试样约 500g，充分捏和 1min，试样应不明显粘手，在测试器具上将试料砌成三角形，用油灰刀操作时应容易展平和做到表面光滑。

第四节　合成高分子防水密封胶

合成高分子防水密封胶是以合成高分子材料为基料，加入适量的化学助剂、填充材料和着色剂，经过特定的生产工艺加工制成的膏体状密封材料。

合成高分子防水密封胶主要品种有：聚氨酯密封胶、聚硫密封胶、有机硅密封胶、丙烯酸酯密封胶、氯磺化聚乙烯密封胶、丁基密封胶、丁苯密封胶等。

一、硅酮建筑密封胶

硅酮建筑密封胶是由有机聚硅氧烷为主剂，加入硫化剂、硫化促进剂、增强填充料和颜料等组成的一类高分子密封胶。

硅酮建筑密封胶分单组分和双组分，单组分应用较多，双组分应用较少，两种密封胶

的组成主剂相同，而硫化剂及其固化机理则不同。

我国现已发布了适用于以聚硅氧烷为主要成分、室温固化的单组分密封胶产品标准《硅酮建筑密封胶》（GB/T 14683—2003）国家标准。该标准规定了镶装玻璃和建筑接缝用硅酮密封胶的产品分类、要求、试验方法、检验规则等基本要求。

（一）产品的分类和标记

1　硅酮建筑密封胶按固化机理分为两种类型：

A 型——脱酸（酸性）；

B 型——脱醇（中性）。

2　硅酮建筑密封胶按用途分为两种类别：

G 类——镶装玻璃用；

F 类——建筑接缝用。

不适用于建筑幕墙和中空玻璃。

3　级别

产品按位移能力分为 25、20 两个级别，见表 5-15。

密封胶级别（单位为百分数）　　　　表 5-15

级　别	试验拉压幅度	位移能力
25	±25	25
20	±20	20

产品按拉伸模量分为高模量（HM）和低模量（LM）两个次级别。

4　产品标记

产品按下列顺序标记：名称、类型、类别、级别、次级别、标准号。

示例：镶装玻璃用 25 级高模量酸性硅酮建筑密封胶的标记为：硅酮建筑密封胶 A G 25HM GB/T 14683—2003

（二）技术要求

1　外观

（1）产品应为细腻、均匀膏状物，不应有气泡、结皮和凝胶。

（2）产品的颜色与供需双方商定的样品相比，不得有明显差异。

2　理化性能

硅酮建筑密封胶的理化性能应符合表 5-16 的规定。

（三）试验方法

1　试验基本要求

（1）标准试验条件

试验室标准试验条件为：温度（23±2）℃，相对湿度 50%±5%。

（2）试验基材

试验基材的材质和尺寸应符合 GB/T 13477.1（参见表 5-1）的规定。G 类产品使用玻璃基材，也可选用铝合金基材（用于试件的一侧）；F 类产品选用水泥砂浆和（或）铝合金基材和/或玻璃基材。

当基材需要涂敷底涂料时，应按生产厂要求进行。

硅酮建筑密封胶的理化性能（GB/T 14683—2003）　　　表 5-16

序号	项目		技术指标			
			25HM	20HM	25LM	20LM
1	密封/g/cm^3		规定值±0.1			
2	下垂度/mm	垂直	≤3			
		水平	无变形			
3	表干时间/h		≤3[a]			
4	挤出性/ml/min		≥80			
5	弹性恢复率/%		≥80			
6	拉伸模量/MPa	23℃	>0.4 或 >0.6		≤0.4 和 ≤0.6	
		-20℃				
7	定伸粘结性		无破坏			
8	紫外线辐射后粘结性[b]		无破坏			
9	冷拉—热压后的粘结性		无破坏			
10	浸水后定伸粘结性		无破坏			
11	质量损失率/%		≤10			

a. 允许采用供需双方商定的其他指标值。
b. 此项仅适用于 G 类产品。

(3) 试件制备

制备前，样品应在标准条件下放置 24h 以上。

制备时，应用挤枪将试样从包装筒（膜）中直接挤出注模，使试样充满模具内腔，勿带入气泡。挤注与修整的动作要快，防止试样在成型完毕前结膜。

粘结试件的数量见表 5-17，表中所列项目的试件选用基材种类应保持一致。

粘结试件数量和处理条件　　　表 5-17

序号	项目		试件数量/个		处理条件
			试验组	备用组	
1	弹性恢复率		3	—	GB/T 13477.17—2002(参见表 5-1)8.1　A 法
2	拉伸模量	23℃	3	—	GB/T 13477.8—2002(参见表 5-1)8.2　A 法
		-20℃	3	—	
3	定伸粘结性		3	3	GB/T 13477.10—2002(参见表 5-1)8.2　A 法
4	紫外线辐照后粘结性		3	3	GB/T 13477.8—2002(参见表 5-1)8.2　A 法
5	冷拉—热压后粘结性		3	3	GB/T 13477.13—2002(参见表 5-1)8.1　A 法
6	浸水后定伸粘结性		3	3	GB/T 13477.11—2002(参见表 5-1)8.1　A 法

2　外观

从包装中挤出试样，刮平后目测。

3　密度

按 GB/T 13477.2（参见表 5-1）试验。

4　下垂度

按 GB/T 13477.6—2002（参见表 5-1）中 6.1 试验。试件在 50℃恒温箱中放置 4h。

5 表干时间

按 GB/T 13477.5（参见表 5-1）试验。形式检验应采用 A 法试验，出厂检验可采用 B 法试验。

6 挤出性

按 GB/T 13477.3—2002（参见表 5-1）中 7.2 试验。挤出孔直径为 4mm，样品预处理温度（23±2）℃。

7 弹性恢复率

按 GB/T 13477.17—2002（参见表 5-1）试验。试验伸长率见表 5-18。

试验伸长率（单位为百分数）   表 5-18

项 目	试验伸长率			
	25HM	25LM	20HM	20LM
弹性恢复率	100	100	60	60
拉伸模量	100	100	60	60
定伸粘结性	100	100	60	60
紫外线辐照后粘结性	100	100	60	60
浸水后定伸粘结性	100	100	60	60

8 拉伸模量

拉伸模量以相应伸长率时的应力表示。按 GB/T 13477.8—2002（参见表 5-1）试验，测定并计算试件拉伸至表 5-33 规定的相应伸长率时的应力（MPa），其平均值修约至一位小数。

9 定伸粘结性

（1）试验步骤

在标准试验条件下按 GB/T 13477.10—2002（参见表 5-1）试验。试验伸长率见表 5-18。试验结束后，用精度为 0.5mm 的量具测量每个试件粘结和内聚破坏深度（试件端部 2mm×12mm×12mm 体积内的破坏不计，见图 5-49A 区），记录试件最大破坏深度（mm）。

试验后，三个试件中有两个破坏，则试验评定为"破坏"。若只有一块试件破坏，则另取备用的一组试件进行复验。若仍有一块试件破坏，则试验评定为"破坏"。

（2）试件"破坏"的评定

在密封胶表面任何位置，如果粘结或内聚破坏深度超过 2mm，则试件为"破坏"（图 5-49），即：

A 区：在 2mm×12mm×12mm 体积内允许破

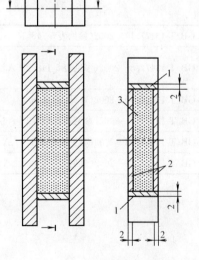

图 5-49 粘结试件破坏分区图
1—A 区；2—B 区；3—C 区

坏,且不报告。

B区:允许破坏深度不大于2mm,报告为"无破坏",并记录试验结果。

C区:破坏从密封胶表面延伸到此区域,报告为"破坏"。

10 紫外线辐照后粘结性

紫外线辐照箱应符合 JC/T 485—1992 中 5.12.1 的规定 [见本节六(三)12(1)],在不浸水的条件下连续光照 300h。试验伸长率见表 5-18。试验结束后检查每个试件。若有一块试件破坏,则另取备用的一组试件复验。试件的检查方法同(三)9。

11 冷拉—热压后粘结性

按 GB/T 13477.13—2002(参见表 5-1)试验。试件的拉伸—压缩率和相应宽度见表 5-19。第一周期试验结束后,检查每个试件粘结和内聚破坏情况,无破坏的试件继续进行第二周期试验;若有两个或两个以上试件破坏,应停止试验。第二周期试验结束后,若只有一块试件破坏,则另取备用的一组试件复验。试件的检查方法同(三)9。

拉伸压缩幅度　　　　　　　　　　　　　表 5-19

级　别	25HM	25LM	20HM	20LM
拉伸压缩率/%	±25		±20	
拉伸时宽度/mm	15.0		14.4	
压缩时宽度/mm	9.0		9.6	

12 浸水后定伸粘结性

按 GB/T 13477.11—2002(参见表 5-1)试验

13 质量损失率

按 GB/T 13477.19(参见表 5-1)试验

二、建筑用硅酮结构密封胶

建筑用硅酮结构密封胶是以聚硅氧烷为主要成分的,在受力(包括静态或动态负荷)构件接缝中起结构粘结作用的一类密封材料。

我国已发布了适用于建筑幕墙及其他结构粘结装配用的《建筑用硅酮结构密封胶》(GB 16776—2005)国家标准。

(一)产品的分类和标记

产品按其组成不同,可分为单组分和双组分型两类,分别用数字"1"和"2"表示。

产品按其适用的基材不同,可分为金属(M)、玻璃(G)、其他(Q),括号内的字母表示其代号。产品可按其型别、适用基材类别、产品标准号顺序进行标记。例如:适用于金属、玻璃的双组分硅酮结构胶标记为:2MG GB 16776—2005。

(二)技术要求

1 外观

(1)产品应为细腻、均匀膏状物,无气泡、结块、凝胶、结皮,无不易分散的析出物。

(2)双组分产品两组分的颜色应有明显区别。

2 物理力学性能

产品物理力学性能应符合表5-20要求。

产品物理力学性能（GB 16776—2005） 表5-20

序号	项 目		技术指标
1	下垂度	垂直放置/mm	≤3
		水平放置	不变形
2	挤出性[a]/s		≤10
3	适用期[b]/min		≥20
4	表干时间/h		≤3
5	硬度(邵尔A)		20~60
6	拉伸粘结性	拉伸粘结强度/MPa 23℃	≥0.60
		90℃	≥0.45
		−30℃	≥0.45
		浸水后	≥0.45
		水-紫外线光照后	≥0.45
		粘结破坏面积/%	≤5
		23℃时最大拉伸强度时伸长率/%	≥100
7	热老化	热失重/%	≤10
		龟裂	无
		粉化	无

[a] 仅适用于单组分产品。
[b] 仅适用于双组分产品。

3 硅酮结构胶与结构装配系统用附件的相容性应符合附录A规定［见本节二（四）］，硅酮结构胶与实际工程用基材的粘结性应符合附录B规定［见本节二（五）］。

4 报告23℃时伸长率为10%、20%及40%时的模量。

（三）试验方法

1 试验基本要求

（1）标准试验条件

温度(23±2)℃、相对湿度50%±5%。

（2）试验样品的准备

所有试验样品应以包装状态在（三）（1）标准试验条件下放置24h。双组分试验样品两组分的混合比例应符合供方规定，其中A组分（基胶）取样量至少500g。混合应在负压0.095MPa以下真空条件下进行，混合时间约5min。

2 外观

目测检查。

3 下垂度

按GB/T 13477.6—2002（参见表5-1）中6.1试验。试验模具的槽内尺寸为宽20mm，深10mm，试验温度为(50±2)℃。

4 挤出性

按 GB/T 13477.3—2002（参见表 5-1）试验，采用图 5-50 聚乙烯挤胶筒，装填容量为 177ml，不安装挤胶嘴，挤胶气压为 0.340MPa，测定一次将全部样品挤出所需的时间，精确到 0.1s。试验次数为一次。

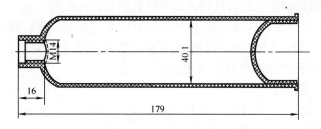

图 5-50　挤出性试验用挤胶筒

5　适用期

双组分样品按（三）1（2）混合后装入图 5-49 挤胶筒内，密封尾塞，从两组分混合时开始计时，20min 时按（三）4 测定挤出性，应不大于 10s。试验次数为一次。

6　表干时间

按 GB/T 13477.5—2002（参见表 5-1）第 8.1 条试验。

7　硬度

在 PE 膜上平放［（三）9（1）d］金属模框，将试验样品挤注在模框内，刮平后除去模框按（三）8（2）c 养护；揭去 PE 膜制得试样，按《橡胶袖珍硬度计压入硬度试验方法》（GB/T 531—1999）采用邵尔 A 型硬度计试验。

8　拉伸粘结性及拉伸模量

（1）试件形状和尺寸

试件应符合图 5-51 规定。基材按产品适用的基材类别选用：

M 类——符合 GB/T 13477.1—2002（参见表 5-1）铝板厚度不小于 3mm；

G 类——清洁、无镀膜的无色透明浮法玻璃，厚度 5～8mm；

Q 类——供方要求的其他基材。

（2）试件制备和养护

a）按 GB/T 13477.8—2002（参见表 5-1）制备试件，每 5 个试件为一组。

b）每个试件必须有一面选用 G 类基材。

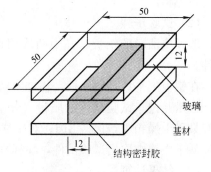

图 5-51　拉伸粘结试件

c）制备后的试件按以下条件养护：

1）双组分硅酮结构胶的试件在标准条件下放置 14d；

2）单组分硅酮结构胶的试件在标准条件下放置 21d；

3）在不损坏试件条件下，养护期间挡块应尽早分离。

（3）试验步骤

按 GB/T 13477.8—2002（参见表 5-1）进行试验。粘结破坏面积的测量和计算，采用透过印制有 1mm×1mm 网格线的透明膜片，测量拉伸粘结试件两粘结面上粘结破坏面积较大面占有的网格数,精确到1格(不足一格不计)。粘结破坏面积以粘结破坏格数占总格数的百分比表示。

报告拉伸粘结强度,同时报告粘结破坏面积。

(4) 23℃时拉伸粘结性、最大拉伸强度时伸长率和拉伸模量

试验温度(23±2)℃,取一组试件按(三)8(3)试验和报告;同时记录最大拉伸强度时的伸长率,报告最大拉伸强度时的伸长率的算术平均值;同时记录并报告伸长率10%、20%和40%的模量,各取其算术平均值。

(5) 90℃时的拉伸粘结性

取一组试件在(90±2)℃条件下放置1h,在同一温度下按(三)8(3)试验。

(6) −30℃时的拉伸粘结性

取一组试件在(−30±2)℃条件下放置1h,在同一温度下按(三)8(3)试验。

(7) 浸水后拉伸粘结性

取一组试件浸入温度为(23±2)℃的蒸馏水或去离子水中,保持7d后取出并在10min内按(三)8(3)试验。

(8) 水-紫外线光照后的拉伸粘结性

取一组试件按JC/T 485—1992第5.12条[见本节六(三)12]规定,采用蒸馏水或去离子水连续试验300h,在标准条件下放置2h,按(三)8(3)试验。

9 热老化

(1) 试验器具

a) 鼓风干燥箱:控温精度±2℃;

b) 天平:精度为1mg;

c) 铝板:尺寸为150mm×80mm×(0.5~1.5mm);

d) 金属模框:内框尺寸130mm×40mm×6.5mm;

e) 刮刀。

(2) 试验步骤

取三块洁净的铝板,其中两块用作试验试件称量并记录质量(m_1),一块用作对比试件。

在铝板上平放金属模框,将硅酮结构胶刮涂在模框内并用刮刀刮平,除去模框制成试件,称量并记录试验试件的质量(m_2)。试件在标准条件下放置7d,试验试件在(90±2)℃鼓风干燥箱中,保持21d;对比试件在标准条件下放置21d。

从干燥箱中取出试验试件,在标准条件下冷却1h后分别称量并记录质量(m_3)。

(3) 结果计算

按试验试件试验前后的质量计算热失重(式5-18),试验结果为两试验试件的算术平均值,精确至0.1%:

$$热失重(\%) = \frac{(m_2 - m_3)}{(m_2 - m_1)} \times 100 \tag{5-18}$$

式中 m_1——铝板质量,单位为克(g);

m_2——铝板和硅酮结构胶质量,单位为克(g);

m_3——试验后的铝板和硅酮结构胶质量,单位为克(g)。

(4) 龟裂和粉化检查

取对比试件同试验试件相比较，检查并记录试验试件表面的变化情况。

(四) 附录 A（规范性附录）结构装配系统用附件同密封胶相容性试验方法（GB 16776—2005）

1 范围

(1) 本附录规定了结构装配系统附件（如：密封条、间隔条、衬垫条、固定块等）同密封胶相容性试验方法及结果的判定，适用于建筑幕墙结构系统的选材。

(2) 本试验方法是一项实验筛选过程。试验后粘结性和颜色的改变是一项可用来确定材料相容性的关键，实践表明试验中那些会使粘结性丧失和褪色的附件，在实际使用中也同样会发生。

(3) 本试验观测以下指标：

a) 密封胶的变色情况；

b) 密封胶对玻璃的粘结性；

c) 密封胶对附件的粘结性。

(4) 本附录没有考虑安全问题，进行试验时要自行考虑安全和健康问题。

2 试验原理

将一个有附件的试验试件放在紫外灯下直接辐照，在热条件下透过玻璃辐照另一个试件（图 5-52），再对没有附件的对比试件进行同样的试验，观察两组试件颜色的变化，对比试验密封胶同参照密封胶对玻璃及附件粘结性的变化。

3 意义和应用

(1) 在结构胶粘结装配玻璃系统中，该密封胶用作装配系统结构的胶接，又用作该结构的第一道耐气候密封挡隔层。用作系统结构的装配，胶结接头的可靠性最为关键。

(2) 在经过紫外线照射后，颜色的改变和粘结性的变化是判断密封胶相容性的两个标准。如果该项试验中附件导致结构胶变色或者粘结性变化，经验证明实际应用中也会出现类似的情况。

4 试验器具和材料

(1) 玻璃板：清洁的无色透明浮法玻璃，尺寸为 75mm×50mm×6mm，共 8 块。

(2) 隔离胶带：不粘结密封胶，尺寸为 25mm×75mm，每块玻璃板粘贴一条。

(3) 温度计：量程 20～100℃。

(4) 紫外线荧光灯：UVA-340 型。

(5) 紫外辐照箱：箱体能容纳 4 支 UVA-340 灯，灯中心的间距为 70mm，同试件上表面的距离为 254mm（图 5-53），试件表面温度（48±2）℃（距试件 5mm 处测量），可采用红外线灯或者其他加热设备保持温度。

(6) 清洗剂：推荐用 50% 异丙醇—蒸馏水溶液。

(7) 试验密封胶。

(8) 参照密封胶：与试验结构胶（或耐候胶）组成基本相同的浅色或半透明密封胶。如果没有，可由供应试验密封胶的制造厂提供或推荐。

5 附件同密封胶相容性试验

(1) 试件的制备

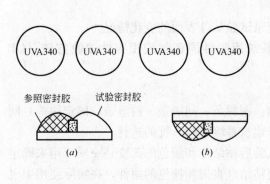 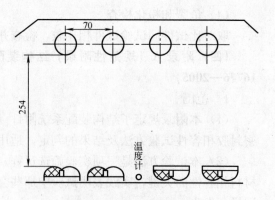

图 5-52 光照试件的放置　　　　　图 5-53 紫外线曝晒形式
(a) 玻璃面在下方；(b) 玻璃面朝上

a. 采用（五）4（1）规定的玻璃，表面用 50％异丙醇—蒸馏水溶液清洗并用洁净布擦干净。

b. 按图 5-54 在玻璃的一端粘贴隔离胶带，覆盖宽度约 25mm。

c. 按图 5-54 制备 8 块试件，4 块是无附件的对比试件，另外 4 块是有附件的试验试件。将附件裁切成条状，尺寸为 6mm×6mm×50mm，放在玻璃板中间。对比试件和试验试件的制备方法完全相同，只是不加附件。

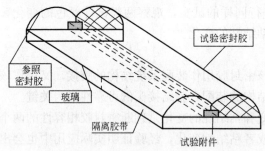

图 5-54 附件相容性试验的试件形式

d. 将试验密封胶挤注在附件的一侧，参照密封胶挤注在附件的另一侧，用刮刀整理密封胶使之与附件上端面及侧面紧密接触，并与玻璃密实粘结。两种胶的相接处应高于附件上端约 3mm。

(2) 试件的养护和处理

a. 制备的试件在标准条件下养护 7d。取两个试验试件和两个对比试件，玻璃面朝下放置在（五）4（5）紫外辐照箱中；再放入两个试验试件和两个对比试件，玻璃面朝上放置（图 5-52a 图 5-52b），在紫外灯下照射 21d。

b. 为保证紫外辐照强度在一定范围内，紫外灯使用 8 周后应更换。为保证均匀辐照，每两周按图 5-55 更换一次灯管的位置，去除 3 号灯，将 2 号灯移到 3 号灯的位置，将 1 号灯移到 2 号灯的位置，将 4 号灯移到 1 号灯的位置，在 4 号灯的位置安装一个新灯管。

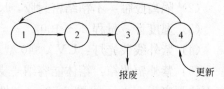

图 5-55 灯管位置及更换次序

c. 试验箱温度应控制在（48±2）℃（距离试件 5mm 处测量），试件表面温度每周测一次。

(3) 试验步骤

a. 试件编号后将试件放在紫外灯下，按表 5-22 分别记录各试样的放置方向。

b. 试验后从紫外箱中取出试件，在 23℃冷却 4h。

c. 用手握住隔离胶带上的密封胶，与玻璃成 90°方向用力拉密封胶，使密封胶从玻璃粘结处剥离。

d. 按（三）8（3）测量并按式（5-19）计算试验胶、参照胶与玻璃内聚破坏面积的百分率：

$$C_F = 100\% - A_L \tag{5-19}$$

式中　C_F——内聚破坏面积的百分率，%；

　　　A_L——粘结破坏面积的百分率，%。

e. 检查密封胶对附件的粘结性：与附件成90°方向用力拉密封胶，使密封胶从附件粘结处剥离。

f. 按（四）5（3）d测量并计算试验胶、参照胶与附件内聚破坏的百分率。

g. 观察试验胶、参照胶的颜色变化。

h. 按表5-21指标检查并记录试验胶与参照胶颜色的变化及其他任何值得注意的变化。

颜色变化的评定　　　　　　　　　　　　　　　　表5-21

级别	颜色变化	变色描述
0	无变色	颜色无任何变化
1	非常轻微的变色	只有非常轻微的变化，以至通常无法确定
2	轻微的变色	很淡的颜色——通常为黄色
3	明显变色	较轻的颜色——通常为黄色、橙色、粉红色或棕色
4	严重变色	明显的颜色——可能是红色、紫色掺杂着黄色、橙色、粉红色或棕色
5	非常严重的变色	较深的颜色——可能是黑色或其他颜色

6　试验报告

紫外光暴露后附件同密封胶相容性试验的试验结果可按表5-22格式报告。

附件相容性试验报告　　　　　　　　　　　　　　表5-22

试验开始时间_____		试验标准_____		登记号_____			
试验完成时间_____		用　户_____		试验者_____			
试验密封胶： 基准密封胶： 附件类型：		试验试件				对比试件	
		玻璃面朝下		玻璃面朝上		玻璃面朝下	玻璃面朝上
试件编号		1	2	3	4	5　　6	7　　8
颜色及外观变化	参照密封胶						
	试验密封胶						
玻璃粘结破坏百分率/%	参照密封胶						
	试验密封胶						
附件粘结破坏百分率/%	参照密封胶						
	试验密封胶						
说　　明							

7　试验结果的判定

结构装配系统用附件同密封胶相容性试验结果，按表5-23判定。

结构装配系统用附件同密封胶相容性判定指标　　　　　表 5-23

试　验　项　目		判　定　指　标
附件同密封胶相容	颜色变化	试验试件与对比试件颜色变化一致
	玻璃与密封胶	试验试件、对比试件与玻璃粘结破坏面积的差值≤5%

（五）附录 B（规范性附录）实际工程用基材同密封胶粘结性试验方法（GB 16776—2005）

1　范围

本附录规定了实际工程用基材（如：玻璃、铝材、铝塑板、石材等）与密封胶粘结性试验方法及结果的判定。适用于幕墙工程结构系统的选材。

本试验方法通过剥离粘结试验后的基材粘结破坏面积来确定基材与密封胶的粘结性。

2　试验原理

采用实际工程用的基材同密封胶粘结制备试件，测定浸水处理后的剥离粘结性。

3　意义和应用

在试验中基材产生的粘结破坏在实际工程中也会出现类似的情况。

4　试验仪器和材料

（1）基材：实际工程中与密封胶粘结的基材。

（2）清洁剂：供方推荐的清洁剂。

（3）密封胶：工程用密封胶。

（4）水：去离子水或蒸馏水。

（5）拉伸试验机：符合 GB/T 13477.18—2002（参见表 5-1）中 6.1 要求。

5　试验方法

（1）用（六）4 清洁剂清洗（六）4（1）基材表面，用洁净的布擦干。是否使用底涂应按供方要求。

（2）按 GB/T 13477.18—2002（参见表 5-1）中 7.1～7.5 制备试件；按该标准 7.6（参见表 5-1）规定的方法操作后立即复涂一层 1.5mm 厚的试验样品。试件按以下条件养护：双组分样品在标准条件下养护 14d；单组分样品在标准条件下养护 21d。

（3）养护后的试件按 GB/T 13477.18—2002 中 7.7 条（参见表 5-1）切割试料带并浸入去离子水或蒸馏水中处理 7d，从水中取出试件后 10min 内按该标准第 8 章（参见表 5-1）进行剥离试验。剥离粘结破坏面积按本节二（三）8（3）测量，以剥离长度×试料带宽度为基础面积，计算粘结破坏面积的百分率及算术平均值（%）。

6　试验报告

报告每条试料带剥离粘结破坏面积的百分率及试验结果的算术平均值（%），同时报告基材的类型、是否使用底涂。

7　结果的判定

实际工程用基材与密封胶粘结：粘结破坏面积的算术平均值≤20%。

（六）附录 D（资料性附录）施工装配中结构密封胶的试验方法（GB 16776—2005）

1　密封胶粘结性测试

(1) 方法 A，手拉试验（成品破坏法）

a. 范围

本方法对接缝受检部分的密封胶是破坏性的，适用于装配现场测试结构密封胶粘接性的检查，用于发现工地应用中的问题，如基材不清洁、使用不合适的底涂、底涂用法不当、不正确的接缝装配、胶结缝设计不合理以及其他影响粘结性的问题。本方法在装配工作现场的结构密封胶完全固化后进行，完全固化通常需要 7 到 21 天。

b. 器材

a) 刀片：长度适当的锋利刀片。

b) 密封胶：相同于被检测的密封胶。

c) 勺状刮铲：适于修整密封胶的工具。

c. 测试步骤

a) 沿接缝一边的宽度方向水平切割密封胶，直至接缝的基材面。

b) 在水平切口处沿胶与基材粘结接缝的两边垂直各切割约 75mm 长度。

c) 紧捏住密封胶 75mm 长的一端，以成 90°角拉扯剥离密封胶（图 5-56）。

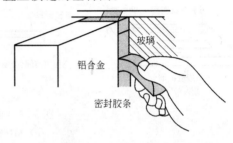

图 5-56　90°角拉扯密封胶

d. 结果判定

如果基材的粘结力合格，密封胶应在拉扯过程中断裂或在剥离之前密封胶拉长到预定值。

e. 被测试面密封胶的修补

如果基材的粘结力合格，可用新密封胶修补已被拉断的密封接缝。为获得好的粘结性，修补被测试部位应采用同原来相同密封胶和相同的施胶方法。应确保原胶面的清洁，修补的新胶应充分填满并与原胶结面紧密贴合。

f. 记录

测试数量、日期、测试用胶批号、测试结果（内聚破坏还是粘结破坏）及其他有关信息，记录整理归档为质量控制文件，以便将来查询。

(2) 方法 B，手拉试验（非成品破坏法）

a. 范围

本方法是非破坏性测试。适用于在平面基材上进行的简单测试，可解决方法 A 很难测试或不可能测试的结构胶接缝。在工程实际应用的一块基材上进行粘结性测试，表面处理相同于工程实际状态。

b. 器材

a) 基材：与工程用型材完全一致，通常采用装配过程中的边角料。

b) 底涂：如果需要，接缝施工时使用的底涂。

c) 防粘带：聚乙烯（PE）或聚四氟乙烯自粘性胶带。

d) 密封胶：工程装配密封接缝用同一结构密封胶。

e) 勺状刮铲：适于修整密封胶的工具。

f) 刀片：长度适当的锋利刀片。

c. 试验步骤

a) 按工程要求清洗粘结表面，如果需要可按规定步骤施底涂。
b) 基材表面的一端粘贴防粘胶带。
c) 施涂适量的密封胶，约长100mm，宽50mm，厚3mm，其中应至少50mm长密封胶覆盖在防粘带上。
d) 修整密封胶，确保密封胶与粘结表面完全贴合。
e) 在完全固化后（7～21天），从防粘带处揭起密封胶，以90°角用力拉扯密封胶。

d. 结果判定

如果密封胶与基材剥离（图5-57a）之前就内聚破坏（图5-57b），则基材的粘结力合格。

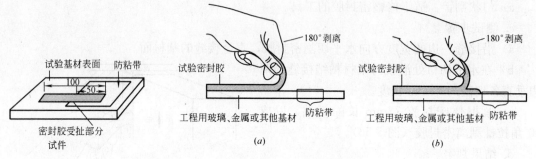

图 5-57 非破坏手拉剥离试验
(a) 粘结破坏；(b) 内聚破坏

e. 记录

测试编号、日期、测试用胶批号、测试结果（粘结或内聚破坏）以及其他有关信息，纳入质量控制文件以便将来查询。

(3) 方法C，浸水后手拉试验

a. 范围

当方法B测试后若没有粘结破坏，可再使用本方法增加浸水步骤进行手拉试验。

b. 器材

大小适于浸没试件的容器。

c. 试验步骤

a) 把已通过方法B测试的试件浸入室温水中。
b) 将试件浸水1天至7天。具体时间由指定的专业人员决定。
c) 浸水至规定时间后，取出试件擦干，揭起密封胶的一端并以90°角用力拉扯密封胶。

d. 结果判定

密封胶在基材剥离前（图5-57a）就已产生内聚破坏（图5-57b），表明基材粘结力合格。

e. 记录

记录测试编号、日期、测试用胶的批号、测试结果以及其他有关信息，纳入质量控制记录以便将来查询。

2 表干时间的现场测定

(1) 范围

本方法适用于检验工程中密封胶的表干时间。表干时间的任何较大变化（如时间过长）都可能表示密封胶超过贮存期或贮存条件不当。

(2) 器材

a) 密封胶：从混胶注胶设备中挤出的材料。

b) 勺状刮铲：适于修整密封胶的工具。

c) 塑料片：聚乙烯或其他材料，用于剔除已固化的密封胶。

d) 工具：适用于接触密封胶表面的工具。

(3) 试验步骤

在塑料片上涂施 2mm 厚的密封胶。每隔几分钟，用工具轻轻地接触密封胶表面。

(4) 结果判定

a. 当密封胶表面不再粘工具时，表明密封胶已经表干，记录开始时至表干发生的时间。

b. 如果密封胶在生产商规定时间内没有表干，该批密封胶不能使用，应同生产商联系。

(5) 记录

记录测试编号、日期、测试用胶批号、测试结果以及其他有关信息，纳入质量控制记录，以便将来查询。

3 单组分密封胶回弹特征的测试

(1) 范围

本方法适用于检验密封胶的固化和回弹性。测试表干时间正常的密封胶按本方法测试。

(2) 器材

a) 密封胶：从挤胶枪中挤出的材料。

b) 勺状刮铲：适于修整密封胶的工具。

c) 塑料片：聚乙烯或其他材料，用于剔除已固化的密封胶。

(3) 试验步骤

a. 在塑料片上施涂 2mm 厚的密封胶，放置固化 24h。

b. 从塑料薄片上剥离密封胶。

c. 慢慢地拉伸密封胶，判断密封胶是否已固化并具有弹性橡胶体特征。在被拉伸到断裂点之前撤消拉伸外力时，弹性橡胶的回弹应能基本上恢复到它原来的长度。

(4) 结果判定

如果密封胶能拉长且回弹，说明已发生固化；如果不能拉长或者拉伸断裂无回弹，表明该密封胶不能使用，应同密封胶生产商联系。

(5) 记录

记录测试编号、日期、测试用胶批号、测试结果以及其他有关信息，纳入质量控制记录，以便将来查询。

4 双组分密封胶混合均匀性测定方法（蝴蝶试验）

(1) 范围

本方法用于测定双组分密封胶的混合均匀性。

(2) 器材

a) 纸：白色厚纸，尺寸为 216mm×280mm；

b) 密封胶：从混胶机中取样测试。

(3) 试验步骤

沿长边将纸对折后展开，沿对折处挤注长约 200mm 的密封胶（图 5-58a），然后把纸叠合起来（图 5-58b），挤压纸面使密封胶分散成半圆形薄层，然后把纸打开观察密封胶（图 5-58c、d）。

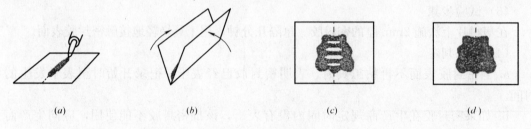

图 5-58 蝴蝶试验

(a) 对折处挤注密封胶；(b) 叠合挤压纸面；(c) 未均匀混合（有白色条纹）；(d) 均匀混合的密封胶

(4) 结果判定

a. 如果密封胶颜色均匀，则密封胶混合较好，可用于生产使用；如果密封胶颜色不均匀或有不同颜色的条纹，说明密封胶混合不均匀，不能使用。

b. 如果密封胶混合均匀程度不够，重新取样，重复（3）试验步骤，若还有不同颜色条纹或颜色不均匀，则可能需要进行设备维修，对混合器、注胶管、注胶枪进行清洗，检查组分比例调节阀门，或向设备生产商咨询有关的维修工作。

(5) 记录

保存并标记测试的样品，记录测试用胶批号、测试日期以及其他有关信息，纳入质量控制记录，以便将来查询。

5 双组分密封胶拉断时间的测试

(1) 范围

本方法用于测试密封胶混合后的固化速度是否符合密封胶生产商的技术说明。

(2) 器材

a) 纸杯：容量约 180ml。

b) 工具：如调油漆用的木棍。

c) 密封胶：从混胶机中取样。

(3) 测试步骤

从混胶机挤取约 2/3~3/4 纸杯密封胶，将木棒插入纸杯中心（图 5-59a），定期从纸杯中提起木棒。

(4) 结果判定

a. 从纸杯中提起木棍并抽拉密封胶时，如果提起的密封胶呈线状（图 5-59b），不发生断裂，表明密封胶未达到拉断时间，应继续测试直到密封胶被拉扯断（图 5-58c）。记录纸杯注入密封胶到拉断的时间，即为密封胶的拉断时间。

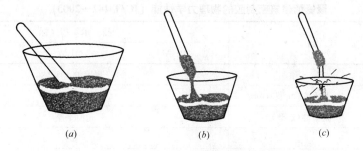

图 5-59　拉断时间试验
(a) 混合的密封胶；(b) 提拉密封胶至固化；(c) 密封胶被拉断

b. 如果密封胶的拉断时间低于规定范围（适用期），应检查混胶设备，确认超出范围的原因，确定密封胶是否过期，确定是否需要调整或维修设备，必要时应同密封胶生产商联系。

（5）记录

将试验编号、拉断时间、日期、密封胶批号以及其他有关信息，纳入质量控制记录，以便将来查询。

三、聚氨酯建筑密封胶

聚氨酯建筑密封胶是指以氨基甲酸酯聚合物为主要成分的单组分和多组分的一类防水密封胶。此类产品现已发布了应用于建筑接缝的《聚氨酯建筑密封胶》（JC/T 482—2003）建材行业标准。

(一) 产品的分类和标记

聚氨酯建筑密封胶按其产品的包装形式可分为单组分（Ⅰ）和多组分（Ⅱ）两个品种。产品按流动性可分为非下垂型（N）和自流平型（L）两个类型。

产品按位移能力分为 25、20 两个级别，参见表 5-24。产品按拉伸模量分为高模量（HM）和低模量（LM）两个次级别。

聚氨酯建筑密封胶的级别　　　表 5-24

级　　别	试验拉伸幅度/%	位移能力/%
25	±25	25
20	±20	20

产品按名称、品种、类型、级别、次级别、标准号的顺序进行标记，例如：25 级低模量单组分非下垂型聚氨酯建筑密封胶的标记为：聚氨酯建筑密封胶 ⅠN 25LM JC/T 482—2003。

(二) 技术要求

1　外观

（1）产品应为细腻、均匀膏状物或黏稠液，不应有气泡。

（2）产品的颜色与供需双方商定的样品相比，不得有明显差异。多组分产品各组分的颜色间应有明显差异。

2　物理力学性能

聚氨酯建筑密封胶的物理力学性能应符合表 5-25 的规定。

聚氨酯建筑密封胶的物理力学性能（JC/T 482—2003）　　表 5-25

试验项目		技术指标		
		20HM	25LM	20LM
密度,g/cm³		规定值±0.1		
流动性	下垂度(N型),mm	≤3		
	流平性(L型)	光滑平整		
表干时间,h		≤24		
挤出性[1],ml/min		≥80		
适用期[2],h		≥1		
弹性恢复率,%		≥70		
拉伸模量,MPa	23℃ / −20℃	＞0.4 或 ＞0.6	≤0.4 或 ≤0.6	
定伸粘结性		无破坏		
浸水后定伸粘结性		无破坏		
冷拉—热压后的粘结性		无破坏		
质量损失率,%		≤7		

1) 此项仅适用于单组分产品。
2) 此项仅适用于多组分产品，允许采用供需双方商定的其他指标值。

(三) 试验方法

1　试验基本要求

（1）标准试验条件

试验室标准试验条件为：温度（23±2）℃，相对湿度 50%±5%。

（2）试验基材

试验基材选用水泥砂浆和（或）铝合金基材，其材质和尺寸应符合 GB/T 13477.1（参见表 5-1）的规定。

当基材需要涂敷底涂料时，应按生产厂要求进行。

（3）试件制备

制备前，样品应在标准试验条件下放置 24h 以上。

制备时，单组分试样应用挤枪从包装筒（膜）中直接挤出注模，使试样充满模具内腔，勿带入气泡。挤注与修整的动作要快，防止试样在成型完毕前结膜。

多组分试样应按生产厂标明的比例混合均匀，避免混入气泡。若事先无特殊要求，混合后应在 30min 内注模完毕。

粘结试件的数量见表 5-26。

2　外观

从包装中取出试样，刮平后目测。

3　密度

按 GB/T 13477.2（参见表 5-1）试验。

4　流动性

（1）下垂度

粘结试件数量和处理条件 表 5-26

项　目		试件数量(个)		处　理　条　件
		试验组	备用组	
弹性恢复率		3	—	GB/T 13477.17—2002(参见表 5-1)8.1　A 法
拉伸模量	23℃	3	—	GB/T 13477.8—2002(参见表 5-1)8.2　A 法
	－20℃	3	—	
定伸粘结性		3	3	GB/T 13477.10—2002(参见表 5-1)8.2　A 法
浸水后定伸粘结性		3	3	GB/T 13477.11—2002(参见表 5-1)8.1　A 法
冷拉—热压粘结性		3	3	GB/T 13477.13—2002(参见表 5-1)8.1　A 法

注：多组分试件可放置 14d。

按 GB/T 13477.6—2002 中 6.1（参见表 5-1）试验。试件在（50±2）℃恒温箱中垂直放置 4h。

（2）流平性

按 GB/T 13477.6—2002 中 6.2（参见表 5-1）试验。

5　表干时间

按 GB/T 13477.5（参见表 5-1）试验。形式检验应采用 A 法试验，出厂检验可采用 B 法试验。

6　挤出性

按 GB/T 13477.3—2002 中 7.2（参见表 5-1）试验。挤出孔直径为 6mm，样品预处理温度（23±2）℃。

7　适用期

（1）按 GB/T 13477.3—2002 中 7.3（参见表 5-1）的 A 法或 B 法试验。挤出孔直径为 6mm，样品预处理温度（23±2）℃。

（2）每个试样挤出 3 次，每隔适当时间挤出一次。描绘出试样混合后各次挤出时间间隔与挤出率的关系曲线，读取挤出率为 50ml/min 时对应的时间，即为适用期。精确至 0.5h，取 3 个试样的平均值。

8　弹性恢复率

按 GB/T 13477.17（参见表 5-1）试验。试验伸长率见表 5-27。

试验伸长率 表 5-27

项　目	试验伸长率,%		
	20HM	25LM	20LM
弹性恢复率	60	100	60
拉伸模量	60	100	60
定伸粘结性	60	100	60
浸水后定伸粘结性	60	100	60

9　拉伸模量

拉伸模量以相应伸长率时的应力表示。按 GB/T 13477.8（参见表 5-1）试验，测定并计算试件拉伸至表5-42规定的相应伸长率时的应力（MPa），其平均值修约至一位小数。

10　定伸粘结性

（1）试验步骤

在标准试验条件下按GB/T 13477.10（参见表5-1）试验。试验伸长率见表5-27。试验结束后，用精度为0.5mm的量具测量每个试件粘结和内聚破坏深度（试件端部2mm×12mm×12mm体积内的破坏不计，见图5-60A区），记录试件最大破坏深度（mm）。

试验后，三个试件中有两个破坏，则试验评定为"破坏"。若只有一块试件破坏，则另取备用的一组试件进行复验。若仍有一块试件破坏，则试验评定为"破坏"。

（2）试件"破坏"的评定

在密封胶表面任何位置，如果粘结或内聚破坏深度超过2mm，则试件为"破坏"（图5-60），即：

A区：在2mm×12mm×12mm体积内允许破坏，且不报告。

B区：允许破坏深度不大于2mm，报告为"无破坏"，并记录试验结果。

C区：破坏从密封胶表面延伸到此区域，报告为"破坏"。

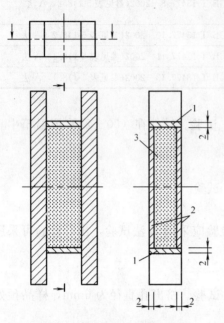

图5-60　粘结试件破坏分区图
1—A区；2—B区；3—C区

11　浸水后定伸粘结性

按GB/T 13477.11（参见表5-1）试验。试验伸长率见表5-27。试验结束后检查每个试件。若有一块试件破坏，则另取备用的一组试件复验。试件的检查方法同（三）10。

12　冷拉—热压后粘结性

按GB/T 13477.13（参见表5-1）试验。试件的拉伸—压缩率和相应宽度见表5-28。第一周期试验结束后，检查每个试件粘结和内聚破坏情况，无破坏的试件继续进行第二周期试验；若有两个或两个以上试件破坏，应停止试验。第二周期试验结束后，若只有一块试件破坏，则另取备用的一组试件复验。试件的检查方法同（三）10。

拉伸压缩幅度　　　　　　　　　　　　表5-28

级　别	20HM	25LM	20LM
拉伸压缩率(%)	±20	±25	±20
拉伸时宽度(mm)	14.4	15.0	14.4
压缩时宽度(mm)	9.6	9.0	9.6

13　质量损失率

按GB/T 13477.19（参见表5-1）试验。

四、聚硫建筑密封胶

聚硫建筑密封胶是由液体聚硫橡胶为基料的室温硫化的一类双组分建筑密封胶。此类产品已发布了应用于建筑工程接缝的《聚硫建筑密封胶》（JC/T 483—2006）建材行业标准。

（一）产品的分类和标记

产品按流动性能可分为非下垂型（N）和自流平型（L）两个类型。产品按位移能力分为 25、20 两个级别，参见表 5-29。产品按拉伸模量分为高模量（HM）和低模量（LM）两个次级别。

聚硫建筑密封胶的级别　　　　表 5-29

级别	试验拉压幅度（%）	位移能力（%）
25	±25	25
20	±20	20

产品按名称、类型、级别、次级别、标准号的顺序进行标记。例如：25 级低模量非下垂型聚硫建筑密封胶的标记为：聚硫建筑密封胶 N25LM JC/T 483—2006。

（二）技术要求

1 外观

（1）产品应为均匀膏状物、无结皮结块，组分间颜色应有明显差别。

（2）产品的颜色与供需双方商定的样品相比，不得有明显差异。

2 物理力学性能

聚硫建筑密封胶的物理力学性能应符合表 5-30 的规定。

物理力学性能（JC/T 483—2006）　　　　表 5-30

序号	项目		技术指标		
			20HM	25LM	20LM
1	密度（g/cm³）		规定值±0.1		
2	流动性	下垂度（N型）/mm	≤3		
		流平性（L型）	光滑平整		
3	表干时间/h		≤24		
4	适用期/h		≥2		
5	弹性恢复率/%		≥70		
6	拉伸模量/MPa	23℃	>0.4 或 >0.6	≤0.4 或 ≤0.6	
		−20℃			
7	定伸粘结性		无破坏		
8	浸水后定伸粘结性		无破坏		
9	冷拉—热压后粘结性		无破坏		
10	质量损失率/%		≤5		

注：适用期允许采用供需双方商定的其他指标值。

（三）试验方法

1　试验基本要求

（1）标准试验条件

试验室标准试验条件为：温度（23±2）℃，相对湿度（50±5）%。

（2）试验基材

试验基材选用水泥砂浆基材，其材质和尺寸应符合 GB/T 13477.1—2002（参见表 5-1）的规定，按方法 M1［见本章第二节一（二）1（3）c］制备。根据供需双方商定，也可选择其他材料作为试验基材。

当基材需要涂敷底涂料时，应按生产厂要求进行。

（3）试件制备

制备前，样品应在标准试验条件下放置 24h 以上。

制备时，将各组分按生产厂标明的比例混合均匀，避免混入气泡，混合后尽快完成注模。

粘结试件的数量和处理条件见表 5-31。

粘结试件数量和处理条件　　　　　　　　　　表 5-31

序号	项目		试件数量（个）		处理条件
			试验组	备用组	
1	弹性恢复率		3	—	GB/T 13477.17—2002（参见表 5-1）8.1　A 法
2	拉伸模量	23℃	3	—	GB/T 13477.8—2002（参见表 5-1）8.2　A 法
		−20℃	3	—	
3	定伸粘结性		3	3	GB/T 13477.10—2002（参见表 5-1）8.2　A 法
4	浸水后定伸粘结性		3	3	GB/T 13477.11—2002（参见表 5-1）8.1　A 法
5	冷拉—热压后粘结性		3	3	GB/T 13477.13—2002（参见表 5-1）8.1　A 法

（4）硫化条件

将制备好的试件在标准试验条件下放置 14d。

2　外观

从包装中取出试样，刮平后目测。

3　密度

将混合后的样品按 GB/T 13477.2（参见表 5-1）试验。

4　流动性

（1）下垂度

按 GB/T 13477.6—2002 中 6.1（参见表 5-1）试验。试件在（50±2）℃恒温箱中垂直放置 4h。

（2）流平性

按 GB/T 13477.6—2002 中 6.2（参见表 5-1）试验。

5　表干时间

按 GB/T 13477.5—2002（参见表 5-1）试验。形式检验应采用 A 法试验，出厂检验可采用 B 法试验。

6 适用期

(1) 按 GB/T 13477.3—2002 中 7.3（参见表 5-1）的 A 法或 B 法试验。挤出孔直径为 6mm，样品预处理温度（23±2）℃。

(2) 每个试样挤出三次，每隔适当时间挤出一次。描绘出试样混合后各次挤出时间间隔与挤出率的关系曲线，读取挤出率为 50ml/min 时对应的时间，即为适用期。精确至 0.5h，取 3 个试样的平均值。

7 弹性恢复率

按 GB/T 13477.17—2000（参见表 5-1）试验。试验伸长率见表 5-32。

试 验 伸 长 率   表 5-32

项 目	试验伸长率/%		
	20HM	25LM	20LM
弹性恢复率	60	100	60
拉伸模量	60	100	60
定伸粘结性	60	100	60
浸水后定伸粘结性	60	100	60

8 拉伸模量

拉伸模量以相应伸长率时的应力表示。按 GB/T 13477.8—2002 试验（参见表 5-1），测定并计算试件拉伸至表 5-32 规定的相应伸长率时的应力（MPa），其平均值修约至一位小数。

9 定伸粘结性

(1) 试验步骤

在标准试验条件下按 GB/T 13477.10—2002（参见表 5-1）试验。试验伸长率见表 5-32 试验结束后，用精度为 0.5mm 的量具测量每个试件粘结和内聚破坏深度（试件端部 2mm×12mm×12mm 体积内的破坏不计，见图 5-61A 区），记录试件最大破坏深度（mm）。

试验后，三个试件中有两个破坏，则试验评定为"破坏"。若只有一块试件破坏，则另取备用的一组试件进行复验。若仍有一块试件破坏，则试验评定为"破坏"。

(2) 试件"破坏"的评定

在密封胶表面任何位置，如果粘结或内聚破坏深度超过 2mm，则试件为"破坏"（图 5-61），即：

A 区：在 2mm×12mm×12mm 体积内允许破坏，且不报告。

B 区：允许破坏深度不大于 2mm，报告为"无破坏"，并记录试验结果。

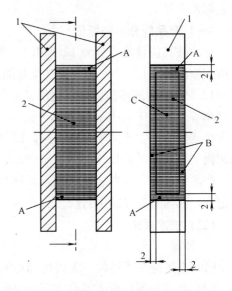

图 5-61 粘结试件破坏分区示意图
1—基材；2—密封胶；
A—A 区；B—B 区；C—C 区

C区：破坏从密封胶表面延伸到此区域，报告为"破坏"。

10　浸水后定伸粘结性

按 GB/T 13477.11—2002（参见表5-1）试验。试验伸长率见表5-32，试件的检查和复验方法同（三）9。

11　冷拉—热压后粘结性

按 GB/T 13477.13—2002（参见表5-1）试验。试件的拉伸压缩率和相应宽度见表5-33，第一周期试验结束后，检查每个试件粘结和内聚破坏情况。试件的检查方法同（三）9。无破坏的试件继续进行第二周期试验；若有两个或两个以上试件破坏，应停止试验。第二周期试验结束后，若只有一块试件破坏，则另取备用的一组试件复验。

试件拉伸压缩率和相应宽度　　　　表5-33

项　目		级　别		
		20HM	25LM	20LM
冷拉—热压后粘结性	拉伸压缩率/%	±20	±25	±20
	拉伸后宽度/mm	14.4	15.0	14.4
	压缩后宽度/mm	9.6	9.0	9.6

12　质量损失率

按 GB/T 13477.19（参见表5-1）试验。

五、丙烯酸酯建筑密封胶

丙烯酸酯建筑密封胶是指以丙烯酸酯乳液为基料的一类单组分水乳型应用于建筑接缝的建筑密封材料。此类产品现已发布了《丙烯酸酯建筑密封胶》（JC/T 484—2006）建材行业标准。

（一）产品的分类和标记

产品按其位移能力分为12.5和7.5两个级别：12.5级其位移能力为12.5%，试验拉伸压缩幅度为±12.5%；7.5级其位移能力为7.5%，试验拉伸压缩幅度为±7.5%。

12.5级密封胶按其弹性恢复率又可分为两个次级别：弹性体（记号12.5E），其弹性恢复率等于或大于40%；塑性体（记号12.5P和7.5P），其弹性恢复率小于40%。12.5E为弹性密封胶，主要用于接缝密封，12.5P级和7.5P级为塑性密封胶，主要用于一般装饰装修工程的填缝。12.5E、12.5P和7.5P级产品均不宜用于长期浸水的部位。

产品按名称、级别、次级别、标准号的顺序标记，例 12.5E 丙烯酸酯建筑密封胶的标记为：丙烯酸酯建筑密封胶 12.5E JC/T 484—2006。

（二）技术要求

1　外观

(1) 产品应为无结块、无离析的均匀细腻膏状体。

(2) 产品的颜色与供需双方商定的样品相比，应无明显差异。

2　物理力学性能

丙烯酸酯建筑密封胶的物理力学性能应符合表5-34的规定。

物理力学性能 (JC/T 484—2006)　　　　　　　　　　　　　　　　　　　表 5-34

序号	项目	技术指标		
		12.5E	12.5P	7.5P
1	密度/(g/cm^3)	规定值±0.1		
2	下垂度/mm	≤3		
3	表干时间/h	≤1		
4	挤出性/(ml/min)	≥100		
5	弹性恢复率/%	≥40	见表注	
6	定伸粘结性	无破坏	—	
7	浸水后定伸粘结性	无破坏	—	
8	冷拉—热压后粘结性	无破坏	—	
9	断裂伸长率/%	—	≥100	
10	浸水后断裂伸长率/%	—	≥100	
11	同一温度下拉伸—压缩循环后粘结性	—	无破坏	
12	低温柔性/℃	−20	−5	
13	体积变化率/%	≤30		

注：报告实测值。

(三) 试验方法

1 试验基本要求

(1) 标准试验条件

试验室标准试验条件为：温度 (23±2)℃，相对湿度 50%±5%。

(2) 试验基材

试验基材选用水泥砂浆基材，其材质和尺寸应符合 GB/T 13477.1—2002 4.1 (参见表 5-1) 的规定，按方法 M1 [见本章第二节一 (二) 1 (3) c] 制备。

当基材需要涂敷底涂料时，应按生产厂要求进行。

(3) 试件制备

制备前，样品应在标准试验条件下放置 24h 以上。

制备时，试样应用挤枪从包装筒中直接挤出注模，使试样充满模具内腔，勿带入气泡。挤注与修整应尽快完成，防止试样在成型完毕前结膜。

粘结试件的数量和处理条件见表 5-35。

粘结试件数量和处理条件　　　　　　　　　　　　　　　　　表 5-35

序号	项目	试件数量/个		处理条件
		试验组	备用组	
1	弹性恢复率	3	—	GB/T 13477.17—2002(参见表 5-1)8.1　A 法
2	定伸粘结性	3	3	GB/T 13477.10—2002(参见表 5-1)8.2　A 法
3	浸水后定伸粘结性	3	3	GB/T 13477.11—2002(参见表 5-1)8.1　A 法
4	冷拉—热压后粘结性	3	3	GB/T 13477.13—2002(参见表 5-1)8.1　A 法
5	断裂伸长率	3	—	GB/T 13477.8—2002(参见表 5-1)8.2　A 法
6	浸水后断裂伸长率	3	—	GB/T 13477.9—2002(参见表 5-1)8.1　A 法
7	同一温度下拉伸—压缩循环后粘结性	3	3	GB/T 13477.12—2002(参见表 5-1)

2 外观

从包装中取出试样，刮平后目测。

3 密度

按 GB/T 13477.2（参见表 5-1）试验。

4 下垂度

按 GB/T 13477.6—2002 7.1（参见表 5-1）试验。试件在（50±2）℃恒温箱中垂直放置 4h。

5 表干时间

按 GB/T 13477.5—2002（参见表 5-1）试验。形式检验应采用 A 法试验，出厂检验可采用 B 法试验。

6 挤出性

按 GB/T 13477.3—2002 7.2（参见表 5-1）试验。挤出孔直径为 2mm，样品预处理温度（23±2）℃。

7 弹性恢复率

按 GB/T 13477.17—2002（参见表 5-1）试验。试验伸长率见表 5-36，按（三）8（2）a 检查试件是否破坏。

8 定伸粘结性

(1) 试验步骤

在标准试验条件下按 GB/T 13477.10—2002（参见表 5-1）试验。试验伸长率见表 5-36 试验结束后，用精度为 0.5mm 的量具测量每个试件粘结和内聚破坏深度（试件端部 2mm×12mm×12mm 体积内的破坏不计，见图 5-61A 区），记录试件最大破坏深度（mm）。

试验伸长率　　　　　　　　　　　　　　　表 5-36

项　目	试验伸长率/%		
	12.5E	12.5P	7.5P
弹性恢复率	60	60	25
定伸粘结性	60	—	—
浸水后定伸粘结性	60	—	—

试验后，三个试件中有两个破坏，则试验评定为"破坏"。若只有一块试件破坏，则另取备用的一组试件进行复验。若仍有一块试件破坏，则试验评定为"破坏"。

(2) 试件"破坏"的评定

a. 12.5E 级试件"破坏"的评定

在密封胶表面任何位置，如果粘结或内聚破坏深度超过 2mm，则试件为"破坏"（图 5-62），即：

A 区：在 2mm×12mm×12mm 体积内允许破坏，且不报告。

B 区：允许破坏深度不大于 2mm，报告为"无破坏"，并记录试验结果。

C 区：破坏从密封胶表面延伸到此区域，报告为"破坏"。

b. 12.5P 级和 7.5P 级试件"破坏"的评定

如果粘结或内聚破坏扩展至密封胶的整个深度，报告为"破坏"。用光线透过贯穿缺陷的方法可以评定是否破坏。

9 浸水后定伸粘结性

按 GB/T 13477.11—2002（参见表 5-1）试验。试验伸长率见表 5-36，试件的检查和复验方法同（三）8。

10 冷拉—热压后粘结性

按 GB/T 13477.13—2002（参见表 5-1）试验。试件的拉伸—压缩率和相应宽度见表 5-37，第一周期试验结束后，检查每个试件粘结和内聚破坏情况，试件的检查方法同（三）8，无破坏的试件继续进行第二周期试验；若有两个或两个以上试件破坏，应停止试验。第二周期试验结束后，若只有一块试件破坏，则另取备用的一组试件复验。

11 断裂伸长率

按 GB/T 13477.8—2002（参见表 5-1）试验，试验温度（23±2）℃。测定并计算试件的断裂伸长率（%），其平均值修约至 1%。

12 浸水后断裂伸长率

按 GB/T 13477.9—2002（参见表 5-1）试验。测定并计算试件的断裂伸长率（%），其平均值修约至 1%。

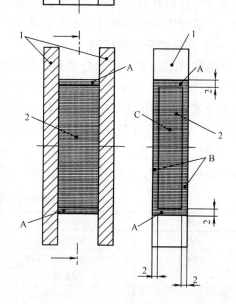

图 5-62 粘结试件破坏分区示意图
1—基材；2—密封胶；
A—A区；B—B区；C—C区

试件拉伸—压缩率和相应宽度　　　　表 5-37

试 验 项 目		12.5E	12.5P	7.5P
冷拉—热压后粘结性	拉伸压缩率/%	±12.5	—	—
	拉伸后宽度/mm	13.5	—	—
	压缩后宽度/mm	10.5	—	—
同一温度下拉伸—压缩循环后粘结性	拉伸压缩率/%	—	±12.5	±7.5
	拉伸后宽度/mm	—	13.5	12.9
	压缩后宽度/mm	—	10.5	11.1

13 同一温度下拉伸—压缩循环后粘结性

按 GB/T 13477.12—2002（参见表 5-1）试验。试件的拉伸—压缩率和相应宽度见表 5-37。试件的检查和复验方法同 5.8。

14 低温柔性

按 GB/T 13477.7—2002（参见表 5-1）试验，试验温度（-20±2）℃或（-5±2）℃，圆棒直径 25mm。

15 体积变化率

按 GB/T 13477.19—2002（参见表 5-1）试验。试验液体采用沸点为 99℃，密度 0.7g/ml 的异辛烷（2,2,4-三甲基戊烷）。

六、建筑窗用弹性密封胶

建筑窗用弹性密封胶是指以硅酮、改性硅酮、聚硫、聚氨酯、丙烯酸酯、丁基、丁苯、氯丁等合成高分子材料为主要成分的，适用于建筑门窗及玻璃镶嵌用的一类弹性密封材料。建筑窗用弹性密封胶已发布了 JC 485—2007 建材行业标准。

（一）产品的分类和标记

产品按其基础聚合物划分系列，参见表 5-38；按产品允许承受接缝位移能力，可分为 1 级（±30%），2 级（±20%），3 级（±5%～±10%）等三个级别；按其适用基材可分为四个类别，参见表 5-39；产品按其适用季节可分为 S 型（夏季施工型）、W 型（冬季施工型）、A 型（全年施工型）等三个型别；产品按其固化机理可分为：湿气固化，单组分（品种代号为：K）；水乳液干燥固化，单组分（品种代号为：E）；溶剂挥发固化，单组分（品种代号为：Y）；化学反应固化，多组分（品种代号为：Z）等四个品种。

建筑窗用弹性密封胶的产品系列　　　　表 5-38

系列代号	密封胶基础聚合物	系列代号	密封胶基础聚合物
SR	硅酮聚合物	AC	丙烯酸酯聚合物
MS	改性硅酮聚合物	BU	丁基橡胶
PS	聚硫橡胶	CR	氯丁橡胶
PU	聚氨酯甲酸酯	SB	丁苯橡胶

注：以其他聚合物为基础的密封胶，标记取聚合物通用代号。

建筑窗用弹性密封胶的类别　　　　表 5-39

类别代号	适用基材	类别代号	适用基材
M	金属	G	玻璃
C	混凝土、水泥砂浆	Q	其他

产品按系列、级别、类别、型别、品种、本标准号的顺序标记。示例如下：位移能力为Ⅰ级；适用于金属、混凝土、玻璃基材；全年施工型；湿气固化硅酮密封胶的产品标记为：SR Ⅰ MCG A K JC/T 485—2007。

（二）技术要求

1　外观

（1）产品不应有结块、凝胶、结皮及不易迅速均匀分散的析出物。

（2）产品的颜色应与供需双方商定的样品相符。多组分产品各组分的颜色间应有明显差异。

2　物理力学性能

产品的物理力学性能应符合表 5-40 要求。

建筑窗用弹性密封胶的物理力学性能要求（JC/T 485—2007）　　　　表 5-40

序号	项目		1级	2级	3级
1	密度/g/cm^3		规定值±0.1		
2	挤出性/ml/min	≥	50		
3	适用期/h	≥	3		

续表

序号	项目		1级	2级	3级
4	表干时间/h	≤	24	48	72
5	下垂度/mm	≤	2	2	2
6	拉伸粘结性能/MPa	≤	0.40	0.50	0.60
7	低温贮存稳定性[a]		无凝胶、离析现象		
8	初期耐水性[a]		不产生浑浊		
9	污染性[a]		不产生污染		
10	热空气-水循环后定伸性能/%		100	60	25
11	水-紫外线辐照后定伸性能/%		100	60	25
12	低温柔性/℃		−30	−20	−10
13	热空气-水循环后弹性恢复率/%	≥	60	30	5
14	拉伸-压缩循环性能	耐久性等级	9030	8020,7020	7010,7005
		粘接破坏面积/% ≤	25		

[a] 仅对乳液（E）品种产品。

（三）试验方法

本试验方法中所引用的方法标准为 GB/T 13477—2002，其内容参见本章第二节一至二十。

1 标准试验条件

试验室标准试验条件为：温度（23±2）℃，相对湿度（50±5）%。

2 密度

按 GB/T 13477.2 试验。

3 挤出性

按 GB/T 13477.3—2002 中 7.2 试验，采用 GB 16776—2005 图 1（见本章图 5-49）所示聚乙烯挤胶筒，枪嘴内径 6mm。试验温度：S 型为（23±2）℃，A 型及 W 型为（5±2）℃。

4 适用期

按 GB/T 13477.3—2002 中 7.3 的 A 法或 B 法试验，采用 GB 16776—2005 图 1（见本章图 5-49）所示聚乙烯挤胶筒，枪嘴内径 6mm。试验温度：A 型及 S 型为（23±2）℃，W 型为（5±2）℃。

5 表干时间

按 GB/T 13477.5—2002 试验。

6 下垂度

按 GB/T 13477.6—2002 试验。试验温度：A 型及 S 型（50±2）℃，W 型（23±2）℃。槽宽 20mm。

7 拉伸粘结性能

（1）试件制备

a. 基材试板按密封胶类别分别采用：

M 类——表面阳极氧化处理铝板；

C 类——水泥砂浆板；

G 类——玻璃板；

Q 类——其他材料试板。

b. 试件规格符合 GB/T 13477.8—2002 中图 1 或图 2（见本章图 5-6 或图 5-7）按 GB/T 13477.8—2002 第 7 章制备试件三个，按表 5-41 规定条件养护。

密封胶试件养护条件　　　　　　　　表 5-41

密封胶固化形式	前 期 养 护	后 期 养 护
K，湿气固化	标准条件 14d	(30±3)℃,14d
E 及 Y，干燥，挥发固化	标准条件 28d	(30±3)℃,14d
Z，反应固化	标准条件 7d	(50±3)℃,7d

（2）试验步骤

按 GB/T 13477.8—2002 第 9 章试验，试件按 A 法处理，试验温度（23±2）℃，拉伸量为原始宽度的 100%（1 级）、60%（2 级）、25%（3 级），测定各伸长时的粘结强度及破坏情况。

8 低温贮存稳定性

（1）仪器设备

a 低温箱：温度控制在（-5±2）℃；

b 容器：100mL 广口玻璃瓶。

（2）试验步骤

在三个瓶中分别放入约 50mL 乳胶型密封胶试料，密闭后在（-5±2）℃低温箱中恒温放置 18h，取出后在（23±2）℃放置 6h。反复三次。用玻璃棒搅拌试料，检查有无凝结、离析等异常现象。

9 初期耐水性

（1）试件

水泥砂浆按 GB/T 13477.1—2002 4.1 的规定调制，砂浆试件符合图 5-63，24h 后脱模，水中养护 6d 后放置 14d 以上。用试料填平砂浆试件 10mm×10mm 凹角，避免混入气泡，在标准条件下放置 24h。

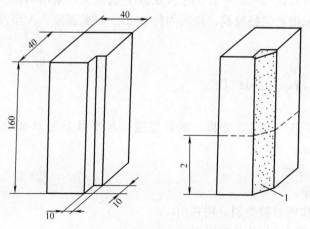

图 5-63 初期耐水性和污染性试样

1—试料；2—浸水深度

(2) 试验步骤

将三个试件分别垂直放入 500ml 烧杯中，倒入水深约 80mm，静置 24d 后观测水是否浑浊。

10 污染性

按（三）9（1）制备试件三个，将试件分别立放在 500ml 烧杯中，浸水深度 10mm，静置 7d，观察砂浆面和试料面有无污染。

11 热空气-水循环处理后粘结性能

(1) 按（三）7（1）制备试件三个，按 GB/T 13477.10—2002 8.3 处理。

(2) 按 GB/T 13477.12—2002 第 9 章试验，试验温度 (23±2)℃。

12 水-紫外线辐照后定伸性能

(1) 紫外线试验箱：紫外线光谱能量分布符合图 5-64，灯管功率 300W，灯管与箱底平行，灯管距试件 250mm，紫外线辐照强度 (2000~3000)μW/cm²。试验箱结构参见图 5-65。

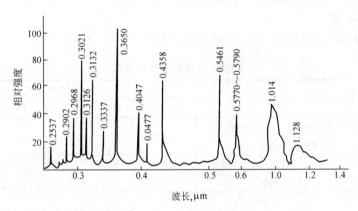

图 5-64 紫外灯光谱相对能量分布图

(2) 符合（三）7（1）规格的试件三个。

(3) 浸水光照试验：将三个试件的玻璃面朝向光源，辐照 168h，水温为 (40±5)℃。水面与玻璃面平行但又不淹没玻璃上表面。

(4) 光照结束后，按 GB/T 13477.10—2002 第 9 章试验，试验温度 (23±2)℃。

13 低温柔性

按 GB/T 13477.7—2002 试验：试验圆棒直径为 6mm。

14 热空气-水循环后弹性恢复率

按 GB/T 13477.17—2002 8.2 B 法处理试件并按第 9 章试验，试件拉伸量为原始宽度的 60%。

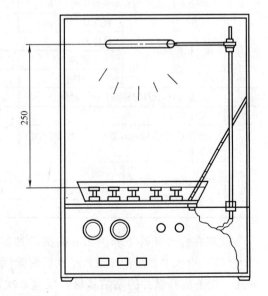

图 5-65 试验箱结构示意图

15 拉伸-压缩循环性能

(1) 试验器具

a. 鼓风干燥箱：能调节温度至（70±2）℃～（100±2）℃。

b. 冰箱：能调节温度至（-10±2）℃。

c. 恒温水槽：能将水温调至（50±1）℃。

d. 夹具：能将试件的接缝宽度固定在8.4，9.6，10.8，11.4，12.0，12.6，13.2，14.4以及15.6mm，其精度为±0.1mm。

e. 拉伸压缩试验机，能以（4～6）次/min的速度将试件接缝宽度在（11.4～12.6）mm、（10.8～13.2）mm、（9.6～14.4）mm或（8.4～15.6）mm的范围内反复拉伸和压缩。其精度为±0.2mm。

f. 粘结基材：同（三）7（1）也可用50mm×50mm试件。

(2) 试件制备

同（三）7（1），每组制备三个试件

(3) 试验步骤

拉伸-压缩循环试验按表5-42中所示程序进行。

拉伸-压缩循环试验程序　　　　　　表5-42

试验程序				耐久性等级				
				9030	8020	7020	7010	7005
1	接缝宽固定12mm,浸入50℃水中间/h			24				
2	除去夹具,试件置标准条件下时间/h			24				
3	压缩加热	接缝宽	mm	8.4	9.6	9.6	10.8	11.4
		压缩率	%	-30	-20	-20	-10	-5
		温度/℃		90	80	70	70	70
		时间/h		168				
4	除去夹具,试件置标准条件下时间/h			24				
5	拉伸冷却	接缝宽	mm	15.6	14.4	14.4	13.2	12.6
		拉伸率	%	+30	+20	+20	+10	+5
		温度/℃		-10				
		时间/h		24				
6	除去夹具,试件置标准条件下时间/h			24				
7	程序反复			程序1～6反复一次				
8	接缝宽固定12mm,置标准条件下时间/h,不小于			24				
9	接缝的扩大、缩小（4～6）次/min	接缝宽	mm	80.4～15.6	9.6～14.4	9.6～14.4	10.8～13.2	11.4～12.6
		拉伸-压缩度	%	-30～+30	-20～+20	-20～+20	-10～+10	-5～+5
		次数(次)		2000				

a. 将在标准条件下养护28d的试件按制作时的尺寸固定在夹具上，然后把试件放在（50±1）℃的水中，浸泡24h。浸水后解除固定夹具，把试件置标准条件下24h，然后检查试件，用手掰开试件的粘结基材，反复2次，肉眼检查试料及试料与粘结基材的粘结面有无溶解、膨胀、破裂、剥离等异常，记录其状态。

b. 在保持粘结基材平行的情况下，缓慢使试件变形至程序 3 中的各尺寸，然后固定之。将试件放入已调至各加热温度的烘箱内，加热 168h。解除固定状态后，将粘结基材在标准条件下水平放置 24h，然后按 15（3）a 的方法检查试件。

c. 将试件缓慢变形至程序 5 中各尺寸，固定之。在（－10±1）℃的冰箱中将试件放置 24h。解除试件固定状态，在标准状态下使试件的粘结基材水平放置 24h，然后按 15（3）a 的方法检查试件。

d. 重复 15（3）b～15（3）c 的操作，将试件按制作时的尺寸固定在夹具上，在标准条件下放置 24h，然后 7d 之内按下述方法进行试验。

e. 将试件装在拉伸压缩机上，在标准条件下按程序 9 的要求拉伸和压缩 2000 次，然后按 15（3）a 的方法检查试件，并测量每个试件的粘结破坏面积，计算粘结破坏面积百分比（％）。拉伸压缩的速度为（4～6）次/min。

（4）试验报告

试验报告应写明下述内容：

a. 试料的名称、类型、批号；

b. 基材类别；

c. 是否用底涂料；

d. 所选用的拉伸-压缩幅度；

e. 每块试件粘结或内聚破坏情况，粘结破坏面积百分比（％）。

七、中空玻璃用弹性密封胶

中空玻璃用弹性密封胶是指应用于中空玻璃单道或第二道密封用两组分聚硫类密封胶和第二道密封用硅酮类密封胶。

中空玻璃用弹性密封胶要求其具有高粘结性、抗湿气渗透、耐湿热，长期紫外线光照下在玻璃中空内不发雾，组分比例和黏度应满足机械混胶注胶施工等特点。目前能满足要求的产品主要是抗水蒸气渗透的双组分聚硫密封胶。随着玻璃幕墙结构节能要求的提高，所用中空玻璃日渐增多，特别强调玻璃结构粘结的安全、耐久性，开始将硅酮密封胶用做中空玻璃结构的二道密封，但由于其耐湿气渗透性较差，故不允许其单道使用，必须有丁基嵌缝膏为一道密封，以阻挡湿气渗透。

中空玻璃用弹性密封胶已发布了 JC/T 486—2001 行业标准。

（一）产品的分类和标记

1　产品分类　按基础聚合物分类，聚硫类代号 PS，硅酮类代号 SR。

2　产品分级　按位移能力和模量分级。位移能力±25％高模量级，代号 25HM；位移能力±20％高模量级，代号 20HM；位移能力±12.5％弹性级，代号 12.5E。

3　产品标记　产品按以下顺序标记：类型、等级、标准号。

标记示例：　　PS　　S-20HM-JC/T　486—2001

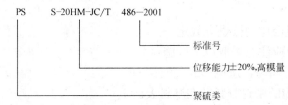

(二) 技术要求

1 外观

(1) 密封胶不应有粗粒、结块和结皮，无不易迅速均匀分散的析出物。

(2) 两组分产品，两组分颜色应有明显的差别。

2 物理性能

中空玻璃用弹性密封胶的物理性能应符合表 5-43 规定。

中空玻璃密封胶物理性能（JC/T 486—2001） 表 5-43

序号	项目		PS类 20HM	PS类 12.5E	SR类 25HM	SR类 20HM	SR类 12.5E
1	密度/g/cm³	A组分			规定值±0.1		
		B组分			规定值±0.1		
2	黏度/Pa·s	A组分			规定值±10%		
		B组分			规定值±10%		
3	挤出性(仅单组分)/s ≤				10		
4	适用期/min ≥				30		
5	表干时间/h ≤				2		
6	下垂度	垂直放置/mm ≤			3		
		水平放置			不变形		
7	弹性恢复率/% ≥		60%	40%	80%	60%	40%
8	拉伸模量/MPa	23℃ -20℃	>0.4 或 >0.6	—		>0.6 或 >0.4	—
9	热压·冷拉后粘结性	位移/%	±20	±12.5	±25	±20	±12.5
		破坏性质			无破坏		
10	热空气-水循环后定伸粘结性	伸长率/%	60	10	100	60	60
		破坏性质			无破坏		
11	紫外线辐照-水浸后定伸粘结性	伸长率/%	60	10	100	60	60
		破坏性质			无破坏		
12	水蒸气渗透率/g/(m²·d)			15		—	
13	紫外线辐照发雾性(仅用于单道密封时)				无		

(三) 试验方法

本试验方法所引用的方法标准为 GB/T 13477—92，其内容参见本章第二节二十一。

1 标准试验条件

温度 (23±2)℃，空气相对湿度 45%～55%。

2 试件制备

(1) 两组分的混合比例按供方规定。

(2) 试件制备时应注意采取以下措施：

a. 混合两组分应均匀，避免形成气泡；

b. 应使挤注涂施的密封胶紧粘在基材表面上；

c. 应及时修整试件上密封胶表面，使其表面齐平。

（3）试件应在（三）1 条件下固化 14d（单组分产品固化 28d）。出厂检验允许采用加速条件固化。

3 外观

多组分产品打开包装目测，并搅拌样品检查；单组分产品挤出刮平后目测。

4 密度

按 GB/T 13477—1992（参见表 5-1）第 3 章规定试验。

5 黏度

按《胶粘剂黏度测定方法 旋转黏度计法》（GB/T 2794—1995）规定试验，旋转剪切速度梯度为 1s。

6 挤出性

按 GB 16776—1997 第 6.4 条 [见本节二（三）4] 规定试验。

7 适用期

按 GB 16776—1997 第 6.5 条 [见本节二（三）5] 试验

8 表干时间

按 GB/T 13477—1992（参见表 5-1）第 5 章试验。

9 下垂度

按 GB/T 13477—1992（参见表 5-1）第 7 章规定试验，模具槽宽 20mm。

10 弹性恢复率

按 GB/T 13477—1992（参见表 5-1）第 11 章规定试验，试件按该标准 9.3.2 处理，PS 类 12.5E 级拉伸 30%，PS 类 20HM 及 SR 类 20HM 级拉伸 60%，SR 类 25HM 级拉伸 100%。

11 拉伸模量

（1）试件基材为无色透明浮法玻璃（不代表中空玻璃实际使用基材，实际基材应按本节二（四）进行相容性试验），形状符合 GB/T 13477—1992 第 13.1.5 条图 5-28，按该标准第 9.3.1 条 [见本章第二节二十一（九）3（1）] 处理试件。

（2）试件按 GB/T 13477—1992 第 9.3.1 条 [见本章第二节二十一（九）3（1）] 处理，按该标准第 9 章 [见本章第二节二十一（九）] 规定试验，试验温度（23±2）℃或（-20±2）℃。20HM 级测定伸长率 60% 时应力，25HM 级测定伸长率 100% 时应力，取 3 个试件试验结果的平均值，修约至一位小数。拉伸模量用对应伸长率时的应力表示，报告拉伸模量应同时报告对应伸长率，如：拉伸 60% 模量 0.6MPa 报告为 0.6MPa/60%。

12 热压·冷拉后粘结性

（1）制备两组试件，一组试验，一组备用。试件按 GB/T 13477—1992 第 9.3.2 条 [见本章第二节二十一（九）3（2）] 处理，按 JC/T 881—2001 附录 B 试验 [见本节八（六）]。试验一个周期后，检查并记录试件粘结/内聚破坏情况，无破坏的试件继续进行第二周期试验；若有两个或两个以上试件破坏，应中止试验；第二周期试验后，若仅有一个试件破坏，应另取备用的一组试件重复试验。

（2）试件破坏的评定和报告

试件表面出现深度超过2mm的粘结或内聚破坏，评定为破坏。报告原则：

A区：试件长向两端2mm区域，允许破坏，且不报告；

B区：试件宽向两侧2mm区域，允许深度不大于2mm的破坏，并报告为无破坏；

C区：破坏超过A、B区域，从表面延伸到密封胶内部的破坏，报告为破坏。

13 热空气-水循环后定伸粘结性

制备两组试件，一组试验，一组备用。试件规格符合[（三）11（1）]，按GB/T 13477—1992第9.3.2条[见本章第二节二十一（九）3（2）]处理，按该标准第10章[见本章第二节二十一（十）]试验，试验温度（23±2）℃。试验结果按（三）12（2）评定和报告。

14 紫外线辐照-水浸后定伸粘结性

制备两组试件，一组试验，一组备用。按JC/T 485—1992（1996）第5.12条进行光照试验（见本节六（三）12），试验结束后在（三）1条件下晾置24小时，按GB/T 13477—1992第10章[见本章第二节二十一（十）]试验，试验温度23℃。试验结果按（三）12（2）评定和报告。

15 水蒸气渗透率

（1）试片直径80mm、厚度（20±0.2）mm，试片表面无缺陷、针孔和杂质。

（2）按GB/T 1037—1988《塑料薄膜和片材透水蒸气性试验方法 杯式法》试验。采用图5-66规定的铝质透湿杯，干燥剂用无水氯化钙或干燥3A分子筛，装填容积为杯体2/3。在杯体上边缘涂密封脂，安装试片后旋紧杯盖密封杯体。将密封的透湿杯放在干燥器样架上，样架下加水，密闭干燥器。试验温度为（23±2）℃。

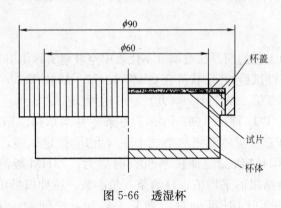

图5-66 透湿杯

16 紫外线辐照发雾性

（1）试验装置

紫外线试验箱：符合《建筑窗用弹性密封胶》[JC/T 485—1992（1996）]第5.12条。

凝雾板：用密封胶将5mm厚浮法玻璃板、3mm金属板及12mm间隔框沿周边粘结密封，组装成中空的复合板，尺寸400mm×400mm，中空厚度为12mm，内部安装进水管和出水管。周边粘结密封宽度不少于10mm。

玻璃培养皿：直径约60mm。

（2）试验步骤

擦净凝雾板玻璃面，检查确认无污物痕迹后将玻璃面朝上平放在试验箱底面。将固化后的密封胶切成尺寸不大于10mm的三个样块，每个样块质量约20g，放在凝雾板玻璃面上，分别用玻璃培养皿罩上。启动紫外线灯，调整试验箱内温度为（40±5）℃，连续光照24h。光照期间凝雾板中通冷却水，出水温度保持在15℃以下。

(3) 试验结果

试验结束后，取出凝雾板，揭开玻璃培养皿并取出密封胶样块，检查并记录玻璃培养皿所罩区域凝雾板玻璃表面有无结雾。

八、混凝土建筑接缝用密封胶

混凝土建筑接缝密封胶是指应用于混凝土建筑接缝用弹性和塑性密封胶。由于构件材质、尺寸、使用温度、结构变形、基础沉降影响等使用条件范围宽，对密封胶接缝位移能力及耐久性要求差别较大，产品包括了25级至7.5级的所有级别。混凝土建筑接缝用密封胶产品主要包括中性硅酮密封胶、改性硅酮密封胶、聚氨酯密封胶、聚硫型密封胶，还包括硅化丙烯酸密封胶、丙烯酸密封胶、丁基型密封胶、改性沥青嵌缝膏等，后三种主要应用于建筑内部接缝密封。混凝土建筑接缝用密封胶其产品已发布了《混凝土建筑接缝用密封胶》JC/T 881—2001行业标准。

(一) 产品的分类和标记

1 品种

密封胶分为单组分（Ⅰ）和多组分（Ⅱ）两个品种。

2 类型

密封胶按流动性分为非下垂型（N）和自流平型（S）两个类型。

3 级别

密封胶按位移能力分为25、20、12.5、7.5四个级别，见表5-44。

密封胶级别　　　　　　　　　　表5-44

级别	试验拉压幅度/%	位移能力/%
25	±25	25
20	±20	20
12.5	±12.5	12.5
7.5	±7.5	7.5

4 次级别

(1) 25级和20级密封胶按拉伸模量分为低模量（LM）和高模量（HM）两个次级别。

(2) 12.5级密封胶按弹性恢复率又分为弹性和塑性两个次级别：恢复率不小于40%的密封胶为弹性密封胶（E），恢复率小于40%的密封胶为塑性密封胶（P）。

25级、20级和12.5E级密封胶称为弹性密封胶；12.5P级和7.5P级密封胶称为塑性密封胶。

5 产品标记

密封胶按下列顺序标记：名称、品种、类型、级别、次级别、标准号。标记示例如下：

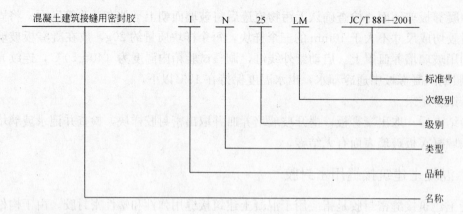

(二) 技术要求

1 外观

(1) 密封胶应为细腻、均匀膏状物或黏稠液体，不应有气泡、结皮或凝胶。

(2) 密封胶的颜色与供需双方商定的样品相比，不得有明显差异。多组分密封胶各组分的颜色应有明显差异。

2 密封胶适用期和表干时间指标由供需双方商定。

3 物理力学性能

密封胶的物理力学性能应符合表5-45的规定。

混凝土建筑接缝用密封胶的物理力学性能 (JC/T 881—2001)　　表5-45

序号	项	目		技术指标						
				25LM	25HM	20LM	20HM	12.5E	12.5P	7.5P
1	流动性	下垂度(N型)mm	垂直	≤3						
			水平	≤3						
		流平性(S型)		光滑平整						
2		挤出性/ml/min		≥80						
3		弹性恢复率/%		≥80		≥60		≥40	<40	<40
4	拉伸粘结性	拉伸模量/MPa	23℃ －20℃	≤0.4 和 ≤0.6	>0.4 或 >0.6	≤0.4 和 ≤0.6	>0.4 或 >0.6	—		
		断裂伸长率/%		—					≥100	≥20
5		定伸粘结性		无破坏					—	
6		浸水后定伸粘结性		无破坏					—	
7		热压·冷拉后的粘结性		无破坏					—	
8		拉伸-压缩后的粘结性		—					无破坏	
9		浸水后断裂伸长率/%		—					≥100	≥20
10		质量损失率/%		≤10①					—	
11		体积收缩率/%		≤25②					≤25	

① 乳胶型和溶剂型产品不测质量损失率。

② 仅适用于乳胶型和溶剂型产品。

(三) 试验方法

本试验方法所引用的方法标准为 GB/T 13477—92，其内容参见本章第二节二十一。

1 试验基本要求

(1) 标准试验条件

试验室标准试验条件：温度（23±2)℃，相对湿度（50±5)％。

(2) 试件制备

制备前，试样应在标准条件下放置 24h 以上。试验基材应按 GB/T 13477—1992.9.2（参见表 5-1）的要求清洁和干燥。

制备时，单组分试样应用挤枪从包装容器中直接挤出注模，使试样充满模具内腔，避免形成气泡。挤注与修整应尽快完成，防止试样在成型完毕前结膜。

多组分试样按生产厂标明的比例混合均匀，避免形成气泡。若事先无特殊要求，混合后应在 30min 内完成注模和修整。

粘结试件数量见表 5-46。

粘结试件数量　　　　　　　　　　　表 5-46

序号	试验项目		基材	数量/个		制备方法
				试验组	备用组	
1	弹性恢复率		U 型铝条	3	—	GB/T 13477—1992 11.2(参见表 5-1)
2	拉伸模量	23℃	水泥砂浆板	3	—	GB/T 13477—1992 9.2(参见表 5-1)
		−20℃		3	—	
3	断裂伸长率		水泥砂浆板	3	—	
4	定伸粘结性		水泥砂浆板	3	3	
5	浸水后定伸粘结性		水泥砂浆板	3	3	
6	热压·冷拉后的粘结性		水泥砂浆板	3	3	
7	拉伸-压缩后的粘结性		水泥砂浆板	3	3	
8	浸水后断裂伸长率		水泥砂浆板	3	—	

注：1　基材可按生产厂要求使用底涂料。
　　2　基材也可按供需双方要求选用其他材料。

(3) 固化条件

测试固化后性能的试件应在标准条件下放置 28d（即 GB/T 13477—1992 第 9 章（参见表 5-1）中 A 法）。多组分试件可放置 14d。

2　外观

单组分密封胶挤出刮平后目测，多组分密封胶混合均匀后刮平目测。

3　表干时间

按 GB/T 13477—1992 第 5 章（参见表 5-1）试验。

4　流动性

(1) 下垂度：按 GB/T 13477—1992 第 7 章（参见表 5-1）试验，模具选用 b 型。试件在（50±2)℃的恒温箱内放置 4h。

(2) 流平性：按 JC/T 482—1992 5.6.2 的规定试验。JC/T 482—1992 规定的流平性试验方法如下：

a. 试验器具

a) 模具：槽形容器，用 1mm 厚耐蚀金属制成，尺寸如图 5-67 所示。

b) 低温恒温箱：温度能控制在（5±2)℃。

b. 试验步骤

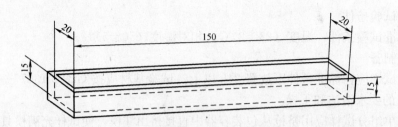

图 5-67　流平性试验模具示意图

将试料和模具在(5±2)℃的低温恒温箱内静置 30min。然后沿模具的一端到另一端注入约 20ml 试料,在同样温度下水平静置 1h,观察试料表面是否平整光滑。

c. 试验报告

试验报告应写明下述内容:

a) 试料的名称、类型、批号;

b) 流平情况。

5　挤出性

按 GB/T 13477—1992 第 4 章(参见表 5-1)试验,选用内径 6mm 喷嘴。记录 3 个试样的挤出率并计算其平均值,精确至 1ml/min。

6　适用期

按《聚氨酯建筑密封胶》(JC/T 482—1992)的 5.3 试验。JC/T 482—2003 规定的适用期试验方法如下:

(1) 按 GB/T 13477 第 4 章(参见表 5-1)试验。挤出器选用 250ml 黄铜枪筒(图 5-68),喷嘴内径为 6mm。形式检验和仲裁试验采用 A 法[见本章第二节三(四)3(1)]试验,出厂检验也可采用 B 法[见本章第二节三(四)3(2)]试验。

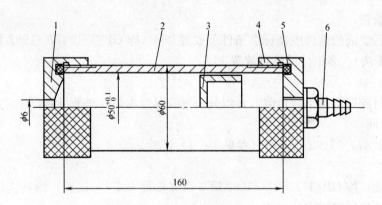

图 5-68　挤出器
1—枪嘴;2—枪筒;3—活塞;4—底盘;5—密封圈;6—接头

(2) 每个试件挤出 3 次,时间间隔为 1h,计算各次挤出率(ml/min)。描绘出各次挤出的时间(h)与挤出率的关系曲线,读取挤出率为 50ml/min 时对应的时间,即为适用期,精确至 0.5h,取 3 个试件的平均值。

7　弹性恢复率

按 GB/T 13477—1992 第 11 章（参见表 5-1）试验，试验伸长率见表 5-47。

试验伸长率（单位:%）　　　　表 5-47

项目	25LM	25HM	20LM	20HM	12.5E	12.5P	7.5P
弹性性复率	100		60		60	60	25
拉伸模量	100		60		—	—	—
定伸粘结性	100		60		60	—	—
浸水后定伸粘结性	100		60		60	—	—

注：试验伸长率为相对于原始宽度的百分率：

试验伸长率%＝[(最终宽度)－原始宽度/原始宽度]×100

8　拉伸粘结性

（1）拉伸模量：拉伸模量以相应伸长率时的强度表示。按 GB/T 13477—1992 第 9 章（参见表 5-1）试验。测定并计算试件拉伸至表 5-42 规定的相应伸长率时的强度（MPa）。其平均值修约至一位小数。

（2）断裂伸长率：断裂伸长率按 GB/T 13477—1992 第 9 章（参见表 5-1）试验。

9　定伸粘结性

（1）试验步骤

在标准条件下按 GB/T 13477—1992 第 10 章（参见表 5-1）试验。试验伸长率见表 5-46。试验结束后，用精度为 1mm 的量具测量每个试件粘结和内聚破坏深度（试件端部 2mm×12mm×12mm 范围内的破坏不计，见图 5-68 3A 区），记录试件最大破坏深度（mm）。

试验后，3 个试件中有 2 个破坏，则试验评定为"破坏"，若只有 1 块试件破坏，则另取备用的 1 组试件进行复验。若仍有 1 块试件破坏，则试验评定为"破坏"。

（2）试件"破坏"的定义：

a. 塑性类密封胶的破坏

如果粘结或内聚破坏扩展至密封材料的整个深度，报告为"破坏"。用光线透过贯穿缺陷的方法检查。

b. 弹性类密封胶的破坏

在密封胶表面任何位置，如果粘结或内聚破坏深度超过 2mm，则试件为"破坏"（图 5-69）即：

A 区：在 2mm×12mm×12mm 体积内允许破坏，且不报告。

B 区：允许破坏深度不大于 2mm，报告为"无破坏"。

C 区：破坏从密封材料表面延伸到此区域，报告为"破坏"。

10　浸水后定伸粘结性

按附录 A（标准的附录）试验。试验伸长率见表 5-46 试件的检查和复验同（三）9（1）。

11　热压·冷拉后的粘结性

按附录 B（标准的附录）试验。试件的拉伸-压缩率和相应宽度见表 5-47。第一周期试验结束后，检查每个试件粘结和内聚破坏情况，方法同（三）9（1），无破坏的试件继续进行第二周期试验；若有两个或两个以上试件破坏，应停止试验。第二周期试验结束后，若只有 1 块试件破坏，则另取备用的 1 组试件复验。

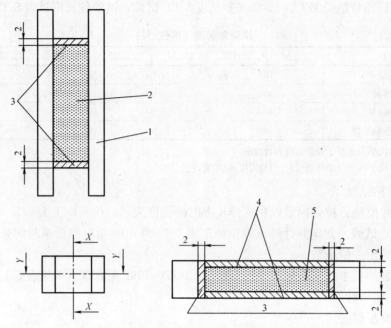

图 5-69 粘结试件破坏分区图
1—基材；2—密封材料；3—A区；4—B区；5—C区

12 拉伸-压缩后的粘结性

按附录C（标准的附录）试验。试件的拉伸-压缩率和相应宽度见表5-48试件的检查和复验同（三）9（1）。

拉伸压缩幅度　　　　　　　　　　　　　　表 5-48

项目	热压·冷拉后的粘结性					拉伸-压缩后的粘结性	
级别	25LM	25HM	20LM	20HM	12.5E	12.5P	7.5P
拉伸压缩率/%	±25.0		±20.0		±12.5	±12.5	±7.5
拉伸时宽度/mm	15.0		14.4		13.5	13.5	12.9
压缩时宽度/mm	9.0		9.6		10.5	10.5	11.1

13 浸水后断裂伸长率

按附录D（标准的附录）试验。测定并计算浸水后断裂伸长率（%）。

14 质量损失率和体积收缩率

按附录E（标准的附录）试验。计算结果以绝对值表示。

（四）附录 A（标准的附录）建筑密封材料浸水后定伸粘结性能的测定

1 范围

本国际标准规定了建筑结构接缝用密封材料浸水后定伸粘结性的测定方法。

2 引用标准

以下标准所包括的条款，通过在本标准中引用而构成本标准的条款。下列标准所示版本一经出版均为有效，以后会再行修订。采用国际标准的成员国应研究使用以下标准最新版本的可能性。下列标准在IEC和ISO组织成员国保存。

ISO 6927：1981 建筑结构　接缝产品　密封材料　术语

3 定义

采用 ISO 6927 给定的定义。

4 概述

将试验用的密封材料粘结于两个平行基材表面，制备试验试件和参比试件。试验试件在规定条件下浸水处理以后，将试验试件和参比试件拉伸至规定宽度，保持拉伸状态至规定时间后，测量并记录发生的粘结或内聚破坏情况。

5 试验器具

（1）混凝土和/或铝和/或浮法玻璃板基材：用于制备如图 1、图 2* 所示尺寸试验试件和参比试件。每一试件需 2 块基材。

（2）垫块：用于试件制备，尺寸为 12mm×12mm×12.5mm，表面防粘。

注 1：如果垫块材料表面能与密封材料相粘，其表面应进行防粘处理，如薄涂一层石蜡。

（3）隔粘材料：用于试件制备，如聚四氟乙烯膜或牛皮纸，应按密封材料生产商的说明选用。

（4）垫块：保持试件拉伸到原来宽度 160% 或 200% 的尺寸（表 5-49）。

拉伸后的接缝宽度　　　　　　　　　　　　　　　　表 5-49

最终接缝宽度相对初始宽度的比率		最终接缝宽度
L_1/L_0	%	L_1/mm
0.6:1	60	19.2
1:1	100	24

（5）试验机：具有以 (5~6)mm/min 的速率拉伸试件的能力。

（6）鼓风干燥箱：可控制在 (70±2)℃。

（7）容器：用于试验试件的浸水。

6 试验试件和参比试件的制备

每种基材应同时准备 3 个试验试件和 3 个参比试件。

每个试件用 2 块基材［(五) 5 (1)］和 2 块垫块［(五) 5 (2)］，按图所示组装，并放在隔粘材料上。这种防粘材料用水浸湿后易于从试件上去除。

基材是否需要使用底涂料，应按密封材料生产商的要求进行。

预先将密封材料于 (23±2)℃ 放置 24h，然后填入由基材和垫块组成的空腔内。操作时应注意采取以下措施：

a) 避免形成气泡；

b) 压实密封材料，使之与基材内表面紧密接触；

c) 修整密封材料，使之与基材和垫块的表面齐平。

试件应以基材一边立起侧放，且隔粘材料应尽可能快地去除。试件以此位置放置以使密封材料固化或达到最佳干燥程度。垫块在养护期间应一直保持原位。

7 处理

试验试件和参比试件应按供需双方同意的方法处理，可以是 A 法或 B 法。

---

* 图 1、图 2 同 GB/T 13477—1992 图 4（参见本章图 5-28）。

(1) A法

试件应在 (23±2)℃、相对湿度 50%±5% 下放置 28d。

(2) B法

按 A 法处理之后,试件应按下述方法处理 3 个循环:

a) (70±2)℃ 干燥箱中 3d;
b) (23±2)℃ 蒸馏水中 1d;
c) (70±2)℃ 干燥箱中 2d;
d) (23±2)℃ 蒸馏水中 1d。

此循环也可选择 c)-d)-a)-b)。

注2:方法 B 通常用于受热和水影响的处理过程。它不适于用作给出密封材料耐久性的评定。

8 试验步骤

(1) 浸水

将处理后的试验试件浸入 (23±2)℃ 蒸馏水中 4d,再于 (23±2)℃、相对湿度 50%±5% 条件下放置 1d。

(2) 拉伸

拉伸应在 (23±2)℃ 温度下进行。

去除垫块,将试验试件和参比试件置于试验机上,按用户协商同意的要求,拉伸至其原始宽度的 60% 或 100%*,拉伸速度 (5~6)mm/min。

用合适的垫块保持拉伸状态 24h,测定试件粘结或内聚的任何破坏。

表 5-48 给出了拉伸后相对于初始宽度 12mm 的接缝宽度。

9 试验报告

根据本国际标准,试验报告应包括以下内容:

a) 密封材料名称和类型;
b) 制备试件的密封材料批次(如果已知);
c) 基材材质见(五)5(1);
d) 所用底涂(如果使用);
e) 处理方法见(五)7;
f) 所用拉伸幅度见(五)8;
g) 破坏类型(粘结或内聚);
h) 与规定试验条件的不同点。

(五)附录 B(标准的附录)建筑密封材料在可变温度下粘结和内聚性能的测定

1 范围

本国际标准规定了建筑结构接缝用弹性密封材料粘结内聚性能的试验方法。

2 引用标准

以下标准所包括的条款,通过在本标准中引用而构成本标准的条款。下列标准所示版本一经出版均为有效,以后会再行修订。采用国际标准的成员国应研究使用以下标准最新版本的可能性。下列标准在 IEC 和 ISO 组织成员国保存。

---

* 原文为 160% 或 200%,是以试件原始宽度为 100% 计算的。

ISO 6927：1981 建筑结构　接缝产品　密封材料　术语

3　定义
本国际标准采用 ISO 6927 给定的定义。

4　概述
将试验密封材料粘结在 2 块平行基材表面制备试件。试件按规定条件下的拉压循环试验后，记录粘结或内聚破坏情况。

5　试验器具
(1) 混凝土和/或铝基材：制备尺寸符合图 1、图 2* 所示的试件，每一试件需用 2 块相同材质基材。

(2) 垫块：用于试件的制备，尺寸为 12mm×12mm×12.5mm（图 1、图 2），表面防粘。

(3) 隔粘材料：用于试件制备，如聚四氟乙烯膜或牛皮纸，应按密封材料生产商的说明选用。

(4) 试验机：具有以 (5~6)mm/min 的速率拉伸试件的能力。

(5) 致冷箱：容积能容纳拉力试验机拉伸装置，且能在 (-20±2)℃ 操作。

(6) 鼓风干燥箱：温度可调至 (70±2)℃。

(7) 容器：用于浸泡试件。

6　试验试件制备
每种基材应制备 3 个试验试件。

每个试件用两块基材 [5 (1)] 和两块垫块 [5 (2)]，按图所示组装，并放在隔粘材料上。这种防粘材料用水浸湿后易于从试件上去除。

基材是否需要使用底涂料，应按密封材料生产商的要求进行。

预先将密封材料于 (23±2)℃ 放置 24h，然后填入由基材和垫块组成的空腔内。操作时应注意采取以下措施：

a) 避免形成气泡；

b) 压实密封材料，使之与基材内表面紧密接触；

c) 修整密封材料，使之与基材和垫块的表面齐平。

试件应以基材一边立起侧放，且隔粘材料应尽可能快地去除。试件以此位置放置以使密封材料固化或达到最佳干燥程度。垫块在养护期间应一直保持原位。

7　处理
(1) 预处理

试件应在 (23±2)℃、相对湿度 45%~55% 环境下放置 28d。

(2) 特定处理

按 7 (1) 预处理后的试件应按下述程序处理 3 个循环：

a) (70±2)℃ 干燥箱中 3d；

b) (23±2)℃ 蒸馏水中 1d；

c) (70±2)℃ 干燥箱中 2d；

---

* 图 1、图 2 同 GB/T 13477—1992 图 4（参见本章图 5-28）。

d）（23±2）℃蒸馏水中 1d。

此循环也可选择 c)-d)-a)-b)。

8 试验步骤

试验机所用拉伸和压缩速度应为（5~6）mm/min，拉压幅度为±12.5%或±25%。试件经预处理和特定处理之后，应进行下述拉伸压缩循环试验：

第一周：

第1天：经 3h 冷冻至（-20±2）℃，然后拉伸并在（-20±2）℃保持拉伸状态 21h。

第2天：解除拉伸，经 3h 加热至（70±2）℃，然后压缩，在（70±2）℃保持压缩状态 21h。

第3天：解除压缩，按第 1 天步骤进行。

第4天：同第 2 天步骤。

第5天~第7天：解除压缩，在不受力状态下于（23±2）℃、相对湿度（50±2）%放置。

第二周：重复第一周的步骤。

试验步骤完成之后，应检查试件的粘结/内聚破坏情况。

9 试验报告

根据本国际标准，试验报告应包括以下内容：

a）密封材料名称和类型；
b）制备试件的密封材料批次（如果已知）；
c）基材材质见 5（1）；
d）所用底涂（如果使用）；
e）所用处理方法见 7（1）和 7（2）；
f）所用拉伸压缩幅度见 8；
g）破坏类型（粘结或内聚）；
h）与规定试验条件的不同点。

（六）附录 C（标准的附录）建筑密封材料在恒定温度下粘结和内聚性能的测定

1 范围

本国际标准规定了建筑结构接缝中具有明显塑性特征的密封材料粘结和内聚性能的试验方法。

2 引用标准

以下标准所包括的条款，通过在本标准中引用而构成本标准的条款。下列标准所示版本一经出版均为有效，以后会再行修订。采用国际标准的成员国应研究使用以下标准最新版本的可能性。下列标准在 IEC 和 ISO 组织成员国保存。

ISO 6927：1981 建筑结构 接缝产品 接封材料 术语

3 定义

本国际标准采用 ISO 6927 给定的定义。

4 概述

将待测密封材料粘结于两平行基材表面，制备试验试件和参比试件。试验试件按规定条件经受拉压循环处理后，将试验试件和参比试件再拉伸至破坏，记录应力应变曲线。

5 试验仪器

(1) 混凝土和/或铝基材：用于制备如图 1、图 2* 所示尺寸的试验试件和参比试件。每一试件需用 2 块基材。

(2) 垫块：用于试件制备，尺寸为 12mm×12mm×12.5mm，表面防粘。

注 1：如果垫块材料表面能与密封材料粘结，其表面应进行防粘处理，如薄涂一层石蜡。

(3) 隔粘材料：用于试件制备，如聚四氟乙烯膜或牛皮纸，应按密封材料生产商的说明选用。

(4) 带记录装置的试验机：可以 1mm/min 的速度进行拉压循环试验和以 (5.5±0.5)mm/min 的速度进行拉伸试验。

(5) 鼓风干燥箱：可控制在 (70±2)℃。

6 试验试件和参比试件的制备

每种基材应同时准备 3 个试验试件和 3 个参比试件。

每个试件用 2 块基材 [5 (1)] 和 2 块垫块 [5 (2)]，按图所示组装，并放在隔粘材料上。这种防粘材料用水浸湿后易于从试件上去除。

基材是否需要使用底涂料，应按密封材料生产商的要求进行。

预先将密封材料于 (23±2)℃ 放置 24h，然后填入由基材和垫块组成的空腔内。操作时应注意采取以下措施：

a) 避免形成气泡；

b) 压实密封材料，使之与基材内表面紧密接触；

c) 修整密封材料，使之与基材和垫块的表面齐平。

试件应以基材一边立起侧放，且隔粘材料应尽可能快地去除。试件以此位置放置以使密封材料固化或达到最佳干燥程度。垫块在养护期间应一直保持原位。

7 试件处理

(1) 预处理

试件制好后应在 (23±22)℃ 和相对湿度为 (50±5)% 的环境中预处理 28d。

(2) 特定处理

按照 7 (1) 中的规定预处理之后，试验试件和参比试件在 5 (5) 所述的干燥箱内于 (70±2)℃ 处理 14d，再于 (23±2)℃ 和相对湿度 (50±5)% 环境中处理 1d。

8 试验程序

(1) 拉伸压缩循环

在按照规定处理之后，试验试件除去垫块，利用 5 (4) 中所述的试验机进行拉压循环试验。试验温度为 (23±2)℃，应进行 100 个拉压循环，拉压速度为 1mm/min。

按协商，拉压幅度可定为 25%（等于±12.5%），也可定为 15%（等于±7.5%）。

拉压循环试验结束之后，将试件放置 1h，以便松弛其中的残余应力。同时观察其粘结和内聚破坏情况。

(2) 拉伸至破坏

将参比试件和拉伸压缩循环后的试验试件拉伸至破坏，试验温度为 (23±2)℃，拉伸

---

* 图 1、图 2 同 GB/T13477—1992 图 4（参见本章图 5-28）。

速度为（5~6）mm/min。

9　试验报告

根据本国际标准，试验报告应包括以下内容：

a）密封材料名称和类型；

b）制备试件的密封材料批次（如果已知）；

c）基材材质见 5（1）；

d）所用底涂（如果使用）；

e）所用处理方法见 7（1）和见 7（2）；

f）拉伸-压缩试验后试件检查的结果见 8（1）；

g）绘出试验试件和参比试件的应力-应变图，以牛顿为单位表示应力的最大值，以百分比表示 3 个试验试件所受应力平均值与 3 个参比试件所受应力平均值的差别；

h）破坏类型（粘结或内聚）；

i）与规定试验条件的不同点。

（七）附录 D（标准的附录）建筑密封材料浸水后拉伸粘结性能的测定

1　范围

本国际标准规定了建筑结构接缝用密封材料浸水对粘结/内聚性能影响的测定方法。

2　引用标准

以下标准所包括的条款，通过在本标准中引用而构成本标准的条款。下列标准所示版本一经出版均为有效，以后会再行修订。采用国际标准的成员国应研究使用以下标准最新版本的可能性。下列标准在 IEC 和 ISO 组织成员国保存。

ISO 6927：1981 建筑结构　接缝产品　密封材料　术语

3　定义

采用 ISO 6927 给定的定义。

4　概述

将试验密封材料粘结于两个平行的基材表面上，制备试验试件和参比试件。试验试件在规定条件下浸水以后，将试验试件和参比试件拉伸至破坏，记录应力/应变曲线。

5　试验器具

（1）混凝土和/或铝和/或浮法玻璃板基材：用于制备如图 1、图 2* 所示尺寸的试验试件和参比试件。每一试件需用 2 块基材。

（2）垫块：用于试件制备，尺寸为 12mm×12mm×12.5mm，表面防粘。

注 1：如果垫块材料表面能与密封材料粘结，其表面应进行防粘处理，如薄涂一层石蜡。

（3）隔粘材料：用于试件制备，如聚四氟乙烯膜或牛皮纸，应按密封材料生产商的说明选用。

（4）试验机：带有记录装置，能以（5~6）mm/min 的速度拉伸试件。

（5）鼓风干燥箱：可控制在（70±2）℃。

（6）容器：用于试验试件的浸水。

6　试验试件和参比试件的制备

---

* 图 1、图 2 同 CB/T 13477—1992 图 4（参见图 5-28）。

每种基材应同时准备 3 个试验试件和 3 个参比试件。

每个试件用两块基材 [5（1）] 和两块垫块 [5（2）]，按图所示组装，并放在隔粘材料上。这种防粘材料用水浸湿后易于从试件上去除。

基材是否需要使用底涂料，应按密封材料生产商的要求进行。

预先将密封材料于（23±2）℃放置 24h，然后填入由基材和垫块组成的空腔内。操作时应注意采取以下措施：

a) 避免形成气泡；
b) 压实密封材料，使之与基材内表面紧密接触；
c) 修整密封材料，使之与基材和垫块的表面齐平。

试件应以基材一边立起侧放，且隔粘材料应尽可能快地去除。试件以此位置放置以使密封材料固化或达到最佳干燥程度。垫块在养护期间应一直保持原位。

7 处理

试验试件和参比试件应按供需双方同意的方法处理，可以是 A 法和 B 法。

（1）A 法

试件应在（23±2）℃和相对湿度（50±5）%下放置 28 天。

（2）B 法

按照 A 法处理之后，试件应按下述方法处理 3 个循环：

a)（70±2）℃干燥箱中 3d；
b)（23+2）℃蒸馏水中 1d；
c)（70+2）℃干燥箱中 2d；
d)（23+2）℃蒸馏水中 1d。

此循环也可选择 c)-d)-a)-b)）。

注 2：方法 B 通常用于受热和水影响的处理过程。它不适于用作给出密封材料耐久性的评定。

8 试验步骤

（1）浸水

处理之后，将试验试件浸于（23±2）℃蒸馏水中 4d，然后在（23±2）℃；相对湿度（50±5）%下放置 1d。

（2）拉伸

拉伸应在（23±2）℃温度下进行。

除去垫块，将试验试件和参比试件放入试验机并以（5~6）mm/min 速度拉伸至破坏，记录应力/应变曲线。

9 试验报告

根据本国际标准，试验报告应包括以下内容：

a) 密封材料名称和类型；
b) 制备试件的密封材料批次（如果已知）；
c) 基材材质见 5（1）；
d) 所用底涂（如果使用）；
e) 所用处理方法见 7；
f) 试件的应力/应变曲线，力以牛顿为单位表示，应变以伸长对原始宽度之比（%）

表示；

  g) 破坏类型（粘结或内聚）；

  h) 与规定试验条件的不同点。

（八）附录 E（标准的附录）建筑密封材料质量和体积变化的测定

1 范围

本国际标准规定了建筑结构接缝用密封材料质量变化和体积变化的测定方法。

2 引用标准

以下标准所包括的条款，通过在本标准中引用而构成本标准的条款。下列标准所示版本一经出版均为有效，以后会再行修订。采用国际标准的成员国应研究使用以下标准最新版本的可能性。下列标准在 IEC 和 ISO 组织成员国保存。

  ISO 6927：1981 建筑结构 接缝产品 密封材料 术语

3 定义

采用 ISO 6927 给定的定义。

4 概述

金属环内填充被测密封材料组成的试件经受室温和升温处理。测定并记录试件在加热前后质量和体积的变化。

5 设备和材料

（1）耐锈蚀的金属环：尺寸大致为：外径 34mm、内径 30mm、高 10mm。每个环上固定 1 个箍圈（吊钩）或弹簧，以便称量时用小绳悬挂。

（2）隔粘材料：成型试件用，如潮湿的纸。

（3）处理箱：能控制在 (23±2)℃、相对湿度 (50±5)%。

（4）鼓风干燥箱：能控制在 (70±2)℃，空气流速 (30±5) 次/h。

（5）标准天平：精度 0.01g。

（6）比重天平：精度 0.01g。

（7）试验液体：温度 (23±2)℃，由水和外加不多于 0.25%（质量比）的低泡沫表面活性剂组成。对于水敏感性密封材料，采用沸点为 99℃、密度 0.7g/ml 的异辛烷（2,2,4-三甲基戊烷）。

（8）容器：用于在试验液体中浸泡试件。

6 试件制备

（1）每组制备 3 个金属环试件。

（2）用 E5（5）所述天平在空气中称量每个金属环（质量 m_1）。对于体积测定，还应在试验液体中用 5（6）所述天平称量（质量 m_2）。将金属环放在隔粘材料上 [5（2）] 称量，用被测密封材料填满金属环，密封材料应预先在 (23±2)℃ 和相对湿度 (50±5)% 下放置 16h。应注意采取下述措施：

  a) 避免形成气泡；

  b) 压实金属环内表面的密封材料；

  c) 修整密封材料表面，使它与金属环上缘齐平。

（3）从隔粘材料上立刻移走试件并称重 [见 E6（2）]（质量 m_3、m_4）。

7 试验步骤

在制备和称重之后,将试件悬挂并在下述条件下放置:
a) 在 (23±2)℃、相对湿度 (50±5)%条件下 [E5 (3)] 养护 28d;
b) 在 (70±2)℃恒温箱中 7d;
c) 在 (23±2)℃、相对湿度 (50±5)%条件下放置 1d;
然后立刻将试件称重 [见 E6 (2)] (质量 m_5、m_6)。

8 计算和结果表示

(1) 质量变化

每个试件的质量变化 Δm (以百分数表示) 应用 (5-20) 式计算:

$$\Delta m = \frac{m_5 - m_3}{m_3 - m_1} \times 100 \tag{5-20}$$

式中 m_1——金属环填充密封材料之前在空气中的质量,g;

m_3——试件制备之后在空气中的质量,g;

m_5——试件处理之后在空气中的质量,g。

试验结果以三个试件质量变化的算术平均值表示。

(2) 体积变化

每个试件的体积变化 ΔV (以百分数表示) 应用 (5-21) 式计算:

$$\Delta V = \frac{(m_5 - m_6) - (m_3 - m_4)}{(m_3 - m_4) - (m_1 - m_2)} \times 100 \tag{5-21}$$

式中 m_2——金属环填充密封材料之前在试验液体中的质量,g;

m_4——试件制备后在试验液体中的质量,g;

m_6——试件处理后在试验液体中的质量,g。

m_1、m_3、和 m_5 按 8 (1) 规定。

试验结果以 3 个试件体积变化的算术平均值表示。

9 试验报告

根据本国际标准,试验报告应包括以下内容:

a) 密封材料名称和类型;

b) 制备试件的密封材料批次 (如果已知);

c) 质量变化和/或体积变化的平均值,以百分比表示;

d) 与规定试验条件的不同点。

九、幕墙玻璃接缝用密封胶

幕墙玻璃接缝用密封胶是指适用于玻璃幕墙工程中嵌填玻璃与玻璃接缝的硅酮耐候密封胶。其产品已发布了《幕墙玻璃接缝用密封胶》JC/T 882—2001 行业标准,玻璃与铝等金属材料接缝的耐候密封胶也参照此标准采用,该标准不适用于玻璃幕墙工程中结构性装配用的密封胶。

(一) 产品的分类和标记

1 品种

密封胶分为单组分 (Ⅰ) 和多组分 (Ⅱ) 两个品种。

2 级别

密封胶按位移能力分为 25、20 两个级别，见表 5-50

密封胶级别 表 5-50

级别	试验拉压幅度（%）	位移能力（%）
25	±25.0	25
20	±20.0	20

3 次级别

（1）密封胶按拉伸模量分为低模量（LM）和高模量（HM）两个级别。

（2）25、20 级密封胶为弹性密封胶。

4 产品标记

密封胶按下列顺序标记：名称、品种、级别、次级别、标准号。

标记示例：

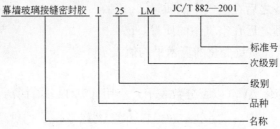

幕墙玻璃接缝密封胶 Ⅰ 25 LM JC/T 882—2001（名称、品种、级别、次级别、标准号）

（二）技术要求

1 外观

（1）密封胶应为细腻、均匀膏状物，不应有气泡、结皮或凝胶。

（2）密封胶的颜色与供需双方商定的样品相比，不得有明显差异。多组分密封胶各组分的颜色应有明显差异。

2 密封胶的适用期指标由供需双方商定。

3 物理力学性能

密封胶的物理力学性能应符合表 5-51 的规定。

幕墙玻璃用接缝密封胶的物理力学性能（JC/T 882—2001） 表 5-51

序号	项目		技术指标			
			25LM	25HM	20LM	20HM
1	下垂度/mm	垂直	≤3			
		水平	无变形			
2	挤出性/mL/min		≥80			
3	表干时间/h		≤3			
4	弹性恢复率/%		≥80			
5	拉伸模量/MPa	标准条件	≤0.4 和 ≤0.6	>0.4 和 >0.6	≤0.4 和 ≤0.6	>0.4 和 >0.6
		−20℃				
6	定伸粘结性		无破坏			
7	热压·冷拉后的粘结性		无破坏			
8	浸水光照后的定伸粘结性		无破坏			
9	质量损失率/%		≤10			

(三) 试验方法

本试验方法所引用的方法标准为 GB/T 13477—92，其内容参见本章第二节二十一。

1 试验基本要求

(1) 标准试验条件

试验室标准试验条件：温度 (23±2)℃，相对湿度 (50±5)%。

(2) 试验基材

试验基材选用无镀膜浮法玻璃。根据需要也可选用其他基材，但粘结试件一侧必须选用浮法玻璃。当基材需要涂敷底涂料时，应按生产厂要求进行。

注：实际工程用基材的粘结性应按 GB 16776—1997 附录 A 进行相容性试验 [见本节十 (五)]。

(3) 试件制备

制备前，试样应在标准条件下放置 24h 以上。试验基材应按 GB/T 13477—1992 9.2 的要求清洁和干燥 [见本章第二节二十一 (九) 2]。

制备时，单组分试样应用挤枪从包装容器中直接挤出注模，使试样充满模具内腔，避免形成气泡。挤注与修整的动作应尽快完成，防止试样在成型完毕前结膜。

多组分试样应按生产厂标明的比例混合均匀，避免形成气泡。若事先无特殊要求，混合后应在 30min 内完成注模和修整。

粘结试件数量见表 5-52。

粘 结 试 件 数 量   表 5-52

序号	试验项目		基材	试件数量/个		制备方法
				试验组	备用组	
1	弹性恢复率		U 型铝条	3	—	GB/T 13477—1992 11.2(参见表 5-1)
2	拉伸模量	23℃	玻璃	3	—	GB/T 13477—1992 9.2(参见表 5-1)
		−20℃		3	—	
3	定伸粘结性		玻璃	3	3	
4	热压·冷拉后粘结性		玻璃	3	3	
5	浸水光照后定伸粘结性		玻璃	3	3	

注：1. 基材可按生产厂要求使用底涂料。
    2. 基材也可按供需双方要求选用其他材料。

(4) 固化条件

测试固化后性能的试件应在标准条件下放置 28d (即 GB/T 13477—1992 第 9 章中 A 法) [见本章第二节二十一 (九) 3 中 A]。多组分试件可放置 14d。

2 外观

单组分密封胶挤出刮平后目测，多组分密封胶混合均匀后刮平目测。

3 下垂度

按 GB/T 13477—1992 第 7 章 [见本章第二节二十一 (七)] 试验，模具选用 b 型。试件在 (50±2)℃ 的恒温箱内放置 4h。

4 表干时间

按 GB/T 13477—1992 第 5 章 [见本章第二节二十一 (五)] 试验。

5 挤出性

按 GB/T 13477—1992 第 4 章 [见本章第二节二十一（四）] 试验，挤出筒喷嘴内径为 6mm。

记录三个试样的挤出率并计算其平均值，精确至 1ml/min。

6 适用期

按 JC/T 482—1992 5.3 试验（参见本节八（三）6）。

7 弹性恢复率

按 GB/T 13477—1992 第 11 章 [见本章第二节二十一（十一）] 试验。试验伸长率见表 5-53

试 验 伸 长 率　　　　　　　　　　　　　　　　表 5-53

项　目	试验伸长率/%			
	25LM	25HM	20LM	20HM
弹性恢复率	100		60	
拉伸模量	100		60	
定伸粘结性	100		60	
浸水光照后的定伸粘结性	100		60	

8 拉伸模量

拉伸模量以相应伸长率时的强度表示。按 GB/T 13477—1992 第 9 章 [见本章第二节二十一（九）] 试验。测定并计算试件拉伸至表 5-53 规定的相应伸长率时的强度（MPa）。其平均值修约至一位小数。

9 定伸粘结性

（1）试验步骤

在标准条件下按 GB/T 13477—1992 第 10 章试验 [见本章第二节二十一（十）]。试验伸长率见表 5-53，试验结束后，用精度为 1mm 的量具测量每个试件粘结和内聚破坏深度（试件端部 2mm×12mm×12mm 体积内的破坏不计，见图 5-69A 区），记录试件最大破坏深度（mm）。

试验后，三个试件中有两个破坏，则试验评定为"破坏"。若只有一块试件破坏，则另取备用的一组试件进行复验。若仍有一块试件破坏，则试验评定为"破坏"。

（2）试件"破坏"的定义

在密封胶表面任何位置，如果粘结或内聚破坏深度超过 2mm，则试件为"破坏"（图 5-70）即：

A 区：在 2mm×12mm×12mm 体积内允许破坏，且不报告。

B 区：允许破坏深度不大于 2mm，报告为"无破坏"。

C 区：破坏从密封材料表面延伸到此区域，报告为"破坏"。

10 热压·冷拉后的粘结性

按 JC/T 881—2001 附录 B 试验 [见本节八（六）]。试件的拉伸-压缩率和相应宽度见表 5-54。第一周期试验结束后，检查每个试件粘结和内聚破坏情况，方法同（三）9（1）。无破坏的试件继续进行第二周期试验；若有两个以上试件破坏，应停止试验。第二周期试验结束后，若只有一块试件破坏，则另取备用的一组试件复验。

11 浸水光照后的定伸粘结性

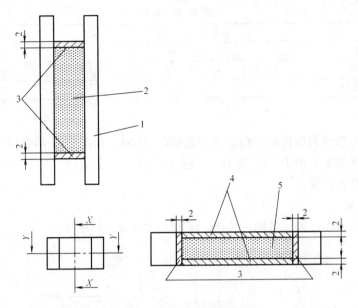

图 5-70 粘结试件破坏分区图
1—基材；2—密封材料；3—A 区；4—B 区；5—C 区

拉伸压缩幅度   表 5-54

级别	25LM	25HM	20LM	20HM
拉伸压缩率/%	±25		±20	
拉伸时宽度/mm	15.0		14.4	
压缩时宽度/mm	9.0		9.6	

按 JC/T 485—1992 5.12 的规定试验 [见本节六 (三) 12]。浸水光照试验时间 300h。试验伸长率见表 5-53 试验结束后，检查每个试件，方法同 (三) 9 (1)。若有一块试件破坏，则另取备用的一组试件复验。

12　质量损失率

按 JC/T 881—2001 附录 E 试验 [见本节八 (九)]。

十、石材用建筑密封胶

石材用建筑密封胶是指适用于建筑工程中天然石材接缝嵌填用的建筑密封胶，石材用建筑密封胶已发布了 JC/T 883—2001 建材行业标准。其产品主要有硅酮类密封胶、聚氨酯类密封胶、聚硫类密封胶、硅酮改性类密封胶等。

(一) 产品的分类和标记

1　品种

密封胶按聚合物区分，如：硅酮类—代号 SR、聚氨酯类—代号 PU、聚硫类—代号 PS、硅酮改性类—代号 MS 等。

密封胶按组分分为单组分 (Ⅰ) 和多组分 (Ⅱ)。

2　级别

密封胶按位移能力分为 25、20、12.5 三个级别，见表 5-55。

密封胶级别 表 5-55

级别	试验拉压幅度/%	位移能力/%
25	±25.0	25
20	±20.0	20
12.5	±12.5	12.5

3 次级别

（1）25、20 级密封胶按拉伸模量分为低模量（LM）和高模量（HM）两个次级别。

（2）弹性恢复率不少于 40% 的 12.5 级密封胶为弹性密封胶（E）。25、20、12.5E 级密封胶称为弹性密封胶。

4 产品标记

产品按下列顺序标记：名称、品种、级别、次级别、标准号。

标记示例：

石材用建筑密封胶 ISR 25 HM JC/T 883—2001
（名称）（品种）（级别）（次级别）（标准号）

（二）技术要求

1 外观

（1）产品应为细腻、均匀膏状物，不应有气泡、结皮或凝胶。

（2）产品的颜色与供需双方商定的样品相比，不得有明显差异。多组分产品各组分的颜色应有明显差异。

2 密封胶适用期指标由供需双方商定（仅适用于多组分）。

3 物理力学性能

密封胶的物理力学性能应符合表 5-56 的规定。

天然石材接缝用建筑密封胶的物理力学性能（JC/T 883—2001） 表 5-56

序号	项目		技术指标				
			25LM	25HM	20LM	20HM	12.5E
1	下垂度/mm ≤	垂直	3				
		水平	无变形				
2	表干时间/h ≤		3				
3	挤出性/ml/min ≥		80				
4	弹性恢复率/% ≥		80		80		40
5	拉伸模量/MPa	23℃ −20℃	≤0.4 和 ≤0.6	>0.4 或 >0.6	≤0.4 和 ≤0.6	>0.4 或 >0.6	—
6	定伸粘结性		无破坏				
7	浸水后定伸粘结性		无破坏				
8	热压·冷拉后的粘结性		无破坏				
9	污染性/mm ≤	污染深度	1.0				
		污染宽度					
10	紫外线处理		表面无粉比、龟裂，−20℃无裂纹				

(三) 试验方法

本试验方法所引用的方法标准为 GB/T 13477—92，其内容参见本章第二节二十一

1 一般规定

(1) 标准试验条件

试验室的标准试验条件：温度 (23±2)℃，相对湿度 (50±5)%。

(2) 试件制备

制备试件前，用于试验的密封胶应在标准条件下放置 24h 以上。试验基材选用合适的清洁剂清洁。

制备时，单组分试样应用挤枪从包装容器中直接挤出注模，使试样充满模具内腔，避免形成气泡。挤注与修整应尽快完成，防止试样在成型完毕前结膜。

多组分试样应按生产厂注明的比例混合均匀，避免形成气泡。若事先无特殊要求，混合后应在 30min 内完成注模和修整。

注：实际工程用基材应按 GB 16776—1997 附录 A 进行相容性试验［参见本节十（六）］。

粘结试件形状、数量、试件处理见表 5-57。

粘 结 试 件 数 量　　　　　　　　　　表 5-57

序号	项　目		基材	数量/个		制备方法	试件处理
				试验组	备用组		
1	弹性恢复率		U 型铝条	3	—	按图 5-29	按 GB/T 13477—1992 第 9 章 A 法［见本章第二节二十一（九）A 法］
2	拉伸模量	23℃	结构密实的花岗石	3	—	见图 5-70	
		−20℃		3	—		
3	定伸粘结性			3	3		
4	浸水后定伸粘结性			3	3		按 JC/T 881—2001 附录 B［见本节八（五）］
5	热压·冷拉后的粘结性			3	3		
6	污染性		白色大理石	12	—		按 GB/T 13477—1992 第 9 章 A 法［见本章第二节二十一（九）A 法］

注：1　2～5 项可采用图 5-30 的试件形状［参见本章图 5-30］，仲裁检验必须采用图 5-70 的试件形状。
　　2　按密封胶生产厂商的要求可以使用底涂料。
　　3　基材也可按供需双方的要求选用其客观存在材料。
　　4　A 法试件处理的多组分密封胶试件可放置 14d。

2 外观

单组分密封胶挤出刮平后目测，多组分密封胶混合均匀后刮平目测。

3 下垂度

按 GB/T 13477—1992 第 7 章试验［见本章第二节二十一（七）］，模具选用 b 型，试件在 (50±2)℃ 的恒温箱内放置 24h。

4 表干时间

按 GB/T 13477—1992 第 5 章试验［见本章第二节二十一（五）］。

5 挤出性

按 GB/T 13477—1992 第 4 章试验［见本章第二节二十一（四）］，喷嘴内径为 6mm。

6 适用期

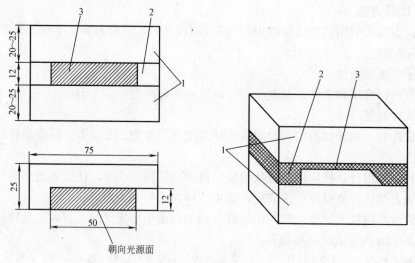

图 5-71 试件
1—石材；2—垫块；3—密封胶

按 GB/T 13477—1992 中 4.2.2 试验 [见本章第二节二十一（四）2（2）]，描绘出从混合开始的时间与挤出率的关系曲线，读取挤出速度为 50ml/min 的对应时间即为适用期。

7 弹性恢复率

按 GB/T 13477—1992 第 11 章试验 [见本章第二节二十一（十一）]。试验伸长率见表 5-57。

8 拉伸模量

拉伸模量以相应伸长率时的强度表示。按 GB/T 13477—1992 第 9 章试验 [见本章第二节二十一（九）]。测定并计算试件拉伸至表 5-53 规定的相应伸长率时的强度（MPa）作为模量，其平均值修约至小数点后 1 位。

9 定伸粘结性

（1）试验步骤

在标准条件下按 GB/T 13477—1992 第 10 章试验 [见本章第二节二十一（十）]。试验伸长率见表 5-58。

试验伸长率和压缩率   表 5-58

项 目		试验伸长率/%				
		25LM	25HM	20LM	20HM	12.5E
弹性恢复率		100(24.0mm)		60(19.2mm)		60(19.2mm)
拉伸模量		100(24.0mm)		60(19.2mm)		—
定伸粘结性		100(24.0mm)		60(19.2mm)		60(19.2mm)
浸水后定伸粘结性		100(24.0mm)		60(19.2mm)		60(19.2mm)
热压·冷拉后粘结性	压缩	−25(9.0mm)		−20(9.6mm)		−12.5(10.5mm)
	拉伸	+25(15.0mm)		+20(14.4mm)		+12.5(13.5mm)
污染性		−25(9.0mm)		−20(9.6mm)		−12.5(10.5mm)

注：1. 试验伸长率为相对于原始宽度的百分率；试验伸长率% = [(最终宽度−原始宽度)/原始宽度]×100。
2. 括号内数值为最终宽度值，原始宽度值为 12.0mm。

试验结束后,用精度为 0.5mm 的量具测量每个试件粘结和内聚破坏深度(试件端部 2mm× 12mm×12mm 范围内的破坏不计,见图 5-71 中 A 区),记录试件最大破坏深度 (mm)。

试验后,3 个试件中有 2 个试件"破坏",则试验评定为"破坏"。若只有 1 个试件"破坏",则另取备用的 1 组试件进行重复试验。若仍有 1 个试件"破坏",则试验评定为"破坏"。

(2) 试件"破坏"的定义

弹性密封胶表面任何位置,如果粘结或内聚破坏深度超过 2mm,则试件为"破坏"(图 5-72),即:

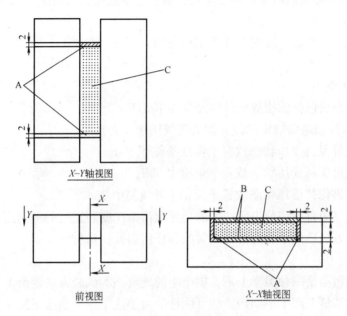

图 5-72 密封胶试件破坏区域图

A 区:在 2mm×12mm×12mm 体积内允许破坏,且不报告。

B 区:允许破坏深度不大于 2mm,报告为"无破坏"。

C 区:破坏从密封材料表面延伸到此区域报告为"破坏"。

10 浸水后定伸粘结性

按 JC/T 881—2001 附录 A 试验 [见本节八 (五)],试验伸长率见表 5-57,试件的检验和复验同 (三) 9 (1)。

11 热压·冷拉后的粘结性

按 JC/T 881—2001 附录 B 试验 [见本节八 (五)],试件的拉伸与压缩率见表 5-57。

第一周期结束后,检查每个试件粘结和内聚破坏情况 [方法同 (三) 9 (1)],无破坏的试件继续进行第二周期试验,若有 2 个或 2 个以上试件破坏。应停止试验。

第二周期试验结束后,若只有 1 个试件破坏,则另取备用的 1 组试件复验。

12 污染性

按附录 A (标准的附录) 试验 [见本节十 (四)],试验压缩率见表 5-57。

13 紫外线处理

按 GB/T 13477—1992 第 8 章制备 3 个试件 [见本章第二节二十一 (八)],在标准条件下养护72h后，放入GB 16776—1997附录A4规定［见本节十（五）4］的紫外线箱中照射240h，密封胶对着光源。然后取出，观察密封胶表面有无龟裂、粉化。

试件表面有龟裂、粉化即为不合格。若无龟裂、粉化，将试件与直径12.5mm圆棒一起放入达到（−25±2）℃的低温箱中，在此温度下放置24h，将试件在此温度绕圆棒弯曲180°，密封胶面朝外，弯曲时间1s，弯曲后立即检查密封胶表面开裂、剥离及粘结破坏情况。

试件紫外线处理后表面应无龟裂、粉化，低温弯曲后无裂纹及剥离与粘结破坏。

（四）附录A（标准的附录）用于多孔性基材的接缝密封胶污染性标准试验方法

1　范围

本方法规定了接缝密封胶对多孔性基材（如大理石、石灰石、砂石、花岗石）污染的加速试验程序。

2　试验方法概述

（1）本试验方法包括的接缝试件应经受如下处理：

① 所有试件按制造商规定的位移能力等级压缩并夹紧。

② 1/3的试件保持受压状态放置于标准条件下28d。

③ 1/3的试件保持受压状态放置于烘箱中28d。

④ 1/3的试件保持受压状态放置于荧光紫外线箱中28d。

（2）试验结果用目测评价表明产生的变化及污染深度和宽度的平均值。

（3）本试验方法适用于所有弹性密封胶和任何多孔性基材。

3　意义和使用

建筑材料的污染是一种美学上不希望产生的现象。本试验方法评价由于密封胶内部物质渗出在多孔性基材上产生早期污染的可能性。由于这是一个加速试验，无法预测试验的密封胶长期使用使多孔性基材污染和变色的可能性。

4　仪器

（1）通风干燥箱。

（2）紫外线箱：符合GB 16776—1997附录A4规定［参见本节十（五）4］。

（3）"C"型夹或其他使试件保持压缩的装置。

（4）防粘垫块。

（5）遮蔽带。

5　试验试件

（1）基材尺寸为（25×25×75）mm（见图5-71），共需24块基材，制成12个试件。

（2）底涂料：当制造商推荐使用底涂料时，则每个试件的2块基材中，1块基材加底涂料，另1块不加底涂料，试验结束后，分别记录加底涂料和不加底涂料基材的污染值。

（3）试件制备：在标准条件下按5.1.2制备试件［参见本节十（三）1（2）］，把遮蔽带贴在上表面防止密封胶固化于表面，打胶后立即将遮蔽带除去。

6　条件

固化试件在标准条件下放置21d，在固化期内，于不损害密封胶的前提下，尽早除去垫块。

注：若生产者要求的单组分密封胶固化条件不同于标准条件，需满足下列要求：固化期长于21d，固化期温度不超过50℃。

7 步骤

(1) 按制造商所述的密封胶位移能力将全部试件压缩并固定夹紧。

(2) 4个压缩试件放置于标准条件下，14d 取出2个试件，28d 再取出2个试件。

(3) 4个压缩试件放置于 (70±2)℃烘箱中，14d 取出2个试件，28d 再取出2个试件。

(4) 4个压缩试件放置于紫外线箱中，胶面朝向光源，按 GB 16776—1997 附录A4 方法照射［参见本节十（五）4］。14d 取出2个试件，28d 再取出2个试件。

(5) 所有取出试件在标准条件下放置1d冷却，检查试件的每个基材表面，判定表面的任何变化，测量至少3点的污染宽度，记录其平均值精确到0.5mm。若使用底涂料，则需分别记录每个试件加底涂料和不加底涂料基材污染值。

(6) 将基材从25mm宽度方向中间敲成2块（最后的基材尺寸约为40mm×25mm×25mm），若表面有污染，则从最大污染表面处敲开基材，测量至少3点的污染深度，记录测量的平均值精确到0.5mm。若使用底涂料，则需分别记录每个试件加底涂料和不加底涂料基材污染值。

(五) GB 16776—1997 附录 A（标准的附录）相容性试验方法

1 范围

(1) 本附录规定了结构胶同玻璃、铝型材结构系列附件（如：垫片、填料及调整片等）粘结，经热及紫外线老化后的相容性试验方法和剥离粘结性试验方法。用于确定结构胶与各种材料粘结相容性，适用于幕墙工程中玻璃结构系统的选材。

(2) 本试验方法是一项实验筛选过程。试验后颜色和粘结性的改变是一项可用来确定材料相容性的关键，实践已表明试验中那些粘结性丧失和褪色的基材和附件，在实际使用中也同样会发生。

2 试验原理

(1) 用结构胶粘结实际工程用基材，测定剥离粘结性，确定结构胶与基材的相容性。

(2) 用结构胶粘结玻璃结构系统各种附件，经热及紫外线老化处理后，考查试样颜色变化，检验与玻璃、附件的粘结性，确定结构胶与附件的相容性。

3 实际工程用基材与结构胶相容性测定

按照 GB/T 13477 第12章规定方法试验，测定剥离粘结性［参见本章第二节二十一（十二）］。

4 附件与结构胶相容性测定

(1) 试验仪器与材料

a. 试验仪器

(a) 紫外线灯，符合 JC/T 485 中 5.12.1 要求［参见本节六（三）12（1）］；

(b) 紫外线强度计，量程为 $1000\sim4000\mu w/cm^2$；

(c) 温度计，量程 0~100℃。

b. 试验材料

(a) 玻璃板，为清洁的浮法玻璃，尺寸为 76mm×50mm×6mm，应制备12块；

(b) 防粘带，每块玻璃板用一条，尺寸为 25mm×76mm；

(c) 清洗剂，推荐用 50％异丙醇-蒸馏水溶液；

(d) 试验结构胶，实际工程采用的结构胶；

(e) 基准密封胶，与试验结构胶成分相近的半透明密封胶，由供应试验结构胶的制造厂提供或推荐。

(2) 试件制备和准备

a. 试验室条件

标准试验条件为：温度（23±2)℃，相对湿度 45％～55％。结构胶样品应在标准条件下至少放置 24h。

b. 试件制备

(a) 清洁玻璃、附件。用 4 (1) ② (c) 规定的清洗剂洗净，擦除水分后自然风干。

(b) 按图 5-73 所示，在玻璃板一端粘贴防粘带，覆盖宽度约 25mm。

(c) 按图 5-73 所示制备 12 块试件，6 块为校验试件，另外 6 块加附件为试验试件。附件应裁切成条状，尺寸为 6.5mm×51mm×6.5mm，放置在玻璃板的中间。分别将基准密封胶和试验结构胶挤注在附件两侧至上部，并与玻璃粘结密实，两种胶相接处高于附件约 3mm。

(d) 制备的试件按以下条件处理：

① 双组分结构胶制备的试件在标准条件下放置 14d；

② 单组分结构胶制备的试件在标准条件下放置 21d；

③ 养护期间在不损坏结构胶试件条件下，应尽快分离挡块。

(3) 试验程序

a. 试件放置

试件编号后在标准条件下放置 24h。取试验试件和校验试件各三块，组成一组试件。将两组试件放在紫外线灯下，一组试件的密封缝向上，另一组试件的玻璃面向上（密封缝在下面），见图 5-74。

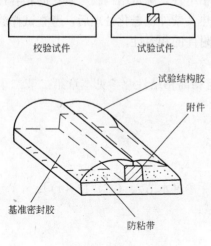

图 5-73 试件

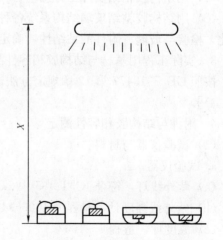

图 5-74 试件放置状态

注："X"的尺寸应保证光照强度和温度。

b. 光照试验

启动紫外线灯连续照射试样 21d。用紫外线强度计和温度计测量试样表面，紫外线辐射强度为 2000~3000μw/cm^2，温度为（50±2)℃。紫外线强度应每周测定一次。

c. 观察颜色变化和测定粘结力

（a）光照结束后，取出试件冷却 4h。

（b）仔细观察并记录试验试件、校验试件上结构胶的颜色及其他值得注意的变化。

（c）测量结构胶与玻璃粘结性。将结构胶从防粘带处揭起，在与玻璃板结合处以 90°方向拉扯并从玻璃上剥离，测量并计算粘结破坏（AL）的百分率：

$$AL=100-CF \tag{5-22}$$

式中 AL——粘结破坏占破坏面积的百分率，%；

CF——内聚破坏占破坏面积的百分率，%。

（d）测量结构胶与附件粘结性。将结构胶从与附件结合处以 90°方向拉扯并从附件上剥离，测量并计算结构胶与附件粘结破坏的百分率。

(4) 试验报告

试验结果按表 5-59 格式记录并报告：

相容性试验报告　　　　　　　　　　　　　表 5-59

试验开始时间_____　　试验标准_____　　登记号_____
试验完成时间_____　　用　户_____　　试验者_____

试验材料标记: 试验结构胶: 基准密封胶: 附件:		校验试件		试验试件	
		密封缝向上	密封缝向下	密封缝向上	密封缝向下
试 样 编 号		1　2　3	4　5　6	7　8　9	10　11　12
颜色及外观变化	基准密封胶				
	试验结构胶				
玻璃粘结破坏 百分率,%	基准密封胶				
	试验结构胶				
附件粘结破坏 百分率,%	基准密封胶				
	试验结构胶				
说　明					

十一、彩色涂层钢板用建筑密封胶

彩色涂层钢板（简称"彩板"）接缝用建筑密封胶是指适用于彩板屋面和彩板墙体接缝嵌填用建筑密封胶。彩色涂层钢板用建筑密封胶已发布了 JC/T 884—2001 建材行业标准。其产品主要有硅酮类密封胶、聚氨酯类密封胶、聚硫类密封胶、硅酮改性类密封胶等。

（一）产品的分类和标记

1 品种

密封胶按聚合物区分，如：硅酮类—代号 SR、聚氨酯类—代号 PU、聚硫类—代号 PS、硅酮改性类—代号 MS 等。

密封胶按组分分为单组分（Ⅰ）和多组分（Ⅱ）。

2 级别

密封胶按位移能力分为 25、20、12.5 三个级别，见表 5-60。

密封胶级别　　　　　　　　　　　表 5-60

级别	试验拉压幅度/%	位移能力/%	级别	试验拉压幅度/%	位移能力/%
25	±25	25	12.5	±12.5	12.5
20	±20	20			

3 次级别

（1）25、20 级密封胶按拉伸模量分为低模量（LM）和高模量（HM）两个次级别。

（2）弹性恢复率不小于 40% 的 12.5 级密封胶为弹性密封胶（E）。

25、20、12.5E 级密封胶称为弹性密封胶。

4 产品标记

产品按下列顺序标记：名称、品种、级别、次级别、标准号。

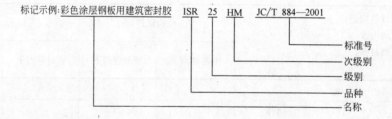

标记示例：彩色涂层钢板用建筑密封胶　ISR　25　HM　JC/T 884—2001（名称、品种、级别、次级别、标准号）

（二）技术要求

1 外观

（1）产品应为细腻、均匀膏状物，不应有气泡、结皮或凝胶。

（2）产品的颜色与供需双方商定的样品相比，不得有明显差异。多组分产品各组分的颜色应有明显差异。

2 密封胶适用期指标由供需双方商定（仅适用于多组分）。

3 物理力学性能

密封胶的物理力学性能应符合表 5-61 的规定。

（三）试验方法

本试验方法所引用的方法标准为 GB/T 13477—2002，其内容参见本章第二节二十一。

1 一般规定

（1）标准试验条件

试验室标准试验条件：温度（23±2）℃，相对湿度 50%±5%。

（2）试件制备

彩色涂层钢板接缝用建筑密封胶的密封胶物理力学性能（JC/T 884—2001） 表 5-61

序号	项目		技术指标				
			25LM	25HM	20LM	20HM	12.5E
1	下垂度/mm ≤	垂直	3				
		水平	无变形				
2	表干时间/h ≤		3				
3	挤出性/(ml/min) ≥		80				
4	弹性恢复率/% ≥		80		60		40
5	拉伸模量/MPa	23℃	≤0.4 和	>0.4 和	≤0.4 和	>0.4 和	—
		−20℃	≤0.6	>0.6	≤0.6	>0.6	
6	定伸粘结性		无破坏				
7	浸水后定伸粘结性		无破坏				
8	热压·冷拉后的粘结性		无破坏				
9	剥离粘结性	剥离强度/(N/mm) ≥	1.0				
		粘结破坏面积/% ≤	25				
10	紫外线处理		表面无粉化、龟裂，−25℃无裂纹				

制备试件前，用于试验的密封胶应在标准条件下放置 24h 以上。试验基材选用合适的清洁剂清洁，基材也可按供需双方的要求选用其他材料，钢板较薄强度不够时，可采用 3mm 铝板加固。

制备时，单组分试样应用挤枪从包装容器中直接挤出注模，使试样充满模具内腔，避免形成气泡。挤注与修整应尽快完成，防止试样在成型完毕前结膜。

多组分试样按生产厂标明的比例混合均匀，避免形成气泡。若事先无特殊要求，混合后应在 30min 内完成注模和修整。

注：实际工程用基材应按 GB 16776—2005 附录 A 进行相容性试验 [参见本节十（六）]。

粘结试件形状、数量、试件处理见表 5-62。

2 外观

单组分密封胶挤出刮平后目测，多组分密封胶混合均匀后刮平目测。

3 下垂度

按 GB/T 13477—2002 第 7 章试验 [见本章第二节二十一（七）]，模具选用 b 型，试件在（50±2）℃的烘箱内放置 24h。

4 表干时间

按 GB/T 13477—2002 第 5 章试验 [见本章第二节二十一（五）]。

5 挤出性

按 GB/T 13477—2002 第 4 章试验 [见本章第二节二十一（四）]，喷嘴内径 6mm。

6 适用期

按 GB/T 13477—2002 中 4.2.2 试验 [见本章第二节二十一（四）2（2）]，描绘出从混合开始的时间与挤出率的关系曲线，读取挤出速度为 50ml/min 的对应时间即为适用期。

粘结试件数量　　　　　　　　　　　　　　　　　表 5-62

序号	试验项目		基材	数量/个		制备方法	试件处理
				试验组	备用组		
1	弹性恢复率		U型铝条	3	—	见图5-29	按 GB/T 13477—2002 第9章A法[见本章第二节二十一(九)A法]
2	拉伸模量	23℃	符合《彩色涂层钢板及钢带》(GB/T 12754—2006)要求的2mm彩板	3	—	见图5-74	
		−20℃		3	—		
3	定伸粘结性			3	3		
4	浸水后定伸粘结性			3	3		
5	热压·冷拉后粘结性			3	3		按 JC/T 881—2001 附录B[见本节八(五)]

注：1. 2~5项可采用GB/T 13477—2002中图6的试件形状［参见本章图5-31］，仲裁检验必须采用图5-75的试件形状。
　　2. 按密封胶生产厂商的要求可以使用底涂料。
　　3. A法试件处理的多组分密封胶试件可放置14d。

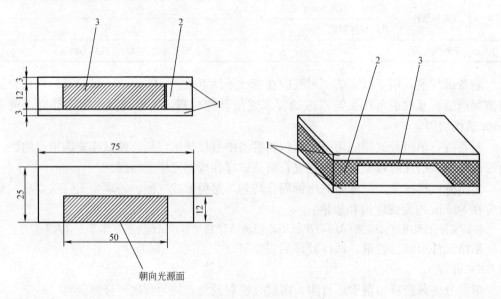

图 5-75　试件
1—石材；2—垫块；3—密封胶

7　弹性恢复率

按 GB/T 13477—2002 第11章试验［见本章第二节二十一（十一）］，试验伸长率见表5-63。

试验伸长率和压缩率　　　　　　　　　　　　　　表 5-63

项　目	试验伸长率/%				
	25LM	25HM	20LM	20HM	12.5E
恢复率	100(24.0mm)		60(19.2mm)		60(19.2mm)
拉伸模量	100(24.0mm)		60(19.2mm)		—

续表

项 目		试验伸长率/%				
		25LM	25HM	20LM	20HM	12.5E
定伸粘结性		100(24.0mm)		60(19.2mm)		60(19.2mm)
浸水后定伸粘结性		100(24.0mm)		60(19.2mm)		60(19.2mm)
热压·冷拉后的粘结性	压缩	−25(9.0mm)		−20(9.6mm)		−12.5(10.5mm)
	拉伸	+25(15.0mm)		+20(14.4mm)		+12.5(13.5mm)

注：1. 试验伸长率为相对于原始宽度的百分率；试验伸长率%＝[(最终宽度−原始宽度)/原始宽度]×100%。
 2. 括号内数值为最终宽度值，原始宽度值为12.0mm。

8 拉伸模量

拉伸模量以相应伸长率时的强度表示。按 GB/T 13477—2002 第 9 章试验［见本章第二节二十一（九）］。测定并计算试件拉伸至表 5-61 规定的相应伸长率时的强度（MPa）作为模量，其平均值修约至小数点后一位。

9 定伸粘结性

(1) 试验步骤

在标准条件下按 GB/T 13477—2002 第 10 章试验［见本章第二节二十一（十）］。试验伸长率见表 5-63。

试验结束后，用精度不小于 0.5mm 的量具测量每个试件粘结和内聚破坏深度（试件端部 2mm×12mm×12mm 范围内的破坏不计，见图 5-76 中 A 区），记录试件最大破坏深度（mm）。

试验后，3 个试件中有两个"破坏"，则试验评定为"破坏"。若只有 1 个试件破坏，则另取备用的 1 组试件进行重复试验。若仍有 1 个试件破坏，则试验评定为"破坏"。

(2) 试件"破坏"的定义：

弹性密封胶在表面任何位置，如果粘结或内聚破坏深度超过 2mm，则试件为"破坏"（图 5-76），即：

A 区：在 2mm×12mm×12mm 体积内允许破坏，且不报告。

B 区：破坏深度不大于 2mm，报告为"无破坏"。

C 区：破坏从密封胶表面延伸到此区域则报告为"破坏"。

10 浸水后的定伸粘结性

按 JC/T 881—2001 附录 A 试验［参见本节八（四）］，试验伸长率见表 5-63。试件的检验和复验同（三）9（1）。

11 热压·冷拉后的粘结性

按 JC/T 881—2001 附录 B 试验［参见本节八（五）］，试验的拉伸和压缩率见表 5-63。

第一周期试验结束后，检查每个试件粘结和内聚破坏情况，方法同（三）9（1），无破坏的试件继续进行第二周期试验，若有 2 个或 2 个以上试件破坏，应停止试验。

第二周期试验结束后，若只有 1 个试件破坏，则另取备用的 1 组试件复验。

12 剥离粘结性

按 GB/T 13477—2002 第 12 章进行试验［见本章第二节二十一（十二）］，清洁剂可

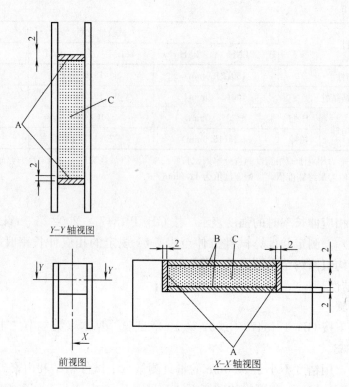

图 5-76 密封胶试件破坏区域图

采用密封胶供应商提供的清洁剂,可采用布条或孔径约 1.5mm 的满足试验强度的不锈钢金属网。

13 紫外线处理

按 GB/T 13477—2002 第 8 章制备 3 个试件[见本章第二节二十一(八)],在标准条件下养护 72h 后,放入 GB 16776—2005 附录 A4 规定[参见本节十(六)4]的紫外线箱中照射 240h,密封胶对着光源。然后取出,观察密封胶表面有无龟裂、粉化。

试件表面有龟裂、粉化即为不合格。若无龟裂、粉化,将试件与直径 12.5mm 圆棒一起放入达到(-25±2)℃的低温箱中,在此温度下放置 24h,将试件在此温度绕圆棒弯曲 180°,密封胶面朝外,弯曲时间 1s,弯曲后立即检查密封胶表面开裂、剥离及粘结破坏情况。

试件紫外线处理后表面应无龟裂、粉化,低温弯曲后无裂纹及剥离与粘结破坏。

十二、建筑用防霉密封胶

建筑用防霉密封胶是指应用于建筑工程的,自身不长霉菌或能抑制霉菌生长的密封胶,该类产品已发布了适用于建筑用单组分硅酮类防霉密封胶,其他类型可参照使用的 JC/T 885—2001 建材行业标准。

建筑用防霉密封胶主要应用于厨房、厕浴间、整体盥洗间、无菌操作间、手术室、微生物实验室以及卫生洁具等建筑接缝密封。

(一) 产品的分类和标记

1 产品类别及代号

产品按密封胶基础聚合物分类，如硅酮密封胶，代号 SR。

2 等级

(1) 产品按位移能力、模量分 3 个等级：位移能力±20%低模量级，代号 20LM；位移能力±20%高模量级，代号 20HM；位移能力±12.5%弹性级，代号 12.5E。

(2) 耐霉等级：0 级；1 级。

3 产品标记

产品按下列顺序标记：类别、等级、标准号。标记示例：

(二) 技术要求

1 外观

密封胶不应有未分散颗粒、结块、结皮和液体物析出。

2 防霉性能

防霉等级为 0 级、1 级。

3 物理性能

密封胶的物理性能应符合表 5-64 规定。

建筑用防霉密封胶的物理性能 (JC/T 885—2001)　　　　表 5-64

序号	项　目		技术指标		
			20LM	20HM	12.5E
1	密度/g/cm³		规定值±0.1		
2	表干时间/h	≤	3		
3	挤出性/s	≤	10		
4	下垂度/mm	≤	3		
5	弹性恢复率/%	≥	60		
2	拉伸模量/MPa	23℃	≤0.4 和	>0.4 和	—
		−20℃	≤0.6	>0.6	
7	热压·冷拉后粘结性		±20%,不破坏	±20%,不破坏	±12.5%,不破坏
8	定伸粘结性		不破坏		
9	浸水后定伸粘结性		不破坏		

(三) 试验方法

本试验方法所引用的方法标准为 GB/T 13477—2002，其内容参见本章第二节二十一。

1 标准试验条件

标准试验条件：温度（23±2）℃，相对湿度45%～55%。

2 试件制备

(1) 试验样品应在（三）1条件下至少停放24h。

(2) 试验基材采用浮法玻璃、水泥砂浆板和铝板。若采用其他基材，应在试验报告中注明。基材是否使用底涂处理，应遵照密封胶供方的要求。

(3) 按GB/T 13477—2002第9.2条规定制备粘结试件[见本章第二节二十一（九）2]。在基材和垫块之间的空间内挤注填充密封胶时，应注意以下3点：

a. 避免气泡的形成；

b. 应紧压密封胶，使其与基材内表面紧密贴合；

c. 密封胶表面应修饰平整，与基材及垫块上表面齐平。

(4) 试件在标准条件下固化28d，出厂检验允许制造方采用加速条件固化。

3 外观

挤出样品目测检查。

4 耐霉菌性

按GB/T 1741—2007试验漆膜耐霉菌测定法（第29组），28d时评定。

5 密度

按GB/T 13477—2002第3章规定试验[见本章第二节二十一（三）]。

6 表干时间

按GB/T 13477—2002第5章规定试验[见本章第二节二十一（五）]。

7 挤出性

按GB 16776—2005第6.4条规定试验建筑用硅酮结构密封胶。

8 下垂度

按GB/T 13477—2002第7章规定试验[见本章第二节二十一（七）]。采用B型试验器（槽宽20mm），试验器垂直放置，试验温度（50±2）℃，时间为3h。

9 弹性恢复率

试件按GB/T 13477—2002第9.3.2条处理[见本章第二节二十一（九）3（2）]，按该标准第11章规定试验[见本章第二节二十一（十一）]，伸长率为原始宽度的60%。

10 拉伸模量

试件按GB/T 13477—2002第9.3.1条处理[见本章第二节二十一（九）3（1）]，按该标准第9章规定试验[见本章第二节二十一（九）]。测定并计算试件拉伸60%时的应力（MPa），取3个试件试验结果的平均值，修约至一位小数。拉伸模量用对应伸长率时的应力表示，报告拉伸模量应同时报告对应伸长率，如：拉伸60%模量0.6MPa报告为0.6MPa/60%。

11 热压·冷拉后粘结性

(1) 制备2组试件，1组试验，1组备用。试件按GB/T 13477—2002第9.3.2处理[见本章第二节二十一（九）3（2）]，按JC/T 881—2001附录B试验[见本节八（五）]。试验一个周期后，检查并记录试件粘结、内聚破坏情况，无破坏的试件继续进行第二周期试验；若有2个或2个以上试件破坏，应中止试验；第二周期试验后，若仅有1个试件破坏，应另取备用的1组试件重复试验。

(2) 试件破坏的评定和报告

试件表面出现深度超过2mm的粘结或内聚破坏，评定为破坏。报告原则：

A区：试件长向两端2mm区域，允许破坏，且不报告；

B区：试件宽向两侧2mm区域，允许深度不大于2mm的破坏，并报告为无破坏；

C区：破坏超过A、B区域，从表面延伸到密封胶内部的破坏，报告为破坏。

12 定伸粘接性

(1) 制备2组试件，1组试验，1组备用。按GB/T 13477—2002第9.3.1条处理试件［见本章第二节二十一（九）3（1）］，按该标准第10章试验，试验温度（23±2）℃。

(2) 试验结果按5.11.2评定和报告［见本节十二（三）11（2）］。

13 浸水后定伸粘接性

制备2组试件，1组试验，1组备用。试件按TB/T 13477—2002第9.3.1条处理后［见本章第二节二十一（九）3（1）］，在（23±2）℃水中浸泡96h，再在标准条件下晾置24h，按该标准第10章试验［见本章第二节二十一（十）］，试验温度（23±2）℃。试验结果按（三）11（2）评定和报告。

十三、中空玻璃用丁基热熔密封胶

中空玻璃用丁基热熔密封胶简称丁基密封胶，我国已发布了适用于中空玻璃用第一道丁基密封胶的建材行业标准JC/T 914—2003。

(一) 技术要求

1 外观

(1) 产品应为细腻、无可见颗粒的均质胶泥。

(2) 产品颜色为黑色或供需双方商定的颜色。

2 物理力学性能

产品物理力学性能应符合表5-65要求。

中空玻璃用丁基热熔密封胶（简称丁基密封胶）的要求（JC/T 914—2003）　表5-65

序号	项　目			指　标
1	密度,g/cm³			规定值±0.05
2	针入度 1/10mm	25℃		30～50
		130℃		230～330
3	剪切强度,MPa		≥	0.10
4	紫外线照射发雾性			无雾
5	水蒸汽透过率,g/(m²·d)		≤	1.1
6	热失重,%		≤	0.5

(二) 试验方法

1 试验基本要求

(1) 标准试验条件

温度：(23±2)℃；相对湿度：50%±5%。

(2) 试样准备

试验前，试验用试样应在标准试验条件下放置24h。

2 外观

打开原包装，目测检查。

3 密度

按《塑料密度和相对密度的试验方法》(GB/T 1033—1986)规定的试验方法A进行。

4 针入度

按《不硫化橡胶密封性能试验方法》(GJB 785.3—1989)规定的试验方法进行。试验温度为25℃和130℃，试验针为标准针，试验模具选A型，测试时间为5s。

5 紫外线照射发雾性

按《中空玻璃测试方法》(GB/T 7020—1986)中3.3规定的试验方法进行。

6 剪切强度

(1) 试验设备及试样

a) 拉力试验机，最大负荷1000kg，最小刻度为满负荷的2%。

b) 试片为LY—12CZ阳极化铝合金或其他材料，试片规格25mm×75mm，试片厚度为1.5mm±0.10mm。

c) 试样由两片单搭接试片组成，形状和尺寸符合图5-77规定。

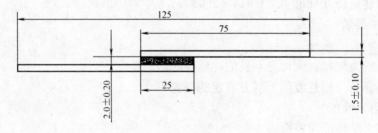

图 5-77 密封胶剪切试样

(2) 试样的制备

a) 试样制备条件按4.1.1标准试验条件执行［见本节十三（二）1（1）］。

b) 试片的清洗，使用丙酮或乙酸乙酯润湿的棉纱或脱脂棉擦洗试片，并立即用干净棉纱擦干，不允许溶剂在试片上自然干涸，擦洗2～3遍，晾干20min。

c) 将胶样压制成厚度为(2.0±0.20)mm的薄片，用清洁过的裁刀裁成规格为25mm×25mm的样片，放到已清洗的试片上搭接粘合。然后在4.1.1标准试验条件下放置8h［见本节十三（二）1（1）］。

(3) 试验步骤

a) 在拉力试验机上垂直地安装试样，以50mm/min的分离速度拉伸试样，读取破坏负荷值估算内聚破坏面积。

b) 断面有明显气泡、缺胶或杂质时，试验数据应剔除。

(4) 试验结果

a) 剪切强度按式（5-23）计算：

$$\tau_b = p/s \tag{5-23}$$

式中 τ_b——剪切强度（kgf/cm^2）；
p——试样破坏负荷（kgf）；
s——搭接面积（cm^2）。

b) 试样不少于 3 个，剪切强度试验结果取算术平均值，允许偏差不超过 15%。

7 水蒸汽透过率

(1) 按《塑料薄膜和片材透水蒸汽性试验方法 杯式法》（GB/T 1037—1988）规定的试验方法，透湿杯内装填约 2/3 杯符合《3A 分子筛》（GB/T 10504—1989）的 3A 型分子筛。

(2) 试样厚度为（2.0±0.2）mm，直径与透湿杯橡胶垫圈外径相同，试样表面无缺陷、针孔和杂质。

(3) 试验温度为（23±0.6）℃，安装试样后的透湿杯放入干燥器样架上，样架下加水，密闭干燥器使试样环境相对湿度为 90%±2%。

8 热失重

(1) 试验设备

a) 鼓风干燥箱：温度控制在（130±2）℃；
b) 天平：精度为 1mg。

(2) 试验步骤

取 3 个恒重洁净的表面皿，分别称重，将 3 个约 8~10g 的试样分别置于表面皿内并称重。然后放入 130℃鼓风干燥箱内，保持 50h。从干燥箱中取出试样放入干燥器中并在标准条件下冷却 1h 后称重，热失重按式（5-24）计算，试验结果取 3 个试样的算术平均值。

$$W = \frac{m_2 - m_3}{m_2 - m_1} \times 100\% \tag{5-24}$$

式中 m_1——表面皿质量，单位为克（g）；
m_2——加热前表面皿和试样质量，单位为克（g）；
m_3——加热后表面皿和试样质量，单位为克（g）；
W——热失重，单位为百分比（%）。

十四、单组分聚氨酯泡沫填缝剂

以多元醇和多异氰酸酯为主要原料的气雾罐装单组分聚氨酯泡沫填缝剂简称 PU 填缝剂，其产品已发布 JC 936—2004 建材行业标准。

(一) 产品的分类和标记

1 PU 填缝剂按燃烧性能等级分为 B2 级、B3 级，见《建筑材料燃烧性能分级方法》（GB 8624—2006）中 5.2、5.3。

2 PU 填缝剂按包装结构分为枪式（Q）和管式（G）。

3 产品标记

产品按下列顺序标记：名称、燃烧性能等级、包装结构、标准号。

示例：B2级枪式单组分聚氨酯泡沫填缝剂标记为：单组分聚氨酯泡沫填缝剂 B2 Q JC 936—2004。

(二) 技术要求

1 外观

PU填缝剂在气雾罐中为液体，喷射出的物料为颜色均匀的泡沫体，无未分散的颗粒、杂质，固化后为泡孔均匀的硬质泡沫塑料。

2 物理性能

PU填缝剂的物理性能应符合表5-66的规定。

PU填缝剂的物理性能（JC 936—2004） 表5-66

序号	项目			指标
1	密度，kg/m^3		不小于	10
2	导热系数(35℃)，$[W/(m·K)]$		不大于	0.050
3	尺寸稳定性$[(23\pm2)℃,48h]\%$		不大于	5
4	燃烧性[a]，级			B2 或 B3
5	拉伸粘结强度[b] /kPa 不小于	铝板	标准条件 7d	80
			浸水 7d	60
		PVC塑料板	标准条件 7d	80
			浸水 7d	60
		水泥砂浆板	标准条件 7d	60
6	剪切强度，kPa		不小于	80
7	发泡倍数，倍		不小于	标示值-10

注：表中第4项为强制性的，其余为推荐性的。
 a. 仅测B2级产品。
 b. 试验基材可在三种基材中选择一种或多种。

3 原材料

PU填缝剂的原材料应符合国家环境保护局（原）等环控[1997] 366号文件的规定，禁止使用CFCs[1]。

(三) 试验方法

1 试样及试件制备

(1) 一般要求

a. 试验室标准试验条件

试验室的标准试验条件为：温度(23±2)℃，相对湿度50%±5%。

b. 试样处理

试件成型前试样应在标准试验条件下预处理24h。

c. 工具

枪式PU填缝剂试验用枪应由供方提供，管式PU填缝剂用管须由生产方配置。

---

1) CFCs：系指PU填缝剂中可能使用的发泡剂一氟二氯甲烷（F-11）、二氟二氯甲烷（F-12）、三氟三氯乙烷（F-113）。

制样后枪应立即用配套清洗剂清洗。

(2) 试样制备

a. 模框

用于成型泡沫块体。可用木材或金属制成，带有紧固、可拆卸装置，其内部尺寸约为 400mm×400mm×600mm。

b. 制作

在模框底部及内壁垫以纸，先均匀喷少量水雾。取已在标准试验条件下放置至少24h的样品，以大约1次/秒的速度振摇料罐30s，装上枪或喷管，调节气门，先在纸上喷出适量样品，观察试料发泡是否正常，然后将喷嘴沿模框底部逐行匀速注入试料，注意填满模框，不要留有空洞。注满一层后用喷水壶喷少量水雾，使表面均匀润湿，立刻以与第一层垂直的方向再注第二层试料。需要时可依此程序注第三层试料。在标准试验条件下放置24h后拆模。然后继续在标准试验条件下放置48h。

(3) 试件制备

a. 泡沫体性能检测试件的制备

从制好的泡沫体试样上裁切，除去各向表皮。试件尺寸和数量见表5-67。

试件尺寸和数量　　　　　　　　　表5-67

	检验项目	试件尺寸(mm)	数量(个)
泡沫体	密度	100×100×50	5
	导热系数[a]	200×200×(20~40)	3
	尺寸稳定性	100×100×25	3
	燃烧性	见图5-78	5
	拉伸粘结强度	见图5-79	5
	剪切粘结强度	见图5-80	5

a. 也可采用《绝热材料稳态热阻及有关特性的测定 防护热板法》（GB/T 10294）中规定的其他试件尺寸。

b. 燃烧性试件的制备

(a) 石膏板：尺寸 190mm×90mm×10mm，数量10块。

(b) 隔块：木制或铝合金板，尺寸为 90mm×50mm×3mm，10块，表面进行防粘处理。

(c) 取两块石膏板和两块隔块，按图5-78所示组装，试件数量见表5-67，并放在垫有纸的玻璃板上，先用喷壶喷少量水雾，使表面润湿，然后将振摇好的PU填缝剂分层注入空腔内，每层之间喷少量水雾，直至接近石膏板上边缘。2h后切除多余物料，在标准试验条件下养护14d。

c. 拉伸粘结强度试件的制备

(a) 基材：按PU填缝剂用途不同可选用铝合金板、PVC塑料板或水泥砂浆板，其尺寸为

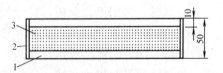

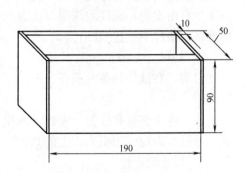

图5-78 燃烧性试件
1—石膏板；2—隔块；3—试样

75mm×50mm，厚度分别为 3mm、(5～6)mm、12mm。

铝合金板推荐用合金牌号 LD30 或 LD31。

PVC塑料板应符合《硬质聚氯乙烯挤出板材》(GB/T 13520)标准的要求。

铝合金板和塑料板表面用 120 号砂纸打磨，然后用丙酮等溶剂清洗，干燥后备用。

水泥砂浆板的制作程序为：用强度等级 32.5 或 42.5 硅酸盐水泥和标准砂按水泥：砂：水＝1:1.5:(0.4～0.5)(质量比)的水泥砂浆注入模具，振捣成型。拆膜后在(20±1)℃的水中养护 7d，取出后清除水泥砂浆板表面的浮浆，干燥后备用。

(b) 隔离垫块：由硬木或其他不易变形的材料制成，尺寸为 50mm×12.5mm×12mm，成型前表面须采取防粘措施，如外包纸或透明胶带。

(c) 取两块表面清洁干燥的基材和两块隔离垫块按图 5-79 所示组装，试件数量见表 5-67，两端用透明胶带或强力胶圈固定，其内部空腔尺寸为：50mm×12mm×50mm。

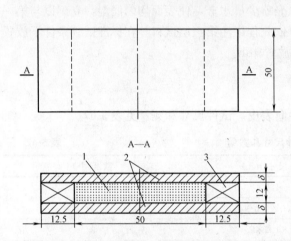

图 5-79　拉伸粘结强度试件
1—试样；2—铝合金板 δ＝3 或 PVC 塑料板 δ＝5～6
或水泥砂浆板 δ＝12；3—隔离垫块

(d) 将组装好的试件放在垫有纸的玻璃板上，在水泥砂浆板基材上稍喷水雾，取已在标准条件下放置至少 24h 的样品，以大约 1 次/秒的速度振摇料罐 30s，装上枪或喷管后倒转料罐，将 PU 填缝剂注入试件的空腔，至其深度约 2/3 处停止，让其自由发泡并充满空腔。2h 后用锋利刀片切除多余物料，在标准试验条件下放置 7d 后拆去垫块，进行试验和浸水处理。

d. 剪切强度试件的制备

(a) 基材：选用铝合金板，尺寸如图 5-80 所示。

(b) 金属丝：铜丝或铁丝，直径 2mm，共 10 根。

(c) 将振摇好的样品分别打在两块基材上，快速将两根金属丝横放在一块基材上泡沫端部，将另一块基材错位搭接，上压重物(图 5-80)，试件数量见表 5-67，使试料在平面方向上自由发泡，保证泡沫层厚度为 2mm。2h 后移去重物和金属丝，切去多余物料，在标准试验条件下放置 7d 后测试。

2　外观

目测，在试件制备时进行。

3　密度

按《泡沫塑料和橡胶　表观(体积)密度的测定》(GB/T 6343)规定进行《泡沫塑料和橡胶　表观(体积)密度的测定》。

4　尺寸稳定性

按《硬质泡沫塑料尺寸稳定性试验方法》(GB/T 8811)规定进行《硬质泡沫塑料尺寸稳定性试验方法》。试验条件为 (23±2)℃，制样后 72h 测试。

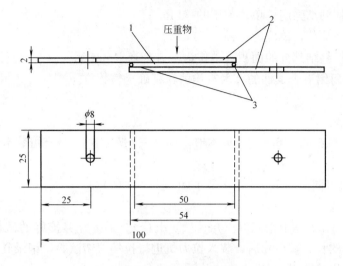

图 5-80 剪切强度试件
1—试样；2—铝合金板；3—金属丝

5 导热系数

按《绝热材料稳态热阻及有关特性的测定 防护热板法》（GB/T 10294）规定进行《绝热材料稳态热阻及有关特性的测定 防护热板法》。试验点平均温度 35℃。

6 燃烧性

按《建筑材料可燃性试验方法》（GB/T 8626）的规定进行《建筑材料可燃性试验方法》，采用边缘点火。

7 拉伸粘结强度

可选择（三）1（3）③a）中一种或多种基材。

(1) 试验器具

a. 拉力试验机：精度不大于 2N，负荷范围（0～1000）N，带有专用拉伸夹具，拉伸速度可调至 5mm/min。

b. 游标卡尺：精度 0.02mm。

c. 恒温浴槽：容积可容纳试件，可控温度为（23±1）℃。

(2) 试验步骤

a. 标准条件下的拉伸粘结强度

将按［三 1（3）c（d）］制备并养护好的试件拆除垫块，用游标卡尺测量粘结部分的尺寸，装入拉力机拉伸夹具拉伸至破坏，记录其破坏荷载（N）和破坏状态。

b. 浸水后的拉伸粘结强度

将按［三 1（3）c（d）］制备并养护好的试件拆除垫块，放入恒温浴槽中浸泡 7d 后立即按（三）7（2）a 进行试验。

(3) 试验结果计算

拉伸粘结强度 P 按式（5-25）计算：

$$P = \frac{F}{S} \times 1000 \tag{5-25}$$

式中 P——拉伸粘结强度,单位为千帕(kPa);
　　　F——破坏荷载,单位为牛顿(N);
　　　S——试件粘结部分的面积,单位为平方毫米(mm^2)。
试验结果取每组五个试件的算术平均值,精确至整数位。

8　剪切强度
(1) 试验器具
a. 拉力试验机：同 7.6.1.1 [见本节十四(三)7 (1)]。带有可装卡拉伸剪切强度试件的夹具。
b. 游标卡尺：同 7.6.1.2 [见本节十四(三)7 (2)]。
(2) 试验步骤
将按 6.3.4.3 [见本节十四(三)1 (2) d (c)] 制备并养护好的试件用游标卡尺准确测量粘结部分的长、宽尺寸后,装入拉力机进行拉伸剪切试验,记录其破坏荷载(N)。
(3) 试验结果计算
剪切强度 τ 按式(5-26)计算：

$$\tau = \frac{F}{L \times b} \tag{5-26}$$

式中 τ——剪切强度,单位为千帕(kPa);
　　　F——破坏荷载,单位为牛顿(N);
　　　L——试件粘结部分长度,单位为毫米(mm);
　　　b——试件粘结部分宽度,单位为毫米(mm)。
试验结果取五个试件的算术平均值,精确至整数位。

9　发泡倍数
按本节十四(三)1 (2) b 的规定将一支气雾罐内的试料分层注入内部尺寸 400mm×400mm×600mm 的模框内,全部喷空。72h 后在精度 0.1g 的天平上称量其发泡体的质量(M),然后分别在泡沫体上、中、下部位共取五块试样,按(三)3 规定测定泡沫体试样的密度(ρ),以其平均值计算泡沫体的体积(V_f)。按式(5-27)计算发泡倍数,精确至整数位。

$$f = V_f / V_0 = \frac{M}{\rho V_0} \tag{5-27}$$

式中 f——发泡倍数;
　　　V_f——泡沫体体积,单位为升(L);
　　　M——泡沫体质量,单位为克(g);
　　　ρ——泡沫体密度,单位为千克每立方米(kg/m^3);
　　　V_0——气雾罐标示容量,单位为升(L)。

(四) 附录 A (资料性附录) 单组分聚氨酯泡沫填缝剂中氯氟化碳 (CFCs) 的检测方法
1　适用范围
本方法适用于气雾罐装单组分聚氨酯泡沫填缝剂中氯氟化碳(CFCs)的检测。
2　试验原理
利用气相色谱对混合物的高效分离能力和质谱对纯化物的准确鉴定能力,采用气相色谱-质谱联用仪对气雾罐中抽出的气体进行成分定性分析。

3　试验器具

(1) 气相色谱-质谱联用仪

气相色谱测定条件：石英毛细管色谱柱，载气为高纯氦气，柱温40℃，恒温下试验。进样口温度100℃，柱前压110kPa。

质谱测定条件：EI离子源，电子能量70eV，离子源温度150℃，电子倍增器电压1.2kV，检测方式为全扫描。

(2) 气囊

橡胶质，外覆铝箔绝热层，用于气体试样的取样。

(3) 注射器

2mL，用于从气囊中抽取气体。

4　气体取样

将装满试样的气雾罐直立，静放在25℃的恒温试验室内24h。将挤枪小心安装在阀门上，气囊密封固定在挤枪端口，轻按开关，使罐内气体充满气囊。

5　气体分析

在仪器稳定状态下调整气相色谱-质谱联用仪各参数至设定值。用2mL注射器从气囊中抽取气体0.8mL，进样于气相色谱入口，开动质谱分析。根据气体的气相色谱图和质谱图由仪器自动分析出气体组分的分子量和可能的分子式，确定其中是否含有CFCs。

第五节　预制密封材料

建筑定形密封材料是指具有一定形状和尺寸的密封材料。

建筑工程各种接缝（如构件接缝、门窗框密封伸缩缝、沉降缝等）常用的预制防水密封材料其品种和规格很多，主要有止水带、密封垫等。

预制密封材料习惯上可分为刚性和柔性两大类。大多数刚性预制密封材料是由金属制成的，如金属止水带、防雨披水板等；柔性预制密封材料一般是采用天然橡胶或合成橡胶、聚氯乙烯之类材料制成的，用于止水带、密封垫和其他各种密封目的。

预制密封材料的共同特点是：

a. 具有良好的弹塑性和强度，不至于因构件的变形、振动而发生脆裂和脱落，并且有防水、耐热、耐低温度性能；

b. 具有优良的压缩变形性能及回复性能；

c. 密封性能好，而且持久；

d. 一般由工厂制造成型，尺寸精度高。

一、高分子防水材料止水带

止水带又名封缝带，系处理建筑物或地下构筑物接缝用的一种条带状防水密封材料，常应用于建筑物的施工缝或变形缝等处，以防止漏水。传统的止水带是用金属-沥青材料所制成的，随着化学工业的不断发展，塑料止水带和橡胶止水带等高分子防水材料止水带的应用已逐渐增多，几乎已取代了金属-沥青止水带。高分子防水材料止水带目前已发布了全部或部分浇筑于混凝土中的橡胶密封止水带和具有钢边的橡胶密封止水带（简称止水带）的《高分子防水材料 第二部分 止水带》（GB 18173.2—2000）的国家标准。

（一）产品的分类和标记

1 分类

止水带按其用途分为以下三类：

a) 适用于变形缝用止水带，用 B 表示；

b) 适用于施工缝用止水带，用 S 表示；

c) 适用于有特殊耐老化要求的接缝用止水带，用 J 表示。

注：具有钢边的止水带，用 G 表示。

2 产品标记

（1）产品的永久性标记应按下列顺序标记：

类型、规格（长度×宽度×厚度）。

（2）标记示例

长度为 12000mm，宽度为 380mm，公称厚度为 8mm 的 B 类具有钢边的止水带标记为：

BG-12000mm×380mm×8mm。

（二）技术要求

1 尺寸公差

止水带的结构示意图如图 5-81 所示，其尺寸公差如表 5-68 所示。

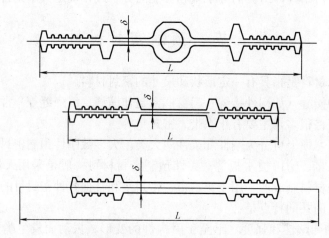

图 5-81 止水带的结构示意图

L—止水带公称宽度；δ—止水带公称厚度

止水带的尺寸公差　　　　　　　　表 5-68

项　目	公称厚度 δ，mm			宽度 L，%
	4～6	>6～10	>10～20	
极限偏差	+1 0	+1.3 0	+2 0	±3

2 外观质量

（1）止水带表面不允许有开裂、缺胶、海绵状等影响使用的缺陷，中心孔偏心不允许超过管状断面厚度的 1/3。

(2) 止水带表面允许有深度不大于 2mm、面积不大于 16mm² 的凹痕、气泡、杂质、明疤等缺陷不超过 4 处;但设计工作面仅允许有深度不大于 1mm、面积不大于 10mm² 的缺陷不超过 3 处。

3 物理性能

止水带的物理性能应符合表 5-69 的规定。

4 止水带接头部位的拉伸强度指标不得低于表 5-69 标准性能的 80%(现场施工接头除外)。

止水带的物理性能 (GB 18173.2—2000) 表 5-69

序号	项　　目			指标[1]		
				B	S	J
1	硬度(邵尔 A),度			60±5	60±5	60±5
2	拉伸强度,MPa		≥	15	12	10
3	扯断伸长率,%		≥	380	380	300
4	压缩永久变形	70℃×24h,%	≤	35	35	35
		23℃×168h,%	≤	20	20	20
5	撕裂强度[2],kN/m		≥	30	25	25
6	脆性温度,℃		≤	−45	−40	−40
7	热空气老化[3]	70℃×168h 硬度变化(邵尔 A),度	≤	+8	+8	—
		70℃×168h 拉伸强度,MPa	≥	12	10	—
		70℃×168h 扯断伸长率,%	≥	300	300	—
		100℃×168h 硬度变化(邵尔 A),度	≤	—	—	+8
		100℃×168h 拉伸强度,MPa	≥	—	—	9
		100℃×168h 扯断伸长率,%	≥	—	—	250
8	臭氧老化 5.0×10⁻⁷;20%,48h			2 级	2 级	0 级
9	橡胶与金属粘合			断面在弹性体内		

注:
1. 橡胶与金属粘合项仅适用于具有钢边的止水带。
2. 若有其他特殊需要时,可由供需双方协议适当增加检验项目,如根据用户需求酌情考核霉菌试验,但其防霉性能应等于或高于 2 级。

采标说明:
1] 德国标准不分类。
2] 此项指标高于德国标准。
3] J 类产品试验温度高于德国标准。

(三) 试验方法

1 规格尺寸用量具测量,厚度精确到 0.05mm,宽度精确到 1mm;其中厚度测量取制品上的任意 1m 作为样品(但必须包括一个接头),然后自其两端起在制品的设计工作面的对称部位取四点进行测量,取其平均值。

2 外观质量用目测及量具检查。

3 物理性能的测定

从经规格尺寸检验合格的制品上裁取试验所需的足够长度试样,按《硫化橡胶或热塑性橡胶样品和试样的制备 第一部分:物理试验》(GB/T 9865.1)的规定制备试样,并在标准状态下静置 24h 后按表 5-84 的要求进行试验。

(1) 硬度试验按《橡胶袖珍硬度计压入硬度试验方法》(GB/T 531)的规定进行。

(2) 拉伸强度、扯断伸长率试验按《硫化橡胶或热塑性橡胶拉伸应力应变性能的测定》(GB/T 528)的规定进行,用Ⅱ型试样;接头部位应保证使其位于两条标线之内。

(3) 压缩永久变形试验按《硫化橡胶 热塑性橡胶 常温、高温和低温下压缩永久变形测定》(GB/T 7759)的规定进行,采用 B 型试样,压缩率为 25%。

(4) 撕裂强度试验按《硫化橡胶或热塑性橡胶撕裂强度的测定(裤形、直角形和新月形试样》(GB/T 529—1999)中的直角形试样进行。

(5) 脆性温度试验按《硫化橡胶低温脆性的测定(多试样法)》(GB/T 15256)的规定进行。

(6) 热空气老化试验按《橡胶热空气老化试验方法》(GB/T 3512—2001)的规定进行。

(7) 臭氧老化试验按《硫化橡胶或热塑性橡胶耐臭氧龟裂 静态拉伸试验》(GB/T 7762—2003)的规定进行,试验温度为(40±2)℃。

(8) 橡胶与金属的粘合可采用任何适用的剪切或剥离试验方法,但试验结果,试样断裂部分应在弹性体之间。

(9) 防霉性能试验按《电工电子产品环境试验 第 2 部分:试验方法 试验厂和导则:长霉》(GB/T 2423.16)的规定进行。

二、遇水膨胀橡胶

遇水膨胀橡胶是指以水溶性聚氨酯预聚体、丙烯酸钠高分子吸水性树脂等吸水性材料与天然橡胶、氯丁橡胶等合成橡胶制得的遇水膨胀性防水橡胶一类产品。此类材料主要应用于各种隧道、顶管、人防等地下工程、基础工程的接缝、防水密封和船舶、机车等工业设备的防水密封。此类制品现已发布了《高分子防水材料 第 3 部分 遇水膨胀橡胶》(GB/T 18173.3—2002)国家标准。

遇水自膨胀橡胶止水材料既有一般橡胶制品的特点,又有遇水自行膨胀以水止水的功能,遇水自膨胀橡胶根据其形态可分为制品型和腻子型两大类。

制品型材料具有降性接缝止水材料的密封防水作用,当接缝两侧距离加大到弹性防水材料的弹性复原率以外时,由于该材料具有遇水膨胀的特点,在材料膨胀范围以内仍能起止水作用,膨胀体仍具有橡胶性质。它还耐水、耐酸、耐碱。

本品适用于装配式结构构件衬砌接缝防水;建筑物变形缝、施工缝用止水带;金属、混凝土等各类预制构件的接缝防水。

腻子型与制品型同样具有遇水膨胀以水止水之功能,具有一定的弹性和极大的可塑性,遇水膨胀后塑性进一步加大,堵塞混凝土孔隙和出现的裂缝。

本品最适用于现场浇筑的混凝土施工缝;嵌入构件间(如混凝土、金属管道等各类预制构件)任意形状的接缝内,在其膨胀受到良好限制的条件下能达到满意的止水效果;混凝土裂缝漏水的治理。

(一) 定义、产品的分类和标记

1 定义

体积膨胀倍率是浸泡后的试样质量与浸泡前的试样质量的比率。

2 分类

(1) 产品按工艺可分为制品型（PZ）和腻子型（PN）。

(2) 产品按其在静态蒸馏水中的体积膨胀倍率（%）可分别分为制品型：≥150%～<250%，≥250%～<400%，≥400%～<600%，≥600%等几类；腻子型：≥150%，≥220%，≥300%等几类。

3 产品标记

(1) 产品应按下列顺序标记：类型、体积膨胀倍率、规格（宽度×厚度）；复合型膨胀橡胶止水带因其主体为"止水带"，故其标记方法应在遵守《高分子防水材料 第2部分 止水带》（GB 18173.2）[见本节一]的前提下，同时按上述遇水膨胀橡胶的标记方法标记。

(2) 标记示例

长轴 30mm、短轴 20mm 的椭圆形膨胀橡胶，体积膨胀倍率≥250%，标记为：

PZ-250 型 R15mm×R10mm

复合型膨胀橡胶

宽度为 200mm，厚度为 6mm 施工缝（S）用止水带，复合两条体积膨胀倍率为≥400%的制品型膨胀橡胶，标记为：

S-200mm×6mm/PZ-400×2 型

(二) 技术要求

1 制品型尺寸公差

膨胀橡胶的断面结构示意图如图 5-82 所示；制品型尺寸公差应符合表 5-70 规定。

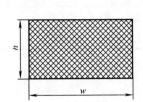 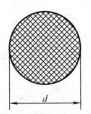 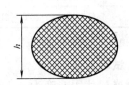

图 5-82 断面结构示意图

遇水膨胀橡胶的尺寸公差（mm） 表 5-70

项目	厚度/h			直径/d			椭圆(以短径h为主)			宽度/w		
	≤10	>10~30	>30	≤30	>30~60	>60	<20	20~30	>30	≤50	>50~100	>100
极限偏差	±1.0	+1.5 -1.0	+2 -1	±1	±1.5	±2	±1	±1.5	±2	+2 -1	+3 -1	+4 -1

注：其他规格及异形制品尺寸公差由供需双方商定，异形制品的厚度为其最大工作面厚度。

2 制品型外观质量

(1) 膨胀橡胶表面不允许有开裂、缺胶等影响使用的缺陷。

（2）每 1m 膨胀橡胶表面不允许有深度大于 2mm、面积大于 16mm² 的凹痕、气泡、杂质、明疤等缺陷超过 4 处。

（3）有特殊要求者，由供需双方商定。

3 物理性能

膨胀橡胶的物理性能如表 5-71 及表 5-72 所示，如有体积膨胀倍率大于 600% 要求者，由供需双方商定。

制品型膨胀橡胶胶料物理性能（GB/T 18173.3—2002） 表 5-71

序号	项目		指标			
			PZ-150	PZ-250	PZ-400	PZ-600
1	硬度(邵尔 A)/度		42±7		45±7	48±7
2	拉伸强度/MPa	≥	3.5		3	
3	扯断伸长率/%	≥	450		350	
4	体积膨胀倍率/%	≥	150	250	400	600
5	反复浸水试验	拉伸强度/MPa ≥	3		2	
		扯断伸长率/% ≥	350		250	
		体积膨胀倍率/% ≥	150	250	300	500
6	低温弯折(−20℃×2h)		无裂纹			

注：1. 硬度为推荐项目。
   2. 成品切片测试应达到本标准的 80%。
   3. 接头部位的拉伸强度指标不得低于本表标准性能的 50%。

腻子型膨胀橡胶物理性能（GB/T 18173.3—2002） 表 5-72

序号	项目		指标		
			PN-150	PN-220	PN-300
1	体积膨胀倍率[1]/%	≥	150	220	300
2	高温流淌性(80℃×5h)		无流淌	无流淌	无流淌
3	低温试验(−20℃×2h)		无脆裂	无脆裂	无脆裂

[1] 检验结果应注明试验方法。

（三）试验方法

1 规格尺寸用精确为 0.1mm 的量具测量，取任意三点进行测量，均应符合表 5-70 的规定。

2 外观质量用目测及量具检查。

3 物理性能的测定

（1）样品的制备：制品型试样应采用与制品相当的硫化条件，沿压延方向制取标准试样，成品测试从经规格尺寸检验合格的制品上裁取试验所需的足够长度，按《硫化橡胶或热塑性橡胶样品和试样的制备 第一部分：物理试验》（GB/T 9865.1）的规定制备试样，经（70±2）℃恒温 3h 后，在标准状态下停放 4h，按表 5-70 的要求进行试验；腻子型试样直接取自产品，按试验方法规定尺寸制备。

（2）硬度试验按《橡胶袖珍硬度计压入硬度试验方法》（GB/T 531）的规定进行。

(3) 拉伸强度，扯断伸长率试验按《硫化橡胶或热塑性橡胶拉伸应力应变性能的测定》(GB/T 528) 的规定进行，用Ⅱ型试样。

(4) 体积膨胀倍率按（四）附录 A（标准的附录）的规定执行；浸泡后不能用称量法检测的试样，按（五）附录 B（标准的附录）的规定执行。

(5) 反复浸水试验：将试样在常温（23±5）℃蒸馏水中浸泡 16h，取出后在 70℃下烘干 8h，再放到水中浸泡 16h，再烘干 8h…；如此反复浸水、烘干 4 个循环周期之后，测其硬度、拉伸强度和伸长率，并按（三）3（4）规定测试体积膨胀倍率。

(6) 低温弯折试验：将试样裁成 20mm×100mm×2mm 的长方体，按（六）附录 C（标准的附录）的规定进行试验。

(7) 高温流淌性：将三个 20mm×20mm×4mm 的试样分别置于 75°倾角的带凹槽木架上，使试样厚度的 2mm 在槽内，2mm 在槽外；一并放入（80±2）℃的干燥箱内，5h 后取出，观察试样有无明显流淌，以不超过凹槽边线 1mm 为无流淌。

(8) 腻子型试样的低温试验：将 50mm×100mm×2mm 的试样在（-20±2）℃低温箱中停放 2h，取出后立即在 φ10mm 的棒上缠绕 1 圈，观察其是否脆裂。

(四) 附录 A（标准的附录）体积膨胀倍率试验方法Ⅰ

1 试验准备

(1) 试验室温度应符合《橡胶试样环境调节和试验的标准温度、湿度及时间》(GB 2941—1991) 的规定。

(2) 试验仪器为 0.001g 精度的天平。

(3) 将试样制成长、宽各为（20.0±0.2）mm，厚为（2.0±0.2）mm，数量为 3 个。用成品制作试样时，应尽可能去掉表层。

2 试验步骤

(1) 将制作好的试样先用 0.001g 精度的天平称出在空气中的质量，然后再称出试样悬挂在蒸馏水中的质量。

(2) 将试样浸泡在（23±5）℃的 300ml 蒸馏水中，试验过程中，应避免试样重叠及水分的挥发。

(3) 试样浸泡 72h 后，先用 0.001g 精度的天平称出其在蒸馏水中的质量，然后用滤纸轻轻吸干试样表面的水分，称出试样在空气中的质量。

3 计算公式

$$\Delta V = \frac{m_3 - m_4 + m_5}{m_1 - m_2 + m_5} \times 100\% \tag{5-28}$$

式中　ΔV——体积膨胀倍率，%；

m_1——浸泡前试样在空气中的质量，g；

m_2——浸泡前试样在蒸馏水中的质量，g；

m_3——浸泡后试样在空气中的质量，g；

m_4——浸泡后试样在蒸馏水中的质量，g；

m_5——坠子在蒸馏水中的质量，g（如无坠子用发丝等特轻细丝悬挂可忽略不计）。

4 计算方法

体积膨胀倍率取三个试样的平均值。

(五) 附录 B（标准的附录）体积膨胀倍率试验方法 Ⅱ

1 试验准备

(1) 试验室温度应符合《橡胶试样环境调节和试验的标准温度、湿度及时间》（GB 2941—1991）的规定。

(2) 试验仪器为 0.001g 精度的天平和 50ml 的量筒。

(3) 取试样质量为 2.5g，制成直径约为 12mm，高度约为 12mm 的圆柱体，数量为 3 个。

2 试验步骤

(1) 将制作好的试样先用 0.001g 精度的天平称出其在空气中的质量，然后再称出试样悬挂在蒸馏水中的质量（必须用发丝等特轻细丝悬挂试样）。

(2) 先在量筒中注入 20ml 左右的 (23±5)℃的蒸馏水，放入试样后，加蒸馏水至 50ml。然后，在（六）1（1）的条件下放置 120h（试样表面和蒸馏水必须充分接触）。

(3) 读出量筒中试样占水体积的 ml 数（即试样的高度），把毫升数换算为克（水的体积是 1ml 时，质量为 1g）。

3 计算公式

$$\Delta V = \frac{m_3}{m_1 - m_2} \times 100\% \tag{5-29}$$

式中　ΔV——体积膨胀倍率，%；

　　　m_1——浸泡前试样在空气中的质量，g；

　　　m_2——浸泡前试样在蒸馏水中的质量，g；

　　　m_3——试样占水体积的毫升数，换算为质量，g。

4 计算方法

体积膨胀倍率取三个试样的平均值。

(六) 附录 C（标准的附录）低温弯折试验

1 试验仪器

低温弯折仪应由低温箱和弯折板两部分组成。低温箱应能在 0～-40℃之间自动调节，误差为 ±2℃，且能使试样在被操作过程中保护恒定温度；弯折板由金属平板、转轴和调距螺丝组成，平板间距可任意调节。示意图如图 5-83。

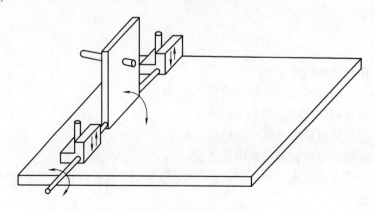

图 5-83　弯折板示意图

2 试验条件

试样的停放时间和试验温度应按下列要求:

(1) 从试样制备到试验,时间为24h。

(2) 试验室温度控制在(23±2)℃范围内。

3 试验程序

(1) 将按(三)3(6)制备的试样弯曲180°,使试样边缘重合、齐平,并用定位夹或10mm宽的胶布将边缘固定以保证其在试验中不发生错位;并将弯折板的两平板间距调到试样厚度的三倍。

(2) 将弯折板上平板打开,把厚度相同的两块试样平放在底板上,重合的一边朝向转轴,且距转轴20mm;在规定温度下保持2h,之后迅速压下上平板,达到所调间距位置,保持1s后将试样取出。待恢复到室温后观察试样弯折处是否断裂,或用放大镜观察试样弯折处受拉面有无裂纹。

4 判定

用8倍放大镜观察试样表面,以两个试样均无裂纹为合格。

三、丁基橡胶防水密封胶粘带

丁基橡胶防水密封胶粘带简称丁基胶粘带,是以饱和聚异丁烯橡胶、丁基橡胶、卤化丁基橡胶等为主要原料制成的,具有粘结密封功能的弹塑性单面或双面,适用于高分子防水卷材、金属板屋面等建筑防水工程中接缝密封用的卷状胶粘带。

(一) 产品的分类和标记

1 产品按粘结面分为:

a) 单面胶粘带,代号1;

b) 双面胶粘带,代号2。

2. 单面胶粘带产品按覆面材料分为:

a) 单面无纺布覆面材料,代号1W;

b) 单面铝箔覆面材料,代号1L;

c) 单面其他覆面材料,代号1Q。

3. 产品按用途分为:

a) 高分子防水卷材用,代号R;

b) 金属板屋面用,代号M。

注:双面胶粘带不宜外露使用。

4 产品规格通常为:

a) 厚度:1.0mm、1.5mm、2.0mm;

b) 宽度:15mm、20mm、30mm、40mm、50mm、60mm、80mm、100mm;

c) 长度:10m、15m、20m。

其他规格可由供需双方商定。

5 产品标记:

产品按下列顺序标记:名称、粘结面、覆面材料、用途、规格(厚度-宽度-长度)、标准号。

示例：厚度 1.0mm、宽度 30mm、长度 20m 金属板屋面用双面丁基橡胶防水密封胶粘带的标记为：

丁基橡胶防水密封胶粘带 2M　1.0-30-20　JC/T 942—2004。

（二）技术要求

1　外观

（1）丁基胶粘带应卷紧卷齐，在 5~35℃ 环境温度下易于展开，开卷时无破损、粘连或脱落现象。

（2）丁基胶粘带表面应平整，无团块、杂物、空洞、外伤及色差。

（3）丁基胶粘带的颜色与供需双方商定的样品颜色相比无明显差异。

2　尺寸偏差

丁基胶粘带的尺寸偏差应符合表 5-73 的规定。

尺寸偏差　　　　　　　　　　　　　　　　表 5-73

厚度, mm		宽度, mm		长度, mm	
规格	允许偏差	规格	允许偏差	规格	允许偏差
1.0 1.5 2.0	±10%	15 20 30 40 50 60 80 100	±5%	10 15 20	不允许有负偏差

3　理化性能

丁基胶粘带的理化性能应符合表 5-74 的规定。彩色涂层钢板以下简称彩钢板。

丁基胶粘带的理化性能（JC/T 942—2004）　　　表 5-74

试验项目			技术指标
1. 持粘性, min		≥	20
2. 耐热性（80℃, 2h）			无流淌、龟裂、变形
3. 低温柔性（−40℃）			无裂纹
4. 剪切状态下的粘合性[a], N/mm	防水卷材	≥	2.0
5. 剥离强度[b], N/mm	防水卷材	≥	0.4
	水泥砂浆板	≥	
	彩钢板	≥	0.6
6. 剥离强度保持率[b], %	热处理（80℃、168h）	防水卷材	≥	80
		水泥砂浆板	≥	
		彩钢板	≥	
	碱处理，饱和氢氧化钙溶液（168h）	防水卷材	≥	80
		水泥砂浆板	≥	
		彩钢板	≥	
	浸水处理（168h）	防水卷材	≥	80
		水泥砂浆板	≥	
		彩钢板	≥	

a. 第 4 项仅测试双面胶粘带。
b. 第 5 和第 6 项中，测试 R 类试样时采用防水卷材和水泥砂浆板基材，测试 M 类试样时采用彩钢板基材。

（三）试验方法

1　一般规定

试验室标准试验条件为：温度（23±2）℃，相对湿度50%±5%。

2　外观

将丁基胶粘带以（200～300）mm/s的速度解卷，目测观察。

3　尺寸偏差

（1）厚度

沿三卷胶粘带的外圈各至少去掉一圈，然后从三卷胶粘带上各取一个试样，长度约300mm，按《压敏胶粘带和胶粘剂带厚度试验方法》（GB/T 7125）试验。双面胶粘带不包括隔离纸厚度。

（2）宽度

试样同（三）3（1）。用最小分度值为0.02mm的游标卡尺，沿试样的长度方向等距离测量三点的宽度，记录三点宽度的算术平均值，精确至0.1mm。

（3）长度

用最小分度值为10mm的钢卷尺，在不受外力的条件下，分别沿中心线测量三卷胶粘带的全长，记录测量值，精确至0.01m。

4　持粘性

（1）试验条件

试件制备和持粘性试验均在标准试验条件下进行。

（2）试样

试样尺寸为70mm×25mm，宽度不足25mm的胶粘带应补足25mm宽度后再制成试样。

（3）双面胶粘带持粘性试验

双面胶粘带的两个粘结面均应进行持粘性试验。从三卷双面胶粘带上分别取六个试样，试验时将试样的一个粘结面粘贴在符合《压敏胶粘带持粘性试验方法》（GB/T 4851—1998）中4.2要求的试板上后，揭去另一面的隔离纸，将与试样同样大小的聚酯膜粘贴在试样上并用压辊反复滚压三次，聚酯膜厚度250μm，且性能符合《电器绝缘用聚酯薄膜》（GB 13950—1992）中1型的要求。然后按《压敏胶粘带持粘性试验方法》（GB/T 4851—1998）在标准条件下进行试验，加荷时间60min，如仍未脱落，则停止试验。记录试样从试板上脱落的时间（s）。

两个粘结面的持粘性分别测试3个试样。报告每组试样脱落时间的算术平均值（min）。对60min未脱落的试样，报告"未脱落"。

（4）单面胶粘带持粘性试验

从三卷单面胶粘带上分别取3个试样，将裁好的试样粘贴在试板上后，按《压敏胶粘带持粘性试验方法》（GB/T 4851—1998）在标准条件下进行试验。试验结果计算同（三）4（3）。

5　耐热性

（1）试验器具

a）恒温干燥箱：温度可调至（80±2）℃。

b) 玻璃板：尺寸约 150mm×150mm×5mm。

(2) 试样制备

从三卷胶粘带上各取一个试样，长度约 100mm。将三条试样平行粘贴在玻璃板上，试样之间的间隔不小于 10mm，然后用压辊反复滚压三次。对双面胶粘带，试验前须揭去隔离纸。

(3) 试验方法

将粘贴试样的玻璃板纵向垂直放置在 (80±2)℃ 的干燥箱内，2h 后取出，观察并报告试样有无流淌、龟裂、变形。

6 低温柔性

从三卷胶粘带上各取一个试样，长度约 100mm，揭去试样一个粘结面的隔离纸，使其粘结面朝外放置在弯折仪上，《氯化聚乙烯防水卷材》(GB 12953—2003) 中 5.7 试验 [见第三章第五节三(三)]，试验温度 (-40±2)℃。

7 剪切状态下的粘合性

(1) 试验器具

a) 拉力试验机：同《高分子防水卷材胶粘剂》(JC 863—2000) 中 5.3.1 [见第三章第五节六(三) 3 (1)]。

b) 压辊：同《压敏胶粘带持粘性试验方法》(GB/T 4851—1998) 中 4.3。

(2) 基材

高分子防水卷材：沿卷材纵向裁取，尺寸 150mm×25mm（胶粘带宽度不足 25mm 时，按胶粘带宽度裁样），卷材品种按生产厂指定。

(3) 试样制备

用丙酮等适用的溶剂清洁基材的粘结面。从三卷双面胶粘带上分别取试样，尺寸为 100mm×25mm。按图 5-86 所示将胶粘带试样无隔离纸的一面粘贴在防水卷材上。揭去胶粘带试样上的隔离纸，按图 5-84 所示在防水卷材的胶粘带试样另一面上粘贴防水卷材，然后用压辊反复滚压三次。

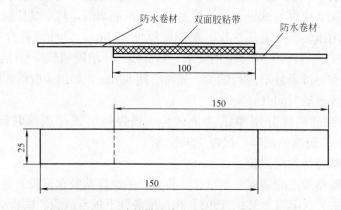

图 5-84 双面胶粘带防水卷材基材剪切试验试样

按上述方法制备防水卷材试样五个。

(4) 试验方法

将按 (三) 7 (3) 制备的试样在标准试验条件下放置 72h，然后按《氯化聚乙烯防水卷材》(GB 12953—2003) 中 5.10.1 进行拉伸剪切试验 [见第三章第五节三 (三) 10 (1)],拉伸速度 (250±50)mm/min。记录试样剪切破坏的最大拉力值 (N),及试样破坏的类型 (内聚破坏、粘结破坏、基材破坏)。

(5) 试验结果计算

按《氯化聚乙烯防水卷材》(GB 12953—2003) 中 5.10.2 计算每个试样的剪切状态下的粘合性及各组试样的算术平均值 [见第三章第五节三 (三) 10 (2)],取两位有效数字。

8 剥离强度

(1) 试验器具

同 (三) 7 (1)。

(2) 基材

a) 高分子防水卷材:卷材品种及裁样同 (三) 7 (2),尺寸 150mm×25mm;

b) 水泥砂浆板:尺寸 150mm×60mm×10mm,制备方法同《高分子防水卷材胶粘剂》(JC 863—2000) 中 5.4.2 [见第三章第五节六 (三) 4 (2)];

c) 彩钢板:符合《彩色涂层钢板及钢带》(GB/T 12754—2006) 的要求,尺寸 150mm×60mm×1mm;

d) 镀铝聚乙烯膜:250mm×25mm,厚度 0.12mm,以镀铝面为粘结面。

(3) 试样制备

a. 双面胶粘带试样的制备

用丙酮等适用的溶剂清洁基材的粘结面。从三卷双面胶粘带上分别取试样,尺寸为 100mm×25mm。按图 5-86 所示将胶粘带试样无隔离纸的一面粘贴在防水卷材、水泥砂浆板和(或)彩钢板基材上。揭去胶粘带试样上的隔离纸,按图 5-85 所示在防水卷材的胶粘带试样的另一面上粘贴防水卷材,按图 5-86 所示在水泥砂浆板、彩钢板的胶粘带试样另一面上粘贴铝箔,然后用压辊反复滚压三次。

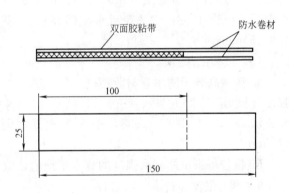

图 5-85 双面胶粘带防水卷材基材剥离试验试样

按上述方法制备防水卷材试样五个,水泥砂浆板、彩钢板试样各三个。

b. 单面胶粘带试样的制备

用丙酮等适用的溶剂清洁试验基材的粘结面。从三卷单面胶粘带上分别取试样,尺寸为 250mm×25mm。按图 5-87 所示将胶粘带试样无覆盖材料的一面揭去隔离纸后粘贴在防水卷材、水泥砂浆板或彩钢板基材上。然后用压辊反复滚压三次。

按上述方法制备防水卷材试样五个,水泥砂浆板、彩钢板试样各三个。

(4) 试验方法

将按 (三) 8 (3) 制备的试样在标准试验条件下放置 72h,然后按《高分子防水卷材胶粘剂》(JC 863—2000) 中 5.11.1 对防水卷材试样进行 T 剥离试验 [见第三章第五节六

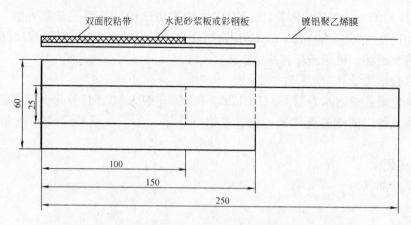

图 5-86 双面胶粘带水泥砂浆板或彩钢板基材剥离试验试样

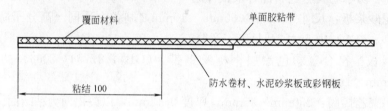

图 5-87 单面胶粘带剥离试验试样

(三) 11 (1)], 拉伸速度 (100±10) mm/min。按《压敏胶粘带 180 剥离强度试验方法》(GB/T 2792—1998) 中 7.5 对水泥砂浆板和彩钢板试样进行 180° 剥离试验, 拉伸速度 (50±5) mm/min。

(5) 试验结果计算

a. 按《高分子防水卷材胶粘剂》(JC 863—2000) 中 5.11.2 计算防水卷材试样的剥离强度 [见第三章第五节六 (三) 11 (2)] σ_T (N/mm)。按《压敏胶粘带 180 剥离强度试验方法》(GB/T 2792—1998) 中 8.3 计算水泥砂浆板和彩钢板试样的剥离强度 σ_{180} (N/mm)。

b. 报告每组试样剥离强度的算术平均值, 取二位有效数字。

9 剥离强度保持率

(1) 将按 (三) 8 (3) 制备的试样在标准试验条件下放置 72h, 然后分别按《高分子防水卷材胶粘剂》(JC 863—2000) 中 5.5.2、5.5.3 和 5.5.4 进行热处理 [见第三章第五节六 (三) 5 (2)~(4)]、碱处理和浸水处理。碱处理和浸水处理的彩钢板试样的板边断面事先应做防锈处理。

(2) 将按 (三) 9 (1) 处理过的试样在标准试验条件下放置 2h, 然后按 (三) 8 (4) 进行剥离试验, 并按 (三) 8 (5) 计算试验结果。以标准试验条件下的剥离强度和试样处理后的剥离强度分别计算热处理、碱处理和浸水处理后的剥离强度保持率 (%), 精确至 1%。

四、膨润土橡胶遇水膨胀止水条

膨润土橡胶遇水膨胀止水条是以膨润土为主要原料, 添加橡胶及其他助剂, 经混炼加工而成的有一定形状的制品形象。

膨润土橡胶遇水膨胀止水条是一种新型的建筑防水密封材料。本品主要应用于各种建筑物、构筑物、隧道、地下工程及水利工程的缝隙止水防渗。其产品已发布《膨润土橡胶遇水膨胀止水条》(JG/T 141—2001)建筑工业行业标准。

(一) 产品的分类及型号

产品按《城镇建设和建筑工业产品型号编制规则》(CJ/T 3035)标准确定分类及型号。

1 分类

膨润土橡胶遇水膨胀止水条根据产品特性可分为普通型及缓膨型。

2 型号

(1) 代号

a) 名称代号

膨润土 B (Bentonite)

止水 W (Waterstops)

b) 特性代号

普通型 C (Common)

缓膨型 S (Slow-sweiling)

c) 主参数代号

以吸水膨胀倍率达200%~250%时所需不同时间为主参数,见表5-75。

膨润土橡胶遇水膨胀止水条的主参数代号　　　　表5-75

主参数代号	4	24	48	72	96	120	144
吸水膨胀倍率达200%~250%时所需时间,h	4	24	48	72	96	120	144

(2) 标记

a) 标记方法

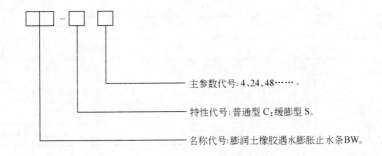

主参数代号:4、24、48……。
特性代号:普通型C;缓膨型S。
名称代号:膨润土橡胶遇水膨胀止水条BW。

b) 标记示例

普通型膨润土橡胶遇水膨胀止水条,吸水膨胀倍率达200%~250%时所需时间为4h。

标记为:BW-C4

缓膨型膨润土橡胶遇水膨胀止水条,吸水膨胀倍率达200%~250%时所需时间为120h。

标记为:BW-S120。

(二) 技术要求

1 外观
为柔软有一定弹性匀质的条状物,色泽均匀,无明显凹凸等缺陷。

2 规格尺寸
常用规格尺寸见表 5-76。

常用规格尺寸　　　　表 5-76

长度/mm	宽度/mm	厚度/mm
10000	20	10
10000	30	10
5000	30	20

规格尺寸偏差:长度为规定值的±1%,宽度及厚度为规定值的±10%。其他特殊规格尺寸由供需双方商定。

3 技术指标
产品应符合表 5-77 规定的技术指标。

膨润土橡胶遇水膨胀止水条技术指标 (JG/T 141—2001)　　表 5-77

项　目			技术指标	
			普通型 C	缓膨型 S
抗水压力/MPa		≥	1.5	2.5
规定时间吸水膨胀倍率/%		4h	200~250	—
		24h		
		48h		
		72h	—	200~250
		96h		
		120h		
		144h		
最大吸水膨胀倍率/%		≥	400	300
密度/g/cm³			1.6±0.1	1.4±0.1
耐热性	80℃、2h		无流淌	
低温柔性	−20℃、2h 绕 φ20mm 圆棒		无裂纹	
耐水性	浸泡 24h		不呈泥浆状	—
	浸泡 240h		—	整体膨胀无碎块

(三) 试验方法

1 外观
在自然光源下进行目测检验。

2 规格尺寸
用精度为 0.1mm 的钢直尺及 10m 钢卷尺进行检测。

3 技术性能

(1) 试验环境

按《橡胶试样环境调节和试验的标准温度、湿度及时间》(GB/T 2941—1991)的规定进行；吸水膨胀倍率测定水温必须保持(23±2)℃。

(2) 抗水压力

a. 试验装置

抗水压力试验在抗水压力机进行。抗水压力机的装置示意图，见图 5-88。

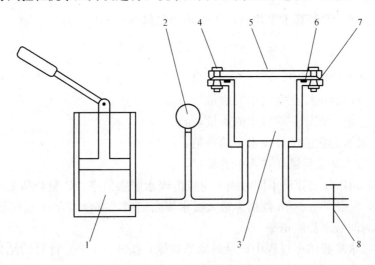

图 5-88 抗水压力机装置示意图

1—水泵；2—压力表；3—试模主体；4—紧固螺栓；5—试模盖板；6—试样槽：尺寸为宽度 20mm，高度 10mm；7—垫片：厚度为 0.3~0.4mm；8—泄水阀

b. 试验步骤

将抗水压力机启动，检查水流是否通畅，关机；擦干试样槽及盖板水渍，然后将试样装填满试样槽；压实后用刀片刮平；装上垫片，用紧固螺栓将盖板与试模主体连接紧固。

启动水泵，向试模中注入自来水，记录开始时间，缓缓升压，每间隔 5min 加压一次，使试样与水始终充分接触，当水压达 0.10MPa 时，可每间隔 10min 加压一次，当水压达 0.50MPa 以上时，每间隔 2h 加压一次，直到规定压力。全过程 C 型不超过 24h，S 型不超过 240h。

c. 注意事项

a) 装填试样方向必须一致，并保证试样装填的密实程度和表面平整、无缺陷。

b) 试验过程中加压时应规律、平稳地施加水压，不宜突然施加冲击性水压。

d. 试验结果

每组三个试样均能在规定压力作用下保压 30min 无渗水现象为合格。

(3) 吸水膨胀倍率

a. 试验准备

用锋利小刀裁切约 30mm×10mm×10mm 试样各 3 块，每块重约 4g，将桥型托架架在天平称盘上，用于测试。

b. 试验步骤

按《硫化橡胶或热塑性橡胶耐液体试验方法》（GB/T 1690）进行测定。

首先测定试样在空气中的质量 M_1 和试样浸入水中的质量 m_1，然后将试样浸泡在水中，C 型每间隔 2h 测定一次试样在空气中的质量 M_2 和试样在水中的质量 m_2；S 型每间隔 12h 测定一次试样在空气中的质量 M_2 和试样在水中的质量 m_2，并记录。测定至吸水膨胀倍率基本不再增加为止。C 型产品按 24h 计，S 型产品按 240h 计。

c. 试验结果

每组三个试样，取其算术平均值作为吸水膨胀倍率，结果按式（5-30）进行计算：

$$\Delta V = \frac{M_2 - m_2}{M_1 - m_1} \times 100 \tag{5-30}$$

式中　ΔV——吸水膨胀倍率，%；

　　　M_1——浸泡前试样在空气中的质量，g；

　　　M_2——浸泡后试样在空气中的质量，g；

　　　m_1——吸水膨胀前试样在水中的质量，g；

　　　m_2——吸水膨胀后试样在水中的质量，g；

根据式（5-30）分别算出不同时间所对应的吸水膨胀倍率，C 型产品 24h 数据为最大吸水膨胀倍率，S 型产品 240h 数据为最大吸水膨胀倍率，符合表 5-77 指标规定为合格。

（4）规定时间吸水膨胀倍率

根据测定吸水膨胀倍率过程中记录的原始数据，按式（5-30）计算的结果，再根据不同型号对应的各个规定的时间点上吸水膨胀倍率符合表 5-76 指标规定为合格。

（5）密度

a. 试验步骤

按《硫化橡胶密度的测定》（GB/T 533—1991）中 A 法进行测定。

b. 试验结果

每组三个试样，取其算术平均值作为密度，结果按式（5-31）计算：

$$\rho = \frac{M_1}{M_1 - m_1} \times \rho_0 \tag{5-31}$$

式中　ρ——密度，g/cm^3；

　　　ρ_0——水的密度，g/cm^3；

　　　M_1——浸水前试样在空气中的质量，g；

　　　m_1——吸水膨胀前试样在水中的质量，g。

符合表 5-77 指标规定为合格。

（6）耐热性

将试样裁切成长度为 100mm 三块，用金属丝穿过，悬挂于已加热至规定温度（80℃）的烘箱中恒温 2h。观察经加热后的试样三块均无流淌现象为合格。

（7）低温柔性

将试样裁切成长度为 150mm 三块，平放于已达规定温度（-20℃）的冰箱中，同时将 ϕ20mm 金属棒也置于冰箱中，保持温度恒定，试验时间为 2h。开启冰箱门，在 3s 之内迅速将冷冻过的试样置于金属棒表面绕 180°取出，用 5 倍放大镜观察，三块试样表面均无裂纹现象为合格。

(8) 耐水性

试样裁切成长度为 30mm 各三块,在标准水温下浸泡于盛满蒸馏水的烧杯中。C 型试样浸泡 24h、S 型试样浸泡 240h。

C 型试样浸泡后呈龟裂或散成碎块均为合格,如呈泥浆状为不合格。

S 型试样浸泡后呈整体膨胀或整体膨胀后有裂纹均为合格,如散成碎块为不合格。

第六章 刚性防水与堵漏材料

第一节 概 述

在建筑物基层上铺贴防水卷材或涂布防水涂料，使之形成的防水隔离层，这就是我们通常所说的柔性防水。柔性防水是一种被大量广泛推广应用的防水方法，如选材合理，且采用复合柔性防水技术，其使用耐久年限则可达到 20 年以上。柔性防水措施的成本费用较高，其防水层一旦损坏或失效，其渗漏部位则难以寻找，修复亦较困难，故一般均采用重新铺贴卷材或重新涂布防水涂料，采用更换整个防水层的方法来进行修复。

依靠结构构件自身的密实性或采用刚性材料作防水层以达到建筑物的防水目的的被称之为刚性防水。

刚性防水技术是指以水泥、砂石为基本原材料，掺入少量的外加剂、高分子聚合物等材料，通过调整其配合比，改善混凝土的孔结构，增加各种原材料界面的密实性，或通过补偿收缩的技术来提高混凝土的抗裂防渗能力等多种方法，使混凝土构筑物达到防水要求的技术。

刚性防水技术的特点是根据不同的工程结构采取不同的方法，使浇筑后的混凝土工程细致密实、抗裂防渗，水分子难以通过，防水耐久性好，施工工艺简单和方便，造价较低，易于维修。在土木建筑工程中，刚性防水占相当大的比例。

刚性防水材料还应包括各种类型的瓦材。刚性防水材料按其作用又可分为有承重作用的防水材料（即结构自防水材料）和仅有防水作用的防水材料，前者指各种类型的防水混凝土，后者则指各种类型的防水砂浆。

堵漏止水材料是指能在短时间内迅速凝结从而堵住水渗出的一类防水材料。我们平时常见的建筑防水工程的渗漏水其主要形式有点、缝和面的渗漏，根据其渗漏水量的不同，又可分为慢渗、快渗、漏水和涌水。防水工程修补堵漏，要根据工程特点，针对不同的渗漏部位，选用不同的材料和工艺技术方可进行施工。针对孔洞渗漏水可选用促凝灰浆、高效无机防水粉、膨胀水泥、M131 快速止水剂进行堵漏；裂缝渗漏水的处理方法很多，采用的主要材料有促凝灰浆（砂浆）、注浆材料等；大面积渗漏水最常用的修补材料可选择水泥砂浆抹面、膨胀水泥砂浆、氯化铁防水砂浆，有机硅防水砂浆、水泥基渗透结晶型防水材料等；细部构造防水堵漏可采用止水带、遇水膨胀橡胶止水材料、建筑密封胶、混凝土建筑接缝防水体系等多种产品。堵漏止水材料就基料而言，可分为无机和有机两大类。无机堵漏材料大多以普通水泥为母料，掺入快凝快硬组分（如水玻璃、五矾防水剂、半水石膏、快燥精等）拌制而成，这类胶凝材料一般初凝为 1～5min，终凝为 5～10min，但存在着胶凝强度低、收缩性大、防水耐久性较差的缺点。我国有关科技人员研制成功的快速堵漏剂是一种以氟铝酸钙为主的快凝快硬水泥，该类产品除了具有 1~3min 快凝的性能外，1h 抗压强度可达 10MPa，28d 为 55MPa，具有 0.05%~0.10% 的膨胀系数，这种具有膨胀性能的快速堵漏剂已在一些重大工程应用中，其效果甚佳。类似这种不用现场配料，加水即得的堵漏材料，在国内已有多种，且已实现了商品化。有机类堵漏材料主要有氰凝、丙凝等化学灌浆材料，近年来已出现无毒型化学灌浆材料。化学灌浆材料主要应用于贯穿裂缝和深部裂缝的修补，对于在动荷载作用下出现的结构裂缝和变形缝，宜采用柔性堵漏法或多层组合防水堵漏法，其主要堵漏材料有弹性聚氨酯，丙烯酸弹性水泥，遇水膨胀橡胶等。

第二节 刚性防水材料

一、水泥基渗透结晶型防水材料

水泥基渗透结晶型防水材料简称 CCCW，是以硅酸盐水泥或普通硅酸盐水泥、石英砂等为基料，掺入活性化学物质制成的一类刚性防水材料。其与水作用后，材料中含有的活性化学物质通过载体向混凝土内部渗透，在混凝土中形成不溶于水的结晶体，填塞毛细孔道，从而使混凝土致密，防水。产品现已发布了《水泥基渗透结晶型防水材料》（GB 18445—2001）国家标准。

（一）产品的分类和标记

产品按照其使用方法可分为：水泥基渗透结晶型防水涂料（C）和水泥基渗透结晶型防水剂（A）两大类产品。水泥基渗透结晶型防水涂料是一种粉状材料，经与水拌合可调配成刷涂或喷涂在水泥混凝土表面的浆料，亦可将其以干粉撒覆并压入未完全凝固的水泥混凝土表面。水泥基渗透结晶型防水涂料按其物理力学性能可分为Ⅰ型、Ⅱ型两种类型；水泥基渗透结晶型防水剂是一种渗入混凝土内部的粉状材料。

产品按其名称、类型、型号、标准号的顺序进行标记。如：Ⅰ型水泥基渗透结晶型防水涂料的标记为：CCCW C Ⅰ GB 18445。

（二）技术要求

1 匀质性指标

匀质性指标应符合表 6-1 的规定。

2 水泥基渗透结晶型防水涂料的物理力学性能

受检涂料的性能应符合表 6-2 的规定。

3 水泥基渗透结晶型防水剂的物理力学性能

掺防水剂的混凝土性能应符合表 6-3 的规定。

匀质性指标 表 6-1

序 号	试 验 项 目	指 标
1	含水量	应在生产厂控制值相对量的 5% 之内
2	总碱量($Na_2O+0.65K_2O$)	
3	氯离子含量	
4	细度（0.315mm 筛）	应在生产厂控制值相对量的 10% 之内

注：生产厂控制值应在产品说明书中告知用户。

受检涂料的物理力学性能　　　　　　表 6-2

序号	试验项目			性能指标	
				Ⅰ	Ⅱ
1	安定性			合格	
2	凝结时间	初凝时间,min	≥	20	
		终凝时间,h	≤	24	
3	抗折强度,MPa	≥	7d	2.80	
			28d	3.50	
4	抗压强度,MPa	≥	7d	12.0	
			28d	18.0	
5	湿基面粘结强度,MPa		≥	1.0	
6	抗渗压力(28d),MPa		≥	0.8	1.2
7	第二次抗渗压力(56d),MPa		≥	0.6	0.8
8	渗透压力比(28d),%		≥	200	300

掺防水剂混凝土的物理力学性能　　　　　　表 6-3

序号	试验项目			性能指标
1	减水率,%		≥	10
2	泌水率比,%		≤	70
3	抗压强度比	7d%	≥	120
		28d%	≥	120
4	含气量,%		≤	4.0
5	凝结时间差	初凝,min		>-90
		终凝,min		—
6	收缩率比(28d),%		≤	125
7	渗透压力比(28d),%		≥	200
8	第二次抗渗压力(56d),MPa		≥	0.6
9	对钢筋的锈蚀作用			对钢筋无锈蚀危害

(三) 试验方法

1. 匀质性

匀质性试验按照《混凝土外加剂匀质性试验方法》(GB/T 8077) 进行。碱含量按《混凝土外加剂》(GB/T 8076—2000) 附录 D 进行。

2. 受检涂料性能

(1) 试验用原材料

水泥,用于混凝土的砂石,拌合水应符合《混凝土外加剂》(GB 8076) 的规定,用于砂浆的砂应符合《水泥胶砂强度检验方法(ISO 法)》(GB/T 17671) 规定的 ISO 标准砂。

(2) 配合比

a. 基准混凝土以 28d 抗渗压力为 0.3～0.4MPa 确定其配合比，其水泥用量不宜低于 250kg/m³。

b. 涂层用量采用生产厂推荐的用量。

（3）混凝土搅拌

采用 60L 自落式或能满足拌料要求的混凝土搅拌机。全部材料一次投入，拌合量应不少于搅拌机额定搅拌量的 1/4，搅拌 3min，出料后在铁板上用人工翻拌 2～3 次再行试验。

各种混凝土材料及试验环境温度均应保持在（20±5）℃。

（4）试件制作及试验所需试件数量

a. 混凝土试件制作及养护按《普通混凝土力学性能试验方法》(GBJ 81) 进行，但混凝土预养温度为（20±3）℃。

b. 涂层试件养护：涂层混凝土浸在深度为试件高度 3/4 的水中养护（涂层面不浸水），水温为（20±3）℃。

c. 试验项目及所需数量见表 6-4。

试验项目及试件数量　　　　表 6-4

试验项目	试验类别	试验所需数量					
		混凝土(砂浆)拌和批数	涂层本体拌和批数	每批取样数目	涂层本体总取样数目	涂层混凝土总取样数目	基准混凝土总取样数目
安定性	涂层本体拌合物	—	1	1次	1次	—	—
凝结时间	涂层本体拌合物	—	1	1次	1次	—	—
抗折/抗压强度	涂层本体硬化物	—	2	3条	6条	—	—
粘结强度	涂层本体硬化物	1	1	6个	6个	—	—
抗渗性能	涂层混凝土硬化物	2	1	6块	—	6块	6块

（5）凝结时间、安定性

按照《水泥标准稠度用水量、凝结时间、安定性检验方法》(GB/T 1346) 规定进行试验，其中凝结时间的需水量按生产企业推荐用水量。

（6）抗压强度、抗折强度

按照《水泥胶砂强度检验方法（ISO方法）》(GB/T 17671) 规定进行。试样用量、用水量按生产厂推荐用量。可采用机械或人工搅拌，但搅拌必须均匀。成型试模采用 40mm×40mm×160mm 的三联模，每次成型 2 组。试件成型后移入标准养护室养护，1d 后脱模，继续在标准条件下养护，但不能浸水。试验龄期为 7d、28d，试验结果按照《水泥胶砂强度检验方法（ISO方法）》(GB/T 17671) 规定进行计算。

（7）粘结强度

按照《水运工程混凝土试验规程》(JTJ 270—1998) 附录 A7 规定进行试验，基准砂浆配比按水泥：砂：水＝1:2:0.5。成型时，在 8 字模中间预埋一块铁片，使其硬化后自然分成两块 0 型试件。基准砂浆试件成型养护 1d 后脱模，然后置于（20±3）℃水中养护3d后备用。基准砂浆0型试件置于周壁涂有脱模剂的抗拉试模中的一半内，然后拌制涂层材料置于"8"字模另一半内，用捣棒插捣6次，在其初凝前，用刮刀将多余的浆体刮去。刮平后移入标准养护箱内养护1d，脱模后置于标准养护室养护，粘结强度试验龄期为28d。

(8) 抗渗性能

a. 按《普通混凝土长期性能和耐久性能试验方法》(GBJ 82)规定成型基准混凝土试件，静置1d脱模，用钢丝刷将试件两端面刷毛，清除油污，清洗干净并除去结水，使表面处于饱和面干状态。按照各生产厂推荐的用量和涂层配比拌制浆料分两次涂刷。一般采用人工搅拌，搅拌均匀后，用刷子涂刷于已处理之混凝土试件表面。当第一次涂刷后，待涂层手触干时进行第二次涂刷。待第二次涂刷后，移入标准养护室养护3d后按[(三)2(4) b]规定进行浸水养护。

b. 基准试件和涂层试件同条件养护。

c. 按照《普通混凝土长期性能和耐久性能试验方法》(GBJ 82)规定进行，试验面为混凝土背水面，涂层试件初始压力为0.4MPa。

d. 混凝土的最大抗渗压力为每组6个试件中4个试件未出现渗水时的最大水压力，渗透压力比计算见式(6-1)。

$$S = \frac{S_1}{S_0} \times 100\% \tag{6-1}$$

式中　S——渗透压力比，%；

S_1——涂层混凝土最大抗渗压力，MPa；

S_0——基准混凝土最大抗渗压力，MPa。

e. 第二次抗渗压力是将第一次抗渗试验6个试件进行到全部透水。脱模后，按[(三)2(4) b]规定继续浸水养护至28d。随后按[(三)2(8) c]进行试验，至第3个试件透水时为止。记录此时压力减去0.1MPa后即为第二次抗渗压力。

3. 防水剂的性能

(1) 试验用原材料应符合《混凝土外加剂》(GB 8076)规定。

(2) 试验项目及数量见表6-5。

试验项目及试件数量　　　　　　　　　　　　　表6-5

试验项目	试验类别	试验所需数量			
		混凝土拌合批数	每批取样数目	掺防水剂混凝土总取样数目	基准混凝土总取样数目
泌水率比	混凝土拌合物	3	1次	3次	3次
减水率	混凝土拌合物	3	1次	3次	3次
凝结时间差	混凝土拌合物	3	1个	3个	3个
抗压强度比	硬化混凝土	3	6块	18块	18块
渗透压力比	硬化混凝土	3	2块	6块	6块
含气量	混凝土拌合物	3	1个	3个	3个
收缩率比	硬化混凝土	3	1块	3块	3块
钢筋锈蚀	新拌或硬化砂浆	3	1块	3块	3块

(3) 基准混凝土与受检混凝土的配合比设计、搅拌应符合 JC 474 与 GB 8076 的规定［见本节三］，防水剂掺量根据各生产厂的推荐掺量，抗渗试验的混凝土采用坍落度为 (180±10)mm 的配合比。

(4) 减水率比、泌水率比、凝结时间、抗压强度比、含气量、收缩率比，按照 GB 8076 规定进行。

(5) 抗渗性能按《普通混凝土长期性能和耐久性能试验方法》(GBJ 82) 规定进行。渗透压力比按［(三) 2 (8) d］计算。第二次抗渗压力按［(三) 2 (8) e］规定进行。

(6) 钢筋锈蚀按《混凝土外加剂应用技术规范》(GB 50119—2003) 附录 C 进行。

二、明矾石膨胀水泥

凡以硅酸盐水泥熟料为主，天然明矾石、石膏和粒化高炉矿渣（或粉煤灰），按适当比例磨细制成的，具有膨胀性能的水硬性胶凝材料，称为明矾石膨胀水泥。其产品现已发布了 JC/T 311——1997 建材行业标准。

(一) 组分材料和标号

1 组分材料

硅酸盐水泥熟料：标号为 550 号以上的熟料。

天然明矾石：化学成分 Al_2O_3 不小于 16%，SO_3 不小于 15%。

石膏：采用天然硬石膏，应符合《石膏和硬石膏》(GB/T 5483A) 类一级品的规定。

矿渣和粉煤灰：符合《用于水泥中的粒化高炉矿渣》(GB/T 203) 和《用于水泥和混凝土中的粉煤灰》(GB/T 1596) 中规定的 Ⅱ 级灰要求。

2 标号

明矾石膨胀水泥（以下简称"水泥"）分 425、525、625 三个标号。

(二) 技术要求

1 三氧化硫

水泥中三氧化硫含量不得超过 8.0%。

2 比表面积

水泥比表面积不得低于 420m²/kg。

3 凝结时间

初凝不得早于 45min，终凝不得迟于 6h。

4 强度

各标号水泥各龄期强度不得低于表 6-6 数值。

明矾石膨胀水泥各标号水泥的各龄期强度（MPa） 表 6-6

水泥	抗压强度			抗折强度		
	3d	7d	28d	3d	7d	28d
425	17.5	26.5	42.5	3.5	4.5	6.5
525	24.5	34.5	52.5	4.0	5.5	8.0
625	29.5	43.0	62.5	5.0	6.0	9.0

5 膨胀率

水泥净浆试体在水中养护至各龄期的自由膨胀率应符合以下要求：

1 天不得小于 0.15%；28 天不得小于 0.35%，但不得大于 1.20%。

6 不透水性

1∶3 软练胶砂试体水中养护 3 天后，在 1.0MPa 水压下恒压 8h，应不透水。

注：任选指标，适用于防渗工程，若该水泥不用在防渗工程中可以不作透水性试验。

（三）试验方法

1. 三氧化硫：按《明矾石膨胀水泥及化学分析方法》（JC/T 312）进行。
2. 水泥比表面积：按《水泥比表面积测定方法（勃氏法）》（GB/T 8074）进行。
3. 凝结时间：按《水泥标准稠度用水量、凝结时间、安定性检验方法》（GB/T 1346）进行，但临近终凝时每隔 5min 测定一次。
4. 强度：按《水泥胶砂强度检验方法》（GB/T 177）进行，成形水灰比为 0.44。
5. 膨胀率：按《膨胀水泥膨胀率检验方法》（JC/T 313）进行。
6. 不透水性：按（四）附录 A（标准的附录）进行。

（四）附录 A（标准的附录） 明矾石膨胀水泥不透水性检验方法

1 仪器

a) 砂浆渗透仪：抗渗压力不低于 2.0MPa、误差值±0.05MPa 的砂浆渗透仪；

b) 胶砂搅拌机：符合《水泥物理检验仪器 胶砂搅拌机》（JC/T 722）规定的搅拌机；

c) 胶砂振动台：符合《水泥胶砂振动台》（JC/T 723）规定的振动台；

d) 抗渗试模：上口径为 70mm、下口径为 80mm、高为 35mm 的试模。

2 试体的成形与养护

（1）每一编号水泥需成形三块试体。采用 1∶3 胶砂，水灰比为 0.50。称取水泥 250g，标准砂 750g，置于搅拌锅内，开动搅拌机。拌合 5s 后徐徐加水。30s 内加完，自开动机器起搅拌 3min 停车。将粘在叶子上的胶砂刮下，取下搅拌锅。

（2）将拌合好的水泥胶砂分别装入三个预先擦净并装配好的试模内（模底稍涂机油，模底螺纹部位涂以黄干油）。用小刀沿着模边转圈压实 10 次，再将砂浆装满试模，稍高出模边。将试模用特制卡具固定在振动台上，振动 40s，然后刮平。

（3）试体成形后即放入养护箱内养护，16h 后脱去模底，移入养护水槽内养护 3d（自加水时算起）。

3 不透水性的检验

（1）试体养护到龄期后，从水中取出擦净，脱模，风干表面。

（2）将试体圆周在熔化的蜡中滚动两圈，立即装入已加热至 100℃左右的透水试模内（注意试体端面不得粘蜡），加压封边。

（3）开动渗透仪，使试模底盘充满水，然后将透水试模旋紧在试模底盘上。

（4）始压为 0.2MPa，2h 后每隔 1h 增加 0.1MPa，至 1MPa 下恒压 8h。

4 结果评定

三块试体中若有两块于此压力下不透水，则可评定该编号水泥不透水性合格。若有两块试体表面出现水滴，则评定该编号水泥不透水性不合格。

三、砂浆、混凝土防水剂

砂浆、混凝土防水剂是指能降低砂浆、混凝土在静水压力下的透水性的外加剂。砂浆、混凝土防水剂现已发布了 JC 474—1999 建材行业标准。

（一）定义

1 基准混凝土（砂浆）

按照 JC 474—1999 标准规定的试验方法配制的不掺防水剂的混凝土（砂浆）。

2 受检混凝土（砂浆）

按照 JC 474—1999 标准规定的试验方法配制的掺防水剂的混凝土（砂浆）。

（二）技术要求

1 匀质性指标

匀质性指标应符合表 6-7 的规定。

匀 质 性 指 标　　　　表 6-7

试验项目	指　标
含固量	液体防水剂：应在生产厂控制值相对量的 3% 之内
含水量	粉状防水剂：应在生产厂控制值相对量的 5% 之内
总碱量（$Na_2O+0.658K_2O$）	应在生产厂控制值相对量的 5%
密度	液体防水剂：应在生产厂控制值的 ±$0.02g/cm^3$ 之内
氯离子含量	应在生产厂控制值相对量的 5% 之内
细度（0.315mm 筛）	筛余小于 15%

注：含固量和密度可任选一项检验。

2 受检砂浆的性能指标

受检砂浆的性能应符合表 6-8 的规定。

受检砂浆的性能指标　　　　表 6-8

试验项目			性能指标	
			一等品	合格品
净浆安定性			合格	合格
凝结时间	初凝 min	不小于	45	45
	终凝 h	不大于	10	10
抗压强度比 %	不小于	7d	100	85
		28d	90	80
透水压力比 %		不小于	300	200
48h 吸水量比 %		不大于	65	75
28d 收缩率比 %		不大于	125	135
对钢筋的锈蚀作用			应说明对钢筋有无锈蚀作用	

注：除凝结时间、安定性为受检净浆的试验结果外，表中所列数据均为受检砂浆与基准砂浆的比值。

3 受检混凝土的性能指标

受检混凝土的性能应符合表 6-9 的规定

受检混凝土的性能指标　　　　表 6-9

试验项目			性能指标	
			一等品	合格品
净浆安定性			合格	合格
泌水率比 %		不大于	50	70
凝结时间差 min	不小于	初凝	−90	
		终凝	−	
抗压强度比 %	不小于	3d	100	90
		7d	110	100
		28d	100	90
渗透高度比 %		不大于	30	40
48h 吸水量比 %		不大于	65	75
28d 收缩率比 %		不大于	125	135
对钢筋的锈蚀作用			应说明对钢筋有无锈蚀作用	

注 1．除净浆安定性为净浆的试验结果外，表中所列数据均为受检混凝土与基准混凝土差值或比值。

2．"−" 表示提前。

(三) 试验方法

1 匀质性

匀质性试验按照《混凝土外加剂匀质性试验方法》(GB 8077) 规定进行。碱含量按《混凝土外加剂》(GB 8076—1997) 附录 D 规定进行，其中矿物膨胀型防水剂按《水泥化学分析方法》(GB/T 176) 规定进行。

2 受检砂浆性能

(1) 试验用原材料

水泥、拌合水应符合《混凝土外加剂》(GB 8076) 的规定，砂应为符合《水泥强度试验用标准砂》(GB 178) 规定的标准砂。

(2) 配合比

a. 水泥与标准砂的质量比为 1∶3。

b. 用水量根据各项试验要求确定。

c. 防水剂掺量采用生产厂推荐的最佳掺量。

(3) 搅拌

采用机械或人工搅拌。粉状防水剂掺入水泥中，液体或膏状防水剂掺入拌合水中。先将干物料干拌至基本均匀，再加入拌合水拌至均匀。

(4) 成型及养护条件

成型温度为 (20±3)℃，并在此温度下静停 (24±2)h 脱模，如果是缓凝型产品，可适当延长脱模时间，然后在 (20±3)℃、相对湿度大于 90% 的条件下养护至龄期。

捣实采用振动频率为 (50±3)Hz、空载时振幅约为 0.5mm 的混凝土振动台，振动时间为 15s。

(5) 试验项目及数量

试验项目及数量见表 6-10。

试验项目及数量　　　　　　表 6-10

试验项目	试验类别	试验所需试件数量			
		砂浆(净浆)拌和次数	每次取样数	基准砂浆取样数	受检砂浆取样数
安定性	净浆	3	1 次	3 次	3 次
凝结时间	净浆		1 次	3 次	3 次
抗压强度比	硬化砂浆		6 块	18 块	18 块
透水压力比	硬化砂浆		2 块	6 块	6 块
吸水量比	硬化砂浆		1 块	3 块	3 块
收缩率比	硬化砂浆			3 块	
钢筋锈蚀	硬化砂浆			—	

(6) 凝结时间，安定性

按照《水泥标准稠度用水量、凝结时间、安定性检验方法》(GB/T 1346) 规定进行试验。

(7) 抗压强度比

a. 试验步骤

按照《水泥胶砂流动度测定方法》(GB 2419) 确定基准砂浆和受检砂浆的用水量，但水泥与砂的比例为 1∶3，将两者流动度均控制在 (140±5)mm。

试验共进行3次,每次用有底试模成型70.7mm×70.7mm×70.7mm的基准和受检试件各2组,每组3块,2组的试件分别养护至7d、28d,测定抗压强度。

b. 结果计算

砂浆试件的抗压强度按式(6-2)计算:

$$R_d = \frac{P}{A} \tag{6-2}$$

式中　R_d——砂浆试件的抗压强度,MPa;
　　　P——破坏荷载,N;
　　　A——试件的受压面积,mm²。

每组取3块试验结果的算术平均值(精确至0.1MPa)作为该组砂浆的抗压强度值,3个测值中的最大值或最小值中如有1个与中间值的差值超过中间值的15%,则把最大及最小值一并舍去,取中间值作为该组试件的抗压强度值;如果2个测值与中间值相差均超过15%,则此组试验结果无效。

抗压强度比按式(6-3)计算:

$$R_r = \frac{R_t}{R_c} \times 100 \tag{6-3}$$

式中　R_r——抗压强度比,%;
　　　R_t——受检砂浆的抗压强度,MPa;
　　　R_c——基准砂浆的抗压强度,MPa。

以3次试验的平均值作为抗压强度比值,计算精确至1%。

(8) 透水压力比

a. 试验步骤

参照《水泥胶砂流动度测定方法》(GB 2419)确定基准砂浆和受检砂浆的用水量,两者保持相同的流动度,并以基准砂浆在0.3~0.4MPa压力下透水为准,确定水灰比。

用上口直径70mm、下口直径80mm、高30mm的截头圆锥带底金属试模成型基准和受检试件,成型后用塑料布将试件盖好静停。脱模后放入(20±2)℃的水中养护至7d,取出待表面干燥后,用密封材料密封装入渗透仪中进行透水试验。

水压从0.2MPa开始,恒压2h,增至0.3MPa,以后每隔1h增加水压0.1MPa。当6个试件中有3个试件端面呈现渗水现象时,即可停止试验,记下当时水压。若加压至1.5MPa,恒压1h还未透水,应停止升压。砂浆透水压力为每组6个试件中4个未出现渗水时的最大水压力。

b. 结果计算

透水压力比按式(6-4)计算,精确至1%:

$$P_r = \frac{P_t}{P_c} \times 100 \tag{6-4}$$

式中　P_r——透水压力比,%;
　　　P_t——受检砂浆的透水压力,MPa;
　　　P_c——基准砂浆的透水压力,MPa。

(9) 吸水量比

a. 试验仪器

采用感量 1g、最大称量范围为 1000g 的天平。

b. 试验步骤

按抗压强度试件的成型和养护方法,成型基准和受检试件,养护 28d 后取出在 75～80℃温度下烘干 (48±0.5)h,称量后将试件放入水槽。放时试件的成型面朝下,下部用两根 ϕ10mm 的钢筋垫起,试件浸入水中的高度为 35mm。要经常加水,并在水槽上要求的水面高度处开溢水孔,以保持水面恒定。水槽应加盖,放入温度为 (20±3)℃、相对湿度 80% 以上恒温室中,但注意试件表面不得有结露或水滴。然后在 (48±0.5)h 取出,用挤干的湿布擦去表面的水,称量并记录。

c. 结果计算

吸水量按式 (6-5) 计算:

$$W=M_1-M_0 \tag{6-5}$$

式中 W——吸水量,g;

M_1——吸水后试件质量,g;

M_0——干燥试件质量,g。

结果以 3 块试件平均值表示,精确至 1g。

吸水量比按式 (6-6) 计算,精确至 1%:

$$W_r=\frac{W_t}{W_c}\times 100 \tag{6-6}$$

式中 W_r——吸水量比,%;

W_t——受检砂浆的吸水量,g;

W_c——基准砂浆的吸水量,g。

(10) 收缩率比

a. 试验步骤

按照 [(三) 2 (7) ①] 确定的配比《建筑砂浆基本性能试验方法》(GBJ 70) 试验方法测定基准和受检砂浆试件的收缩值,但测定龄期为 28d。

b. 结果计算

收缩率比按式 (6-7) 计算,精确至 1%:

$$S_r=\frac{\varepsilon_t}{\varepsilon_c}\times 100 \tag{6-7}$$

式中 S_r——收缩率之比,%;

ε_t——受检砂浆的收缩率,%;

ε_c——基准砂浆的收缩率,%。

(11) 钢筋锈蚀

钢筋锈蚀测定方法按《混凝土外加剂》(GB 8076—1997) 附录 C 规定进行。

3. 受检混凝土的性能

(1) 试验用原材料应符合《混凝土外加剂》(GB 8076) 规定。

(2) 试验项目及数量见表 6-11。

试验项目及数量   表 6-11

试验项目	试验类别	试验所需试件数量			
		混凝土拌合次数	每次取样数目	受检混凝土取样总数目	基准混凝土取样总数目
安定性	净浆	3次	1次	3次	3次
泌水率比	新拌混凝土				
凝结时间差	新拌混凝土				
抗压强度比	硬化混凝土		6块	18块	18块
渗透高度比	硬化混凝土		2块	6块	6块
吸水量比	硬化混凝土		1块	3块	3块
收缩率比	硬化混凝土				—
钢筋锈蚀	硬化砂浆				

(3) 配合比、搅拌

基准混凝土与受检混凝土的配合比设计、搅拌、防水剂掺量应符合《混凝土外加剂》(GB 8076) 规定，但混凝土坍落度可以选择 (80±10)mm 或 (180±10)mm，当采用 (180±10)mm 坍落度的混凝土时，砂率宜为 38%～42%。

(4) 体积安定性

按照《水泥标准稠度用水量、凝结时间、安定性检验方法》(GB/T 1346) 规定进行检验。

(5) 泌水率比、凝结时间、收缩率比和抗压强度比

按照《混凝土外加剂》(GB 8076) 规定进行试验。

(6) 渗透高度比

a. 试验步骤

渗透高度比试验的混凝土一律采用坍落度为 (180±10)mm 的配合比。

参照《普通混凝土长期性能和耐久性能试验方法》(GBJ 82) 规定的抗渗透性能试验方法，但初始压力为 0.4MPa，若基准混凝土在 1.2MPa 以下的某个压力透水，则受检混凝土也加到这个压力，并保持相同时间，然后劈开，在底边均匀取 10 点，测定平均渗透高度。若基准混凝土与受检混凝土在 1.2MPa 时都未透水，则停止升压，劈开，如上所述测定平均渗透高度。

b. 结果计算

渗透高度比按式 (6-8) 计算，精确至 1%：

$$H_r = \frac{H_t}{H_c} \times 100 \tag{6-8}$$

式中 H_r——渗透高度比，%；

H_t——受检混凝土的渗透高度，mm；

H_c——基准混凝土的渗透高度，mm。

(7) 吸水量比

a. 试验仪器

采用感量 1g、称量范围为 5kg 的天平。

b. 试验步骤

按照成型抗压强度试件的方法成型试件，养护 28d。试件取出后放在 75～80℃ 烘箱中，烘 (48±0.5)h 后称重。然后将试件成型面朝下放入水槽中，下部用两根 φ10mm 的

钢筋垫起,试件浸入水中的高度为50mm。要经常加水,并在水槽上要求的水面高度处开溢水孔,以保持水面恒定。水槽应加盖,并置于温度(20±3)℃、相对湿度80%以上的恒温室中,试件表面不得有水滴或结露。在(48±0.5)h时将试件取出,用挤干的湿布擦去表面的水,称量并记录。

c. 结果计算

见[(三) 2(9)c]。

(8) 钢筋锈蚀

钢筋锈蚀测定方法按照《混凝土外加剂》(GB 8076—1997)附录C规定进行。

四、混凝土膨胀剂

混凝土膨胀剂是指与水泥、水拌合后经水化反应生成钙矾石、钙矾石和氢氧化钙或氢氧化钙,使混凝土产生膨胀的外加剂。混凝土膨胀剂已发布了JC 476—2001建材行业标准。

(一) 产品分类

混凝土膨胀剂分为三类。

1 硫铝酸钙类混凝土膨胀剂

是指与水泥、水拌合后经水化反应生成钙矾石的混凝土膨胀剂。

2 硫铝酸钙-氧化钙类混凝土膨胀剂

是指与水泥、水拌合后经水化反应生成钙矾石和氢氧化钙的混凝土膨胀剂。

3 氧化钙类混凝土膨胀剂

是指与水泥、水拌合后经水化反应生成氢氧化钙的混凝土膨胀剂。

(二) 技术要求

混凝土膨胀剂性能指标应符合表6-12规定。

混凝土膨胀剂性能指标 (JC 476—2001)　　　表6-12

项目				指标值
化学成分	氧化镁%		≤	5.0
	含水率%		≤	3.0
	总碱量%		≤	0.75
	氯离子%		≤	0.05
物理性能	细度	比表面积 m²/kg	≥	250
		0.08mm 筛筛余%	≤	12
		1.25mm 筛筛余%	≤	0.5
	凝结时间	初凝 min	≥	45
		终凝 h	≤	10
	限制膨胀率%	水中 7d	≥	0.025
		28d	≤	0.10
		空气中 21d	≥	−0.020
	抗压强度 MPa	A法 7d	≥	25
		28d	≥	45
		B法 7d	≥	20
		28d	≥	40
	抗折强度 MPa	A法 7d	≥	4.5
		28d	≥	6.5
		B法 7d	≥	3.5
		28d	≥	5.5

注:1. 细度用比表面积和1.25mm筛筛余或0.08mm筛筛余和1.25mm筛筛余表示,仲裁检验用比表面积和1.25mm筛筛余。

2. 检验时A、B两法均可使用,仲裁检验采用A法。

(三) 试验方法

1 化学成分

(1) 氧化镁、总碱量：按 GB/T 176《水泥化学分析方法（eqv ISO 680：1990）》进行。

(2) 含水率：按 JC 477《喷射混凝土用速凝剂》进行。

(3) 氯离子：按 JC/T 420《水泥原料中氯离子化学分析方法》进行。

2 物理性能

(1) 试验材料

a. 水泥：

A 法采用《混凝土外加剂》（GB 8076）规定的基准水泥。B 法采用符合《通用硅酸盐水泥、》（GB 175）强度等级为 42.5MPa 的普通硅酸盐水泥，且熟料中 C_3A 含量 6%～8%，总碱量（$Na_2O+0.658K_2O$）不大于 1.0%。

b. 标准砂：符合《水泥胶砂强度检验方法（ISO）法》（GB/T 17671）要求。

c. 水：符合《混凝土拌和用水标准》（JGJ 63）要求。

(2) 细度

比表面积测定按《水泥比表面积测定方法（勃氏法）》（GB/T 8074）的规定进行。0.08mm 筛筛余测定按 GB/T 1345《水泥细度检验方法筛析法》的规定进行。1.25mm 筛筛余测定参照（GB/T 1345）《水泥细度检验方法筛析法》中干筛法进行。

(3) 凝结时间

按《水泥标准稠度用水量、凝结时间、安定性检验方法（neq ISO/DIS 9597）》（GB/T 1346）进行，膨胀剂掺量同限制膨胀率和强度。

(4) 限制膨胀率

按（四）附录 A 进行。

(5) 抗压强度与抗折强度

按《水泥胶砂强度检验方法（ISO 法）》（GB/T 17671）进行。

每成型三条试体需称量的材料及用量如表 6-13 所示。

抗压强度与抗折强度材料用量　　　　表 6-13

材　料	代　号	用　量/g
水泥	C	396
膨胀剂	E	54
标准砂	S	1350
拌和水	W	225

注：1. $\frac{E}{C+E}=0.12$，$\frac{S}{C+E}=3.0$，$\frac{W}{C+E}=0.50$。

2. 混凝土膨胀剂检验时的最大掺量为 12%，但允许小于 12%。生产厂在产品说明书中，应对检验限制膨胀率、抗压强度和抗折强度规定统一的掺量。

(四) 附录 A（标准的附录）混凝土膨胀剂的限制膨胀率试验方法

1 仪器

(1) 搅拌机、振动台、试模及下料漏斗按《水泥胶砂强度检验方法（ISO 法）》（GB/

T 17671）规定。

(2) 测量仪

测量仪由千分表和支架组成（图6-1），千分表刻度值最小为0.001mm。

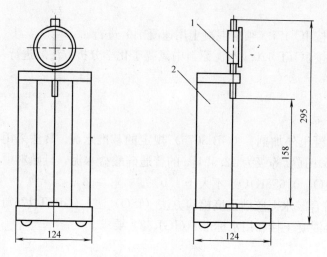

图 6-1　测量仪
1—电子数量千分表，量程10mm 千分表；2—支架

(3) 纵向限制器

a. 纵向限制器由纵向钢丝与钢板焊接制成（图6-2）。

b. 钢丝采用《碳素弹簧钢丝》（GB 4357）规定的 D 级弹簧钢丝，铜焊处拉脱强度不低于785MPa。

c. 纵向限制器不应变形，生产检验使用次数不应超过5次，仲裁检验不应超过一次。

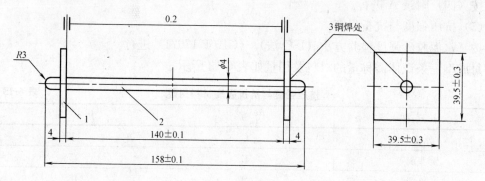

图 6-2　纵向限制器
1—钢板；2—钢丝；3—铜焊处

2　试验室温度、湿度

(1) 试验室、养护箱、养护水的温度、湿度应符合《水泥胶砂强度检验方法（ISO法）》（GB/T 17671）的规定。

(2) 恒温恒湿（箱）室温度为（20±2）℃，湿度为（60±5）%。

(3) 每日应检查并记录温度、湿度变化情况。

3 试体制作

试体全长158mm,其中胶砂部分尺寸为40mm×40mm×140mm。

(1) 试验材料

见四(三)2(1)。

(2) 水泥胶砂配合比

每成型三条试体需称量的材料和用量如表6-14所示。

限制膨胀率材料用量 表6-14

材　料	代　号	用　量/g
水泥	C	457.6
膨胀剂	E	62.4
标准砂	S	1040
拌和水	W	208

注: 1. $\frac{E}{C+E}=0.12$, $\frac{S}{C+E}=2.0$, $\frac{W}{C+E}=0.40$。

2. 混凝土膨胀剂检验时的最大掺量为12%,但允许小于12%。生产厂在产品说明书中,应对检验限制膨胀率、抗压强度和抗折强度规定统一的掺量。

(3) 水泥胶砂搅拌、试体成型

按《水泥胶砂强度检验方法(ISO法)》(GB/T 17671)规定进行。

(4) 试体胶模

脱模时间以(四)3(2)规定配比试体的抗压强度(10±2)MPa确定。

4 试体测长和养护

(1) 试体测长

试体脱模后在1h内测量初始长度。

测量完初始长度的试体立即放入水中养护,测量水中第7d的长度(L_1)变化,即水中7d的限制膨胀率。

测量完初始长度的试体立即放入水中养护,测量水中第28d的长度(L_1)变化,即水中28d的限制膨胀率。

测量完水中养护7d试体长度后,放入恒温恒湿(箱)室养护21d,测量长度(L_1)变化,即为空气中21d的限制膨胀率。

测量前3h,将测量仪、标准杆放在标准试验室内,用标准杆校正测量仪并调整千分表零点。测量前,将试体及测量仪测头擦净。每次测量时,试体记有标志的一面与测量仪的相对位置必须一致,纵向限制器测头与测量仪测头应正确接触,读数应精确至0.001mm。不同龄期的试体应在规定时间±1h内测量。

(2) 试体养护

养护时,应注意不损伤试体测头。试体之间应保持15mm以上间隔,试体支点距限制钢板两端约30mm。

5 结果计算

限制膨胀率按式(6-9)计算:

$$\varepsilon = \frac{L_1 - L}{L_0} \times 100 \tag{6-9}$$

式中　ε——限制膨胀率，%；

　　　L_1——所测龄期的限制试体长度，mm；

　　　L——限制试体初始长度，mm；

　　　L_0——限制试体的基长，140mm。

取相近的两条试体测量值的平均值作为限制膨胀率测量结果，计算应精确至小数点后第三位。

五、聚合物水泥防水砂浆

聚合物水泥防水砂浆是指以水泥、细骨料为主要原材料，以聚合物和添加剂等为改性材料并以适当配比混合而成的一类刚性防水材料。聚合物水泥防水砂浆已发布了JC/T 984—2005建材行业标准。

（一）产品的分类和标记

产品按聚合物改性材料的状态分为干粉类（Ⅰ类）和乳液类（Ⅱ类）。

——Ⅰ类：由水泥、细骨料和聚合物干粉、添加剂等组成；

——Ⅱ类：由水泥、细骨料的粉状材料和聚合物乳液、添加剂等组成。

产品按下列顺序进行标记：名称、类别、标准号。

例Ⅰ类聚合物水泥防水砂浆标记为：PCMW Ⅰ JC/T 984—2005。

（二）技术要求

1　外观

Ⅰ类产品外观为均匀、无结块。

Ⅱ类产品外观：液料经搅拌后均匀无沉淀，粉料均匀、无结块。

2　物理力学性能

聚合物水泥防水砂浆的物理力学性能应符合表6-15的要求。

聚合物水泥防水砂浆的物理力学性能（JC/T 984—2005）　　表6-15

序号	项目			干粉类（Ⅰ类）	乳液类（Ⅱ类）
1	凝结时间[a]	初凝 min	≥	45	45
		终凝 h	≤	12	24
2	抗渗压力 MPa	7d	≥	1.0	
		28d	≥	1.5	
3	抗压强度 MPa	28d	≥	24.0	
4	抗折强度 MPa	28d	≥	8.0	
5	压折比		≤	3.0	
6	粘结强度 MPa	7d	≥	1.0	
		28d	≥	1.2	
7	耐碱性（饱和Ca(OH)$_2$溶液,168h）			无开裂、剥落	
8	耐热性（100℃水,5h）			无开裂、剥落	
9	抗冻性—冻融循环（-15～+20℃，25次）			无开裂、剥落	
10	收缩率 %	28d	≤	0.15	

a. 凝结时间项目可根据用户需要及季节变化进行调整。

(三）试验方法

1　标准试验条件

试验室试验及干养护条件：温度（20±2）℃，相对湿度45%～70%。

养护室养护条件：温度（20±2）℃，相对湿度≥95%。

2　试样的状态调节

试验前样品及所有器具应在试验室试验条件下放置至少24h。

3　配合比

聚合物水泥防水砂浆检验时，水和各组分的用量应按生产厂家推荐的配合比进行，并在各项试验中，保持同一个配合比。

4　搅拌

在试验中采用符合《行星式水泥胶砂搅拌机》（JC/T 681）的行星式水泥胶砂搅拌机低速搅拌或采用人工搅拌［符合《聚合物改性水泥砂浆试验规程》（DL/T 5126）要求］。Ⅰ类材料搅拌时按规定比例称量粉料和水，将水倒入搅拌锅内，然后将粉料徐徐加入到水中进行搅拌。Ⅱ类材料按规定比例称量粉料，将粉粉搅拌均匀，然后加入到液料中搅拌均匀，如需要加水的，应先将乳液与水搅拌均匀。搅拌时间由厂家指定，但必须自加水起在3min内完成。

5　成型与养护

（1）成型

抗压、抗折试件的成型：将按（三）4制备的砂浆分两次装入试模，用插捣棒从边上向中间插捣25次，最后保持砂浆高出试模5mm，将高出的砂浆压实，刮平。试件成型后立即放入养护室养护，24h（从加水开始计算时间）脱模。如经24h养护，会因脱膜对强度造成损害的，可以延迟24h脱膜。

（2）7d龄期砂浆试件的养护

脱模后试件立即在温度为（20±2）℃的不流动水中继续养护至3d龄期，再放入试验室干养护至7d龄期。

（3）28d龄期砂浆试件的养护

脱模后试件立即在温度为（20±2）℃的不流动水中养护至7d龄期，再放入试验室干养护至28d龄期。

6　外观

用目测方法检查。

7　凝结时间

（1）Ⅰ类产品

按《水泥标准稠度用水量、凝结时间、安定性检验方法》（GB/T 1346）进行，试样采用被检验的聚合物水泥防水砂浆材料取代该标准中的水泥。

（2）Ⅱ类产品

按《聚合物改性水泥砂浆试验规程》（DL/T 5126—2001）中5.3条聚合物改性水泥砂浆凝结时间的测试方法规定进行，加水后10min进行第一次测定。

8　抗渗压力

按［（三）3、（三）4、（三）5］成型，试件养护至7d、28d龄期。按（JC 474—1999）

中 5.2.8 进行试验［见本节三中（三）2（8）］。

9 抗压强度与抗折强度

按［（三）3、（三）4、（三）5］成型，试件养护至 28d 龄期。按《水泥胶砂强度检验方法（ISO 方法）》（GB/T 17671）进行试验。

10. 压折比计算

压折比按式（6-10）计算：

$$压折比 = \frac{R_c}{R_f} \tag{6-10}$$

式中 R_c——28d 抗压强度，（MPa）；
  R_f——28d 抗折强度，（MPa）。

压折比计算结果应精确到 0.1。

11 粘结强度

按［（三）3、（三）4］配料、搅拌，成型，试验按《混凝土界面处理剂》（JC/T 907—2003）中 5.4 进行。但 40mm×40mm×10mm 的普通水泥砂浆块用被测聚合物水泥防水砂浆样品替代，采用橡胶或硅酮密封材料制成的成型模框（图 6-3），将成型框放在 70mm×70mm×20mm 的普通水泥砂浆基块（基块符合《混凝土界面处理剂》（JC/T 907）的要求）上，将制备好的试样倒入成型模框中，抹平，放置 24h 后脱模。共成型试件两组，每组 5 块，按［（三）5］规定分别养护 7d 龄期和 28d 龄期进行试验。

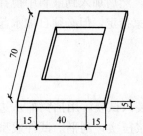

图 6-3 粘接强度试件成型模框

12 耐碱性

按［（三）3、（三）4］配料、搅拌混合，将制备好的试样倒入成型模框中，抹平，放置 24h 后脱膜，按［（三）5（2）］养护至 7d 龄期，按 GB/T 16777 中规定的饱和 Ca(OH)$_2$ 溶液中浸泡 168h［见第四章第二节］，取出试件，观察有无开裂、剥落。试件尺寸为 70mm×70mm×20mm，每组 3 块试件。

13 耐热性

按［（三）3、（三）4］搅拌混合，将制备好的试样倒入成型模框中，抹平，放置 24h 后脱模，按［（三）5（2）］养护至 7d 龄期，置于沸煮箱中煮 5h，取出试件观察，有无开裂、剥落。试件尺寸为 70mm×70mm×20mm，每组 3 块试件。

14 抗冻性—冻融循环

按［（三）3、（三）4］配料、搅拌混合，将制备好的试样倒入成型模框中，抹平，放置 24h 后脱膜，按［（三）5（2）］养护至 7d 龄期。按《无机防水堵漏材料》（JC 900—2002）中 6.9 进行试验后（见本章第三节一）取出试件，观察有无开裂、剥落。试件尺寸为 70mm×70mm×20mm，每组 3 块试件。

15 收缩率

按［（三）3、（三）4］配料、搅拌混合，按《水泥胶砂干缩试验方法》（JC/T 603）进行成型养护和测试，龄期为 28d。

六、水性渗透型无机防水剂

水性渗透型无机防水剂是以碱金属硅酸盐溶液为基料，加入催化剂、助剂、经混合反应而成的，具有渗透性、可封闭水泥砂浆与混凝土毛细孔通道和裂纹功能的一类防水剂。此类产品已发布了《水性渗透型无机防水剂》（JC/T 1018—2006）建材行业标准。

（一）分类与标记

产品按组成的成分不同分为Ⅰ型和Ⅱ型。

Ⅰ型以碱金属硅酸盐溶液为主要原料（简称1500）。

Ⅱ型以碱金属硅酸盐溶液及惰性材料为主要原料（简称DPS）。

产品按下列顺序标记：名称、类型（简称）、标准号。

示例：

水性渗透型无机防水剂Ⅰ（1500）JC/T 1018—2006。

（二）技术要求

本标准包括的产品不应对人体、生物与环境造成有害的影响，所涉及与使用有关的安全与环保要求，应符合我国相关国家标准和规范的规定。

产品应符合表6-16技术要求。

技术要求（JC/T 1018—2006） 表6-16

序号	试验项目		技术指标	
			Ⅰ型	Ⅱ型
1	外观		无色透明、无气味	
2	密度 g/cm³ ≥		1.10	1.07
3	pH值		13±1	11±1
4	黏度 s			11.0±1.0
5	表面张力 mN/m ≤		26.0	36.0
6	凝胶化时间 min	初凝	120±30	—
		终凝	180±30	≤400
7	抗渗性(渗入高度)mm ≤		30	35
8	贮存稳定性,10次循环		外观无变化	

（三）试验方法

1 标准试验条件

标准试验条件：温度（20±3）℃。

试验前试样应在标准试验条件下放置24h。

2 外观

取试样注入洁净干燥的100ml玻璃量筒内，进行色泽、透明度的目测观察，气味的判定。

3 密度

按《混凝土外加剂匀质性试验方法》（GB/T 8077—2000）中5.3规定进行。

4 pH 值

按《混凝土外加剂匀质性试验方法》(GB/T 8077—2000) 第 7 章规定进行。

5 黏度

按《涂料黏度测定法》(GB 1723—1993) 中 5.3 规定进行。

6 表面张力

按《混凝土外加剂匀质性试验方法》(GB/T 8077—2000) 第 8 章规定进行。

7 凝胶化时间

(1) 仪器

a) 量筒：50ml；

b) 烧杯：50ml；

c) 天平：分度值 0.01g；

d) 玻璃搅拌棒；

e) 秒表。

(2) 试验材料

a) $Ca(OH)_2$：分析纯；

b) 水：去离子水。

(3) 试验步骤

用感量为 0.01g 的天平，称量 $Ca(OH)_2$ 0.50g 于 50ml 的烧杯中，加入去离子水 15ml，用玻璃棒搅拌 2min，然后缓缓注入 20ml 试样，随即开始计时，匀速搅拌 5min 后放置。放置 60min 后，每隔 5~10min 观察一次。

(4) 结果评定

将玻璃烧杯左右轻晃，观察其液面波动情况，以液面开始产生凝胶，并与烧杯壁呈粘附状为初凝时间，将烧杯倾斜 45°角表面无流动呈完全凝胶状时，所需时间为终凝时间。以三个平行试验的平均值表示测定结果。

8 抗渗性

(1) 试验器具

a. 试模：$\phi 175mm \times \phi 185mm \times \phi 150mm$；

b. 混凝土抗渗试验仪；

c. 钢直尺：300mm，精度 1mm。

(2) 试验材料

a. 水泥：符合《通用硅酸盐水泥》(GB 175—2007) 规定的强度等级为 42.5 的普通硅酸盐水泥；

b. 砂：符合《建筑用砂》(GB/T 14684—2001) 要求的细度模数为 2.3~3.0 的中砂；

c. 碎石：符合《建筑用卵石、碎石》(CB/T 14685—2001) 要求的最大粒径不超过 40mm 的碎石。

(3) 试件成型及养护条件

a. 试件成型：温度 (20±3)℃；

b. 试件养护：温度 (20±2)℃，相对湿度≥95%。

(4) 试件制备

配制 C30 混凝土试件按表 6-17 进行。用机械拌合混凝土，振动台成型后，制作 $\phi 175mm \times \phi 185mm \times 150mm$ 混凝土抗渗标准试件 12 个，其中 6 个为基准试件，6 个为涂刷试件。成型后 24h 拆模，在标准条件下养护至 28d。抗渗试块中的 6 个基准试件继续在标准条件下养护 7d；6 个试验用试件用 1.5 号铁砂布除去其底面的脱模油，清洗干净，待表面晾干后，将试件的迎水面朝下浸泡在试样中 24h，液面应高出试件迎水面 10mm，然后取出，用滤纸抹去表面附着液，在标准试验条件下养护 6d 备用。

混凝土试件的配制（C30 混凝土配合比） 表 6-17

水泥强度等级	W/C	每 1m³ 混凝土材料用量/kg				配合比 水泥:砂:石:水	砂率(%)	坍落度(mm)
		水泥	水	中砂	石子			
42.5	0.60	317	190	654	1189	1:2.06:3.75:0.60	35.5	80±10

（5）试验步骤

各取基准试件和涂刷试件 6 个，按《普通混凝土长期性能和耐久性能试验方法》（GBJ 82—1985）第 5 章进行抗渗试验。当涂刷试件的渗透压力达到 1.20MPa 时，恒压 8h 卸下试件，破型后，在底边均匀取 10 点，用钢直尺测量渗水高度，取平均值，精确至 mm。

（6）结果评定

逐个测量涂刷试件的渗水情况，取 6 个试件的渗水高度的平均值作为试验结果，精确至 0.1mm。

若基准试件在 0.8MPa 时已开始渗水，则应重新试验。

9　贮存稳定性

（1）仪器和设备

a. 低温箱：温度控制（-10±2）℃；

b. 烘箱：(25～250)℃；

c. 无色透明塑料瓶：250ml。

（2）试验步骤

用玻璃量筒取 100ml 试验样品，注入清洁干燥的 250ml 无色透明的塑料瓶内，加盖后放入（-10±2）℃低温箱中静置 4h，然后取出在标准条件下存放 2h，再放入（50±2）℃恒温烘箱中静置 4h，为一循环。经 10 次循环试验后，观察其外观是否有变化。

七、钠基膨润土防水毯

钠基膨润土防水毯简称 GCL，是适用于地铁、隧道、人工湖、垃圾填埋场、机场、水利、路桥、建筑等领域的防水、防渗工程使用的，以钠基膨润土为主要原料，采用针刺法、针刺覆膜法或胶粘法生产的一类防水材料。此类产品已发布了《钠基膨润土防水毯》（JG/T 193—2006）建筑工业行业标准。

（一）分类与标记

1　分类

（1）按产品类型分类

a. 针刺法钠基膨润土防水毯，是由两层土工布包裹钠基膨润土颗粒针刺而成的毯状材料，如图 6-4（a）所示，用 GCL-NP 表示。

b. 针刺覆膜法钠基膨润土防水毯，是在针刺法钠基膨润土防水毯的非织造土工布外表面上复合一层高密度聚乙烯薄膜，如图 6-4（b）所示，用 GCL-OF 表示。

c. 胶粘法钠基膨润土防水毯，是用胶粘剂把膨润土颗粒粘结到高密度聚乙烯板上，压缩生产的一种钠基膨润土防水毯，如图 6-4（c）所示，用 GCL-AH 表示。

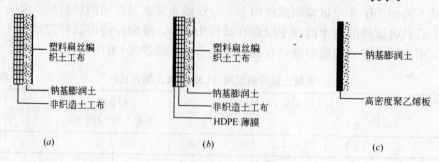

图 6-4 钠基膨润土防水毯

(a) 针刺法钠基膨润土防水毯；(b) 针刺覆膜法钠基膨润土防水毯；(c) 胶粘法钠基膨润土防水毯

（2）按膨润土品种分类

a. 人工钠化膨润土用 A 表示。

b. 天然钠基膨润土用 N 表示。

（3）按单位面积质量分类

膨润土防水毯单位面积质量：$4000g/m^2$、$4500g/m^2$、$5000g/m^2$、$5500g/m^2$ 等，用 4000、4500、5000、5500 等表示。

（4）按产品规格分类

产品主要规格以长度和宽度区分，推荐系列如下：

a. 产品长度以 m 为单位，用 20、30 等表示；

b. 产品宽度以 m 为单位，用 4.5、5.0、5.85 等表示；

c. 特殊需要可根据要求设计。

2 标记

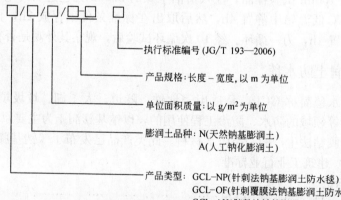

标记示例：

长度 30m、宽度 5.85m 的针刺法天然钠基膨润土防水毯，单位面积质量为 $4000g/m^2$ 可表示为：GCL-NP/N/4000/30-5.85　JG/T 193—2006。

(二) 技术要求

1 原材料要求

(1) 产品使用的膨润土应为天然钠基膨润土或人工钠化膨润土,粒径在 0.2~2mm 范围内的膨润土颗粒质量应至少占膨润土总质量的 80%。

(2) 产品使用的聚乙烯土工膜应符合《土工合成材料 聚乙烯土工膜》(GB/T 17643) 的规定,其他膜材也应符合相应标准的要求。

(3) 产品使用的塑料扁丝编织土工布应符合《土工合成材料 塑料扁丝编织土工布》(GB/T 17690) 的要求,并宜使用具有抗紫外线功能的单位面积质量为 $120g/m^2$ 的塑料扁丝编织土工布。

(4) 宜使用单位面积质量为 $220g/m^2$ 的非织造土工布。

2 外观质量

表面平整,厚度均匀,无破洞、破边,无残留断针,针刺均匀。

3 尺寸偏差

长度和宽度尺寸偏差应符合表 6-18 的要求。

尺寸偏差   表 6-18

项目	指标	允许偏差(%)	项目	指标	允许偏差(%)
长度(m)	按设计或合同规定	−1	宽度(m)	按设计或合同规定	−1

4 物理力学性能

产品的物理力学性能应符合表 6-19 的要求。

物理力学性能指标 (JG/T 193—2006)   表 6-19

项目		技术指标		
		GCL-NP	GCL-OF	GCL-AH
膨润土防水毯单位面积质量/g/m^2		≥4000且不小于规定值	≥4000且不小于规定值	≥4000且不小于规定值
膨润土膨胀指数/ml/2g		≥24	≥24	≥24
吸蓝量/g/100g		≥30	≥30	≥30
拉伸强度/N/100mm		≥600	≥700	≥600
最大负荷下伸长率/%		≥10	≥10	≥8
剥离强度/N/100mm	非织造布与编织布	≥40	≥40	—
	PE膜与非织造布	—	≥30	—
渗透系数/m/s		≤5.0×10^{-11}	≤5.0×10^{-12}	≤1.0×10^{-12}
耐静水压		0.4MPa,1h,无渗漏	0.6MPa,1h,无渗漏	0.6MPa,1h,无渗漏
滤失量/ml		≤18	≤18	≤18
膨润土耐久性/ml/2g		≥20	≥20	≥20

(三) 试验方法

1 取样

按《土工布的取样和试样的准备》(GB/T 13760) 取样,然后按表 6-20 要求的试件尺寸、数量和检测频率裁取试件。

试件尺寸、数量和检测频率 表 6-20

项　目	试件尺寸(mm)	试件数量(个)	检测频率(m²)
膨润土防水毯单位面积质量	500×500	5	12000
拉伸强度及最大负荷下伸长率	200×100	5(纵向)	12000
非织造布与编织布剥离强度	200×100	5(纵向)	4000
PE膜与非织造布剥离强度	200×100	5(纵向)	4000
渗透系数	$\phi70$	3	12000
耐静水压	$\phi55$	3	12000

2　外观质量

外观质量逐卷（段）检验，按卷（段）评定。样品表面应平整，针刺均匀、厚度均匀，无破洞和破边，且无断针残留在膨润土防水毯内。

3　尺寸偏差

长度和宽度按《机织物幅度的测定》（GB/T 4667）的规定用精度为1mm的量具测量，然后计算尺寸偏差。

4　膨润土防水毯单位面积质量

将膨润土防水毯喷洒少量水，以防止防水毯裁剪处的膨润土散落。沿长度方向距外层端部200mm、沿宽度方向距边缘10mm处裁取试样，于（105±5）℃下烘干至恒重。用精度为1mm的量具测量每块试样的尺寸，然后分别在天平上进行称量。按式（6-11）计算单位面积质量，结果精确至1g，求5块试样的算术平均数。

$$M=\frac{m}{S} \tag{6-11}$$

式中　M——单位面积质量，g/m^2；

　　　m——试样烘干至恒重后的质量，g；

　　　S——试样初始面积，m^2。

5　膨润土膨胀指数

将膨润土试样轻微研磨，过200目标准筛，于（105±5）℃烘干至恒重，然后放在干燥器内冷却至室温。称取2.00g膨润土试样，将膨润土分多次放入已加有90ml去离子水的量筒内，每次在大约30s内缓慢加入不大于0.1g的膨润土，待膨润土沉至量筒底部后再次添加膨润土，相邻两次时间间隔不少于10min，直至2.00g膨润土完全加入到量筒中。用玻璃棒使附着在量筒内壁上的土也沉淀至量筒底部，然后将量筒内的水加至100ml（2h后，如果发现量筒底部沉淀物中存在夹杂的空气，允许以45°角缓慢旋转量筒，直到沉淀物均匀）。静置24h后，读取沉淀物界面的刻度值（沉淀物不包括低密度的膨润土絮凝物），精确至0.5ml。

6　吸蓝量

按照《膨润土试验方法》（JG/T 593）中吸蓝量的测定方法进行。

7　拉伸强度

按照《土工布及其有关产品宽条拉伸试验》（GB/T 15788）进行，拉伸速度为300mm/min。

8 最大负荷下伸长率

按照《土工布及其有关产品宽条拉伸试验》(GB/T 15788)进行,拉伸速度为300mm/min。

9 剥离强度

按照《胶粘剂T剥离强度试验方法 挠性材料对挠性材料》(GB/T 2791)进行。沿试样长度方向将编织土工布与非织造土工布或将PE膜与非织造土工布预先剥离开30mm,将剥开的两端分开,对称地夹在上下夹持器中。开动试验机,使上下夹持器以300mm/min的速度分离。

10 渗透系数

按照附录A进行。

11 耐静水压

按照附录B进行。

12 滤失量

按照《膨润土试验方法》(JG/T 593)中滤失量的测定方法进行。

13 膨润土耐久性

试验方法同[七(三)5],测试膨润土在0.1% $CaCl_2$ 溶液中静置168h后的膨胀指数。

(四)附录A(规范性附录)钠基膨润土防水毯渗透系数的测定

1 原理

钠基膨润土防水毯在一定压差作用下会产生微小渗流,测定在规定水力压差下一定时间内通过试样的渗流量及试样厚度,即可计算求出渗透系数。

2 设备

渗透系数测定装置包括加压系统、流动测量系统和渗透室等。渗透室内放置试样和透水石,试样夹持部分应保证无侧漏。渗透系数测定装置原理如图6-5所示。

3 试验程序

(1) 裁剪两张直径(70±2)mm的滤纸,在一个装有去离子水或除气水的容器内浸渍两块透水石和滤纸。在底盖一侧涂上一层薄薄的高真空硅脂。在渗透室基座上安装一块透水石,在透水石上面依次铺上滤纸、试样和滤纸,然后再放一块透水石后安装上顶盖。围绕试样放置柔性薄膜(薄膜应能承受足够的液压),然后用"O"形圈扩张器在试样两端安装"O"形圈。

(2) 将渗透室充满水,连接供水室和渗透室的管路,同时接通整个水力系统。在渗透室上作用一个较小的指定压力(7~

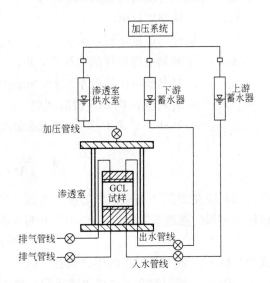

图6-5 渗透系数测定装置

35kPa），在试样上部和下部施加更小的压力，使整个水力系统的水都流动起来，然后打开排气管线上的阀门，排出入水管线、出水管线和排气管线中的可见气泡以及柔性薄膜内试样上部和下部的可见气泡。

注：在渗透室内可以注入除气水或其他适合的液体，而在流动测量系统内则只能使用除气水作为渗透液。

（3）调节渗透室初始压力为35kPa，调节试样上部和下部的初始反压力为15kPa。给渗透室及试样上部和下部缓慢增压，保持此状态48h，使试样达到饱和状态。

（4）进行渗透系数测量试验。增加试样下部的压力至30kPa，待压力稳定后开始测试渗透系数。每隔1h测试一次通过试样的流量及横跨试样的水压差。当符合下列几点规定时，可结束试验：(1) 8h内测试的次数不得小于3次；(2) 最后连续3次测试中，进口流量与出口流量的比率应该在0.75～1.25之间；(3) 最后连续3次测得的流量值不应有明显的上升或下降的趋势；(4) 最后连续3次测得的流量值在平均流量值的0.75～1.25倍之间。测试完毕后，缓慢降低作用于进水管线和出水管线的压力，仔细地拆开渗透仪，取出试样，测量并记录试验结束时试样的高度和直径。

注：在试样饱和及测量试样渗透系数的过程中，施加的最大有效压力决不能超过使试样固化的压力。

4 结果计算

（1）按公式（6-12）计算渗透系数 k，结果保留两位有效数字。

$$k = \frac{a_{\text{in}} \cdot a_{\text{out}} L}{At(a_{\text{in}} + a_{\text{out}})} \times \ln\left(\frac{h_1}{h_2}\right) \tag{6-12}$$

式中 k——渗透系数，m/s；

a_{in}——流入管线的横截面积，m²；

a_{out}——流出管线的横截面积，m²；

L——试样厚度，m；

A——试样的横截面积，m²；

h_1——t_1 时刻横跨试样的水压差，m；

h_2——t_2 时刻横跨试样的水压差，m；

t——t_1 时刻至 t_2 时刻这段时间差，s。

注：$a_{\text{in}} = a_{\text{out}} = a$ 时，公式（6-12）可简化为公式（6-13）：

$$k = \frac{aL}{2At} \times \ln\left(\frac{h_1}{h_2}\right) \tag{6-13}$$

（2）应在20℃下测试试样的渗透系数。当试验温度不符合要求时，应当按式（6-14）将试验测得的渗透系数修正为在20℃下的渗透系数，公式如下：

$$k_{20} = R_T k \tag{6-14}$$

式中 k_{20}——20℃下试样的渗透系数，m/s；

R_T——不同温度下试样渗透系数的修正因子，见表6-21；

k——试验温度下试样的渗透系数，m/s。

不同温度下试样渗透系数的修正因子 R_T　　　　表 6-21

温度/℃	R_T	温度/℃	R_T	温度/℃	R_T	温度/℃	R_T
0	1.783	13	1.197	26	0.869	38	0.678
1	1.723	14	1.165	27	0.850	39	0.665
2	1.664	15	1.135	28	0.832	40	0.653
3	0.560	16	1.106	29	0.814	41	0.641
4	0.511	17	1.077	30	0.797	42	0.629
5	1.511	18	1.051	31	0.797	43	0.618
6	1.465	19	1.025	32	0.764	44	0.607
7	1.421	20	1.000	33	0.749	45	0.598
8	1.379	21	0.976	34	0.733	46	0.585
9	1.339	22	0.953	35	0.719	47	0.575
10	1.301	23	0.931	36	0.705	48	0.565
11	1.265	24	0.910	37	0.692	49	0.556
12	1.230	25	0.889				

(五) 附录 B（规范性附录）钠基膨润土防水毯耐静水压的测定

1 原理

在钠基膨润土防水毯两侧压差达到一定值后，防水毯就会被破坏。逐级增加试样两侧水力压差，并保持一定时间，当出水口有水流出时，表明试样受到破坏，也就获得了试样的耐静水压值。

2 设备

耐静水压试验采用南 55 型渗透仪，如图 6-6 所示，其中渗透容器主要由透水石、圆筒、顶盖和底盖组成。

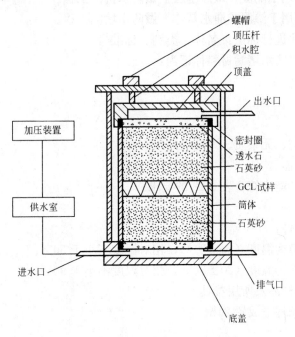

图 6-6　南 55 型渗透仪装置

3 试验程序

(1) 在距膨润土防水毯边缘 100mm 以上的位置上,画出直径与南 55 型渗透仪的透水石大小相同的圆形弧线,用滴管在圆形弧线周边滴适量水,5min 后按圆形弧线裁切试样。

(2) 将透水石放在南 55 型渗透仪的底部,在透水石上铺一层石英砂,将一块试样放在石英砂上,试样周围空隙部分用膨润土粉料填满压实,其高度与试样的高度相同,在试样的上面填满细砂,然后盖上另一块透水石和顶盖,拧紧螺帽;将南 55 型渗透仪装置与供水室连接,打开加压阀门给供水室适当加压,当渗透仪内存气体全部从排气管排除后,立刻用管夹封闭排气管。

(3) 关闭加压阀门,保持 30min,使试样充分膨胀,然后每隔 1h 打开加压阀门,提高 0.1MPa 的水压,直至达到规定压力。若测试过程中出水口一直没有水流出,判定该试件的耐静水压性能合格,否则判定该试件的耐静水压性能不合格。

第三节 止水堵漏材料

一、无机防水堵漏材料

无机防水堵漏材料是指以水泥及添加剂经一定工艺加工而组成的粉状类防水材料。无机防水堵漏材料现已发布了 JC 900—2002 建筑行业标准。但该标准不适用于初凝时间小于 2min 的快速堵漏材料。

(一) 产品的分类和标记

产品根据凝结时间和用途分为缓凝型(Ⅰ型)和速凝型(Ⅱ型)。

1 缓凝型主要用于潮湿和微渗基层上做防水抗渗工程。

2 速凝型主要用于渗漏或涌水基体上做防水堵漏工程。

产品按下列顺序进行标记:名称、类别、标准号。

例:缓凝型无机防水堵漏材料标记为:

FD Ⅰ JC 900—2002

(二) 技术要求

1 外观

产品外观为均匀、无杂质、无结块的粉末。

2 物理力学性能

产品物理力学性能应符合表 6-22 的要求。

(三) 试验方法

1 标准试验条件:

试验室试验条件为温度(20±2)℃,相对湿度不小于 50%。

养护室养护条件为温度(20±3)℃,相对湿度不小于 90%。

2 试样试验前样品及所用器具

应在标准试验条件下放置 24h。

3 外观

用目测法检查。

物理力学性能　　　　　　　表 6-22

序号	项目			缓凝型 I型	速凝型 II型
1	凝结时间	初凝/min	≥	10	2~<10
		终凝/min	≤	360	15
2	抗压强度/MPa	1h	≥	—	4.5
		3d	≥	13.0	15.0
3	抗折强度/MPa	1h	≥	—	1.5
		3d	≥	3.0	4.0
4	抗渗压力差值/MPa(7d) ≥	涂层		0.4	—
	抗渗压力/MPa(7d) ≥	试件		1.5	1.5
5	粘结强度/MPa(7d) ≥			1.4	1.2
6	耐热性(100℃,5h)			无开裂、起皮、脱落	
7	冻融循环(−15~20℃,20次)			无开裂、起皮、脱落	

4　凝结时间

按《水泥标准稠度用水量、凝结时间、安定性检验方法》(GB/T 1346) 进行，本标准试样采用被检验的无机防水堵漏材料取代该标准中检验的水泥，同时采用生产厂推荐的加水量，速凝型材料搅拌时间为20s，缓凝型材料搅拌时间为3min。

5　抗压与抗折强度

按《水泥胶砂强度检验方法（ISO方法）》(GB/T 17671) 规定的方法成型，养护并测定相应龄期的抗折与抗压强度。缓凝型产品成型时称取样品2000g，按生产厂推荐的加水量加水，每次成型40mm×40mm×160mm 1组试件3条。速凝型产品每次称取样品1000g，按生产厂推荐的加水量加水，每次成型40mm×40mm×160mm 2组试件共6条。脱膜时间I型成型后24h脱膜，II型成型后脱膜时间不大于1h。试验结果评定按照《水泥胶砂强度检验方法（ISO方法）》(GB/T 17671) 进行。

6　抗渗压力

按《砂浆、混凝土防水剂》(JC 474—2008) 中5.2.8进行（见本章第二节三）。

(1) 涂层抗渗压力差值

a. 基准砂浆试件的制备

用符合《通用硅酸盐水泥》(GB 175—2007) 的32.5级普通硅酸盐水泥和标准砂，按质量比为水泥:砂:水=1:4:1配料，即称取水泥350g、标准砂1400g搅匀后加入水350ml，将上述物料在水泥砂浆搅拌机中搅拌3min后装入上口直径为70mm、下口直径为80mm、高为30mm的截头圆锥抗渗试模中，在振动台上振动20s，5min后用刮刀刮去多余的料浆并抹平。其成型试件数量为12块。在标准养护室中养护24h后脱模，然后置养护室水中养护至规定龄期。

b. 基准砂浆试件的抗渗

按（三）6（1）①a制备的试件养护至龄期7d取出6块，在砂浆抗渗仪上进行抗渗试验，水压从0.1MPa开始，每隔1h增加0.1MPa。当6个试件中有3个试件端面呈现渗水时，即可停止试验，记下当时水压。透水压力 P_0 为 6 个试件中 4 个未出现渗水的最大压力值。

c. 涂层+基准砂浆试件制备

取按（三）6（1）a 制备的另 6 块基准砂浆试件（成型时采用加垫层或刮平的方法在相应的迎水面或背水面使试件厚度减少 2mm 左右），在水中浸泡至充分湿润。然后称取样品 1000g，按生产厂推荐的加水量加水，用净浆搅拌机搅拌 3min，用刮板分别在 3 块试件的迎水面和 3 块试件的背水面上，分两层刮压料浆，刮压每层料的操作时间不应超过 5min。刮料时要稍用劲并来回几次使其密实，同时注意搭接，第二层须待第一层硬化后（手指轻压不留指纹）再涂刮，第二层涂刮前涂层要保持湿润，涂层总厚度约 2mm，在养护室中保湿养护 24h，转入养护室水中（20±3）℃养护至规定龄期。

d. 涂层+基准砂浆试件抗渗

待（三）6（1）c 制备的试件养护至龄期 7d 取出，将涂层冲洗干净，风干表面，按（三）6（1）b 的方法做抗渗试验。测得的值即为涂层+基准试体的抗渗压力，为 P_1。

如果水压增至 1.5MPa，试件仍未透水，则不再升压，停止试验，此时 P_1 值以大于 1.5MPa 计。

e. 涂层抗渗压力差值计算

涂层抗渗压力差值按式（6-15）计算，计算结果精确至 0.1MPa。

$$P = P_1 - P_0 \tag{6-15}$$

式中　P——涂层抗渗压力差值，MPa；

　　　P_0——基准砂浆试件的抗渗压力，MPa；

　　　P_1——涂层和砂浆试件的抗渗压力，MPa。

（2）试件抗渗压力

a. 试件制备

试件成型的配料及搅拌与（三）5 相同，拌匀后一次装满抗渗试模，在振动台上振动成型，缓凝型振动 2min，速凝型振动 20s，刮掉多余的砂浆，抹平。制备试件 6 块，在养护室中保湿养护 24h 后脱模，转入养护室水中（20±3）℃养护至规定龄期。

b. 试验步骤

试件养护至龄期 7d，以每组 6 个试件中 4 个未出现渗水的最大压力值为试件抗渗压力。

7　粘结强度

"8"字模基准砂浆试件的制备及粘结强度的试验根据《建筑防水涂料试验方法》（GB/T 16777）进行（见第四章第二节）。

（1）粘结强度基准砂浆试件制备

在"8"字模中部最窄处，插入 1 块 0.5mm 厚、面积为 500mm^2 的挡板将"8"字模分为两部分。用符合《通用硅酸盐水泥》（GB 175）的 42.5 级普通硅酸盐水泥和标准砂，按质量比为水泥：砂：水＝1：2：0.4 配料，搅拌 3min 后，装入上述"8"字模中成型，每组试件 5 块。在养护室中养护 24h 后脱模，脱模后在养护室中养护 7d 取出，将半个"8"字基准砂浆试件放回"8"字模中。称取样品 1000g，按厂家推荐的加水量加水，用净浆搅拌机搅拌均匀，缓凝型搅拌 3min，速凝型搅拌 20s，然后将配好的物料倒入未放基准砂浆试件的另一半"8"字模中，缓凝型振动 2min，速凝型振动 20s，压实，抹平。在养护室中养护 24h 后脱模，转入养护室水中养护至规定龄期。

（2）试验步骤

试件养护至龄期 7d，从水中取出，用布擦干表面后，在试验机上进行抗拉试验，记录试件的破坏载荷。

（3）粘结强度按式（6-16）计算：

$$P=F/S \tag{6-16}$$

式中　P——粘结强度，MPa；

　　　F——粘结力，N；

　　　S——粘结面积，500mm²。

删除 5 个数值中的最大值和最小值，取余下 3 个计算结果的平均值作为粘结强度。计算结果精确至 0.1MPa。

8　耐热性

（1）试件制备

用符合《通用硅酸盐水泥》（GB 175）的 42.5 级普通硅酸盐水泥和标准砂，按质量比为水泥∶砂∶水＝1∶2∶0.4 配料，搅拌 3min 后装入 40mm×160mm×10mm 试模中成型试件 3 块，在养护室中养护 24h 后脱模，置养护室水中养护至龄期 7d。将养护至龄期 7d 的试件取出。称取样品 1000g，按厂家推荐的加水量加水，用净浆搅拌机搅拌，缓凝型搅拌 3min，速凝型搅拌 20s。用刮板分两层将料浆刮压在试件基面上，刮料时要稍用劲来回几次使其密实，同时注意搭接，第二层涂刮时第一层要保持湿润，涂层总厚度约 2mm，在养护室中保湿养护 24h，转入养护室水中养护。

（2）试验步骤

将（三）8（1）制备的试件养护至龄期 7d，取出 3 块，置沸水箱中煮 5h，取出试件，观察 3 块试件涂层有无开裂、起皮、脱落等现象。

9　冻融循环性能

将（三）8（1）制备的试件养护至龄期 7d，取出 3 块。按《普通混凝土长期性能和耐久性能试验方法》（GBJ 82）规定的方法进行试验。

二、水泥基灌浆材料

水泥基灌浆材料是指由水泥为基本材料，适量的细骨料及加入少量的混凝土外加剂及其他材料组成的干混材料，加水拌合后具有大流动度、早强、高强、微膨胀性能的一类灌浆材料。其已发布了适用于设备基础二次灌浆、地脚螺栓锚固、混凝土加固、修补等使用的水泥基灌浆材料的 JC/T 986—2005 建材行业标准。

（一）原材料要求

1　水泥

宜采用硅酸盐水泥或普通硅酸盐水泥，且符合《通用硅酸盐水泥》（GB 175）的规定。采用其他水泥时应符合相应的标准要求。

2　细骨料

应符合《建筑用砂》（GB/T 14684）规定的Ⅰ类天然砂或人工砂。

3 混凝土外加剂

混凝土外加剂应符合《混凝土外加剂》(GB 8076)及《混凝土膨胀剂》(JC 476)的规定(见本章第二节四)。

4 其他材料

应符合相关标准要求。

(二) 技术要求

水泥基灌浆材料的性能应符合表6-23的要求。

水泥基灌浆材料的技术性能要求 (JC/T 986—2005)　　　表6-23

项　　目		技　术　指　标
粒径	4.75mm方孔筛筛余/%	≤2.0
凝结时间	初凝/min	≥120
泌水率/%		≤1.0
流动度/mm	初始流动度	≥260
	30min流动度保留值	≥230
抗压强度/MPa	1d	≥22.0
	3d	≥40.0
	28d	≥70.0
竖向膨胀率/%	1d	≥0.020
钢筋握裹强度(圆钢)/MPa	28d	≥4.0
对钢筋锈蚀作用		应说明对钢筋有无锈蚀作用

(三) 试验方法

1　一般规定

(1) 试验室的温度和湿度应符合《水泥胶砂强度检验方法(ISO方法)》(GB/T 17671—1999)中4.1的规定。

(2) 水应符合《混凝土用水标准》(JGJ 63—2006)中的规定。

(3) 水泥基灌浆材料拌合时,采用砂浆搅拌机搅拌,砂浆搅拌机应满足《试样用砂浆搅拌机》(JG/T 3033)规定,搅拌时间由加水开始计算,搅拌3min。用水量按生产厂家推荐的同一水料比进行表6-23的项目试验。

2　粒径

(1) 操作程序

称取500g水泥基灌浆材料,精确至1g。将试样倒入4.75mm筛中。4.75mm筛应满足《金属穿孔板试验筛》(GB/T 6003.2)规定,采用手筛,筛至每分钟通过量小于试样质量0.1%为止。

(2) 试验结果

水泥基灌浆材料试样筛余百分数按式(6-17)计算:

$$F = \frac{R}{W} \times 100 \tag{6-17}$$

式中　F——水泥基灌浆材料试样筛余百分数,%;

R——水泥基灌浆材料筛余物质量，g；
W——水泥基灌浆材料试样的质量，g。

3 凝结时间

凝结时间试验采用灌入阴力法，按《普通混凝土拌合物性能试验方法标准》（GB/T 50080）规定进行。

4 泌水率

泌水率试验按《普通混凝土拌合物性能试验方法标准》（GB/T 50080）规定进行。

5 流动度

流动度试验按《混凝土外加剂应用技术规范》（GB 50119—2003）附录 A 进行，其中截锥形圆模的尺寸改为：高度（60±0.5）mm；上口内径（70±0.5）mm；下口内径（100±0.5）mm；下口外径 120mm。每次称取不少于 2000g 的水泥基灌浆材料。

水泥基灌浆材料拌合物的拌制按（三）1（3）进行。

6 抗压强度

抗压强度试验按《水泥胶砂强度检验方法（ISO 方法）》（GB/T 17671—1999）进行。其中水泥基灌浆材料的拌合按（三）1（3）进行。将拌合好的水泥基灌浆材料倒入试模，不振动。

7 竖向膨胀率

竖向膨胀率按《普通混凝土拌合物性能试验方法标准》（GB/T 50080—2002）附录 C 进行。将水泥基灌浆材料倒入试模后 2h 盖玻璃板，安装千分表，读初始值。

8 钢筋握裹强度

钢筋握裹强度按《水工混凝土试验规程》（DL/T 5150—2001）中的 4.8 进行，采用 ϕ20mm 的光面钢筋，钢筋埋入长度 200mm。

9 对钢筋锈蚀作用

钢筋锈蚀采用钢筋在新拌合硬化砂浆中阳级电位曲线来表示，测定方法按《混凝土外加剂》（GB 8076—1997）附录 B、附录 C 规定进行。

三、混凝土裂缝用环氧树脂灌浆材料

混凝土裂缝用环氧树脂灌浆材料是指适用于修补混凝土裂缝的，以环氧树脂为主剂加入固化剂、稀释剂、增韧剂等组分所形成的，以环氧树脂为主体系的 A 组分，以固化体系组成的 B 组分所组成的双组分商品灌浆材料。混凝土裂缝用环氧树脂灌浆材料产品已发布了 JC/T 1041—2007 建材行业标准。

（一）产品的分类和标记

环氧树脂灌浆材料代号为 EGR，按其初始黏度分为低黏度型（L）和普通型（N）等两大类型。按其固化物力学性能分为 Ⅰ、Ⅱ 两个等级。

产品按产品代号、类型、等级和标准号的顺序进行标记，示例如下：黏度为普通型 N，等级为 Ⅰ、混凝土裂缝用环氧树脂灌浆材料的产品标记为：EGR NI JC/T 1041—2007。

（二）技术要求

产品不应对人体，生物与环境造成有害的影响，所涉及与使用有关的安全与环保要

求,应符合我国相关标准和规范的规定。

1 外观

A、B组分均匀,无分层。

2 物理力学性能

环氧树脂灌浆材料浆液性能与固化物性能应符合表6-24、表6-25的规定。

环氧树脂灌浆材料浆液性能 (JC/T 1041—2007) 表6-24

序 号	项 目		浆 液 性 能	
			L	N
1	浆液密度/g/cm³	≥	1.00	1.00
2	初始黏度/MPa·s	≤	30	200
3	可操作时间/min	≥	30	30

环氧树脂灌浆材料固化物性能 (JC/T 1041—2007) 表6-25

序 号	项 目			固化物性能	
				I	II
1	抗压强度/MPa		≥	40	70
2	拉伸剪切强度/MPa		≥	5.0	8.0
3	抗拉强度/MPa		≥	10	15
4	粘结强度	干粘结/MPa	≥	3.0	4.0
		湿粘结[a]/MPa	≥	2.0	2.5
5	抗渗压力/MPa		≥	1.0	1.2
6	渗透压力比/%		≥	300	400

[a] 湿粘结强度:潮湿条件下必须进行测定。

注:固化物性能的测定龄期为28d。

(三)试验方法

1 试样

单项试验的最少抽样数量应符合表6-26的规定。做几项试验时,如确能保证试样经一项试验后不致影响另一项试验的结果,可用同一试样进行几项不同的试验。

单项试验抽样数量 表6-26

序 号	试验项目	取样数量/g	序 号	试验项目	取样数量/g
1	浆液密度	1000	5	拉伸剪切强度	500
2	初始黏度	500	6	抗拉强度	2000
3	可操作时间/20℃	500	7	粘结强度	500
4	抗压强度	1000	8	抗渗性能	2000

2 外观

分别目视观察A、B组分外观。

3 浆液密度

按《液态胶粘剂密度的测定方法 重量杯法》(GB/T 13354—1992)测定浆液 A、B 组分混合后的密度，计算结果精确到 0.01g/cm^3。

4 浆液黏度

按《胶粘剂黏度的测定》(GB/T 2794—1995)分别测定浆液 A、B 组分混合后的初始黏度，计算结果精确到 1mPa·s。

5 浆液可操作时间

从浆液 A、B 组分混合起，按(GB/T 2794—1995)测定其可操作时间，精确到 5min。

6 抗压强度

按《树脂浇铸体压缩性能试验方法》(GB/T 2569—1995)测定其抗压强度，试件尺寸采用 2cm×2cm×2cm 立方体，计算结果精确到 1MPa。

7 拉伸剪切强度

按《胶粘剂拉伸剪切强度测定方法》(GB 7124—1986)测定拉伸剪切强度，计算结果精确到 0.1MPa。

8 抗拉强度

按《树脂浇铸体拉伸性能试验方法》(GB/T 2568—1995)测定抗拉强度，计算结果精确到 1MPa。

9 粘结强度

(1) 试件

按照《水工混凝土试验规程》(DL/T 5150—2001)水工混凝土试验规程 7.1 "水泥砂浆室内拌合方法制备砂浆"。按照 (GB/T 16777—1997) 第 6 章制备"8"字形砂浆块（见第四章第二节四）。采用强度等级为 42.5 的水泥。水泥：中砂：水：减水剂的质量比为 1:2:0.3:0.006。在 (20±3)℃的水中养护至 28d。试件的抗拉强度应适当高于浆材的粘结强度。每组试件六块。

(2) 试验器具

a) 拉力试验机：试件的预计破坏荷载宜在拉力试验机全量程的 20%～80%；

b) 砂浆"8"字模具：按 GB/T 16777—1997 中的图 2 (见第四章图 4-3)。

c) "8"字模水泥砂浆块：按 GB/T 16777—1997 中的图 3 (见第四章图 4-4)。

(3) 试验步骤

将准备进行粘结试验的水泥砂浆"8"字形试件拉断，勿损伤断裂面。干粘结为水泥砂浆块从水中取出后，在室温下放置 2d；湿粘结为水泥砂浆块从水中取出后，用抹布把游离水抹去，即可进行粘结。试验前，在断裂面均匀涂抹浆液，厚度控制在 (0.5～0.7)mm，根据产品的不同可一次涂刷，也可分几次涂刷，涂刷后迅速将试件按原件在断裂处对接好，用橡皮箍紧，放在温度为 (20±3)℃、相对湿度 50%～70% 的试验室内养护 28d，作抗拉粘结试验，加荷速度为 100N/s。

(4) 结果计算

结果计算按式 (6-18) 精确至 0.01MPa。

$$\sigma = \frac{P}{S} \tag{6-18}$$

式中　σ——粘结强度，单位为兆帕，MPa；
　　　P——断裂荷载，单位为牛顿，N；
　　　S——受拉面积，单位为平方毫米，mm^2。

粘结强度以六个试件为一组，每组试件中剔除最大、最小两个值，取剩余四个试件的算术平均值为粘结强度的试验结果，结果精确到 0.1MPa。

10　抗渗性能

按 GB 18445—2001 中 6.2.8 进行［见本章第二节一（三）2（8）］。

(1) 金属试模

圆台形试件，上底直径 70mm、下底直径 80mm、高 30mm。

(2) 试验设备

砂浆渗透仪。

(3) 砂浆试件的制备

砂浆制备、试件成型与养护按《水工混凝土试验规程》(DL/T 5150—2001) 中 7.1 "水泥砂浆室内拌合方法"、7.5 "水泥砂浆抗压强度试验"进行。每组为六个试件。砂与水泥的比为 3∶1，水灰比为 0.65～0.70，并以砂浆试件在 (0.3～0.4)MPa 压力下透水为准确定配合比。每组试验制备六个试件，脱模后放入 (20±3)℃的水中养护至 7d。

(4) 涂膜抗渗试件的制备

至龄期后，取出试块待表面晾干后，将待测浆液按生产厂指定的比例配好，混合后搅拌 10min。在试件的上口表面（背水面）均匀涂抹混合好的试样，涂膜厚度在 0.5～0.6mm。将制备好的抗渗试件放在温度为 (20±3)℃、相对湿度 50%～70%的试验室内养 28d。

(5) 试验步骤

至龄期后，用密封材料密封装入渗透仪中进行试件的抗渗试验。水压从 0.2MPa 开始，恒压 2h 后增至 0.3MPa，以后每隔 1h 增加 0.1MPa。当六个试件中有三个试件出现渗水时，即可停止试验，记下当时水压。抗渗压力为每组六个试件中四个未出现渗水时的最大水压力，结果精确到 0.1MPa。若加压至 1.6MPa 恒压 1h 仍未透水，应停止试验。

(6) 结果计算

渗透压力比按式 (6-19) 计算，结果精确至 1%。

$$P_r = \frac{P_t}{P_c} \times 100 \tag{6-19}$$

式中　P_r——渗透压力比，单位为百分数（%）；
　　　P_t——涂层砂浆的抗渗压力，单位为兆帕（MPa）；
　　　P_c——基准砂浆的抗渗压力，单位为兆帕（MPa）。

（四）检验规则

1　检验分类

产品检验分出厂检验和形式检验。

(1) 检验项目

出厂检验项目包括：外观、初始黏度、可操作时间、抗压强度和抗拉强度。

形式检验项目包括第六章所有的技术要求。

（2）形式检验

有下列情况之一时应进行形式检验：

a) 新产品投产或产品定形鉴定时；
b) 正常生产条件下每年至少进行一次；
c) 产品主要原材料、配比或生产工艺有重大变更；
d) 出厂检验结果与上次形式检验有较大差异时；
e) 国家技术监督检验机构提出要求时。

2 组批

同一类型、同一等级的10t为一批，不足10t时亦作为一个批。

3 抽样

试样应随机抽取。抽取后按A、B组分分别充分混合，每批抽取不小于8kg。一份用作试验；一份密封保存三个月备用。

4 判定规则

经检验环氧树脂灌浆材料产品各项试验结果均符合标准规定时为合格。若其中有一项性能指标不符合标准，允许用备份样对该项复验。复验结果符合标准，则判该批产品合格；若复验结果仍不符合标准，则判该批产品不合格。

主要参考文献

[1] 王忠德,张彩霞,方碧华,张照华主编. 实用建筑材料试验手册. 第二版. 北京:中国建筑工业出版社,2003.
[2] 北京土木建筑学会主编. 建筑材料试验手册. 北京:冶金工业出版社,2006.
[3] 刘尚乐编著. 建筑防水材料试验室手册. 北京:中国建材工业出版社,2006.